广东省二级造价工程师职业资格考试参考培训教材

2019年版

建设工程计量与计价实务

（安装工程）

广东省建设工程标准定额站
广东省工程造价协会
编

中国计划出版社

图书在版编目（CIP）数据

建设工程计量与计价实务．安装工程 / 广东省建设工程标准定额站，广东省工程造价协会编．-- 北京 : 中国计划出版社，2019.9（2024.7重印）
2019年版广东省二级造价工程师职业资格考试参考培训教材
ISBN 978-7-5182-1073-2

Ⅰ．①建… Ⅱ．①广… ②广… Ⅲ．①建筑安装—建筑造价管理—资格考试—教材 Ⅳ．①TU723.3

中国版本图书馆CIP数据核字(2019)第195641号

2019年版广东省二级造价工程师职业资格考试参考培训教材
建设工程计量与计价实务（安装工程）
广东省建设工程标准定额站
广东省工程造价协会 编

中国计划出版社出版发行
网址：www. jhpress. com
地址：北京市西城区木樨地北里甲11号国宏大厦C座4层
邮政编码：100038 电话：(010) 63906433（发行部）
北京天宇星印刷厂印刷

889mm×1194mm 1/16 30.75印张 982千字
2019年9月第1版 2024年7月第5次印刷
印数14001—14400册

ISBN 978-7-5182-1073-2
定价：98.00元

2019年版广东省二级造价工程师职业资格考试参考培训教材

编审委员会

审定委员会

主　任：蔡　瀛

副主任：罗锦荣　卢立明　黄　刚　钟　泉

委　员：黄中广　薛　瑞　李素华　李冬青　杨树荣

朱希坚　王冬梅　成冬楠　余建平

编写委员会

主　任：黄守新

副主任：叶巧昌　许锡雁　冯　航

委　员：高年鹏　盛英曦　张　瑛　张毅坚　许志凌

关丽芬　吴慧博　梁　广　罗瑛玮　周舜英

《建设工程计量与计价实务（安装工程）》

编审人员名单

主　　编： 叶巧昌　许锡雁

主　　审： 卢立明　李成栋

编审人员： 张毅坚　高年鹏　陈文楚　彭志勇　陈文深
钟　实　颜　斌　张于贵　盛英曦　张　瑛
黄中广　吴文天　周　军　郑贵阳　杜　娟
李伟昆　李清娴　刘　莹　顾伟传　贝　杨
魏小新　彭太平　王　俊　陈旭文　王和平

序

工程造价管理是一门不断发展并具有广阔前景的边缘学科，自造价工程师执业资格制度建立以来，工程建设各方都十分重视造价工程师的作用。随着工程造价市场化、信息化、国际化、法制化改革的深入，造价工程师对工程造价的精细化管理显得越来越重要。为培养符合新时代要求的造价工程师，根据住房城乡建设部、交通运输部、水利部、人力资源社会保障部联合印发的《造价工程师职业资格制度规定》和《造价工程师职业资格考试实施办法》（建人〔2018〕67号）、2019年版《全国二级造价工程师职业资格考试大纲》的要求，广东省建设工程标准定额站和广东省工程造价协会编写了广东省二级造价工程师职业资格考试参考培训教材《建设工程计量与计价实务（土木建筑工程）》和《建设工程计量与计价实务（安装工程）》。

本教材的编写，旨在帮助二级造价工程师考生备考学习和促进我省工程造价从业人员职业水平和能力的提升。教材编写内容既遵循国家建设工程造价相关标准和规定，又体现了我省建设工程计量与计价的具体方法，既系统介绍应考人员应掌握的专业知识，又帮助其提升解决实际问题的能力。本教材具有以下主要特点：

1. 教材内容新颖、全面、实用。本教材编写以最新颁布的国家和广东省相关工程造价法规、标准、规范、规程为依据，体现工程造价管理改革的要求，充分参考、吸取全国造价工程师相关教材的优点，博采众长，全面实用。

2. 教材内容广泛、知识架构合理。本教材以2019年版《全国二级造价工程师职业资格考试大纲》为主线，系统介绍了土木建筑工程和安装工程的专业基础、计量与计价方法、工程成本管控、工程造价实例等，教材编写主线明确、层次分明、重点突出、结构合理。

3. 教材案例典型丰富。本教材在编写过程中坚持理论与实践相结合的原则，重视实操应用技能的培养，不仅在理论介绍中引用实用案例，而且选用典型案例系统介绍，以实例练习来提高学习者的实际操作能力。

4. 教材结构便于学习和教学。本教材在每章前面增加了本章提示，摘要本章考生应掌握、熟悉、了解的内容，有助于学习者学习参考，也便于教师教学。

当前，工程造价管理正处于动态调整和深入改革之中，通过技术创新、模式创新、管理创新等实现行业的转型升级，是工程造价改革的路径。造价工程师应以习近平新时代中国特色社会主义思想武装头脑、指导实践，结合新时代新业态的特点，努力提高战略思维能力、创新思维能力和辩证思维能力，以新的更大作为，奋发图强，推动工程造价市场化、信息化、国际化、法制化的建设和工程造价管理的持续、健康发展。

古人云：读书破万卷，下笔如有神。造价管理水平的提高，固然不一定读万卷书，但只要多读书，思想便会丰盈；只要多实践，技术便会提高。一分耕耘一分收获，祝愿广大造价专业人士通过认真学习，取得优异的成绩！

广东省住房和城乡建设厅副厅长

目　　录

第一篇　安装工程专业基础知识

第二篇　安装工程计量

第三篇　安装工程计价

第一篇

安装工程专业基础知识

第 1 章　安装工程的分类、特点及基本工作内容

【本章提示】通过本章学习，学习人员应掌握电气设备、室内外给水排水工程、通风空调工程、消防系统、火灾自动报警系统、建筑防排烟系统的组成，了解电气设备、室内外给水排水工程、通风空调工程、消防系统、火灾自动报警系统、建筑防排烟系统的分类。

1.1　概述

安装工程包括设备安装工程和建筑机电安装工程。

设备安装工程主要有：各类机械设备以及精密、自动、半自动或程控机床、引进设备；自动、半自动电梯，输送设备以及起重设备及相应的轨道安装；净化、超净、恒温和集中空调设备及其空调系统；自动化控制装置和仪表安装工程；专业炉窑设备和炉体砌筑；热力设备及其附属设备与炉体砌筑；6.5t/（h·台）及其以上散装锅炉安装；1000kV·A 及以上的变配电设备，防爆电器安装工程；各种压力容器的制作和安装；附属于本类型工程各种设备的配管、电气安装、金属梯子、栏杆以及刷油、绝热、防腐蚀工程；焊口有探伤要求的厂区（室外）工艺管道、热力管网、煤气管网、供水（含循环水）管网及电缆敷设等工程。

建筑机电安装工程主要有：设备、照明配电、采暖、空调通风、给排水、消防、煤气管道工业管道、建筑智能化等工程。

建筑机电安装工程是建筑工程项目中至关重要的一部分，建筑机电安装工程质量的好坏直接影响着建筑质量的好坏和使用水平的高低。随着社会的进步、人们生活水平的提高和建筑水平的发展，对建筑机电安装工程的要求也越来越高，建筑机电安装工程的主要任务是为用户提供安全、高效、经济、舒适的生活和工作环境。

建筑机电安装工程主要活动包括设计、安装、调试、竣工验收几个阶段。

建筑机电安装工程基本上贯穿于整个施工过程中，但其主要部分是在建筑的主体结构工程结束以后才进行施工，并在建筑装修之前基本结束。因而建筑机电安装工程具有工期短、与主体工程配合密切的特点。

1.2　电气设备安装工程

1.2.1　电气设备安装工程分类

电气工程分类

（1）根据建筑电气工程的功能，电气设备安装工程可分为强电（电力）工程和弱电（信息）工程。强电的处理对象是能源（电力），其特点是电压高、电流大、功率大、频率低；弱电的处理对象主要是信息，即信息的传送与控制，其特点是电压低、电流小、功率小、频率高，主要考虑的问题是信息传送的效果，诸如信息传送的保真度、速度、广度和可靠性等。

（2）根据《建筑工程施工质量验收统一标准》GB 50300—2013，电气设备安装工程可分为：

1）室外电气工程；

2）变配电房；

3）供电干线；

4）电气动力；

5）电气照明安装；

6）备用和不间断电源安装；

7）防雷及接地安装。

1.2.2 电气设备系统组成

一、变配电系统组成

变配电系统是输变电系统和配电系统的总称。简单说，输变电就是将外面引入的电压变成适合我们使用的电压，配电就是将电分配到用电单位内部的各个用电点。变配电当然就是两种功能都能实现。

输变电系统的作用主要是通过变压器对一次侧电压进行升高或是降低，再从二次侧输出。

升高电压是为了在电能的远距离传输中降低损耗，如 500kV 高压输电等。

降低电压则是为了在客户端相应电压级别负载的使用。如民用的 220V，工业上常用的 380V、660V、690V、1kV、6kV、10kV 等。输变电系统的核心元件是各种电压变比的变压器，总之有电压改变的系统就是输变电系统，有变压器的配电室也可称作变电室（站）。

如果一个用电系统中不存在电压的改变，就是配电系统。配电系统的核心元件是各种电流级别的开关。从一个大支路分成若干个小支路，一个大开关下面接驳若干个小开关，分给多个负载使用或再进行更多支路的分配。

电力系统一般由发电厂、输电线路、变电所、配电线路及用电设备构成。

从发电厂到电力用户的送变电过程如图 1.2.2–1 所示。

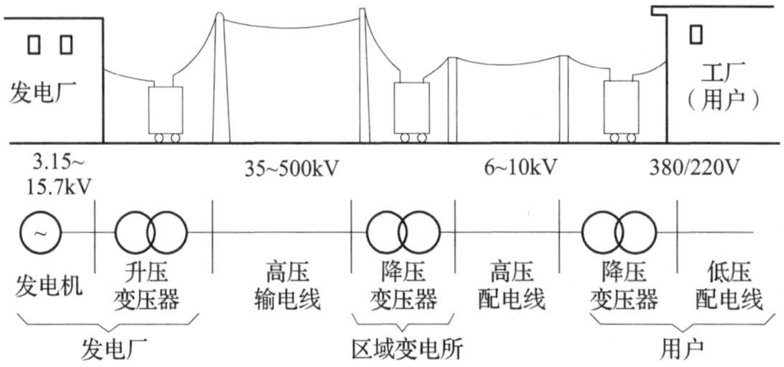

图 1.2.2–1 发电送变电过程

在电力系统中的电力设备都规定有一定的工作电压和工作频率。我国的交流电网和电力设备额定电压等级如表 1.2.2–1 所示。

表 1.2.2–1 我国交流电网和电力设备额定电压数据（GB 156—2017）

分类	电网和用电设备额定电压（kV）	发电机额定电压（kV）	电力变压器额定电压（kV）	
			一次绕组	二次绕组
低压	0.38	0.40	0.38	0.40
	0.66	0.69	0.66	0.69
高压	3	3.15	3 及 3.15	3.15 及 3.3
	6	6.3	6 及 6.3	6.3 及 6.6
	10	10.5	10 及 10.5	10.5 及 11
	—	13.8，15.75，18，20，22，24，26	13.8，15.75，18，20，22，24，26	—
	35	—	35	38.5
	66	—	66	72.6
	110	—	110	121
超高压	220	—	220	242
	330	—	330	363
	500	—	500	550

在我国，习惯上把 1kV 及以上的电压称为高压，1kV 以下的电压称为低压。6~10kV 电压用于送电距离为 10km 左右的工业与民用建筑供电，380V 电压用于民用建筑内部动力设备供电或向工业生产设备供电。220V 电压多用于向生活设备，小型生产设备及照明设备供电。在低压配电系统中应用最广泛的是三相四线制供电方式，这种供电方式既可供 380V 电压，也可供 220V 电压。

二、照明系统组成

通过电光源将电能转换为光能的过程称为电气照明。电气照明设备主要包括灯具、灯泡（灯管）及各种控制开关等组成。

（一）照明方式与种类

（1）按照明器具的布置特点可划分为：一般照明、分区一般照明、局部照明和混合照明。

1）一般照明。为照亮整个工作面而设置的照明，由若干灯具对称排列在整个顶棚上组成。

2）分区一般照明。灯具集中或分组集中设置在工作区上方所组成的布灯形式。

3）局部照明。为增加特定的有限的部位的照度而设置的照明。

4）混合照明。由一般照明和局部照明所组成的照明形式。

（2）按照明的功能来划分：正常照明、应急照明、值班照明、警卫照明、景观照明和障碍照明。

1）正常照明。在正常情况下使用的室内外照明。

2）应急照明。在正常照明因故熄灭的情况下，供暂时继续工作、保障安全或人员疏散用的照明。

3）值班照明。在非工作时间内所使用的照明。

4）警卫照明。专用于警戒区的照明。

5）景观照明。为观赏建筑物的外观和庭园、溶洞小景而设置的照明。

6）障碍照明。指为保障航空飞行安全等，在高大建筑物和构筑物上安装的障碍标志灯，称为障碍照明。

（3）按结构特点可分为：开启型、密闭型、闭合型、防爆型、隔爆型和安全型。

（4）按配光曲线的形状可分为：正弦分布型、广照型、均匀配照型、配照型、深照型和特深照型。

（5）按安装方式可分为：悬吊式、壁装式、吸顶式、嵌入式等。

（6）悬吊式又可分为软线吊灯、链吊灯、管吊灯等。

（二）照明光源与灯具

灯具是光源、灯罩（控照器）和附件的总称，它的功能是将光源所发出的光通量进行再分配，并具有装饰和美化环境的作用。电光源按发光原理可分为两大类：一类是热辐射光源，如白炽灯和卤钨灯。另一类是气体放电光源，如荧光灯、高压汞灯、钠灯、金属卤化物灯、氙灯等。白炽灯和荧光灯被广泛用于建筑物内部照明，卤钨灯、高压汞灯、钠灯、金属卤化物灯、氙灯等则用于广场道路、建筑物立面、体育馆等照明。

三、动力系统组成

动力、照明工程是建筑电气工程最基本的内容。动力工程是用电能作用于电动机来拖动各种设备和以电能为能源用于生产的电气装置。

（一）低压配电系统

低压配电系统可以分为动力和照明配电系统，由配电装置（配电箱、开关等）及配电线路（干线、支线）组成。配电方式有放射式、树干式及混合式等数种，如图 1.2.2–2 所示。

放射式的优点是各个负荷独立受电，因而故障范围一般仅限于本回路，线路发生故障需要检修时，也只切断本回路而不影响其他回路；同时回路中电动机启动引起电压的波动，对其他回路的影响也较小。其缺点是所需开关设备和线路较多，因而建设费用较高。因此，放射式配电一般多用于对供电可靠性要求高的负荷或大容量设备。

树干式的特点正好与放射式相反。树干式采用的开关设备和线路较少，但干线路发生故障时，影响范围大，因此供电可靠性较低。

混合式是放射式和树干式相结合的配电方式，在多数情况下都采用这种配电方式。

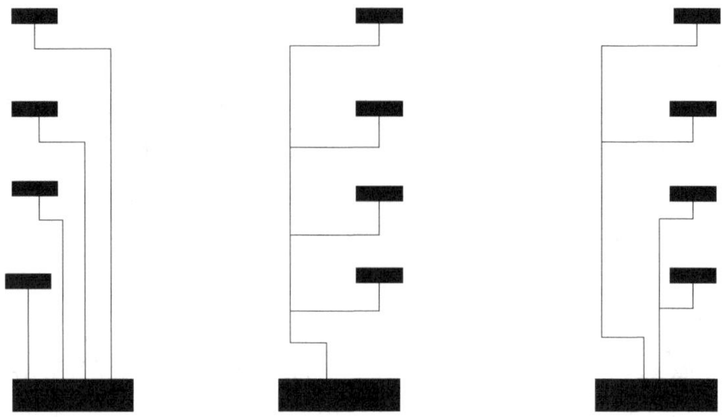

图 1.2.2-2 配电方式分类示意

（二）室内配电线路的敷设

室内配线按其敷设方式可分为明敷设和暗敷设两种。所谓明敷设，就是将导线直线或者在管子等保护体内，敷设于墙壁、顶棚的表面及桁架、支架等处；暗敷设，则是将导线穿在管子等保护体内，敷设于墙壁、顶棚、地坪及楼板等内部，或者在混凝土板孔内敷线等。

室内配电线路常用的敷设方式有：直敷布线、绝缘子布线、线管布线、线槽布线、钢索布线等。现今由于施工工艺不断更新，人们对室内配电线路敷设的美观感追求越来越高，使得室内配电线路中的直敷布线、绝缘子布线、钢索布线的敷设方式逐渐被淘汰，因此本书仅介绍线管布线和线槽布线这两种敷设方式。

（1）线管布线。把绝缘导线穿入保护管内敷设，称为线管布线，线管布线包括配管（即管子敷设）和穿线两大部分工作内容。

配管通常有明配管和暗配管两种。明配管就是把管子敷设于墙壁、桁架、柱子等建筑结构的表面，暗配管就是把管子敷设于墙壁、地坪、楼板等内部。常用的管材有金属管和塑料管，金属管有镀锌钢管、镀锌电线管和金属软管等，塑料管有刚性阻燃管、半硬质塑料管和难燃波纹管等。

明敷于潮湿场所或埋地敷设的金属管布线，应采用水、煤气钢管（即厚壁钢管）；明敷或暗敷于干燥场所的金属管布线可采用电线管（即薄壁钢管），但不宜用于埋地敷设；硬质塑料管具有较强的耐酸、碱腐蚀性能，且防潮性能良好，可取代部分钢管作导线保护管，并可作明配和暗配用，在潮湿及有酸碱腐蚀的场所应优先采用。目前常用的硬质塑料管多为刚性阻燃管即刚性 PVC 管（也称难燃线管），多用于一般居住和办公建筑等干燥场所的电气照明工程中作暗敷布线。

配管时应注意电线管内导线的总截面（包括外护层）不应超过电线管内截面的 40%，并应根据管路的长度、弯头的多少等实际情况在管路中间适当设置接线盒或拉线盒。

（2）线槽布线。线槽布线主要有金属线槽布线和塑料线槽布线两种。金属线槽布线和塑料线槽布线一般适用于正常环境的室内场所明敷，但对金属有严重腐蚀的场所不应采用金属线槽，在高温和易受机械损伤的场所不宜采用塑料线槽。具有槽盖的封闭式金属线槽，可在建筑顶棚内敷设。

线槽内电线或电缆的总截面（包括外护层）不应超过线槽内截面的 60%，载流导线不宜超过 30 根。电线或电缆在金属线槽内不宜有接头，在塑料线槽内不得有接头，分支接头应在接线盒内进行。

四、防雷系统组成

防雷接地装置。防雷接地装置主要由接闪器、引下线和接地装置三部分组成。其中接闪器是指为防止雷直击从而直接受雷电流的金属导体。接闪器的形式有避雷针、避雷网、避雷线等。引下线是连接避雷针（网）与接地装置的导体，一般由引下线、断接卡子、引下线保护管组成。接地装置由金属制成，埋入地下，引导雷电流安全入地，一般由接地母线和接地体或接地极组成。

（一）防雷

雷电是雷云之间或雷云对大地的一种自然放电现象。雷电的危害主要有直击雷、感应雷（静电感应雷击和电磁感应雷击）、雷电波侵入所造成的危害。雷电会击毁房屋、击穿电气设备绝缘、伤害人畜、引起火灾或爆炸等，所以应采取防雷措施，保证建筑物、设备、人身的安全。

（1）建筑物的防雷等级。建筑物应根据其重要性、使用性质、发生雷电事故的可能性及后果，按防雷要求进行分类。

根据国家标准《建筑物防雷设计规范》GB 50057—2010 对建筑物的防雷分类规定，民用建筑中无第一类防雷建筑物，其分类应划分为第二类及第三类防雷建筑物。在雷电活动频繁或强雷区，可适当提高建筑物的防雷保护措施。

1）二类防雷建筑物。

①高度超过 100m 的建筑物等。

②国家级重点文物保护建筑物。

③国家级的会堂、办公建筑物、档案馆、大型博展建筑物；特大型、大型铁路旅客站；国际性的航空港、通信枢纽；国宾馆、大型旅游建筑；国际港口客运站。

④国家级计算中心、国家级通信枢纽等对国民经济有重要意义且装有大量电子设备的建筑物。

⑤年预计雷击次数大于 0.06 次的部、省级办公建筑及其他重要或人员密集的公共建筑物。

⑥年预计雷击次数大于 0.30 次的住宅、办公楼等一般民用建筑物。

2）三类防雷建筑物。

①省级重点文物保护建筑物及省级档案馆。

②省级及以上大型计算中心和装有重要电子设备的建筑物。

③ 19 层及以上的住宅建筑和高度超过 50m 的其他民用建筑物。

④年预计雷击次数大于 0.012 次，且小于或等于 0.06 次的部、省级办公建筑及其他重要或人员密集的公共建筑物。

⑤年预计雷击次数大于或等于 0.06 次，且小于或等于 0.30 次的住宅、办公楼等一般民用建筑物。

⑥建筑群中最高或位于建筑群边缘高度超过 20m 的建筑物。

⑦通过调查确认当地遭受过雷击灾害的类似建筑物；历史上雷害事故严重地区或雷害事故较多地区的较重要建筑物。

⑧在平均雷暴日大于 15d/a 的地区，高度在 15m 及以上的烟囱、水塔等孤立的高耸构筑物；在平均雷暴日小于或等于 15d/a 的地区，高度在 20m 及以上的烟囱、水塔孤立的高耸构筑物。

（2）建筑物的防雷措施。

1）防直击雷的措施。防直击雷的防雷装置由接闪器、引下线和接地装置三部分组成。在建筑物屋顶易受雷击部位装设接闪器（避雷针、带、网），由接闪器引来雷电流，通过引下线和接地装置迅速引入大地，从而保护建筑物免受雷击。

建筑物防直击雷的措施，宜采用在建筑物沿屋角、屋脊、女儿墙、屋檐等易遭受雷击的部位装设避雷网（带）或避雷针或由其混合组成的接闪器的方法。并要求在整个屋面装设网格：防雷等级高的建筑物可使用 10mm × 10mm 的网格，防雷等级低的一般建筑物可使用 20m × 20m 的网格。

避雷针宜采用圆钢或焊接钢管制成。避雷网和避雷带宜采用圆钢或扁钢，且优先采用圆钢。各种接闪器的最小尺寸见表 1.2.2–2。

防雷装置的引下线不少于两根，并沿建筑物四周均匀或对称布置，引下线宜采用圆钢或扁钢，并宜优先采用圆钢。引下线的最小尺寸应不小于表 1.2.2–2 所列数值。

2）防雷电感应的措施。防止由于雷电感应在建筑物上聚集电荷的方法是在建筑物上设置收集并泄放电荷的装置（如避雷带、网）。防止建筑物内金属物上雷电感应的方法是将金属设备、管道等金属物，通过接地装置与大地作可靠的连接，以便将雷电感应电荷迅速引入大地，避免雷害。

3）防雷电波侵入的措施。防雷电波侵入是指雷电对架空线路或金属管道的作用，雷电波可能沿着这些管线侵入室内，危及人身安全或损坏设备。防止措施主要有：

表 1.2.2–2 防雷装置各部件的最小尺寸

防雷装置的部件	圆钢直径	钢管直径或厚度	扁钢截面	角钢厚度
避雷针（长 1m 以下）	12mm	直径 20mm		
避雷针（长 1~2m）	16mm	直径 25mm		
避雷带和避雷网	8mm		48mm^2 厚 4mm	
引下线	8mm		48mm^2 厚 4mm	
垂直接地体	10mm	厚 3.5mm		厚 4mm
水平接地体	10mm		100mm^2 厚 4mm	

①进入建筑物的各种线路及金属管道采用全线埋地引入，并在入户端将电缆的金属外皮、钢管及金属管道与接地装置连接。

②架空线转换为铠装电缆或穿钢管的全塑电缆直接埋地引入，埋地长度不应小于 15m，在入户端，电缆的金属外皮或钢管与接地装置连接。电缆与架空线的转换处装设避雷器，并与电缆的金属外皮或钢管及绝缘子铁脚连在一起接地。

③在架空线进出处装设避雷器并与绝缘子铁脚连在一起接到电气设备的接地装置上。进出建筑物的架空金属管道，在进出处应就近接到防雷和电气设备的接地装置上。

（二）接地

所谓接地，简单来说是各种设备与大地的电气连接。接地的目的是为了使设备正常和安全运行，以及为建筑物和人身的安全准备条件。

用电设备的接地，一般可分为保护性接地和功能性接地。保护性接地又可分为接地和接零两种形式。功能性接地包括电力系统中性点接地、防雷接地、电气设备的信号接地（即为保证信号具有稳定的基准电位而设置的接地）和功率接地（即除电子设备系统以外的其他交、直流电路的工作接地）、电子计算机的直流接地（包括逻辑及其他模拟量信号系统的接地）和交流工作接地。

根据国际电工委员会（IEC）标准及国家标准，低压配电系统的接地形式有以下三种：

（1）TN 系统。电力系统有一点直接接地，受电设备的外露可导电部分通过保护线与接地点连接。按照中性线和保护线组合情况，又可分为三种形式：

1）TN–S 系统。整个系统的中性线（N）与保护线（PE）是分开的，如图 1.2.2–3 所示。

2）TN–C 系统。整个系统的中性线（N）与保护线（PE）是合一的，如图 1.2.2–4 所示。

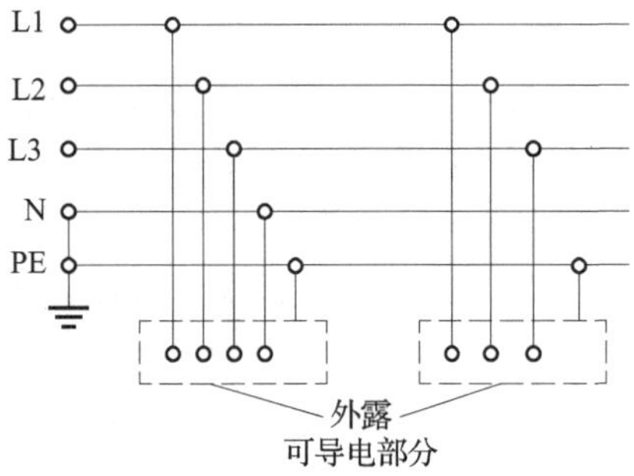

图 1.2.2–3 TN–S 系统

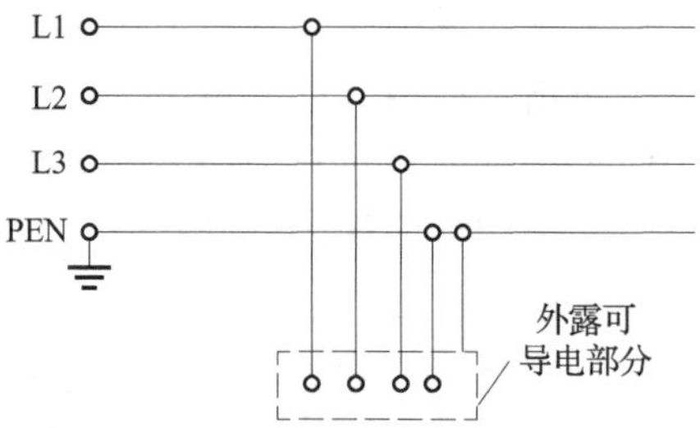

图 1.2.2–4 TN–C 系统

3）TN–C–S 系统。系统中前一部分线路的中性线与保护线是合一的，如图 1.2.2–5 所示。

（2）TT 系统。电力系统有一点直接接地，受电设备的外露可导电部分通过保护线接至与电力系统接地地点无直接关联的接地极，如图 1.2.2–6 所示。

（3）IT 系统。电力系统的带电部分与大地间无直接连接（或有一点经足够大的阻抗接地），受电设备的外露可导电部分通过保护线接至接地极，如图 1.2.2–7 所示。

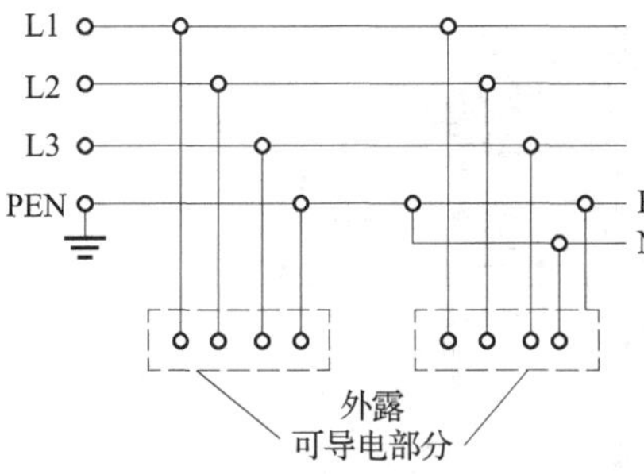

图 1.2.2–5 TN–C–S 系统

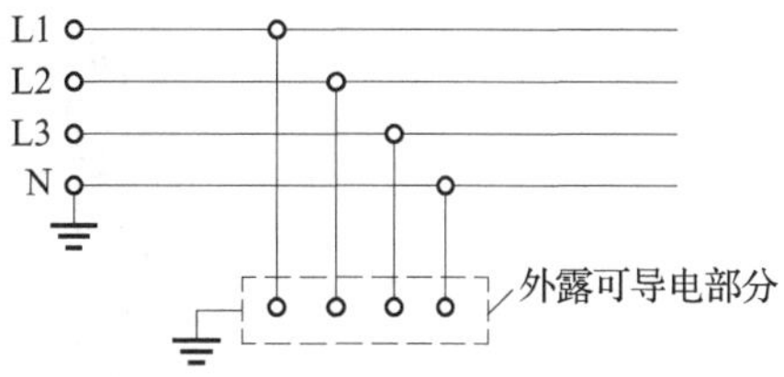

图 1.2.2–6 TT 系统

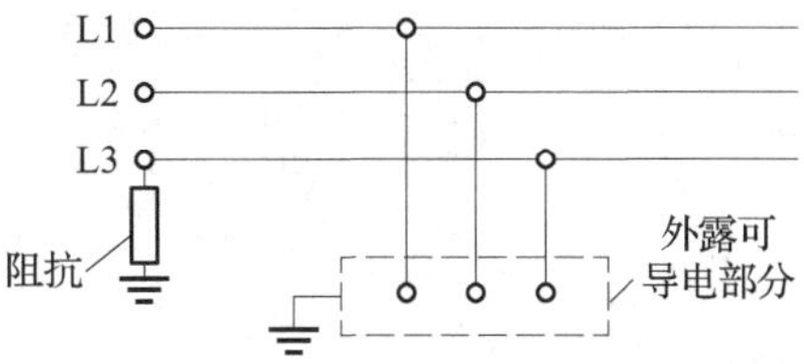

图 1.2.2–7 IT 系统

1.3 给水排水工程

1.3.1 给水排水工程分类

将城镇给水管网或自备水源给水管网的水引入室内，选用适用、经济、合理的最佳供水方式，经配水管送至室内各种卫生器具、用水嘴、生产装置和消防设备，并满足用水点对水量、水压和水质要求的，称为建筑内部给水系统，如图 1.3.1–1 所示。

通过管道及辅助设备，把屋面雨水及生活和生产的污水、废水及时排出室外的管道网络系统，称为建筑内部排水系统，如图 1.3.1–2 所示。

给水排水工程按安装位置分类可分为：室内给水排水和室外给水排水。按功能分类可分为：给水系统和排水系统。

一、室外给水系统的分类

建筑给水系统根据用途的不同，可分为生活给水系统、生产给水系统和消防给水系统。这三个给水系统不一定单独设置，常常根据用水对象对水质、水量、水压等具体要求，采用两者或三者并用的联合系统。

（一）生活给水系统

生活给水系统。供人们饮用、洗涤、沐浴、烹饪等生活用水，其水质必须符合国家规定的饮用水质标准。

（二）生产给水系统

生产给水系统。供给生产设备冷却、原料产品的洗涤，以及各类产品制造过程中所需要的用水，其水质、水压和水量由生产工艺所决定。

（三）消防给水系统

消防给水系统。供给各类消防设备灭火用水，其特点是必须按照建筑防火规范的要求保证水量和水压的供给。

二、室内给水系统的分类

（1）直接给水方式。由室外给水管网直接供水，是最简单、经济的给水方式，适用于外网能满足用水要求的建筑。

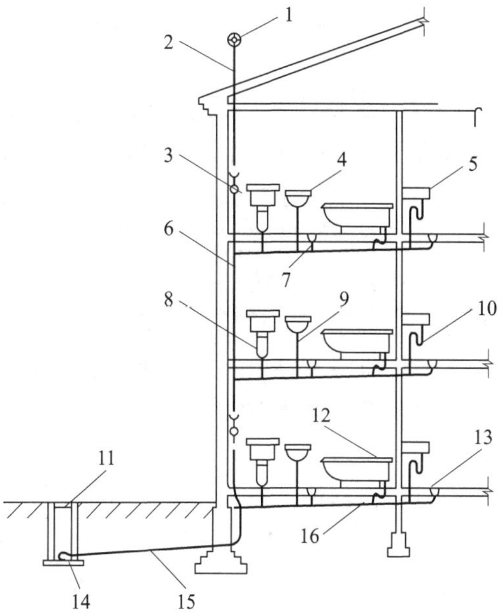

图 1.3.1–1 建筑内部给水系统

1—铅丝网罩；2—伸顶通气管；3—检查口；4—洗脸盆；5—洗涤盆；6—立管；7—地漏；8—大便器；9—器具排水管；10—存水弯；11—检查井；12—浴盆；13—清扫口；14—室外排水管；15—排水管；16—横支管

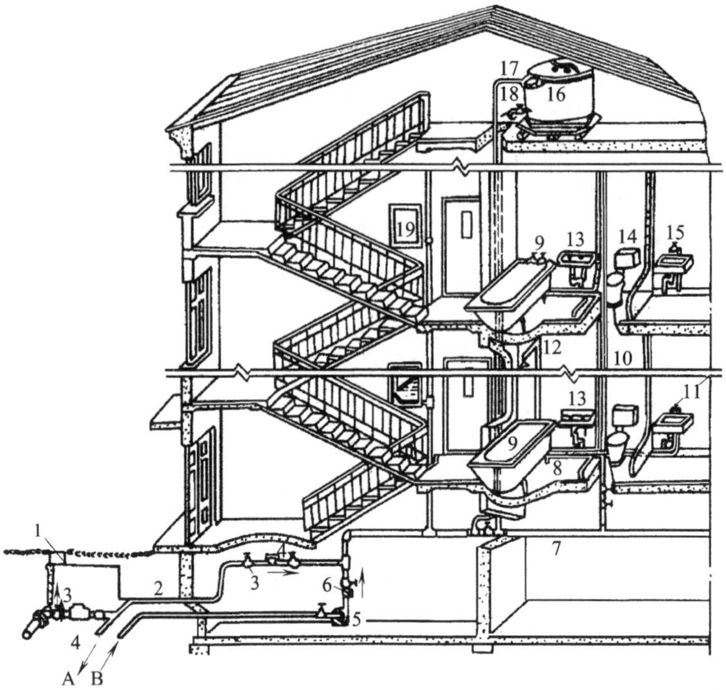

图 1.3.1-2　室内排水系统示意图

1—阀门井；2—引入管；3—闸阀；4—水表；5—水泵；6—逆止阀；7—干管；8—支管；9—浴盆；10—立管；11—水龙头；12—淋浴器；13—洗脸盆；14—大便器；15—洗涤盆；16—水箱；17—进水管；18—出水管；19—消火栓；A—入贮水池；B—来自贮水池

这种给水方式的水平干管常敷设于底层或地沟内以及地下室的楼板下面。

（2）设水箱的给水方式。适用于室外管网的水压周期性不足时采用。在用水低峰时，室外管网水压高，水箱进水；当用水高峰时，室外管网水压低，水箱向建筑内部给水系统供水。

（3）设水泵的给水方式。是在室外给水管网水压经常性不足时采用。这种给水方式在给水系统中常增设贮水池。

（4）设水泵和水箱的给水方式。宜在室外给水管网压力低于或经常不能满足建筑给水管网所需的水压时采用。其特点是水压和水量稳定，水泵恒速供水，设备简单。

（5）气压给水方式。即在给水系统中，设置气压给水装置。气压水罐的作用相当于高位水箱，但其位置可根据需要设置在高处或低处。

（6）分区给水方式。即在建筑物的垂直方向按层分段，各段为一区，分别组成各自的给水系统。这种方式可以解决低层管道中静水压力过大的问题，从而使各区最低卫生设备或用水设备处的静水压力小于其工作压力，以免配水装置的零件损坏漏水，同时可以提高给水的安全可靠性。

三、室外排水系统的分类

室外排水系统是收集、输送、处理、再生和处置污水和雨水的设施以一定方式组合成的总体。

（1）根据污水来源和性质不同一般可分为：生活污水、工业废水、降水排水。

1）生活污水排水系统。排除民用建筑及工厂日常生活中产生的污废水的管网系统。目前，常把生活排水系统又进一步分为排除冲洗便器的生活污水排水系统和排除盥洗、洗涤废水的生活废水排水系统。

2）工业废水排水系统。排除工业生产过程中产生的污废水的管网系统。为便于污废水的综合利用，按污染程度可分为生产污水排水系统和生产废水排水系统。

3）降水排水系统。收集排除建筑物屋面上的雨水和雪水的管网系统。

（2）根据现有排水体制一般可分为：分流制、合流制。分流制就是将各个排水系统采用不同的管网收集后或处理或利用或直接排放。合流制就是将各个排水系统采用一套管网进行收集。

四、内部排水系统的分类

内部排水系统是将建筑物内部人们在日常生活和工业生产中使用过的水收集起来，及时排出室外。按照系统排出的污水性质不同，建筑排水系统可分为生活污水排水系统、工业废水排水系统和降水排水系统三类。

（1）生活污水排水系统。排除民用建筑及工厂日常生活中产生的污废水的管网系统。目前，常把生活排水系统又进一步分为排除冲洗便器的生活污水排水系统和排除盥洗、洗涤废水的生活废水排水系统。

（2）工业废水排水系统。排除工业生产过程中产生的污废水的管网系统。为便于污废水的综合利用，按污染程度可分为生产污水排水系统和生产废水排水系统。

（3）降水排水系统。收集排除建筑物屋面上的雨水和雪水的管网系统。

1.3.2　室外给排水工程系统组成

一、室外给水系统组成

（一）室外给水系统的组成

（1）取水构筑物。用以从选定的水源（包括地下水源和地表水源）取水。

（2）水处理构筑物。是将取来的原水进行处理，使其符合用户对水质的要求。

（3）泵站。用以将所需水量提升到要求的高度，可分为抽取原水的一级泵站、输送清水的二级泵站和设于管网中的加压泵站。

（4）输水管渠和管网。输水管是将原水输送到水厂的管渠，当输水距离 10km 以上时为长距离输送管道；配水管网则是将处理后的水配送到各个给水区的用户。

（5）调节构筑物。它包括高地水池、水塔、清水池等。用以贮存和调节水量。高地水池和水塔兼有保证水压的作用。

（二）配水管网的布置形式和敷设方式

配水管网有树状网和环状网两种形式。树状管网是从水厂泵站或水塔到用户的管线布置成树枝状，只是一个方向供水。供水可靠性较差，投资省。环状网中的干管前、后贯通，连接成环状，供水可靠性好，适用于供水不允许中断的地区。配水管网一般采用埋地铺设，覆土厚度不小于 0.7m，并且在冰冻线以下。通常沿道路或平行于建筑物铺设。配水管网上设置阀门和阀门井。

二、室外排水系统组成

室外排水系统由排水管道、检查井、跌水井、雨水口和污水处理厂等组成。室外污水排除系统与雨水排除系统可以采用合流制或分流制。

1.3.3　室内给排水工程系统组成

一、室内给水系统组成

建筑内部的给水系统由进户管、水表节点、管网系统、用水设备、管网附件以及增压和贮水设备组成。

（1）进户管。又称“引入管”，是室外给水管与室内管网之间的联络管，其作用是将水从室外给水管网引入到建筑物内部，一般建筑设有一条或数条进户管。

（2）水表节点。是用水量计量的装置，一般设置在进水管上和室外的水表井内，为了检修水表，水表前后设置阀门，并有符合产品标准规定的直线管段。对于住宅建筑，每户的进户管上均应安装分户水表。

（3）管网系统。由干管、立管和支管组成。

（4）用水设备。由水龙头、卫生器具等设备组成。

（5）管路附件。为了便于取用、调节和检修，在供水管路上需要设置各种给水附件，如各种阀门、水龙头等。

（6）增压和贮水设备。当室外给水管网的水量、水压不能满足建筑用水要求，或要求供水压力稳定、确保供水安全可靠时，需要设置各种附属设备，如水泵、气压给水设备和水池、水箱。

二、室内排水系统组成

建筑内部排水系统一般有以下几个基本部分组成：

（1）污（废）水收集器。各种卫生器具、排放生产废水的设备、雨水斗及地漏等。

（2）器具排水管。卫生器具和排水横管之间的短管。除坐式大便器外，一般其间都设有 P 型或 S 型存水弯。

（3）排水横管。连接器具排水管和立管之间的水平管段。排水横管应有一定的坡度，坡向排水装置。

（4）排水立管。连接各楼层排水横支管的垂直排水管的过水部分。排水立管宜靠近杂质最多、最脏和排水量最大的排水点。立管通常在墙角明装，高层建筑的排水立管可暗装在管槽或管井中。

（5）排出管。室内排水立管至室外检查井之间连接的水平管段，即室内污水出户管。排出管通常为埋地敷设，管顶距室外地面不小于 0.7m，为达到自清流速，排出管必须按规定的坡度敷设。

（6）通气管。排水立管由最高层卫生器具以上伸出屋面的不过水部分，管顶设有通气帽或铅丝球。对于卫生器具在 4 个以上，且距立管大于 12m 的横支管或同一横支管连接 6 个以上大便器时，应设辅助通气管；建筑物内有卫生器具的层数在 10 层及以上时，可设专用通气管。通气管中的作用是排出排水管中的有害气体和使排水管道内的压力与大气压取得平衡，防止水封被破坏，如图 1.3.3 所示。

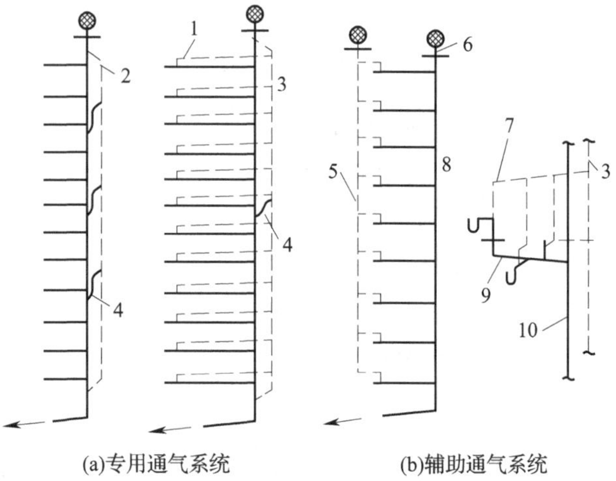

图 1.3.3 排水管道通气系统

1—环形通气管；2—专用通气立管；3—主通气立管；4—结合通气管；5—副通气立管；6—伸顶通气管；7—器具通气管；8—排水立管；9—排水横支管；10—排水立管

1.4 通风空调工程

建筑通风是指建筑物室内污浊的空气直接或净化后排至室外，再把新鲜的空气补充进去，从而保持室内的空气环境符合卫生标准。其目的：①保证排除室内污染物；②保证室内人员的热舒适；③满足室内人员对新鲜空气的需要。可见，通风是改善空气条件的方法之一，它包括从室内排除污浊空气和向室内补充新鲜空气两个方面，前者称为排风，后者称为送风。实现排风和送风所采用的一系列设备、装置的总称为通风系统。建筑通风常常被应用于生产和生活中，前者称为工业通风，后者称为生活通风。空调工程是空气调节工程的简称，它是要求对空气进行处理的更高一级的通风。空气调节就是采用人工的方法将空气进行各种处理（例如：加热、加湿、冷却、减湿和过滤等），把室内空气的温度、湿度、洁净度、空气流动速度及室内噪声控制在一定范围内，以满足生产工艺和人们活动的舒适要求。

1.4.1 通风空调工程分类

一、通风工程分类

（1）按循环动力分类通风工程可分为：自然循环通风和机械循环通风。

1）自然循环通风：主要是依靠风压和热压来使室内外的空气进行交换，从而改变室内空气环境。

2）机械循环通风：主要是依靠风机、风管、进出风口来进行室内外的空气交换，从而改变室内空气环境。

（2）按通风原理分类通风工程可分为：排风、新风。

1）排风又可分为：自然排风和机械排风。

①自然排风：是没有设置管道及设备，靠窗户来完成室内换气的。

②机械排风：用通风管道及通风设备进行往室外排风，是改善及调节室内的空气。

2）新风：依靠通风管道及通风设备往室内送风，以达到改善及调节室内空气的目的。

（3）按通风系统的作用范围分类通风工程可分为：全面通风、局部通风、混合通风。

1）全面通风。全面通风是对整个房间进行换气，用送入室内的新鲜空气把整个房间里的有害物浓度稀释至卫生标准允许浓度以下，同时把室内被污染的空气直接或经过净化处理后排放到室外大气中去。

2）局部通风。将污浊的空气或有害气体直接从生产的地方抽出，防止扩散到整个室内，或者将新鲜空气送到某个局部范围，改善局部范围的空气状况，称为局部通风。

3）混合通风。用全面送风和局部排风或全面排风和局部送风混合起来的通风形式。在实际工程中，各种通风方式是联合使用的，选用哪一种通风方式，应根据卫生要求，建筑生产工艺特点以及经济适用等因素来决定。

二、空调工程分类

空调工程的分类方法很多，通常有下列几种：

（一）按室内环境的要求分类

（1）恒温恒湿空调工程。在生产过程中，为保证产品质量，空调房间内的空气温度和相对湿度要求恒定在一定数值范围内。对于这样一些保持室内温度、湿度恒定的空调工程，通常称为恒温恒湿空调工程，如机械工业的精密加工车间、精密装配车间、计量室、刻线室等。

（2）一般空调工程。在某些公共建筑物，如办公楼、体育馆、宾馆以及某些车间等，对空气调节基数要求不需要恒定，随着室外气温的变化允许温、湿度基数在一定范围内变化，例如温度控制在 18~28℃范围，相对湿度在 40%~70% 范围，这类以夏季降温为主的空调称为一般空调（或舒适性空调）工程。

（3）净化空调工程。某些生产工艺房间不仅要求一定的温度、湿度，而且对空气的洁净度有严格要求，这类房间采用的空调就是净化空调工程，如电子工业。

（4）除湿性空调工程。在一些地下建筑物，洞库内的散湿量很大，需要对进入房间的空气进行除湿处理，以保持室内达到规定的相对湿度。这类空调主要是以除湿为主的空调工程，如洞库、坑道、隧道、地铁等。

（二）按空气处理设备设置的集中程度分类

（1）集中式空调系统。这种系统是将所有的空气处理设备（包括过滤器、冷却器、加湿器）以及风机、水泵等都集中设置在一个空调机房内，通过一套送风和回风管道系统为多个建筑空间服务。

（2）半集中式空调系统。这种系统除了有集中的空调机房外，还有分散设置在各空调间内的二次空气处理设备（又称末端装置）。目前使用较多的是空气诱导器和风机盘管。尤其是风机盘管，使用更为广泛。这种系统中一部分空气集中在空调机房进行处理后送到各个空调房间（即新风系统），另一部分空气（即回风）由分散在各空调房间内的末端装置就地进行处理。

（3）全分散式空调系统。这种系统把空气处理机备、冷热源和空气输送设备（风机）都集中在一个箱体内，形成一个结构紧凑的空调机组，如窗式空调机组。这种系统没有集中的空调机房，可以根据需要，将机组灵活而分散地设置在各空调房间内。

（三）按负担室内负荷所用的介质分类

（1）全空气系统。这种系统空调房间的负荷全部由经过处理的空气来负担。室内的余热余湿为正值时（如夏季），用低温低湿的空气送入房间，吸收余热余湿后排出房间。当房间内热湿负荷为负值时（如冬季），即向房间内送入热湿空气。集中式空调即为全空气式空调。

（2）全水系统。这种系统空调房间的热湿负荷全部依靠水作为冷热媒介来负担。如不设新风系统的风机盘管系统就属于全水式系统。

（3）空气–水系统。这种系统空调房间的热湿负荷一部分靠空气负担，另一部分由水负担。有新风系统的风机盘管系统和诱导器系统均属此类。

（4）制冷剂式系统。局部式空调机组就是这种系统，空调房间的热负荷和湿负荷全部靠制冷剂作为媒介来负担。

（四）按风道中空气流动的速度分类

（1）低速空调系统。这种系统管道内空气流速低于 15m/s，按设计规范，风机与消声装置之间的风管，其气流速度可采用 8~10m/s，一般民用建筑的舒适性空调采用的低速空调系统，风管风速不宜大于 8m/s。

（2）高速空调系统。风道内气流速度高于 15m/s 的系统，主要用于建筑空间小而重要的场所，但必须做好气流噪声的防治；对于民用建筑，主风管风速大于 12m/s，也称高速空调系统。

（五）按所处理空气的来源分类

（1）直流式系统。又称全新风系统，这类系统所处理的空气全部来自室外新鲜空气，经处理后送入室内，然后全部排出室外。它主要用于空调房不允许利用回风的场所。

（2）混合式系统。这类系统所处理的空气一部分来自室外新风，另一部分来自空调房的循环空气。主要是为了节省冷量或热量。

（3）封闭式系统。这类系统所处理的空气全部来自空调房间本身，经济性好，但卫生效果差，它主要用于密闭空间且无法采用室外空气的场合。

1.4.2 通风空调工程系统组成

一、通风系统组成

（一）机械送风系统组成

机械送风系统组成如图 1.4.2–1 所示。

（1）新风口。新鲜空气入口。

（2）空气处理室。对空气中的悬浮物、有害气体进行过滤、排除等处理。

（3）通风机。将处理后的空气送入管网内。

（4）送风管。将通风机送来的空气送到各个房间；管道上安装有调节阀、送风口、防火阀、检查孔等部件。

（5）回风管。也称排风管，将被污染空气吸入管道内送回空气处理室。管道上安装有回风口、防火阀等部件。

（6）送（出）风口。将处理后的空气均匀送入房间。

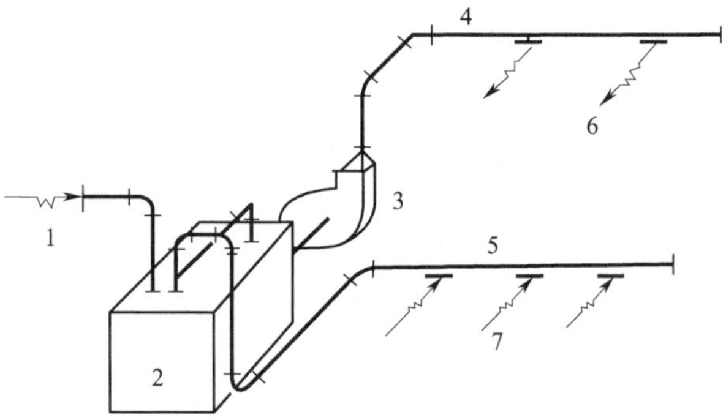

图 1.4.2–1 机械送风系统组成

1—新风口；2—空气处理室；3—通风机；4—送风管；5—回风管；6—送（出）风口；7—吸（回）风口

（7）吸（回、排）风口。将房间内被污染空气吸入回风管道，送回空气处理室。

（8）管件。弯头、三通、四通、异径管、法兰盘、导流片等。

（9）管道部件。各种阀、排气罩、风帽、检查孔、测定孔和风管支、吊、托架等。

（二）机械排风系统组成

机械排风系统组成如图 1.4.2–2 所示。

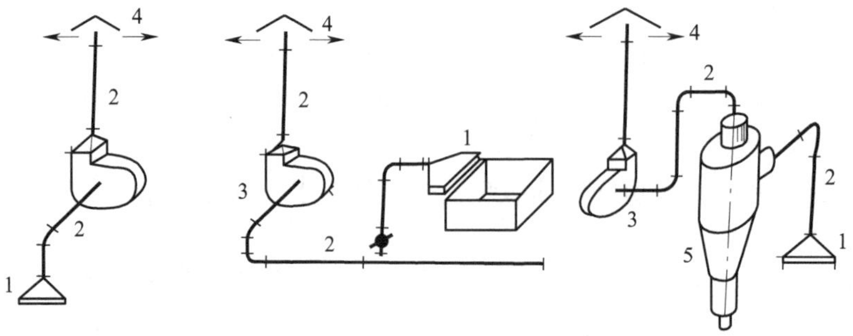

(a)排风系统　(b)侧吸罩排风系统　(c)除尘系统

图 1.4.2–2 机械排风系统组成

1—排风口（侧吸罩）；2—排风管；3—排风机；4—风帽；5—除尘器

（1）吸风口。将被污染空气吸入排风管内。有吸风口、侧吸罩等部件。

（2）排风管。输送被污染空气的管道。

（3）排风机。排风机是将被污染空气用机械能量从排气管中排出。

（4）风帽。将被污染空气排入大气中，防空气倒灌及防雨灌入的部件。

（5）除尘器。用排风机的吸力将灰尘及有害质粒的被污染空气吸入除尘器中，将尘粒集中排除。如旋风除尘器、袋式除尘器、滤尘器等。

（6）管件和部件。弯头、三通、导流片等；各种阀、吸气罩、风帽、检查孔、测定孔和风管支、吊、托架等。

二、空调系统组成

（1）空调系统最常见的为单体空调和集中式空调系统。

（2）单体空调是由制冷系统、通风系统、电气控制系统和箱体系统四部分组成的。

（3）集中式空调系统主要是由三部分组成，空气处理设备、空气输送设备、空气分配装置，除了上述三个主要部分外，还有为空气处理服务的热源和热媒管道系统，冷源和冷媒管道系统，以及自动控制和自动检测系统。

1）空气处理设备。空气处理设备是对空气进行热湿处理和净化处理的主要设备，见表面式冷却器、喷水室、加热器、加湿器等。

2）空气输送设备。空气输送设备主要包括风机（送、回、排风机）、风道系统、调节阀、消声器等。

3）空气分配装置。空气分配装置是指设在空调房间内的各种类型的送风口、回风口和排风风口。其作用是合理地组织室内的气流，以保证空调房间内环境质量的均衡和精度。

4）冷热源。冷热源是为空气处理提供冷量或热量的设备。如冷冻站、冷水机组、锅炉等。

5）自动调节控制装置。自动调节控制装置是根据需要装配的控制器件与电路。如控制设备开停顺序的连锁保护和控制电路、感温器、电动二通阀等。

一个典型的空调系统组成：夏季由制冷设备（冷源）提供冷水或液态制冷剂，冬季由锅炉（热源）提供热水或蒸汽。通过冷热水输配系统将冷热水送至空调机组（空气处理设备）将空气处理到送风状态点，通过空气输配系统将处理后的空气送入室内消除热湿负荷，或者将冷热水送至房间末端设备（空气处理设备）换热来满足房间负荷要求。

1.5　消防工程

1.5.1　消防工程分类

水灭火系统是应用最广泛的灭火系统。用水灭火器材简单、价格便宜、灭火效果好。

水灭火系统按水流形态可分为消火栓灭火系统和自动喷水灭火系统。

一、消火栓灭火系统

消火栓灭火系统分为室外消火栓灭火系统和室内消火栓灭火系统。通常由管路、阀门和消火栓组成。

（一）室外消火栓灭火系统

室外消火栓是设置于室外供消防车用水或直接出水带水枪进行灭火的供水设备。室外消火栓按安装方法分为地上式消火栓和地下式消火栓；按压力分为低压消火栓和高压消火栓。

（1）地上式消火栓。地上式消火栓大部分露出地面，具有易于寻找、出水方便等优点，但具有易冻结、易损坏，在某些场合妨碍交通、影响市容等缺点。因此，适用于常年气温较高地区。

（2）地下式消火栓。地下式消火栓设置在消火栓井内，具有不易损坏、不易冻结、便利交通等优点，但具有操作不便、不易寻找（特别是在下雨天、下雪天和夜间）等缺点。因此，使用于北方寒冷地区，并且要求地下消火栓旁设置明显标志。

（3）低压消火栓。低压消火栓设置在室外低压消防给水系统的管网上。是供应火场消防车用水的供水设备。

（4）高压消火栓。高压消火栓设置在室外高压或临时高压消防给水系统的管网上。可直接接出水带、水枪进行灭火，不需消防车或其他移动式消防水泵加压。

（二）室内消火栓灭火系统

设置于建筑物内的消火栓灭火系统。一般建筑消防给水宜与生产、生活给水管道合并，如合并不经济或技术上不可能，可采用独立的消防给水管道系统。高层民用建筑与工业建筑室内消防给水应采用独立的消防给水管道系统。

室内消火栓灭火系统：根据建筑物高度、室外管网压力、流量和室内消防流量、水压等要求，室内消火栓灭火系统可分为以下几类：

（1）无加压泵和水箱，此系统组成如图 1.5.1–1 所示。常用于高度不太高的低层建筑，且室外给水管网压力和流量完全能满足室内最不利点消火栓的设计水压和流量要求。

（2）有水箱，此系统组成如图 1.5.1–2 所示。常用于低层建筑，且水压变化比较大的城市或居住区，当生活、生产用水量达到最大时，室外管网不能保证室内最不利点消火栓的设计水压和流量，而当生活、生产用水量较小时，室外管网的压力又较大，能向高位水箱补水，因此，常设水箱调节生活生产用水量，同时储存 10min 的消防用水量。消防时由消防车从室外消火栓取水加压，经水泵结合器送至室内扑救火灾。

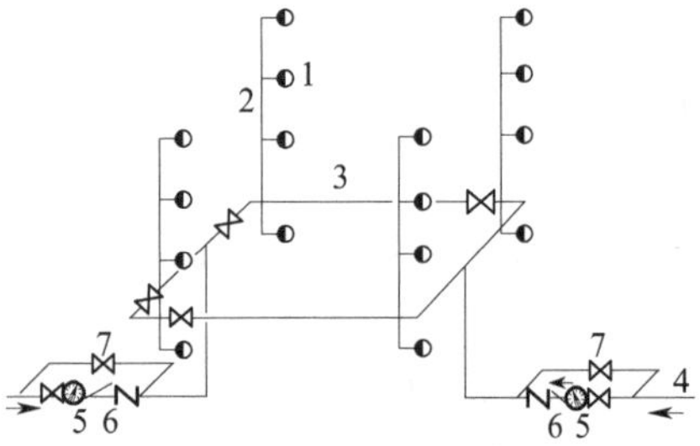

图 1.5.1–1　无加压泵和水箱

1—室内消火栓；2—室内消防竖管；3—干管；4—进户管；5—水表；6—止回阀；7—旁通管及阀门

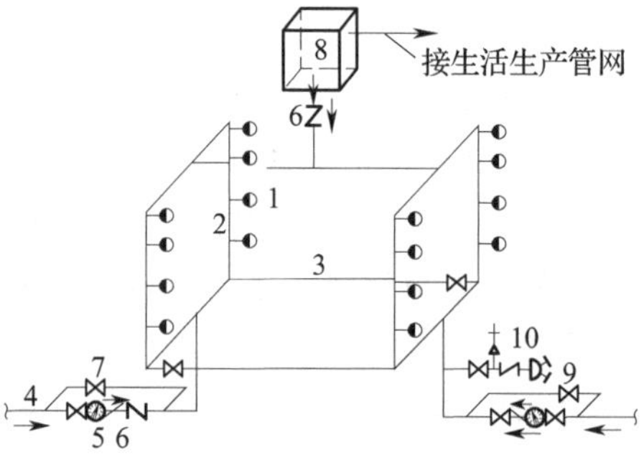

图 1.5.1–2　设有水箱的室内消火栓系统

1—室内消火栓；2—消防竖管；3—干管；4—进户管；5—水表；6—止回阀；7—旁通管及阀门；8—水箱；9—水泵结合器；10—安全网

（3）有加压泵和水箱，此系统组成如图 1.5.1–3 所示。常用于低层建筑或高度不超过 50m 的高层建筑，且室外管网压力经常不能满足室内消火栓给水系统的水压和水量要求。消防泵应满足室内管网最不利点消火栓的水压及水量要求，同时水箱应储存 10min 的消防用水量。消防水池存有室内消防用水量，保证火灾延续时间内的用水量。消防时启动消防水泵送水，也接受来自室外消防车的加压水，经水泵结合器送至室内消防。对于建筑高度超过 50m 的工业与民用建筑物中。当室内消防栓的静压力超过 80MPa 时，应按静压采用分区消防给水系统。此系统组成如图 1.5.1–4 所示。

二、自动喷水灭火系统

自动喷水灭火系统是一种固定式自动灭火系统，它利用固定管网、喷头自动作用喷水灭火，并同时发出火警信号的灭火系统。该系统使用安全可靠，经济实用，扑灭火灾成功率高，特别对扑灭初期火灾有很好的效果。根据保护对象和自然条件的不同，出现了很多不同的类型。本节主要介绍以下几种：

（一）湿式自动喷水灭火系统

湿式自动喷水灭火系统是自动喷水灭火系统中应用最广泛的一种。该系统在准工作状态时管道内均充满压力水。它适用于室内温度不低于 4℃且不高于 70℃的建筑物、构筑物内。主要由喷头、湿式报警装置、水流指示器、管道系统、供水设施、报警装置等组成。

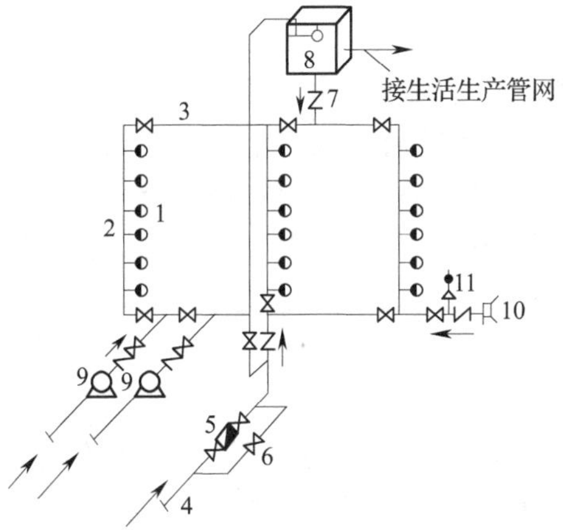

图 1.5.1–3　设有水箱和消防泵的消火栓系统

1—室内消火栓；2—消防竖管；3—干管；4—进户管；5—水表；6—旁通管及阀门；7—止回阀；8—水箱；9—水泵；10—水泵结合器；11—安全阀

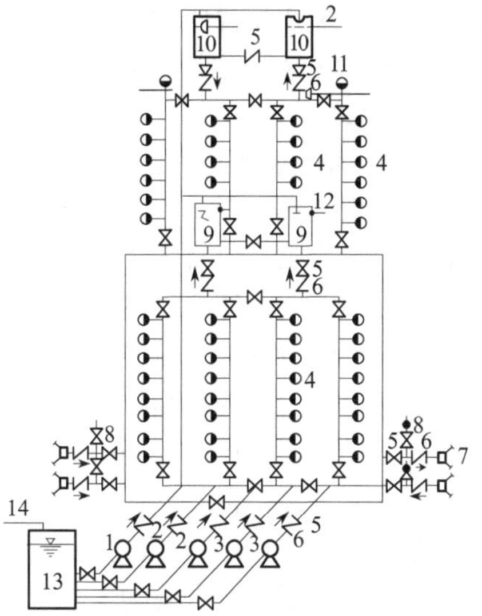

图 1.5.1–4　分区给水室内消火栓给水系统

1—生活、生产水泵；2—二区消防泵；3—一区消防泵；4—消火栓；5—阀门；6—止回阀；7—水泵结合器；8—安全阀；9—一区水箱；10—二区水箱；11—屋顶消火栓；12—至生活、生产管网；13—水池；14—来自城市管网

当发生火灾时，喷头周围的温度上升，在达到其动作温度时，喷头的玻璃球爆裂，喷头开启喷水，管网压力下降，报警阀后压力下降使阀板开启，接通管网和水源供水灭火。其灭火系统组成如图 1.5.1–5 所示。

（二）干式自动喷水灭火系统

干式自动喷水灭火系统是由湿式自动喷水灭火系统发展而来，适用于室内温度低于 4℃或高于 70℃的建筑物、构筑物内。如不采暖的地下停车场、冷库等。主要由闭式喷头、干式报警装置、水流指示器、管道系统、充气设备、加速器、供水设施、报警装置等组成。平时报警阀后管网充以有压气体（压缩空气或氮气），水源至报警阀的管段内充以有压水。干式系统的动作要比湿式系统慢约 50%，因为喷头开启后首先排放压缩气体，然后报警阀启动并等待水流流至喷头，这样势必造成管网布置面积愈大则迟延时间愈多，因此设计规定都有管网容积超过一定容量时必须安装加速器的规定。安装加速器缩短了报警阀的开启时间，提高灭火效果。加速器的进管与出管均为公称直径 15mm 管子，安装位置略高于干式报警阀。

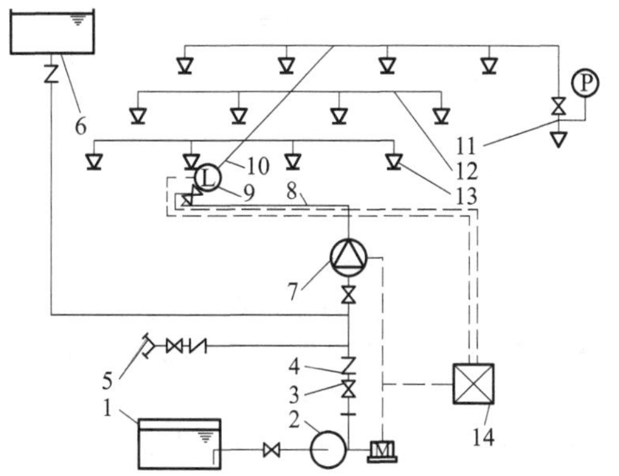

图 1.5.1–5　湿式喷水灭火系统示意图

1—水池；2—水泵；3—闸阀；4—止回阀；5—水泵接合器；6—消防水箱；7—湿式报警阀组；8—配水干管；9—水流指示器；10—配水管；11—末端试水装置；12—配水支管；13—闭式洒水喷头；14—报警控制器；P—压力表；L—水流指示器；M—驱动电机

当发生火灾时，喷头周围的温度上升，在达到其动作温度时，喷头的玻璃球爆裂，喷水口开启，但首先喷出来的是有压气体，随着管网中压力下降，水即顶开干式阀门流入管网，接通管网和水源供水灭火。干式喷水灭火系统组成示意图如图 1.5.1–6 所示。

（三）干湿式喷水灭火系统

干湿式喷水灭火系统是把干式和湿式两种系统的优点结合在一起的自动喷水灭火系统，适用于冬季可能冰冻但不采暖的建筑物、构筑物内。

干湿两用系统在交替使用时，只需在两用报警阀内采取措施：在寒冷季节将报警阀的销板脱开膜片板，接通气源，使管网充满压缩空气，即可成为干式系统；在温暖季节只需切断气源，管网充满压力水，即可成为湿式系统。

（四）预作用喷水灭火系统

预作用喷水灭火系统是在装有闭式喷淋头的干式自动喷水灭火系统上附加一套火灾自动报警系统。平常该系统的管道内充以有压或无压气体，当发生火灾时，由探测系统启动预作用阀门使压力水流进管网变成湿式喷水系统的同时，发出水流报警信号。此时，由于管道安装的标准闭式喷头尚未释放，所以还不立刻喷水，而留守人员得到报警信号后，可以主动地采取适当行动进行灭火。一些小火也许被手提灭火器所扑灭，喷水系统的喷水动作得以免除，水渍损失得以减少。但如因探测系统的误动作或因管道式喷头漏气而导致预作用阀门的误开启，在管网冲水过程的警报信号下，留守人员同样可以采用适当措施，制止或减少非火灾的水渍损失。

预作用喷水灭火系统平时管道是无水的，当探测器探测到火灾时，通过报警控制器发出火警信号，并由其外控触点使电磁阀开启（或手动开启），预先开启排气阀，排除管网内压缩空气，使管网充满水。当火灾使环境温度高于闭式喷头温敏元件动作时，即刻喷水灭火。预作用喷水灭火系统组成示意图如图 1.5.1–7 所示。

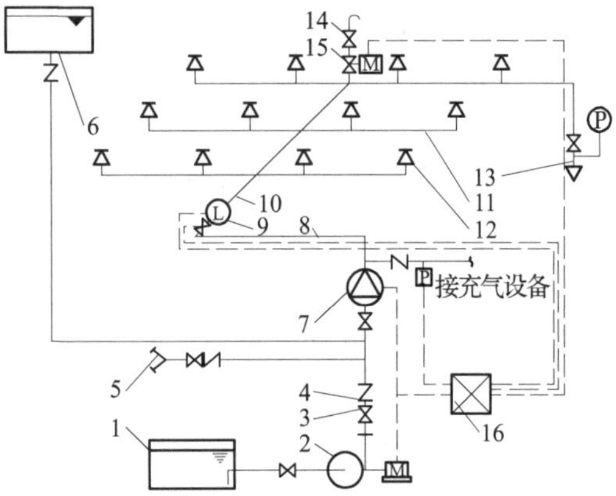

图 1.5.1–6 干式喷水灭火系统示意图

1—水池；2—水泵；3—闸阀；4—止回阀；5—水泵接合器；6—消防水箱；7—干式报警阀组；8—配水干管；9—水流指示器；10—配水管；11—配水支管；12—闭式喷头；13—末端试水装置；14—快速排气阀；15—电动阀；16—报警控制器；P—压力表；L—水流指示器；M—驱动电机

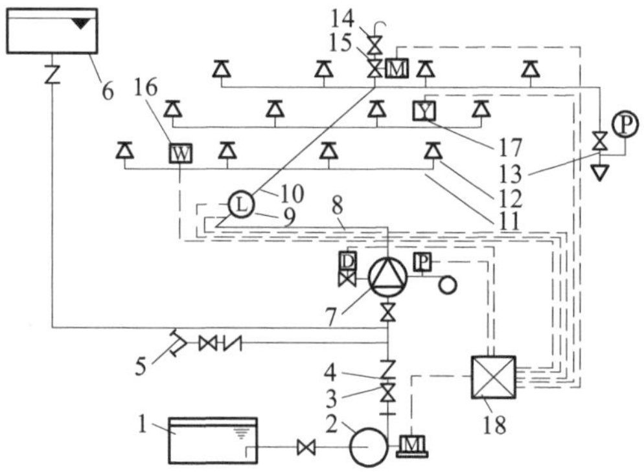

图 1.5.1–7 预作用喷水灭火系统示意图

1—水池；2—水泵；3—闸阀；4—止回阀；5—水泵接合器；6—消防水箱；7—预作用报警阀组；8—配水干管；9—水流指示器；10—配水管；11—配水支管；12—闭式喷头；13—末端试水装置；14—快速排气阀；15—电动阀；16—感温探测器；17—感烟探测器；18—报警控制器；P—压力表；L—水流指示器；M—驱动电机；D—电磁阀

（五）雨淋喷水灭火系统

雨淋喷水灭火系统是干式和湿式自动喷水灭火系统的改装型。系统的特点是，一旦动作，在所保护的面积内喷头同时喷水。该系统主要适用于严重危险级的建筑物、构筑物内。其包含的火灾因素和燃烧猛烈及蔓延迅速的程度为一般湿式系统所不能应付的场合。该系统有两个重要和明显的改动。

（1）系统所装备灭火喷头都是开式的。

（2）由于喷头没有温感释放元件而系统又必须是自动操作的，所以系统必须装备独立的探测传动控制系统，并由它来启动雨淋阀。根据控制方式可分为以下几种：

1）易熔锁封控制的雨淋系统。利用一个与雨淋管网并行系统的钢丝绳、易熔片、拉紧弹簧和传动阀门来控制传动管网的泄压，自动开启雨淋阀。其布置方式如图 1.5.1–8 所示，主要部件见表 1.5.1。

2）闭式喷头控制的雨淋系统。闭式喷头控制的雨淋系统与易熔封锁控制的雨淋系统相同，只是供水量方面由于控制系统本身带有喷头，在发生火灾后动作的喷头将超过易熔锁封控制的系统，水量消耗较大。其布置方式如图 1.5.1–9 所示，主要部件见表 1.5.1。

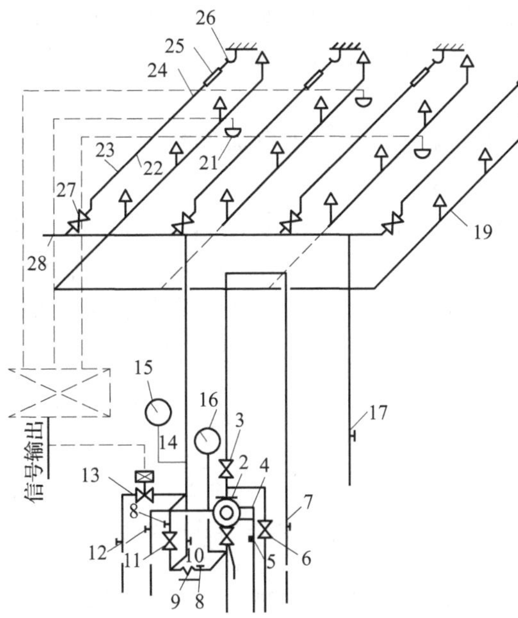

图 1.5.1–8　易熔锁封控制雨淋系统

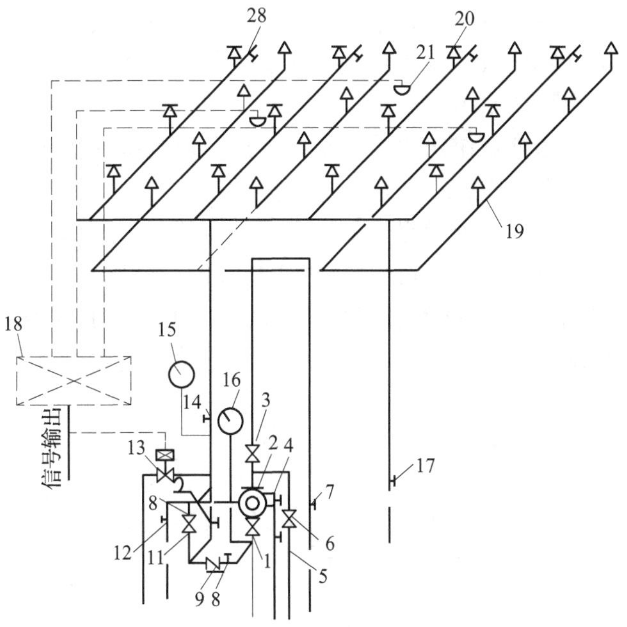

图 1.5.1–9　闭式喷头控制雨淋系统

表 1.5.1　主要部件表

编号	名称	用　　途	编号	名称	用　　途
1	闸阀	进水总阀	15	压力表	测传动管水压
2	雨淋阀	自动控制消防供水	16	压力表	测供供管水压
3	闸阀	系统检修用	17	手动旋塞	人工控制泄压
4	截止阀	雨淋管网充水	18	火灾报警控制箱	接收电信号发出指令
5	截止阀	系统放水	19	开式喷头	喷水灭火
6	闸阀	系统试水	20	闭式喷头	探测火灾、控制传动管网动作
7	截止阀	系统溢水	21	火灾探测器	发出灭火信号
8	截止阀	检修	22	钢丝绳	
9	止回阀	传动系统稳压	23	易熔锁封	探测火灾
10	截止阀	传动管注水	24	拉紧弹簧	保持易熔锁封受拉力 250N
11	带小孔的闸阀	传动管补水	25	拉紧连接器	
12	截止阀	试水	26	固定挂钩	
13	电磁阀	电动控制系统动作	27	传动阀门	传动管网泄压
14	截止阀	传动管网检	28	截止阀	放气

3）电力传动装置控制的雨淋系统。利用控制器发出报警信号，通过继电器开启传动管上的电磁阀，造成传动管压力下降，自动开启雨淋阀。其布置方式如图 1.5.1–10 所示。

4）手动控制的雨淋系统。当发生火灾时，如果在其他火灾探测传动动作之前，有人发现了火灾，可手动控制开关打开阀门泄压，从而开启雨淋阀。一般不单独使用，而是和以上三种系统合用。

（六）水幕系统

水幕系统是一种将水喷洒成水帘状的消防隔火系统。它与自动喷水灭火系统中的雨淋喷水灭火系统，同属于开式消防给水方式，但是，雨淋喷灭火系统是扑灭面上的火灾，而水幕系统只是在线上起到阻止火灾蔓延的作用或是对防火隔断物进行喷水降温，以增强防火隔断物防火、耐火性能。

当发生火灾时，水幕喷头将按垂直向下的方向喷射出密集状水滴，形成水幕，阻止火灾区的火向非火灾区蔓延，起到防火隔断的作用。它用于舞台台口处、中庭周边处、自动扶梯和螺旋楼梯穿过楼板的开口周边处等到防火隔断，以及作为建筑物防火分区的防火隔断。

另一种情况是水幕喷头按预定的方向喷射出密集状水滴，在防火隔断物的表面形成水幕，提高防火隔断物防火、耐火作用，使防火隔断物达到阻止火灾蔓延的目的。它主要是与防火门、墙、窗以及防火卷帘配合使用。

水幕系统由水幕喷头、管道和控制阀等组成。其布置也可按照雨淋喷水灭火系统布置方式，只是喷头的布置应按水幕系统的要求确定。

温感式水幕装置，仅用来保护防火门或防火卷帘。根据防火门或防火卷帘的宽度，当系统中采用ZSPD型输出控制器（一种小口径的雨淋阀）时，可采用的水幕喷头数分别为2、4、6、8个。当系统中采用ZSFW-32型温感雨淋阀时，可采用的下垂型水幕喷头数不应超过4个。其ZSPD型系统组成示意图如图1.5.1-11所示。ZSFW-32型与其组成基本相同，所不同的是喷头为下垂型水幕喷头。

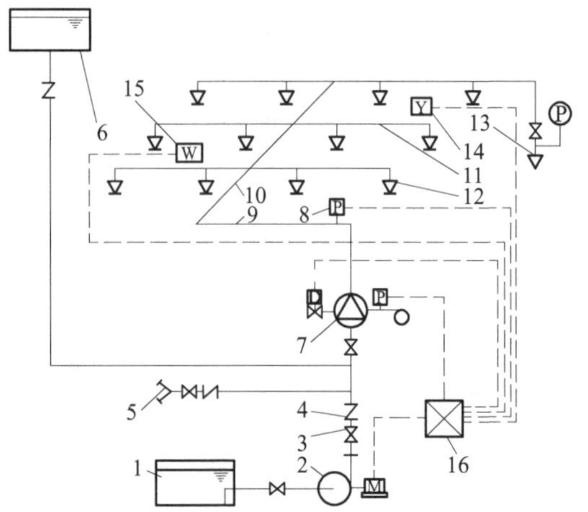

图 1.5.1-10　电力传动控制的雨淋系统

1—水池；2—水泵；3—闸阀；4—止回阀；5—水泵接合器；6—消防水箱；7—雨淋报警阀组；8—压力开关；9—配水干管；10—配水管；11—配水支管；12—开式洒水喷头；13—末端试水装置；14—感烟探测器；15—感温探测器；16—报警控制器；P—压力表；M—驱动电机；D—电磁阀

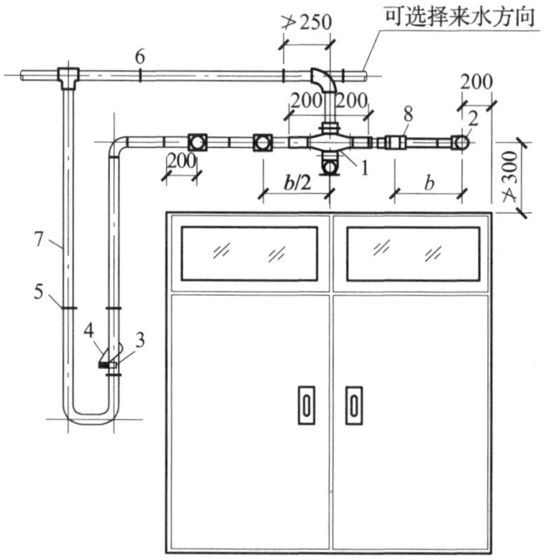

图 1.5.1-11　ZSPD 型温感式水幕装置组成示意图

1—ZSPD型控制器；2—水幕喷头；3—球阀；4—铅封；5—单立管支架；6—横管托架；7—给水管；8—异径三通

1.5.2　消防系统组成

一、消火栓灭火系统组成

消火栓灭火系统组成一般由消防水泵、消防水池、管道、稳压泵、屋顶消防水箱、远程启泵按钮、成套室内消火栓箱、屋顶试验消火栓和消防水泵接合器组成。

室内消火栓灭火系统由水源、管网、消防水泵接合器和室内消火栓箱组成如图1.5.2-1所示。

（1）水源。我国地域广阔，有些地区天然水源丰富，且建筑物紧靠天然水体，则该建筑物可采用天然水体作为消防给水的水源，但应采取必要的技术措施，保证消防车能靠近水体，且在天然水体最低水位时，消防车能吸上水。天然水源包括地表水和地下水，但大部分城市的建筑其消防水源来自于城市自来水管网。

（2）管网。室内消防管道的管材多采用镀锌钢管。在多层建筑中，由于消火栓给水系统的工作压力没有超过钢管的工作压力，因而消火栓给水系统不分区；而在高层建筑中，消火栓栓口的静水压力大于1.0MPa时，消火栓给水系统需进行分区供水。

（3）消防水泵接合器。消防水泵接合器由闸阀、安全阀、接合器组成，其作用一是在室内消防水泵发生故障时，消防车从室外消火栓或消防水池取水，通过消防水泵接合器将水送到室内管道，提供灭火用水；二是高层民用建筑发生大面积火灾时，室内消防用水量不能满足灭火需要，消防车从室外消火栓或消防水池取水，通过消防水泵接合器将水送到室内管道，补充灭火用水量。

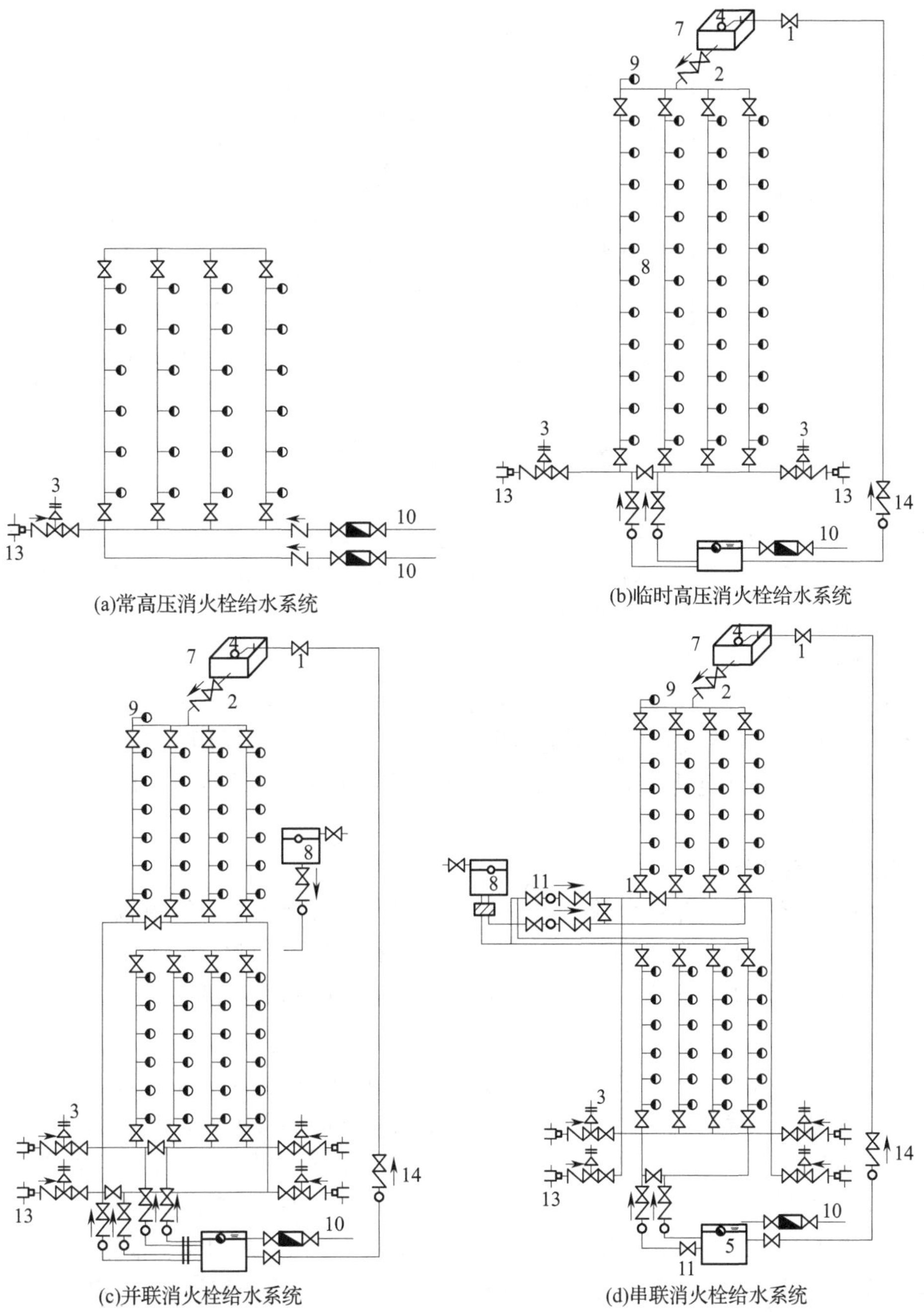

图 1.5.2–1　室内消火栓系统示意图

1—阀门；2—止回阀；3—安全阀；4—浮球阀；5—水池；6—消火栓；7—高位水箱；8—低位水箱；9—屋顶试水消火栓；10—来自城市管网；11—高区消防水泵；12—低区消防水泵；13—消防水泵接合器；14—生活水泵

（4）室内消火栓箱。室内消火栓箱内设置水枪、水龙带、消火栓、消防软管卷盘、消防水泵按钮等设备，如图 1.5.2–2 所示。

1）水枪。水枪是主要的灭火工具，常用铝制造。室内消火栓水枪均为直流式水枪，水枪一端口径为 13mm、16mm、19mm，另一端为 50mm、65mm，水枪的作用在于产生灭火所需要的充实水柱。

2）水龙带。水龙带为麻织或衬胶的输水软管，室内采用衬胶较多，水龙带常用口径为 50mm、65mm，长度一般为 15m、20m、25m 三种。

3）消火栓。消火栓是具有内扣式接口的球形阀式龙头，一端与消防管相连，另一端与水龙带相连，直径为 50mm、65mm 两种。射流量小于 4L/s 的采用 50mm，射流量大于 4L/s 的采用 65mm。消火栓、水龙带、水枪之间均采用内扣式快速接口连接，在同一建筑物内应采用同一规格的消火栓、水龙带、水枪，以便于维护保养和替换使用。

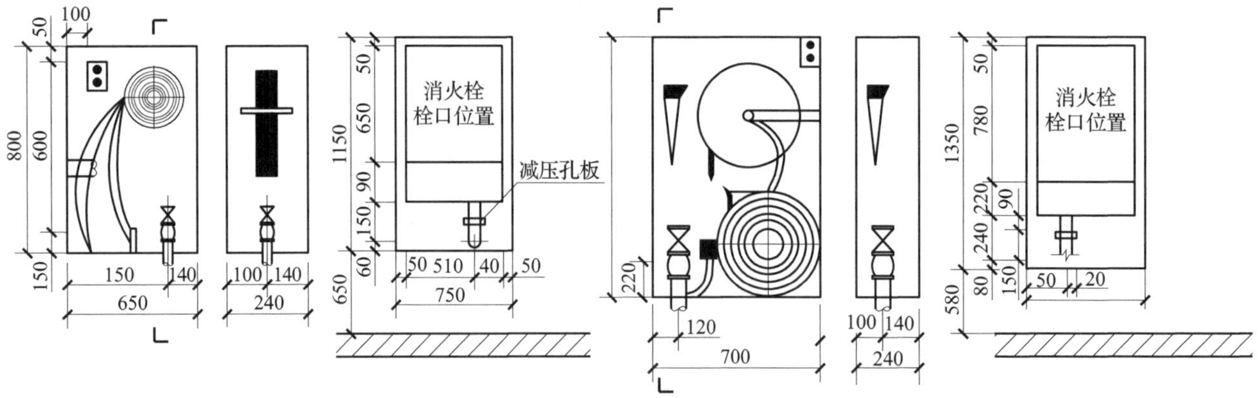

图 1.5.2–2 室内消火栓箱

4）消防软管卷盘。消防软管卷盘由胶管和直流开关水枪组成，胶管常用口径为 $\phi16$、$\phi19$、$\phi25$，长度一般为 16m、20m、25m 三种，水枪常用口径为 $\phi6$、$\phi7$、$\phi8$。消防软管卷盘是非职业消防人员扑灭初期火灾的有效武器。由于直流开关的水枪口径小，流量小，故水枪的反作用力小，使用方便，不需经过专业训练的人员都可以操作。

5）消防水泵按钮。发生火警后，消防人员敷设好水龙带，接上消火栓和水枪后，打开消火栓，只要有一定压力的水（如果城市水源的压力、流量均满足要求），则可直接使用；若不满足要求，则必须启动水泵。水经过加压后，才能满足扑灭火灾的要求，故必须设置消防水泵按钮。启动水泵的按钮必须在每个消火栓箱内或在其附近设置。

二、自动喷淋灭火系统组成

（1）湿式自动喷水灭火系统是由喷头、湿式报警装置、水流指示器、管道系统、供水设施、报警装置等组成。当发生火灾时，喷头周围的温度上升，在达到其动作温度时，喷头的玻璃球爆裂，喷头开启喷水，管网压力下降，报警阀后压力下降使阀板开启，接通管网和水源供水灭火。多用于环境温度不低于 4℃，且不高于 70℃的场所。

（2）干式自动喷水灭火系统是由闭式喷头、干式报警装置、水流指示器、管道系统、充气设备、加速器、供水设施、报警装置等组成。当发生火灾时，喷头周围的温度上升，在达到其动作温度时，喷头的玻璃球爆裂，喷水口开启，但首先喷出来的是有压气体，随着管网中压力下降，水即顶开干式阀门流入管网，接通管网和水源供水灭火。多用于环境温度低于 4℃，或高于 70℃的场所。

（3）预作用喷水灭火系统由闭式喷头、管道系统、雨淋阀、火灾探测器、报警控制装置、充气设备、控制组件和供水设施部件组成。这种系统平时呈干式，在火灾发生时能实现对火灾的初期报警，并立刻使管网充水将系统转变为湿式。系统的这种转变过程包含着预备动作的功能，故称为预作用喷水灭火系统。系统在雨淋阀之后的管道内，平时充满低压气体，火灾发生时，安装在保护区的感温、感烟火灾探测器首先发出火警信号，控制器在将报警信号作声光显示的同时开启雨淋阀，使水进入管路，并在很短时间内完成充水过程，使系统转变成湿式系统，以后的动作与湿式系统相同。

（4）自动喷水灭火系统由洒水喷头、水流报警装置（水流指示器、压力开关）、报警阀组等组件，以及管道、供水设施组成；为便于正常使用、检修维护，通常还在系统中设置泄水阀（泄水口）、排气阀（排气口）和排污口；为控制因建筑高差较大造成的超压，通常采用分区供水或者在系统相应管段上安装减压阀，以控制管道静压；通常在系统相应管段上安装设置减压孔板或者节流管，以控制管道动压。自动喷水灭火系统按照其洒水喷头的形式，分为闭式系统和开式系统。

1.5.3 火灾自动报警系统分类

（1）按火灾自动报警系统的应用范围分为：区域报警系统、集中报警系统、控制中心报警系统三类。

1）区域报警系统是由区域火灾报警控制器和火灾探测器等组成，或由火灾报警控制器和火灾探测器等组成，功能简单的火灾自动报警系统。这种系统一般用于二级保护对象。在区域报警系统中，一个报警区域宜设置一台区域火灾报警控制器或一台火灾报警控制器，系统中区域火灾报警控制器或火灾报警控制器不应超过两台；区域火灾报警控制器或火灾报警控制器设置在有人值班的房间或场所；系统中可设置消防联动控制设备；当用一台区域火灾报警控制器或一台火灾报警控制器警戒多个楼层时，应在每个楼层的楼梯口或消防电梯前室等明显部位，设置识别着火楼层的灯光显示装置；区域火灾报警控制器或火灾报警控制器安装在墙上时，其底边距地面高度宜为 1.3~1.5m，其靠近门轴的侧面距墙不应小于 0.5m，正面操作距离不应小于 1.2m。

2）集中报警系统是由集中火灾报警控制器、区域火灾报警控制器和火灾探测器等组成，或由火灾报警控制器、区域显示器和火灾探测器等组成，功能较复杂的火灾自动报警系统。适用于较大范围内多个区域的保护，一般安装在消防控制室。集中报警系统中应设置一台集中火灾报警控制器和两台及以上区域火灾报警控制器，或设置一台火灾报警控制器和两台及以上区域显示器；系统中应设置消防联动控制设备；集中火灾报警控制器或火灾报警控制器，应能显示火灾报警部位信号和控制信号，亦可进行联动控制；集中火灾报警控制器或火灾报警控制器，应设置在有专人值班的消防控制室或值班室内；集中火灾报警控制器或火灾报警控制器，消防联动控制设备等在消防控制室或值班室内的布置，应符合《火灾自动报警系统设计规范》GB 50116—2013 的规定。

3）控制中心报警系统是由消防控制室的消防控制设备、集中火灾报警控制器、区域火灾报警控制器和火灾探测器等组成，或由消防控制室的消防控制设备、火灾报警控制器、区域显示器和火灾探测器等组成，功能复杂的火灾自动报警系统。系统的容量较大，消防设施控制功能较全，适用于大型建筑的保护。控制中心报警系统中至少应设置一台集中火灾报警控制器、一台专用消防联动控制设备和两台及以上区域火灾报警控制器；或至少设置一台火灾报警控制器、一台消防联动控制设备和两台及以上区域显示器；系统应能集中显示火灾报警部位信号和联动控制状态信号；系统中设置的集中火灾报警控制器或火灾报警控制器和消防联动控制设备在消防控制室内的布置，应符合《火灾自动报警系统设计规范》GB 50116—2013 的规定。当消防联动控制设备的控制信号和火灾探测器的报警信号在同一总线回路上传输时，其传输总线的敷设应符合《火灾自动报警系统设计规范》GB 50116—2013 的有关规定。消防水泵、防烟和排烟风机的控制设备当采用总线编码模块控制时，还应在消防控制室设置手动直接控制装置。设置在消防控制室以外的消防联动控制设备的动作状态信号，均应在消防控制室显示。

（2）按布线方式分类，火灾自动报警系统可分为总线制和多线制。

总线制是指系统间信号采用四总线或二总线进行传输的布线制式。连接导线大大减少，给安装、使用及调试带来了极大方便，适用于大、中型火灾报警系统。多线制是指系统间信号按各自回路进行传输的布线制式。连线较多，仅适用于小型火灾报警系统。多线制目前已基本不用，但已运行的工程很多为多线制系统。

1）多线制系统。

①四线制。如图 1.5.3–1 所示，即 n+4 线制，n 为探测器数，4 指公用线根数，分别为电源 V（+24V）、地线 G、信号线 S、自诊断线 T，另外每个探测器设一根选通线 ST。这种方式的优点是探测器的电路比较简单，供电和取信息相当直观，但缺点是线多，配管直径大，故已不再使用。

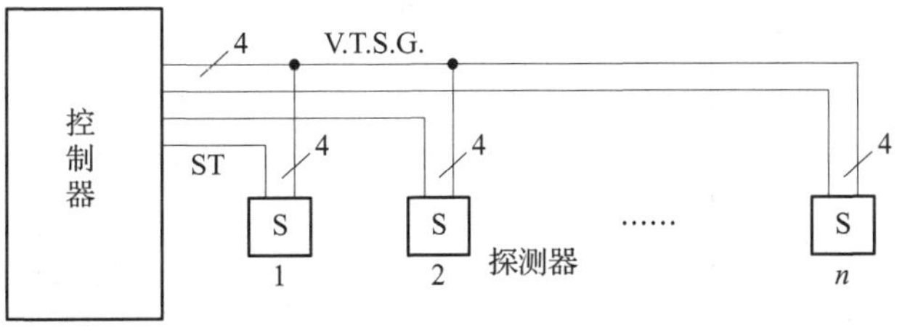

图 1.5.3–1　四线制连接方式

②两线制。即 $n+1$ 线制，一条公用地线，另一条则承担供电、选通、信息与自检的功能。n 为报警系统控制器所占用的点数。

a. 每个探测器各占一个点时底座的连接方法。如图 1.5.3–2 所示，此时报警控制器所占用的点数即为探测器的个数。

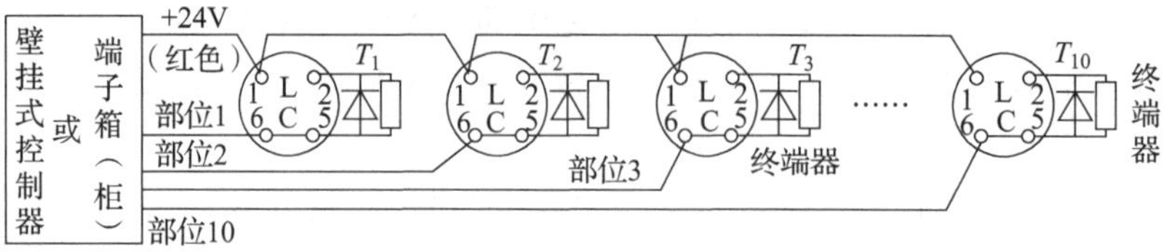

图 1.5.3–2 探测器各占一个部位时的接线方法

b. 探测器的并联。如图 1.5.3–3 所示。同一部位上，为增大保护面积，可以将探测器并联使用，这些并联在一起的探测器仅占用一个点数。不同部位的探测器不宜并联使用。

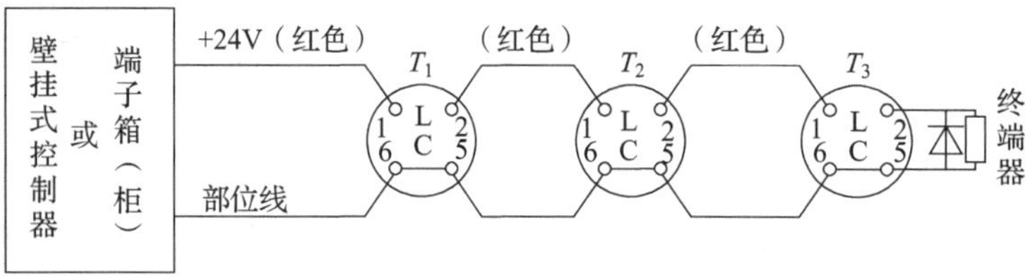

图 1.5.3–3 探测器并联时的接线图

探测器并联时，其底座配线是串联式配线连接，这样可以保证取走任何一只探测器时，火灾报警系统器均能报出故障。探测器并联时，其底座应依次接线，不应有分支线路。

2）总线制系统。

①四总线制。如图 1.5.3–4 所示。四条总线为：P 线为探测器的电源编码选址信号线；T 线为自检信号线；S 线为信号线；G 为公共地线。从探测器到区域报警器只用四根全总线，另外一根为 24V 电源线，也以总线的形式由区域报警系统控制器接出来，这样探测器到区域报警器的布线为 5 线。

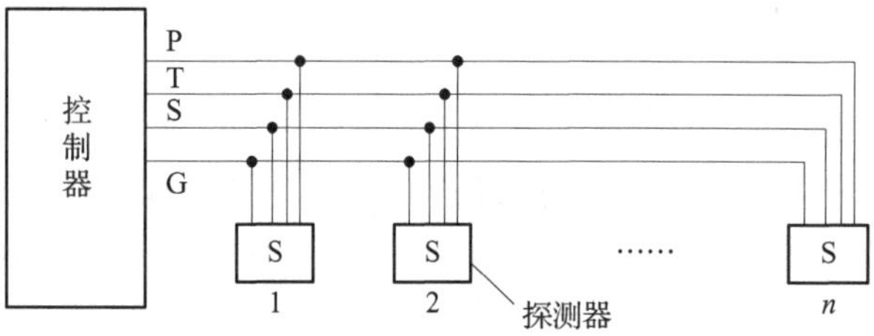

图 1.5.3–4 四线制连接方法

②二总线制。是一种最简单的接线方式，用线量少。二总线中的 G 线为公共地线，P 线则完成供电选址自检获取信息等功能。目前，二总线制应用最广泛。该系统有树枝型和环型。

a. 树枝型。如图 1.5.3–5 所示。该接线方式如果发生断线，可以报出断线故障点，但断点之后的探测器不能工作。

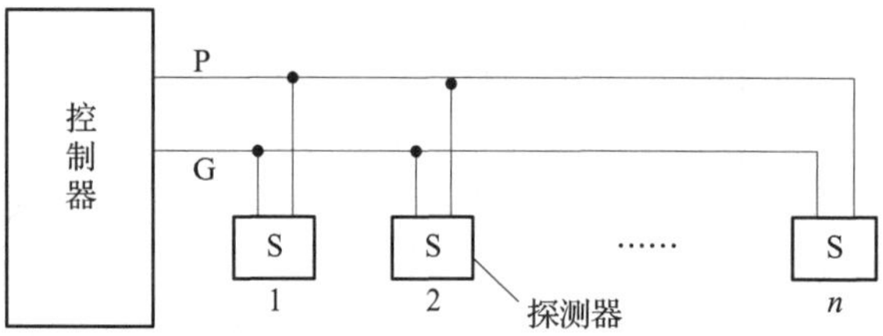

图 1.5.3–5 树枝型接线

b. 环型。如图 1.5.3–6 所示。该接线方式为输出的两根总线再返回控制器另两个输出端子，构成环型。该种接线方式如中间发生断线不影响系统正常工作。

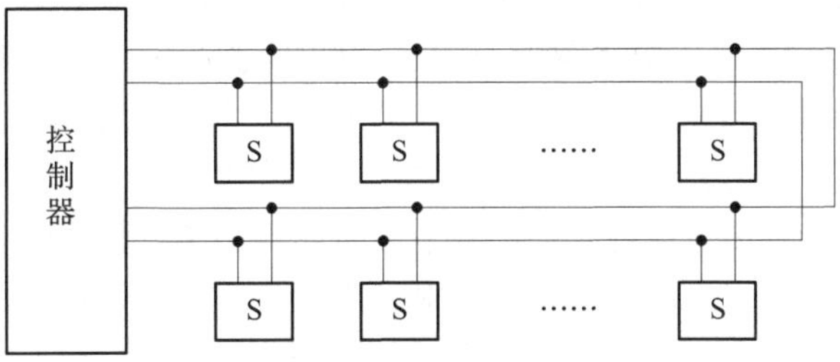

图 1.5.3–6　环型接线

1.5.4　火灾自动报警系统组成

火灾自动报警系统通常是指由触发装置、火灾报警装置、火灾警报装置及电源四部分组成的通报火灾发生的全套设备。基本组成如图 1.5.4 所示。

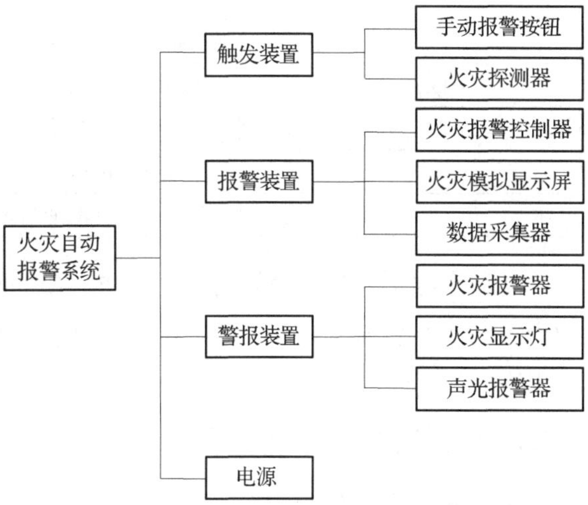

图 1.5.4　火灾自动报警系统基本组成框图

触发装置是指自动或手动产生火灾报警信号的器件。自动触发器件包括各种火灾探测器、水流指示器、压力开关等。手动报警按钮是用人工手动发出火警信号通报火警的部件，是一种简单易行、报警可靠的触发装置。火灾探测器有感烟式、感温式、感光式、可燃气体探测式及复合式等。

火灾报警装置主要是指火灾报警控制器。火灾报警控制器接收触发装置发来的报警信号，发出声光报警信号，指示火灾发生的具体部位，按照预先编制的逻辑关系，发出控制信号，联动各种灭火控制设备，迅速有效地扑灭火灾。对一些建筑平面比较复杂或特别重要的建筑物，为了使发生火灾时值班人员能不加思索地确定报警部位，采用火灾模拟显示屏，它较普通火灾报警控制器的显示更为形象和直观。某些大型或超大型的建筑物，为了减少火灾自动报警系统的布线，已广泛采用总线制火警系统、数据采集器或中继器。

警报装置是在确认火灾后，由报警装置自动或手动向外界通报火灾发生的一种设备。可以是警铃、警笛、高音喇叭等音响设备；警灯、闪光等光指示设备或两者的组合，供疏散人群、向消防队报警等用。

电源是向触发装置、报警装置、警报装置提供电能的设备。火灾自动报警系统中的电源应由消防电源供电，还要有直流备用电源。

1.5.5　建筑防排烟系统分类

（1）防排烟系统是高层民用建筑保障人民生命财产安全不可缺少的消防安全设施，当高层建筑和地下建筑发生火灾时，烟气的危害是很严重的。为了及时排除有害烟气，确保建筑物内人员顺利疏散、安全避难，为火灾扑救创造有利条件，在一些高层建筑和地下建筑内设置防烟、排烟设施是十分重要的。

（2）防排烟系统主要包括防烟楼梯间及前室、消防电梯前室、合用前室、封闭楼梯间、避难层（间）等场所设置的防烟设施，地下室、内走道、中庭、无窗或设有固定窗房间等部位设置的排烟设施，防烟分区之间的挡烟垂壁等。

（3）防烟系统可分为机械加压送风的防烟系统和可开启外窗的自然防烟系统两种；排烟系统可分为机械排烟系统和可开启外窗的自然排烟系统等两种。

1）自然防排烟是利用建筑物的外窗、阳台、凹廊或专用排烟口、竖井等将烟气排出或稀释烟气的浓度，自然排烟是一种经济、简单、易操作、维护管理方便的排烟方式。但由于部分工程在设计、施工过程中不按规范要求进行，往往导致工程完工后自然排烟设施达不到排烟要求。

2）机械加压送风的防排烟系统：对疏散通道的楼梯间进行机械送风，使其压力高于防烟楼梯间或消防电梯前室，而这些部位的压力又比走道和火灾房间要高些，这种防止烟气侵入的方式称为机械加压送风方式。送风可直接利用室外空气，不必进行任何处理。烟气则通过远离楼梯间的走道外窗或排烟竖井排至室外。它是依靠加压送风机提供给建筑物内被保护部位新鲜空气，使该部位的室内压力高于火灾压力，形成压力差，从而防止烟气侵入被保护部位。机械加压送风防烟设施设置部位：当防烟楼梯间及其前室、消防电梯前室或合用前室各部位有可开启外窗时，若采用自然排烟方式，可造成楼梯间与前室或合用前室在采用自然排烟方式与采用机械加压送风防烟方式排列组合上的多样化，而这两种排烟方式不能共用。为此，可将这种组合关系及防烟设施设置部位列于表 1.5.5 中。

表 1.5.5　垂直疏散通道防烟部位设置

组合关系	防烟设施设置部位
不具备自然防排烟条件的楼梯间与前室	楼梯间
采取自然排烟的前室或合用前室与不具备自然防排烟条件的楼梯间	楼梯间
采取自然排烟的楼梯间与不具备自然防排烟条件的前室或合用前室	前室或合用前室
不具备自然防排烟条件的楼梯间与合用前室	楼梯间、合用前室
不具备自然防排烟条件的消防电梯前室	前室

需注意的是，带裙房的高层建筑防烟楼梯间及其前室、消防电梯前室或合用前室，当裙房以上部分利用可开启外窗进行自然排烟，裙房部分不具备自然排烟条件时，其前室或合用前室应设置局部正压送风系统。

1.5.6　建筑防排烟系统组成

一、建筑防烟系统组成

机械加压送风系统由加压送风机、送风道、加压送风口及自动控制件等组成机械加压送风系统如图 1.5.6 所示。

（1）加压送风机：可采用中、低离心式风机或轴流式风机，其位置根据电位置、室外新风入口条件、风量分配情况等因素来确定。机械加压送风机的全压，除计算最不利环管压头外，尚有余压，余压值在楼梯间为 40~50Pa，前室、合用前室、消防电梯间前室、封闭避难层（间）为 25~30Pa。

（2）加压送风口：楼梯间的加压送风口一般采用自垂式百叶风口或常开的百叶风口。当采用常开的百叶风口时，应在加压送风机出口处设置止回阀。楼梯间的加压送风口一般每隔 2~3 层设置一个。前室的加压送风口为常开的双层百叶风口，每层均设一个。

（3）加压送风道：加压送风道采用密实不漏风的非燃烧材料。

（4）余压阀：为保证防烟楼梯间及前室、消防电梯前室和合用前室的正压值，防止正压值过大而导致门难以推开，在防烟楼梯间与前室、前室与走道之间设置余压阀，以控制其正压间的正压差不超过 50Pa。

二、建筑排烟系统组成

建筑防火排烟系统组成主要有防火阀、排烟阀及排烟风机等。

（一）防火阀

防火阀是防火阀、防火调节阀、防烟防火阀及防火风口的总称。防火阀与防火调节阀的区别在于叶片的开度能否调节。

（1）防火阀的控制方式。防火阀的控制方式有热敏元件控制、感烟感温器控制及复合控制等。复合控制方式为上述两种控制方式的组合方式，设备中既含有热敏元件，也含有感烟感温器。

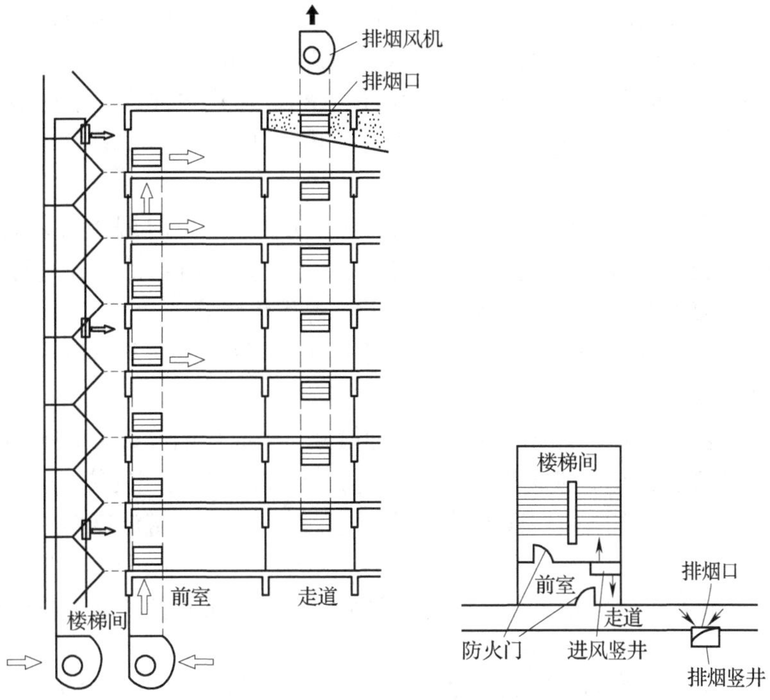

(a)对楼梯间机械加压送风　(b)对疏散通道进行机械加压送风

图 1.5.6　机械加压送风系统

（2）防火阀的阀门关闭驱动方式。防火阀的阀门关闭驱动方式有重力式、弹簧力驱动式、电机驱动式及气动驱动式等四种。

（3）常用的防火阀。

1）重力式防火阀。分矩形和圆形两种。防火阀平时处于常开状态。

当需要重新开启阀门时，旋松自锁簧片前的螺栓，手握操作杆，摇起阀板或叶片，接上易熔片，摆正自锁簧片，旋紧螺栓后防火阀恢复正常工作状态。

2）弹簧式防火阀。弹簧式防火阀有矩形和圆形两种。

当需要重新开启阀门时，装好易熔片和温度熔断器，摇起叶片或阀板并固定在温度熔断器内芯上，防火阀便恢复正常工作状态。

3）弹簧式防火调节阀。有矩形和圆形两种。

平时常开作为风量调节用的防火调节阀，当发生火灾且空气温度高于 70℃时，易熔片熔断，致使熔断器销钉打下离合器垫板，离合器脱开，轴两端的扭转弹簧释放，阀门的叶片关闭。

4）防烟防火调节阀。有矩形和圆形两种。

可应用于有防烟防火要求的空调、通风系统，其构造与防火调节阀基本相同，复位方式和风量调整方法与防火调节阀相同。

5）防火风口。应用于有防火要求的通风、空调系统的送风口、回风口及排风口处。

6）气动式防火阀。用于与卤代烷 1211 和 1301 自动灭火系统连动的通风、空调风管。气动防火阀手动复位时必须将系统先卸压，再复位、开启。

7）电动防火阀。安装在有防火要求的通风、空调风管上，发生火灾时电源切断，复位弹簧立即关闭阀门。阀门通电后即可开启复位。

8）电子自控防烟防火阀。采用电子技术及逻辑电路技术。火灾时自动开启或关闭，并自动报警。采用控制器对一台或多台防烟防火阀进行控制。

（二）排烟阀

安装在排烟系统中，平时呈关闭状态，发生火灾时，通过控制中心信号来控制执行机构的工作，实现阀门在弹簧力或电动机转矩作用下的开启。设有温感器装置的排烟阀，阀门开启后，在火灾温度达到动作温度时动作，阀门在弹簧力作用下关闭，阻止火灾沿排风管道蔓延。

（1）排烟阀的分类。排烟阀按控制方式可分为电磁式和电动式两种；按结构形式可分为装饰型排烟阀、翻板型排烟阀和排烟防火阀；按外形可分为矩形和圆形两种。

（2）常用的排烟阀。

1）排烟阀。安装在排烟系统的风管上，平时阀的叶片关闭，火灾时烟感探头发出火警信号，使控制中心将排烟阀电磁铁的电源接通，叶片迅速打开，或人工手动迅速将叶片打开进行排烟。排烟阀有圆形和矩形两种，构造与排烟防火阀相同，其区别是排烟阀无温度传感器。

2）排烟防火阀。安装的部位及叶片关闭与排烟阀相同，其区别是它具有防火功能，当烟气温度达到280℃时，可通过温度传感器或手动将叶片关闭，切断气源。

3）远控排烟阀。安装在排烟系统的风管上或排烟口处，平时关闭。火灾时烟感器发出火警信号，控制中心向远程控制器的电磁铁通电，使排烟阀开启，或手动将阀门开启和复位。

4）远控排烟防火阀。其动作原理与远控排烟阀相同，区别在于它带温度传感器，具有防火功能，可手动将阀门开启或复位。

5）板式排烟口。安装在走道的顶板上或墙上和防烟室前，也可直接安装在排烟风管的末端，其动作方式与一般排烟阀相同。

6）多叶排烟口。是排烟阀和排风口的组合体，一般安装在走道或防烟室前、无窗房间的排烟系统上，排风口安装在防烟前室内的侧墙上，其动作方式与一般排烟阀相同。

7）远控多叶排烟口和远控多叶防火排烟口。远控多叶排烟口和远控多叶防火排烟口的外形相同，区别为远控多叶排烟口无280℃温度传感器，其动作方式与远控排烟阀和远控排烟防火阀相同，安装的位置与多叶排烟口相同。

8）电动排烟防火阀。在阀门开启后可输出信号，当排烟管道空气温度达到280℃时，阀门自动关闭，同时发出关闭信号。阀门可手动复位，也可通电复位。

（三）排烟通风机

排烟通风机可采用通用风机，也可采用防火排烟专用风机。常用的防火排烟专用风机有HTF系列、ZWF系列、W-X型等类型。烟温较低时可长时间运转，烟温较高时可连续运转一定时间，通常有两档以上的转速。

第 2 章　安装工程常用材料的分类、基本性能及用途

【本章提示】通过本章学习，学习人员应熟悉安装工程常用材料的基本性能，如导线、电缆、控制电缆、线槽桥架、电线管、常用管材卫生洁具和常用风管板材，了解安装工程常用材料的分类和用途，如型钢、铝材、铜材、防腐材料、电气设备、母线槽、管道附件、给水排水设备、通风空调部件、通风空调设备、绝热材料、消防栓（箱）、火灾自动报警设备。

2.1　通用材料

2.1.1　型钢

（1）概念：型钢是铁或钢及具有一定强度和韧性的材料（如塑料、铝、玻璃纤维等）通过轧制、挤出、铸造等工艺制成的具有一定几何形状的物体。密度为：7.85g/cm^3。

（2）分类：型钢分为普通型钢和优质型钢。普通型钢按现行金属产品目录又分为大型型钢、中型型钢、小型型钢。普通型钢按其断面形状又可分为圆钢、方钢、六角钢、角钢、槽钢、工字钢、H 型钢和扁钢等。大型型钢中工字钢、槽钢、角钢、扁钢都是热轧，而圆钢、方钢、六角钢除热轧外，还有锻制、冷拉等。

1）圆钢：圆钢是指截面为圆形的实心长条钢材。其规格以直径的毫米数表示，如“ϕ50”即表示直径为 50mm 的圆钢。

圆钢分为热轧、锻制和冷拉三种。热轧圆钢的规格为 ϕ5.5~250mm。其中：ϕ5.5~25mm 的小圆钢大多以直条成捆供应，常用作钢筋、螺栓及各种机械零件；大于 ϕ25mm 的圆钢，主要用于制造机械零件或作无缝钢管坯。

圆钢与其他钢筋的区别：

①外形不一样，圆钢外形光圆，无纹无肋，其他钢筋表面外形有刻纹或有肋．这样就造成圆钢与混凝土的粘结力小，而其他钢筋与混凝土的粘结力大。

②成分不一样，圆钢（一级钢）属于普通低碳钢，其他钢筋多为合金钢。

③强度不一样，圆钢强度低，其他钢强度高，即直径大小相同的圆钢与其他钢筋相比，圆钢所能承受的拉力要比其他钢筋小，但圆钢的塑性比其他钢筋强，即圆钢在被拉断前有较大的变形，而其他钢筋在被拉断前的变形要小得多。

2）方钢：方钢是指通过压力加工成各种一定形状，尺寸的型材，因断面成方形得名。方钢的类型主要分为热轧方钢和冷拉方钢两种。热轧方钢边长 5~250mm，冷拉方钢边长 3~100mm。热轧方钢：采用热轧工艺，对钢材的组织有很大的影响，一般方钢主要是以这种工艺为主，它可以细化钢材的晶粒，破坏其铸造组织，帮助消除组织内的一些缺陷；冷拉方钢：是对钢材在常温下经过冷拔、拉弯等冷加工形成的产品，它的优点主要是对钢材表面的涂层不会伤害，产量高，可塑性强。

方钢一般用在轻型钢结构居多，如钢屋架、民用住宅骨架等，不锈钢方钢主要在精装修上用的多一些。其次方钢在各种机械零件、农机配件、工具等方面也有较多应用。

3）六角钢：六角钢也是型钢的一种，指横断面为正六边形的钢材，也称之为六角棒，截面为正六边形的棒材。其规格用内接圆的直径表示，规格范围为 7~80mm。制造方法为热轧，主要用于制造螺帽的原料，牌号以碳素钢为多。六角钢可按结构的不同需要组成各种不同的受力构件，也可作构件之间的连接件。广泛地用于各种建筑结构和工程结构，如房梁、桥梁、输电塔、起重运输机械、船舶、工业炉、反应塔、容器架以及仓库货架等。

4）角钢：角钢俗称角铁、是两边互相垂直成角形的长条钢材。有等边角钢和不等边角钢之分。等边

角钢的两个边宽相等。其规格以边宽 × 边宽 × 边厚的毫米数表示。如“L30×30×3”，即表示边宽为30mm、边厚为3mm的等边角钢。也可用型号表示，型号是边宽的厘米数，如L3#。型号不表示同一型号中不同边厚的尺寸，因而在合同等单据上将角钢的边宽、边厚尺寸填写齐全，避免单独用型号表示。热轧等边角钢的规格为2~20#。角钢可按结构的不同需要组成各种不同的受力构件，也可作构件之间的连接件。广泛地用于各种建筑结构和工程结构，如房梁、桥梁、输电塔、起重运输机械、船舶、工业炉、反应塔、容器架以及仓库。

5）槽钢：槽钢是截面为凹槽形的长条钢材，属建造用和机械用碳素结构钢，是复杂断面的型钢钢材，其断面形状为凹槽形。在使用中要求其具有较好的焊接、铆接性能及综合机械性能。槽钢的原料钢坯为含碳量不超过0.25%的碳结钢或低合金钢钢坯。其规格以腰高（h）× 腿宽（b）× 腰厚（d）的毫米数表示，如100×48×5.3，表示腰高为100mm，腿宽为48mm，腰厚为5.3mm的槽钢，或称10#槽钢。

槽钢分普通槽钢和轻型槽钢，热轧普通槽钢的规格为5#~40#。

槽钢按形状又可分为4种：冷弯等边槽钢、冷弯不等边槽钢、冷弯内卷边槽钢、冷弯外卷边槽钢。

槽钢主要用于建筑结构、幕墙工程、车辆制造、机械设备、其他工业结构和固定盘柜等。槽钢还常常和工字钢配合使用。

6）工字钢、H型钢：工字钢也称为钢梁，是截面为工字形状的长条钢材。

工字钢主要分为普通工字钢、轻型工字钢和宽翼缘工字钢。按翼缘与腹板高度比又分为宽幅、中幅、窄幅宽翼缘工字钢。在相同高度下，轻型工字钢翼缘窄、腹板薄、重量轻。宽翼缘工字钢又称H型钢，断面特点是两腿平行，且腿内侧没有斜度。

其规格以高 × 腿厚 × 腰厚表示，也可用号数表示规格的主要尺寸。如18号工字钢，表示高为18cm的工字钢。若高度相同的工字钢，则可在号数后面加注角码a或b或c予以表示，如36a、36b、36c等。

工字型钢不论是普通型还是轻型的，由于截面尺寸均相对较高、较窄，故对截面两个主轴的惯性矩相差较大，故仅能直接用于在其腹板平面内受弯的构件或将其组成格构式受力构件。对轴心受压构件或在垂直于腹板平面还有弯曲的构件均不宜采用，这就使其在应用范围上有着很大的局限。

工字钢广泛地应用于建筑或其他金属结构。

7）扁钢：扁钢是指宽12~300mm、厚3~60mm、截面为长方形并稍带钝边的钢材。

扁钢可以是成品钢材，也可以做焊管的坯料和叠轧薄板用的薄板坯。

主要用途：扁钢作为成材可用于制箍铁、工具及机械零件，建筑上用作房架结构件、扶梯。

2.1.2 铜材种类及用途

黄铜以锌作主要添加元素的铜合金，具有美观的黄色，统称黄铜。铜锌二元合金称普通黄铜或称简单黄铜。三元以上的黄铜称特殊黄铜或称复杂黄铜。含锌低于36%的黄铜合金由固溶体组成，具有良好的冷加工性能，如含锌30%的黄铜常用来制作弹壳，俗称弹壳黄铜或七三黄铜。含锌在36%~42%之间的黄铜合金由和固溶体组成，其中最常用的是含锌40%的六四黄铜。黄铜铸件常用来制作阀门和管道配件等。船舶常用的消防栓防爆月牙扳手，就是黄铜加铝铸造而成。

常见铜材密度：纯铜，无氧铜的密度是8.9g/cm^3；磷脱氧铜的密度是8.89g/cm^3；加工黄铜的密度是8.5~8.8g/cm^3；铸造黄铜的密度是7.7~8.55g/cm^3；加工青铜的密度是7.5~8.9g/cm^3；铸造青铜的密度是7.45~9.54g/cm^3。

一、铜材的用途

纯铜的用途要比铁范围广得多。纯铜主要用于制作发电机、母线、电缆、开关装置、变压器等电工器材和热交换器、管道、太阳能加热装置的平板集热器等导热器材。铜中含氧（炼铜时容易混入少量氧）对导电率影响很大，用于电气工业的铜一般都必须是无氧铜。纯铜还主要用于电机短路环、电磁加热感应器的制作、大功率电子元件和接线排接线端子上面。纯铜也运用到了门、窗、扶手等家具及装饰上。

二、铜材的种类

（一）白铜

铜镍二元合金称普通白铜。加有锰、铁、锌、铝等元素的白铜合金称复杂白铜。工业用白铜分为结构白铜和电工白铜两大类。结构白铜的特点是机械性能和耐蚀性好，色泽美观。这种白铜广泛用于制造精密机械、眼镜配件、化工机械和船舶构件。电工白铜一般有良好的热电性能。锰铜、康铜、考铜是含锰量不同的锰白铜，是制造精密电工仪器、变阻器、精密电阻、应变片、热电偶等用的材料。

（二）黄铜

黄铜是由铜和锌所组成的合金。如果只是由铜、锌组成的黄铜叫普通黄铜。黄铜常被用于制造阀门、水管、空调内外机连接管和散热器等。

如果是由二种以上的元素组成的多种合金称为特殊黄铜。如由铅、锡、锰、镍、铁、硅组成的铜合金。特殊黄铜又叫特种黄铜，它强度高、硬度大、耐化学腐蚀性强，还有切削加工的机械性能也较突出。黄铜有较强的耐磨性能，由黄铜所拉成的无缝铜管，质软、耐磨性能强。黄铜无缝管可用于热交换器和冷凝器、低温管路、海底运输管的制造等。

（三）青铜

青铜是我国使用最早的合金，至今已有三千多年的历史。

青铜原指铜锡合金，后除黄铜、白铜以外的铜合金均称青铜，并常在青铜名字前冠以第一主要添加元素的名。

锡青铜的铸造性能、减摩性能好和机械性能好，适合于制造轴承、蜗轮、齿轮等。

磷青铜的弹性极限高，导电性好，适于制造精密弹簧和电接触元件。

铍铜是一种过饱和固溶体铜基合金，是机械性能，物理性能，化学性能及抗蚀性能良好，用来制造煤矿、油库等使用的无火花工具。

（四）普通紫铜

紫铜即纯铜，又名红铜。具有很好的导电性和导热性，塑性极好，易于热压和冷压力加工，大量用于制造电线、电缆、电刷、电火花专用蚀电蚀铜等要求导电性良好的产品。

紫铜在大气、海水和某些非氧化性酸（盐酸、稀硫酸）、碱、盐溶液及多种有机酸（醋酸、柠檬酸）中，有良好的耐蚀性，用于化学工业。另外，紫铜有良好的焊接性，可经冷、热塑性加工制成各种半成品和成品。

三、安装工程常用的铜材主要的铜管及其配件

铜管主要用于换热设备、制氧设备中的低温管路，以及机械设备中的油管和控制系统的管路。当工作温度高于250℃时，不宜在压力下使用铜管。

铜管按制造材料不同，分为紫铜管和黄铜管。紫铜管常用的材料为T1、T2、T3、T4、TUP(脱氧铜)；黄铜管的常用材料为H62、H68、HPb59-1；按制造工艺不同，分为拉制管和挤制管。

铜管管件按其外形，分为三通接头、三通异径接头、45°弯头、90°弯头、套管接头、螺纹接头、螺纹活接、法兰等。

2.1.3　铝材种类及用途

原铝在市场供应中统称为电解铝，是生产铝材及铝合金材的原料。铝是强度低、塑性好的金属，除应用部分纯铝外，为了提高强度或综合性能铝材一般会配成铝合金。铝材中加入某种合金元素如铜、镁、锌、硅、锰等就能使其组织结构和性能发生改变，适宜做各种加工材或铸造零件。

一、铝及铝合金的用途

较常见的牌号：1060、2024、5052、6061、6063、7075。

1060：1060属普通工业纯铝，含铝量不小于99.60%，其特点是：强度低，加工硬化是唯一的强化途径，热加工和冷加工性能好，导热导电率高，抗蚀性能优良。广泛用于要求成形性能良好、抗蚀、可焊的工业设备，也可作为电导体材料。

2024：2024 合金的成分和组织与 2A12 合金相同，仅 2124 合金中杂质 Fe、Si 的含量限制较低。2024 合金薄板、厚板和型材已成功地用于制造飞机、火箭的蒙皮、舱段、整体油箱壁板、翼梁等。

5052：5052 合金的镁含量为 2.5%，在铝－镁系防锈铝中属含镁量较低者。广泛应用于制造飞机的燃料和燃油管及燃料箱、各种船舶和运输工具中的零部件、薄板金属制品、仪表、街灯支架、铆钉和线材等。

6061：6061 合金为 Al–Mg–Si 系可热处理强化铝合金，可加工成板、管、棒、型、线材和锻件。广泛用于建筑型材，需要良好耐腐蚀性能的大型结构件，卡车、船舶、铁道车辆结构件、导管、家居等。

6063：6063 合金为 Al–Mg–Si 系可热处理强化铝合金，可挤压成棒材、型材、管材。广泛用于建筑结构材料和装饰材料，如门框、窗框、壁板、货柜、家具、升降梯，以及飞机、船舶、轻工业部门、建筑物等不同颜色的装饰构件。

7075：7075 合金是 Al–Zn–Mg–Cu 系超硬铝，其特点是固溶处理后塑性好，热处理强化非常明显。可加工成板材（包铝与不包铝），管材、型材，棒材和锻件。主要用于飞机结构件和其他高强度抗腐蚀结构件。

多年来铝及铝合金得到极为广泛的应用，如工农业各部门、航空、航天、国防工业乃至人们的日常生活无不广泛地应用铝。铝之所以应用广泛，除了有着丰富的蕴藏量（约占地壳质量的 8.2%，为地壳中分布最广的金属元素），冶炼较简便以外，更重要的是铝有着一系列的优良特性。

二、铝及铝合金的特性

（1）密度小：纯铝的密度接近 2700kg/m³，约为铁的密度的 35%。

（2）可强化：纯铝的强度虽不高，但通过冷加工可使其提高一倍以上。而且可通过添加镁、锌、铜、锰、硅、锂、钪等元素合金化，再经过热处理进一步强化，其强度可与优质的合金钢媲美。

（3）易加工：铝可用任何一种铸造方法铸造。铝的可塑性好，可轧成薄板和箔；拉成管材和细丝；挤压成各种民用的型材；可以大多数机床所能达到的最大速度进行车、铣、镗、刨等机械加工。

（4）耐腐蚀：铝及其合金的表面，易生成一层致密、牢固的 Al_2O_3 保护膜。这层保护膜只有在卤素离子或碱离子的激烈作用下才会遭到破坏。因此，铝有很好的耐大气（包括工业性大气和海洋性大气）腐蚀和水腐蚀的能力。能抵抗多数酸和有机物的腐蚀，采用缓蚀剂，可耐弱碱液腐蚀；采用保护措施，可提高铝合金的耐腐蚀性能。

（5）导电、导热性好：铝的导电、导热性能仅次于银、铜和金。室温时，电工铝的等体积电导率可达 62%IACS，若按单位质量导电能力计算，其导电能力为铜的一倍。

（6）反射性强：铝的抛光表面对白光的反射率达 80% 以上，纯度越高，反射率越高。同时铝对红外线、紫外线、电磁波、热辐射等都有良好的反射性能。

（7）无磁性、冲击不生火花：这对某些特殊用途十分可贵，比如仪表材料，电气设备的屏蔽材料，易燃、易爆物生产器材等。

（8）有吸音性：对室内装饰有利，也可配置成阻尼合金。

（9）耐核辐射：铝对高能中子来说，具有与其他金属相同程度的中子吸收截面，对低能范围内的中子，其吸收截面小，仅次于铍、镁、锆等金属。铝耐核辐射的最大优点是对照射生成的感应放射能衰减很快。

（10）美观：铝及其合金由于反射性能力强，表面呈银白色光泽。经机械加工后就可达到很高的光洁度和光亮度。如果经阳极氧化和着色，不仅可以提高抗腐蚀性能，而且可以获得五颜六色，光彩夺目的制品。

三、铝及铝合金的分类

（1）变形铝合金：强度较高、比强度大且适宜于塑性成形的铝合金。变形铝合金又分为：工业纯铝、热处理不可强化的铝合金、热处理可强化的铝合金。

（2）铸造铝合金：适于熔融状态下充填铸型获得一定形状和尺寸铸件毛坯的铝合金。铸造铝合金分为：铝硅系合金、铝铜合金、铝镁合金、铝锌系合金。

四、铝及铝合金的牌号（表 2.1.3）

表 2.1.3　铝及铝合金牌号表

组　　别	牌号系列
纯铝（铝含量不小于 99.00%）	1×××
以铜为主要合金元素的铝合金	2×××
以锰为主要合金元素的铝合金	3×××
以硅为主要合金元素的铝合金	4×××
以镁为主要合金元素的铝合金	5×××
以镁和硅为主要合金元素并以 Mg_2Si 相为强化相的铝合金	6×××
以锌为主要合金元素的铝合金	7×××
以其他合金元素为主要合金元素的铝合金	8×××
备用合金组	9×××

五、安装工程常用的铝材主要的铝合金管及其配件

铝及铝合金管一般用拉制或挤压方法生产，铝管多用 L2、L3、L4、L5 牌号的工业铝制造；铝合金管根据不同的需要可以用 LF2、LF3、LF5、LF6、LF21、LY11 及 LY12 等牌号的铝合金制造。铝管主要用来输送浓硝酸、醋酸、甲酸以及其他介质，但不能抵抗碱液。工作温度高于 160℃时，不宜在压力下使用。

铝管管件。铝管的管件目前无统一的标准。铝管的弯头，当直径在 100mm 以下时，可用冷弯的方法加工（与碳钢管冷弯相同），直径大于 100mm 者，可用加工压制弯头或焊接弯头。三通管的制作方法与碳钢管相同。

2.1.4　防腐材料

安装工程中常用的防腐材料主要有各种涂料、玻璃钢、橡胶制品、无机板材等。

一、涂料

涂料可分两大类：油基漆（成膜物质为干性油类）和树脂基漆（成膜物质为合成树脂）。

（1）涂料的基本组成：涂料大体上可分为三部分，即主要成膜物质、次要成膜物质和辅助成膜物质。

1）主要成膜物质。

①油料。油料来源于植物种子和动物的脂肪。油料的干燥固化反应主要是空气中的氧和油料中不饱和双键起聚合作用。天然油料耐腐蚀、耐老化性能比不上许多合成树脂，目前很少用它单独作防腐蚀涂料，但它能与一些金属氧化物或金属皂化物在一起对金属起防锈作用，所以油料可用来改性各种合成树脂以制取配套防锈底漆。

②天然树脂和合成树脂。天然树脂是指沥青、生漆、天然橡胶等。合成树脂是指环氧树脂、酚醛树脂、呋喃树脂、聚酯树脂、聚氨酯树脂和乙烯类树脂、过氯乙烯树脂和含氟树脂等，它们都是常用的耐蚀涂料中的主要成膜物质。

2）次要成膜物质——颜料。

颜料是涂料的主要成分之一，在涂料中加入颜料不仅使涂料具有装饰性，更重要的是能改善涂料的物理和化学性能，提高涂层的机械强度、附着力、抗渗性和防腐蚀性能等，还有滤去有害光波的作用，从而增进涂层的耐候性和保护性。

①防锈颜料。防锈颜料主要用在底漆中起防锈作用。按照防锈机理的不同，可分化学防锈颜料，如红丹、锌铬黄、锌粉、磷酸锌和有机铬酸盐等，这类颜料在涂层中是借助化学或电化学的作用起防锈作

用的；另一类为物理性防锈颜料，如铝粉、云母氧化铁、氧化锌和石墨粉等，其主要功能是提高漆膜的致密度，降低漆膜的可渗性，阻止阳光和水分的透入，以增强涂层的防锈效果。

②体质颜料和着色颜料。这些颜料都可以在不同程度上提高涂层的耐候性、抗渗性、耐磨性和物理机械强度等。常用的有滑石粉、碳酸钙、硫酸钡、云母粉和硅藻土等。着色颜料在涂料中主要起着色和遮盖膜面的作用。

3）辅助成膜物质。

①溶剂。溶剂在涂料中主要起着溶解成膜物质、调整涂料黏度、控制涂料干燥速度等方面的作用。溶剂对涂料的一些特性，如涂刷阻力、流平性、成膜速度、流淌性、干燥性、胶凝性、浸润性和低温使用性能等都会产生影响。因此要想得到一个好涂料，正确选择和使用溶剂同样重要。

②其他辅助材料。为了提高涂层的性能和满足施工要求，在涂料中还常常添加增塑剂（用来提高漆膜的柔韧性、抗冲击性和克服漆膜硬脆性，易裂的缺点）、触变剂（使涂料在刷涂过程中有较低的黏度，以易于施工）。另外，还有催干剂（加速漆膜的干燥）、表面活性剂、防霉剂、紫外线吸收剂和防污剂等辅助材料。

（2）涂料命名原则。涂料的型号分三个部分：第一部分是成膜物质；第二部分是基本名称，用两位数字表示；第三部分是序号，如表 2.1.4–1~ 表 2.1.4–3 所示。

表 2.1.4–1　成膜物质分类编号表

序号	代号	名　　称	序号	代号	名　　称
1	Y	油脂	10	X	乙烯树脂
2	T	天然树脂	11	B	丙烯酸树脂
3	F	酚醛树脂	12	Z	聚酯树脂
4	L	沥青	13	H	环氧树脂
5	C	醇酸树脂	14	S	聚氨基甲酸酯
6	A	氨基树脂	15	W	元素有机聚合物
7	Q	硝基纤维	16	J	橡胶
8	M	纤维酯及醚类	17	E	其他
9	G	过氧乙烯树脂	18		辅助材料

表 2.1.4–2　辅助材料按其不同用途分类表

序号	代号	名　　称	序号	代号	名　　称
1	X	稀释剂	4	T	脱漆剂
2	F	防潮剂	5	H	固化剂
3	G	催干剂			

表 2.1.4–3　基本名称编号表

代号	名　　称	代号	名　　称
00	清油	06	底漆
01	清漆	07	腻子
02	厚漆	08	水溶漆、乳胶漆
03	调和漆	09	大漆
04	磁漆	14	透明漆
05	烘漆	22	木器漆

续表 2.1.4–3

代号	名　称	代号	名　称
30	（浸渍）绝缘漆	61	耐热漆
31	（覆盖）绝缘漆	62	变色漆
40	防污漆、防蛆漆	63	涂布漆
50	耐酸漆	64	可剥漆
51	耐碱漆	65	粉末涂料
52	防腐漆	80	地板漆
53	防锈漆	82	锅炉漆
54	耐油漆	98	胶液
55	耐水漆	99	其他
60	防火漆	—	—

（3）常用涂料。

涂料按其所起的作用，可分成底漆和面漆两种。防锈漆和底漆都能防锈。它们的区别是：底漆的颜料较多，可以打磨，漆料对物体表面具有较强的附着力；而防锈漆其漆料偏重于满足耐水、耐碱等性能的要求。防锈漆一般分为钢铁表面防锈漆和有色金属表面防锈漆两种；底漆不但能增强涂层与金属表面的附着力，而且对防腐蚀也起到一定的作用。

目前常用的底漆主要有：

1）生漆（也称大漆）。生漆为灰褐色黏稠液体，具有耐酸性、耐溶剂性、抗水性、耐油性、耐磨性和附着力很强等优点。缺点是不耐强碱及强氧化剂。漆膜干燥时间较长，毒性较大，施工时易引起人体中毒。生漆的使用温度约 150℃。生漆耐土壤腐蚀，是地下管道的良好涂料，生漆在纯碱系统中也有较多的应用。

2）漆酚树脂漆。漆酚树脂漆是生漆经脱水缩聚后用有机溶剂稀释而成。它改变了生漆的毒性大，干燥慢，施工不便等缺点，但仍保持生漆的其他优点，适用于大型快速施工的需要，广泛应用在化肥、氯碱生产中，防止工业大气如二氧化硫、氨气、氯气、氯化氢、硫化氢和氧化氮等气体腐蚀，也可作为地下防潮和防腐蚀涂料，但它不耐阳光紫外线照射，应用时应考虑到用于受阳光照射较少的部位。同时涂料不能久置（约 6 个月）。

3）酚醛树脂漆。酚醛树脂漆是把酚醛树脂溶于有机溶剂中，并加入适量的增韧剂和填料配制而成。酚醛树脂漆具有良好的电绝缘性和耐油性，能耐 60% 硫酸、盐酸、一定浓度的醋酸、磷酸、大多数盐类和有机溶剂等介质的腐蚀，但不耐强氧化剂和碱。其漆膜较脆，温差变化大时易开裂，与金属附着力较差，在生产中应用受到一定限制。其使用温度一般为 120℃。

4）环氧 – 酚醛漆。环氧 – 酚醛漆是环氧树脂和酚醛树脂溶于有机溶剂中（如二甲苯和醋酸丁酯等）配制而成。环氧 – 酚醛漆是热固性涂料，其漆膜兼有环氧和酚醛两者的长处，既有环氧树脂良好的机械性能和耐碱性，又有酚醛树脂的耐酸、耐溶和电绝缘性。

5）环氧树脂涂料。环氧树脂涂料是由环氧树脂、有机溶剂、增韧剂和填料配制而成，在使用时再加入一定量的固化剂。按其成膜要求不同，可分为冷固型环氧树脂涂料和热固型环氧树脂涂料。常用的环氧树脂有 6101、601 和 634 型。其中以环氧树脂 601 为基料的环氧树脂涂料性能较好，以环氧树脂 634 为基料的涂料其漆膜硬度高、强度大，但性较脆，附着力较差。

环氧树脂涂料具有良好的耐腐蚀性能，特别是耐碱性，并有较好的耐磨性。与金属和非金属（除聚氯乙烯、聚乙烯等外）有极好的附着力，漆膜有良好的弹性与硬度，收缩率也较低，使用温度一般为 90~100℃。若在环氧树脂中加入适量的呋喃树脂改性，可以提高其使用温度。热固型环氧涂料的耐温性和耐腐蚀性均比冷固型环氧涂料好。在无条件进行热处理时，采用冷固型涂料。

6）过氯乙烯漆。过氯乙烯漆是以过氯乙烯树脂为主要成膜材料的涂料。它具有良好的耐酸性气体、耐海水、耐酸、耐油、耐盐雾、防霉、防燃烧等性能。但不耐酚类、酮类、脂类和苯类等有机溶剂介质的腐蚀。其最高使用温度约70℃，若温度过高，则会导致漆膜破坏。该清漆不耐光，容易老化，而且不耐磨和不耐强烈的机械冲击。此外，它与金属表面附着力不强，特别是光滑表面和有色金属表面更为突出。在漆膜没有充分干燥下往往会有漆膜揭皮现象。

7）沥青漆。沥青漆是用天然沥青或石油沥青和干性油溶于有机溶剂而成。沥青漆由于价格低廉，使用较多。它在常温下能耐氧化氮、二氧化硫、三氧化硫、氨气、酸雾、氯气、低浓度的无机盐和浓度40%以下的碱、海水、土壤、盐类溶液以及酸性气体等介质腐蚀。但不耐油类、醇类、脂类、烃类等有机溶剂和强氧化剂等介质腐蚀。沥青漆膜对阳光稳定性较差，耐热度在60℃。常用于设备和管道的表面，防止工业大气、土壤和水的腐蚀。常用的沥青漆有沥青耐酸漆、沥青清漆、铝粉沥青防锈漆等。

8）呋喃树脂漆。呋喃树脂漆是以糠醛为主要原料制成的。它具有优良的耐酸性、耐碱性及耐温性，原料来源广泛，价格较低。

呋喃树脂漆必须在酸性固化剂的作用和加热下才能固化，但酸类固化剂对金属（或混凝土）有酸性腐蚀作用，故不宜直接涂覆在金属或混凝土表面上，必须用其他涂料作为底漆，如环氧树脂底漆、生漆和酚醛树脂清漆等。呋喃树脂漆能耐大部分有机酸、无机酸、盐类等介质的腐蚀，并有良好的耐碱性、耐有机溶剂性、耐水性、耐油性，但不耐强氧化性介质（硝酸、铬酸、浓硫酸等）的腐蚀。由于呋喃树脂漆存在性脆，与金属附着力差，干后会收缩等缺点，因此大部分是采用改性呋喃树脂漆。

9）聚氨基甲酸酯漆。聚氨基甲酸酯漆是以甲苯二异氰酸酯为主要原料的新型漆。它具有良好的耐化学腐蚀性、耐油性、耐磨性和附着力，漆膜韧性和电绝缘性均较好。最高耐热度为155℃。

10）无机富锌漆。无机富锌漆是由锌粉及水玻璃为主配制而成的。施工简单，价格便宜。它具有良好的耐水性、耐油性、耐溶剂性及耐干湿交替的盐雾，适用于海水、清水、海洋大气、工业大气和油类等介质。在有酸、碱腐蚀性介质中使用时，一般须涂上相应的面漆，如环氧－酚醛漆、环氧树脂漆、过氯乙烯漆等，面漆层数不得少于两层。耐热度为160℃左右。

11）聚氨酯漆。聚氨酯漆是多异氰酸醋化合物和端羟基化合物进行预聚反应而生成的高分子合成材料。它广泛用于石油、化工、矿山、冶金等行业的管道、容器、设备以及混凝土构筑物表面等防腐领域。聚氨酯漆具有耐盐、耐酸、耐各种稀释剂等优点，同时又具有施工方便、无毒、造价低等特点。

12）环氧煤沥青。它主要是由环氧树脂、煤沥青、填料和固化剂组成。它综合了环氧树脂机械强度高、黏结力大、耐化学介质侵蚀和煤沥青耐腐蚀等优点。涂层使用温度可以在-40~150℃之间。在酸、碱、盐、水、汽油、煤油、柴油等一般稀释剂中长期浸泡无变化，防腐寿命可达到50年以上。环氧煤沥青广泛用于城市给水管道、煤气管道以及炼油厂、化工厂、污水处理厂等设备、管道的防腐处理。

13）三聚乙烯防腐涂料。该涂料广泛用于天然气和石油输配管线、市政管网、油罐、桥梁等防腐工程。它主要由聚乙烯、炭黑、改性剂和助剂组成，经熔融混炼造粒而成，具有良好的机械强度、电性能、抗紫外线、抗老化和抗阳极剥离等性能，防腐寿命可达到20年以上。

14）氟-46涂料。氟-46涂料为四氟乙烯和六氟丙烯的共聚物，它具有优良的耐腐蚀性能，对强酸、强碱及强氧化剂，即使在高温下也不发生任何作用。除对某些卤化物、芳香族碳氢化合物有轻微的膨胀现象外，酮类、醚类和醇类等有机溶剂对它不起作用，能对它起作用的仅为元素氟、三氟化氯和熔融的碱金属，但只有在高温、高压下作用才显著。它的耐热性仅次于聚四氟乙烯涂料，耐寒性很好，具有杰出的防污和耐候性，因此可维持15~20年不用重涂。故特别适用于对耐候性要求很高的桥梁或化工厂设施，在赋予被涂物美观外表的同时，避免基材的锈蚀。

二、玻璃钢

玻璃钢一般是指用不饱和聚酯树脂、环氧树脂与酚醛树脂为基体，以玻璃纤维或其制品作增强材料的增强塑料。玻璃钢由于有玻璃纤维的增强作用，具有较高的机械强度和整体性，受到机械碰击等也不容易出现损伤。

根据使用的树脂品种不同，玻璃钢的种类有环氧玻璃钢、聚酯玻璃钢、环氧酚醛玻璃钢、环氧煤焦油玻璃钢、环氧呋喃玻璃钢和酚醛呋喃玻璃钢等。玻璃钢质轻而硬，不导电，机械强度高，回收利用少，耐腐蚀。可以代替钢材制造机器零件和汽车、船舶外壳等。

三、橡胶

目前主要用于防腐的橡胶主要是天然橡胶。一般硬橡胶的长期使用温度为0~65℃，软橡胶、半硬橡胶的使用温度为 –25~75℃。橡胶的使用温度与使用寿命有关，温度过高会加速橡胶的老化，破坏橡胶与金属间的结合力，导致脱落；温度过低橡胶会失去弹性（橡胶的膨胀系数比金属大三倍）。由于二种基材收缩不一，导致应力集中而拉裂橡胶层。由于软橡胶的弹性比硬橡胶好，故它的耐寒性也较好。

用作化工衬里的橡胶是生胶经过硫化处理而成。经过硫化后的橡胶具有一定的耐热性能、机械强度及耐腐蚀性能。它可分为软橡胶、半硬橡胶和硬橡胶三种。橡胶硫化后具有优良的耐腐蚀性能，除强氧化剂（如硝酸、浓硫酸、铬酸）及某些溶剂（如苯、二硫化碳、四氯化碳等）外，能耐受大多数无机酸、有机酸、碱、各种盐类及酸类介质的腐蚀。

目前用于化工防腐蚀的主要有聚异丁烯橡胶，它具有良好的耐腐蚀性、耐老化性、耐氧化性及抗水性，不透气性比所有橡胶都好，但强度和耐热性较差。聚异丁烯橡胶使用最高温度一般为 50~60℃，它在低温下仍有良好的弹性及足够的强度。在 50℃时由于聚异丁烯板开始软化，因而不能经受机械作用。它能耐各种浓度的盐酸、浓度小于 80% 的硫酸、稀硝酸、浓度小于 40% 的氢氟酸、碱液及各种盐类溶液等介质的腐蚀。不耐氟、氯、溴及部分有机溶剂如苯、四氯化碳、二硫化碳、汽油、矿物油及植物油等介质的腐蚀。

2.2　电气设备及安装工程

2.2.1　导线

导线一般采用铜、铝、铝合金和钢等材料制造。按照导线线芯结构一般可以分为单股导线和多股导线两大类，按照有、无绝缘和导线结构可以分成裸导线和绝缘导线两大类。

一、裸导线

裸导线是没有绝缘层的导线，包括铜线、铝线、铝绞线、铜绞线、钢芯铝绞线和各种型线等。裸导线主要用于户外架空电力线路以及室内汇流排和配电柜、箱内连接等用途。

单圆线：包括圆铜线、圆铝线、镀锡圆铜线、铝合金圆线、铝包钢圆线、铜包钢圆线和镀银圆线等。

裸绞线：包括铝绞线、钢芯铝绞线、轻型钢芯铝绞线、加强型钢芯铝绞线、防腐钢芯铝绞线、扩径钢芯铝绞线、铝合金绞线和硬铜绞线等。

软接线：包括铜电刷线、铜天线、铜软绞线、铜特软绞线和铜编织线等。

型线：包括扁铜线、铜母线、铜带、扁铝线、铝母线、管型母线（铝锰合金管）、异形铜排和电车线等。

裸导线的表示方法：裸导线的型号、类别、用途等用汉语拼音表示，字母含义如表 2.2.1–1 所示。

表 2.2.1–1　裸导线产品型号各部分代号及其含义

类别（以导体区分）	特征				派生
	形状	加工	类型	软硬	
c——电车线 G——钢（铁线） HL——热处型铝镁硅合金线 L——铝线 M——母线	B——扁形 D——带形 G——沟形 K——空心 P——排状 T——梯形	F——防腐 J——绞制 X——纤维编织线 YD——镀银 Z——编织	J——加强型 K——扩径型 Q——轻型 Z——支撑式 C——触头用	R——柔软 Y——硬 YB——半硬	A——第一种 B——第二种 1——第一种 2——第二种 3——第三种 4——第四种

续表 2.2.1-1

类别 （以导体区分）	特　征				派生
	形状	加工	类型	软硬	
S——电刷线 T——天线 TY——银铜合金	Y——圆形				

在架空配电线路中，铜绞线因其具有优良的导线性能和较高的机械强度，且耐腐蚀性强，一般应用于电流密度较大或化学腐蚀较严重的地区；铝绞线的导电性能和机械强度不及铜导线，一般应用于挡距比较小的架空线路；钢芯铝绞线具有较高的机械强度，导电性能良好，适用于大挡距架空线路敷设。

二、绝缘导线

绝缘导线由导电线芯、绝缘层和保护层组成，常用于电气设备、照明装置、电工仪表、输配电线路的连接等。

绝缘电线按绝缘材料可分为橡皮绝缘导线和塑料绝缘导线。

绝缘导线按工作类型可分为普通型、防火阻燃型、屏蔽型及补偿型等。

按使用要求的软硬又可分为硬线、软线和特软线等结构类型。

按其结构形式一般可分为高、低压分相式绝缘导线、低压集束型绝缘导线、高压集束型半导体屏蔽绝缘导线、高压集束型金属屏蔽绝缘导线等。

（1）橡皮绝缘导线　具有耐日光，耐大气老化，耐低温等特点，适用于户外线路，也适用于户内交流 500V 和直流 1kV 及以下线路。部分橡皮绝缘导线型号和敷设条件见表 2.2.1-2。

表 2.2.1-2　橡皮绝缘导线的型号和敷设条件

导线型号	名　称	敷设条件
BX	铜芯橡皮绝缘导线	户内外固定敷设用
BLX	铝芯橡皮绝缘导线	
BXF	铜芯氯丁橡皮绝缘导线	户内外固定敷设用尤其适用于户外
BBX	铜芯玻璃丝编制橡皮绝缘导线	户内外固定敷设用
BBBX	铝芯玻璃丝编制橡皮绝缘导线	
BXS	棉纱编制双股软绝缘导线	户内干燥场所用

（2）塑料绝缘导线　采用聚氯乙烯绝缘，电气绝缘性能好，但在大气中易老化，故广泛应用在室内线路中，用于交流 500V 和直流 1kV 以下线路。为了节约橡胶和棉纱，在条件和环境允许时，应尽量选用塑料绝缘导线。部分塑料绝缘导线型号和敷设条件见表 2.2.1-3。

表 2.2.1-3　塑料绝缘导线的型号和敷设条件

导线型号	名　称	敷设条件
BV	铜芯塑料绝缘导线	户内固定敷设用
BLV	铝芯塑料绝缘导线	
BVV	铜芯塑料护套导线	
BLVV	铝芯塑料护套导线	
BVR	铜芯塑料绝缘软导线	要求较柔软时用
BLVR	铝芯塑料绝缘软导线	
RVB	铜芯塑料绝缘平型软导线	户内移动或半移动式用
BV-105	铜芯耐热 105℃聚氯乙烯绝缘导线	用于温度较高场所
BVP	聚氯乙烯绝缘屏蔽线	防外部电磁波干扰

2.2.2　电力电缆、控制电缆

一、电力电缆

电力电缆是用于传输和分配电能的一种电缆，电力电缆的使用电压范围宽，可从几百伏到几百千伏，并具有防潮、防腐蚀、防损伤、节约空间、易敷设、运行简单方便等特点。广泛用于电力系统、工矿企业、高层建筑及各行各业中。在城市或厂区，使用电缆可使市容和厂区整齐美观并增加出线走廊，不占用空间。按敷设方式和使用性质，电力电缆可分为普通电缆、直埋电缆、海底电缆、架空电缆、矿山井下用电缆和阻燃电缆等种类。按绝缘方式可分为聚氯乙烯绝缘、交联聚乙烯绝缘、油浸纸绝缘、橡皮绝缘和矿物绝缘等。

（一）电缆的型号表示法

电缆型号的内容包含有用途类别、绝缘材料、导体材料、铠装保护层等，电缆型号含义见表 2.2.2–1 所示。

表 2.2.2–1　电缆型号含义

类　别	导体	绝缘	内护套	特征
电力电缆（省略不表示）；K：控制电缆；P：信号电缆；YT：电梯电缆；U：矿用电缆；Y：移动式软缆；H：市内电话缆；UZ：电钻电缆；DC：电气化车辆用电缆	T：铜（可省略）；L：铝线	Z：油浸纸；X：天然橡胶、（X）D：丁基橡胶、（X）E：乙丙橡胶；W：聚氯乙烯；Y：聚乙烯；YJ：交联聚乙烯；E：乙丙胶	Q：铅套；L：铝套；H：橡套、（H）P：非燃性橡套；HF：氯丁胶；V：聚氯乙烯护套；Y：聚乙烯护套；VF：复合物；HD：耐寒橡胶	D：不滴油；F：分相；CY：充油；P：屏蔽；C：滤尘用或重型；G：高压

电缆如有外护层时，在表示型号的汉语拼音字母后面用两个阿拉伯数字来表示外护层的结构。其外护层的结构按铠装层和外被层的结构顺序用阿拉伯数字表示，前一个数字表示铠装结构，后一个数字表示外被层结构类型。电缆通用外护层和非金属套电缆外护层中每一个数字所代表的主要材料及含义见表 2.2.2–2 和表 2.2.2–3。

表 2.2.2–2　电缆通用外护层型号数字含义

第一个数字		第二个数字	
代号	铠装层类型	代号	外被层类型
0	无	0	无
1	钢带	1	纤维线包
2	双钢带	2	聚氯乙烯护套
3	细圆钢丝	3	聚乙烯护套
4	粗圆钢丝	4	—

表 2.2.2–3　非金属套电缆外护层的结构组成标准

表示符号	外护层机构		
	内衬型	铠装型	外被型
12	绕包型：塑料带或无纺布带挤出型：塑料套	连锁铠装	聚氯乙烯外套
22		双钢带铠装	聚氯乙烯外套
23			聚乙烯外套
32		单细圆钢丝铠装	聚氯乙烯外套
33			聚乙烯外套

续表 2.2.2-3

表示符号	外护层机构		
	内衬型	铠装型	外被型
42	塑料套	单粗圆钢丝铠装	聚氯乙烯外套
43			聚乙烯外套
41			胶粘涂料 - 聚丙烯或电缆沥青浸渍麻 - 电缆沥青 - 白垩粉
441		双粗圆钢丝铠装	
241		双钢带粗圆钢丝铠装	

还有一些变通标法，如外护层：11—裸金属护套一级外护套；12—钢带铠装一级外护层，20—裸钢带铠装一级外护层；13—细钢丝铠装一级外护层，130—裸细钢丝铠装一级外护层；15—粗钢丝铠装一级外护层，150—裸粗钢丝铠装一级外护层；21—钢带加固麻被护层；22—钢带铠装二级外护层；23—双钢带铠装二级外护层；25—粗钢丝铠装二级外护层；29—内钢带铠装有外护层；30—裸细钢丝铠装；39—内细钢丝铠钢；50—裸粗钢丝铠装；59—内粗钢丝铠装。

表示方法举例：

ZQ21-3 × 50-10-250 表示铜芯、纸绝缘、铅包、双钢带铠装、纤维外被层（如油麻）、三芯、50mm²、电压为 10kV、长度为 250m 的电力电缆。

YJLV22-3 × 120-10-300 表示铝芯、交联聚乙烯绝缘、聚氯乙烯内护套、双钢带铠装、聚氯乙烯外护套、三芯、120mm²、电压 10kV、长度为 300m 的电力电缆。

VV22-3 × 25+1 × 16 表示铜芯、聚氯乙烯内护套、双钢带铠装、聚氯乙烯外护套、三芯 25mm²、一芯 16mm² 的电力电缆。

在实际建筑工程中，一般优先选用交联聚乙烯电缆，其次用不滴油纸绝缘电缆，最后选普通油浸纸绝缘电缆。当电缆水平高差较大时，不宜使用黏性油浸纸绝缘电缆。工程中直埋电缆必须选用铠装电缆。

（二）几种常用电缆及其特性

（1）聚乙烯绝缘电力电缆。其型号如表 2.2.2-4 所示。

表 2.2.2-4 聚氯乙烯铜芯（铝芯）导体电力电缆

型号		电缆名称	芯数	截面（mm²）
铜芯	铝芯			
VV V22-T	VLV-T VLV22-T	聚氯乙烯绝缘聚氯乙烯护套电力电缆有 22 时为铠装	3+1	4~300
VV-T VV22-T	VLV-T VLV22-T	聚氯乙烯绝缘聚氯乙烯护套电力电缆有 22 时为铠装	3+1+1	4~185
VV-T VV22-T	VLV-T VLV22-T	聚氯乙烯绝缘聚氯乙烯护套电力电缆有 22 时为铠装	4+1	4~185

聚氯乙烯绝缘聚氯乙烯护套电力电缆长期工作温度不超过 70℃，电缆导体的最高温度不超过 160℃，短路最长持续时间不超过 5s，施工敷设最低温度不得低于 0℃，最小弯曲半径不小于电缆直径的 10 倍。

（2）交联聚乙烯绝缘电力电缆。简称 XLPE 电缆，它是利用化学或物理的方法使电缆的绝缘材料聚乙烯塑料的分子由线型结构转变为立体的网状结构，即把原来是热塑性的聚乙烯转变成热固性的交联聚乙烯塑料，从而大幅度地提高了电缆的耐热性能和使用寿命，且仍保持其优良的电气性能。型号及名称如表 2.2.2-5 所示。

表 2.2.2–5　交联聚乙烯绝缘电力电缆

电缆型号		名　称	适用范围
铜芯	铝芯		
YJV	YJLV	交联聚乙烯绝缘聚氯乙烯护套电力电缆	室内，隧道，穿管，埋入土内（不承受机械力）
YJY	YJLY	交联聚乙烯绝缘聚乙烯护套电力电缆	
YJY22	YJLV22	交联聚乙烯绝缘聚氯乙烯护套细钢丝铠装电力电缆	室内，隧道、穿管，埋入土内
YJY23	YJLVa3		
YJV32	YJLV32		竖井，水中，有落差的地方，能承受外力
YJY33	YJLV33		

二、控制电缆

控制电缆适用于交流 50Hz，额定电压 450/750V，600/1000V 及以下的工矿企业、现代化高层建筑等的远距离操作、控制、信号及保护测量回路。作为各类电气仪表及自动化仪表装置之间的连接线，起着传递各种电气信号、保障系统安全、可靠运行的作用。

控制电缆按工作类别可分为普通、阻燃（ZR）、耐火（NH）、低烟低卤（DLD）、低烟无卤（DW）、高阻燃类（GZR）、耐温类、耐寒类控制电缆等，控制电缆表示方法如表 2.2.2–6 所示。

表 2.2.2–6　控制电缆表示方法

类别用途	导体	绝缘材料	护套、屏蔽特征	外护层	派生、特征
K- 控制电缆	T- 铜芯；L 芯	Y- 聚乙烯；V- 聚氯乙烯；X- 橡皮；YJ- 交联聚乙烯	Y- 聚乙烯；V- 聚氯乙烯；Z-F- 氯丁胶；Q- 铝套；AA-P- 编织屏蔽	02，0320，22 23，3032，33	80，105 1- 铜丝缠绕屏蔽 2- 铜带绕包屏蔽

注：铜芯代码字母“T”在型号中一般省略。

（1）聚氯乙烯绝缘聚氯乙烯护套控制电缆。

聚氯乙烯绝缘聚氯乙烯护套控制电缆适用于交流额定电压 600/1000V 及以下控制、监控回路及保护线路等场合，作为电气装备之间的控制接线。具有优良的电气性能、机械性能、耐热老化性能、耐环境应力性能、耐化学腐蚀性能和不延燃性能，以及结构简单、使用方便、不受敷设落差限制等优点。

（2）阻燃控制电缆。

阻燃控制电缆适用于交流额定电压 600/1000V 及以下有特殊阻燃要求的控制、监控回路及保护线路等场合，作为电气装备之间的控制接线。主要包括阻燃 A 类控制电缆、特种阻燃控制电缆、低烟无卤阻燃控制电缆、低烟低卤阻燃控制电缆、交联聚乙烯绝缘控制电缆及阻燃控制电缆等。

三、电力电缆和控制电缆的区分

（1）电力电缆有铠装和无铠装的，控制电缆一般有编织的屏蔽层。

（2）电力电缆通常线径较粗，控制电缆截面一般不超过 $10mm^2$。

（3）电力电缆有铜芯和铝芯，控制电缆一般只有铜芯。

（4）电力电缆有高耐压的，所以绝缘层厚，控制电缆一般是低压的绝缘层相对要薄。

（5）电力电缆芯数少一般少于 5，控制电缆一般芯数多。

2.2.3　电气设备

一、变压器

变压器是变电所的主要设备，其作用是变换电压。

电力系统中，为减少线路上的功率损耗，实现远距离输电，用变压器将发电机发出的电能电压升高后再送入输电电网。在配电地点，为了用户安全和降低用电设备的制造成本，先用变压器将电压降低，然后分配给用户。

变压器的种类很多，电力系统中常用三相电力变压器，有油浸式和干式之分。

油浸式电力变压器外壳是一个油箱，内部装满变压器油（一种矿物油），套装在铁芯上的原、副绕组都要浸没在变压器油中。油浸式电力变压器是利用变压器油作为主要绝缘手段，依靠油作冷却介质，常用的冷却方式有油浸自冷、油浸风冷、强迫油循环风冷、强迫油循环水冷等。

干式变压器的铁芯和绕组都不浸在任何绝缘液体中，而是采用空气对流直接冷却，有开启式、密闭式（也称充气式）、浇注式几种类型。它一般用于安全防火要求较高的场合。

二、箱式变压器

箱式变压器将传统变压器集中设计在箱式壳体中，具有体积小、重量轻、低噪声、低损耗、高可靠性等优点。广泛应用于住宅小区、商业中心、轻站、机场、厂矿、企业、医院、学校等场所。

箱式变电站主要由多回路高压开关系统、铠装母线、变电站综合自动化系统、通信、远动、计量、电容补偿及直流电源等电气单元组合而成。主要有以下特点：

（一）技术先进安全可靠

箱体部分采用目前国内领先技术及工艺，外壳一般采用镀铝锌钢板，框架采用标准集装箱材料及制作工艺，有良好的防腐性能，保证20年不锈蚀，内封板采用铝合金扣板，夹层采用防火保温材料，箱体内安装空调及除湿装置，设备运行不受自然气候环境及外界污染影响，可保证在–40℃ ~+40℃的恶劣环境下正常运行。

箱体内一次设备采用全封闭高压开关柜（如XGN型）、干式变压器、干式互感器、真空断路器，弹簧操作机构、旋转隔离开关等国内技术领先设备，产品无裸露带电部分，为全封闭、全绝缘结构，完全能达到零触电事故，全站可实现无油化运行，安全性高，二次采用微机综合自动化系统，可实现无人值守。

（二）自动化程度高

全站智能化设计，保护系统采用变电站微机综合自动化装置，分散安装，可实现“四遥”，即遥测、遥信、遥控、遥调，每个单元均具有独立运行功能，继电保护功能齐全，可对运行参数进行远方设置，对箱体内湿度、温度进行控制和远方烟雾报警，满足无人值班的要求；根据需要还可实现图像远程监控。

（三）工厂预制化

设计时，只要设计人员根据变电站的实际要求，做出一次主接线图和箱外设备的设计，就可以选择由厂家提供的箱变规格和型号，所有设备在工厂一次安装、调试合格，真正实现变电站建设工厂化，缩短了设计制造周期；现场安装仅需箱体定位、箱体间电缆联络、出线电缆连接、保护定值校验、传动试验及其他需调试的工作，整个变电站从安装到投运大约只需5~8d的时间，大大缩短了建设工期。

（四）组合方式灵活

箱式变电站由于结构比较紧凑，每个箱均构成一个独立系统，这就使得组合方式灵活多变，我们可以全部采用箱式，也就是说，35kV及10kV设备全部箱内安装，组成全箱式变电站；也可以仅用10kV开关箱，35kV设备室外安装，10kV设备及控保系统箱内安装，对于这种组合方式，特别适用于农网改造中的旧站改造，即原有35kV设备不动，仅安装一个10kV开关箱即可达到无人值守的要求。总之，箱式变电站没有固定的组合模式，使用单位可根据实际情况自由组合一些模式，以满足安全运行的需要。

（五）占地面积小

以4000kV · A单主变规模变电所为例，建设一座常规35kV变电所，大约需占地3000m^{2}左右，而且需要进行大规模的土建工程；而选用箱式变电站，主变箱和开关箱两箱体占地面积最小可至100m^2，包括35kV其他设备总占地面积最大为300m^2，仅为同规模变电所占地面积的1/10，可充分利用街心、广场及工厂角隅即可安装投产，符合国家节约土地的政策。

（六）外形美观，易与环境协调

箱体外壳采用镀铝锌钢板及集装箱制造技术，外形设计美观，在保证供电可靠性前提下，通过选择箱式变电站的外壳颜色，从而极易与周围环境协调一致，特别适用于城市建设，如城市居民住宅小区、车站、港口、机场、公园、绿化带等人口密集地区，它既可作为固定式变电所，也可作为移动式变电所，具有点缀和美化环境的作用。

三、配电装置

（一）高压配电装置

（1）高压开关柜。高压开关及其相应的控制、信号、测量、保护和调节装置的组合，以及上述开关和装置内部连接、辅件、外壳和支持件所组成的成套设备称为高压成套开关设备，通称高压开关柜。GG-1A-07S 高压开关柜的外形结构如图 2.2.3-1 所示。

高压开关柜的分类及主要特点见表 2.2.3-1。

（2）高压断路器。高压断路器的功能是，不仅能通断正常负荷电流，而且能接通和承受一定时间的短路电流，并能在保护装置作用下自动跳闸，切除短路的故障。高压断路器按其采用的灭弧介质可分为油断路器，空气断路器，六氟化硫断路器，真空断路器等。

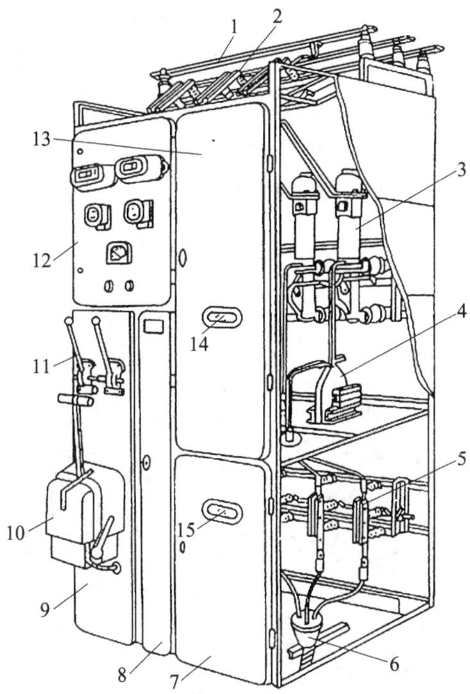

图 2.2.3-1　高压开关柜结构

1—母线；2—母线隔离开关；3—少油断路器；4—电流互感器；5—线路隔离开关；6—电缆头；7—下检修门；8—端子箱门；9—操作板；10—断路器的手动操作机构；11—隔离开关操动机构手柄；12—仪表继电器屏；13—上检修门；14、15—观察窗口

表 2.2.3-1　高压开关柜的分类及主要特点

分类方式	基本类型	主 要 特 点
按主开关与柜体的配合方式	固定式	主开关及其他元件固定安装，可靠性高，成本低
	移开式（手车式）	主开关可移至柜外，便于主开关的更换、维修、结构紧凑
按开关柜隔室的构成形式	铠装型	主开关及其两端相连的元件均具有单独的隔室，隔室由接地的金属隔板构成，可靠性高
	间隔型	隔室的设置与铠装型一样，但隔室可用非金属隔板构成，结构紧凑
	箱型	隔室的数目少于铠装和间隔型隔室的隔板，不满足规定的防护等级，结构简单
按主母线系统	单母线	开关柜的基本形式，检修主开关和主母线时需对负载停电
	单母线带旁路	可由单母线柜派生，检修主开关时可由旁路开关经旁母线供电
	双母线	一路母线退出时，可由另一路母线供电
按柜内绝缘介质	主要以大气绝缘	结构比较简单、成本低、使用场所受环境条件限制
	气体绝缘（如 SF_6）	可用于高温、严重污染、高海拔等严酷条件场所，体积小、成本较高
按使用场所	户内	用于户内
	户外	具有防雨、防晒、隔热等措施，用于户外

（3）高压隔离开关。高压隔离开关主要用于隔离高压电源，以保证其他设备和线路的安全检修。用了隔离开关，可以将高压装置中需要修理的设备与其他带电部分可靠地断开，并构成明显可见的断开间隔，充分保证检修人员和设备的安全。但是隔离开关没有专门的灭弧装置，因此不能用来断开负荷电流和短路电流，所以不允许带负荷操作。

户内型高压隔离开关的构造如图 2.2.3-2 所示。

（4）高压负荷开关。高压负荷开关具有简单的灭弧装置，专门用在高压装置中通断负荷电流，但因灭弧能力不高，故不能切断短路电流，它必须和高压熔断器串联使用，靠熔断器切断短路电流。

户内高压负荷开关 FN3-10RT 型如图 2.2.3-3 所示。它的外形与隔离开关很相似，负荷开关也就是隔离开关加上一个简单的灭弧装置，以便能通断负荷电流。由于负荷开关断开时，也有一个明显可见的断开间隙，因此也能起隔离电源保证安全检修的作用。

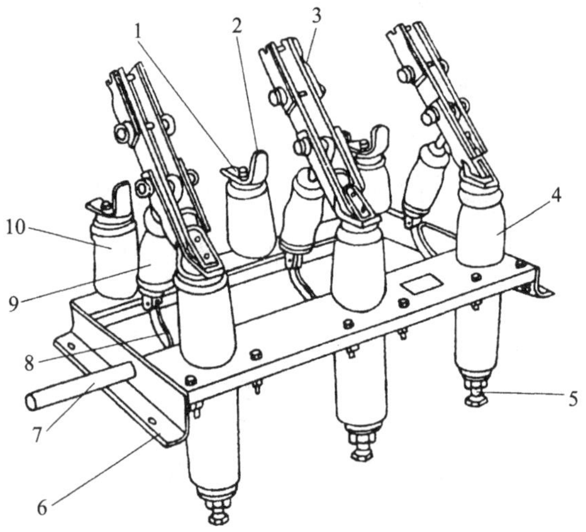

图 2.2.3-2 户内型高压隔离开关

1—上接线端；2—静触头；3—刀闸；4—套管绝缘子；5—下接线端；6—框架；7—转轴；8—拐臂；9—升降绝缘子；10—支柱绝缘子

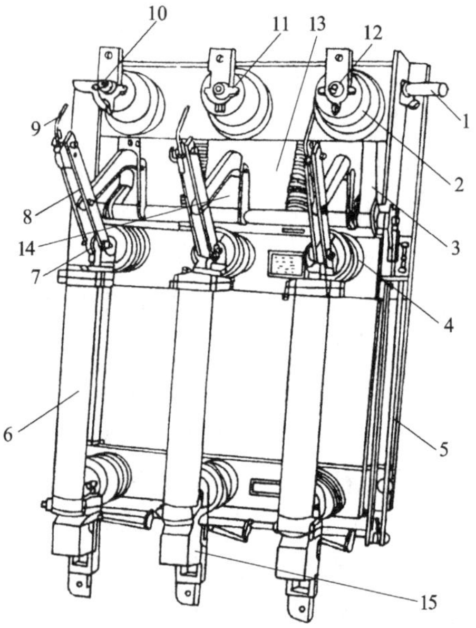

图 2.2.3-3 高压负荷开关结构

1—主轴；2—上绝缘子兼气缸；3—连杆；4—下绝缘子；5—框架；6—高压熔断器；7—下触座；8—闸刀；9—弧动触头；10—灭弧喷嘴（内有弧静触头）；11—主静触头；12—上触头；13—断路弹簧；14—绝缘拉杆；15—热脱扣器

（5）高压熔断器。高压熔断器是一种当所在电路的电流超过规定值并经一定时间后，使熔体熔化而分断电流、断开电路的一种保护电器。熔断器功能主要是对电路及电路设备进行短路保护，有的也具有过负荷保护的功能。由于它简单、便宜、使用方便，所以适于保护线路、电力变压器等。它主要由熔体管、接触导电部分支持绝缘子和底座等组成。按其使用场所不同可分为户内式和户外式两大类。

户内高压熔断器：其型号为 RN（R- 熔断器，N- 户内式），其外形如图 2.2.3-4 所示。户外高压跌落式熔断器：其型号为 RW（R- 熔断器，W- 户外式），其构造如图 2.2.3-5 所示。

（6）操动机构。操动机构是高压开关的重要组成部分，当它接受操作指令后，能使开关设备准确地合闸和分闸。有的操动机构与开关本体制成一体，有的则做成独立的产品，供各类开关设备本体配用。

（7）穿墙套管。穿墙套管也叫穿墙瓷套管。一般适用于额定电压 35kV 及以上的电站和变电站配电装置，也有用于额定电压 10kV 的配电线路中，有户内、户外之分，其结构由瓷套、导体、法兰、端盖等金属附件组成。穿墙瓷套管及穿通板外形如图 2.2.3-6 所示。穿通板是为了安装和固定穿墙套管而设置的，材质有石棉水泥板、电木板或环氧树脂板、塑料板和钢板。

（二）低压配电装置

（1）低压熔断器。低压熔断器是低压配电系统中用于保护电气设备，免受短路电流、过载电流损害的一种保护电器。当电流超过规定值一定时间后，以它本身产生的热量，使熔体溶化。

低压熔断器型号含义如图 2.2.3-7 所示。常用的有瓷插式，螺旋式和管式等。

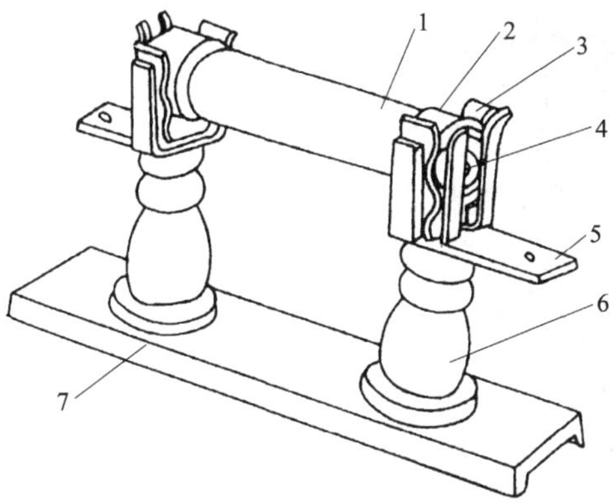

图 2.2.3-4　户内高压熔断器

1—瓷熔管；2—金属管帽；3—弹性触座；
4—熔断指示器；5—接线端子；
6—瓷绝缘子；7—底座

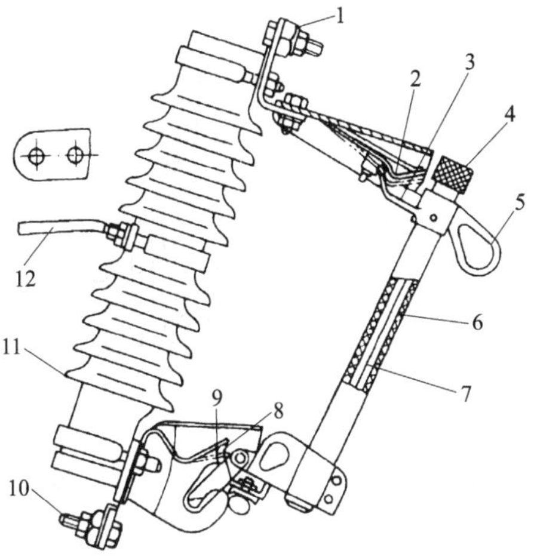

图 2.2.3-5　户外高压熔断器

1—上接线端；2—上静触头；3—上动触头；4—管帽；
5—操作环；6—熔管；7—熔丝；8—下动触头；9—下静触头；
10—下接线端；11—绝缘瓷瓶；12—固定安装板

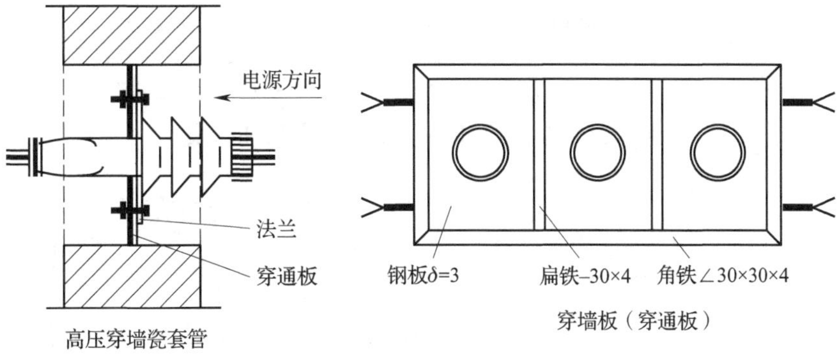

图 2.2.3-6　穿墙瓷套管及穿通板外形

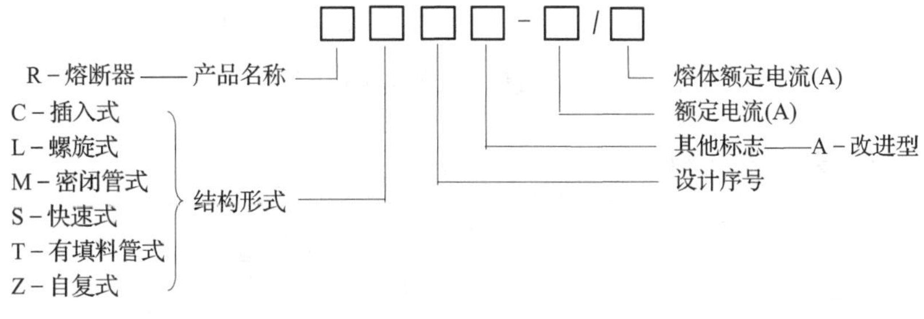

图 2.2.3-7　低压熔断器型号含义

（2）低压刀开关。低压刀开关的分类方式很多。按其操作方式分，有单投和双投。按其极数分，有单极、双极和三极，按其灭弧结构分，有不带灭弧罩和带灭弧罩之分。

不带灭弧罩的刀开关一般只能在无负荷下操作，作隔离开关使用。

带灭火弧罩的刀开关如图 2.2.3-8 所示，能通断一定的负荷电流，其钢栅片灭弧罩能使负荷电流产生的电弧有效地熄灭。

低压刀开关多用于配电箱（屏）中，其型号的表示和含义如图 2.2.3-9 所示。

（3）低压负荷开关。低压负荷开关是由带灭弧装置的刀开关与熔断器串联组合而成，外装封闭式铁壳或开启式胶盖的开关电器。具有带灭弧罩刀开关和熔断器的双重功能，既可带负荷操作，又能进行短路保护。可用作设备和线路的电源开关。常用型号有 HK 型和 HH 型，如图 2.2.3-10 所示。

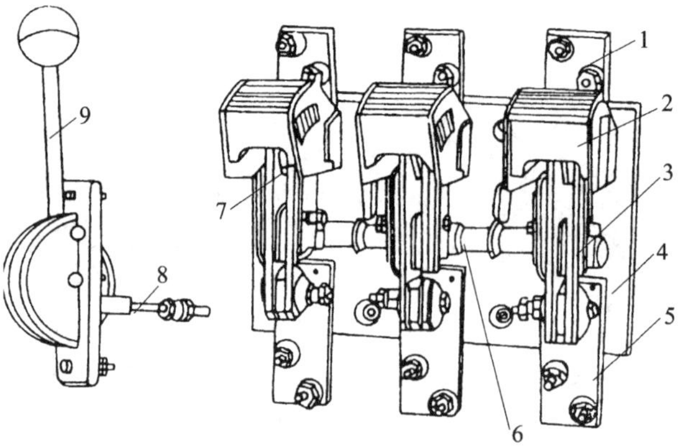

图 2.2.3–8　HD13 型刀开关

1—上接线端子；2—灭弧罩；3—闸刀；4—底座；5—下接线端子；6—主轴；7—静触头；8—连杆；9—操作手柄

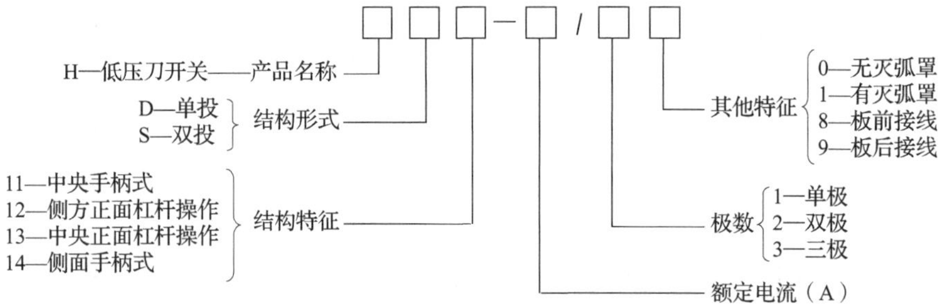

图 2.2.3–9　低压刀开关型号表示和含义

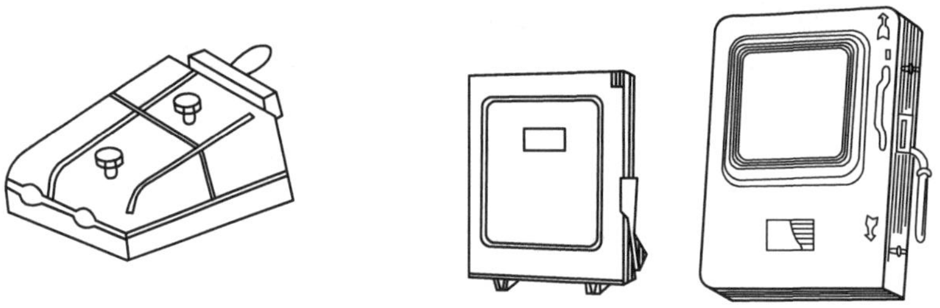

(a) 开启式（胶盖）　　(b) 封闭式（铁壳）

图 2.2.3–10　低压负荷开关

低压负荷开关型号的表示和含义如图 2.2.3–11 所示。

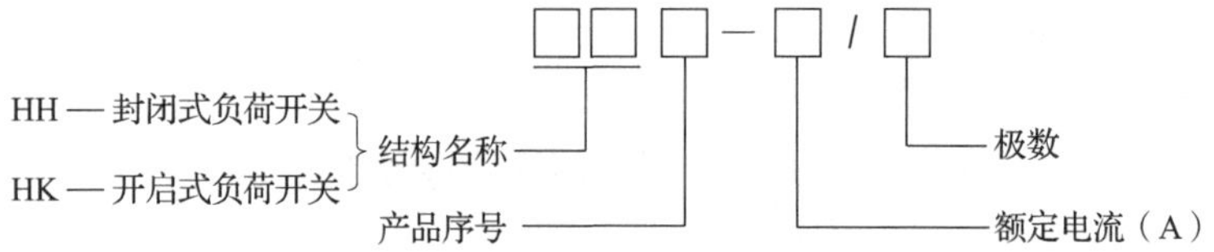

图 2.2.3–11　低压负荷开关型号表示和含义

（4）低压断路器。低压断路器又称自动开关，它具有良好的灭弧性能，能在正常情况下切断负荷电流，也能在短路故障时自动切断短路电流，又能靠热脱扣器自动切断过载电流，当电路失压时也能实现自动分断电路，其功能与高压断路器类似，因而自动开关被广泛用于低压配电系统中。

低压断路器按灭弧介质分有油浸式、真空式和空气式，应用最多的是空气式，即自动空气开关。自动空气开关按极数分有单极、双极、三极和四极；按结构形式分类有塑料外壳式（原称装置式）和框架式（原称万能式）等两大类。

低压断路器全型号的表示和含义如图 2.2.3–12 所示。

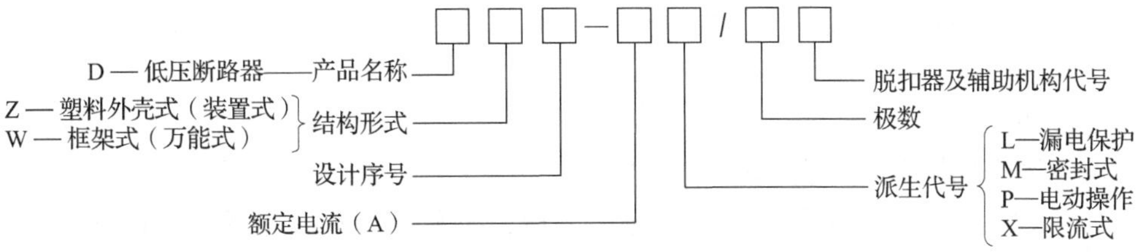

图 2.2.3–12　低压断路器全型号表示和含义

脱扣器及辅助机构代号见表 2.2.3–2。

表 2.2.3–2　脱扣器及辅助机构代号

脱扣器类别	不带附件	分励	辅助触头	欠电压	分励辅助触头	分励欠电压	二组辅助触头	欠电压辅助触头
无脱扣器	00	—	02	—	—	—	06	—
直脱扣器	10	11	12	13	14	15	16	17
电磁脱扣器	20	21	22	23	24	25	26	27
复式脱扣器	30	31	32	33	34	35	36	37

（5）低压配电柜。低压配电柜习惯上也可称为低压配电屏，是一种成套配电装置，它按一定的接线方案将有关低压一、二次设备组装起来，适用于三相交流系统中，额定电压 500V 及以下，额定电流 1500A 及以下的低压配电室，作动力、照明配电之用。低压配电柜装有刀开关、熔断器、自动开关、交流接触器、电流互感器、电压互感器等，可按需要组成各种系统。低压配电柜有固定式和抽屉式两种类型。按产品生产方式分类有定型产品、非定型产品和现场组装配电柜。其型号表示及含义如图 2.2.3–13 所示。

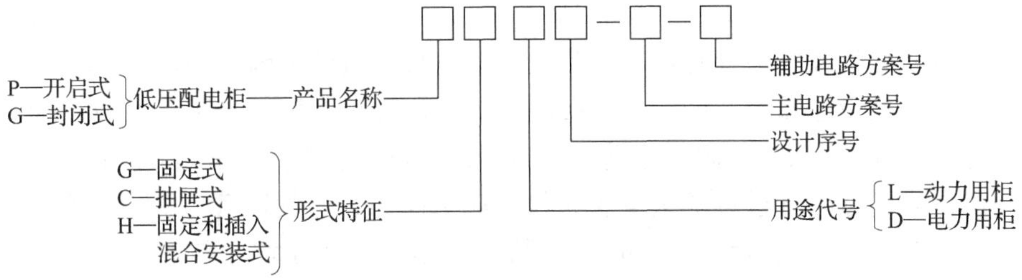

图 2.2.3–13　低压配电柜型号表示及含义

（三）配电线路

我国通常将 35kV 及 35kV 以上的输电线路称为送电线路，10kV 及以下的线路称为配电线路。

（1）电缆线路。电缆线路由一根或多根相互绝缘的导体和外包绝缘保护层制成，将电力或信息从一处传输到另一处的导线。通常是由几根或几组导线（每组至少两根）绞合而成的类似绳索的电缆，每组导线之间相互绝缘，并常围绕着一根中心扭成，整个外面包有高度绝缘的覆盖层。

电力电缆敷设方式比较多，有直接埋地敷设、电缆沟敷设、电缆管道内敷设、室内电缆支架、桥架上敷设等。电力电缆按电压等级分，有高压电缆和低压电缆；按导电线芯材料分，有铜芯和铝芯两种；按绝缘材料分，有油浸纸绝缘电缆、橡皮绝缘电缆、聚氯乙烯绝缘电缆、聚乙烯绝缘电缆和交联聚乙烯绝缘电缆；按导电线芯数量分，有单芯、双芯、三芯、四芯和五芯电缆。

电缆线路的优缺点：

优点：运行故障率相对较低、运行维护费用较低、可靠性比架空线路高、适应各种恶劣气象条件。

缺点：建设期一次性投资费用高，故障点查找困难。

（2）架空线路。架空线路主要指架空明线，架设在地面之上，是用绝缘子将输电导线固定在直立于地面的杆塔上以传输电能的输电线路。

架空线路的主要部件有：导线和避雷线（架空地线）、杆塔、绝缘子、金具、杆塔基础、拉线和接地装置等。

架空线路的优缺点：

优点：架设及维修比较方便，成本较低。

缺点：容易受到气象和环境（如大风、雷击、污秽、冰雪等）的影响而引起故障，同时整个输电走廊占用土地面积较多，易对周边环境造成电磁干扰。

2.2.4 线槽、桥架

一、线槽

线槽线主要有金属线槽布线和塑料线槽布线两种。金属线槽布线和塑料线槽布线一般适用于正常环境的室内场所明敷，但对金属有严重腐蚀的场所不应采用金属线槽，在高温和易受机械损伤的场所不宜采用塑料线槽。具有槽盖的封闭式金属线槽，可在建筑顶棚内敷设。

线槽内电线或电缆的总截面（包括外护层）不应超过线槽内截面的60%，载流导线不宜超过30根。电线或电缆在金属线槽内不宜有接头，在塑料线槽内不得有接头，分支接头应在接线盒内进行。

二、桥架

桥架敷设电缆已被广泛采用，适用于电缆数量较多或较集中的场所。它是先将电缆桥架按设计图示走向安装好，再将电缆固定在桥架内的一种敷设方式。

电缆桥架按材料性质分，有钢制电缆桥架、不锈钢电缆桥架、玻璃钢电缆桥架、铝合金电缆桥架和防火电缆桥架等；按结构类型分，有槽式电缆桥架、托盘式电缆桥架、梯级式电缆桥架和组合式电缆桥架等。

2.2.5 电线管

（1）把绝缘导线穿入保护管内敷设，称为管子布线，管子布线包括配管（即管子敷设）和穿线两大部分工作内容。

（2）配管通常有明配管和暗配管两种。明配管就是把管子敷设于墙壁、桁架、柱子等建筑结构的表面。暗配管就是把管子敷设于墙壁、地坪、楼板等内部。常用的管材有金属管和塑料管。金属管有镀锌钢管、镀锌电线管和金属软管等；塑料管有刚性阻燃管、半硬质塑料管和难燃波纹管等。

（3）明敷于潮湿场所或埋地敷设的金属管布线，应采用水、煤气钢管（即厚壁钢管）；明敷或暗敷于干燥场所的金属管布线可采用电线管（即薄壁钢管），但不宜用于埋地敷设；硬质塑料管具有较强的耐酸、碱腐蚀性能，且防潮性能良好，可取代部分钢管作导线保护管，并可作明配和暗配用，在潮湿及有酸碱腐蚀的场所应优先采用。目前常用的硬质塑料管多为刚性阻燃管即刚性PVC管（也称难燃线管）；半硬质塑料管多用于一般居住和办公建筑等干燥场所的电气照明工程中作暗敷布线。

（4）配管时应注意电线管内导线的总截面（包括外护层）不应超过电线管内截面的40%，并应根据管路的长度、弯头的多少等实际情况在管路中间适当设置接线盒或拉线盒。其设置原则为：

1）安装电器的部位应设置接线盒。

2）线路分支处或导线规格改变处应设置接线盒。

3）管路较长或有弯时，宜适当加装拉线盒，两个拉线点之间的距离应符合以下要求：

①管长度每超过30m，无弯曲。

②管长度每超过20m，有1个弯曲。

③管长度每超过15m，有2个弯曲。

④管长度每超过8m，有3个弯曲。

4）垂直敷设的电线保护管遇到下列情况之一时，应增设固定导线用的拉线盒：

①管内导线截面为50mm^2及以下，长度每超过30m。

②管内导线截面为70~95mm^2，长度每超过20m。

③管内导线截面为120~240mm^2，长度每超过18m。

2.2.6　母线槽

一、母线槽概念

封闭式母线槽（简称母线槽）是由金属板（钢板或铝板）为保护外壳、导电排、绝缘材料及有关附件组成的母线系统。它可制成每隔一段距离设有插接分线盒的插接型封闭母线，也可制成中间不带分线盒的馈电型封闭式母线。在高层建筑的供电系统中，动力和照明线路往往分开设置，母线槽作为供电主干线在电气竖井内沿墙垂直安装一趟或多趟。

随着现代化工程设施和装备的涌现，各行各业的用电量迅增，尤其是众多的高层建筑和大型厂房车间的出现，作为输电导线的传统电缆在大电流输送系统中已不能满足要求，多路电缆的并联使用给现场安装施工连接带来了诸多不便。插接式母线槽作为一种新型配电导线应运而生，母线槽与传统的电缆相比，在大电流输送时充分体现出它的优越性，同时由于采用了新技术、新工艺，大大降低的母线槽两端部连接处及分线口插接处的接触电阻和温升，并在母线槽中使用了高质量的绝缘材料，从而提高了母线槽的安全可靠性，使整个系统更加完善。

二、母线槽组成

母线槽一般由始端母线槽、直通母线槽（分带插孔和不带插孔两种）、L 型垂直（水平）弯通母线、Z 型垂直（水平）偏置母线、T 型垂直（水平）三通母线、X 型垂直（水平）四通母线、变容母线槽、膨胀母线槽、终端封头、终端接线箱、插接箱、母线槽有关附件及紧固装置等组成。

三、母线槽特点

具有系列配套、商品性生产、体积小、容量大、设计施工周期短、装拆方便、不会燃烧、安全可靠、使用寿命长。母线槽产品适用于交流 50Hz，额定电压 380V，额定电流 250~6300A 的三相四线，三相五线制供配电系统工程中。

四、母线槽分类

（1）按其结构及用途分为密集绝缘、空气绝缘、空气附加绝缘、耐火、树脂绝缘和滑触式母线槽；按其外壳材料分为钢外壳、铝合金外壳和钢铝混合外壳母线槽。

（2）按绝缘方式，可分为空气式插接母线槽、密集绝缘插接母线槽和高强度封闭式插接母线槽三种。插接式母线槽属树干式系统，具有体积小、结构紧凑、运行可靠、传输电流大、便于分接馈电、维护方便、能耗小、动热稳定性好等优点，在高层建筑中得到广泛应用。

1）空气式插接母线槽（BMC）。由于母线之间接头用铜片软接过渡，在南方天气潮湿，接头之间容易产生氧化，形成接头与母线接触不良，使触头容易发热，故在南方极少使用。并且接头之间体积过大，水平母线段尺寸不一致，外形不够美观。

2）密集绝缘插接母线槽（CMC）。其防潮、散热效果较差。在防潮方面，母线在施工时，容易受潮及渗水，造成相间绝缘电阻下降。母线的散热主要靠外壳，由于线与线之间紧凑排列安装，L2、L3 相热能散发缓慢，形成母线槽温升偏高。密集绝缘插接母线槽受外壳板材限制，只能生产不大于 3m 的水平段。由于母线相间气隙小，母线通过大电流时，产生强大的电动力，使磁振荡频率形成叠加状态，造成过大的噪声。

3）高强度封闭式母线槽（CFW）。其工艺制造不受板材限制，外壳做成瓦沟形式，使母线机械强度增加，母线水平段可生产至 13m 长。由于外壳做成瓦沟形式，坑沟位置有意将母线分隔固定，母线之间有 18mm 的间距，线间通风良好，使母线槽的防潮和散热功能有明显的提高，比较适应南方气候；由于线间有一定的空隙，使导线的温升下降，这样就提高了过载能力，并减少了磁振荡噪声。但它产生的杂散电流及感抗要比密集型母线槽大得多，因此在同规格比较时，它的导电排截面必须比密集绝缘插接母线槽大。

2.3　水系统管道工程

2.3.1　常用管材

一、管材分类

管道工程所用的管材种类繁多，按管道的材质可分为金属管、非金属管和衬里管。

（1）金属管。金属管包括钢管、铸铁管和有色金属管。

1）钢管按其管壁有无焊缝分为无缝钢管和焊接钢管。无缝钢管可根据生产方式不同，分为热轧钢管和冷拔钢管；焊接钢管可根据制造方法不同，分为水煤气输送钢管和卷焊钢管。水煤气输送钢管按镀锌与否，分为镀锌焊接钢管（即白铁管）和非镀锌焊接钢管（即黑铁管）；按壁厚，分为普通焊接钢管和加厚焊接钢管；按管端形式，分为带螺纹和不带螺纹钢管。卷焊钢管按其焊缝形式不同，分为螺旋缝管和直缝管。

2）铸铁管可分为普通铸铁管、球墨铸铁管和高硅铸铁管。

3）有色金属管按其材质分类，常用的有铝管、铝合金管，铜管、铜合金管，铅管、铅合金管等。

（2）非金属管。非金属管按其材质分类，常用的有混凝土管、塑料管、玻璃钢管。

（3）衬里管。衬里管是指具有耐腐蚀衬里的管子通称为衬里管，一般常在碳素钢管和铸铁管件内衬里。用作衬里的材料很多，属于金属材料的有铅、铝和不锈钢等，属于非金属材料的有搪瓷、玻璃、塑料、橡胶、玻璃钢以及水泥砂浆等。

二、管材简介

（一）钢管

（1）无缝钢管。普通无缝钢管用普通碳素钢、优质碳素钢、低合金钢或合金结构钢制成，品种规格多，强度高。

常用冷轧（冷拔）无缝钢管直径规格有 14~113mm，壁厚有 1.5~6.0mm 几种规格。

常用热轧无缝钢管直径规格有 32~600mm，壁厚有 2.5~15mm 几种规格。

无缝钢管的规格通常用外径 × 壁厚表示，如 D57×4.5，表示外径为 57mm，壁厚为 4.5mm 的无缝钢管。

（2）水煤气输送钢管及配件。

1）水煤气输送钢管。水煤气的输送主要采用低压流体输送用钢管，故常将低压流体输送用钢管称为水煤气管。水煤气输送管道适用于介质温度不超过 200℃、工作压力不超高 1.0MPa（普通钢管）和 1.6MPa（加厚钢管）。

水煤气输送钢管的规格以公称通径 *DN* 表示，如 *DN*100，表示公称通径为 100mm 的水煤气输送钢管。水煤气输送钢管常用规格见附录 3。

2）水煤气输送管路配件。水煤气输送管路配件（即管件）主要用可锻铸铁（俗称玛钢或韧性铸铁）或软钢制造。管件按镀锌与否，分为镀锌管件（即白铁管件）和不镀锌管件（即黑铁管件）两种，如图 2.3.1 所示。

管件按其用途可分为管路延长连接用配件（管箍、外丝、活接头）、管路分支连接用配件（三通、四通）、管路转弯用配件（90° 弯头、45° 弯头）、节点碰头连接用配件（补心、大小头）、管路堵口用配件（丝堵、管堵头、盲板）；从配件的连接方式可分为螺纹口配件、法兰配件、承插配件。

（3）卷焊钢管。

1）螺旋缝电焊钢管。螺旋缝电焊钢管一般用 A2、A3、A4、B2、B3 普通碳素钢或 16Mn 低合金钢制造。它包括螺旋高频焊接钢管及螺旋埋弧自动焊接钢管两类，后者又可分为单面焊接和双面焊接。螺旋高频焊接钢管和螺旋单面焊接钢管一般用于工作压力不超过 2MPa、介质温度最高不超过 200℃、直径较大的室外煤气、天然气及凝结水管道。

螺旋缝电焊钢管的规格以外径 × 壁厚表示，如 D529×8。

2）钢板卷制直缝电焊钢管。直缝卷制电焊钢管是用钢板分块卷制焊成，一般根据需要确定材质，由现场加工或委托加工厂加工。钢板卷制直缝电焊钢管用于输送蒸汽、煤气、水、油品、油气以及其他类似介质，主要用于大直径低压管道。

直缝卷制电焊钢管的规格以外径 × 壁厚表示，如 D630×8。直缝卷制电焊钢管常用规格见附录 4。

（4）不锈钢管。不锈钢是不锈耐酸钢的简称。各种不锈钢管适合的温度为 -196~700℃，具有很高的耐腐蚀性能，能抵抗各种酸类介质的腐蚀和能承受各种压力。在化肥、化纤、医药、炼油等工业企业和民用建筑的管道工程中应用十分广泛，大量用作输送如石油、天然气、水、煤气、蒸气等流体的管道。常用的不锈钢管有无缝不锈钢管和焊接不锈钢管两种；按壁厚可分为薄壁无缝不锈钢管和厚壁无缝不锈钢管。

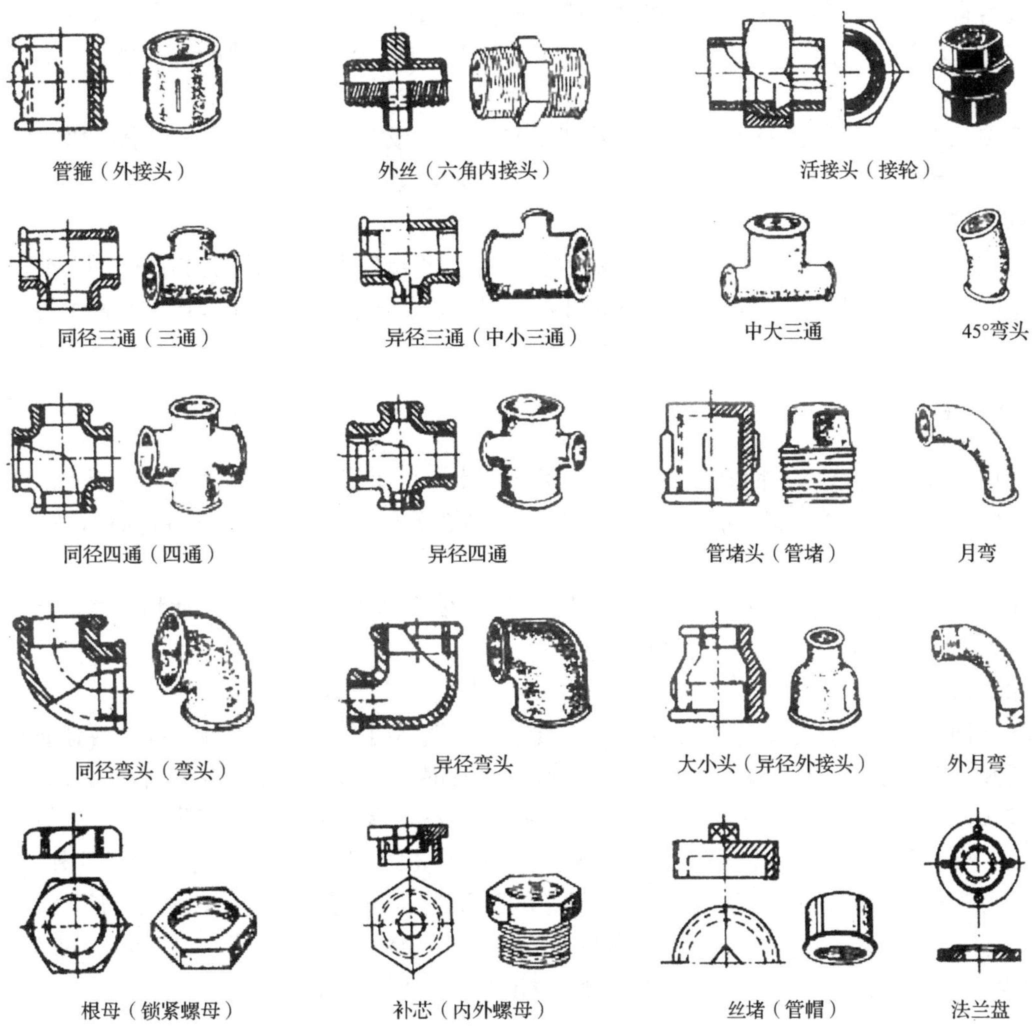

图 2.3.1　水煤气管配件

不锈钢管的规格以外径 × 壁厚表示，如 $\phi 27 \times 3$。

（二）铸铁管

铸铁管的规格常用公称直径 *DN* 表示，如 *DN*200。

（1）普通铸铁管。普通铸铁管是用灰铸铁铸造。它对泥土、浓硫酸等的耐腐蚀性较好，所以常用于埋在地下的给水总管、煤气总管、污（废）水管等。由于铸铁性脆、强度低、紧密性差，因此不能用在较高的压力下输送爆炸性、有毒害的介质，更不能用在蒸汽管路上。由于给水铸铁管要承受压力，所以给水铸铁管的管壁比排水铸铁管的管壁厚。

（2）球墨铸铁管。球墨铸铁管属于柔性管，是近十几年来引进和开发的一种管材，具有强度高、韧性大、抗腐蚀能力强的特点。球墨铸铁管管口之间采用柔性接头，且管材本身具有较大的延伸率，管道的柔性较好，在埋地管道中能与管周围的土体共同工作，改善了管道的受力状态，提高了管网的可靠性，因此得到了越来越广泛的应用。

（三）有色金属管

有色金属管在通用安装工程中用的比较多的主要是铜管和铝合金管。

（四）非金属管

（1）预应力（自应力）钢筋混凝土管。预应力钢筋混凝土管是在管身施加纵向和环向应力制成的双向预应力钢筋混凝土管，具有良好的抗裂性能，其耐土壤电流的侵蚀性能远较金属管好。

自应力钢筋混凝土管是借膨胀水泥在养护过程中发生膨胀，张拉钢筋，而混凝土则因钢筋所给予的张拉反作用力而产生拉应力。自应力钢筋混凝土管在使用上具有与预应力钢筋混凝土管相同的优点。

（2）塑料管。塑料管具有良好的耐腐蚀性和一定的机械强度，管内壁光滑，流体摩阻力小，加工成型与安装方便，材质轻，运输方便等优点。其缺点是强度较低，刚性差，热胀冷缩量大，日光下老化速度快，易于断裂。

塑料管按制造原料不同，分为硬聚氯乙烯管（PVC-U 管或 UPVC 管）、聚乙烯管（PE 管）、三型聚丙烯管（PP-R 管）、聚丁烯管（PB 管）和工程塑料管（ABS 管）等。

（五）衬里管道

金属管道强度高，抗冲击性能好，但耐腐蚀性能差。非金属管道耐腐蚀性能好，但强度低、质脆，容易因冲击而损坏。为了获得高强和耐腐蚀的管材，可采用各种衬里的金属管道。目前，除大量采用水泥砂浆衬里外，还有衬胶、衬塑、衬玻璃、衬石墨等。

2.3.2 管道附件

管路附件一般分为配水附件和控制附件两大类。配水附件是指安装在卫生器具和用水点上的各式水龙头；控制附件是用来调节水量、水压、关断水流、控制输送介质的流动的，如各种阀门等。

一、阀门

阀门是用来改变管道通路断面，以关闭管路或调节管路系统输送介质的流量和其他参数，控制输送介质的运动，或用来自动放入或放出介质的装置。

（一）阀门的种类

阀门产品种类繁多，按通过介质可分为水，蒸汽、空气阀门等；按阀体材料可分为金属材料阀门和非金属材料阀门两大类。金属材料阀门有铸铁、铸钢、锻钢、不锈钢、合金钢和铜阀门等；非金属材料阀门有陶瓷阀门、玻璃钢阀门、塑料阀门等，塑料阀门的材质有尼龙（又称聚酰胺）、聚氯乙烯、聚乙烯、聚丙烯、聚三氟氯乙烯、聚四氟乙烯、氯化聚醚（又称聚氯醚）等；按连接形式可分为螺纹阀门、法兰阀门和沟槽阀门；按适用温度可分为低温阀门和高温阀门等；按压力可分为真空阀门（PN 低于标准大气压）、低压阀门（$PN \leqslant 1.6$MPa）、中压阀门（PN=2.5~6.4MPa）、高压阀门（PN=10~80MPa）、超高压阀门（$PN \geqslant 100$MPa）；按阀门的结构形式和功能可分为闸门、截止阀、止回阀、球阀、蝶阀、安全阀、减压阀、旋塞阀、隔膜阀、截流阀、疏水阀等。

（1）螺纹阀门。螺纹阀门又称丝扣阀门（或丝口阀门），是指阀体上带有螺纹的阀门。有内螺纹阀门和外螺纹阀门两种。

（2）法兰阀门。是指阀体两侧为法兰盘形式，与带法兰管道或设备的连接是以螺栓拧紧的阀门。

（3）沟槽阀门。阀体两侧外表靠近阀口处各有一圈凹槽，与管道的连接必须采用专用的卡箍件配予螺栓卡接拧紧的阀门。

通常管道为螺纹连接时用螺纹阀门，管道为焊接时用法兰阀门，管道为沟槽连接时用沟槽阀门。但也可根据管径大小选择阀门，一般来说，小直径阀门（如 $DN \leqslant 50$）多用螺纹阀门；大直径阀门多用法兰阀门或沟槽阀门。

（二）阀门型号的编制方法

阀门的型号由 7 个单元组成，用来表示阀门的类型、传动方式、连接形式、结构形式、阀座密封面或衬里材料、公称压力和阀体材料。各单元的排列顺序和意义如图 2.3.2–1 所示。

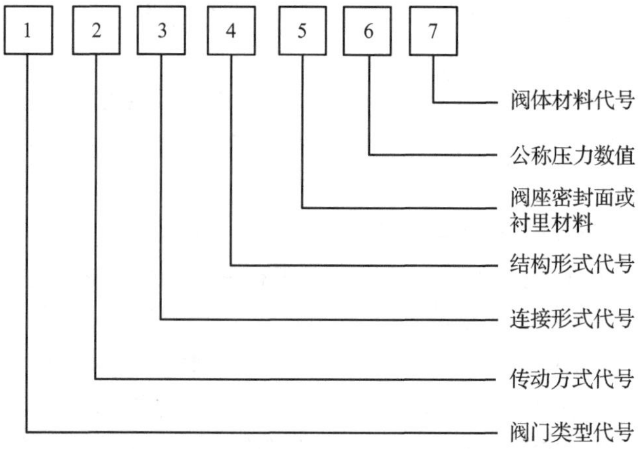

图 2.3.2–1 阀门型号排列顺序和意义

阀门型号的含义见表 2.3.2–1，阀门的结构形式代号见表 2.3.2–2。在实际应用时应注意以下几点：

（1）用手轮或扳手等手工驱动的阀门和自动阀门则省略阀门驱动方式代号。

（2）密封圈如在阀体上直接加工的代号为“W”。

表 2.3.2–1　阀门型号的含义

1	2	3	4	5	6	7
汉语拼音字母表示 阀门类型	一位数字表示 传动方式	一位数字表示 连接形式	一位数字表示 结构形式	汉语拼音字母表示 密封面或衬里材料	数字表示 公称压力 （MPa）	字母表示 阀体材料
Z 闸阀 J 截止阀 L 截流阀 Q 球阀 D 蝶阀 H 止回阀 G 隔膜阀 A 安全阀 T 调节阀 X 旋塞阀 Y 减压阀 S 疏水器	0 电磁动 1 电磁 – 液动 2 电 – 液动 3 蜗轮 4 正齿轮 5 伞齿轮 6 气动 7 液动 8 气 – 液动 9 电动	1 内螺纹 2 外螺纹 3 法兰（用于双弹簧安全阀） 4 法兰 5 法兰（用于杠杆式安全阀，单弹簧安全阀） 6 焊接 7 对夹式 8 卡箍 9 卡套	见表 2.3.2–2	T 铜合金 X 橡胶 N 尼龙塑料 F 氟塑料 B 锡基轴承合金 H 合金钢 D 渗氮钢 Y 硬质合金 J 衬胶 Q 衬铅 C 搪瓷 P 渗硼钢		Z 灰铸铁 K 可锻铸铁 Q 球墨铸铁 T 铸钢 C 碳钢 I 2G25I P1Cr18Ni9Ti RCr18Ni12Mo2Ti V12Cr1MoV

表 2.3.2–2　阀门的结构形式代号

<table>
<tr><th>代号
名称</th><th>0</th><th>1</th><th>2</th><th>3</th><th>4</th><th>5</th><th>6</th><th>7</th><th>8</th><th>9</th></tr>
<tr><td rowspan="4">闸阀</td><td rowspan="2">弹性闸板</td><td>单</td><td>双</td><td>单</td><td>双</td><td>单</td><td>双</td><td rowspan="4" colspan="3"></td></tr>
<tr><td colspan="6">刚性闸板</td></tr>
<tr><td colspan="3">楔式</td><td colspan="2">平行式</td><td colspan="2" rowspan="2">楔式暗杆</td></tr>
<tr><td colspan="5">明杆</td></tr>
<tr><td rowspan="5">截止阀</td><td rowspan="5"></td><td rowspan="2">直通式</td><td rowspan="4" colspan="2"></td><td rowspan="2">角式</td><td rowspan="2">直流式</td><td>直通式</td><td>角式</td><td rowspan="5" colspan="2"></td></tr>
<tr><td colspan="2">平衡</td></tr>
<tr><td rowspan="2">直通式</td><td>L 形</td><td>T 形</td><td rowspan="2"></td><td rowspan="2">直通式</td></tr>
<tr><td colspan="2">三通式</td></tr>
<tr><td colspan="6">浮动</td><td>固定</td></tr>
<tr><td>蝶阀</td><td>杠杆式</td><td>垂直板式</td><td></td><td>斜板式</td><td></td><td></td><td></td><td></td><td colspan="2"></td></tr>
<tr><td>隔膜阀</td><td colspan="2">屋脊式</td><td></td><td>截止式</td><td></td><td></td><td></td><td>闸板式</td><td colspan="2"></td></tr>
<tr><td rowspan="2">旋塞</td><td rowspan="2"></td><td rowspan="2"></td><td rowspan="2"></td><td>直通式</td><td>T 形
三通式</td><td>四通式</td><td rowspan="2"></td><td>直通式</td><td>T 形
三通式</td><td rowspan="2"></td></tr>
<tr><td colspan="3">填料</td><td colspan="2">油封</td></tr>
<tr><td rowspan="2">止回阀
底阀</td><td rowspan="2"></td><td>直通式</td><td>立式</td><td rowspan="2"></td><td>单瓣式</td><td>多瓣式</td><td>双瓣式</td><td rowspan="2" colspan="3"></td></tr>
<tr><td colspan="2">升降</td><td colspan="3">旋启</td></tr>
<tr><td>疏水器</td><td></td><td></td><td></td><td></td><td></td><td>钟形浮
子式</td><td></td><td></td><td>脉冲式</td><td>热动
力式</td></tr>
<tr><td>减压阀</td><td></td><td>外弹簧
薄膜式</td><td>内弹簧
薄膜式</td><td>膜片
活塞式</td><td>波纹管
式</td><td>杠杆
弹簧式</td><td>气垫
薄膜式</td><td></td><td></td><td></td></tr>
<tr><td rowspan="5">安全阀</td><td rowspan="4">全启式
带散
热片</td><td rowspan="3" colspan="2"></td><td rowspan="3">双弹簧
微启式</td><td rowspan="3">全启式</td><td>微启式</td><td>全启式</td><td rowspan="2">微启式</td><td rowspan="2">微启式</td><td rowspan="5">脉冲式</td></tr>
<tr><td colspan="2">带控制机构</td></tr>
<tr><td colspan="3">带扳手</td><td></td></tr>
<tr><td colspan="4">封闭</td><td colspan="2">不封闭</td><td>封闭</td><td>不封闭</td></tr>
<tr><td colspan="9">弹簧</td></tr>
</table>

（3）对于 $PN \leqslant 1.6\mathrm{MPa}$ 的灰铸铁阀门或 $PN \geqslant 2.5\mathrm{MPa}$ 的碳钢阀门，省略阀体材料代号。

（三）阀门的标志与识别

为便于从阀门的外形确定其基本特征，常在阀门上标出公称压力、公称通径、介质流向和厂标，并在阀件上涂色漆，规定如下：

（1）阀体材料的色漆，涂在阀体非加工面上，见表 2.3.2–3。

表 2.3.2–3 阀体材料识别涂漆色表

阀体材料	识别涂漆颜色	阀体材料	识别涂漆颜色
灰铸铁、可锻铸铁	黑色	耐酸钢	浅蓝色
球墨铸铁	银色	不锈钢	
碳素钢	灰色	合金钢	蓝色

注：1. 可根据用户的特殊需要，改变涂漆的颜色；
2. 耐酸钢和不锈钢制的阀件，允许不涂漆发送。

（2）密封面材料的色漆，涂在阀体的手轮、手柄上或自动阀件的阀盖上，见表 2.3.2–4。

表 2.3.2–4 密封面材料识别涂漆色

阀件密封零件材料	识别涂漆颜色	阀件密封零件材料	识别涂漆颜色
青铜或黄铜	红色	硬质合金	灰色周边带红色条
巴氏合金	黄色	塑料	灰色周边带蓝色条
铝	铝白色	皮革或橡皮	棕色
耐酸钢或不锈钢	浅蓝色	硬橡皮	绿色
渗氮钢	淡紫色	直接在阀体上做密封面	同阀体的涂色

（3）带有衬里的阀件应在其连接法兰的外圆表面上涂以补充识别油漆颜色，见表 2.3.2–5。

表 2.3.2–5 衬里材料识别涂漆色

衬里材料	识别涂漆颜色	衬里材料	识别涂漆颜色
搪瓷	红色	铅锑合金	黄色
橡胶及硬橡胶	绿色	铝	铝白色
塑料	蓝色		

（四）常用阀门

（1）闸阀。闸阀又称闸门或闸板阀，它是利用阀体中与管道轴线垂直的闸板升降控制开闭的阀门。流体通过阀门时流向不变，因此阻力小，它广泛用于冷、热水管道系统中。闸阀属全开全闭型阀门，不宜做频繁开闭或调节流量用。

阀门按其阀芯的结构形式分为楔式、平行式、弹性闸板。楔式闸板一般都制成单闸板；平行式闸板两密封面是平行的，一般制成双闸板；弹性闸板是一整块，由于其密封面制造要求高，适宜在较高温度下输送黏性较高的介质，多用于石油及化工管道上。

阀门按阀杆的结构形式分为明杆和暗杆两类。明杆闸阀在开启时阀杆可以伸出，用于判断阀门的开闭状态，但阀杆易生锈，常用于室内管道上。暗杆闸阀的阀杆在阀门开启时不向外伸出，故不需要像明杆闸阀那样高的空间，阀杆不易生锈。室外安装的阀门通常设阀门井。闸阀的构造如图 2.3.2–2 所示。

（2）截止阀。截止阀是利用装在阀杆下面的阀盘与阀体中的过流孔相配合以控制启闭的阀门。截止阀结构简单、严密性较高、制造和维修方便，但流体经过截止阀时要转弯改变流向，因此水流阻力较大，安装时要注意流体低进高出，方向不能装反。截止阀的结构形式如图 2.3.2–3 所示。

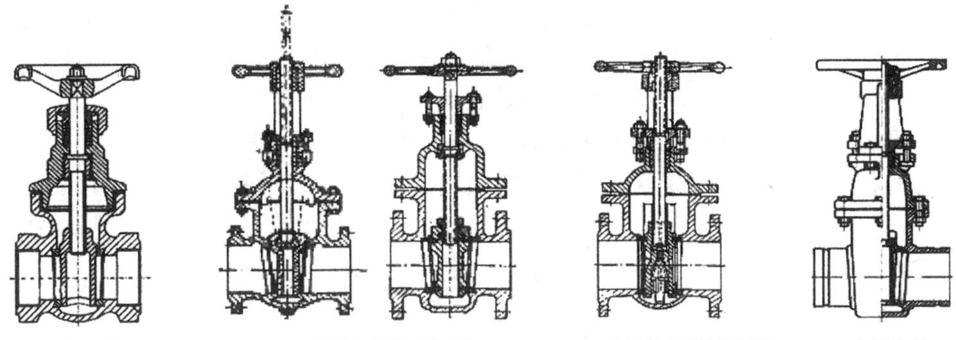

(a) 明杆螺纹　(b) 明杆法兰楔形闸板　(c)暗杆法兰平行闸板　(d)暗杆沟槽

图 2.3.2–2　闸阀

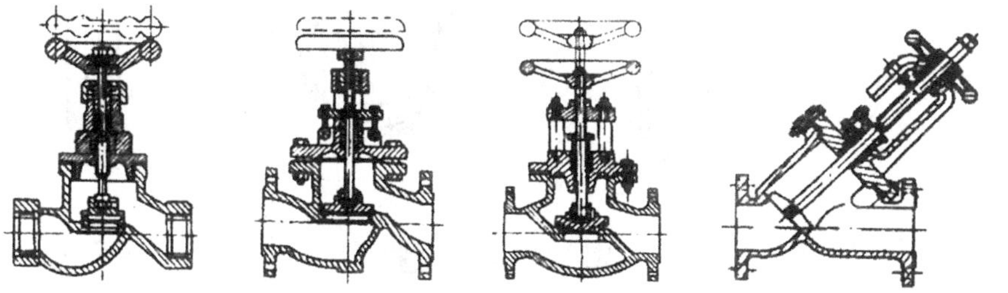

(a)螺纹流线形阀体　(b)法兰流线形阀体　(c)法兰筒形阀体　(d)法兰直流式阀体

图 2.3.2–3　截止阀

（3）止回阀。止回阀又名单向阀或逆止阀，是防止管路中介质倒流的一种阀门。它有严格的方向性，只允许管路中的介质单向流动，反方向流动则自动关闭。安装止回阀时，应使阀体的箭头指向与介质的流向一致。止回阀有升降式和旋启式两种。升降式止回阀只可水平安装，一般用于小管径；旋启式止回阀既可水平安装，也可垂直安装，多用于大管径。止回阀的构造如图 2.3.2–4 所示。

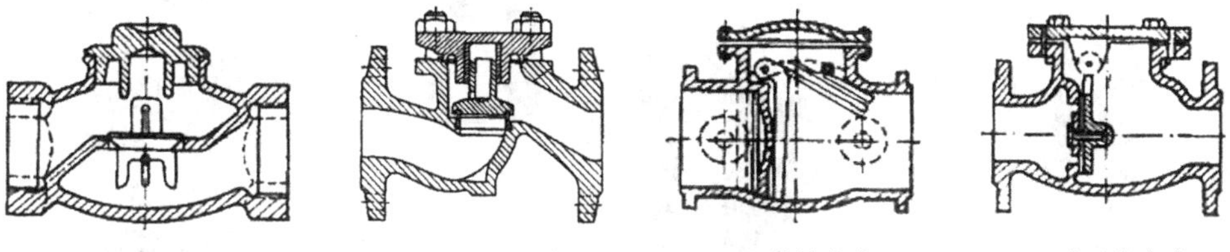

(a)螺纹升降式　(b)法兰升降式　(c) 螺纹旋启式　(d)法兰旋启式

图 2.3.2–4　止回阀

（4）球阀。球阀是指启闭件为球体形，有圆形通孔或通道水平通过其轴线，由阀杆带动，并绕球阀垂直轴线作旋转运动的阀门。它只需要用旋转 90° 的操作和很小的转动力矩就能开启和关闭严密。球阀体积小，流通断面与管径相等，这种阀门动作灵活，阻力损失小，特别是能满足通过清管球的需要。球阀分类有气动球阀，电动球阀，手动球阀等。球阀的构造如图 2.3.2–5 所示。

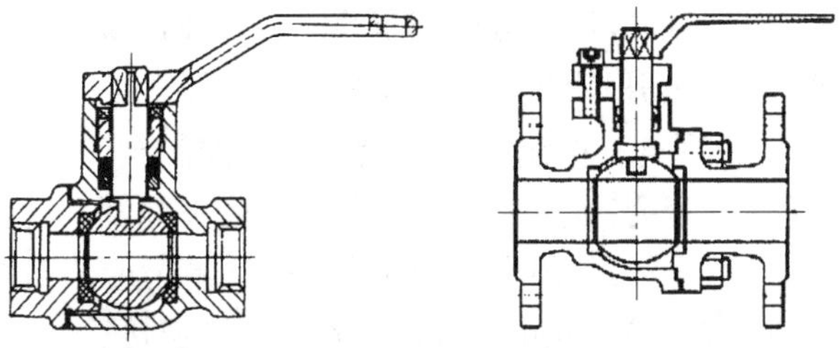

(a)螺纹式　(b)法兰式

图 2.3.2–5　球阀

（5）蝶阀。蝶阀又叫翻板阀，启闭件为圆盘形蝶板并能绕阀体内轴线旋转来达到开启与关闭的一种阀门。在管道上主要起切断和节流作用。其结构主要由阀体、阀杆、蝶板和密封圈组成。阀体呈圆筒形，轴向长度短，内置蝶板。工作原理为由阀杆带动蝶板旋转 90°，便能完成一次启闭，改变蝶板的偏转角度，即可控制介质的流量。蝶阀从全开到全关通常是小于 90° 的。蝶阀和蝶杆本身没有自锁能力，为了蝶板的定位，要在阀杆上加装蜗轮减速器，采用蜗轮减速器，不仅可以使蝶板具有自锁能力，使蝶板停止在任意位置上，还能改善阀门的操作性能。蝶阀按操动方式分有涡轮式和手柄式；按连接方式分有法兰式蝶阀、对夹式蝶阀、螺纹式蝶阀、沟槽式蝶阀等。蝶阀的构造如图 2.3.2-6 所示。

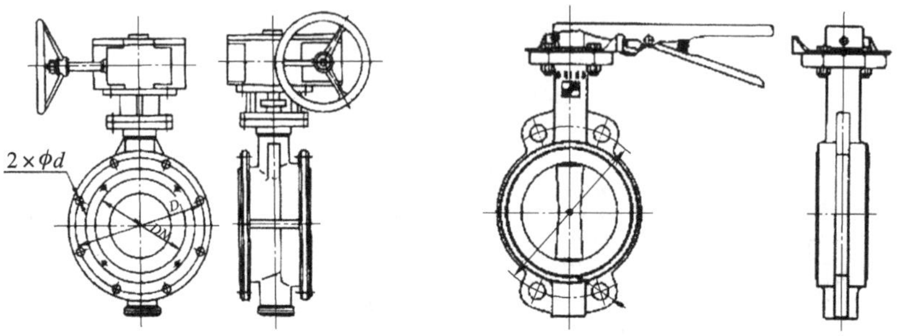

(a)涡轮法兰式　　(b)手柄对夹式

图 2.3.2-6　蝶阀

（6）安全阀。安全阀是设备和管道的自动保险装置，用于锅炉、容器等有压设备和管道上，作为当介质压力超过规定数值时，自动开启，以排除过剩介质压力。当压力恢复到规定数值时能自动关闭，以保证生产运行安全。安全阀按结构分主要有弹簧式和杠杆式两大类。弹簧式是指阀瓣与阀座的密封靠弹簧的作用力；杠杆式是靠杠杆和重锤的作用力。安全阀的构造如图 2.3.2-7 所示。

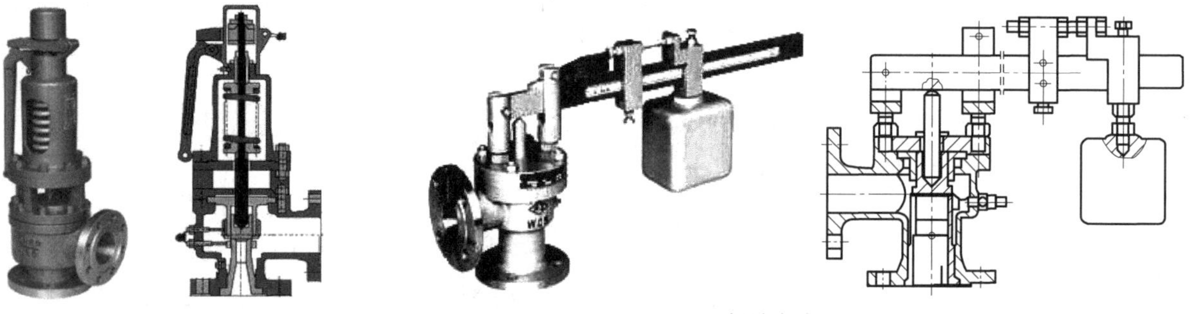
(a)法兰弹簧式　　(b)法兰杠杆式

图 2.3.2-7　安全阀

（7）减压阀。减压阀是靠膜片、弹簧、活塞等敏感元件改变阀瓣与阀座间的间隙，把进口压力减至需要的出口压力，并依靠介质本身的能量，使出口压力自动保存恒定，维持在要求范围内的阀门。减压阀广泛用于高层建筑、城市给水管网水压过高的区域、矿井及其他场合，以保证给水系统中各用水点获得适当的服务水压和流量。减压阀分薄膜式、弹簧薄膜式、活塞式、波纹管式等几种形式。减压阀的构造如图 2.3.2-8 所示。

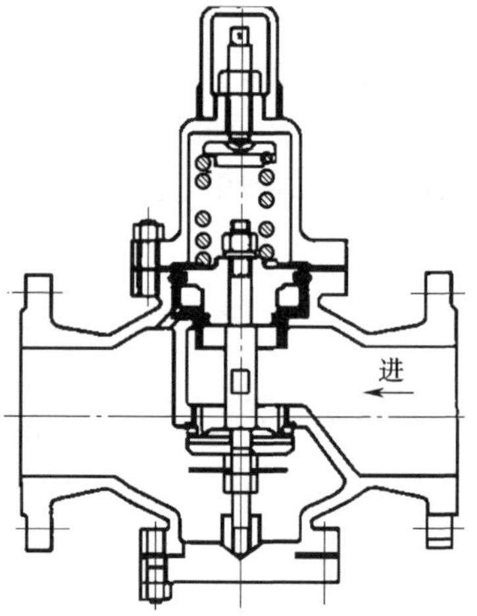

图 2.3.2-8　法兰式减压阀

减压阀的安装是以阀组的形式出现的，阀组有减压阀、前后控制阀、压力表、安全阀、冲洗管、旁通管、旁通阀及三通、弯头、活接头等管道零件组成。阀组称为减压器。管道螺纹连接时，阀组的直线管道上应装活接头。减压器的安装直径较小（*DN*25~*DN*40）时，可采用螺纹连接；用于蒸汽系统或介质压力较高的其他系统的减压器多为焊接法兰连接。减压阀组的安装形式如图 2.3.2-9 所示。

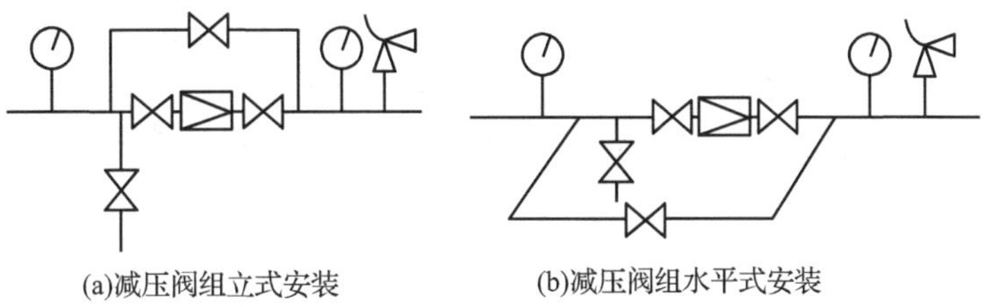

图 2.3.2–9　减压阀组安装形式

（8）疏水阀。疏水阀器是在蒸汽管道系统中凝结水管段上装设的专用器具，其作用是排除凝结水，同时防止蒸汽漏失，有的可排除空气。疏水器本身如无过滤装置的，宜在前方设过滤器。为了便于管路冲洗时排污及放气，前方应设有冲洗管。为了检查疏水器是否正常工作，它的后边应设检查管。如疏水器本身不能起逆止作用时，在余压回水系统中疏水器后应另设止回阀。在用气设备不允许中断供气的情况下，疏水器应设旁通管。疏水阀的安装是以阀组的形式出现的，由疏水阀和阀前后的控制阀、旁通装置、冲洗和检查装置组合而成。疏水器的连接方式有螺纹连接和法兰连接。对 $DN<32$、$PN \leqslant 0.3$MPa 以及 $DN40\sim DN50$、$PN \leqslant 0.2$MPa 时，采用螺纹连接，其余为法兰连接。一般疏水器要经常检修或更换，故其前后应用可拆件管路相连。当为螺纹连接时，可拆件为活接头；当为法兰连接时，可拆件为法兰片。疏水阀结构如图 2.3.2–10、图 2.3.2–11 所示。

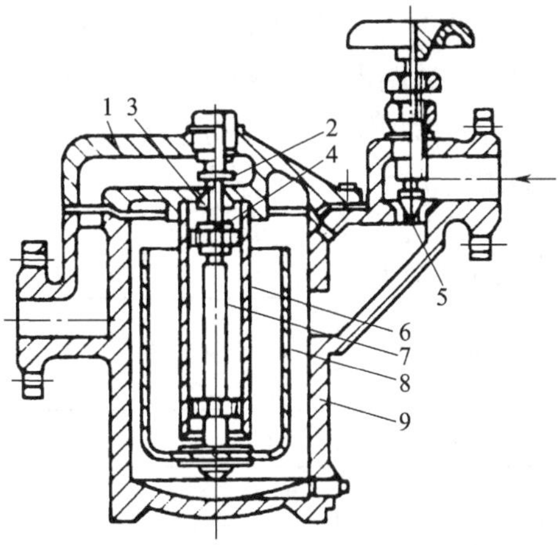

图 2.3.2–10　浮桶式蒸汽疏水阀结构

1—阀盖；2—止回阀阀芯；3—疏水阀座；4—疏水阀芯；5—截止阀阀芯；6—套管；7—阀杆；8—浮桶；9—阀体

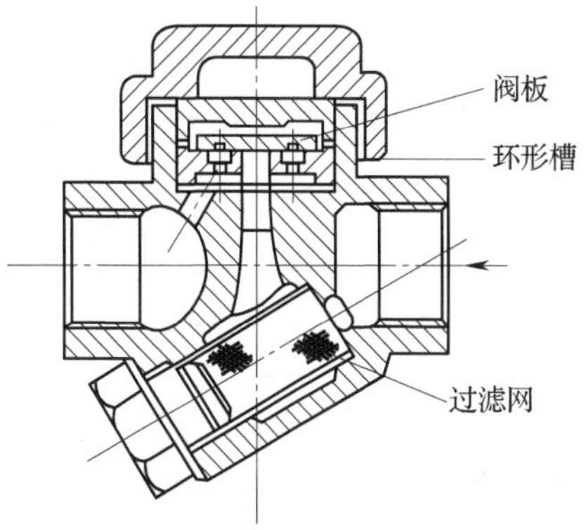

图 2.3.2–11　热动力式疏水阀结构

二、伸缩器

伸缩器又叫补偿器、胀力或防胀器，是用来补偿管子因温度的变化而伸长或缩短的附件，用以减少管子的温度应力。管道系统设置补偿器时，首先应考虑管道本身结构上弯曲部分的补偿作用，称为自然补偿，然后再考虑使用专门的补偿器。常用的专门补偿器有波形补偿器、套筒补偿器和方形补偿器等。

（一）波形补偿器

波形补偿器是一种以金属薄板压制并拼焊起来的伸缩装置，其内套筒波壁的厚度为 3~4mm，若厚度增加，则其补偿能力降低，波形补偿器的波数一般为 2~4 个，波形补偿器的特点是结构紧凑，不需要经常维修。这种补偿器的补偿能力小，工作压力低，通常用于大直径、低压力的煤气、空气等介质的管道上。

（二）套筒补偿器

套筒式补偿器也称填料式补偿器，它是以插管和套筒的相对运动来补偿管道的热伸缩，插管和套管之间压紧的填料实现密封，套筒式补偿器的优点是结构尺寸小，占据空间小，安装简便，补偿能力大。如图 2.3.2–12 所示。

（三）方形补偿器

方形补偿器在热力管道中用得很多，尤其是在不可通行地沟中大都采用这种补偿器，因为工作可靠，不必检修，可不设检查井，作用于固定支座上的荷重也较小。但方形补偿器的尺寸较大，故占地面积大。如图 2.3.2–13 所示。

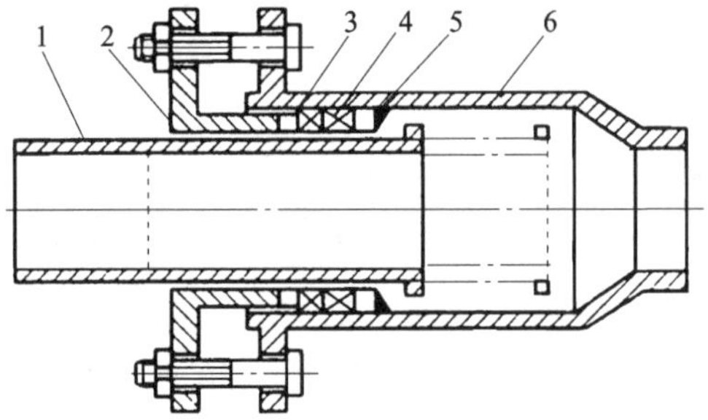

图 2.3.2–12 套筒式补偿器

1—内套筒；2—填料压盖；3—压紧环；4—密封填料；5—填料支承环；6—外壳

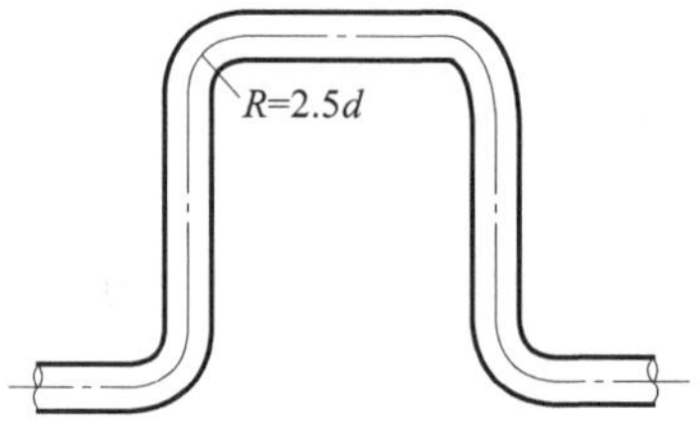

图 2.3.2–13 方形补偿器

2.3.3 卫生洁具

卫生器具主要包括：大便器、小便器、洗面器、浴盆、妇用卫生盆、各类化验盆、洗涤盆以及淋浴器、淋浴房、便槽喷淋管等。卫生器具一般常用的有陶瓷、搪瓷、塑料、玻璃钢、水磨石、人造大理石等制品。

（1）安装卫生器具具有其共同的要求：平、稳、牢、准、不漏、使用方便、性能良好。

（2）卫生器具安装高度若设计无要求时，应符合表 2.3.3 的规定。

表 2.3.3 卫生器具的安装高度（mm）

项目	卫生器具名称		卫生器具安装高度		备 注
			住宅或公建	幼儿园	
1	污水盆（池）	架空式	800	800	
2	洗涤盆（池）		800	800	自地面至器具上边缘
3	洗面器、洗手盆		800	500	
4	盥洗槽		800	500	
5	浴盆		不大于 520		
6	蹲式大便器	低水箱	900	900	自台阶面至低水箱底
7	坐式大便器	低水箱	510	370	自地面至低水箱底
8	小便器	挂式	600	450	自地面至下边缘
9	小便槽		200	150	自地面至台阶面
10	大便槽冲洗水箱		不小于 2000		自台阶面至水箱底
11	妇用卫生盆		360		自地面至器具上边缘
12	化验盆		800		自地面至器具上边缘

2.3.4 给水排水设备

一、给水设备

建筑给水设备包括水泵、水箱、贮水池、气压给水装置、给水处理设备等。

（1）贮水池。当室外管网的供水能力不能满足室内给水系统的用水量时，应设贮水池。当室外管网供水能力足够，但是不允许水泵直接从外网抽水时，可设吸水井。贮水池可以设置在独立泵房的屋顶上，也可以在地面或地下露天设置，一般多布置在室内地下室。

贮水池一般由钢筋混凝土制成，也有采用各类钢板或玻璃钢制成。贮水池应设有进水管、出水管、通气管、溢流管、泄水管（有可能时），人孔（应加盖加锁）、爬梯和液位计。溢流管排水应有断流措施和防虫网。

贮水池的有效容积与室外供水能力、用户要求和建筑物性质、生活调节水量、消防贮备水量和生产事故时用水量有关。

（2）水箱。水箱用于贮水和稳定水压。水箱按照功能不同分为生活水箱、膨胀水箱、凝结水箱、消防水箱、生产水箱等。水箱的形状有方形、矩形、球形等不同形式。水箱的材质通常有钢筋混凝土、碳钢板、热镀锌钢板、玻璃钢、搪瓷钢板、塑料、不锈钢等。由于钢筋混凝土生活水箱和钢板生活水箱容易污染、不卫生，所以有些地区已淘汰这两类水箱。

水箱的容积包括有效容积（生活调节容积、消防贮备水量、事故贮备水量）和无效容积（超高部分、出水管至箱底部分组成的容积）。水箱设置的高度应使最低水位的标高满足最不利配水点或消火栓的流出水头要求。若位置高度不能满足要求，可设气压给水设备。

水箱安装方式有整体水箱安装和组装水箱安装。整体水箱一般容量较小，而组装水箱可以组成容量较大的水箱，但组装水箱容易二次污染和漏水。

（3）水泵。在建筑给水系统中一般采用离心泵。水泵设置要求如下：

给水系统无任何水量调节设施时，水泵应利用变频调速装置调节水压、水量，使其运行于高效段内；水泵的扬程应满足最不利处的配水点或消火栓所需的水压。系统有水箱时，水泵将水送至高位水箱，再由水箱送至管网，水泵的扬程应满足水箱进水所需水压和消火栓所需水压。

室外给水管网允许直接吸水时，水泵直接从室外管网吸水，此时吸水管上装阀门、止回阀和压力表，并应绕水泵设置装有阀门的旁通管。水泵吸水时，室外管网的压力不低于0.1MPa（从地面算起）。

每台水泵的出水管上应装设止回阀、阀门和压力表。并应设防水锤措施，如气囊式水锤消除器、缓闭止回阀等。建筑物内的水泵应设置减振措施。

水泵的工作方式有自灌式和抽吸式两种。一般宜采用自灌式，若设计成抽吸式，应加设引水装置，如底阀、水环式真空泵、水上式底阀和在吸水管上设置阀门等。

一般高层建筑、大型民用建筑物、居住小区和其他大型给水系统应设备用泵。备用泵的容量应与最大一台水泵相同。

（4）气压给水设备。气压给水设备是一种集贮存、调节和压送水量功能于一体的设备。工作流程是将水源来水经水泵压入密闭压力罐至最高水位后，在压缩空气的作用下由密闭罐将水送至建筑物内各用水点。

气压给水设备有定压式、变压式、气水接触式和隔膜式等多种形式。在用户对水压没有特殊要求时，一般常采用变压式给水设备。用户要求水压稳定时，可在变庄式给水设备的给水管上安装调压阀，调节阀后水压在要求范围内，使管网处于恒压下工作。

（5）给水处理设备。给水处理设备主要是对原水进行过滤、杀菌、消毒、灭藻、除垢、净化等，使原水达到使用标准的装置。

1）电子水处理器。也称电子除垢仪，以给水除垢为主，有杀菌、消毒、灭藻等功能。

2）水质净化器。简称净水器，是集混合、反应、沉淀、过滤于一体的一元化设备。适用于混合废水的治理、给水净化、自来水供给等。

3）水箱自洁器。其用于水箱的灭菌消毒。针对水箱及水池普遍存在的菌藻滋生、水质二次污染严重等问题，采用微电解物理消毒法，可使不流动的水不易被细菌污染，流动的水能长期防止被细菌污染。具有机电一体化设计、纯物理法处理、无须添加化学药剂、使用方便、维护简单等诸多优点。

4）紫外线杀菌设备。用于管道内的灭菌消毒。紫外线消毒设备是利用高强度的紫外线杀菌灯照射，破坏细菌和病毒的DNA等内部结构，从而达到杀灭水中病原微生物的消毒装置。

该设备不改变水质、物理特性、化学特性，因此在二次供水、食品生产、饮用水、给排水、化工、泳池等很多行业应用范围广泛。其体积小、重量轻、耗电少、寿命长、成本低，与其他杀菌方法相比具有显著的优越性。

二、排水设施

（1）卫生器具或生产设备受水器。它是排水系统的起点。

（2）存水弯。它是连接在卫生器具与排水支管之间的管件，防止排水管内腐臭、有害气体、虫类等通过排水管进入室内。如果卫生器具本身有存水弯，则不再安装。

（3）排水管道系统。它由排水横支管、排水立管、埋地干管和排出管组成。排水横支管是将卫生器具或其他设备流来的污水排到立管中去。排水立管是连接各排水支管的垂直总管。埋地干管连接各排水立管。排出管将室内污水排到室外第一个检查井。

（4）通气管系统。它是使室内排水管与大气相通，减少排水管内空气的压力波动，保护存水弯的水封不被破坏。常用的形式有器具通气管、环行通气管、安全通气管、专用通气管、结合通气管等。

（5）清通设备。它是疏通排水管道的设备。包括检查口、清扫口和室内检查井。

2.4 通风空调工程

2.4.1 常用风管板材

通风管道及管件常用的板材有金属材料板材和非金属材料板材两大类。金属材料板材有薄钢板、不锈钢板、铝板和塑料复合钢板和型钢等；非金属材料班车有玻璃钢板、硬聚氯乙烯塑料板、保温材料和垫料等。

一、金属板材

金属板材是制作风管及部件的主要材料。它们的优点是易于工业化加工制作、安装方便、能承受较高温度。

（1）薄钢板。薄钢板可分为普通薄钢板（黑铁皮）和镀锌薄钢板（白铁皮）两种。在通风工程常用的钢板厚度是 0.5~4mm。

1）普通薄钢板。具有良好的加工性能和结构强度，但其表面易生锈，应除锈和刷油漆进行防腐处理；

2）镀锌薄钢板。是由普通薄钢板镀锌而成，其表面有镀锌层保护，起防腐作用，故一般不需除锈和刷油漆。常用来制作不受酸雾作用的潮湿环境中的风管。

（2）铝及铝合金板。铝及铝合金板加工性能好、耐腐蚀。摩擦时不易产生火花，常用于通风工程的防爆系统。

（3）不锈钢板。不锈钢板的强度较高、弹性好、具有耐酸防腐能力，多用于化工环境中需耐腐蚀的通风系统。常用的不锈钢有铬镍钢板和铬镍钛钢板。

（4）塑料复合钢板。塑料复合钢板是在普通薄钢板表面喷上一层 0.2~0.4mm 厚的软质或半硬质聚氯乙烯塑料膜，具有普通钢板的切断、弯曲、钻孔、铆接、咬口及折边等加工性能。常用于防尘要求较高的空调系统和 −10~70℃温度下耐腐蚀系统的风管。

二、非金属板材

（1）玻璃钢板。玻璃钢板也称玻璃纤维增强塑料板，是采用热固性增强材料和玻璃纤维与不饱和聚酯树脂在一定温度下拉挤成型的一种新型板材。具有质量轻，机械强度高、韧性高、耐腐蚀，防紫外线，绝缘，颜色多样等优点，能在各种恶劣的环境下保持性能稳定，不会因外界高强度的腐蚀性物质、日晒雨淋与气候变化而变色、老化。并且生产时，在玻璃钢板表面涂有一层耐老化胶衣层，其性能更卓越，表面更光洁、平滑美观。

（2）硬聚氯乙烯塑料板。它适用于有酸性腐蚀作用的通风系统，具有表面光滑、制作方便等优点。但不耐高温、不耐寒，只适用于 −10~60℃的空气环境，在太阳辐射作用下易脆裂。

三、型钢

在通风工程中，型钢用来制作法兰、抱箍、支吊架等。常用的型钢有角钢，扁钢，圆钢等。

四、保温材料

为了节约能量和防止产生冷凝水，通风管道和设备往往需要保温。常用的保温材料有：玻璃棉、硅酸铝纤维毡，泡沫塑料，橡胶岩棉、蔗渣碎粒板、软聚氯乙烯泡沫、珍珠岩粉等。

五、垫料

当风管采用法兰连接时，两法兰之间应加衬垫，衬垫的厚度一般为3~5mm。垫料应具有不吸水、不透气和有良好的弹性，以保持接口处的严密性。垫料常用的材质有厚纸垫，石棉绳、橡胶板，软聚氯乙烯塑料板、石棉橡胶板等。在工程中，垫料材质应根据管道所输送气体的性质来确定，输送空气温度在70℃以下（即一般通风空调系统），应用橡胶板或闭孔海绵橡胶板等；输送空气或烟气温度在70℃以上（即一般防排烟系统），应用石棉绳或石棉橡胶板等；输送含有腐蚀性介质气体的风管，应用耐酸橡胶板或软聚氯乙烯塑料板等；输送产生凝结水或含湿空气的风管，应用橡胶板或闭孔海绵橡胶板等；除尘系统的风管，应用橡胶板。

六、通风管道

通风管道包括风管与风道。风道一般指砖、混凝土、石膏板等建筑材料砌筑而成，风管是指用金属板材和硬聚氯乙烯塑料板、玻璃钢等制成的管子，在民用建筑中以风管为主要形式。

通风管道与管件在系统中的形状如图2.4.1–1、图2.4.1–2所示。

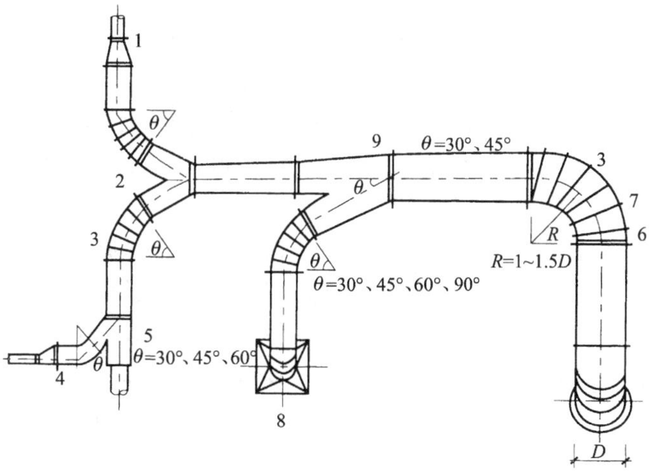

图2.4.1–1　矩形风管、管件

1—正异径管；2—正三通；3—弯头；4—偏心异径管；5—封板斜插三通；6—端节；7—中节；8—天圆地方；9—斜插三通

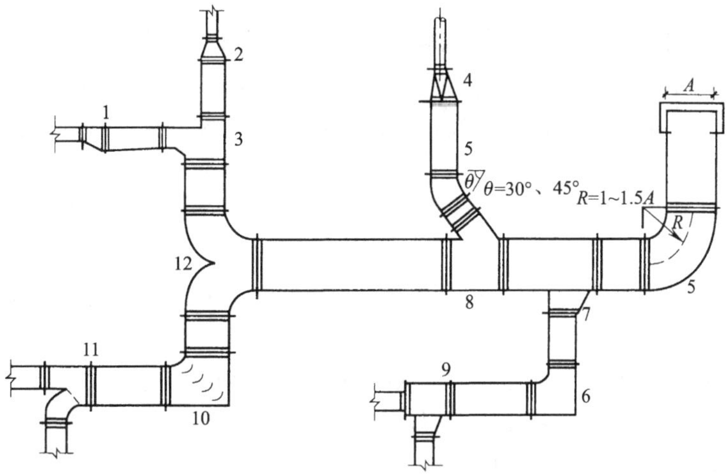

图2.4.1–2　圆形风管、管材

1—偏心异径管；2—正异径管；3—正交断面三通；4—方变圆异径管；5—内外弧弯头；6—内斜线弯头；7—插管三通；8—斜插三通；9—封板式三通；10—内弧线弯头（导流片）；11—加弯三通（调节阀）；12—正三通

（一）通风管道的分类

通风管种类很多，按风管截面形状分为圆形风管和矩形风管两大类；按使用材质不同分为薄钢板风管、不锈钢板风管、铝板风管、塑料板风管、玻璃钢风管及复合型风管等。

（二）通风管道的连接方式

通风管道的连接方式分为制作连接方式和安装连接方式。以通风管制作方法分，连接方式有咬口连接、铆接和焊接三种形式；以通风管安装形式分，连接方式有法兰连接和无法兰连接（抱箍连接）两种形式。

（三）通风管道的规格

通风管道的规格应根据风管安装的空间对噪声的要求，按规范要求确定管内流速（送风管与回风管的风速也是不同的），尽可能采用标准风管，若安装空间不允许的情况下，可用非标风管。对于矩形通风管道来说，宽高比应尽可能接近 1∶1，这样可以节省运行能耗和制作安装费用，在工程应用上一般宽高比应尽可能控制在 4∶1 以内。

圆形通风管道的规格用直径来表示，矩形通风管道的规格用边长 × 边长来表示。

2.4.2 通风空调部件

通风部件是通风系统重要的组成部分，包括风口、调节阀、消声器、风罩和罩类等。

一、风口

送、排风口是通风系统中的重要部件。其作用是按一定的流速，将一定流量的空气输送到用气空间，或从排气点排出。风口有多种形式：有单层、双层、三层百叶风口，有带调节板活动百叶风口，联动百叶风口，圆形或方形直片散流器等。

在民用建筑中，常采用的送风口为活动百叶风口。这种送风口是有固定的拦护网络、垂直活动的叶片和小框组成。把手是专门用为改变活动叶片的位置，以便调节通过百叶格的风量。当采用布置在隔墙内或暗装的通风管道送风时，通常采用这种送风口，并将其直接装嵌在墙面上。除活动百叶风口外，还采用单层百叶风口、双层百叶风口、三层百叶风口及连动百叶风口等。另外，百叶送风口也用于排风系统的排风口。在工业建筑中，一般通风量都比较大，而且风道大都采用明装，因此常采用空气分布器作为风口。

在高档商用建筑中，常选用铝合金百叶风口，铝合金散流器、铝合金条缝形风口等。风口形式也是多样化的，如 ABFK 系列百叶风口、CF 型高效过滤风口、扩散孔板风口、圆形直片散流器、方形直片散流器、球形可调风口，旋转回风口等。

二、调节阀

通风系统中，调节阀是用于调节系统风量大小，关闭或开启支管的。常用的调节阀有三通调节阀、多叶调节阀、蝶阀、防火阀、止回阀、空气加热器上通阀、风机启动阀、光圈式阀门等。

（1）三通调节阀。三通调节阀有手柄式和拉杆式两种，是安装在矩形风管上的，用来调节两个支管的风量比例。

（2）多叶调节阀。多叶调节阀有平行式和对开式两种，多安装在大截面风管上，如空调箱内和总送风（回风）管道上等。

（3）蝶阀。蝶阀是靠旋转体内阀板来达到开关目的，可分为一般、防爆、保温等几种形式，操纵形式分为手柄式和拉链式两种。

（4）防火阀。防火阀是用于通风管道上切断管内介质流动的装置，其内装有一套信号及连锁装置，一旦发生火灾，风管内温度达到易熔片熔点温度时，易熔片熔断，阀门自行关闭，风机停止运转并发出信号。防火阀制作所需钢板厚度不得小于 2mm。

（5）止回阀。止回阀的作用是风机停转时防止气体倒流，该装置安装时要保证阀板与轴转动灵活。

三、消声器

消声器是允许气流通过却又能阻止、减小声音传播的一种器件，是消除空气动力性噪声的重要措施。消声器能够阻挡声波的传播，允许气流通过，是控制噪声的有效工具。消声器种类很多，根据消声机理可以把消声器分为六种主要类型：阻性消声器、抗性消声器、阻抗复合式消声器、微穿孔板消声器、小孔消声器、有源消声器。

四、风帽及罩类

（一）风帽

在排风系统中，使用风帽向室外排出污浊空气。常用风帽有伞形风帽、锥形风帽和筒形风帽三种形式。伞形风帽分圆形和矩形两种，适用于一般机械通风系统，可采用钢板制作，也可采用硬聚氯乙烯塑料板制作。筒形风帽适用于自然通风系统，一般还需在风帽下装有滴水盘，防止冷凝水滴在房间内；锥形风帽适用于除尘系统及非腐蚀性有毒系统，一般采用钢板制作。风帽结构如图 2.4.2–1 所示。

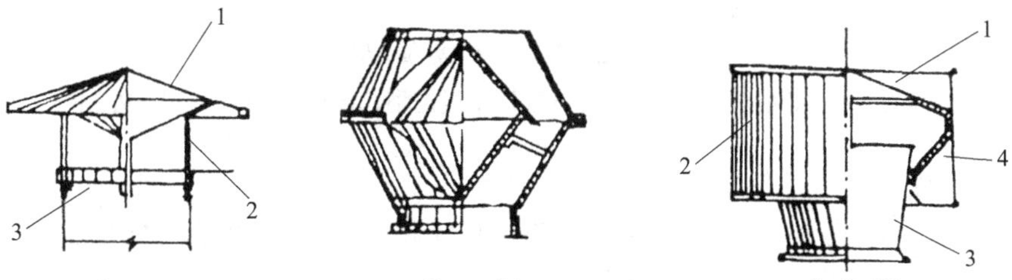

(a)伞形风帽　(b)锥形风帽　(c)筒形风帽

图 2.4.2–1　风帽

1—伞形罩；2—外筒；3—扩散管；4—支撑

风帽泛水是用来防止雨水渗入风管内。当通风管穿出屋面时，不管施工图是否标出，必须安装风帽泛水。风帽泛水分圆形和方形两种。圆形风帽泛水如图 2.4.2–2 所示。

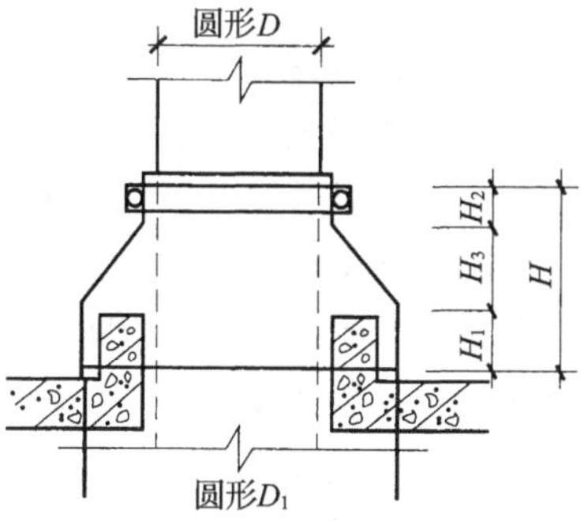

图 2.4.2–2　圆形风帽泛水

（二）罩类

罩类是指在通风系统中的风机皮带防护罩、电动机防雨罩以及装在排风系统中的侧吸罩、排气罩、吸（吹）式槽边罩、抽风罩和回转罩等。

通风机的传动装置外露部分应设置防护罩，安装在室外的电动机必须设置防雨罩，不管施工图是否注明，都应按规定设置。

2.4.3　通风空调设备

一、通风空调设备

通风空调设备是指通风除尘类和空调类设备。通风除尘设备主要包括通风机和各类除尘器。空调设备主要包括过滤器、空气加热器、空气冷却器、空气加（除）湿器、制冷设备、分段组装式空调器及各类整体式空调机组等。

本小节只对风机盘管、局部空调机组加以介绍。通风机详见 2.4.3 中二、机械设备的介绍。

（一）风机盘管

风机盘管属于空调系统的末端装置，它的冷、热媒是集中供给，新风可单独处理和供给，采用水作为输送冷（热）量得介质，具有占用建筑空间少，运行调节方便等优点，近年来得到了广泛的应用。

风机盘管由风机和表面式热交换器（盘管）组成，其结构如图 2.4.3–1 所示。

风机盘管的冷量可以采用改变风量控制和改变水量控制实现，而风机盘管采用的电机多是单向电容调速电机，通过改变风机转速，把风量变成高、中、低三档，同时依靠安装在盘管回水管上的电动二通阀，或电动三通阀，通过室温控制器控制电动阀门的开启度，从而改变进入盘管的水量或水温来调节空调房间的温湿度。

盘管一般采用铜管串铝散热片组成。由于机组要负担大部分室内负荷，盘管的容量较大（一般 3~4 排），通常是采用湿工况运行，所以必须敷设排凝结水的管路。

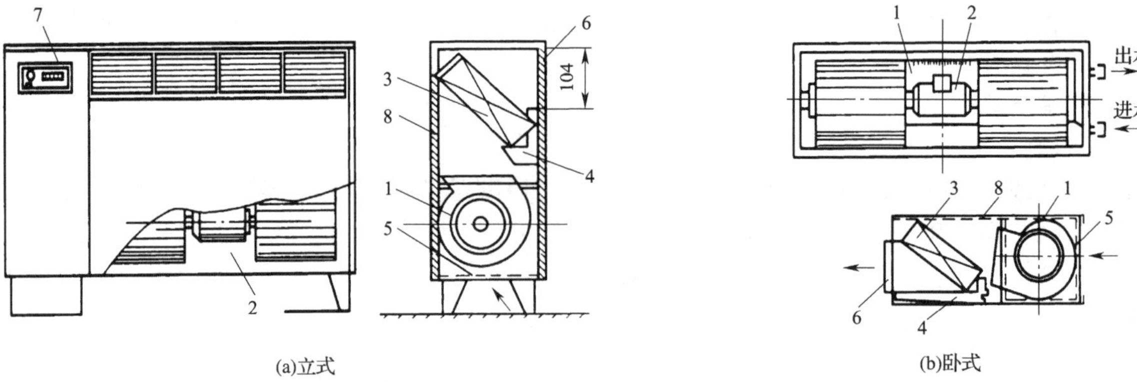

图 2.4.3–1　风机盘管结构

1—风机；2—电机；3—盘管；4—凝结水盘；5—循环风进口及过滤器；6—出风格栅；7—控制器；8—吸声材料及箱体

（二）局部空调机组

局部空调机组实际上就是一个小型的空调系统，它体积小、结构紧凑、安装方便、适用灵活，是空调工程中必不可少的设备，因而得到广泛应用。

局部空调机组种类很多，大致的分类如下：

（1）按容量的大小分有窗式空调器、分体式空调器和立柜式空调器。

（2）按冷凝器的冷却方式分有水冷式空调器和风冷式空调器。

（3）按供热的方式分有普通单冷式空调器和热泵式空调器。

二、机械设备

机械设备按照其使用范围分为通用机械设备（又称定型设备）和专用机械设备两大类。通用机械设备是指在工业生产中普遍使用的机械设备，例如金属切削设备、锻压设备、铸造设备、泵、压缩机、风机、起重运输机械等，这类设备可以按定型的系列标准由制造厂进行批量生产。专用机械设备是指专门用于某个生产方面的专用机械设备，如干燥、过滤、压滤机械设备，污水处理、橡胶、化肥、医药加工机械设备，炼油设备，胶片生产机械设备等。

本小节只介绍风机、泵、冷水机组三种常用机械。

（一）风机

风机是我国对气体压缩和气体输送机械的习惯简称，通常所说的风机包括通风机，鼓风机，风力发电机。风机的主要结构部件是叶轮、机壳、进风口、支架、电机、皮带轮、联轴器、消音器、传动件（轴承）等。各类风机产品的用途及代号见表 2.4.3–1。

表 2.4.3–1　风机产品的用途及代号表

序号	类 别 用 途	代号		序号	类 别 用 途	代号	
		汉字	简写			汉字	简写
1	一般通用通风换气空气输送	通用	T	13	纺织工业通风换气	纺织	FZ
2	防爆气体通风换气	防爆	B	14	空气调节	空调	KJ
3	防腐气体通风换气	防腐	F	15	降温凉风用	凉风	LF
4	高温气体输送	高温	W	16	烧结炉烟气	烧结	SJ
5	矿井主体通风	矿井	K	17	空气动力	动力	DL
6	锅炉通风	锅炉	G	18	高炉鼓风	高炉	GL
7	锅炉引风	锅引	Y	19	转炉鼓风	转炉	ZL
8	工业通风	工业	GY	20	柴油机增压	增压	ZY
9	排尘通风	排尘	C	21	煤气输送	煤气	MQ
10	煤粉吹送	煤粉	M	22	化工气体输送	油气	YQ
11	热风吹吸	热风	R	23	天然气体输送	天气	TQ
12	工业冷却水通风	冷却	L	24	冷冻用	冷冻	LD

风机在各个领域中应用非常广泛，其中在通风工程中最为常用的是通风机，它是通风系统中为空气的流动提供动力以克服输送过程中的阻力损失的机械设备。通风工程中所用的通风机，按其工作原理分有离心式通风机和轴流式通风机两种。

（1）离心式通风机。

1）离心式通风机的分类。

按压力分类有：低压离心式风机（全压低于 0.013MPa）；中压离心式风机（全压介于 0.013~0.05MPa）；高压离心式风机（介于 0.05~0.2MPa）。

按风机用途不同分有：

一般通用离心式通风机——用于建筑物通风换气。

锅炉离心式通风机、引风机——用于热电钻和其他工业蒸汽锅炉送风及排烟。送风的称为锅炉通风机；排烟的称为引风机。

煤粉离心式通风机——用于热电厂风送煤粉。

排尘离心式通风机——用于排送含有灰尘的空气。

矿井离心式通风机——用于矿井通风换气，大都为吸出式。

防爆离心式通风机——用于排送易燃、易爆气体。

耐腐蚀离心式通风机——用于排送含有腐蚀性气体。

高温离心式通风机——用于排送温度为 250℃以上的气体。

2）离心式通风机的工作原理。离心式通风机是空调系统中最常用的风机，它借助叶轮随轴旋转时叶片间的气体产生离心力，从而获得动能而使气体压强增高，通过导向口排出。离心式通风机气流送出的方向与机轴方向垂直。如图 2.4.3–2 所示。离心风机风压高、噪声少，适用于送风管路较长的系统。

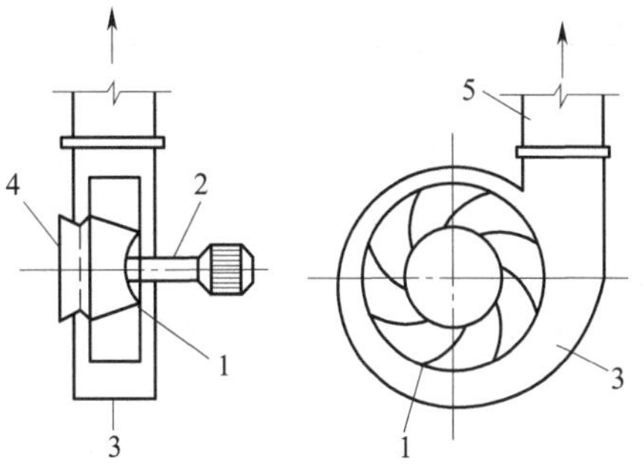

图 2.4.3–2　离心式通风机

1—叶轮；2—机轴；3—机壳；4—吸气口；5—排气口

3）离心式通风机的构造。离心式通风机主要由机壳、叶轮、机轴、轴承、吸气口、排气口和机座组成。

4）离心式通风机型号表示方法。每一台风机上都有一个表示其工作特性的牌子，称为铭牌。铭牌上应标明风的型号及性能参数。例如风机型号为 4–72–11 № 4.5A。其型号表示含义如下：

“4”代表风机在最高效率点时的全压系数乘 10 后取得整数值，该台风机全压系数为 0.40。

“72”代表比转数。

“11”中第一个数字是吸入口形式，单吸入口为 1（双吸入口为 0，二级串联为 2），第二个数字代表设计顺序号，即第一次设计。

“№ 4.5”代表风机的机号，以风机叶轮外径（mm）的百分数（也称分米数）表示，该台风机的叶轮外径为 450mm。

“A”是传动方式代号，该台风机为无轴承直联传动。

5）离心式通风机的传动方式。由于电动机与风机连接方式不同，其传动共有六种方式，代号分别为 A、B、C、D、E、F。如图 2.4.3–3 所示。其中 A 为无轴承直联传动；B、C、E 为间接传动方式（皮带传动）；D、F 型为联轴器传动。离心式通风机传动安装形式见表 2.4.3–2。

6）离心式通风机的旋转方向及出风口位置。在风机铭牌上常标有“右旋 90°”或“左旋 90°”字样。这是指风机叶轮的旋转方向和出风口位置。从电动机或带轮一端正视叶轮，顺时针方向旋转为“右旋”，逆时针方向转动为“左旋”。出风口位置如图 2.4.3–4 所示。

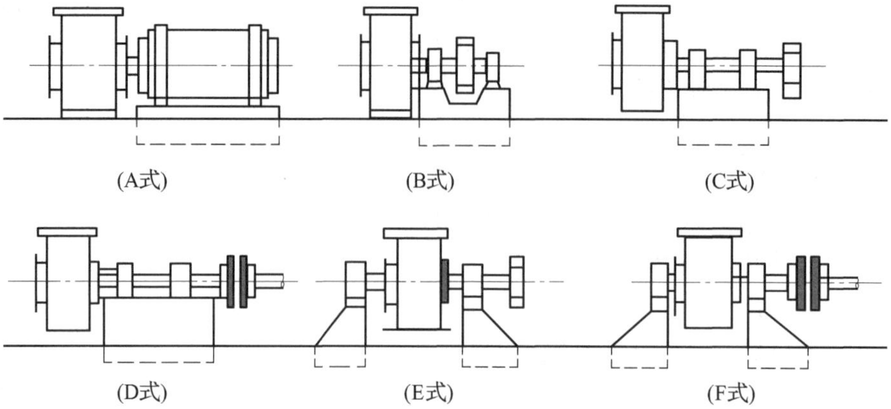

图 2.4.3-3　离心式通风机的传动方式

表 2.4.3-2　通风机传动安装形式

名称	A 式	B 式	C 式	D 式	E 式	F 式
离心式通风机	无轴承电机直联传动	悬臂支承皮带轮在轴承中间	悬臂支承皮带轮在轴承外侧	悬臂支承联轴节传动	双支承皮带轮在轴承外侧	双支承联轴节传动
轴流式通风机	直联传动	皮带轮在轴承	皮带轮在轴承外侧	联轴节传动	联轴节传动不带轴承	联轴节加减速器

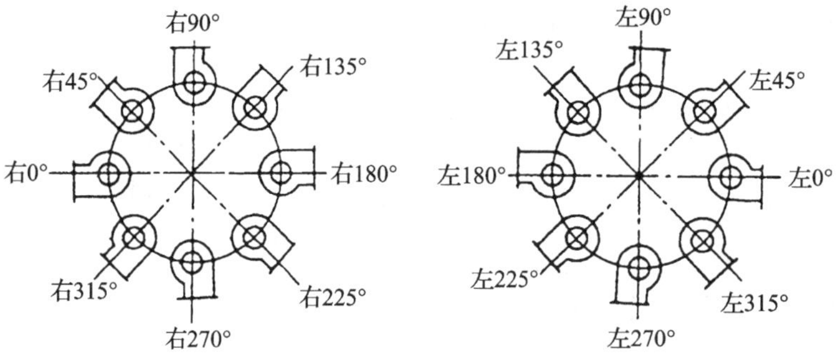

图 2.4.3-4　风机出风口位置

（2）轴流式通风机。

1）轴流式通风机的分类。

①按压力分类有：低压风机（风机全压小于或等于 0.006MPa）；高压风机（风机全压大于 0.006MPa，小于 0.065MPa）。

②按风机用途不同分有：

一般轴流式风机——用于一般通风换气。

锅炉轴流式通风机、引风机——用于热电站锅炉房的通风和引风。

矿井轴流式通风机——用于矿井通风换气。

隧道轴流式通风机——用于一般坑道及隧道的通风换气。

冷却塔轴流式通风机——用于热电站、化工等冷却塔的通风冷却。

纺织轴流式通风机——用于纺织厂通风换气。

化工气体排送轴流式通风机——用于化学工业流程中气体的排送。

矿井局部轴流式通风机——用于矿井支巷中局部通风换气。

降温凉风用轴流式通风机——用于工业作业场所降温凉风。

空气调节轴流式通风机——用于工业作业场所室内调节空气。

2）轴流式通风机的工作原理。轴流式通风机的叶轮安装在圆筒形的外壳内，叶轮具有斜面形状，当叶轮在电动机的带动下转动时，空气从吸风口进入，轴向流过叶轮和扩压管，静压升高后从排气口流出。风机进风和出风均沿轴向，故名轴流风机。如图 2.4.3–5 所示。轴流风机与离心风机比较，同功率时风量大而风压低，适用于管路短、阻力小而需风量大的场所。

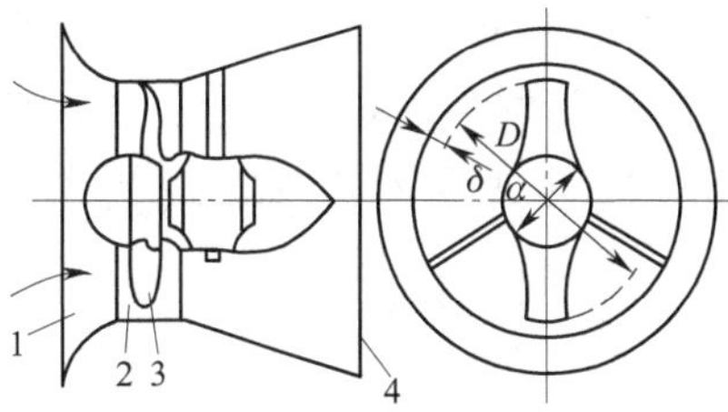

图 2.4.3–5　轴流式通风机

1—吸风口；2—机壳；3—叶轮；4—扩压器

3）轴流式通风机的构造。轴流式通风机由机壳、叶轮、扩压器、电动机等组成。

4）轴流式通风机型号表示方法。轴流风机的表示方法是用字母和数字表示的。例如："A6 × 25° 1860 × 36　1.5/2"，其型号表示含义如下：

"A6 × 25°"表示风机驱动、结构参数。"A"表示风机与电动机直联，"6"表示叶片数为 6 片，"25°"表示叶片安装角度为 25°；

"1860 × 36"表示风机参数。"1860"表示流量为 1860m³/h，"36"表示全压为 360Pa；

"1.5/2"表示电机参数。"1.5"表示电动机功率为 1.5kW，"2"表示 2 极。

5）轴流式通风机的传动方式。轴流式通风机的传动方式也有六种，代号分别为 A、B、C、D、E、F，如图 2.4.3–6 所示。轴流式通风机传动安装形式见表 2.4.3–2。

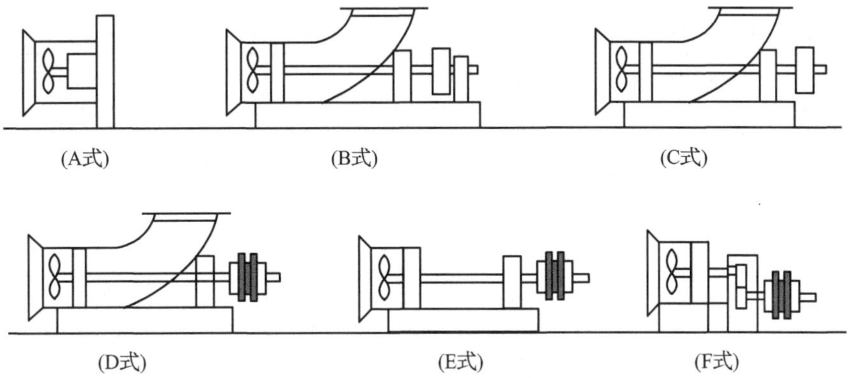

图 2.4.3–6　轴流式通风机的传动方式

（二）泵

泵广泛用于工业、农业生产和生活，在高层建筑中供水、供热、空调和消防都少不了泵。泵的种类很多，按其结构可分为三大类，即叶片式泵、容积式泵、真空泵。泵的分类如图 2.4.3–7 所示。

（1）IS 型泵。IS 型泵按国际标准设计制造，是单吸离心泵的新一代产品，代替老式 BA 型离心泵。IS 型泵的规格型号示例如图 2.4.3–8 所示。

- 泵
  - 叶片式泵
    - 离心泵
    - 轴流泵
    - 混流泵
    - 旋涡泵
      - 单级单吸离心泵
      - 单级双吸离心泵
      - 分段多级式离心泵
      - 深井泵、潜水泵
      - 污水泵、杂质泵
      - 自吸式离心泵
      - 锅炉给水泵
  - 容积式泵
    - 往复泵
      - 活塞泵
      - 柱塞泵
    - 旋转泵——螺杆泵、齿轮泵
  - 其他——螺旋泵、射流泵、水轮泵等

图 2.4.3–7　泵的分类

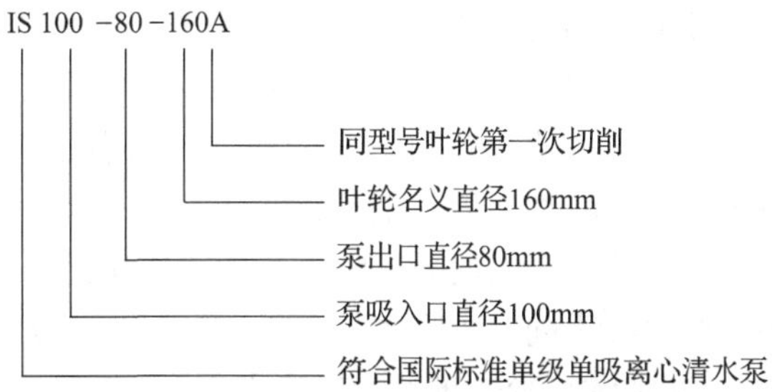

图 2.4.3–8　IS 型泵规格型号示例

（2）Sh 型、S 型单级双吸离心泵和 PW 型污水泵。

1）Sh 型泵的规格型号示例如图 2.4.3–9 所示。

2）PW 型泵的规格型号示例如图 2.4.3–10 所示。

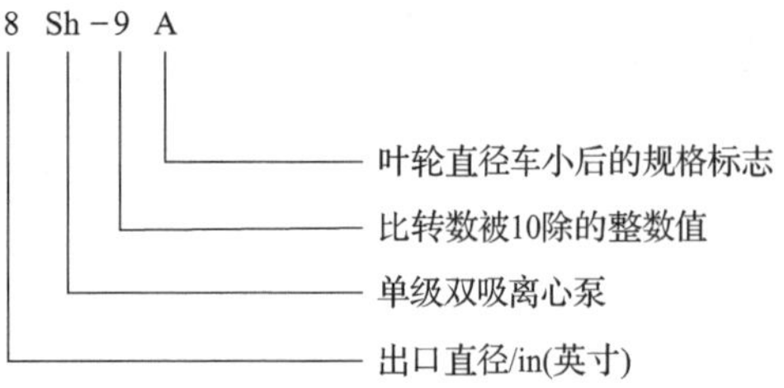

图 2.4.3–9　Sh 型泵型号示例

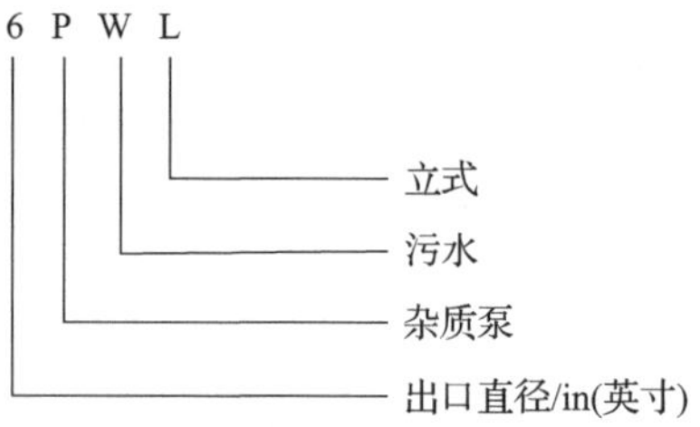

图 2.4.3–10　PW 型泵型号示例

3）工程中常见的具有代表性的泵见表 2.4.3–3。

表 2.4.3–3　工程常见泵类

种类	型号	流量（m^3/h^{-1}）	扬程 H（m）	电机功率 N（kW）	总重量（kg）
IS 型单级单吸离心泵	IS50–32–125	12.5	20	2.2	106
	IS65–50–160A	23.4	28	4	137
	S100–80–160B	82.4	21.7	7.5	236
Sh 型单级双吸离心泵	8Sh–13	288	41.3	55	230
	10Sh–19A	430	11	22	320
	12Sh–9B	684	43	132	809
PW 型污水泵	2 × 1/2PW/A	90	42.7	22	119
	4PWA	160	25.5	18	125
GDL 立式多级管道泵	25GDL2–12 × 8	2	96	2.2	108
	40GDL6–12 × 11	6	132	5.5	281
	65GDL24–12 × 10	24	120	1.5	358

（三）冷水机组

（1）冷水机组分类。

1）按冷凝器冷却方式：水冷式冷水机组和风冷式水冷水机组。

2）按载冷剂分：水冷冷水机组、盐水冷水机组、乙二醇冷水机组。

3）按压缩机形式分：活塞式冷水机组、螺杆式冷水机组和离心式冷水机组。

4）按能量利用形式：单冷型热泵型、热回收型和单冷冰蓄冷双功能型

5）按冷水出水温度：空调型（7℃、10℃、13℃、15℃）和低温型（–5~–30℃）。

6）按密封方式：开式、半封闭式、全封闭式。

7）按燃料种类：燃油型（柴油、重油）和燃气型（煤油、天然气）。

8）按能量补偿不同分：电力补偿（压缩式）和热能补偿（吸收式）。

9）按热源不同（吸收式）：热水型、蒸汽型、直燃型。

（2）几种常用冷水机组的优缺点。

1）活塞式冷水机组的优缺点。

优点：用材简单，可用一般金属材料，加工容易，造价低；系统装置简单，润滑容易，不需要排气

装置；采用多机头，高速多缸，性能可得到改善。

缺点：零部件多，易损件多，维修复杂，频繁，维护费用高；压缩比低，单机制冷量小；单机头部分负荷下调节性能差，卸缸调节，不能无级调节；属上下往复运动，振动较大；单位制冷量重量指标较大。

2）螺杆式冷水机组和离心式冷水机组的优缺点。

优点：结构简单，运动部件少，易损件少，仅是活塞式的1/10，故障率低，寿命长；圆周运动平稳，低负荷运转时无“喘振”现象，噪声低，振动小；压缩比可高达20，EER值高；调节方便，可在10%~100%范围内无级调节，部分负荷时效率高，节电显著；体积小，重量轻，可做成立式全封闭大容量机组；对湿冲程不敏感；属正压运行，不存在外气侵入腐蚀问题。

缺点：价格比活塞式高；单机容量比离心式小，转速比离心式低；润滑油系统较复杂，耗油量大；大容量机组噪声比离心式高；要求加工精度和装配精度高。

3）离心式冷水机组的优缺点。

优点：叶轮转速高，输气量大，单机容量大；易损件少，工作可靠，结构紧凑，运转平稳，振动小，噪声低；单位制冷量重量指标小；制冷剂中不混有润滑油，蒸发器和冷凝器的传热性能好；EER值高，理论值可达；调节方便，在10%~100%内可无级调节。

缺点：单级压缩机在低负荷时会出现“喘振”现象，在满负荷运转平稳；对材料强度，加工精度和制造质量要求严格；当运行工况偏离设计工况时效率下降较快，制冷量随蒸发温度降低而减少幅度比活塞式快；离心负压系统，外气易侵入，有产生化学变化腐蚀管路的危险。

2.4.4 绝热材料

绝热保温材料又称为耐火隔热材料。其应用日益广泛，在我国保温材料的生产起步较晚，近年来，国内外对耐火保温材料进行了大量深入的研究，并成功开发了多种保温性能好且无污染的新型耐火保温材料，目前，已被研究出来的耐火保温材料种类繁多，行业内对该材料的分类一般按结构、材质和使用温度等，耐火保温材料按使用温度可以分为低温保温材料（600℃以下）、中温保温材料（600~1000℃）和高温保温材料（1000℃以上）。目前在建筑安装工程上使用较多的绝热保温材料主要包括以下几种：玻璃棉保温材料、矿（岩）棉保温材料、复合硅酸盐保温材料、硅酸钙绝热制品保温材料、纤维质保温材料。

（1）玻璃棉保温材料。玻璃棉是一种无机纤维隔热吸声材料，生产方法有火焰喷吹法、蒸汽立吹法和离心喷吹法。火焰喷吹法的能耗高，渣球含量高，目前已被离心喷吹法所替代。玻璃棉的化学成分主要是SiO_2和Al_2O_3，其中SiO_2含量在60%（w）以上，除此以外还含有CaO、MgO、碱金属氧化物及B_2O_3等物质；其热导率在0.037~0.039W·（m·K）$^{-1}$。

玻璃棉具有一定的机械强度、易成型、绝缘性能好、抗腐蚀和疲劳损伤，被广泛地应用于航空、石化、采暖保温冷藏等领域。玻璃棉除单独使用外，还可以和其他材料结合制成复合材料。

（2）矿（岩）棉保温材料。矿（岩）棉属于矿物棉，物质的成分主要是SiO_2和Al_2O_3，其余是CaO和少量的MgO、Fe_2O_3等。岩棉以玄武岩和辉绿岩等天然火成岩为主要原材料，再加以适量的辅助性材料、结合剂经高温熔融离心喷吹制成纤维；矿渣棉则以工业生产形成的尾渣为主要原材料，其中钢渣为常见的原材料。矿（岩）棉及其系列产品具有隔热保温、吸声隔音、阻燃、耐高温、不腐、不蛀等优点。

矿（岩）棉属于低温保温材料，通常使用温度在600℃以下，最高使用温度可达650℃，是目前国内外使用较为普遍的保温隔热材料。

（3）复合硅酸盐保温材料。复合硅酸盐保温材料具有可塑性强、导热系数低、耐高温、浆料干燥收缩率小等特点。主要种类有硅酸镁、硅镁铝、稀土复合保温材料等。主要用于常温下建筑屋面、墙面、室内顶棚、管道的保温隔热，以及石油、化工、电力、冶炼、交通、轻工与国防工业等行业的热力设备的保温隔热和烟囱内壁、炉窑外壳的保温（冷）工程。

（4）硅酸钙绝热制品保温材料。硅酸钙绝热制品保温材料其特点是密度小、耐热度高、导热系数低、抗折、抗压强度较高、收缩率小。在20世纪80年代曾被公认为块状硬质保温材料中最好的一种，但由于纸浆纤维不耐高温，影响了保温材料的耐高温性和增加了破碎率。目前已较少使用。

（5）纤维质保温材料。纤维质保温材料其优异的防火性能和保温性能，在20世纪80年代在建筑墙体和屋面保温得到广泛应用。但由于建厂投资大，所以生产厂家不多，目前已较少使用。

2.5 消防工程

2.5.1 消火栓（箱）

消火栓（箱）指安装在建筑物内的消防给水管路上，由箱体、室内消火栓、消防接口、水带、水枪、消防软管卷盘及电器设备等消防器材组成的具有给水、灭火、控制、报警等功能的箱状固定式消防装置。

遇有火警时，根据箱门的开启方式，按下门上的弹簧锁，销子自动退出，拉开箱门后，取下水枪拉转水带盘，拉出水带，同时把水带接口与消火栓接口连接上，拨动箱体内公里壁的电源开关，把室内消火栓手轮顺开启方向旋开，即能进行喷水灭火。

一、基本分类

（1）按安装方式可分为：明装式，暗装式，半暗装式。

（2）栓箱按箱门型式可分为：左开门式，右开门式，双开门式，前后开门式，带检修门式，带防火检修门式。

（3）栓箱按箱门材料可分为：全钢型，钢框镶玻璃型，铝合金框镶玻璃型，其他材料型。

（4）栓箱按水带安置方式可分为：挂置式，盘卷式，卷置式，托架式。

（5）按安装位置可分为：

1）室内消火栓。室内消火栓是室内管网向火场供水的，带有阀门的接口，为工厂、仓库、高层建筑、公共建筑及船舶等室内固定消防设施，通常安装在消火栓箱内，与消防水带和水枪等器材配套使用。减压稳压型消火栓为其中一种。

2）室外消火栓。室外消火栓是设置在建筑物外面消防给水管网上的供水设施，主要供消防车从市政给水管网或室外消防给水管网取水实施灭火，也可以直接连接水带、水枪出水灭火。所以，室外消火栓系统也是扑救火灾的重要消防设施之一。

3）旋转消火栓。旋转消火栓是栓体可相对于与进水管路连接的底座水平360°旋转的室内消火栓。它具有栓体与底座相对旋转的特点，因而可以在超薄箱体内安装，使得箱体减薄成为可能。当消火栓不使用时，可将栓体出水口旋转至与墙体平行状态，即可关闭箱门；在使用时，将栓体出水口旋出与墙体垂直，即可接驳水带，便于操作。

4）地下消火栓。地下消火栓是一种室外地下消防供水设施。用于向消防车供水或直接与水带、水枪联接进行灭火，是室外必备消防供水的专用设施。安装于地下，不影响市容、交通。由阀体、弯管、阀座、阀瓣、排水阀、阀杆和接口等零部件组成。地下消火栓是城市、厂矿、电站、仓库、码头、住宅及公共场所必不可少的灭火供水装置。尤其是市区及河道较少的地区更需装设。产品的结构合理、性能可靠、使用方便。当采用地下式消火栓时，应有明显标志。寒冷地区多见地下式消火栓。

5）地上消火栓。地上消火栓是一种室外地上消防供水设施。用于向消防车供水或直接与水带、水枪联接进行灭火，是室外必备消防供水的专用设施。它上部露出地面，标志明显，使用方便。由阀体、弯管、阀座、阀瓣、排水阀、阀杆和接口等零部件组成。地上消火栓是一种城市必备的消防器材，尤其是市区及河道较少的地区更需装设，以确保消防供水需要。各厂矿、仓库、码头、货场、高楼大厦、公共场所等人口稠密的地区有条件都应该安装。

6）双口双阀消火栓。双口双阀消火栓是室内消火栓的一种，《建筑设计防火规范》GB 50016规定：以下情况当设两根消防竖管有困难时，可设一根竖管，但必须采用双阀双出口型消火栓。适合十八层及十八层以下的单元式住宅、每层不超过 8 户、建筑面积不超过 650m^2 的塔式住宅。

7）室外直埋伸缩式消火栓。室外直埋伸缩式消火栓是一种具有平时消火栓收缩在地面以下，使用时拉出地面工作的特点的消火栓，和地上式相比，避免了碰撞，防冻效果好；和地下式相比，不需要建地下井室，在地面以上连接，工作方便。并室外直埋伸缩式消火栓的接口方向可根据接水需要而 360° 旋转，使用更加方便。

二、栓箱型号表示方法

栓箱型号由“基本型号”和“型式代号”两部分组成。

（1）基本型号：栓箱内配置消防软管卷盘时用代号“Z”表示，不配置者不标注代号。

（2）型式代号：水带为挂置式不用代号表示。

1）其余方式分别用下述代号表示：

“P”（盘）——盘卷式；

“J”（卷）——卷置式；

“T”（托）——托架式。

2）箱门型式代号：

箱门为单开门型式不用代号表示，其余型式分别用下述代号表示：

“S”（双）——双开门式；

“H”（后）——前后开门式。

2.5.2　火灾自动报警设备

火灾自动报警，在火灾初期，将燃烧产生的烟雾、热量和光辐射等物理量，通过感温、感烟和感光等火灾探测器变成电信号，传输到火灾报警控制器，并同时显示出火灾发生的部位，记录火灾发生的时间。

一、主要设备材料

（一）火灾探测器

火灾探测器是火灾自动报警系统中具有探测火灾信号功能的关键部位，按警戒范围分为点型火灾探测器和线型火灾探测器。点型火灾探测器又可分为感烟、感温、红外光速、火焰、可燃气体火灾探测器等；线型火灾探测器又可分为缆式定温、空气管差温火灾探测器等。

（二）按钮

按钮通常指手动火灾报警按钮。是人工确认火灾后，手动操作，向消防控制室发出火灾报警信号或直接启动消防水泵的一种装置。按钮应设置在明显和便于操作的部位，安装在墙上距楼（地）面高度 1.5m 处，其外接导线应留有不小于 10cm 的余量。

（三）模块（接口）

消防模块是火灾报警系统的桥梁，起着至关重要的作用。随着人们对消防安全的日益重视，模块的应用会越来越多，功能也会越来越完善。

消防模块主要有输入模块、输出模块、输入输出模块、中继模块、隔离模块、切换模块等。

（1）输入模块用于接收消防联动设备输入的常开或常闭开关量信号，并将联动信息传回火灾报警控制器（联动型）。主要用于配接现场各种主动型设备如水流指示器、压力开关、位置开关、信号阀及能够送回开关信号的外部联动设备等。

（2）输出模块用于火灾自动报警控制器向现场设备发出指令的信号。

（3）输入输出模块主要用于双动作消防联动设备的控制，同时可接收联动设备动作后的回答信号。例如：可完成对二步降防火卷帘门、水泵、排烟风机等双动作设备的控制。

（4）中继模块主要用于总线处在有比较强的电磁干扰的区域及总线长度超过 1000m 需要延长总线通信距离的场合。

（5）隔离模块在总线制火灾自动报警系统中，往往会出现某一局部总线出现故障（例如短路）造成整个报警系统无法正常工作的情况。隔离器的作用是，当总线发生故障时，将发生故障的总线部分与整个系统隔离开来，以保证系统的其他部分能够正常工作，同时便于确定出发生故障的总线部位。当故障部分的总线修复后，隔离器可自行恢复工作，将被隔离出去的部分重新纳入系统。

（6）切换模块是用于连接输入输出模块和大电流被控设备，起保护作用，其作用相当于继电器。

（四）报警装置

报警装置通常指警铃、警笛、声光报警器、报警闪灯等，一般安装在墙壁上，距地面1.8~2.5m。

（五）火灾报警控制器

火灾报警控制器担负着为火灾探测器提供稳定的工作电源，监视探测器及系统自身的工作状态，接收、转换、处理火灾探测器输出的报警信号，进行声光报警，指示报警的具体时间及部位，同时执行相应辅助控制等任务。

（六）显示系统

显示系统是火灾自动报警系统的配套设备。包括系统的接口、计算机、监视器、打印机等，显示其各楼层或各防火分区的平面及探测器的分布在线情况，能准确、直观地反映所有探测器的火警或故障状况，可任意切换各监视区的报警平面，各种探测器及联动设备均显示在画面上。

（七）消防专用通信系统

该系统主要由两部分组成，一是应急广播系统，二是消防电话系统。主要包括广播扩音机、电话主机、电话交换机、双切换电源、广播或电话录放音等装置。

（八）系统配管、配线。

（1）配管配线要求。

应符合现行国家标准《电气装置安装工程　电缆线路施工及验收标准》GB 50168—2018和《火灾自动报警系统施工及验收标准》GB 50166—2019并注意以下几点：

1）火灾自动报警系统传输线路应采用穿金属管、硬质塑料管、半硬质塑料管或封闭式线槽保护方式布线。

2）消防控制、通信和报警的线路采用暗敷设时，宜采用金属管或阻燃型硬质塑料管保护，并应敷设在非燃烧体结构层内，其保护层厚度不应小于30mm，当必须明敷时，应采用金属管或金属线槽保护，并应在金属管或金属线槽上采取放火保护措施。采用绝缘和保护套为阻燃性材料的电缆时，可不穿金属管保护，但应敷设在电缆井内。

3）从接线盒、线槽等处引到探测器底座盒、控制设备盒、扬声器箱的线路均应加金属软管保护。

4）在电线管超过下列长度时，中间应加装接线盒或拉线盒，其位置应便于穿线。

①线管长度每超过30m，无弯曲时。

②线管长度每超过20m，有1个弯时。

③线管长度每超过15m，有2个弯时。

④线管长度每超过8m，有3个弯时。

⑤在垂直敷设时装设接线盒或拉线盒的距离为15m左右。

5）敷设在多尘或潮湿场所管路的管口和管子连接处，应做密封处理。管子入盒时，盒外侧应套锁母，内侧应装护口，在吊顶内敷设时，盒的内外侧均应套锁母。

6）在吊顶内敷设各类管路或线槽时，宜采用单独的卡具吊装或支撑物固定。

7）线槽的直线段应每隔1.0~1.5m设置吊点或支点，在下列部位也应设置吊点或支点：

①线槽接头处。

②距接线盒0.2m处。

③线槽走向改变或转角处。

8）吊装线槽的吊杆直径不应小于6mm。

9）当管子经过建筑物伸缩缝时，为防止基础沉降不匀或热胀冷缩，损坏暗配管和导线，需在伸缩缝的旁边装设补偿盒，如图2.5.2所示。

10）不同系统、不同电压等级、不同电流类别的线路，不应穿在同一线管或线槽的同一槽孔内。

11）在管内或线槽内的穿线，应在建筑抹灰及地面工程结束后进行。穿线前应将管内或线槽内的积水及杂物清除干净。

12）导线在管内或线槽内，不应有接头或扭结，导线的接头应在接线盒内焊接或用端子连接。

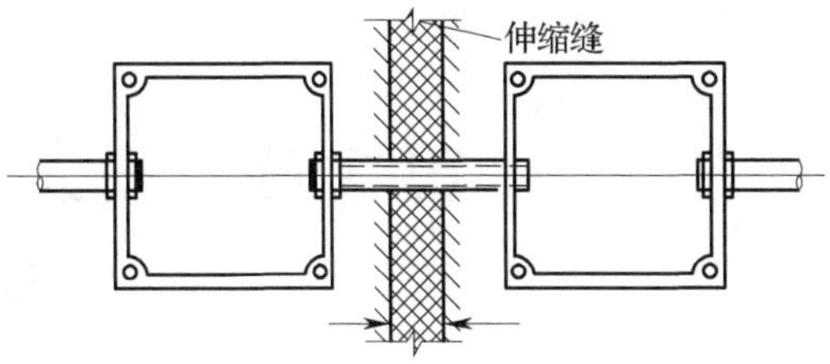

图 2.5.2　管路穿过伸缩缝

13）火灾自动报警系统导线敷设后，应对每回路的导线用 500V 的兆欧表测量绝缘电阻，其对地绝缘电阻值不应小于 20MΩ。

（2）报警设备接线。

报警设备接线主要是指探测器、手动报警按钮、警铃、门灯、音响器和报警控制器的接线。导线引入接线盒内，一般应预留 150~200mm，引入盘柜长度应为箱体周长的 1/2 以上。

第 3 章　安装工程主要施工的基本程序、工艺流程及施工方法

【本章提示】通过本章学习，学习人员应了解高低压配电工程、动力、照明工程、防雷、接地工程、生活给排水管道工程、泵房设备、卫生洁具、通风空调设备、通风及部件、通风空调水系统管道工程、空调防腐与绝热、消防水系统、消防自动报警及联动控制系统、气体灭火系统的安装基本程序、工艺流程及施工方法。

3.1　电气设备安装工程

3.1.1　高低压配电工程

主要施工的基本程序如图 3.1.1 所示。

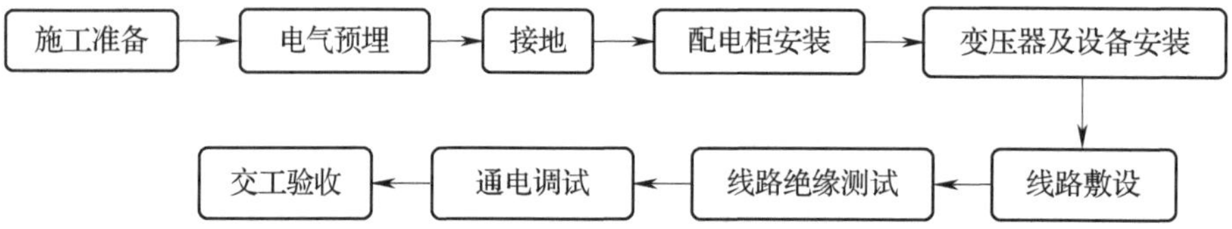

图 3.1.1　主要施工的基本程序

一、工艺流程及施工方法

（一）电缆线路敷设

在高低压配电工程中，电缆敷设以室外电缆为主，主要包含直接埋地、电缆沟（管廊）内、预制电缆槽盒内、保护管内敷设等敷设方式。（高低压配电房内室内电缆敷设详见动力、照明工程中的电缆敷设章节）

（1）工艺流程：施工准备→检查、清理电缆敷设通道→敷设电缆→管口防水 / 防火处理→电缆终端 / 中间头制作安装→挂标示牌→电缆试验→验收送电。

（2）施工方法：

1）电缆直接埋地敷设时，电缆沟开挖深度和宽度、沟底处理、回填等应符合设计及施工验收规范的要求。电缆穿越有机械损伤可能的地方，如跨越马路，均应穿钢管进行保护。必须考虑电缆与其他管道安装距离，电缆自沟引入建筑物时，应穿入金属保护管中并堵塞管口以防进水。直埋电缆应按规定埋设标志桩或地面标志牌。

2）电缆沟、隧道或电缆保护管应先进行清理，确保顺利敷设电缆。敷设前，应检查电缆有无机械损伤，电缆盘是否完好，对 3kV 及以上的高压电缆应进行耐压试验，1kV 以下的电缆按相关规范要求进行绝缘电阻测试，绝缘电阻不应小于 10MΩ。

3）电缆应有序排列，间距一致，电缆转弯角度一致，电缆的最小弯曲半径为：聚氯乙烯绝缘电力电缆 10D；交联聚乙烯绝缘电力电缆 15D。（D 为电缆外径）

4）同型号规格电缆在订货时按实际使用需要的长度组合对生产厂家每盘电缆的总长度做出要求，以便在电缆敷设时尽可能减少中间接头数量。确有需要设置电缆中间接头，应设置在电缆沟或廊道内或工作井、手孔井等处，并做明显标志。

5）电缆沟或廊道中敷设的电缆应在相应规范要求处（如始端、终端、中间接头、中间每间隔适当距离、手孔井或工作井和走向变化处等）挂标示牌，注明电缆用途、回路编号、型号规格、敷设日期等。

6）电缆终端 / 中间头施工完毕，应按相关规范进行耐压试验或绝缘电阻测试。金属铠装层应可靠

接地。

（二）开关柜、高低压柜安装

（1）工艺流程：开箱检查→二次搬运→土建基础检查及基础型钢制作安装→柜体就位固定→母线或电缆连接→二次线路连接→试验调整→送电运行验收。

（2）施工方法：

1）安装时应按照设计图纸的布置，按顺序将柜体安放在基础型钢上。

2）单个柜体校正柜面和侧面的垂直度；成列布放柜体，先找正两端的柜体，然后依序调整、找正中间柜体。找正时宜采用厚度合适的垫铁片进行调整，同一部位垫铁数量不应超过三片。

3）柜体固定：在找正后的柜体底部和基础型钢架上用手电钻钻孔，无特殊要求时，低压柜钻 ϕ12.2mm 孔，高压柜钻 ϕ16.2mm 孔，分别用 M12、M16 镀锌螺丝弹簧垫圈固定。柜体的垂直度及水平度的偏差应符合施工验收规范的要求。柜体与侧板均应采用镀锌螺丝连接固定。

4）柜体应进行可靠的接地连接。每台柜体应在底部采用截面大于或等于 6mm^2 多股铜芯软线（两端压接铜接线端子）与基础型钢连接，基础型钢按设计图示要求可靠连接到变配电房内的接地带或预留接地端子。

5）柜顶母线宜委托生产厂家按照设计图示及相关规范要求加工、预制，现场组装。确有需要在施工现场进行柜顶母线制作安装的：铜母线调直应采用木质工具；切断母线时，严禁用电、气焊切割；铜母线的连接应采用机械连接；母线搭接处应搪锡，并涂刷“导电胶”；母线相间间距应满足相关规范要求，相间间距均匀一致，最大允许误差不得大于 5mm；母线按相关规范要求涂刷分相漆或套热缩绝缘保护套管。

6）按设计图纸逐件检查柜内电器的各项技术参数是否与设计图纸相符，并完善柜内二次接线（如有）。按相关规范和供电部门的要求进行各项试验和调整，做好送电前的准备工作。

（三）变压器施工

（1）工艺流程：开箱检查→变压器二次搬运→变压器基座制作安装→变压器本体安装→附件安装→变压器交接试验→送电前检查→送电运行验收。

（2）施工方法：

1）变压器就位可采用吊装或拖运的方式，吊运变压器的钢丝绳必须拴在变压器的专用吊钩环上。变压器就位时，将底座滚轮装上，各附件按制造厂说明书的要求进行安装，变压器就位方向和离墙尺寸应与图纸相符。变压器的重复接地线应采用不小于 60×6 的铜母线，接口处应搪锡。变压器的中性点接地回路中，靠近变压器处，宜做一个可拆卸的联接点。变压器安装完毕后，必须进行交接试验，交接试验要由供电局高试部门进行，试验标准应符合规范和供电部门的要求。

2）变压器试运行前应做全面的检查，干式变压器护栏要安装完毕、各种标示牌已挂好，变压器室门已装锁。确认符合试运行条件时方可投入运行。

3）变压器的试送电运行：变压器第一次投入时，可全压冲击合闸，冲击合闸时由高压侧投入。变压器第一次受电后，持续时间不应少于 10min，无异常情况。变压器应进行 3~5 次全压冲击合闸，无异常情况，保护无误动作，对相序无误，方可带电运行。变压器空载运行 24h，无异常情况，方可投入负荷运行。变压器从开始带电起，24h 无异常情况，可视为合格，并办理移交手续。

（四）母线槽施工

（1）工艺流程：现场测绘装配示意图，进行加工定制→开箱检查→支（吊）架安装→单节母线槽绝缘测试→母线槽及附（配）件安装→母线插接箱安装→通电前绝缘测试→送电验收。

（2）施工方法：

1）正常情况下，在变压器、低压配电柜安装完毕并经检验合格，母线槽敷设的全路径土建装饰工程完成后，方可进行母线槽的安装。可结合施工工期要求，确定是否需要进行同步施工，并采取妥善的防护措施。

2）母线槽订货前，需现场测绘装配示意图，对单节母线槽的加工长度作出要求。

3）安装前应对单节母线槽及配件进行绝缘电阻测试，测量所得数据应符合规范的要求，并做好记录。

4）母线槽的支（吊）架宜选用生产厂家配套产品；确有需要现场加工制作的，支（吊）架的承载力应与母线槽重量相匹配，且能灵活调节与楼板悬吊、墙面支撑等间距。支（吊）架的间距、水平段母线架设高度满足相关规范要求。

5）母线紧固螺栓应由厂家配套供应；母线槽支架的安装位置应正确，横平竖直，牢固；母线槽的起始端头及终端头应装封闭罩；各段母线槽外壳的连接必须是可拆卸的，外壳之间须装跨接地线，母线槽两端及中间适当间距处应可靠接地；母线槽与设备的联接采用软联接。

6）母线槽安装完毕后，应对母线槽进行全面的清扫及整理，接头联接应紧密，相序应正确，外壳接地联接应紧密、无遗漏。安装完毕后应对母线槽进行绝缘电阻测试，其绝缘电阻值应符合设计的要求。如暂时不送电运行的，还要做好成品的保护措施。

3.1.2 动力、照明工程

主要施工的基本程序如图 3.1.2–1 所示。

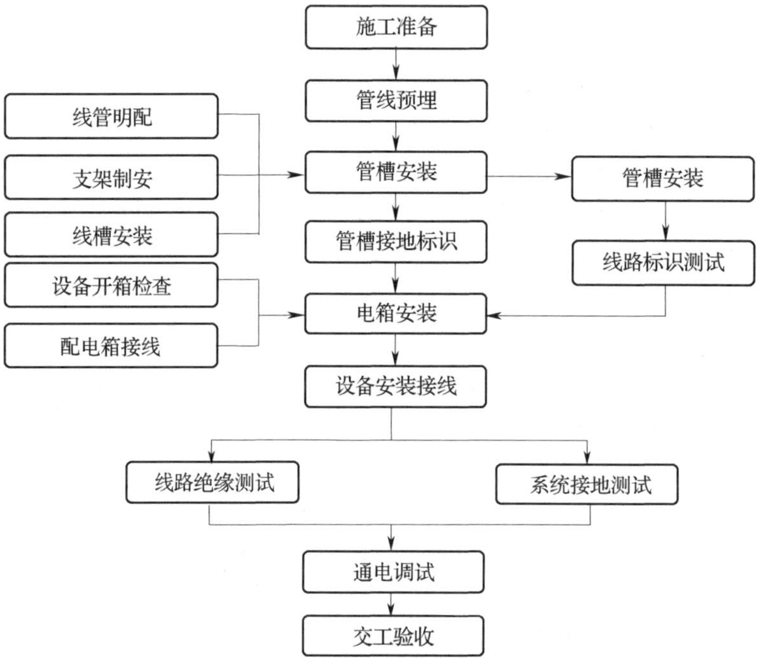

图 3.1.2–1 主要施工的基本程序

一、工艺流程及施工方法

（一）电气配管

电气配管常用材质包括镀锌电线管、镀锌钢管、金属软管、刚性 PVC 难燃线管、半硬质难燃线管、难燃波纹电线管等，常用敷设方式分明配及暗配。

（1）明配管工艺流程：放线定位→测定盒箱位→固定盒箱→支吊架加工及管道预制→支吊架固定→管路敷设→（金属类电线管）接地线跨接→刷漆或包封保护。

（2）暗配管工艺流程：放线定位→测定盒箱位→固定盒箱→混凝土结构内管路预埋→墙面凿槽刨沟→墙面管路敷设→（金属类电线管）接地线跨接→包封保护。

（3）电气配管施工方法：

1）暗管敷设。

①镀锌电线管、镀锌钢管采用配套液压弯管器弯曲，刚性 PVC 难燃线管采用配套专用弯曲弹簧塞入管内人工弯曲。

②明配导管的弯曲半径不宜小于管外径的 6 倍，当两个接线盒间只有一个弯曲时，其弯曲半径不宜小于管外径的 4 倍；在敷设内穿电缆的钢管时，在弯曲时，其弯曲半径还应满足电缆最小弯曲半径的

要求。

③线管用管卡固定时，管卡与终端、转弯中点、电气器具或接线盒边缘的距离为150~500mm。线管贴墙敷设进入开关、灯头、插座等接线盒内时，要适当将线管煨成双弯（鸭脖弯），不能使线管斜插到接线盒内。同时要使线管平整地紧贴于建筑物表面，在距接线盒300mm处，用管卡将线管固定。在有弯头的地方，弯头两边也应用管卡固定。在线管连接处或过线盒处，均应用专用接地卡码进行跨接，接地应牢固可靠。

④水平敷设的电线管路超过下列长度时，或弯曲过多时，中间应增设接线盒或拉线盒，否则应选择大一级的管径。线管长度每超过30m，无弯曲时；线管长度每超过20m，有1个弯时；线管长度每超过15m，有2个弯时；线管长度每超过8m，有3个弯时。

2）明管敷设。

①原则上管径大于或等于40mm的电线管不应采用暗敷方式，以免影响土建结构安全；确有需要采用暗敷方式，应知会土建结构设计采取必要加固处理措施。暗埋在楼板内（特别是卫生间、厨房、阳台等部位）灯位盒（箱）、过线盒（箱）深度不宜过深，以免影响土建结构安全与防水。

②现浇混凝土楼板（梁、柱、剪力墙）内配管：根据建筑平面图准确定位接线盒（箱）位置，将用泡沫块等填充并封堵管口的盒（箱）固定在模板上，周边用墨水笔做出标识以便拆模后快捷找到预埋盒（箱）；与待砌筑的墙体内管路连接的预留管口定位并钻孔，按施工验收规范要求进行暗埋管路的敷管与固定。

③暗埋在混凝土结构内的盒（箱）应用泡沫块等填充并封堵管口，防止管路堵塞。与待砌筑的墙体内管路连接的预留的向上配管管口应可靠密封，并采取可靠辅助保护措施防止混凝土浇筑、拆模、墙体砌筑时断管导致管路堵塞。

④墙体（砌体）配管：在墙体砌筑完成后，将梁底预留向下管口、楼板预留向上管口偏离墙体的部位进行修正，并立即进行凿槽刨沟工作（宜采用专用剔槽机剔槽，或手提切割机锯缝然后手工剔除，防止震松墙体），在土建挂网批荡前完成盒（箱）预埋、管路敷设及管槽修补。

⑤埋设于混凝土内的导管的弯曲半径不宜小于管外径的6倍，当直埋于地下时，其弯曲半径不宜小于管外径的10倍。暗管敷设完毕后，在自检合格的基础上，应如实填写隐蔽工程验收记录。

（二）线槽、桥架敷设

线槽、桥架均有多种材质，常用线槽、桥架以金属材质为主，非金属材质线槽、桥架无需进行接地跨接。

（1）工艺流程：测量定位→支架制作安装→桥架线槽安装→接地跨接→伸缩缝、沉降缝等特殊部位处理→防火封堵。

（2）施工方法：

1）线槽、桥架安装应平直整齐，水平或垂直安装允许偏差为其长度的2‰，全长允许偏差为20mm；线槽、桥架连接处牢固可靠，接口应平直、严密，桥架应齐全、平整、无翘角、外层无损伤。线槽、桥架敷设直线段长度超过30m时，以及跨越塔楼和裙楼的桥架均安装伸缩节，且伸缩灵活。

2）水平安装：为确保电缆的顺利敷设，水平安装线槽、桥架的顶部距顶板最小距离为200mm，采用共用支架的线槽、桥架各层之间的最小间距为150mm。在各层的公共区域内的主干线槽、桥架采用共用支架安装。强电井内的线槽、桥架根据深化设计图来确定桥架的支架样式。桥架安装穿越防火分区时用防火枕或防火泥封堵。

3）垂直安装：垂直安装的线槽、桥架主要集中在强（弱）电井内，因如电井内的墙体为高标号的混凝土墙体，在前期结构预留预埋时，电井内预埋铁件作为桥架固定支架的焊接连接点，竖向支架采用镀锌槽钢与预留钢板焊接，桥架与槽钢支架采用螺栓连接。

4）金属线槽、电缆桥架及其支架全长应不少于两处与接地干线连接。

（三）管内穿线

（1）工艺流程：选择导线→管内穿引线→导线与引线的绑扎→放护圈（金属导管敷设时）→穿导线→

导线并头绝缘→线路检查→绝缘测试。

（2）施工方法：

1）引线一般均采用 1.2~2.0mm 的铁丝。先将铁丝的一端弯成不封口的圆圈，再利用穿线器将带线穿入管路内，在管路的两端均应留有 10~15cm 的余量。

2）接线盒、开关盒、插销盒及灯头盒内导线的预留长度应为 15cm。

3）配电箱内导线的预留长度应为配电箱箱体周长的 1/2。

4）出户导线的预留长度应为 1.5m。

5）不同回路、不同电压和交流与直流的导线，不得穿入同一管内。

（四）线槽配线

（1）工艺流程：清扫线槽→线槽放线→槽内排线绑扎→线路检查→绝缘测试。

（2）施工方法：

1）放线前应先检查管与线槽连接处的护口否齐全；导线和保护地线的选择是否符合设计图的要求。

2）放线方法：先将导线抻直、捋顺，盘成大圈或放在放线架（车）上，从始端到终端（先干线，后支线）边放边整理，不应出现挤压背扣、扭结、损伤导线等现象。每个分支回路应绑扎成束，绑扎时应采用尼龙绑扎带，不允许使用金属导线进行绑扎。

3）地面线槽放线：用引线从出线一端至另一端，将导线放开、抻直、捋顺，削去端部绝缘层，并做好标记，再把芯线绑扎在引线上，然后从另一端抽出即可。放线时应逐段进行。

（五）电缆敷设

在动力、照明工程中，电缆敷设以室内电缆为主，主要包含线槽或桥架内、保护管内敷设等敷设方式（如动力、照明工程中涉及室外电缆敷设详见高低压配电工程的电缆敷设章节）。

电缆施工工艺流程见图 3.1.2–2。

（1）电缆施工方法：

1）电缆敷设应根据具体情况采用正确的方法，且应符合《电气装置安装工程　电缆线路施工及验收标准》GB 50168—2018 的有关规定。原则上长度较短或截面积较小或楼层水平敷设的电缆宜采用人工牵引为主，卷扬机辅助进行电缆敷设；长度较长或截面积较大或竖向垂直敷设的电缆宜采用卷扬机牵引为主，人工辅助进行电缆敷设。选择的卷扬机的牵引力和速度应符合国家规范的要求，机械敷设电缆的速度不宜超过 15m/min。牵引方法如图 3.1.2–3 所示。

2）为了尽量减少劳动力、减轻劳动强度，避免电缆和地面摩擦，放电缆前要根据电缆的敷设路径准备和放置直线滚轮和转角滑轮。

3）电缆在管道内敷设，管口要光滑，管内应无积水且无杂物堵塞。电缆穿管时应使用滑石粉，避免损坏电缆保护。电缆管长度在 30m 以上时，管内径不应小于电缆外径的 1.5 倍。

4）垂直敷设时在电缆轴附近和楼层电缆井附近应采取防滑措施。每敷设一根，应立即固定一根，固定间距为 2m。

（2）电缆头施工方法。

1）电缆终端头的制作，应由经过培训的熟练工人进行，严格遵守操作规程。现场应干净干燥，要防止尘埃、杂物落入绝缘皮内，严禁在雾或雨中施工。施工前应检查电缆绝缘状况良好，检查附件规格应与电缆一致，零部件齐全无损伤，绝缘材料不得受潮，密封材料不得失效。电缆头制作如图 3.1.2–4 所示。

2）剥开电缆保护层时应小心防止线芯绝缘层受损，铠装电缆保护铁皮与铜屏蔽网都应可靠接地，铜线耳压接应牢固，接触面应结实紧凑。

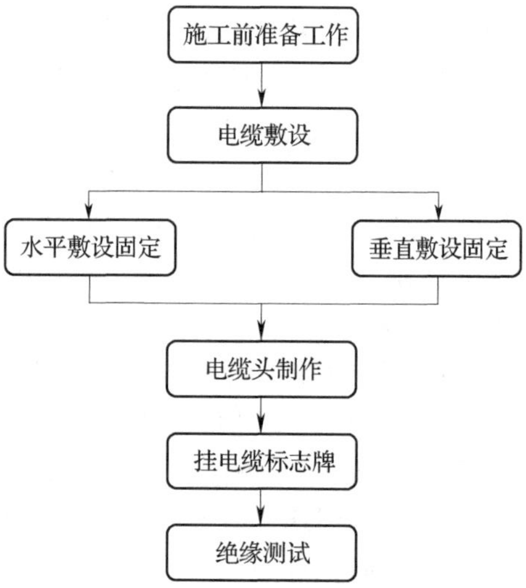

图 3.1.2–2　电缆施工工艺流程

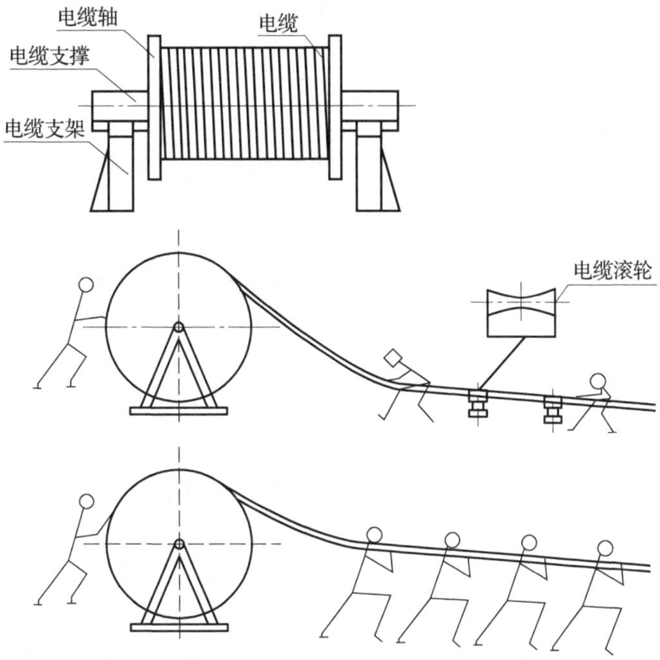

图 3.1.2-3　电缆人工牵引示意图

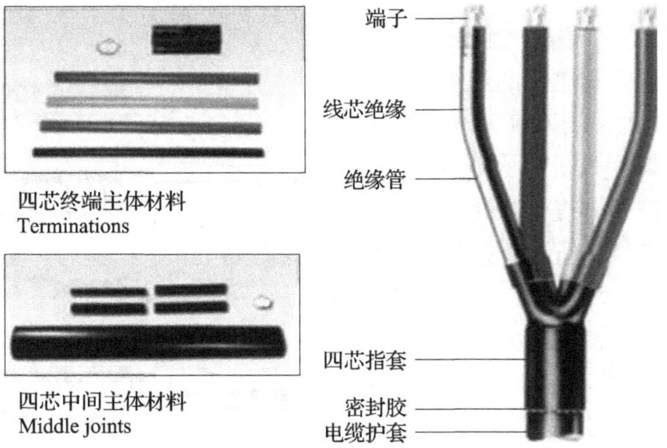

图 3.1.2-4　电缆头制作示意图

3）常用塑料类电缆应根据电压等级、使用部位、防护要求等选择采用干包式、热缩式、浇注式电缆终端头。采用热缩型电缆终端（或中间）头制作时，要掌握好温度，均匀加温以免损坏绝缘。电缆终端头应采取加强绝缘、密封防潮、机械保护措施；塑料电缆应采用自粘带、胶粘剂（热熔胶）等方式密封，热塑护套表面应用溶剂除去油污，粘接要良好。电缆线芯连接时，铜线耳或连接铜管的规格应与线芯相符，采用机械压接（模具压接工艺），压模的尺寸应与导线的规格相符，确保铜线耳或连接铜管压接牢固。

4）电缆金属护套及铠装层均应接地，接地线应采用铜绞线，其截面不宜小于 $10mm^2$。焊接要掌握好温度，焊接时间不宜过长，防止损坏绝缘层。

5）终端头的制作安装应固定牢固，包扎封闭严密，电力电缆施工完毕，必须再做一次绝缘电阻测试，并做好记录。

（六）矿物绝缘电缆

矿物绝缘电缆施工工艺流程见图 3.1.2-5。

矿物绝缘电缆按结构可以分为刚性和柔性两种。刚性矿物绝缘电缆有国家标准，分为 BTTQ、BTTVQ、WD-BTTYQ、BTTZ、BTTVZ、WD-BTTYZ 六种型号；柔性矿物绝缘电缆均由各生产企业自己制定的标准，各厂家标准高低不一，质量参差不齐，常见的有 BTWTZ、GAN-BTGYZ、BTLY、NG-A 等型号。

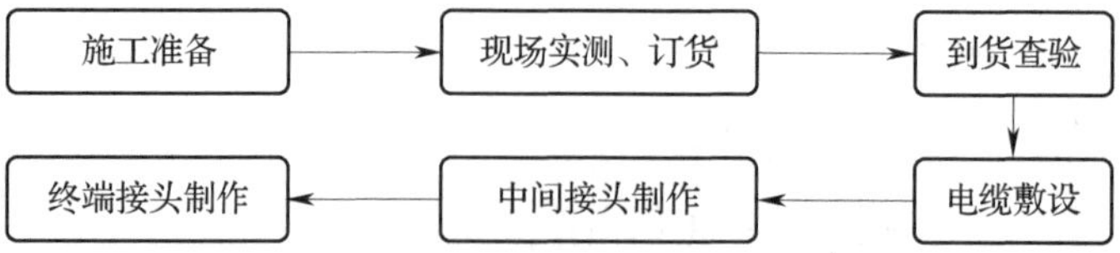

图 3.1.2–5　矿物绝缘电缆施工工艺流程

（1）刚性矿物绝缘电缆施工方法。

1）由于矿物电缆机械强度高、硬度大的特点，敷设时难以顺直，因此在采用桥架、梯架敷设时，应适当预留一定的空间，在弯曲变向时应适当加长过渡段，尽量使倾斜角不大于 30°，便于矿物电缆敷设。敷设时采用人工方法将整盘电缆松开，无论是垂直还是水平敷设，放线过程都要注意应将整盘电缆慢慢地一起转动松开。同一路线敷设完毕好后，应对线路进行整理及固定，整直后捆绑在一起，每整好一路再敷另外一路，以免搞错。

2）水平敷设部分由近到远逐个夹紧，在夹紧的同时应注意调直，在相同走向处，应根据电缆的分岔口位置由近到远逐根布线，以避免电缆交叉而影响美观。

3）单芯电缆固定时，禁止使用导磁金属夹具，以防止涡流产生热效应，也应避免单芯电缆穿过闭合的导磁孔洞，如防火封堵钢板、配电柜（箱）进出处等。

（2）刚性矿物绝缘电缆中间接头。电缆的中间连接一般情况下均采用直通式中间连接。一套完整的中间连接附件应包括一套中间连接器；两套绝缘密封终端封端；对应电缆芯数的中间连接端子和线芯、中间连接端子绝缘四部分构成，如图 3.1.2–6 所示。

（七）刚性矿物绝缘电缆终端接头制安

在终端制作前，应测量矿物电缆的绝缘电阻，如绝缘电阻值小于 100MΩ，则需要对矿物电缆进行加热、去湿。将电缆按所需长度先用管子割刀在上面割一道痕线，再用斜口钳将护套铜皮夹在钳口之间按顺时针方向以较小角度扭转剥离，直至割痕处。从距电缆敞开端约 500mm 处用喷灯火焰加热电缆，并将火焰不断地移向电缆敞开端，以便将水分排除干净。用欧姆表分别测量一下芯与芯、芯与护套之间绝缘电阻，若测量结果在 100MΩ 以上，则可以在封口杯内注入封口膏。注意封口膏应从一侧逐渐加入，不能太快，以便将空气排空。等封口膏加满，再压上杯盖，接着用热缩套管把线芯套上，并热缩，最后用欧姆表再测量一下绝缘电阻，如果绝缘偏低，则重新再做一次。

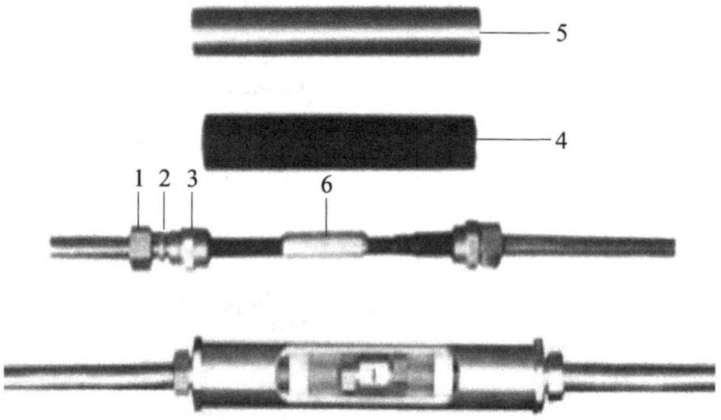

成型后的中间接头

图 3.1.2–6　矿物电缆中间接头节点图

1—压盖螺母；2—压缩环；3—压盖本体；
4—热收缩绝缘套管；5—铜套管；6—镀锡铜接管

单芯电缆热缩管封端终端附件成型图见图 3.1.2–7。

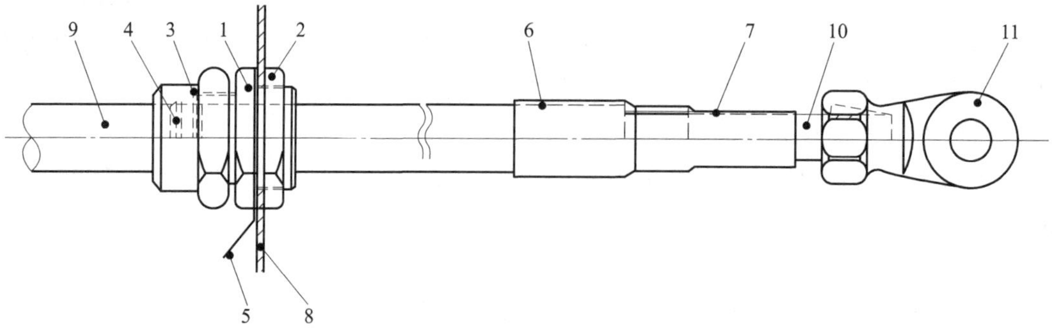

图 3.1.2–7　单芯电缆热缩管封端终端附件成型图

1—封套本体；2—束紧螺母；3—封套螺母；4—压缩环；5—接地铜片；6—涂胶热缩管；
7—热缩管；8—支架或壳体；9—矿物绝缘电缆；10—电缆芯线；11—压装型接线端子

（八）配电箱安装

配电箱施工工艺流程见图 3.1.2–8。

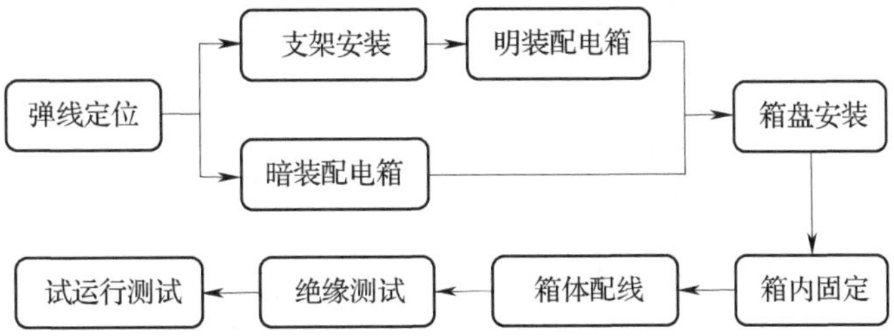

图 3.1.2–8　配电箱施工工艺流程

配电箱（柜）施工方法。

1）落地配电箱（柜）在基础型钢上安装，基础型钢在安装找平过程中，需用垫片的地方，最多不能超过三片。基础型钢应按配电柜实际尺寸下料制作，长及宽度应与柜体底部框架相适配，型钢应先调直，不得扭曲变形。配电箱（柜）的金属框架必须接地可靠，活动门和框架的接地端子应用镀锡编织铜线相连，且应有标识。配电箱（柜）安装在整体槽钢基础上，安装前要进行整体槽钢焊接制作、防腐及安装调整。配电箱（柜）安装所用连接螺栓均为镀锌螺栓，配电箱（柜）固定如图 3.1.2–9 所示。

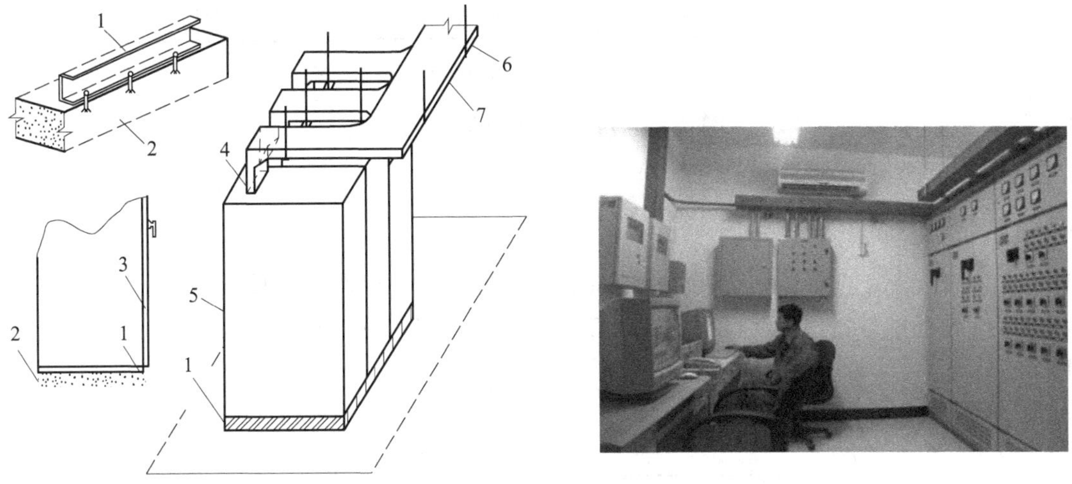

(a)　(b)

图 3.1.2–9　配电箱（柜）的固定方法

1—槽钢基础；2—混凝土楼面；3—配电柜；4—配电柜开孔；5—成排配电柜；6—支吊架；7—电缆桥架

2）配电箱挂墙明装：在混凝土墙上采用金属膨胀螺栓固定配电箱时应根据弹线定位的要求找出准确的固定点位置，用电钻或冲击钻在固定点位置钻孔，其孔径应刚好将金属膨胀螺栓的胀管部分埋入墙内，且孔洞平直不得歪斜，见图 3.1.2–10（a）。

3）配电箱嵌入式暗装：结合箱体尺寸并考虑箱体固定后接管的操作空间，在剪力墙或砌体砌筑时预留孔洞；尺寸较大的配电箱应采取相应的结构加固措施或增设箱顶过梁。安装箱体时应结合箱盖的加工型式、墙面装饰完成面的情况准确预计箱体出墙距离，稳住箱体后用水泥砂浆填实周边缝隙，标高、平整度符合规范要求，配电箱箱盖紧贴墙面，涂层完整，见图 3.1.2–10（b）。

4）配电箱（柜）内接线。配电箱（柜）内配线排列整齐，绑扎成束，无铰接现象，在活动部位应用固定卡固定，箱内进、出导线应留有适当余度，以利于检修。同一端子上导线连接不多于 2 根，防松垫圈等零件齐全。配电箱内按设计要求设置零线（N）和保护地线（PE）汇流排，接线正确、牢固。

绝缘测试：电箱全部安装完毕后，用兆欧表对每个回路相线（L）、零线（N）、地线（PE）任意两者之间进行绝缘电阻测试，绝缘电阻值满足规范要求。

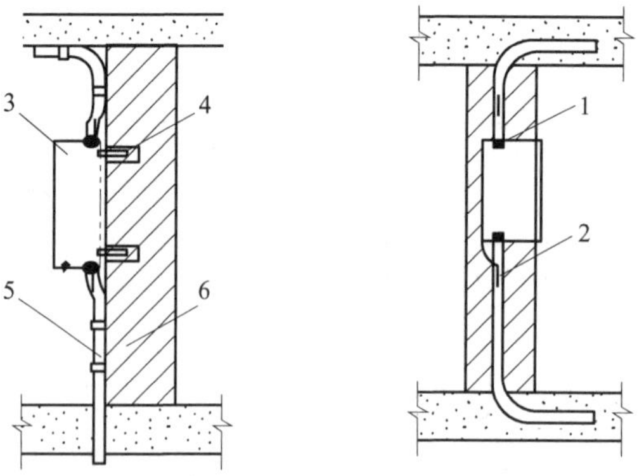

(a) 明配管明箱做法　　(b) 暗配管暗箱做法

图 3.1.2-10　管路进出配电箱的方法

1—根母、锁母；2—接地线；3—配电箱；4—膨胀螺栓；5—钢管；6—墙体

（九）灯具开关插座安装

灯具施工工艺流程见图 3.1.2-11。

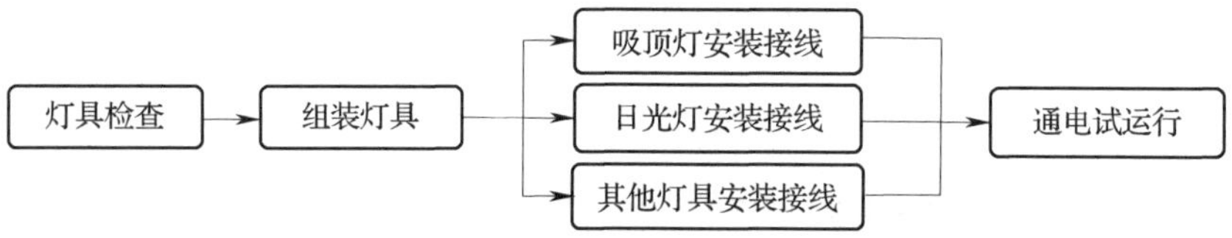

图 3.1.2-11　灯具施工工艺流程

（1）灯具施工方法。

1）灯具安装。

①吸顶灯、筒灯安装。吊顶内安装的筒灯应根据装修吊顶平面图中灯具分布的位置，以及不同的吊顶形式来确定灯具外形与吊顶板的接口样式。在装修安装吊顶龙骨的同时安装灯具的支吊架；在吊顶天花板安装的同时安装灯具。

嵌入式灯具安装大样图见图 3.1.2-12。

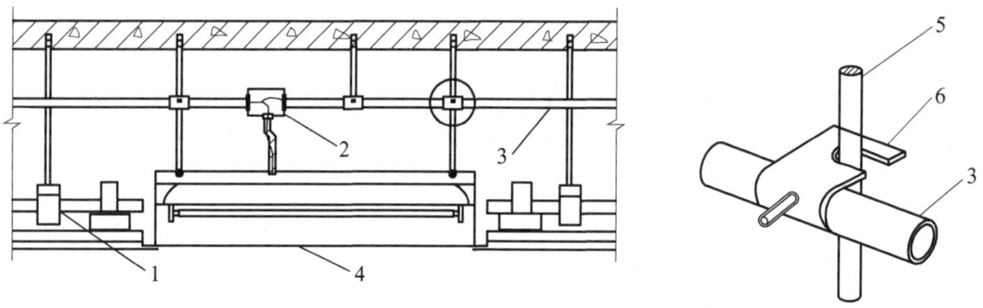

图 3.1.2-12　嵌入式灯具安装大样图

1—吊顶龙骨；2—接线盒；3—电线管；4—灯具；5—吊杆；6—单边管卡

②防爆灯安装。防爆灯安装：灯具的配件齐全，不得采用非防爆零件代替灯具的配件，防爆灯应安装牢固，吊管、开关与接线盒螺纹齿口扣数不少于 5 扣，螺纹加工光滑、完整、无锈蚀。

③其他灯具安装。灯具种类繁多，需结合使用部位、装饰装修完成面情况以及灯具的产品说明书等确定正确的安装方法。

质量大于 3kg 的悬吊灯具，固定在螺栓或预埋吊钩上，螺栓或预埋吊钩的直径不应小于灯具挂销直径，且不应小于 6mm；当采用钢管作灯具吊杆时，其内径不应小于 10mm，壁厚不应小于 1.5mm；质量大于 10kg 的灯具，固定装置及悬吊装置应按灯具重量的 5 倍恒定均布载荷做强度试验，且持续时间不得少于 15min；埋地灯的接线盒应采用防护等级为 IPX7 的防水接线盒，盒内绝缘导线接头应做防水绝缘处理。

④通电试运行。灯具安装完毕后，经绝缘测试检查合格后，进行通电连续试运行。公共建筑照明试运行时间应为 24h，住宅照明系统通电连续试运行时间应为 8h。所有照明灯具均应同时开启，且应每 2h 按回路记录运行参数，连续试运行时间内应无故障。通电后应仔细检查和巡视，检查灯具的控制是否灵活、准确；开关与灯具控制顺序是否对应，灯具有无异常噪声，如发现问题应立即断电，查出原因并修复。

（十）开关插座施工

开关插座施工工艺流程见图 3.1.2-13。

图 3.1.2-13　开关插座施工工艺流程

施工方法：

1）线盒预埋。开关、插座的安装高度：当设计无要求时，插座底边距地面高度不宜小于 0.3m；无障碍场所插座底边距地面高度宜为 0.4m，其中厨房、卫生间插座底边距地面高度宜为 0.7~0.8m；老年人专用的生活场所插座底边距地面高度宜为 0.7~0.8m；特殊用途插座安装高度按设计图纸要求。开关面板底边距地面高度宜为 1.3~1.4m，开关边缘距门框（套）的距离宜为 0.15~0.2m。

2）开关、插座接线。

①按照开关、插座的接线示意图进行接线。单相两孔插座，面对插座的右孔或上孔与相线连接，左孔或下孔与零线连接；单相三孔插座，面对插座的右孔与相线连接，左孔与零线连接；单相三孔、三相四孔及三相五孔插座的接地（PE）或接零（PEN）线接在上孔。同一场所的三相插座，接线的相序一致。

②接地（PE）或接零（PEN）线在插座间不串联连接，必须使用压线帽并联连接。

插座地线接线安装如图 3.1.2-14 所示。

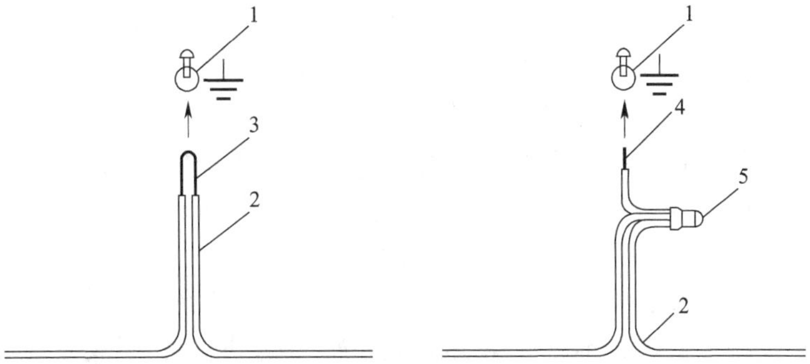

(a) 不断线接线方式　　(b) 压线帽接线方式

图 3.1.2-14　插座地线接线安装工艺大样图

1—插座地线端子 - 见产品说明；2—导线（地线）- 见工程设计；3—线芯 - 连续不断；4—线芯 - 线路末端；5—安全型压线帽 - 配 3 条导线

3）特殊情况下插座安装应符合下列规定：当接有触电危险电器的电源时，选用能断开电源的带开关插座，开关断开相线；潮湿场所采用密封并带保护地线触头的保护型插座，安装高度不低于 1.5m。

3.1.3　防雷、接地工程

防雷、接地工程施工工艺流程见图 3.1.3。

图 3.1.3　防雷、接地工程施工工艺流程

一、施工方法

新建建筑物应根据建筑及结构形式与相关专业配合，宜优先利用建筑物金属结构及钢筋混凝土结构中钢筋等导体作为防雷、接地装置。民用建筑宜优先利用钢筋混凝土中的钢筋作为防雷接地网，当不具备条件或接地电阻值达不到设计要求时，宜采用圆钢、钢管、角钢或扁钢等金属体作人工接地极。除有特殊要求外，保护接地、功能接地（也称“工作接地”）、防雷接地宜采用共用接地网。接地网的接地电阻应符合其中设备最小值的要求。

（一）接地体（网）施工

一般建（构）筑物利用桩基钢筋、承台钢筋、底板钢筋或地梁钢筋通长焊接作为接地体或接地网。接地体（网）施工完毕，进行接地电阻测试，根据设计接地电阻值的要求确定是否增设人工接地体（网）。人工接地体（网）宜采用圆钢、钢管、角钢或扁钢等热镀锌型材制作，垂直接地体的长度宜为2.5m，垂直接地极间的距离及水平接地极间的距离宜为5m，当受场所限制时可减小。

利用桩基钢筋作为垂直接地时，应按设计图示在截桩前做好标记，比正常截桩标高高出约30~40cm采用人工破碎桩头，保留不少于2根位置对称的桩内主筋跨越焊接至基础接地网。承台钢筋、底板钢筋或地梁钢筋在钢筋布放到位后，混凝土浇筑前，按设计图示通长跨越或搭接焊接成方格形接地网。扁钢与扁钢搭接不应小于扁钢宽度的2倍，且应至少三面施焊；圆钢与圆钢搭接不应小于圆钢直径的6倍，且应双面施焊；圆钢与扁钢搭接不应小于圆钢直径的6倍，且应双面施焊；扁钢与钢管，扁钢与角钢焊接，应紧贴角钢外侧两面，或紧贴3/4钢管表面，上下两侧施焊。

（二）接地干线安装

一般在电力管沟或廊道、管井、重要设备机房以及建筑物之间等设置接地干线，常用材质包括镀锌圆钢、镀锌扁钢、铜母排等。接地干线应横平竖直，且安装高度、离墙间距等距墙面高度应保持一致，不应有高低起伏及弯曲情况。重要设备机房（如高低压配电房、变压器室、发电机房等）室内明装接地干线距地面高度不小于0.3m，离墙间距不小于10mm，且应涂刷黄绿或黄黑相间的色环。

（三）引下线敷设

（1）引下线暗敷设。一般利用建筑物结构柱内对角直径不小于ϕ10mm的主筋或型钢柱通长焊接作为引下线，具体详见设计要求。（注：钢筋连接方式为电渣压力焊、对焊、螺纹连接等方式时采用跨越焊接，钢筋连接方式为绑扎搭接等方式时采用搭接焊接。

按设计要求从承台钢筋焊接开始对作为引下线的柱内主筋用油漆做好标记，配合建筑结构施工逐层通长焊接至建筑物天面，防止同一部位引下线钢筋焊接错位；并按设计要求预留各层接地端子板、等电位联结端子板、接地电阻测试端子板等，和各层均压环进行连通。

（2）引下线明敷设。引下线安装前，先将扁钢或圆钢调直，确保明装引下线垂直度、离墙间距、相互间距等统一且满足相关规范要求，不影响建筑物外立面观感。明装引下线在调直或焊接过程中破坏镀锌层后，应按设计要求采取相应防锈防腐处理措施。

引下线按设计要求设置断接卡子，断接卡子一般距地面为0.3~0.5m。

（四）均压环施工及金属门窗接地

一般利用结构外圈梁内不少于2根主筋或型钢钢梁通常焊接成闭合环路作为均压环，并与每处防雷引下线可靠焊接连通。

根据建筑物的防雷等级和设计要求（一类防雷建筑物30m以上，二类防雷建筑物45m以上，三类防雷建筑物60m以上）预留建筑物外墙金属门窗、阳台栏杆、幕墙、外立面广告牌等防雷接地端子板或抽头。配合建筑物外立面砌体和门窗（栏杆）工程的施工，在墙体内敷设门窗（栏杆）接地干线将竖向同一部位共两层或三层的门窗（栏杆）可靠连接到前述均压环预留的防雷接地端子板或抽头上。

（五）接闪器施工

（1）一般利用建筑物天面避雷针、避雷带（网）、屋顶上的永久性金属物及金属屋面作为接闪器。不得利用安装在接收无线电视广播的共用天线的杆顶上的接闪器保护建筑物。

（2）超高层建筑天面的大型成品避雷针的施工按设计大样图和产品说明书的要求进行施工。一般建筑物天面高度不超过 2m 的避雷针制作安装结合材质、安装部位等按照标准图集进行施工，并与天面避雷带（网）、引下线进行可靠连通。

（3）天面避雷带（网）较多采用镀锌圆钢或不锈钢圆钢，少量采用镀锌扁钢或铜母排，安装前应区分材质选择相应的方法进行调直。

（4）天面避雷带（网）支架埋设应根据敷设路径拉通线进行确定，确保安装完毕后支架间距、高度等偏差满足相关规范要求，且兼顾观感效果。跨越建筑物的沉降缝、伸缩缝等部位留有伸缩裕量。

（5）天面避雷带（网）的网格密度应满足设计要求（一类防雷建筑物不大于 5m×5m 或 6m×4m，二类防雷建筑物不大于 10m×10m 或 12m×8m，三类防雷建筑物不大于 20m×20m 或 24m×16m）。除上述天面中间部位的避雷带（网）可暗敷在天面隔热层内以外，其他避雷带（网）均应采用明敷。

3.2 给排水工程

3.2.1 生活给排水管道工程

主要施工的基本程序见图 3.2.1。

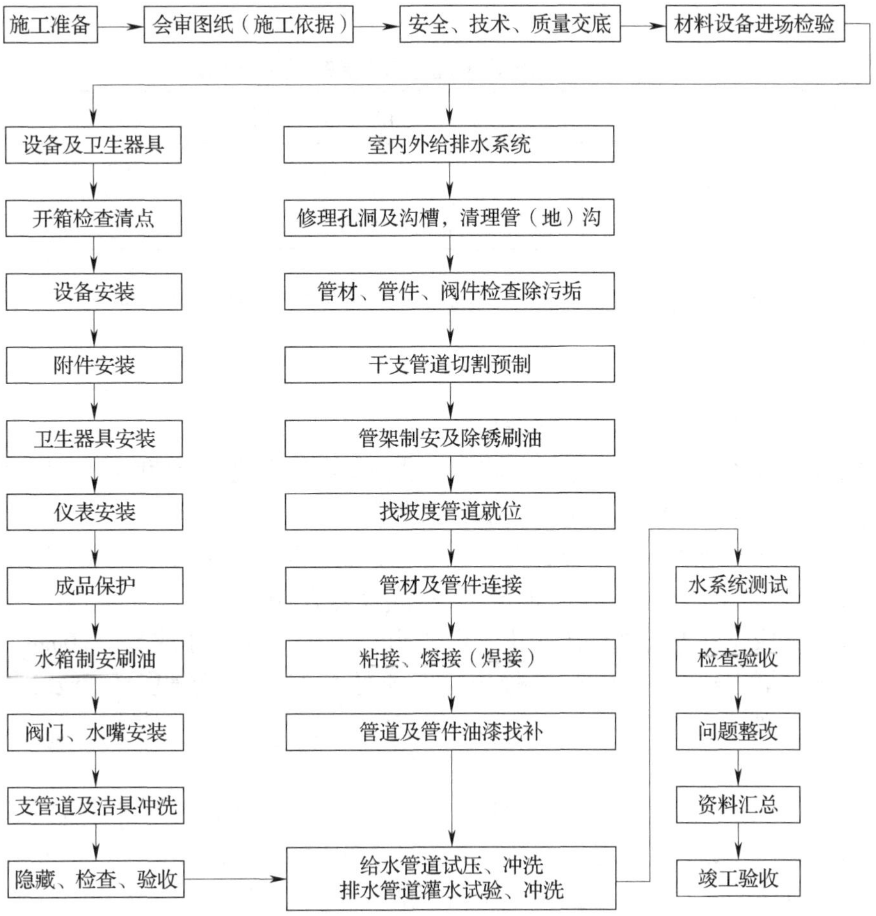

图 3.2.1　主要施工的基本程序

一、施工工艺流程

（1）室内给水管道：施工准备→预制加工→主立管安装→水平管安装→立管安装→支管安装→配水点安装→压力试验→消毒冲洗→防腐绝热→系统调试。

（2）室内排水管道：施工准备→管道预制→雨、污、废水干管安装→雨、污、废水立管安装→雨、污、废支管安装→灌水试验。

（3）室外给水管道：定位及放线→沟槽开挖→基础施工→下管安装、管道防腐处理→管道接口连接→安装闸阀、消防栓→砌筑检查井→水压试验→管道冲洗消毒→管沟回填。

（4）室外排水管道：安装准备→材料检查→定位放线→土方开挖→管基施工→下管与稳管→标高竣测→井位施工→闭水试验→管沟回填。

二、施工方法

（一）室内给水管道工程

（1）安装准备。认真熟悉图纸，根据施工方案决定的施工方法和技术交底的具体措施做好准备工作。参看有关专业设备图和装修建筑图，核对各种管道的坐标、标高是否有交叉，管道排列所用空间是否合理。有问题及时与设计和有关人员研究解决，做好变更洽商记录。

（2）预制加工。按设计图纸绘出有管道分路、管径、变径、预留管口及阀门位置等内容的施工草图，在实际安装的结构位置做上标记，按标记分段量出实际安装的准确尺寸，记录在施工草图上，然后按草图测得的尺寸进行预制加工（断管、套螺纹、上零件、调直、校对，按管段分组编号）。

（3）支吊架安装。

1）管道安装时必须按不同管径和要求设置管卡或吊架，位置应准确，埋设要平整，管卡与管道接触应紧密。

2）立管和横管支吊架的间距不得大于表 3.2.1–1 的规定。

表 3.2.1–1　立管和横管支吊架的间距（mm）

公称外径 *DN*	20	25	32	40	50	63	75	110
横管	650	800	950	1100	1250	1400	1500	1500
立管	1000	1200	1500	1700	1800	2000	2000	2000

3）明管敷设的支架采取防膨胀的措施时，应按固定点求施工。管道的各配水点、受力点以及穿墙支管点处，应采取可靠的固定措施。

（4）干管安装。

1）管道安装时，不得有扭曲；穿墙或穿楼板时，不宜强制校正。

2）室内管道安装，宜在土建工序完毕后进行，安装前应配合土建正确预留孔洞或套管。

3）管道穿越屋面、楼板部位时，应采取严格的防渗漏措施。

4）立管安装结束，经检查无误后在板底支模，用 C15 细石混凝土或 M15 膨胀水泥二次嵌缝。第一次为楼板厚度的 2/3，待达到 50% 的强度后再进行第二次嵌缝到结构层面。

5）楼面面层施工结束，在管道周围应采用 M10 水泥砂浆砌筑高度大于或等于 20mm，宽度大于或等于 25mm 的阻水圈；套管应嵌在楼板整浇层或找平层内，但不得贯穿楼板；套管应高于最终完成面 50mm。

6）PPR 管与金属管件、阀门等的连接应使用专用管件连接。

（5）支管安装。

1）支管明装：将预制好的支管从立管甩口依次逐段进行安装，有截门的应将截门盖卸下再安装，根据管道长度适当加好临时固定卡，核定不同卫生器具的冷热水预留口高度、位置是否正确，找平找正后埋设支管卡件，去掉临时固定卡，上好临时丝堵。支管如装有水表先装上连接管，试压后在交工前拆下连接管，安装水表。

2）支管暗装：确定支管高度后划线定位，凿出管槽，将预制好的支管敷在槽内，找平找正定位后用勾钉固定。卫生器具的冷热水预留口要设在明处，加好丝堵。

（6）管道试压。给水管道在保温和隐蔽前做好单项水压试验。管道系统安装完后进行综合水压试验。水压试验时放净空气，充满水后进行加压，当压力升到规定要求时停止加压，进行检查。如各接口和阀门均无渗漏，持续到规定时间，观察其压力下降在允许范围内，通知有关人员验收，办理交接手续。然后把水泄净，被破损的镀锌层和外露螺纹处做好防腐处理，再进行隐蔽工作。

（7）管道冲洗。管道在试压完成后即可进行冲洗，冲洗应用自来水连续进行，应保证有充足的流量。冲洗洁净后办理验收手续。

（8）管道防腐和保温。

1）管道防腐。给水管道敷设与安装的防腐均按设计要求及国家验收规范施工，所有型钢支架及管道镀锌层破损处和外露螺纹要补刷防锈漆。

2）管道保温。给水管道明装、暗装的保温有三种形式：管道防冻保温、管道防热损失保温、管道防结露保温。其保温材质及厚度均按设计要求，质量达到国家验收规范标准。

（二）室内排水管道工程

（1）干管安装。按照施工图对敷设的管道坐标、标高及预留管口尺寸进行核实。

（2）托、吊管道安装。

1）安装托、吊干管要先搭设架子，将托架或吊卡按设计坡度栽好，量准吊棍尺寸，将预制好的管道托、吊牢固，并将立管预留口位置及首层卫生洁具的排水预留管口，找室内地平线、坐标位置及轴线找好尺寸，接至规定高度，将预留管口装上临时丝堵。

2）托、吊排水干管在吊顶内，需做闭水试验，按隐蔽工程项目办理隐检手续。

3）室内给排水系统支吊架质量控制要求按照表 3.2.1–2 规定：

表 3.2.1–2　支吊架质量控制点

序号	名称	质量控制点	图　例
1	支吊架	1. 管道吊架槽钢朝向一致 2. 吊架间距符合规范要求	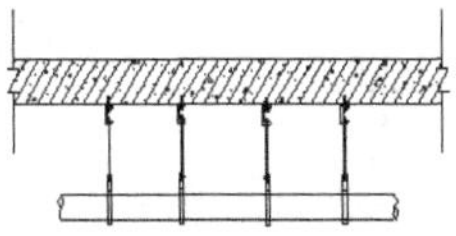
2	支吊架	1. 成排立管安装，管道垂直，支架高度一致，抱卡严密美观 2. 如有管道保温应留出保温间距	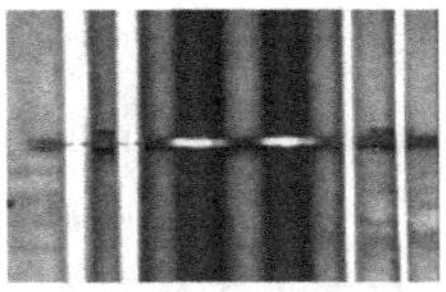
3	支吊架	1. UPVC 排水管道吊装应使用专用吊卡 2. 吊架间距应符合规范要求	
4	固定支架	给水管道固定支架安装采用钢门形架固定，牢固美观	

（3）污水立管安装。

1）根据施工图校对预留管洞尺寸有无差错，应按位置画好标记，对准标记剔凿。如需断筋，必须征得土建单位有关人员同意，按规定要求处理。

2）立管检查口设置按设计要求。如排水支管设在吊顶内，宜在每层立管上装立管检查口，以便作灌水试验。

3）安装立管应二人上下配合，一人在上一层楼板上，由管洞内设下一个绳头，下面一人将预制好的立管上半部拴牢，上拉下托将立管下部管口与下层管口对齐。

4）立管对好口后，下层的人把甩口及立管检查口方向找正，上层的人将管在楼板洞处临时卡牢、吊直、上好卡套。复查立管垂直度，将立管临时固定牢固。

（4）污水支管安装。

1）支管安装应先搭好架子，并将托架按坡度栽好，或栽好吊卡量准吊棍尺寸，将预制好的管道托到架子上，再将支管与立管预留口对正，将支管预留口尺寸找准，并固定好支管，然后上好卡箍。

2）支管设在吊顶内，末端有清扫口者，应将管接至上层地面上，便于清掏。

3）支管安装完后，可将卫生洁具或设备的预留管安装到位，找准尺寸并配合土建将楼板孔洞堵严，预留管口装上临时丝堵。

（5）排水管道安装质量要求。

1）生活污水管道安装坡度要求见表 3.2.1-3。

表 3.2.1-3　生活污水管道安装坡度表

序号	管　径（mm）	坡　度	
		标准坡度	最小坡度
1	50	0.025	0.012
2	75	0.015	0.008
3	100	0.012	0.006
4	125	0.010	0.005
5	160	0.007	0.004

2）排水管道的横管与横管、横管与立管的连接，应采用 45° 三通或 45° 四通和 90° 斜三通或 90° 斜四通。立管与排出管端部的连接，宜采用两个 45° 弯头或弯曲半径不小于 4 倍管径的 90° 弯头。

3）在立管上应每层设置一个检查口，其高度由地面至检查口中心一般为距地 1.0m，允许偏差 ±20mm。最高处设透气帽，横管检查口间距不超过 15m。如有乙字弯管，则在该层乙字弯管的上部设置检查口。检查口的朝向应便于检修。暗装立管，在检查口处应安检修门。

4）在连接 2 个及 2 个以上大便器或 3 个及 3 个以上卫生器具的污水横管应设置清扫口。当污水管在楼板下悬吊敷设，可将清扫口设在上一层楼地面上。污水管起点的清扫口与管道相垂直的墙面距离，不得小于 200mm；若污水管起点设置堵头代替清扫口，与墙面距离不得小于 400mm。

5）在转角小于 135° 的污水横管上，应设置检查口或清扫口。

6）排水塑料管道支、吊架间距应符合表 3.2.1-4 的规定。

表 3.2.1-4　排水塑料管道支、吊架间距表（m）

管径（mm）	50	75	110	125	160
立管	1.2	1.5	2.0	2.0	2.0
横管	0.5	0.75	1.10	1.30	1.6

7）通向室外的排水管，穿过墙壁或基础必须下返时，应用 45° 三通和 45° 弯头连接，并应在垂直管段顶部设清扫口。

（6）通球及灌水试验。

1）通球试验的主要项目包括排水主立管、水平干管及引出管。

2）通球试验应在室内排水系统全部安装完毕，检查无渗漏后进行。

3）试球一般应采用硬质空心塑料球，也可以选用其他体轻、不易击碎的空心球体，试球的外径尺寸应为不小于排水管道管径的三分之二，通球率必须达到 100%。

4）排水立管：自立管顶端将试球投入，在首层立管检查口处检查，有设备层的在设备层上部检查口处检查。

5）横干管及引出管，将试球在检查管管段的始端投入，通水冲至引出管末端排出，应在室外检查井处加临时网罩，以便将试球截住取出。以上试验以试球通畅为合格，试球不通的，应做好标记，及时清除管道的阻塞物，并应重新进行通球试验，直至合格为止。

（7）雨水斗安装。

1）87 型雨水斗应设置在屋面或天沟的最低点，每个汇水区域的雨水斗数量不少于 2 个，两个雨水斗之间的间距不超过 20m，雨水斗距屋面边缘的距离不小于 1m，并不大于 10m。

2）87 型雨水斗与屋面或天沟和管路系统应可靠连接。

3）要注意雨水斗内不得遗留杂物、充填物或包装材料等，清除流入短管内的密封膏，再安装其他部件，以免堵塞。

（8）雨水管道安装。

1）雨水管道应按设计规定的位置安装，悬吊管不设坡度、要水平安装。

2）雨水立管上应按设计要求设置检查口，检查口中心距地面 1.0m。检查口的最大设置间距不大于 30m。

3）雨水横管与立管、立管与排出管的连接弯头采用两个 45° 弯头或 $R \geqslant 4D$ 的 90° 弯头。

4）雨水管穿过墙壁和楼板按要求设置套管。

5）安装过程中，管道及雨水斗的敞开口应采取封堵措施。

6）悬吊系统应避免穿越建筑沉降缝伸缩缝。当因现场情况无法避免时，应根据系统管材的特点，考虑不同管材的挠度，采取相应措施。

（三）室外给水管道工程

（1）测量放线。

先测出各分管线中心线，打上木桩或钢筋桩洒白灰，作为掌握管线中心和标高的固定参照物。

（2）沟槽开挖。

1）沟槽采用人工配合挖掘机开挖。给水管道管沟开挖深度大于或等于 1200mm 加上管径，给水管道的覆土深度为 1.0m。沟槽宽度为：管外径加上 2×400mm。当基坑的开挖深度 H>1.5m 时，必须放坡或加可靠支撑，坡比 i=0.6；当 H>2m 时，周边必须设两道护栏，高度 1.2m，立杆间距不大于 2m，上下通道搭设要稳固、防滑。坑（槽）沟边 1m 以内不准堆土，堆料、停放机械。管道沟槽底部的开挖总宽度不得小于 700mm。

2）施工顺序由下游至上游的施工顺序施工，以利坑槽的临时排水。

3）当管道下地基处于地下水位以下时，应采取沟槽降排水措施，待地下水位降至沟槽底以下方可施工。

4）挖出的土多余部分直接运至于指定地点，其余暂时转移至离坑边 1m 以外的位置堆放以备回填之用，不应堆在基坑周边，以免加重土坡压力和阻碍操作及运输。

5）若发生超挖或扰动，应将扰动部分清除，并将超挖和清除位置填回石粉或碎石、砂，并予夯实。

6）在开挖前，沟槽的断面，开挖的次序和堆土的位置由现场施工员向司机及土方工详细交底。在开挖过程中管理人员应在现场指挥并应经常检查沟槽的净空尺寸和中心位置，确保沟槽中心偏移符合规范要求。为保证槽底土壤不被扰动或破坏，在用机械挖土时，要防止超挖，挖至离设计标高前 20~30cm 时用人工开挖、检平，尽量避免超挖现象。若有超挖，应将扰动部分清除，并必须用中砂回填，用平板震动器振实。开挖要保证连续作业，衔接工序流畅，分段开挖，每段长约以 3~5 个检查井为一段，以减少塌方或破坏土基，同时要注意边坡土体及支挡板变化，出现问题及时处理。减少意外事故。

7）开挖时，随时测量监控，保证开挖边坡、基槽尺寸。轴线、槽底的高程达到设计要求。

（四）基础垫层施工

（1）测量基础垫层中心轴线、标高，并放出基础边线。在沟底设置水平小木桩，桩顶标高为管道平基中粗砂的标高。

（2）地基处理及基础混凝土浇筑。

沟槽开挖平整好以后，进行地基处理。方法是铺筑 30cm 厚 3∶7 灰土并夯实。若管道处于原鱼塘及河涌位置或淤泥层上，则应先将淤泥清除，后换砂处理。处理后地基承载力应不小于 100kPa，如基底淤泥层厚度大于 1.5m，应报知监理、业主及设计人另行处理。

（3）砂垫层中粗砂粒径不大于 5mm，石子最大粒径不大于 20mm，其石子含量不大于 15%。

（4）开槽后，对槽宽、基础垫层厚度、基础表面标高、排水沟畅通情况、沟内是否有污泥杂物、基面有无扰动等作业项目，分别进行验收，合格后才能进入下一步工序。

（五）给水管道安装

（1）安装前检验管槽是否达到安装要求，然后查看管道外观有无明显凹陷、裂痕、擦伤、划伤，发现质量隐患及时更换。

（2）在管道弯头、三通、渐缩接头、消防栓等处均用砼设置混凝土支礅，法兰阀门用砖砌支礅加固。

（3）在管路隆起部位或上坡地段均应设置排气阀，以减小气、水混压对管道的冲击。

（六）管槽回填

管道安装敷设完毕，待隐蔽工程验收后，应立即回填，回填时应符合下列规定：

（1）防止槽内积水造成管道漂浮，如有积水，应想办法排尽。

（2）管槽回填时，管腔及管顶 50cm 范围内回填土采用原土回填，夯实后再回填其他杂土。

（3）回填必须从管两侧同时回填，回填一层夯实一层。

（4）管道试压前，一般情况下回填土不宜少于 500mm。

（5）管道试压后的大面积回填，宜在管道内充满水的情况下进行，管道敷设后不宜长时间处于空管状态。

（6）压力管道水压试验。

1）水压试验前准备工作应符合下列规定：

①试验管段所有敞口应封闭，不得有渗水现象。

②试验管道不得用闸阀做堵板，不得含消火栓、水锤消除器、安全阀的附件。

③水压试验前应清除管道内的杂物。给水管道安装完毕、且未全部回填前进行管道水压试验。所有给水管道均作水压强度试验和严密性试验，工作压力 0.6MPa，强度试验压力为 0.9MPa。给水管道进行试压，试压前，试压段管道两头用盲板封堵，灌水浸泡应大于 24h。试压要求：注水打压至 P_n=0.9MPa，稳压 100min，无渗漏现象后，降至工作压力。30min 后，压力降低不得大于 0.02MPa。

2）水压试验应符合表 3.2.1–5 的规定：

表 3.2.1–5　水压试验表（MPa）

管材种类	工作压力	试验压力
钢管	P	P+0.5，且不小于 0.9
球墨铸铁管	≤0.5	$2P$
	>0.5	P+0.5
预应力混凝土管、预应力钢筒混凝土管	≤0.6	$1.5P$
	>0.6	P+0.3
化学建材管	≥0.1	$1.5P$，且小于 0.8

①预试验阶段：将管道内水压缓缓地升至试验压力并稳压 30min，期间如有压力下降可注水补压，但不得高于试验压力；检查管道接口、配件等处有无漏水、损坏现象；有漏水、损坏现象时停止试压，查明并采取相应措施后重新试压。

②主试验阶段：停止注水补压，稳定 15min；当 15min 后压力下降不超过表 3.2.1-6 中所列允许压力降数值时，将试验压力降至工作压力并保持恒压 30min，进行外观检查无漏水现象，则水压试验合格。

表 3.2.1-6　压力管道水压试验的允许压力降（MPa）

管材种类	试验压力	允许压力降
钢管	P+0.5，且不小于 0.9	0.03
球墨铸铁管	2P	
	P+0.5	
预应力混凝土管、预应力钢筒混凝土管	1.5P	
	P+0.3	
化学建材管	1.5P，且小于 0.8	0.02

（7）给水管道冲洗与消毒。

给水管道冲洗与消毒应符合下列要求：

①给水管道严禁取用污染水源进行水压试验、冲洗，施工管段处于污染水水域较近时，必须严格控制污染水进入管道；如不慎污染管道，应由水质检测部门对管道污染水进行化验，并按其要求在管道运行前进行冲洗与消毒；

②冲洗时，应避开用水高峰，冲洗流速不小于 1.0m/s，连续冲洗。

（8）阀门安装。

1）阀门安装前检查：阀体、零件无裂缝、重皮等缺陷、阀杆转动灵活。无卡涩现象，解体检查结合良好，无缺陷。

2）阀门安装：按图纸位置进行定位，两种管材接阀门处均采用钢短管法兰，安装阀门时，应量准位置，修齐管口，安装已焊接好的短管法兰放好橡胶垫，然后用吊车将阀门吊放就位，上好螺栓，拧紧螺线时，要均匀拧紧，确保接缝的密封度。

3）阀门井砌筑：砖材在使用前浇水，不得有干心现象，砖砌体应上下错缝内外搭接，砂浆饱满，不得有通缝，井室砌筑后应及时安装井盖。

（七）室外排水管道工程

（1）沟槽开挖及验槽。

1）测量放线应符合《工程测量规范》GB 50026—2007 的规定。

2）沟槽降水、沟槽开挖、边坡设置及沟槽支护、管线基坑明挖土方施工按设计及规范要求来执行。

3）验槽：基底标高、坡度、宽度、轴线位置、基底土质应符合设计要求。

（2）管道基础。

管道基础采用原状地基时，施工应符合下列规定：

①原状土地基局部超挖或扰动时应按有关规定进行处理；岩石地基局部超挖时，应将基底碎渣全部清理，回填低强度等级混凝土或粒 10~15mm 的砂石回填夯实；

②原状地基为岩石或坚硬土时，管道下方采用 C20 混凝土垫层，其厚度应符合表 3.2.1-7 的规定。

表 3.2.1-7　砂垫层厚度（mm）

管道种类 / 管外径	垫层厚度		
	$D_0 \leqslant 500$	$500 < D_0 \leqslant 1000$	$D_0 < 1000$
柔性管道	≥100	≥150	≥200
柔性接口的刚性管道	150~200		

（3）混凝土基础施工应符合下列规定：

1）平基与管座的模板，可一次或两次支设，每次支设高度宜略高于混凝土的浇筑高度。

2）平基、管座的混凝土设计无要求时，宜采用强度等级不低于 C15 的低塌落度混凝土。

3）管座与平基分层浇筑时，应先将平基凿毛冲洗干净，并将平基与管体相接触的腋角部位，用同强度等级水泥砂浆填满、捣实后，再浇筑混凝土，使管体与管座混凝土结合严密。

4）管座与平基采用垫块法一次浇筑时，必须先从一侧灌注混凝土，对侧的混凝土高过管底与灌注侧混凝土高度相同时，两侧再同时浇筑，并保持两侧混凝土高度一致。

5）管道基础应按设计要求留变形缝，变形缝的位置应与柔性接口相一致。

6）管道平基与井室基础宜同时浇筑；跌落水井上游接近井基础的一段应砖砌加固，并将平基混凝土浇至井基础边缘。

7）混凝土建筑中应防止离析；浇筑后应进行养护，强度低于 1.2MPa 时不得承受荷载。

（4）砂石基础施工应符合下列规定：

1）铺设前应先对槽底进行检查，槽底高程及槽宽须符合设计要求，且不应有积水和软泥。

2）柔性管道的基础结构设计无要求时，宜铺设厚度不小于 100mm 的中粗砂垫层；软土地基宜铺垫一层厚度不小于 150mm 的砂砾或 5~40mm 粒径碎石，其表面再铺厚度不小于 50mm 的中、粗砂垫层。

3）柔性接口的刚性管道结构，设计无要求时一般土质地段可铺设砂垫层，亦可铺设 25mm 以下粒径碎石，表面再铺 20mm 厚的砂垫层（中、粗砂）。垫层总厚度应符合表 3.2.1-8 的规定。

表 3.2.1-8　柔性接口刚性管道砂石垫层总厚度（mm）

管径 D_0	垫层总厚度
300~800	150
900~1200	200
1350~1500	250

4）管道有效支承角范围必须用中、粗砂填充插捣密实，与管底紧密接触，不得用其他材料补充。

（5）管道安装应符合《给水排水管道工程施工及验收规范》GB 50268—2008 的有关规定：

1）管道进场检验：管节安装前应进行外观检查，检查管体外观及管体的承口、插口尺寸，承口、插口工作面的平整度。用专用量径尺量并记录每根管的承口内径、插口外径及其椭圆度，承插口配合的环向间隙，应能满足选配的胶圈要求。

2）管节安装前应进行外观检查，发现裂缝、保护层脱落、空鼓、接口掉角等缺陷，应修补并鉴定合格后方可使用。

3）管节安装前应将管内外清扫干净，安装时应使管道中心及内底高程符合设计要求，稳管时必须采取措施防止管道发生滚动。采用混凝土基础时，管道中心、高程复检合格后，应按《给水排水管道工程施工及验收规范》GB 50268—2008 规定及时浇筑管座混凝土。

4）柔性接口形式应符合设计要求，橡胶圈应符合下列规定：

①材质应符合相关规范规定。

②应由管材厂配套供应。

③外观应光滑平整，不得有裂缝、破损、气孔、重皮等缺陷。

④每个橡胶圈的接头不得超过 2 个。

⑤柔性接口的钢筋混凝土管、预（自）应力混凝土管安装前，承口内工作面、插口外工作面应清洗干净；套在插口上的橡胶圈应平直、无扭曲，应正确就位；橡胶圈表面和承口工作面应涂刷无腐蚀性润滑剂；安装后放松外力，管节回弹不得大于 10mm，且橡胶圈应在承、插口工作面上。

（6）具体安装步骤为：

1）清理管膛、管口：将承插口内的所有杂物予以清除，并擦洗干净，然后在承口内均匀涂抹非油质润滑剂。

2）清理胶圈：将胶圈上的粘接物清擦干净，并均匀涂抹非油质润滑剂。

3）插口上套胶圈：密封胶圈应平顺、无扭曲。安管时，胶圈应均匀滚动到位，放松外力后，回弹不得大于10mm，把胶圈弯成心形或花形（大口径）装入承口槽内，并用手沿整个胶圈按压一遍，确保胶圈各个部分不翘不扭，均匀一致卡在槽内。橡胶圈就位后应位于承插口工作面上。

4）检查中线、高程：每一管节安装完成后，应校对管体的轴线位置与高程，符合设计要求后，即可进行管体轴向锁定和两侧固定。

5）用探尺检查胶圈位置：检查插口推入承口的位置是否符合要求，用探尺伸入承插口间隙中检查胶圈位置是否正确。

6）锁管：铺管后为防止前几节管子的管口移动，可用钢丝绳和倒链锁在后面的管子上。

（7）砌筑检查井。

1）检查井的混凝土基础应与管道基础同时浇筑；施工应满足规范及设计要求。

2）砌筑结构的检查井施工应符合下列规定：

①砌筑前砌块应充分湿润；砌筑砂浆配合比符合设计要求，现场拌制应拌和均匀、随用随拌。

②排水管道检查井内的流槽，宜与井壁同时进行砌筑。

③砌块砌筑时，铺浆应饱满，灰浆与砌块四周粘接紧密、不得漏浆，上下砌块应错缝砌筑。

④砌筑时应同时安装踏步，踏步安装后在砌筑砂浆未达到规定抗压强度前不得踩踏。

⑤内外井壁应采用水泥砂浆勾缝；有抹面要求时，抹面应分层压实。

3）现浇钢筋混凝土结构的检查井施工应符合下列规定：

①浇筑前，钢筋、模板、模板工程经检验合格，混凝土配合比满足设计要求。

②振捣密实，无漏振、走模、漏浆等现象。

③及时进行养护，强度等级未达设计要求前不得受力。

④浇筑时应同时安装踏步，踏步安装后在混凝土未达到规定抗压强度前不得踩踏。

4）有支管、连管接入的检查井，应在检查井施工的同时安装预留支管、连管，预留管的管径、方向、高程应符合设计要求，管与井壁衔接处应严密；排水检查井的预留管管口采用低强度砂浆砌筑封口抹平。

5）井室施工达到设计高程后，应及时浇筑或安装井圈，井圈应以水泥砂浆坐浆并安放平稳。

6）井室内部处理应符合下列规定：

①预留孔、预埋件应符合设计和管道施工工艺要求。

②排水检查井的流槽表面应平顺、圆滑，光洁，并于上下游管道底部接顺。

③透气井排水落水井、跌水井的工艺尺寸应按设计要求进行施工。

④阀门井的井底距承口或法兰盘下缘以及井壁承口或法兰盘外缘应留有安装作业空间，其尺寸应符合设计要求。

（8）砌筑支墩。

1）管节及管件的支墩和锚定结构位置准确，锚定牢固。钢制锚固件必须采取相应的防腐处理。

2）支墩应在坚固的地基上修筑。无原状土作后背墙时，应采取措施保证支墩在受力情况下，不致破坏管道接口。采用砌筑支墩时，原状土与支墩之间应采用砂浆填塞。

3）支墩应在管节接口做完、管节位置固定后修筑。

4）支墩施工前，应将支墩部位的管节、管件表面清理干净。

5）支墩宜采用混凝土浇筑，其强度等级不应低于C15。采用砌筑结构式，水泥砂浆强度不应低于M7.5。

6）关节安装过程中的临时固定支架，应在支墩的砌筑砂浆或混凝土达到规定强度后方可拆除。

7）管道及管件支墩施工完毕，并达到强度要求后方可进行水压试验。

（9）雨水口。

1）雨水口的位置及深度应符合设计要求。

2）基础施工应符合下列规定：

①开挖雨水口槽及雨水管支管槽，每侧宜留出 300~500mm 的施工宽度。

②槽底应夯实并及时浇筑 C15 混凝土基础。

③采用预制雨水口，基础顶面宜铺设 20~30mm 厚的砂垫层。

3）雨水口砌筑应符合下列规定：

①管端面在雨水口内的露出长度，不得大于 20mm，管端面应完整无破损。

②砌筑时，灰浆应饱满，随切、随勾缝，抹面应压实。

③雨水口底部应用水泥砂浆抹出雨水口泛水坡。

④砌筑完成后雨水口内应保持清洁，及时加盖，保证安全。

4）雨水口与检查井的连接管的坡度应符合设计要求，管道铺设应符合《给水排水管道工程施工及验收规范》GB 50268—2008 第 8.4.3 条第 1 款的规定。

5）位于道路下的雨水口、雨水支管、连管应根据设计要求浇筑混凝土基础。坐落于道路基层内的雨水支连管应做 C25 级混凝土全包封，且包封混凝土达到 75% 设计强度前，不得放行交通。

6）井框、井箅应完整无损、安装平稳、牢固。

7）井周围回填土应符合设计要求和《给水排水管道工程施工及验收规范》GB 50268—2008 的有关规定。

（10）闭水试验。

1）一般规定：管道闭水试验必须在沟槽回填土前进行。井室砌筑完成后，进行闭水试验的管段两头应用砖砌管堵，在养护 3~4d 达到一定强度后方可进行闭水试验。闭水试验的水位，应为试验段上游管内顶以上 2m。闭水过程中同时检查管堵、管道、井身，无漏水和渗水，再浸泡 1~2d 后进行闭水试验。

2）允许渗水量应符合表 3.2.1-9 规定。

3）管道内径大于 700mm 时，可按管道井段数量抽样选取 1/3 进行试验；试验不合格时，抽样井段数量应在原抽样基础上加倍进行试验。

表 3.2.1-9 无压管道闭水试验允许渗水量表

管材	管道内径（mm）	允许渗水量［m^3/（24h·km）］
钢筋混凝土管	200	17.6
	300	21.62
	400	25.0
	500	27.95
	600	30.60
	700	33.0
	800	35.35
	900	37.50
	1000	39.52
	1100	41.45
	1200	43.30
	1300	45.00
	1400	46.70
	1500	48.40
	1600	50.00
	1700	51.5
	1800	53.00
	1900	54.48

（11）沟槽回填。

1）回填前具备的条件：预应力钢筋混凝土排水管道铺设后应在混凝土基础强度，闭水试验合格后进行。

2）回填土料的要求：回填土料宜优先利用基槽内挖出的土，但不得含有有机杂质，不得采用淤泥或淤泥质土作为填料。回填土料应符合设计及施工规范要求，最佳含水率应通过试验确定。

3）工作坑回填：管道安装就位后，应及时对管体两侧同时进行回填，以稳定管身，防止接口回弹，宜用最佳含水率的过筛细土填塞，采用人工方式夯打密实，当设计另有规定时，按设计要求填实两侧。管道承口位下的工作坑，应填入中粗砂或砂砾，用人工方式夯打密实。管道基础为弧土基础时，管道与基础之间的三角区应填实。

4）回填按基底排水方向由高至低管腔两侧同时分层进行，填土不得直接扔在管道上。沟槽底至管顶以上 500mm 的范围均应采用人工夯实，超过管顶 500mm 以上可采用小型机械碾压，填土时分层铺设夯实。

5）回填土虚铺厚度：回填土压实的每层虚铺厚度根据设计要求进行，如设计无要求，可通过试验段确定。

6）夯实：回填土的夯实采用人工夯实和机械夯实两种方法。夯实时，管道两侧同时进行，不得使管道位移或损伤。回填压实应逐层进行，管道两侧和管顶以上 500mm 范围内采用薄铺轻夯夯实，管道两侧夯实面的高差不大于 300mm，管顶 500mm 以上回填应分层整平和夯实。采用木夯、冲击夯等压实工具时，应夯夯相连，采用压路机时，碾压的重叠宽度不得小于 200mm。

7）压实度的确定：沟槽回填土的压实度符合设计规定，如设计无规定，可通过试验段确定。

3.2.2　泵房设备安装

主要施工的基本程序见图 3.2.2。

图 3.2.2　主要施工的基本程序

一、施工工艺流程

施工准备→设备运输→开箱检验→设备基础验收复核→基础放线及垫铁布置→设置基础安装→设备就位安装→配水管道安装→设备耐压及严密性试验→设备试运行。

二、施工方法

（一）安装准备

（1）认真熟悉图纸，核对基础、配水管的坐标、标高是否可行、管道排列用空间是否合理。

（2）安装前应检查设备的性能参数，如泵的规格型号、扬程、流量、电动机的型号、功率、转速等；设备是否有损坏，内部有无污物和腐蚀的情况，水泵配件是否齐全等，并应有合格证和安装使用说明书。全部检查完毕符合要求方可安装。

（3）按设计位置，在机组上方定好水泵纵向和横向中心线，以便安装时控制机组位置。

（二）设备运输

（1）设备运抵现场后，可根据施工位置、施工进度、场地库房情况等确定卸车地点，利用铲车、汽车吊、塔式起重机等卸车，可直接运至设备所在楼层。

（2）设备进场装卸、运输及吊装时，注意包装箱上的标记，不得翻转倒置、倾斜，不得野蛮装卸。

（3）由于受到层高及高度的限制。当设备无法吊送到位时，要搭设专用平台，先将设备吊送至平台上，再用拖排运至室内。吊送和拖运时要注意设备的方向和方位，避免不必要的掉头和翻身，以便于吊装和组装作业。

（三）设备开箱检查

（1）为保证设备安装质量，加快工程进度，对设备应进行严格的验收，以便能事先发现问题，予以处理。

（2）设备运至基础附近后，按设备技术资料文件及装箱清单拆箱验收，并认真填写“设备开箱检查记录”。

（3）对暂时不能安装的设备和零件、部件要放入临时库房，并封闭管口及开口部位，以防掉入杂物等；有些零件、部件的表面要涂防锈剂和采取防潮措施。随机的电气仪表元件要放置在防潮防尘的库房内，安排专人妥善保管。无法放入库房的设备要加以保护、包装或覆盖，以防因建筑施工、恶劣天气或其他原因而造成的损坏。

（四）基础验收复核

土建移交设备基础时，组织施工班组依照土建施工图及提交的有关技术资料和各种测量记录、安装图和设备实际尺寸等对基础进行验收，并做好记录。

（五）基础放线及垫铁布置

（1）基础验收合格后进行放线工作，画出安装基准线及定位基准线、地脚螺栓的中心线。对相互有关联或衔接的设备，按其关联或衔接的要求确定共同的基准。

（2）在基础平面上，画出垫铁布置位置，放置时按设备技术文件规定摆放。垫铁放置的原则是：负荷集中处，靠近地脚螺栓两侧或是机座的立筋处。相邻两垫铁组间距离一般规定为300~500mm，若设备安装图上有要求，应按设备安装图施工。垫铁的布置和摆放要做好记录，并经监理代表签字认可。

（3）整个基础平面要修整铲麻面，预留地脚螺栓孔内的杂物清理干净，以保证灌浆的质量。垫铁组位置要铲平，宜用砂轮机打磨，保证水平误差不大于2mm/m，接触面积大于75%以上。图纸上有要求的基础，要按其要求施工。

（六）水泵基础安装

（1）在水泵安装前，应打好基础，基础为素混凝土，并预留地脚螺栓孔。地脚螺栓孔应留有一定的裕量，以便进行水泵安装时找正。

（2）基础减振装置按图纸要求安装。

（3）基础质量要进行复查，是否符合设计要求，对不合格项应进行整改。

（4）水泵基础高出地面的高度应便于水泵安装，不应小于0.1m；泵房内管道管外底距地面或管沟底面的距离，当管径小于或等于150mm时，不应小于0.2m；当管径大于或等于200m时，不应小于0.25m。

（七）离心泵机组安装

应严格按照设备附带安装说明书进行。安装前应检查电动机的型号、功率、转速，离心泵规格、型号、流量及扬程，其叶轮是否有摩擦现象，内部是否有污物，水泵配件是否齐全等均符合要求后方可安装。

生活加压给水系统的水泵机组应设置备用泵，备用泵的供水能力不应小于最大一台运行水泵的供水能力。水泵宜自动切换交替运行。

（八）水箱安装

（1）设备吊装就位，进行校平找正工作。

（2）现场制作的水箱，按设计要求制作成水箱后需进行盛水试验或煤油渗透试验。

（3）盛水试验后，内外表面除锈，刷红丹两道。

（4）整体安装或现场制作的水箱，按设计要求其内表面刷漆两道，外表面如不做保温，再刷油性调和漆两道，水箱底部刷沥青漆两道。

（5）水箱支架或底座安装，其尺寸及位置应符合设计规范规定；埋设平整牢固。

（6）按图纸安装进水管、出水管、溢流管、排污管、水位信号管等。水箱溢流管和泄放管应设置在排水地点附近但不得与排水管直接连接。

（7）按系统进行水压试验。

（九）水泵隔振措施

（1）在水泵机组底座下，宜设置惰性块。当水泵机组底座的刚度和质量满足设计要求时，可不设惰性块，但应设置型钢机座。

（2）水泵机组在惰性块上的布置，应力求使水泵机组及各附件的重心和惰性块的平面中心在同一垂直线上。

（十）配水管道安装

（1）在水泵二次灌浆混凝土强度达到75%以后，水泵经过精校后，可进行配管安装。每台水泵的出水管道上，应装设压力表、止回阀和阀门（符合多功能阀安装条件的出水管，可用多功能阀代替止回阀和阀门），必要时应设置水锤消除装置。

（2）进出水管道要用支座固定，避免把管段的重力传递给泵体或直接压在泵体上。在靠近水泵进口处的进水管道应避免直接接装弯头，一般要在水泵进口处装长约为3倍直径的直管段。弯管应装得越少越好，以减少水力损失。泵的进出口管道的布置必须便于操作和检修。

（3）配管时，管道与泵体连接不得强行组合连接，且管道重力不能附加在泵体上。

（十一）设备耐压及严密性试验

（1）设备耐压和严密性试验用于验证设备无宏观变形（局部膨胀、延伸）及泄漏等各种异常现象，在设计压力下检测设备有无微量渗透。

（2）耐压和严密性试验可分别采用水压、干燥压缩空气进行。

（3）试验前设备上的安全装置、阀类、压力计、液位计等附件及全部内件装配齐全，并进行外部与内部检查，检查几何形状、焊缝、连接件及衬垫等是否符合要求，管件及附属装置是否齐备、操作是否灵活、正确，紧固件是否齐全且紧固完毕，检查内部是否清洁。

（十二）试运转

（1）试运转前的检查。

1）驱动装置已经过单独试运转，其转向应与泵的转向一致。

2）检查各紧固件连接部位的紧固情况，不得松动。

3）润滑状况良好，润滑油或油脂已按规定加入。

4）检查附属设备及管道是否冲洗干净，管道应保持畅通。

5）检查安全保护装置是否齐备、可靠。

6）盘车灵活，声音正常。

7）吸入管道应清洗干净，无杂物。

（2）无负荷试运转。

1）全开启入口阀门，全关闭出口阀门。

2）排净吸入管内的空气（用真空泵或注水），吸入管充满水。

3）开启泵的传动装置，运转1~3min后停车，不能在出口阀全闭的状态下长时间运转。

（3）无负荷试运转应达到的标准。

1）运转中无不正常的声响。

2）各紧固部分无松动现象。

3）水泵试运转的轴承温升必须符合设备说明书的规定。

（4）负荷试运转应由建设单位派人操作，安装单位参加，在无负荷试运转合格后进行负荷试运转的合格标准如下。

1）设备运转正常，系统的压力、流量、温度和其他要求符合设备文件的规定。

2）各紧固部位无松动。

3）泵体无泄漏。

4）各紧固部位无松动。

5）轴承温升必须符合设备说明书的规定。

6）轴封填料温度正常，软填料宜有少量泄漏（每分钟不超过10~20滴），机械密封的泄漏量不宜超过每分钟3滴。

7）泵的电动机的功率或电流不超过额定值。

8）安全保护装置灵敏可靠。

9）设备运转振幅符合设备技术文件规定。

（5）泵在试运转过程中，发生异常应及时处理，若情况严重，停泵处理。若运行正常，按运行时间要求进行。

（6）停泵时，应先将出口阀缓缓关闭，然后切断电源停泵。

3.2.3 卫生洁具安装

主要施工的基本程序见图 3.2.3。

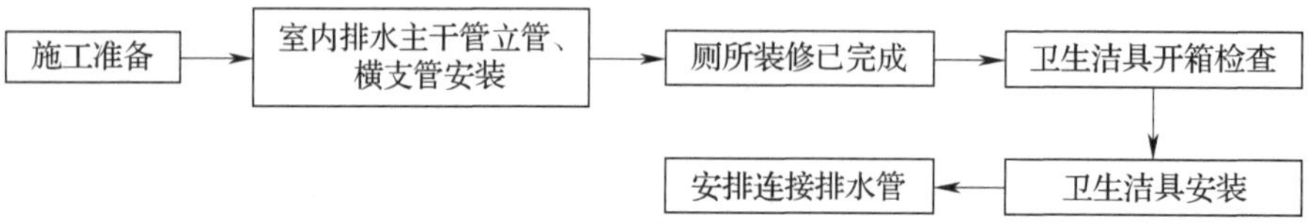

图 3.2.3 主要施工的基本程序

一、施工工艺流程

施工准备→卫生洁具及配件检验→卫生洁具安装→卫生洁具配件预装→卫生洁具稳装→卫生洁具与墙、地缝隙处理→卫生洁具外观检查→通水试验。

二、施工方法

卫生洁具的安装应采用预埋螺栓或膨胀螺栓安装固定。如用木螺栓固定，预埋的木砖须防腐处理，并要求凹进墙面 10mm。卫生洁具支托、架的安装须平整、牢固与洁具接触要求紧密。

（一）洗脸盆的安装

洗脸（手）盆主要有托架式安装、背挂式安装、立柱式安装及带面板的台上式和台下式安装。

洗脸（手）盆安装应在饰面装修已基本完成后进行，且进出水留口位置，标高正确。暗埋管子隐蔽验收合格。安装在多孔砖墙时，应凿孔填实水泥砂浆后再进行固定件安装；安装在轻质隔墙上时，应在墙体内设后置埋件，后置埋件应与墙体连接牢固。与排水栓连接处应用浸油石棉橡胶板密封。

（二）小便器的安装

小便器多为自闭式冲洗阀斗式小便器。

小便器给水管一般为暗装，将延时冲洗阀或红外感应冲洗阀与小便器连接，因此其出水中心应对准小便器进出口中心。暗埋管子隐蔽验收应合格，预留进出水口位置，标高正确。安装在多孔砖墙时，应凿孔填实水泥砂浆后再进行固定件安装；安装在轻质隔墙上时，应在墙体内设后置埋件，后置埋件应与墙体连接牢固。

（三）大便器的安装

大便器有自闭式冲洗阀蹲式大便器及自闭式冲洗阀坐便器之分。

（1）蹲式大便器。蹲式大便器单独安装应根据卫生间设计布局，确定安装位置。其便器下水口中心距后墙面距离为 640mm，且左右居中水平安装。带有轻质隔断的成排蹲式大便器安装，其中对中之间的距离应不小于 900mm，且左右居中水平安装。安装时四周在打混凝土地面前，应抹填白灰膏，然后两侧用砖砌牢固。且所有暗埋给水管道隐蔽验收合格，留口标高、位置正确。

（2）坐便器。坐式大便器的下水口尺寸应按所选定的坐便器规格型号及卫生间设计布局正确留口，待地面饰面工程完成后即可安装坐便器。坐便器与地面之间的接缝用硅酮胶密封。

（四）卫生洁具给水配件的安装

（1）浴盆混合水嘴安装。将冷、热水口清理干净，把混合水嘴转向对丝抹铅油，缠生料带，带好护口盘，用专用扳手分别拧入冷、热水预留口内。校好尺寸、找平、找正，装饰护口盘紧贴墙面，然后将混合水嘴对正转向对丝，加垫后拧紧锁母找平、找正。用扳手拧至松紧适度即可。

（2）浴盆淋浴喷头安装。浴盆淋浴喷头有手提式软管喷头和入墙式固定喷头。手提式软管喷头可放在滑杆上调整高度，而入墙式固定喷头的高度不可调整，一般距地1800mm左右，安装时应垂直于水龙头中心线。

（3）洗脸盆水嘴安装。将水嘴根母、锁母卸下，在水嘴根部套上浸油橡胶垫片，插入脸盆给水孔眼，下面再套上垫圈，带上根母后，用手找正水嘴，用扳手将锁母紧至松紧适度。

3.3　通风空调工程

3.3.1　通风空调设备安装

通风空调设备安装施工工艺流程见图3.3.1–1。

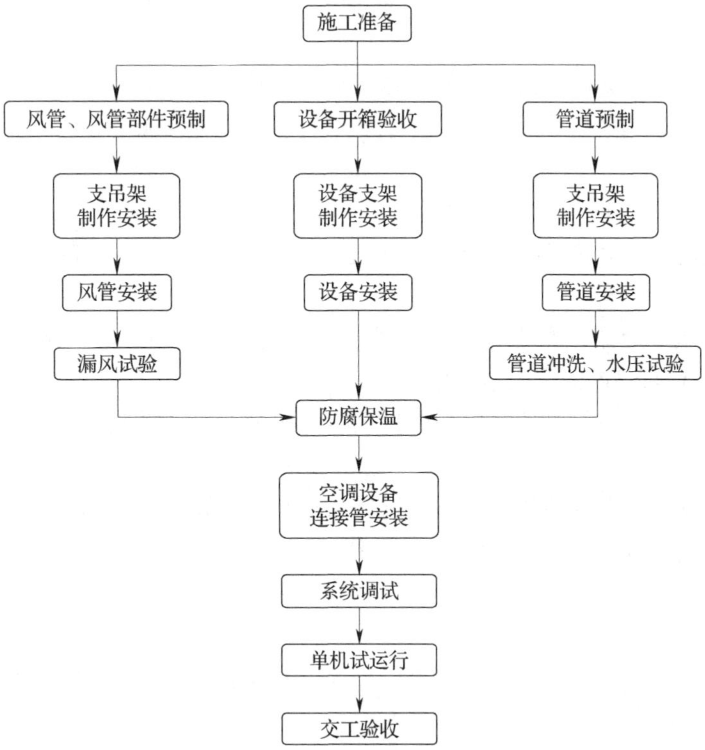

图3.3.1–1　通风空调设备安装施工工艺流程

一、施工工艺流程

通风管道：施工准备→设备基础制作→设备开箱验收→设备减震装置安装→设备吊装→设备管道连接→电流测试→温度测试→噪声测试→系统调试→开机试运行。

二、施工方法

（一）空气处理机组（冷风柜）安装

（1）为便于运输及提高吊装过程中安全性，组合式空调机组采用现场组装，其余按整机采购运输。

（2）根据空调机组的本体重量及运行重量，选择与之相匹配的减振器，并将减振器的安装位置进行放线。

（3）空调机组安装时，应预留足够的维修空间，凝结水集水盘的坡度应符合施工规范要求，不允许出现倒坡现象。

（4）空调机吊运至楼层后采用滚杠、卷扬机及人力进行运输，运输过程中应注意保护设备基础，不被损坏。

（5）与空调机组连接的风管、水管应采用柔性连接，柔性接头的材质应符合设计要求，所有管线应进行单独支撑，保证空调机组处于自由状态。

（6）空调机组安装完成后，应对连接管道进行压力试验，对凝结水集水盘进行渗漏试验，并填写相关记录。

（二）箱式离心风机安装

（1）根据箱式风机的本体重量及运行重量，选择与之相匹配的减振器，并将减振器的安装位置进行放线。风机的支吊架规格应符合通风机、风柜及风机盘管支吊架规格要求的规定。

（2）箱式风机安装时，应预留足够的维修空间。

（3）箱式风机吊运至楼层后采用滚杠、卷扬机及人力进行运输，运输过程中应注意保护设备基础，不被损坏。在地下室如果条件允许的话，也可以采用叉车直接将风机放至设备基础之上，以提高施工进度和效率。

（4）箱式风机连接的风管应采用柔性连接，柔性接头的材质应为不燃材料制成。消防防排烟及正压送风系统的风机柔性接头材料还应满足消防防火要求。

（5）与风机相连的风管应进行单独支撑，保证风机机组处于自由状态。

（三）轴流风机安装

（1）按照设计要求或厂家提供的技术资料，选择风机合适的支架型式。

（2）根据风机的本体重量及运行重量，选择与之相匹配的减振器，并将减振器的安装位置进行放线。

（3）风机安装时，应预留足够的维修空间。

（4）风机采用倒链进行吊装就位，在整个作业过程中应按照安全施工规程要求佩戴好劳动防护用品，用于施工的操作平台应固定牢固。

（5）与风机连接的风管应采用柔性连接，柔性接头的材质应为符合设计要求。消防防排烟及正压送风系统的风机柔性接头材料还应满足消防防火要求。

（6）与风机相连的风管应进行单独支撑，保证风机机组处于自由状态。

（四）风机盘管安装

（1）按照设计要求或厂家提供的技术资料，选择风机盘管合适的支架型式。

（2）根据风机盘管的本体重量及运行重量，选择与之相匹配的减振器，并将减振器的安装位置进行放线。

（3）风机盘管安装时，应预留足够的维修空间。

（4）与风机盘管连接的风管应采用柔性连接，柔性接头的材质应为符合设计要求。与风机盘管连接的水管应为紫铜管或不锈钢金属软管。

（5）风机盘管安装完成后应逐个对集水盘进行灌水试验。

（6）与风机相连的风管应进行单独支撑，保证风机机组处于自由状态。

（五）板式热交换器安装

（1）开箱及起吊。

1）吊运不开包箱（或货架）时，请注意箱上吊钩位置的指示记号。货箱的重心十分重要，通常在箱顶面有标记；真正的重心在此标记下面的垂直线上。

2）吊运：如果只是吊运换热器，应使用吊索，其吊索应套在锁紧螺栓上或支撑杆上。如果有的话，也可套在吊耳或吊眼上。

（2）板式热交换器安装。

安装要领。

①安装时注意板换的中心位置不在基础的中心，移动或者安装垫铁时注意不能造成设备的倾覆。

②设备四周预留出足够的检修空间，以便设备出现故障时检修。

③合理安装板换进出口管的支吊架，避免将板换进出口管道的重量压在设备法兰上。

④设备配管完成以后用木板将设备保护，保护一定要牢固可靠。

（六）空调水泵安装

（1）安装前应对水泵基础进行复核验收，基础尺寸、标高、地脚螺栓孔的纵横向偏差应符合标准规范要求。基础表面平整、混凝土强度达到设备安装要求。

（2）水泵吊装时，吊钩、索具、钢丝绳应挂在底座或泵体和电机的吊环上；不允许挂在水泵或电机的轴、轴承座或泵的进出口法兰上。

（3）水泵就位在基础上，装上地脚螺栓，用平垫铁和斜垫铁对水泵进行找平找正，并拧上地脚螺栓的螺母。

（4）地脚螺栓的二次灌浆时，应保持螺栓处于垂直状态，混凝土的强度应比基础高 1~2 级，且不低于 C25，并做好对地脚螺栓的保护工作。

（5）用水平仪和线坠在水泵进出口法兰和底座加工面上测量，对水泵进行精平工作。

（6）水泵与电机采用联轴器连接时，用百分表在联轴器的轴向和径向进行测量和调整。

（7）有隔振要求的水泵安装，其橡胶减振垫或减振器的规格型号和安装位置应符合设计要求。

（七）冷水机组及其他设备的安装

（1）开箱及起吊。

1）吊运不开包箱（或货架）时，请注意箱上吊钩位置的指示记号。货箱的重心十分重要，通常在箱顶面有标记；真正的重心在此标记下面的垂直线上。

2）吊运：由于设备体积大，重量大，吊装过程较为复杂，应使用吊车进行吊装。

（2）冷水机组安装。冷水机组体积大，重量大，在设备安装前须仔细检查混凝土基础是否达到养护强度，表面的平整度、位置、尺寸、标高，预留孔洞及预埋件是否符合要求。设备就位后，进行找正找平。

（八）冷却塔安装

（1）检查校对冷却塔支架尺寸与基础（或预埋件）位置尺寸，相符后吊装就位。将塔支架安装在基础上校正找平，紧固地脚螺栓，必要时也可直接与基础预埋件焊牢。

（2）将下塔体按编号顺序固定在塔支架上并紧固，再与底座固牢。塔体拼装平整，拼缝处用胶皮或糊制 1mm 玻璃钢以保密封。

（3）安装托架及填料支架，并放上点波片，要求双片交叉推叠，每层表面平整，疏密适中，间距均匀，与塔壁不留空隙。

（4）将上塔体按编号依次连接，并拧紧螺栓。将风机支架安装在风筒上，电机、风机安装在支架上，调整叶片角度一致。风机旋转面应与塔体轴线垂直，叶端与筒壁间隙均匀，使风机保持平衡，减少振动。注意风向朝上。安装时，应保证上塔体拼装直径，紧固件无松动，严禁强行装配和任意敲击玻璃钢构件，以免损坏和变形，影响使用。

（5）安装百叶窗、扶梯，注意梯与观察孔应在同一侧面。

（6）布水管安装面要求水平，每根布水管应在同一水平面上。

（7）布水管一般按名义流量开孔。

3.3.2　通风及部件安装

镀锌钢板风管安装流程见图 3.3.2-1。

一、施工工艺流程

通风管道：施工准备→确定标高→制作支吊架→设置吊点→安装支吊架→风管及部件制作→风管及部件排列→风管及部件连接→安装就位→漏光漏风试验→系统调试。

二、施工方法

（一）风管制作安装

（1）风管制作。

1）现场设一条半自动风管生产线定点加工，运输到现场组装。部分非标、异形风管采用现场人工加工制作相结合的方式。风管连接方式采用共板式法兰和角钢法兰。

2）角钢法兰风管制作工艺。

①下料、压筋。在加工场按制作好的风管用料清单选定型材厚度，将型材从上料架装入调平压筋机中，开机剪去钢板端部。

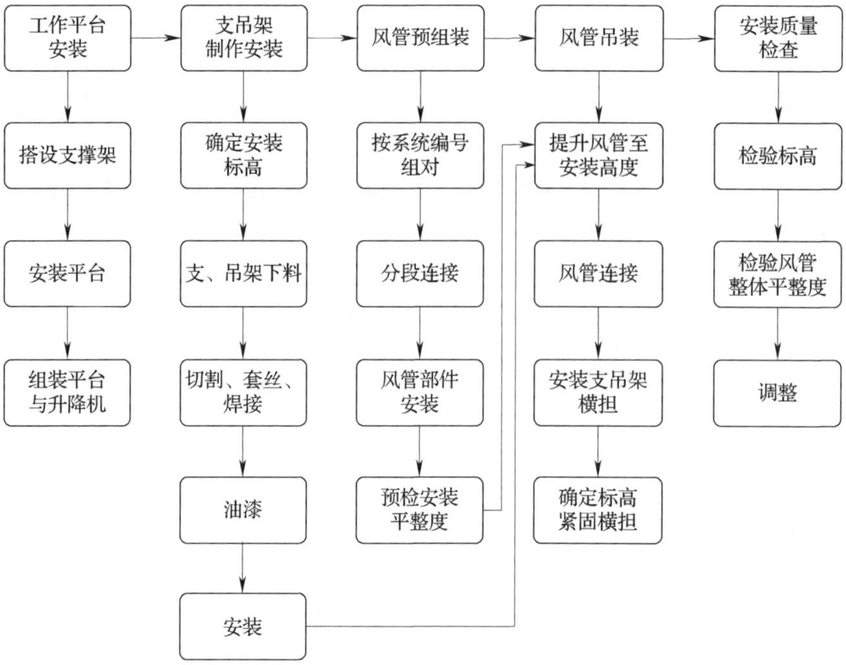

图 3.3.2–1 镀锌钢板风管安装流程

②倒角、咬口。型材下料后用冲角机进行倒角工作。采用咬口连接的风管其咬口宽度根据风管或管件的板材厚度而定。风管咬口示意图见图 3.3.2–2。

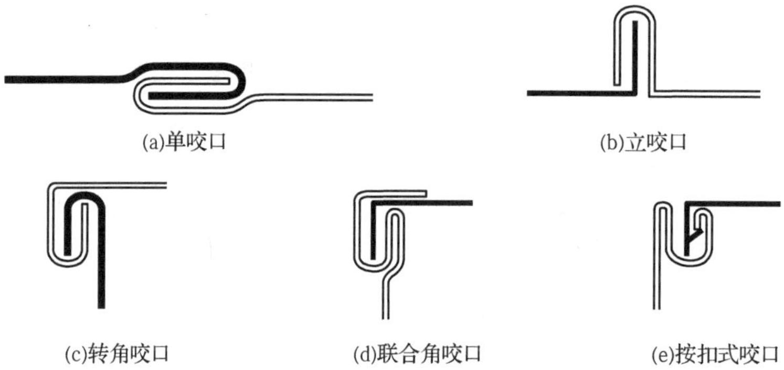

图 3.3.2–2 风管咬口示意图

③法兰加工。方法兰由四根角钢组焊而成。

④折方。咬口后的板料按画好的折方线放在折方机上，置于下模的中心线。操作时使机械上刀片中心线与下模中心重合，折成所需要的角度。

⑤风管缝合。咬口完成的风管采用手持电动缝口机进行缝合，缝合后的风管外观质量达到折角平直，圆弧均匀，两端面平行。

⑥上法兰。风管与法兰铆接前先进行技术质量复核，合格后将法兰套在风管上，然后使用液压铆钉钳或手动夹眼钳用铆钉将风管铆固，并将四周翻边，四角铲平。

3）共板式法兰风管制作工艺由于法兰由型材本身弯曲而成，具有重量轻，密封性好，制作安装方便，基本要求同角钢法兰风管。在板材冲角、咬口后进入共板式法兰机压制法兰。

（2）风管安装。

1）进场后配合土建预留孔洞，按施工图纸逐个系统进行。确保安装前预留孔洞正确，避免不必要的返工。

2）风管支、吊架制作安装。

①风管支架、吊架的选型参照标准图集，安装位置要正确，支吊架的间距按规范执行。

②水平风管支架安装：支吊架位置不得错开系统风口，风阀、检查门和测定孔等部位。

③立管支架安装：根据竖井实际情况在楼板上设置支架，合理布置即可。

④风管安装时，在每个系统的主干管上加装固定支架，防止风管通风时出现摇晃而产生噪声。

⑤所有的空调风管，其支吊架设置在保温层外面，在空调风管与支吊架之间垫好经过防腐处理的硬木垫，以防止空调风管中的冷量通过支吊架传递，产生冷凝水。

（3）风管组对。

1）风管组对。将加工好的半成品风管运至安装地点，按顺序进行排列，每个系统风管的各部分尺寸和角度确认准确无误后，开始组对。

2）连接。空调风管法兰垫料采用阻燃闭孔海绵，法兰压紧后垫片宽度与风管内壁平齐，外边与法兰边一致。

3）水平风管吊装。将已组装好的水平风管放在电动液压式升降机或手提式升降机上，再提升至吊架上。

4）风管安装采取自下而上逐节安装、逐节连接、逐段固定的方法。

5）风管漏风量的测试。风管的漏风量检测必须在漏光检测合格的基础上进行，检查数量按风管系统工程的类别和材质分别抽查。

①试验前的准备工作：将待测风管连接风口的支管取下，并将开口处用盲板密封。

②试验方法：利用试验风机向风管内鼓风，使风管内静压上升到规定风压后停止送风，如发现压力下降，则利用风机继续向风管内进风并保持在规定风压，此时风管内进风量即等于漏风量。该风量用在风机与风管之间设置的孔板与压差计来测量。

③试验步骤。

a. 漏风声音试验：本试验在漏风量测试之前进行。试验时先将支管取下，用盲板和胶带密封开口处，将试验装置的软管连接到被测风管上。关闭进风挡板，启动风机。逐步打开进风挡板直到风管内静压值上升并保持在试验压力。注意听风管所有接缝和孔洞处的漏风声音，将每个漏风点作出记号并进行修补。

b. 漏风量测试：本试验在有漏风声音点密封之后进行。测试时，首先启动风机，然后逐步打开进风挡板，直到风管内静压值上升并保持在试验压力时，读取孔板两侧的压差。微压计示意图见图 3.3.2–3。

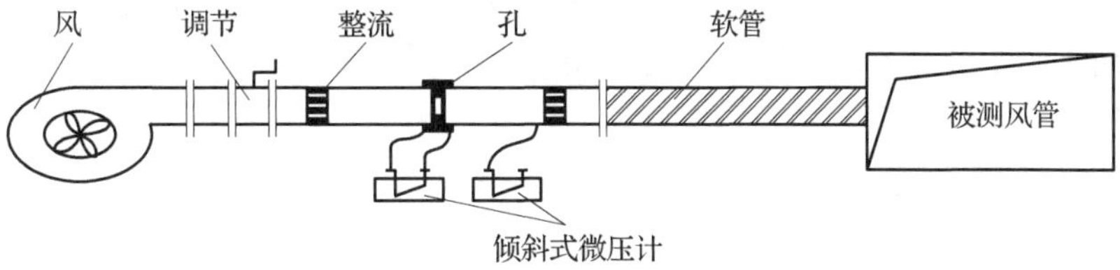

图 3.3.2–3　微压计示意图

（二）风口

（1）安装风口前要仔细对风口进行检查，看风口有无损坏、表面有无划痕等缺陷。

（2）凡有调节、旋转部分的风口要检查活动件是否灵活，叶片是否平直，与边框有无摩擦。

（3）对有过滤网的可开启式风口，如风机盘管的门铰式百叶回风口，要检查过滤网有无损坏，开启百叶是否能开关自如。

（4）风口与风管的连接严密、牢固；边框与建筑装饰面贴实，外表面平整不变形，调节灵活。

（5）采用散流器进行送风，安装时风口紧贴吊顶板，风口与吊顶之间无缝隙。

（三）阀门

（1）防火阀、排烟阀等必须单独设吊架，阀门安装在吊顶内时，要在易于检查阀门开启状态和进行手动复位的位置在吊顶上开设检查口，并定期检查。防火阀、排烟防火阀、全自动防火阀、防火调节阀安装时，注意熔断器在阀门入气口一侧，即迎气流方向。

（2）所有阀门安装，必须便于操作，不得将阀门上的操作机构朝内侧。

（四）消声器（静压箱）安装

（1）消声器（静压箱）单独设置支、吊架，不能利用风管承受消声器的重量，也有利于单独检查、拆卸、维修和更换。

（2）消声器的安装方向按产品所示，前后设清扫口，并做好标记。

（五）TDF 组合法兰制作工艺

（1）法兰连接形式。TDF 组合法兰具有成本低、密封性能好，安装方便简捷的特点，特别适用于截面面积不大的通风管道生产。

（2）TDF 法兰连接制作工艺。“TDF”法兰由“TDF”组合式法兰机制作。制作时先设定法兰长度，由机组的切割装置一次切到风管长度要求。法兰角由设在加工车间内的冲床冲压而成，采用的镀锌钢板厚度不小于 1.0mm。

（3）采用组合式法兰机制作“TDF 法兰”时，法兰高度、板材厚度与板材宽度的关系见表 3.3.2。

表 3.3.2　法兰高度、板材厚度与板材宽度关系表（mm）

风管长边长 b	法兰高度	板材厚度	使用板材宽度
$400<b\leqslant 800$	20	1.0	86~88
$800<b\leqslant 1200$	30	1.0	116~118
$1200<b\leqslant 1500$	40	1.2	146~148

（4）“C”形插条制作工艺。“C”形插条无法兰连接是小管径风管连接的一种常用形式，本工程上该工艺将用于制作长边长不大于 630mm 的镀锌钢板矩形风管。风管“C”形插条连接示意图见图 3.3.2-4。

（六）变径管、三通管的制作

（1）变径管的制作。变径风管制作时，单面变径的夹角宜小于 30°，双面变径的夹角宜小于 60°。

（2）三通的制作。

受每节管段长度的限值，大型矩形三通管的制作采用整体制作，直接通过人工对板材进行拼接、下料、上法兰、加固等工序制作完成。小型矩形三通管制作时，将主管与直管短管分开制作，然后通过不同材质风管所采取的不同工艺使直管与主管连接起来。

（七）弯管及导流叶片制作

（1）弯管的制作，见图 3.3.2-5。

图 3.3.2-4　风管“C”形插条连接示意图

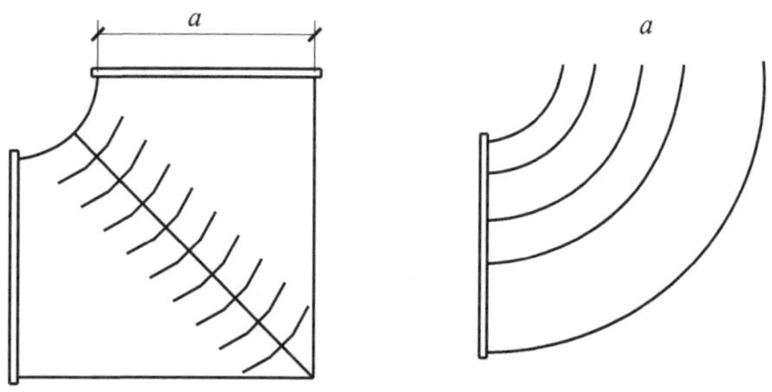

(a)内外同心弧　(b)内弧外直角型

图 3.3.2-5　矩形弯管的两种制作型式示意图

（2）导流叶片设置。风管弯头，当大边长大于或等于 500mm 时，需做导流弯头；所有送风管靠近风口处均设置导流片，以减少阻力损失。

3.3.3　通风空调水系统管道工程

主要施工基本程序见图 3.3.3。

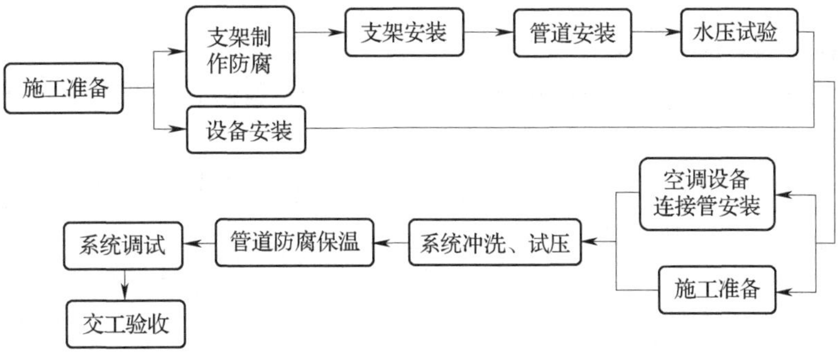

图 3.3.3　通风空调水系统主要施工基本程序图

一、施工工艺流程

空调水系统管道：施工准备→支架制作安装→管道安装→压力试验→防腐绝热→连接设备→系统调试。

二、施工方法

（一）管道与机组、设备连接安装

（1）管道与空调、泵类设备连接时，应采取隔震措施。一般采用橡胶软接头或波纹软管接头，法兰连接或丝扣连接。

（2）与空调、泵类设备连接时，必须对设备采取可靠的保护措施，在设备与管道连接前，应在连接法兰间加设石棉纸柏做成的瞎眼状封堵。

（3）与设备隔震软接头连接的管道均应有支吊架固定。确保管道与设备连接的施工质量达到设计与验收规范。

（4）换热器等设备的管道安装，可以在循环清洗后安装。如果要求在循环清洗前进行安装时，必须在循环清洗前，将管道在进设备的进出口处临时连通进行循环清洗，防止管道内异物进入设备，清洗合格后再接通。

（5）与风机盘管的连接安装，当供回水管道三通向上方开启时，管道的坡度应该坡向总支管，管道支管标高不能高于风机盘管的进出排管口标高，否则容易产生气隔堵塞现象。阀门一般采用球阀，与风机盘管的连接应采用不锈钢波纹管连接等软性连接方式。

（二）凝结水管道安装与检验

（1）安装时，管道坡度、坡向、支架的间距和位置应符合设计要求。

（2）管道安装结束后，应做好管道通水试验。

（3）加强吊顶内与管道井内的管道检验，管道及支吊架安装良好，冷凝水管无被碰移位现象，管道与空调器滴水盘的连接软管无弯曲折瘪、无脱落现象，管道保温完好。安装质量完全符合设计与施工验收规范。

（三）水压试验

（1）连接安装水压试验管路。根据水源的位置和管路系统情况，制定出试压方案和技术措施。根据试压方案连接试压管路。

（2）灌水前的检查。检查试压系统中的管道、设备、阀件、固定支架等是否按照施工图纸和设计变更内容全部施工完毕，并符合有关规范要求。

（3）水压试验。

1）打开水压试验管路中的阀门，开始向系统注水。

2）待灌满水后，关闭排气阀和进水阀，停止向系统注水。

3）打开连接加压泵的阀门，用电动或手动试压泵通过管路向系统加压，同时拧开压力表上的旋塞阀，观察压力表升高情况，一般分 2~3 次升至试验压力。

4）系统试压达到合格验收标准后，放掉管道内的全部存水，填写试验记录。

3.3.4 空调防腐与绝热安装

一、施工工艺流程（图 3.3.4–1）

管道防腐：施工准备→质量检查→管道除锈→管道刷油→管道保温→喷漆标记→交工验收。

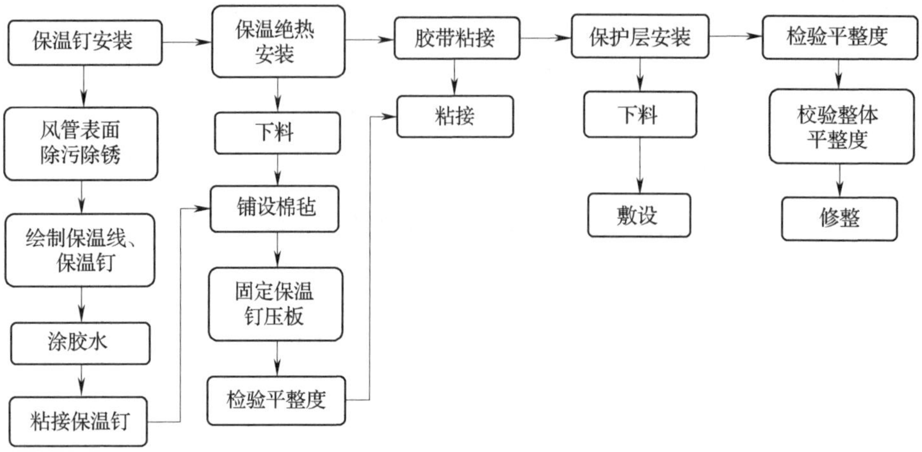

图 3.3.4–1 施工工艺流程

二、施工方法

（一）防腐

（1）除锈、去污。

1）人工除锈时可用钢丝刷或粗纱布擦拭，直到露出金属光泽，再用棉纱或破布擦净。

2）清除油污，一般可采用碱性溶剂进行清洗。

（2）涂漆。

1）涂漆的方式主要有：

①手工涂刷：手工涂刷应分层涂刷，每层应往复进行，并保持涂层均匀，不得漏涂；快干漆不宜采用手工涂刷。

②机械喷涂：采用的工具为喷枪，以压缩空气为动力。喷射的漆流应和喷漆面垂直，喷漆面为平面时，喷嘴与喷漆面应相距 250~350mm；喷漆面如为曲面时，喷嘴与喷漆面的距离应为 400mm 左右。喷涂施工时，喷嘴的移动应均匀。

2）涂漆施工程序：涂漆施工程序是否合理，对漆膜的质量影响很大。

①第一层底漆或防锈漆，直接在工件表面上，与工件表面紧密结合，起防锈、防腐、防水、层间结合的作用；第二层面漆（调和漆和磁漆等），涂刷应精细，使工件获得要求的色彩。

②一般底漆或防锈漆应涂刷一道到两道；第二层的颜色最好与第一层颜色略有区别，以检查第二层是否有漏涂现象。

③表面涂调和漆或磁漆时，要尽量涂得薄而均匀。每涂一层漆后，应有一个充分干燥的时间，待前一层表干后才能涂下一层。

④每层漆膜的厚度应符合设计要求。

3）管道色标。

按设计要求对空调管道表面或防腐层、保温层表面涂不同颜色的涂料、箭头，以区别管道类别和管内介质流动方向。用箭头表示介质流动方向，箭头一般涂成白色，在浅底的情况下，也可将箭头涂成其他颜色，以鲜明为准则。

（二）风管及部件的绝热

（1）材料：采用闭式泡橡塑保温材料板材。

（2）保温钉的粘接：保温钉粘接前将风管表面污物清理干净，保温钉粘上 12~24h 后再铺设保温材料。风管保温钉粘接示意图见图 3.3.4–2。

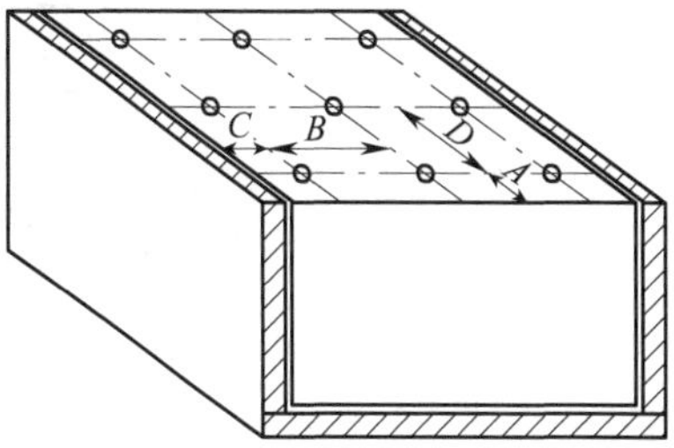

图 3.3.4–2　风管保温钉粘接示意图

（3）风管保温棉安装：保温棉采用保温压板穿入保温钉固定，保温棉接头处用保温胶带粘接。

（4）风阀及法兰的保温。

1）风阀保温保证平实、严密，但手柄必须留在保温层外，不妨碍操作，如有传动机构安装在阀体外则需要做保护盒再进行保温，保温完毕后在保温层外标注开启、关闭方向及调节程度。

2）法兰接头保温：首先进行风管的大面积保温，其次进行法兰接头的保温。

（三）吊顶内排烟风管玻璃棉毡保温

（1）吊顶内排烟风管采用玻璃棉毡做隔热层。玻璃棉毡保温材料外覆进口特强防潮防腐蚀贴面。

（2）铝箔复面离心玻璃棉板材保温。接缝处用铝箔胶带密封，且应采用保温钉固定保温层。玻璃棉板与风管壁间用塑料保温固定钉固定，保温钉应均布，保温层面的镀锌钢板表面应作脱脂处理，玻璃棉定位后，均匀固定压片。玻璃棉板的纵缝接口在风管顶部或两侧布置，玻璃棉毡的搭接应错开，搭接口处用铝箔胶带封贴密实，将封口处表面灰尘用干棉布擦拭清除，粘贴时全面贴紧压平，不留缝隙，形成一层不透气的保护层，避免冷损失，同时防止冷桥现象的发生。最后用打包塑料带捆扎，间距约 1m 左右。

（四）管道的绝热

（1）保温施工要求：闭孔橡塑保温管套需用粘结材料紧贴于管壁，接缝处应涂粘接材料紧接，外缠不干胶铝箔密封条成螺旋状。

在机房、室外及人员易接近的明装部分，做铝板保护壳。

室外直埋冷水管保温：预制高密度聚乙烯保温外壳直埋管，热伸缩套连接。热伸缩套用高密度聚乙烯和氯丁橡胶涂层复合材料。

（2）保温保冷层的施工。

1）根据管道尺寸和管内水温查冷冻水管保温材料厚度表选择保温材料厚度。

2）保温管套安装时要错缝，水平管道上管套的纵向接缝在侧面，垂直管道上必须自下而上地进行施工。

3）立式设备和垂直管道应设置支撑环。

（3）保护层的施工。

保护层施工：室外安装和室内安装易碰损处的保温水管需做 0.5mm 铝板保护壳。

1）按风管保温后的尺寸裁剪铝板，注意按搭接方式让出余量。

2）铝皮要由下向上进行安装，搭接处采用自攻钉固定。

3）弯头、三通、变径管等保温后要保持原有形状，铝皮安装要圆弧均匀，搭接缝在风管的同侧。

4）为保证铝板安装外观平整，对大尺寸风管可采用与保温厚度等厚的木方钉成框架，将铝板用自攻钉固定在木框架上。

5）铝皮要压圆。保护层不得有脱壳或凹凸不平现象。

6）立管应自下而上，水平管应从管道低点向高处顺序进行。保护层端头应封闭。

3.4　消防工程

3.4.1　消防水系统

一、喷淋系统

主要施工的基本程序见图 3.4.1–1。

（一）施工工艺流程

支吊架安装：支架选型→确定尺寸→制作→刷油→定位→安装。

螺纹管道安装：断管→清理（除锈）→套丝→丝接→调直→刷油→冲洗。

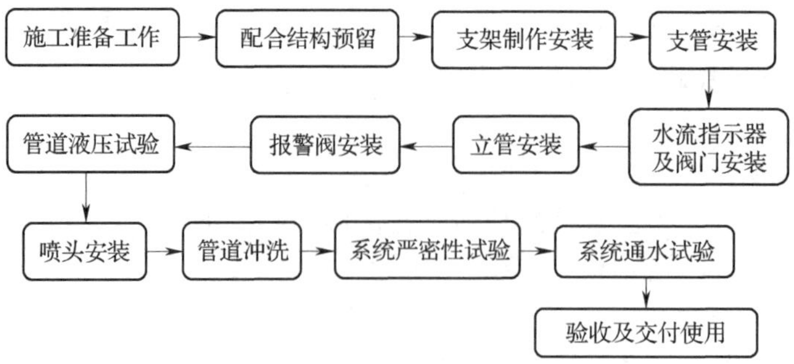

图 3.4.1–1　主要施工的基本程序

沟槽管道安装：断管→清理（除锈）→开沟槽→放橡胶圈→安装沟槽管件→紧螺栓→刷油→冲洗。

阀门安装：核对规格型号→核对质量外观→强度试验→严密性试验→丝接（安装法兰）→紧螺栓。

喷头安装：核对型号→核对质量外观→套丝→丝接。

（二）施工方法

（1）支吊架安装。

1）管道支架的距离需符合标准约定。

2）喷洒管道支架、吊架的安装位置不应妨碍喷头的喷水效果；管道支吊架与喷头之间的距离不宜小于 300mm；与末端喷头之间的距离不宜大于 750mm。

3）配水支管上每一直管段，相邻两喷头之间的管段设置的吊架均不宜少于 1 个；当喷头之间的距离小于 1.8m 时，应分段设置吊架，但吊架的间距不宜大于 3.6m。

4）当管子的公称直径大于或等于 50mm 时，每段配水干管或配水管设置防晃架不应少于 1 只；当管道改变方向时应增设防晃架。

5）竖直安装的配水干管应在其始端和终端设防晃支架或采用管卡固定，其安装位置距地面或楼面的距离宜为 1.5~1.8m。

6）管道支吊架及防晃架安装应牢固可靠，采用膨胀螺栓固定在楼板、梁、柱等结构上，不应在承重梁底部安装膨胀螺栓固定支架。

（2）管道安装。钢管的连接方法有螺纹连接（又称丝扣连接）、焊接和法兰连接、卡箍连接。通常 $DN \leqslant 100$ 的镀锌钢管采用螺纹连接，$DN>100$ 的镀锌钢管采用焊接、法兰连接或卡箍连接。

1）钢管螺纹连接。这种连接方式就是在管道上加工螺纹后用配件连接起来，主要用于钢管或铜管的连接。

2）钢管焊接。就是将两段管子用电焊的工艺焊接在一起，形成连续的管路。

3）钢管卡箍连接。卡箍连接是一种新型的钢管连接方式，也叫沟槽连接件。沟槽连接管件包括两个大类产品：一是起连接密封作用的管件有刚性接头、挠性接头、机械三通和沟槽式法兰；二是起连接过渡作用的管件有弯头、三通、四通、异径管、盲板等。起连接密封作用的沟槽连接管件主要由密封橡胶圈、卡箍和锁紧螺栓三部分组成。

（3）泵房安装。

1）水泵基础安装。应打好基础，基础为素混凝土，并预留地脚螺栓孔。地脚螺栓孔应留有一定的裕量，以便进行水泵安装时找正。

2）离心泵机组安装。安装顺序是先安装水泵，待其位置与进出水管的位置找正后，再安装电动机。

①水泵就位后应进行找正；②中心找正；③水平找正；④标高找正；⑤电动机安装。

3）水箱安装。

①设备吊装就位，进行校平找正工作。

②水箱支架或底座安装，其尺寸及位置应符合设计规范规定；埋设平整牢固。

③按图纸安装进水管、出水管、溢流管、排污管、水位信号管等。水箱溢流管和泄放管应设置在排水地点附近但不得与排水管直接连接。

④按系统进行水压试验。

（4）管道阀门安装。

1）阀门安装前按设计要求，检查其种类、规格、型号及质量，阀杆不得弯曲，按规定对阀门进行强度和严密性试验。试验应以每批（同牌号、同规格、同型号）数量中抽查10%。且不少于一个，对于安装在主干管上起切断作用的闭路阀门，应逐个做强度和严密性试验。

2）强度试验压力为公称压力的1.5倍，严密性试验压力应为阀门出厂规定之压力。检验是否泄漏，并做好阀门试验记录。

3）阀门安装时，应仔细核对阀件的型号与规格是否符合设计要求。

4）阀门安装的位置除施工图注明尺寸外，一般就现场情况，做到不妨碍设备的操作和维修，同时也便于阀门自身的拆装和检修。

5）水平管道上的阀门安装位置尽量保证手轮朝上或者倾斜45°或者水平安装，不得朝下安装。

6）阀门法兰盘与钢管法兰盘平行，一般误差应小于2mm，法兰螺栓应对称上紧，严格按招标文件中技术规范的要求选择适合介质参数的垫片置于两法兰盘的中心密合面上，注意放正，然后沿对角先上紧螺栓，最后全面上紧所有螺栓。

7）大型阀门吊装时，应将绳索拴在阀体上，不准将绳索系在阀杆、手轮上。安装阀门时注意介质的流向，截止阀及止回阀不允许反装。阀体上标示箭头，应与介质流动方向一致。

8）螺纹式阀门，要保持螺纹完整，加入填料后螺纹应有3扣的预留量，紧靠阀门的出口端装有活接，以便拆修。

9）螺纹式法兰连接的阀门，必须在关闭情况下进行安装，同时根据介质流向确定阀门安装方向。

10）所有的阀门在安装完毕后，均用明显的标示牌标示出阀门的开闭情况。

11）容易碰撞部位的阀门在安装完毕后，在阀杆上用PVC管做的管套做好保护。

（5）报警阀及其他组件安装。

1）报警阀组的安装应先安装水源控制阀、报警阀，然后根据设备安装说明书进行辅助管道及附件的安装。水源控制阀、报警阀与配水干管的连接，应使水流方向一致。报警阀组安装位置应符合设计要求。当设计无要求时，报警阀组应安装在便于操作的明显位置，距室内地面高度宜为1.2m；两侧与墙的距离不应小于0.5m；正面与墙的距离不应小于1.2m。安装报警阀组的室内地面应有排水措施。

2）报警阀组附件安装：报警阀组附件包括压力表、压力开关、延时器、过滤器、水力警铃、泄水管等。应严格按照产品说明书或安装图册进行安装。压力表应安装在报警阀上便于观测的位置；压力开关应竖直安装在通往水力警铃的管道上，且不应在安装中拆装改动；报警水流通路上的过滤器应安装在延时器前，而且是便于排渣操作的位置；水力警铃应安装在公共通道或值班室附近的外墙上，且应安装检修、测试用的阀门。水力警铃和报警阀的连接应采用镀锌钢管，当公称直径为15mm时，其长度不应大于6m；当公称直径为20mm，其长度不应大于20m。安装后的水力警铃启动压力不应小于0.05MPa。

3）其他组件安装。

①水流指示器安装：水流指示器的安装应在管道试压和冲洗合格后进行；水流指示器的规格、型号应符合设计要求；水流指示器前后应保持有5倍安装管径长度的直管段，其电器元件部位竖直安装在水平管道上侧，注意其指示箭头方向应与水流方向一致。安装后的水流指示器浆片、膜片应动作灵活，不应与管壁发生碰擦。

②信号阀安装：信号阀的规格、型号和安装位置均应符合设计要求，应安装在水流指示器前的管道上，与水流指示器之间的距离不应小于300mm。信号阀安装方向应正确，信阀内应清洁、无堵塞、无渗漏；主要信号阀应加设启闭标志；隐蔽处的控制阀应在明显处设有指示其位置的标志。

③末端试水装置安装：末端试水装置由试水阀、压力表及试水管道组成。试水管道与试水阀的直径均应为25mm。末端试水装置的出水，应采取孔口出流的方式排入排水管道。末端试水装置和试水阀的安装位置应便于检查、试验，并应有相应排水能力的排水设施。

④排气阀的安装：排气阀的安装应在系统管网试压和冲洗合格后进行；排气阀应安装在配水干管顶

部、配水管的末端，且应确保无渗漏。

（6）喷头安装。

1）喷淋立支管安装时，要密切注意装饰单位的施工进度。

2）在方向一致，标高相同的场所，安装喷淋头时，宜用一根直线，固定在最前与后的两只喷头间，然后安装中间部分，保证其美观性。

3）喷头安装，先按设计喷洒管道的平面布置安装喷洒水管的吊架，吊架间距视喷头的间距而定。吊架与喷头的净距离不小于300mm，距末端喷头不大于750mm。喷洒管道的安装顺序是先安装供水主管，接着安装配水支管、喷水支管及喷头。自喷系统各层横管在安装允许情况下作0.003的坡度坡向放水管。喷头间距及与隔墙、隔板间距符合规范。

（7）试压和冲洗。

1）试验用的压力表不少于2只，精度不应低于1.5级，量程应为试验压力值的1.5~2倍。

2）对于不能参与试压的设备、仪表、阀门及附件应加以隔离或拆除；加设的临时盲板应有突出于法兰的边耳，且应做明显标记，并记录临时盲板的数量。

3）水压强度试验的测试点应设在系统管网的最低点。对管网注水时，应将管网内的空气排净，并应缓慢升压，达到试验压力后，稳压30min，目测管网应无泄漏和无变形，且压力降不应大于0.05MPa。

4）水压严密性试验应在水压强度试验和管网冲洗合格后进行。试验压力应为设计工作压力，稳压24h，应无泄漏。

5）管道冲洗的水流速度不宜小于3m/s；冲洗应连续进行且应与灭火时管网的水流方向一致；管网冲洗结束应将管网内水排除干净，必要时可采用压缩空气吹干。排放的水应妥善排至室外排水沟。

二、消火栓系统

主要施工的基本程序见图3.4.1–2。

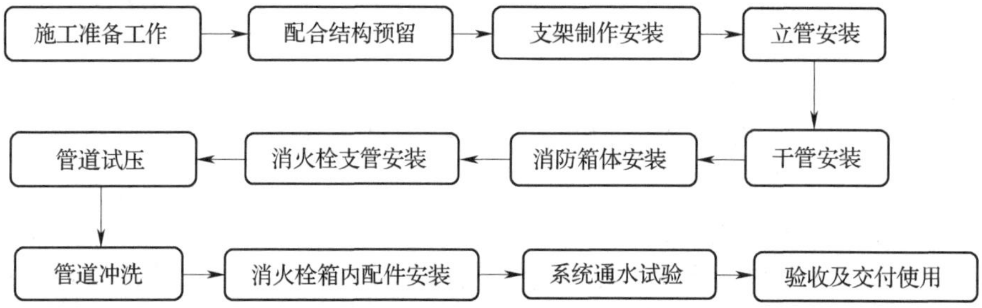

图3.4.1–2　主要施工的基本程序

（一）施工工艺流程

支吊架安装：支架选型→确定尺寸→制作→刷油→定位→安装。

螺纹管道安装：断管→清理（除锈）→套丝→丝接→调直→刷油→冲洗。

沟槽管道安装：断管→清理（除锈）→开沟槽→放橡胶圈→安装沟槽管件→紧螺栓→刷油→冲洗。

阀门安装：核对规格型号→核对质量外观→强度试验→严密性试验→丝接（安装法兰）→紧螺栓。

消火栓安装：核对型号→核对质量外观→套丝→丝接。

水泵接合器安装：核对型号→核对质量外观→套丝→丝接。

（二）施工方法

（1）消火栓安装。

1）室内消火栓安装，其位置应符合设计要求，不得擅自改动。

2）室内消火栓其栓口应朝外，且不应与门框相碰。阀门中心距地面为1.1m，距箱后内表面为100mm。

3）消火栓水龙带与快速接扣连接，应用专门喉箍夹紧，并根据箱内构造将水龙带挂在箱内的挂钩或水龙带盘上。

4）消火栓箱的门使用内置蝶形铰链与箱体连接。箱体上所有指示都使用中文予以标示。

（2）灭火器设置。

1）灭火器应设置稳固，其铭牌必须朝外。

2）手提式灭火器宜设置在挂钩、托架上或灭火器箱内，其顶部离地面高度小于1.50m，底部离地面高度不宜小于0.15m。

3）灭火器不应设置在潮湿或强腐蚀性的地点，当必须设置时，应有相应的保护措施。

（3）室外墙壁式水泵接合器安装。

1）消防水泵接合器的组装应按接口、本体、联接管、止回阀、安全阀、放空管、控制阀的顺序进行。止回阀的安装方向应使消防用水能从消防水泵接合器进入系统。

2）安装位置应有明显标志，阀门位置应便于操作，接合器附近不得有障碍物。安全阀应按系统工作压力定压，防止消防车加压过高破坏室内管网及部件。

3）水泵接合器安装于水泵接合器柜内，水泵接合器柜应在首层浇筑混凝土前确定尺寸，并预留出水泵接合器柜的洞口，以便主体完成后的安装工作。

（4）管道试压及冲洗。

1）管道水压强度试验；2）管网冲洗；3）管网水压严密性试验。

水压严密性试验应在水压强度试验和管网冲洗合格后进行，试验压力应为设计工作压力，稳压24h，应无泄露为合格。

3.4.2　消防自动报警及联动控制系统

主要施工的基本程序见图3.4.2。

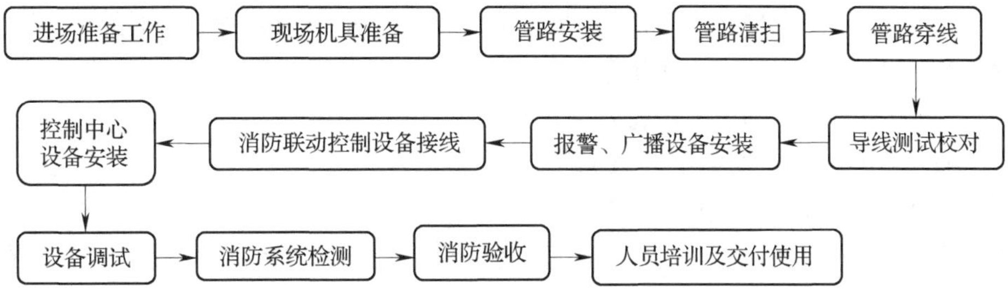

图3.4.2　主要施工的基本程序

一、施工工艺流程

自动报警：施工准备→消防系统配管及布线→探测器安装→按钮安装→火灾报警控制器安装→消防控制设备安装→系统调试。

消防电话：电话插座、组线箱安装要求→清理箱（盒）→接线→核对导线编号。

二、施工方法

（一）报警设备的安装

（1）探测器的安装。

1）探测器的底座应固定可靠，在吊顶上安装时应先把盒子固定在主龙骨上或顶棚上生根作支架，其连接导线必须可靠压接或焊接，当采用焊接时不得使用带腐蚀性的助焊剂，外接导线应有0.15m的余量，入端处应有明显标志。

2）探测器本体在即将系统调试时安装。

（2）手动火灾报警按钮的安装。

1）手动火灾报警按钮应安装在明显和便于操作的墙上，距地高度1.5m，安装牢固并不应倾斜。

2）手动火灾报警按钮外接导线应留有0.10m的余量，且在端部应有明显标志。

（3）端子箱和模块箱安装。

1）端子箱和模块箱一般设置在专用的竖井内，应根据设计要求的高度用金属膨胀螺栓固定在墙壁上明装，且安装时应端正牢固，不得倾斜。

2）模块箱内的模块按厂家和设计要求安装配线，合理布置，且安装应牢固端正，并有用途标志和线号。

（4）电话插座、组线箱安装。插座、组线箱等设备应安装牢固，位置准确。

（二）消防广播音响安装

（1）广播喇叭安装。

1）设置在吊顶内嵌入式喇叭，将引线用端子与盒内导线连接好，用手托着喇叭使其与顶棚贴紧，用螺丝将喇叭固定在吊顶支架板上。当采用弹簧固定喇叭时，将喇叭托入吊顶内再拉伸弹簧，将喇叭罩勾住并使其紧贴在顶棚上，并找正位置。

2）音量控制器安装时应将盒内清理干净，再将控制器安装平整、牢固。

（2）广播用扩音机及机房设备安装。

1）根据机柜内固定孔距，在基础槽钢上或地面钻孔，多台排列时，应从一端开始安装，逐台对准孔位，用镀锌螺栓固定。然后接线找平直，再将各种地脚螺栓及柜体用螺栓拧紧、牢固。

2）采用专用导线将各设备进行连接，各支路导线线头压接好，设备及屏蔽线应压接好保护地线。

3）设备安装完毕后，调试前应将电源开关置于断开位置，各设备采取单独试运转，然后整个系统进行统调，调试完毕后应由有关人员进行验收后交付使用，并办理验收手续。

（三）机房设备安装

（1）消防控制主机安装应符合下列要求：

1）机柜按设计要求进行排列，根据柜的固定孔距在基础槽钢上钻孔，安装时从一端开始逐台就位，用螺栓固定，用小线找平找直后再将各螺栓紧固。

2）消防控制机柜（台）前操作距离，单列布置时不小于1.5m，双列布置时不小于2m，在有人值班经常工作的一面，距墙的距离不应小于3m，柜后维修距离不应小于1m，控制柜排列长度大于4m时，控制柜（台）两端应设置宽度不小于1m的通道。

（2）引入火灾报警控制主机的线缆应符合下列要求：

1）引入的线缆应进行校线，按图纸要求编号。

2）线间、线对地绝缘电阻不应小于20MΩ。

3）摇测全部合格后按电压等级、用途、电流类别分别绑扎成束引到端子板，按接线图进行压线，每个接线端子上压线不应超过2根。

4）线缆标识应清晰准确，不易褪色；配线应整齐，避免交叉，固定牢固。

5）导线引入完成后，在进线管处应封堵，控制器主电源引入线应直接与消防电源连接，严禁使用插头连接，主电源应有明显标志。

（四）设备接地

（1）工作接地线应采用铜芯绝缘导线或电缆，不得利用镀锌扁铁或金属软管。

（2）消防控制设备的外壳及基础应可靠接地，接地线引入接地端子箱。

（3）消防控制室一般应根据设计要求设置专用接地箱作为工作接地。

（4）工作接地线与保护接地线必须分开，保护接地导体不得利用金属软管。

（五）系统调试

（1）火灾自动报警系统设备单机调试。

（2）联动系统设备单机调试。

（3）系统联合调试。

3.4.3 气体灭火系统

主要施工的基本程序见图3.4.3。

图 3.4.3　主要施工的基本程序

一、施工工艺流程

管网式施工：进场准备→防护区内防尘处理→支吊架→灭火剂输送管道→刷油→线管施工→布线→瓶组设备安装→报警设备安装→系统上电测试→试运行→系统验收。

无管网式施工：进场准备→防护区内防尘处理→线管施工→布线→瓶组设备安装→报警设备安装→系统上电测试→试运行→系统验收。

二、施工方法

（一）灭火剂储存装置的安装

（1）储存装置的安装位置应符合设计文明的要求。

（2）灭火剂储存装置安装后，泄压装置的泄压方向不应朝向操作面。

（3）储存装置上压力计、液位计、称重显示装置的安装位置应便于人员观察和操作。

（4）储存容器的支、框架应固定牢靠，且应采取防腐处理措施。

（5）储存容器宜涂红色油漆，正面应标明设计规定的灭火剂名称和储存容器的编号。

（二）集流管的安装

（1）安装集流管前应检查内腔，确保清洁。

（2）集流管上的泄压装置的泄压方向不应朝向操作面。

（3）连接容器与集流管之间的单向阀的流向指示箭头应指向介质流动方向。

（4）集流管应固定在支架、框架上。支架、框架应固定牢固，并做防腐处理。

（5）集流管外表面宜涂红色油漆。

（6）组合分配系统的集流管宜采用焊接法兰方法制作。焊接前，每个开口均应采用机械加工的方法制作。采用钢管制作的集流管应在焊接后进行内外镀锌处理。镀锌层的质量应符合现行国家标准《低压流体输送用焊接钢管》GB/T 3091—2015 的有关规定。

（7）组合分配系统的集流管应按本要求进行水压强度试验和气压严密性试验。

（8）非组合分配系统的集流管，其强度试验和气压严密性试验可与管道一起进行。

（三）选择阀及信号反馈装置的安装

（1）选择阀的操作手柄应安装在操作面一侧，当安装高度超过 1.7m 时应采取便于操作的措施。

（2）采用螺纹连接的选择阀，其与管网连接处宜采用活接头。

（3）选择阀的流向指示箭头应指向介质流动方向。

（4）选择阀上应设置标明防护区或保护对象的名称或编号的永久性标志牌，并应便于观察。

（5）信号反馈装置的安装应符合设计要求。

（四）电磁阀驱动装置的安装

（1）电磁驱动装置驱动器的电气连接线应沿固定灭火剂储存容器的支架、框架或墙面固定。

（2）气动驱动装置应做防腐处理。

（3）气动驱动装置的管道布置应符合设计要求，管道应设防晃支架或采用卡关固定。

（4）气动驱动装置的管道安装后应进行气压严密性试验，并应合格。

（五）灭火剂输送管道的施工

（1）灭火剂输送管道连接应将连接处外部清理干净并做防腐处理。

（2）管道穿过墙壁、楼板处应安装套管。

（3）灭火剂输送管道安装完毕后，应进行水压强度试验和气压严密性试验，并需要对灭火剂输送管道进行吹扫和清洗。

（4）灭火剂输送管道的外表面宜涂红色油漆。

（六）喷嘴的安装

（1）安装喷嘴时，应按设计要求逐个核对其型号、规格及喷孔方向。

（2）安装在吊顶下的不带装饰罩的喷嘴，其连接管管端螺纹不应露出吊顶；安装在吊顶下的带装饰罩的喷嘴，其装饰罩应紧贴吊顶。

（七）管道连接件的安装

（1）气体灭火系统在管网安装中管道和管道连接件的连接工艺应确保在高压气体作用下，密封材料不会撕裂、脱落及堵塞喷嘴孔洞现象。

（2）灭火剂输送管道采用内外镀锌无缝钢管及其管接件。

（3）无缝钢管公称直径大于 80mm 时，采用法兰连接；小于或等于 80mm 时，采用丝扣连接。管道连接应尽量采用螺纹连接方式，若必须采用法兰连接时，法兰与镀锌钢管焊接处必须重新实施镀锌防腐工艺处理。

（八）阀门、管道及支、吊架的安装

阀门、管道及支、吊架的安装应符合本规范的规定外，尚应符合《工业金属管道工程施工规范》GB 50235—2010 中的有关规定。

（九）系统调试

（1）调试时，应对所有防护区或保护对象按照以下规定进行系统手动、自动模拟启动试验，并应合格。

（2）调试时，应对所有防护区或保护对象按照下列规定进行模拟喷气试验，并合格。

（3）设有灭火剂备用量且储存容器连接在同一集流管上的系统应按照规定进行模拟切换试验，并合格。

（4）模拟喷气试验的结果，应符合规定。

第 4 章　常用施工机械及检测仪表的类型及应用

【本章提示】通过本章学习，学习人员应了解汽车式起重机、手动液压叉车、卷扬机、台式钻床、电动葫芦、手动葫芦、电焊机、电动工具、弯管机、数字万用表、测量轮、激光水平仪、液压压线钳、电缆剥皮器、液化气喷火枪、套丝机、热熔机、管子钳、管子铰板、剪板机、咬口机、手动折方机、风速风温风压湿度测试仪、声级计、滚槽机、开孔机的特点与用途。

4.1　电气设备安装工程

4.1.1　汽车式起重机

汽车起重机（图 4.1.1）是装在普通汽车底盘或特制汽车底盘上的一种起重机，其行驶驾驶室与起重操纵室分开设置。这种起重机的优点是机动性好，转移迅速。缺点是工作时须支腿，不能负荷行驶，也不适合在松软或泥泞的场地上工作。

4.1.2　手动液压叉车

手动液压叉车（图 4.1.2）也被称为手动堆高车，是一种高起升装卸和短距离运输两用车，由于不产生火花和电磁场。特别适用于汽车装卸及车间、仓库、码头、车站、货场等地的易燃、易爆和禁火物品的装卸运输。该产品具有升降平衡、转动灵活、操作方便等特点。

图 4.1.1　汽车式起重机

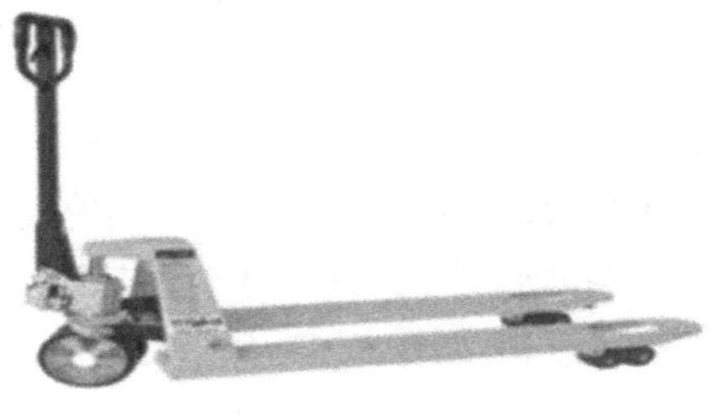

图 4.1.2　手动液压叉车

4.1.3　卷扬机

卷扬机（图 4.1.3），用卷筒缠绕钢丝绳或链条提升或牵引重物的轻小型起重设备，又称绞车。卷扬机可以垂直提升、水平或倾斜拽引重物。卷扬机分为手动卷扬机、电动卷扬机及液压卷扬机三种。现在以电动卷扬机为主。可单独使用，也可作起重、筑路和矿井提升等机械中的组成部件，因操作简单、绕绳量大、移置方便而广泛应用。

图 4.1.3　卷扬机

4.1.4　台式钻床

台式钻床（图 4.1.4），可安放在作业台上，主轴垂直布置的小型钻床。立式钻床：主轴箱和工作台安置在立柱上，主轴垂直布置的钻床。摇臂钻床：可绕立柱回转、升降，通常主轴箱可在摇臂上作水平移动。铣钻床：工作台可纵横向移动，钻轴垂直布置，能进行铣削的钻床。孔深钻床：使用特制深孔钻头，工件旋转，钻削深孔的钻床。平端面中心孔钻床：切削轴类端面和用中心钻加工的中心孔钻床。卧式钻床主轴水平布置，主轴可垂直移动的钻床。

4.1.5 电动葫芦

电动葫芦（图 4.1.5）是一种特种起重设备，安装在天车、龙门吊之上，电动葫芦具有体积小，自重轻，操作简单，使用方便等特点。电动葫芦结构紧凑，电机轴线垂直于卷筒轴线的电动葫芦采用蜗轮传动装置。其缺点为：长度尺寸大，宽度尺寸大，结构粗笨，机械效率低，加工较难等。液压系统为双重控制，溢流调节阀、磁接点压力表均可对压力进行精确的控制。电器控制部门采用了低电压控制，增加了支配系统的安全性。

图 4.1.4 台式钻床

图 4.1.5 电动葫芦

4.1.6 手动葫芦

手动葫芦（图 4.1.6）是一种使用简单、携带方便的手动起重机械，也称“环链葫芦”或“倒链”。它适用与小型设备和货物的短距离吊运，起重量一般不超过 10t。手动葫芦具有结构紧凑、手拉力小等特点。

手动葫芦由链轮、手拉链、传动机械、起重链及上下吊钩等几部分组成。其中传动机械部分又可分为蜗轮式和齿轮式传动两种。由于蜗轮式传动的机械效率低，零件易磨损，所以现在已很少使用。齿轮式传动的手动葫芦有几种型号，其中 HS 型是颇受欢迎的一种手动链条葫芦；WA 型是在 HS 型的基础上的改进产品；SBL 型是采用新型结构传动，它的机械效率较高，但自重比 HS 型重一些。

4.1.7 电焊机

电焊机（图 4.1.7）是利用正负两极在瞬间短路时产生的高温电弧来熔化电焊条上的焊料和被焊材料，使被接触物相结合的目的。其结构十分简单，就是一个大功率的变压器。

图 4.1.6 手动葫芦

图 4.1.7 电焊机

电焊机一般按输出电源种类可分为两种：一种是交流电源，另一种是直流电源。它们利用电感的原理，电感量在接通和断开时会产生巨大的电压变化，利用正负两极在瞬间短路时产生的高压电弧来熔化电焊条上的焊料，来使它们达到原子结合的目的。

4.1.8　电动工具

电动工具（图 4.1.8）主要分为金属切削电动工具、研磨电动工具、装配电动工具和铁道用电动工具。常见的电动工具有电钻、电动砂轮机、电动扳手和电动螺丝刀、电锤和冲击电钻、混凝土振动器、电刨。

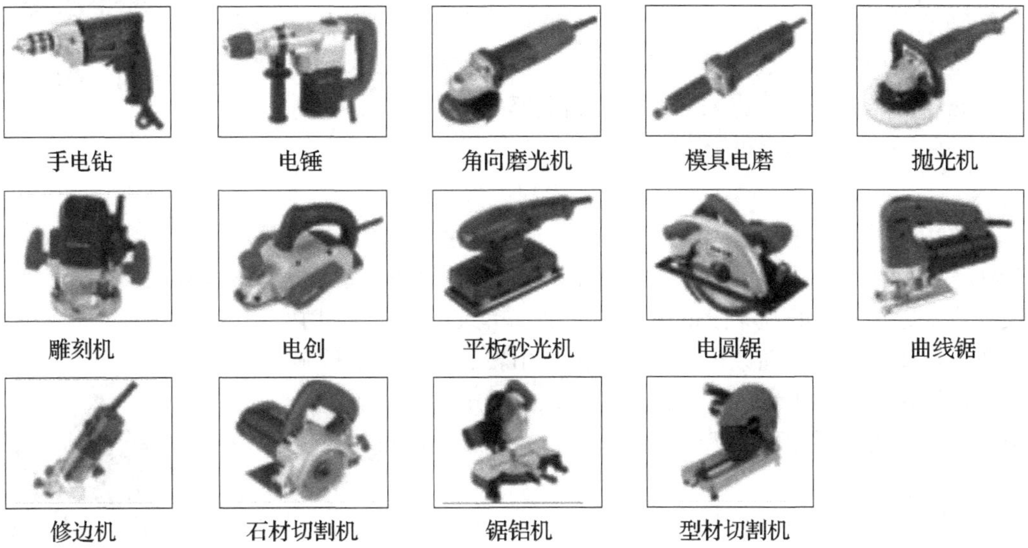

图 4.1.8　电动工具

（1）电钻：主要规格有 4mm、6mm、8mm、10mm、13mm、16mm、19mm、23mm、32mm、38mm、49mm 等，数字指在抗拉强度为 390N/mm 的钢材上钻孔的钻头最大直径。对有色金属、塑料等材料最大钻孔直径可比原规格大 30%~50%。

（2）电动砂轮机：用砂轮或磨盘进行磨削的工具。有直向电动砂轮机和电动角向磨光机。

（3）电动扳手和电动螺丝刀：用于装卸螺纹联接件。电动扳手的传动机构由行星齿轮和滚珠螺旋槽冲击机构组成。规格有 M8、M12、M16、M20、M24、M30 等。电动螺丝刀采用牙嵌离合器传动机构或齿轮传动机构，规格有 M1、M2、M3、M4、M6 等。

（4）电锤和冲击电钻：用于混凝土、砖墙及建筑构件上凿孔、开槽、打毛。结合膨胀螺栓使用，可提高各种管线、机床设备的安装速度和质量。

4.1.9　弯管机

弯管机（图 4.1.9）大致可以分为数控弯管机，液压弯管机等等。弯管机的用途：液压弯管机主要用于电力施工，具有功能多、结构合理、操作简单、移动方便、安装快速等优点。本机器除了具备弯管功能外，还能将油缸作为液压千斤顶使用，相对于数控弯管设备而言具有价格便宜，使用方便的特点，在国内弯管机市场占据主导产品位置。数控弯管机，可对管材在冷态下进行一个弯曲半径（单模）或两个弯曲半径（双模）的缠绕式弯曲，广泛使用于汽车、空调等行业的各种管件和线材的弯曲。弯管机主要用于管子的塑性成型。

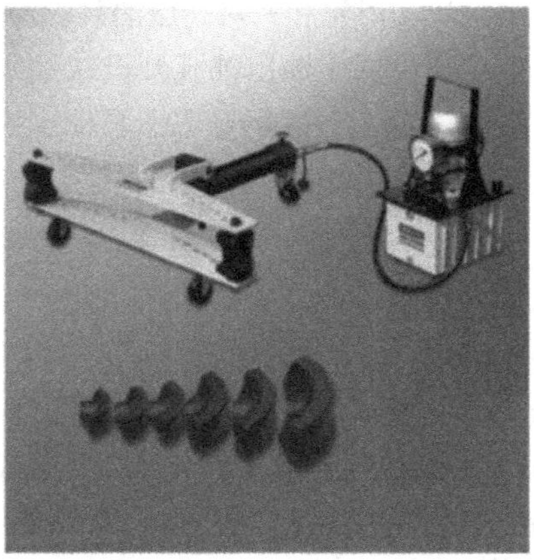

图 4.1.9　弯管机

4.1.10 数字万用表

数字万用表（DMM）（图 4.1.10），一种多用途电子测量仪器，一般包含安培计、电压表、欧姆计等功能。它可以有很多特殊功能，但主要功能就是对电压、电阻和电流进行测量，数字多用表，作为现代化的多用途电子测量仪器，主要用于物理、电气、电子等测量领域。

万用表测量电压、电流和电阻功能是通过转换电路部分实现的，而电流、电阻的测量都是基于电压的测量，也就是说数字万用表是在数字直流电压表的基础上扩展而成的。转换器将随时间连续变化的模拟电压量变换成数字量，再由电子计数器对数字量进行计数得到测量结果，再由译码显示电路将测量结果显示出来。逻辑控制电路的协调工作，在时钟的作用下按顺序完成整个测量过程。

图 4.1.10 数字万用表

4.1.11 测量轮

测量轮（图 4.1.11）又被称为机械测距车，数显测距轮和测距轮。轮式测距仪的测量距离长，数显系统的清晰、准确，单人操作并走动中自动记录距离。适用于各种地面条件，包括草地、山坡、崎岖不平的施工场。因此被广泛用于道路工程、管线铺设工程、电线电缆工程等施工作业的测量和评估，其省时方便的优势被越来越多的人所发现和利用。

图 4.1.11 测量轮

4.1.12 激光水平仪

激光水平仪（图 4.1.12）又称激光投线仪。它兼备原有的水准仪、经纬仪画线的功能，以激光线条将工作准线精确地投射到工作对象上。根据对地激光点为机器精准定位，在墙面投射出水平线、垂直线条，并能延伸到天顶画出十字线。使施工过程更方便，更省时省力、同时能较高地保证施工质量。广泛运用于建筑工程切割板材，沟槽开挖定位，预埋基础定位，挖掘土方的应用中。

图 4.1.12 激光水平仪

4.1.13 液压压线钳

液压压线钳（图 4.1.13）是液压工具的一种，主要特点就是使用液压原理，产生强大的压力从而可以完成很粗的钢线缆，电缆，高压电线铆接、压接。液压压线钳由油箱、动力机构、换向阀、卸压阀、泵油机构组成，泵油机构由油泵体、高、低压油出油孔、偏心轴、偏心轴承、从动齿轮和一对高压油泵以及一低压油泵构成，油泵体悬固于油箱盖上，高、低压油出油孔开设在油泵体上，与卸压阀油路连接，偏心轴呈纵向设置，上端枢置于油泵体中央，下端固设偏心轴承，从动齿轮固置在偏心轴顶部，与动力机构联结，高、低压油泵悬固在油泵体上，各具一与偏心轴承相触的作动件，高、低压油泵的泵腔分别与高、低压油出油孔相通。

图 4.1.13 液压压线钳

4.1.14 电缆剥皮器

电缆剥皮器（图 4.1.14）形式多种多样，有电缆主绝缘层剥除器、外半导电层剥除器、高压电缆绝缘层剥除器等。在将电缆线作为连接导线的接线过程中，为了保证电缆的连接效果，通常需要对电缆进行剥皮处理，将电缆头的一段表皮剥去再进行连接。根据不同的线径及使用环境选择不同形式的电缆剥皮器。

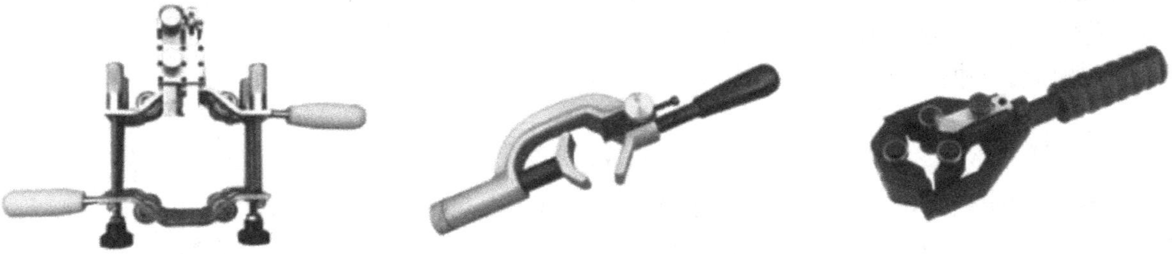

图 4.1.14　电缆剥皮器

4.1.15　液化气喷火枪

液化气喷火枪（图 4.1.15）是以液化气为燃料的加热、焊接工具，正确使用可达 1300℃的高温，具有成本低，安全方便，无污染，性能稳定的优点。在电缆头制作中热收缩材料的收缩温度为 110~1500℃，加热应用喷灯或液化气喷火枪，使用时应注意火焰和热缩材料的距离，以利气体的排除，收缩的材料应光滑无皱折。

图 4.1.15　液化气喷火枪

4.2　给水排水工程

4.2.1　套丝机

套丝机（图 4.2.1）又名电动套丝机、电动切管套丝机、绞丝机、管螺纹套丝机、钢筋套丝机。套丝机是把 1980 年前的手动管螺纹铰板电动化，它使管道安装时的管螺纹加工变得轻松、快捷，降低的管道安装工人的劳动强度。

图 4.2.1　套丝机

4.2.2　热熔机

热熔机（图 4.2.2）通过上焊件把超声能量传送到焊区，由于焊区即两个焊接的交界面处声阻大，因此会产生局部高温。又由于塑料导热性差，一时还不能及时散发，聚集在焊区，致使两个塑料的接触面迅速熔化，加上一定压力后，使其融合成一体。当超声波停止作用后，让压力持续几秒钟，使其凝固成型，这样就形成一个坚固的分子链，达到焊接的目的，焊接强度能接近于原材料强度。

图 4.2.2　热熔机

4.2.3　管子钳

（1）管子钳（图 4.2.3）是用来上紧或卸下各种螺纹的管子及其配件的工具，管子钳适用于小口径管道，它由钳柄和活动钳口组成。活动钳口用套夹与钳把柄相连，根据管径大小通过调整螺母以达到钳口适当的紧度，钳口上有轮齿，以便咬牢管子转动。管子钳以长度划分，分别应用于相应的管子和配件上。

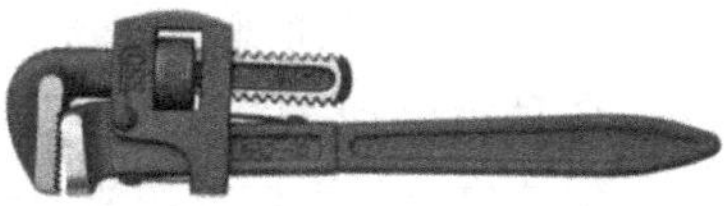

图 4.2.3　管子钳

（2）管子钳使用注意事项：

1）用管子钳时，不可用套管接长手柄。扳动手柄时，两手动作应协调，不得用力过猛，以防钳口打滑伤人。钳口不得沾油，以免打滑。当手柄握端高出人头时，不得采取正面攀吊的姿势扳动手柄。

2）应根据管径大小选用适当的管子钳。

3）不得将管子钳作撬杠或手锤使用。

4.2.4 管子铰板

（1）管子铰板（图 4.2.4）又称代丝、套丝板，是管子套丝用的主要工具板，由板身、板把、板牙三个主要部分组成。

（2）每个板牙都具有一个规格，在机身的每个板牙孔口处也有 1~4 的标号。安装时，先将刻线对准固定盘“0”的位置，然后按板牙上的数字与管子铰板的数字相应的顺序插入牙槽内（对号入座）。转动固定盘（使板牙向中心靠拢或离开），调整到所需套丝的公称直径刻度后将标盘固定。

图 4.2.4 管子铰板

（3）管子铰板使用注意事项：

1）使用时不得用锤击的方法旋紧和放松背面挡脚和进刀手把以及活动标盘。

2）套丝时应用力均匀，不能用加长和接长手柄的方法进行套丝操作。套丝时手柄应在人体旁侧，防止手柄伤人。

3）管子板牙要经常拆下清洗，保持清洁。套丝时要加注润滑油，套歪牙时不准强行校正。

4）使用完毕应清除铁屑油污。

4.3 通风空调工程

4.3.1 剪板机

剪板机（图 4.3.1）是用一个刀片相对另一刀片作往复直线运动以剪切板材的机器。是借于运动的上刀片和固定的下刀片，采用合理的刀片间隙，对各种厚度的金属板材施加剪切力，使板材按所需要的尺寸断裂分离。剪板机是机加工中应用比较广泛的一种剪切设备，它能剪切各种厚度的钢板材料。常用的剪板机分为平剪、滚剪及震动剪三种类型。平剪机是使用量多的。剪切厚度小于 10mm 的剪板机多为机械传动，大于 10mm 的为液压动传动。广泛适用于为航空、轻工、冶金、化工、建筑、船舶、汽车、电力、电器、装潢等行业提供所需的专用机械和成套设备。

图 4.3.1 剪板机

4.3.2 咬口机

咬口机又称镶骨机，咬缝机，咬边机，风管咬口机，风管镶骨机。是一种多功能的机种，主要用于板材连接和圆风管闭合连接的咬口加工。可以满足风管制造的各种不同形状的骨型。加工板材厚度为 0.5~1.5mm。机器的所有齿轮、轴、轧辊均选用优质钢材，经过严格的热处理工艺，保证机械耐用，质量稳定，具有易于安装、外形美观，机械原理合理，移动灵活、操作使用方便等特点，能满足用户不同的要求。咬口机适用于通风、空调、净化等装置的风管制作，根据要求，可制作成各种方形、矩形的薄板风管，是各种钣金加工、风管制作等不可缺少的机械化设备。咬口机种类分为多功能咬口机、联合角咬口机、插条咬口机、平口咬口机、弯头咬口机等。

4.3.3　手动折边机

手动折边机（图 4.3.3）是在总结多年生产和使用手动折边机的基础上研制的。它集各种手动折边机的优点于一身，其最大的优点在于它配有活动式、可分割的上模，并能根据加工件的不同尺寸，进行适当的调整，将金属板材折弯成有四边一底的盒件或盘件。而且还可以在盒件上部折出翻边。当全部上模都安装上去时，即可折直线板料。广泛应用于输送机械，搬运箱，各类盒件、盘件的加工。它有轻便、节能、工作效率高、生产多、应用范围广、易搬运等特点。

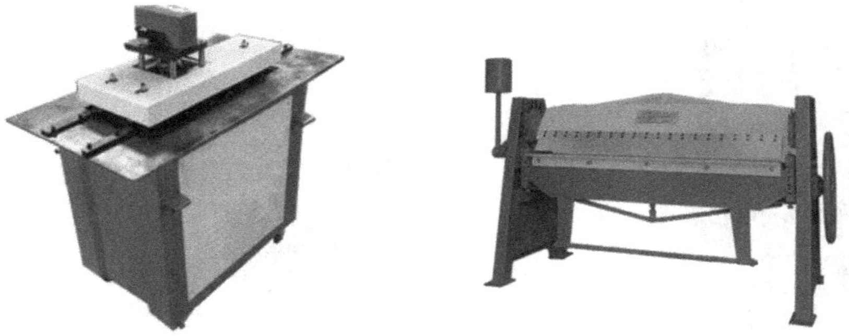

图 4.3.3　手动折边机

4.3.4　风速风温风压湿度测试仪

风速风温风压湿度测试仪（图 4.3.4）是一种具有高精度、高稳定性、多功能的测量仪器，适用于各压力范围内的气体的正压、负压和差压及风温（-20~80℃）、风速（0~57m/s）、空气湿度（0~100%RH）的测量，是各风机厂、实验室、建筑空调供暖、通风、无尘室测试或标定压力及温湿度的理想仪器，配上毕托管可直接测量气体流速。其特点在于压差、风温、风速、空气湿度、露点的测量。

图 4.3.4　风速风温风压湿度测试仪

4.3.5　声级计

声级计（图 4.3.5）是最基本的噪声测量仪器，是一种电子仪器，但又不同于电压表等客观电子仪表。在把声信号转换成电信号时，可以模拟人耳对声波反应速度的时间特性；对高低频有不同灵敏度的频率特性以及不同响度时改变频率特性的强度特性。声级计是一种主观性的电子仪器。其工作原理是由传声器将声音转换成电信号，再由前置放大器变换阻抗，使传声器与衰减器匹配。放大器将输出信号加到计权网络，对信号进行频率计权（或外接滤波器），然后再经衰减器及放大器将信号放大到一定的幅值，送到有效值检波器（或外接电平记录仪），在指示表头上给出噪声声级的数值。

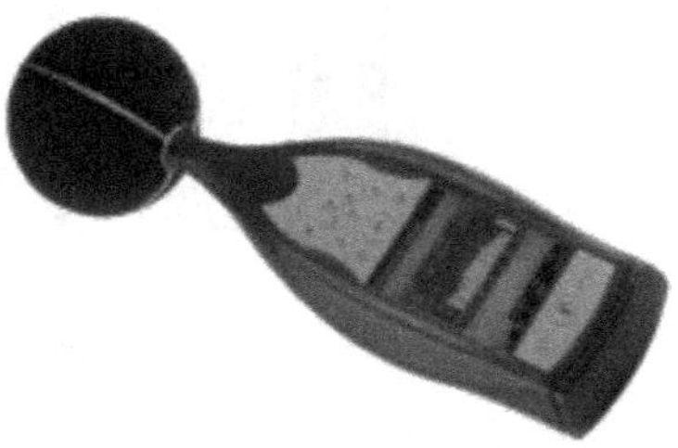

图 4.3.5　声级计

4.4　消防工程

4.4.1　滚槽机的使用

（1）滚槽机（图 4.4.1–1）应放置在一块宽敞平整的地方，避免机器在滚槽时震动从而影响压槽质量，如机器不水平，则可通过调节支脚螺丝进行调整，直到机器水平为止。

（2）根据管子大小制作好管子支架，要求能上下伸缩，且摆放平整，并能通过支脚螺丝调整水平，管子转动部位要安装轴承（图 4.4.1–2~ 图 4.4.1–4）。

（3）压制管子时要调试油压。

（4）根据管子大小及压制的沟槽深浅调整限位，使压制的沟槽深度在规定范围之内。如果压制的管子规格变化时，需重新调整限位。

（5）槽轮应根据管子规格选用。

图 4.4.1–1　滚槽机

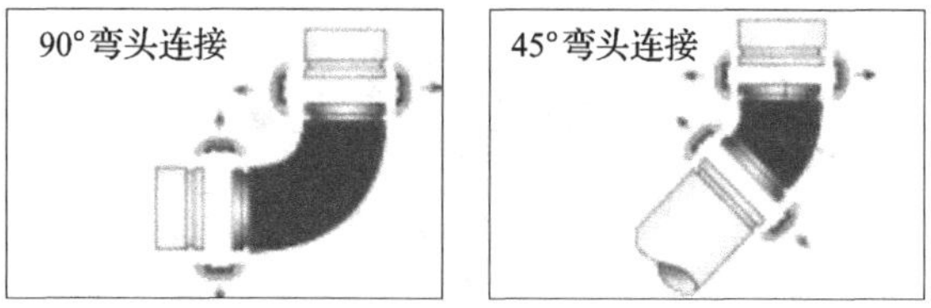

图 4.4.1–2　弯头

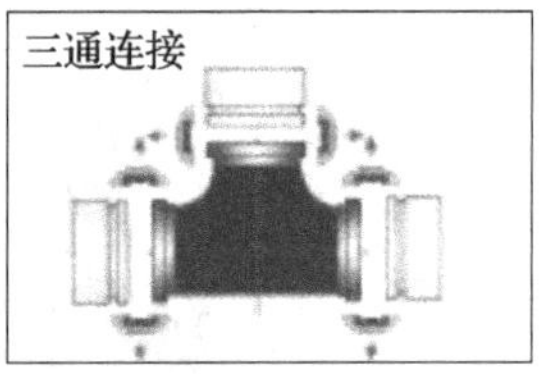

图 4.4.1–3　正三通

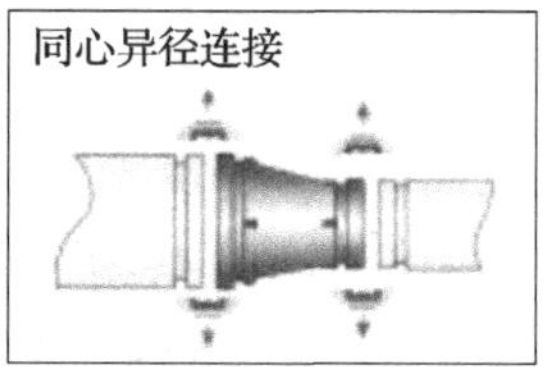

图 4.4.1–4　大小头

4.4.2　开孔机的使用

开槽步骤见图 4.4.2。

①钢管定尺裁断

②去毛刺以免刮伤密封圈

③钢管调平放入滚槽机滚轮之间

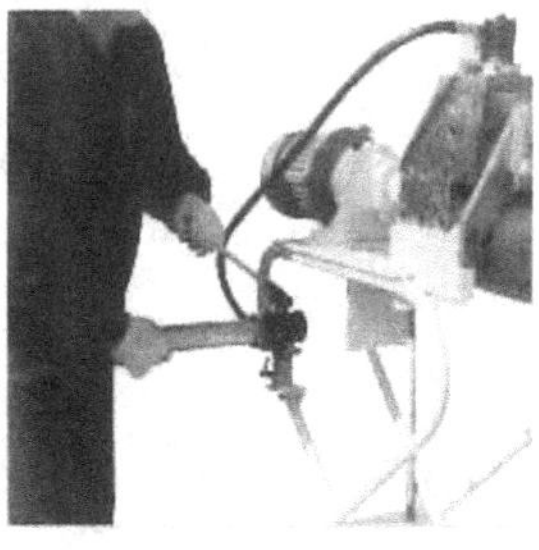

④下压手动液压泵使滚轮顶到钢管外壁

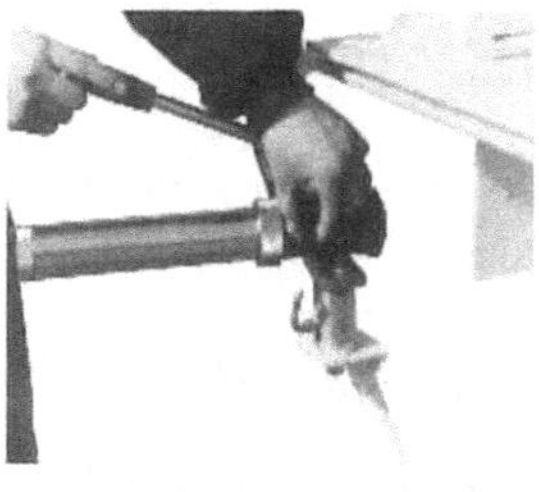

⑤滚轮顶到钢管外壁时锁紧手动液压泵回油阀

⑥将对应管径塞尺塞入标尺确定滚槽深度

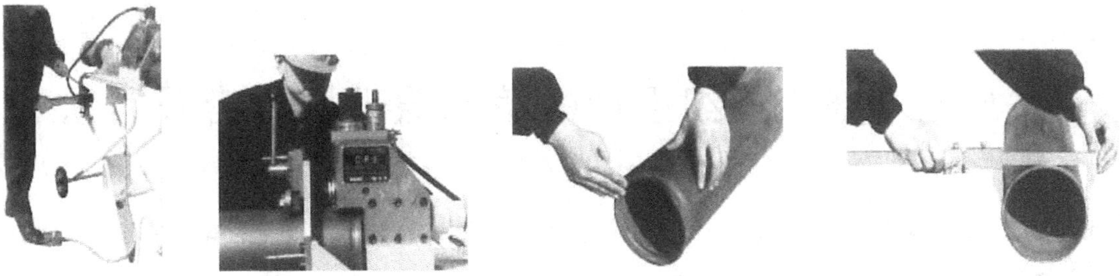

⑦踏动滚槽机开关同时下压手动液压泵　⑧启动滚槽机转动滚槽到达标尺限位　⑨检查密封面是否有损伤　⑩检查槽深

图 4.4.2　开槽步骤

（1）电源接通后，启动并检查电机及相关部件是否转动灵活，是否有异样的声音、转速是否适当、检查是否有异物，同时加入适当的润滑剂。

（2）根据需要开孔的管径和管件，选用正确的开孔锯。开孔锯规格由开孔大小决定。

第5章 施工组织设计的编制原理、内容及方法

【本章提示】通过本章学习，学习人员应了解施工组织设计的编制原理、内容及方法和安装工程相关规范的基本内容。

施工组织设计，是施工单位控制工程成本和进行有序施工的重要基础。

根据《建筑施工组织设计规范》GB/T 50502—2009，施工组织设计是指以施工项目为对象编制的，用以指导施工的技术、经济和管理的综合性文件。

5.1 施工组织设计的编制原理

5.1.1 施工组织设计的类型

一、按编制阶段分类

根据编制阶段的不同，施工组织设计可划分为两类：一类是投标前编制的施工组织设计，简称“标前设计”；另一类是中标后编制的施工组织设计，简称“标后设计”。

（1）标前设计是投标前编制的施工组织设计，其主要作用是指导工程投标与签订工程承包合同，并作为投标书的一项重要内容（技术标）和合同文件的一部分。在工程投标阶段编好施工组织设计，充分反映施工企业的综合实力，是实现中标、提高市场竞争力的重要途径。

（2）标后设计是签订工程承包合同后编制的施工组织设计，其主要作用是指导施工前的准备工作和工程施工全过程的进行。

二、按编制对象范围分类

施工组织设计按编制对象和范围不同可划分为三类：施工组织总设计、单位工程施工组织设计和分部分项工程施工组织设计。具体如下：

（1）施工组织总设计是以一个建设项目为编制对象，规划其施工全过程各项活动的技术、经济的全局性控制性文件。它是整个建设项目施工的战略部署，涉及范围较广，内容比较概括。一般是在初步设计或扩大初步设计批准后，由总承包单位的总工程师负责，会同建设、设计和分包单位的工程师共同编制。施工组织总设计是施工单位编制年度施工计划和单位工程施工组织设计的依据。

（2）单位工程施工组织设计是以单位工程为编制对象，用来指导其施工全过程各项活动的技术、经济的局部性、指导性文件。它是拟建工程施工的战术安排，是施工单位年度施工计划和施工组织总设计的具体化，内容更详细。它是在施工图设计完成后，由工程项目主管工程师负责编制的，可作为编制季度、月度计划和分部分项工程施工组织设计的依据。

（3）分部分项工程施工组织设计是以某些新结构、新工艺、技术复杂的或缺乏施工经验的分部（分项）工程为编制对象（如大型吊装工程、复杂的基础工程以及有特殊要求的高级装饰工程等），用来指导其施工活动的技术、经济文件。它结合施工单位的月、旬作业计划，把单位工程施工组织设计进一步具体化，是专业工程的具体施工设计。

5.1.2 施工组织设计的编制原则

（1）符合施工合同或招标文件中有关工程进度、质量、安全、环境保护、造价等方面的要求。

（2）积极开发、使用新技术和新工艺，推广应用新材料和新设备。

（3）坚持科学的施工程序和合理的施工顺序，采用流水施工和网络计划等方法，科学配置资源，合理布置现场，采取季节性施工措施，实现均衡施工，达到合理的经济技术指标。

（4）采取技术和管理措施，推广建筑节能和绿色施工。

（5）与质量、环境和职业健康安全三个管理体系有效结合。

5.1.3　施工组织设计的编制依据

（1）工程建设有关法律法规及政策。

（2）工程建设标准和技术经济指标。

（3）工程设计文件。

（4）工程施工合同文件。

（5）工程现场条件，工程地质与水文地质、气象等条件。

（6）与工程有关的资源供应条件。

（7）施工单位的生产能力、机具设备状况及技术水平等。

5.2　施工组织设计的编制内容

施工组织设计的内容是根据不同工程的特点和要求，以及现有的和可能创造的施工条件，从实际出发，决定各生产要素（材料、机械、资金、劳动力和施工方法等）的结合方式。不同类型的施工组织设计的主要内容各不相同，一般包括以下基本内容：编制依据、工程概况、施工部署、施工进度计划、施工准备与资源配置计划、主要施工方法、施工现场平面布置及主要施工管理计划等基本内容。

5.3　施工组织设计的编制方法

5.3.1　施工组织总设计

施工组织总设计是指以若干单位工程组成的群体工程或特大型工程项目为主要对象编制的施工组织设计，对整个工程项目的施工过程起统筹规划、重点控制的作用。

施工组织总设计的主要内容：工程概况、总体施工部署、施工总进度计划、总体施工准备与主要资源配置计划、主要施工方法、施工总平面布置。

施工组织总设计应由施工项目负责人主持编制，应由总承包单位技术负责人负责审批。

工程项目施工过程中，发生下列情形之一时，应及时修改、补充施工组织总设计：

1）工程设计有重大修改。

2）有关法律法规、标准的实施、修订或废止。

3）主要施工方法有重大调整。

4）主要施工资源配置有重大调整。

5）施工环境有重大改变。

修改、补充后的施工组织总设计经审批后方可实施。

一、工程概况

工程概况应包括工程项目主要情况和主要施工条件。

（1）工程项目主要情况。包括工程项目名称、性质、地理位置和建设规模；工程项目的建设、勘察、设计、监理等相关单位的情况；工程项目设计概况；工程项目承包范围及主要分包工程范围；施工合同中对工程项目施工的重点要求等。

（2）主要施工条件。包括工程项目建设地点气象状况；工程项目施工区域地形和工程水文地质状况；工程项目施工区域地上、地下管线及相邻的地上、地下建（构）筑物情况；与工程项目施工有关的道路、河流等状况；当地建筑材料、设备供应和交通运输等服务能力状况；当地供水、供电、供热和通信能力状况等。

二、总体施工部署

总体施工部署是在充分了解工程情况、施工条件和建设要求的基础上，对整个工程进行全面安排和解决工程施工中重大问题的方案。总体施工部署也是编制施工总进度计划的前提。

施工组织总设计中应对工程项目总体施工做出下列宏观部署：

（1）确定工程项目施工总目标，包括进度、质量、成本、安全生产及环境保护目标。

（2）根据工程项目施工总目标的要求，确定工程项目分阶段（期）交付使用计划。

（3）确定工程项目分阶段（期）施工的合理顺序和空间组织。

施工组织总设计中还应简要分析工程项目施工的重点和难点。对于工程项目施工中开发和使用的新技术、新工艺，也应做出规划，并采取可行的技术、管理措施来满足工期、质量等要求。

此外，施工组织总设计中还应根据工程项目规模、复杂程度、专业特点、人员素质和地域范围确定总承包单位的项目管理组织机构形式，并采用框图形式表示。工程项目需要分包的，还应对分包项目施工单位的资质和能力提出明确要求。

三、施工总进度计划

施工总进度计划是根据总体施工部署的要求，用来确定各单位工程的施工顺序、施工时间及相互衔接关系的计划。施工总进度计划的编制步骤和方法如下：

（1）计算工程量。根据工程项目一览表，按单位工程分别计算其主要实物工程量，以便选择施工方案和施工机械，组织主要工种工程的流水施工，计算劳动量、施工机械及建筑材料的需要量。

（2）确定各单位工程的施工期限。各单位工程的施工期限应根据合同工期确定，同时还要考虑建筑类型、结构特征、施工方法、施工管理水平、施工机械化程度及施工现场条件等因素。如果在编制施工总进度计划时没有合同工期，则应保证计划工期不超过工期定额。

（3）确定各单位工程的开竣工时间和相互搭接关系。确定各单位工程的开竣工时间和相互搭接关系主要应考虑以下方面：

1）同一时期施工的项目不宜过多，以避免人力、物力过于分散。

2）尽量做到均衡施工，以使劳动力、施工机械和主要材料的供应在整个工期范围内达到均衡。

3）尽量提前建设可供工程施工使用的永久性工程，以节省临时工程费用。

4）急需和关键的工程先施工，以保证工程项目如期交工。对于某些技术复杂、施工周期较长、施工困难较多的工程，亦应安排提前施工，以利于整个工程项目按期交付使用。

5）施工顺序必须与主要生产系统投入生产的先后次序相吻合。同时，还要安排好配套工程的施工时间，以保证建成的工程能迅速投入生产或交付使用。

6）应注意季节对施工顺序的影响，避免施工受季节影响，导致工期拖延，影响工程质量。尽可能减少冬期、雨季施工的附加费用。

7）安排一部分附属工程或零星项目作为后备项目，用以调整主要项目的施工进度。

8）主要工种和主要施工机械能连续施工。

（4）编制初步施工总进度计划。施工总进度计划应安排全工地性的流水作业。全工地性的流水作业安排应以工程量大、工期长的单位工程为主导，组织若干条流水线，并以此带动其他工程。

施工总进度计划既可以用横道图表示，也可以用网络图表示。如果用横道图表示，则常用的格式见表 5.3.1。由于采用网络计划技术控制工程进度更加有效，因此，人们更多地开始采用网络图来表示施工总进度计划。特别是计算机的广泛应用，为网络计划技术的推广和普及创造了更加有利的条件。

（5）编制正式的施工总进度计划。初步施工总进度计划编制完成后，要对其进行检查。主要是检查总工期是否符合要求，资源使用是否均衡且其供应是否能得到保证。如果出现问题，则应进行调整。调整的主要方法是改变某些工程的起止时间或调整主导工程的工期。如果是网络计划，则可以利用计算机分别进行工期优化、费用优化及资源优化。当初步施工总进度计划经过调整符合要求后，即可形成正式的施工总进度计划。

表 5.3.1　施工总进度计划表

某宿舍楼施工进度计划横道图

序号	工作名称	持续时间（天）	2019 年 1 月			2019 年 2 月			2019 年 3 月			2019 年 4 月			2019 年 5 月			2019 年 6 月			2019 年 7 月			2019 年 8 月		
			上旬	中旬	下旬	上旬	中旬	下旬	上旬	中旬	下旬	上旬	中旬	下旬	上旬	中旬	下旬	上旬	中旬	下旬	上旬	中旬	下旬	上旬	中旬	下旬
1	施工准备	4																								
2	土方工程	4																								
3	基础工程	47																								
4	主体工程	75																								
5	屋面工程	30																								
6	室内一般抹灰工程	40																								
7	楼地面工程	40																								
8	外墙抹灰	41																								
9	内墙面涂料	36																								
10	门窗工程	62																								
11	外墙装饰面层	48																								
12	室外工程	20																								
13	水电安装调试	172																								
14	竣工楼组验收	7																								
施工进度计划：总工期 245 天																										

四、总体施工准备与主要资源配置计划

（1）总体施工准备。包括技术准备、现场准备和资金准备等。

1）技术准备。包括施工过程所需技术资料的准备、施工方案编制计划、试验检验及设备调试工作计划等。

2）现场准备。包括现场生产、生活等临时设施（如临时生产、生活用房，临时道路，材料堆放场等）、临时用水、用电和供热、供气等的计划。

3）资金准备。应根据施工总进度计划编制资金使用计划。

（2）主要资源配置计划。包括人力资源配置计划和材料设备配置计划。

1）人力资源配置计划。人力资源配置计划应根据各工程项目的工程量及施工总进度计划，参照概预算编制办法及有关资料编制。合理的人力资源配置计划，可减少劳务作业人员不必要的进场、退场及避免窝工，进而节约施工成本。人力资源配置计划应解决的问题：①确定各施工阶段（期）的总用工量。②根据施工总进度计划确定各施工阶段（期）的劳动力配置计划。

2）材料设备配置计划。应根据总体施工部署和施工总进度计划确定主要材料设备的计划总量及进、退场时间。科学合理的材料设备配置计划，既可保证工程建设的顺利进行，又可降低工程成本。材料设备配置计划应解决的问题：①根据施工总进度计划确定主要工程材料和设备的配置计划。②根据总体施工部署和施工总进度计划确定主要施工周转材料和施工机具的配置计划。

五、主要施工方法

对于工程量大、施工难度大、工期长，对整个工程项目的完成起关键作用的建（构）筑物以及影响

全局的分部分项工程，施工组织总设计中应简要说明其施工方法。此外，对脚手架工程、起重吊装工程、临时用水用电工程、季节性施工等专项工程所采用的施工方法，也应进行简要说明。对施工方法的确定，要兼顾工艺技术的先进性、可操作性及经济方面的合理性。

六、施工总平面布置

施工总平面应按照工程项目分期（分批）施工计划进行布置，并绘制施工总平面布置图。施工总平面布置图应有比例关系，各种临时设施应标注外围尺寸，并有文字说明。

（一）施工总平面布置应遵循的原则

（1）平面布置科学合理，施工场地占用面积少。

（2）合理组织运输，减少二次搬运。

（3）施工区域的划分和场地的临时占用应符合总体施工部署和施工流程的要求，减少相互干扰。

（4）充分利用既有建（构）筑物和既有设施为工程项目施工服务，降低临时设施的建造费用。

（5）临时设施应方便生产、生活，办公区、生活区和生产区宜分离设置。

（6）符合节能、环保、安全和消防等要求。

（7）遵守工程所在地政府建设主管部门和建设单位关于施工现场安全文明施工的相关规定。

（二）施工总平面布置图的内容

（1）工程项目施工用地范围内的地形状况。

（2）全部拟建的建（构）筑物和其他基础设施的位置。

（3）工程项目施工用地范围内的加工设施、运输设施、存贮设施、供电设施、供水供热设施、排水排污设施、临时施工道路和办公、生活用房等。

（4）施工现场必备的安全、消防、保卫和环境保护等设施。

（5）相邻的地上、地下既有建（构）筑物及相关环境。

5.3.2 单位工程施工组织设计

单位工程施工组织设计是指以单位（子单位）工程为主要对象编制的施工组织设计，对单位（子单位）工程的施工过程起指导和制约作用。

单位工程施工组织设计的主要内容：工程概况、施工部署、施工进度计划、施工准备与资源配置计划、主要施工方案、施工现场平面布置。

单位工程施工组织设计应由施工项目负责人主持编制，应由施工单位技术负责人或其授权的技术人员负责审批。

5.3.3 施工方案

施工方案是指以分部（分项）或专项工程为主要对象编制的施工技术与组织方案，用以具体指导分部（分项）或专项工程的施工过程。施工方案不同，施工成本也不相同，应在技术经济分析论证的基础上，编制施工方案。在工程施工过程中，施工方案发生变化，也会引起施工成本的变化。

施工方案应由项目技术负责人审批，重点、难点分部（分项）或专项工程的施工方案应由施工单位技术部门组织相关专家评审，施工单位技术负责人批准。由专业承包单位施工的分部（分项）或专项工程的施工方案，应由专业承包单位技术负责人或其授权的技术人员审批；有总承包单位时，应由总承包单位项目技术负责人核准备案。规模较大的分部（分项）或专项工程的施工方案应按单位工程施工组织设计进行编制和审批。

施工方案包括：工程概况、施工安排、施工进度计划、施工准备与资源配置计划、施工方法及工艺要求。

5.3.4 专项施工方案

根据《建设工程安全生产管理条例》，施工单位应当在危险性较大的分部分项工程施工前编制专项施工方案。

一、专项施工方案的内容

专项施工方案应当包括以下内容：

（1）工程概况。包括危险性较大的分部分项工程概况、施工平面布置、施工要求和技术保证条件。

（2）编制依据。包括相关法律、法规、规范性文件、标准、规范及图纸（国标图集）、施工组织设计等。

（3）施工计划。包括施工进度计划、材料与设备计划。

（4）施工工艺技术。包括技术参数、工艺流程、施工方法、检查验收等。

（5）施工安全保证措施。包括组织保障、技术措施、应急预案、监测监控等。

（6）劳动力计划。包括专职安全生产管理人员、特种作业人员等。

（7）计算书及相关图纸。

二、专项施工方案的审查

专项方案应当由施工单位技术部门组织本单位施工技术、安全、质量等部门的专业技术人员进行审核。经审核合格的，由施工单位技术负责人签字。实行施工总承包的，专项施工方案应当由总承包单位技术负责人及相关专业承包单位技术负责人签字。不需专家论证的专项施工方案，经施工单位审核合格后报监理单位，由项目总监理工程师审核签字。

三、专项施工方案的论证

超过一定规模的危险性较大的分部分项工程专项施工方案应当由施工单位组织召开专家论证会。实行施工总承包的，由施工总承包单位组织召开专家论证会。

5.3.5　网络计划技术

网络计划技术的基本原理是：首先应用网络图形来表达一项计划（或工程）中各项工作的开展顺序及其相互间的关系；然后通过计算找出计划中的关键工作及关键线路；继而通过不断改进网络计划，寻求最优方案，并付诸实施；最后在执行过程中进行有效的控制和监督。

在建筑施工中，网络计划技术主要是用来编制工程项目施工的进度计划和建筑施工企业的生产计划，并通过对计划的优化、调整和控制，达到缩短工期、提高效率、节约劳力、降低消耗的项目施工管理目标。

一、网络计划的分类

按照《工程网络计划技术规程》JGJ/T 121—2015，我国常用的工程网络计划类型包：双代号网络计划、双代号时标网络计划、单代号网络计划、单代号搭接网络计划。

双代号时标网络计划兼有网络计划与横道计划的优点，它能够清楚地将网络计划的时间参数直观地表达出来，随着计算机应用技术的发展成熟，目前已成为应用最为广泛的一种网络计划。

二、网络计划时差

时差可分为总时差和自由时差两种：工作总时差，是指在不影响总工期的前提下，本工作可以利用的机动时间；工作自由时差，是指在不影响所有紧后工作最早开始的前提下，本工作可以利用的机动时间。

三、确定关键工作和关键线路

在网络计划中，总时差最小的工作为关键工作，特别地，当网络计划的计划工期等于计算工期时，总时差为零的工作就是关键工作。找出关键工作之后，将这些关键工作首尾相连，便构成从起点节点到终点节点的通路，位于该通路上各项工作的持续时间总和最大，这条通路就是关键线路。在关键线路上可能有虚工作存在。

关键线路一般用粗箭线或双线箭线标出。在关键线路法中，关键线路上各项工作的持续时间总和应等于网络计划的计算工期，这一特点也是判别关键线路是否正确的准则。

【**例 5.3.5**】某工程双代号网络计划图六时标注法如图 5.3.5 所示。

ES——工作的最早开始时间；

LS——在总工期已确定的情况下，工作的最迟开始时间；

EF——工作的最早完成时间；

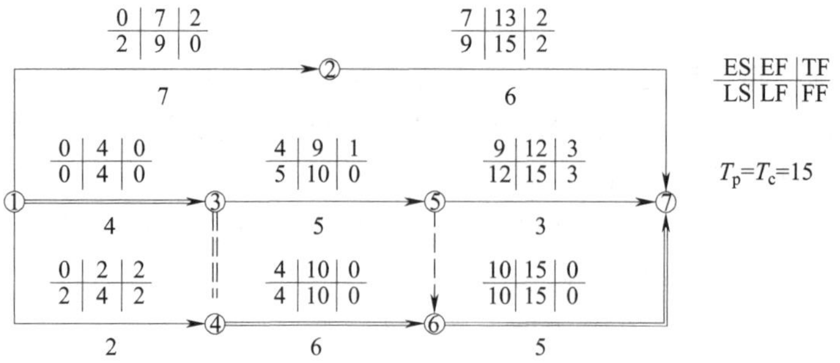

图 5.3.5　双代号网络计划图

LF——在总工期已确定的情况下，工作的最迟完成时间；
TF——工作的总时差；
FF——工作的自由时差。

5.4　安装工程相关规范的基本内容

5.4.1　电气专业

（1）《电气装置安装工程　高压电器施工及验收规范》GB 50147—2010；
（2）《电气装置安装工程　电力变压器、油浸电抗器、互感器施工及验收规范》GB 50148—2010；
（3）《电气装置安装工程　母线装置施工及验收规范》GB 50149—2010；
（4）《电气装置安装工程　电气设备交接试验标准》GB 50150—2016；
（5）《电气装置安装工程　电缆线路施工及验收标准》GB 50168—2018；
（6）《电气装置安装工程　接地装置施工及验收规范》GB 50169—2016；
（7）《电气装置安装工程　旋转电机施工及验收规范》GB 50170—2006；
（8）《电气装置安装工程　盘、柜及二次回路接线施工及验收规范》GB 50171—2012；
（9）《电气装置安装工程　蓄电池施工及验收规范》GB 50172—2012；
（10）《建筑物防雷工程施工与质量验收规范》GB 50601—2010；
（11）《电气装置安装工程 66kV 及以下架空电力线路施工及验收规范》GB 50173—2014；
（12）《电气装置安装工程　低压电器施工及验收规范》GB 50254—2014；
（13）《电气装置安装工程　电力变流设备施工及验收规范》GB 50255—2014；
（14）《电气装置安装工程　起重机电气装置施工验收规范》GB 50256—2014；
（15）《电气装置安装工程　爆炸和火灾危险环境电气装置施工及验收规范》GB 50257—2014；
（16）《建筑电气工程施工质量验收规范》GB 50303—2015；
（17）《民用建筑电气设计规范》JGJ 16—2008；
（18）《建筑照明设计标准》GB 50034—2013；
（19）《低压配电设计规范》GB 50054—2011；
（20）《供配电系统设计规范》GB 50052—2009；
（21）《建筑物防雷设计规范》GB 50057—2010；
（22）《民用建筑电线电缆防火设计规范》DBJ 50-164—2013；
（23）《公共建筑节能设计规范》GB 50189—2015；
（24）《通用安装工程消耗量定额》TY 02-31—2015；
（25）《通用安装工程工程量计算规范》GB 50856—2013；
（26）《建设工程工程量清单计价规范》GB 50500—2013；
（27）《建筑工程劳动定额　安装工程—电气安装工程》LD/T 74.2—2008；

（28）《广东省安装工程综合定额》（2010）；
（29）《建设工程施工机械台班费用编制规则》（增值税版）；
（30）《建设工程施工仪器仪表台班费用编制规则》（增值税版）。

5.4.2　给水排水专业

（1）《室外给水设计规范》GB 50013—2006；
（2）《室外排水设计规范》GB 50014—2006（2016年修订）；
（3）《建筑给水排水设计规范》GB 50015—2010；
（4）《采暖通风与空气调节设计规范》GB 50019—2015；
（5）《城镇燃气设计规范》GB 50028—2006；
（6）《给水排水工程基本术语标准》GB/T 50125—2010；
（7）《建筑给水排水及采暖工程施工质量验收规范》GB 50242—2002；
（8）《通风与空调工程施工质量验收规范》GB 50243—2016；
（9）《给水排水管道工程施工及验收规范》GB 50268—2008；
（10）《建筑中水设计规范》GB 50336—2002；
（11）《建筑给水聚丙烯管道工程技术规范》GB/T 50349—2005；
（12）《民用建筑太阳能热水系统应用技术规范》GB 50364—2005；
（13）《民用建筑供暖通风与空气调节设计规范》GB 50736—2012；
（14）《城镇燃气技术规范》GB 50494—2009；
（15）《太阳能供热采暖工程技术规范》GB 50495—2009；
（16）《医用气体工程技术规范》GB 50751—2012；
（17）《城镇给水排水技术规范》GB 50788—2012；
（18）《通用安装工程工程量计算规范》GB 50856—2013；
（19）《城镇供热管网工程施工及验收规范》CJJ 28—2014；
（20）《城镇燃气输配工程施工及验收规范》CJJ 33—2005；
（21）《城镇供热管网设计规范》CJJ 34—2010；
（22）《聚乙烯燃气管道工程技术标准》CJJ 63—2018；
（23）《城镇直埋供热管道工程技术规程》CJJ/T 81-98；
（24）《城镇燃气室内工程施工与质量验收规范》CJJ 94—2009；
（25）《建筑给水排水薄壁不锈钢管连接技术规程》CECS 277—2010；
（26）《建设工程劳动定额　安装工程》LD/T 74.1~4—2008；
（27）《全国统一安装工程基础定额》GJD 201~209—2006；
（28）《建设工程施工机械台班费用编制规则》（增值税版）；
（29）《建设工程施工仪器仪表台班费用编制规则》（增值税版）；
（30）《通用安装工程消耗量定额》TY 02-31—2015；
（31）《广东省安装工程综合定额》（2010）；
（32）现行国家建筑设计标准图集、协会标准、产品标准等其他资料。

5.4.3　消防专业

（1）《火灾自动报警系统设计规范》GB 50116—2013；
（2）《火灾自动报警系统施工及验收规范》GB 50166—2007；
（3）《自动喷水灭火系统设计规范》GB 50084—2001（2005）；
（4）《自动喷水灭火系统施工及验收规范》GB 50261—2005；
（5）《七氟丙烷（HFC-227ea）洁净气体灭火系统设计规范》DBJ 15-23—1999；

（6）《二氧化碳灭火系统设计规范》GB 50193-93（2010）；
（7）《气体灭火系统施工及验收规范》GB 50263—2007；
（8）《低倍数泡沫灭火系统设计规范》GB 50151—2010；
（9）《高倍数、中倍数泡沫灭火系统设计规范》GB 50196-93（2002）；
（10）《泡沫灭火系统施工及验收规范》GB 50281—2006；
（11）《全国通用给排水标准图集》99S203、04S202、13S201、04S206；
（12）《大空间智能型主动喷水灭火系统设计规范》DBJ 15-34—2004；
（13）《建设工程工程量清单计价规范》GB 50500—2013；
（14）《通用安装工程工程量计算规范》GB 50856—2013；
（15）《广东省安装工程综合定额》（2010）；
（16）《通用安装工程消耗量定额》TY 02-31—2015；
（17）《建设工程施工机械台班费用编制规则》（增值税版）；
（18）《建设工程施工仪器仪表台班费用编制规则》（增值税版）；
（19）现行的设计、施工验收规范、安全操作规程及质量评定标准。

5.4.4 空调专业

（1）《民用建筑供暖通风与空气调节设计规范》GB 50736—2012；
（2）《通风与空调工程施工质量验收规范》GB 50243—2016；
（3）《通风与空调工程施工规范》GB 50738—2011；
（4）《暖通空调设计选用手册》；
（5）《通风管道技术规程》JGJ/T 141—2017；
（6）《通用安装工程消耗量定额》TY 02-31—2015；
（7）《广东省安装工程综合定额》（2010）；
（8）《通用安装工程工程量计算规范》GB 50856—2013；
（9）《建设工程施工机械台班费用编制规则》（增值税版）；
（10）《建设工程施工仪器仪表台班费用编制规则》（增值税版）；
（11）现行的设计、施工验收规范、安全操作规程及质量评定标准。

5.4.5 机械设备安装工程

（1）《机械设备安装工程施工及验收通用规范》GB 50231—2009；
（2）《风机、压缩机、泵安装工程施工及验收规范》GB 50275—2010；
（3）《制冷设备、空气分离设备安装工程施工及验收规范》GB 50274—2010；
（4）《起重设备安装工程施工及验收规范》GB 50278—2010；
（5）《输送设备安装工程施工及验收规范》GB 50270—2010；
（6）《地铁设计规范》GB 50157—2013；
（7）《通用安装工程工程量计算规范》GB 50856—2013；
（8）《市政工程工程量计算规范》GB 50857—2013；
（9）《通用安装工程消耗量定额》TY 02-31—2015 和《市政工程消耗量定额》ZYA 1-31—2015；
（10）《全国统一安装工程预算定额》GYD-201~211—2000 和《全国统一市政工程预算定额》GYD—1999；
（11）《全国统一安装工程基础定额》GJD—2006；
（12）《广东省安装工程综合定额》（2010）；
（13）《建设工程施工机械台班费用编制规则》（增值税版）；
（14）《建设工程施工仪器仪表台班费用编制规则》（增值税版）；
（15）现行的设计、施工验收规范、安全操作规程、质量评定标准以及相关标准图集和技术手册。

第二篇

安装工程计量

第 6 章　安装工程识图基本原理与方法

【本章提示】《全国二级造价工程师职业资格考试大纲》要求学习人员要掌握安装工程识图基本原理与方法的职业能力。

6.1　施工图的组成

安装工程施工图由目录、设计总说明、图例、主要材料设备表、平面图、系统图、大样图等组成，所包括的专业很多，常见的主要有建筑物的电气设备安装工程、给排水工程、通风空调工程、消防工程等多个专业。安装工程施工图是工程施工、计量和计价的主要依据。

造价人员在阅读安装工程施工图时，还应结合建筑和结构等相关施工图，通过各专业施工图的相互联系，深入对安装工程施工图的理解，不能忽略，要先理解透彻施工图后再进行计量和计价，熟悉施工图的前提是对安装工程各设备、部件、整个系统工作原理有一定的认识理解，否则容易造成计量与计价出现多计、少计、漏项等错误。

6.2　施工图识图的方法和重点

6.2.1　电气设备安装工程

电气设备安装工程施工图是反映电力系统中电气线路和各种电气设备、元器件、电气装置的型号、规格、安装方式、安装部位、安装数量以及相互关系的工程施工设计图，能够表明电气设备安装工程的规模和功能。电气设备安装施工图一般都有高低压供配电线路、变配电、动力、照明、防雷接地及弱电工程等施工图。

（1）电气设备安装工程施工图主要由以下几部分组成：

1）首页。内容包括施工图目录、设计（施工）说明、图例、主要材料设备表等。材料设备表一般都列出该电气设备安装工程的主要材料和主要设备的型号、规格、参考数量。通常图例和材料设备表列在同一表格内。

2）电气外线总平面图。是根据建筑专业的总平面图绘制的架空线路或地下电缆的位置，图中注明外线部分图例及做法说明，并标明总建筑面积、总设备容量、总计算容量及总电压损失。对于建筑面积较小，外线工程较简单的工程，一般不提供外线总平面图，仅在电气平面图上表示出电源引入线的位置。

3）电气系统图。通常有强电（电力）系统图和弱电（电话、广播、电视、对讲）系统图，系统图表示配电系统的组成，配电线路所用导线的型号、截面、穿管管径和管材、敷设方式和敷设部位等。

4）电气平面图。一般包括变配电平面图、动力平面图、照明平面图、防雷接地平面图、弱电（电话、广播、电视、对讲）平面图等，在施工图上表明电源进户线的位置、规格及穿线管径；配电线路的敷设方式；导线的规格，根数及穿线管径；各种灯具、开关、插座及配电箱（盘）等电器的位置、规格和安装方式；各回路编号及要求。

5）大样图。对一般电气设备的安装和做法，选用国家标准图。而特殊设备和做法有特殊要求的，无法采用标准图的，施工图中有专门构件大样图，并注有详细尺寸、安装要求和做法。

（2）电气设备安装工程施工图的识图方法：

1）掌握识图程序。

先阅读施工图目录，根据目录找出电气设计（施工）说明，电气系统图和电气平面图，了解电气图所采用的图例及其所代表的意思；再查出相关设备的原理接线图和安装接线图，了解具体安装内容，这叫先全貌，再细节。

2）抓住工程的要点识图。

每个工程都有它的特点和要求，必须抓住这些特点和要点来识图。电气设备安装工程有以下几个需要注意的要点：

①供电方式和相数。供电方式有高压方式供电和低压方式供电两种；供电相数有单相两线制和三相四线制两种。

②进户方式。有立电线杆进户、沿墙边埋角铁（街码）进户和地下电缆进户等方式。

③线路分配情况。各回路与L1、L2、L3三相的连接关系。

④线路敷设方式。线路敷设的方式有直敷布线、绝缘子布线、管道布线、线槽布线、钢索布线等。

⑤电气照明设备器具的布置。平面位置和立面位置（安装高度）。

⑥接地、防雷情况。采用的是接地保护还是接零保护，以及防雷装置的形式。此外，还要确定预埋、预留位置，防雷属于几类等级，防雷说明非常重要，还要了解安装的施工要求以及与其他工程（如土建，给排水，通信线路安装工程）的配合问题。

3）按顺序识图。

识图时可按“总进线→总配电箱→系统干线→分配电箱→回路→设备”这个顺序进行。

4）相关的图对照识图。

把电气照明平面图和电气系统图及设计（施工）说明结合一起识图；把整体图和局部图结合一起识图，在阅读比较复杂的电气设备线路图时，还需要把原理接线图和安装接线图结合一起识图。

6.2.2 给排水工程

给排水施工图是反映室内管网与室外管网的工程施工设计图，内容有室内外给水、排水、雨水及热水管网的具体位置和走向。

（1）给排水工程施工图主要由以下几部分组成：

1）首页。内容包括施工图目录、设计（施工）说明、图例、主要材料设备表等。设计（施工）说明及主要材料设备表，它可以表达工程绘图无法表达清楚的给水、排水、热水供应、雨水系统等管材、防腐、防冻、防露的做法；或难以表达的比如管道连接、竣工验收要求、施工中特殊情况技术处理措施，或施工方法要求严格必须遵守的技术规程、规定等，在施工图中用文字写出设计（施工）说明；工程选用的主要材料及设备表，列明材料类别、规格、数量，设备品种和主要尺寸。

2）平面布置图。给水、排水平面图主要表达给水、排水管线和设备的平面布置情况。根据建筑规划，在设计施工图中，用水设备的种类、数量、位置，均要做出给水和排水平面布置；各种功能管道、管道附件、卫生器具、用水设备，如洁具、水龙头，均用各种图例表示；各种横干管、立管、支管的管径、坡度等均有标出。

3）系统图。系统图也称为“轴测图”，其设计取水平、轴测、垂直方向，完全与平面布置图比例相同。系统图上标明管道的管径、坡度，标出支管与立管的连接处以及管道各种附件的安装标高，标高的±0.000与建筑图一致。系统图上各种立管的编号与平面布置图相一致，均按给水、排水、热水等各系统单独绘制。

4）大样图。凡平面布置图、系统图中局部构造因受施工图比例限制而表达不完善或无法表达的，必须绘出大样图。卫生器具安装、排水检查井、雨水检查井、阀门井、水表井、局部污水处理构筑物等，均有各种施工标准图。大样图宜首先采用施工标准图，绘制的比例以能清楚绘出构造为根据选用和详细注明尺寸，不能以比例代替尺寸。

（2）给排水工程施工图的识图方法：

1）先粗后细，平面布置图和系统图多对照。

2）阅读施工图之前，应当先阅读说明和设备材料表，然后以系统图为线索深入阅读平面布置图及大样图，三种图相互对照阅读，先阅读系统图，对各系统做到大致了解。阅读给水系统图时，可从建筑的给水引入管开始，沿水流方向经干管、立管、支管到用水设备；阅读排水系统图时，可由排水设备开始，沿排水方向经支管、横管、立管、干管到排出管。

3）平面布置图的识图。给排水管道平面布置图是施工图中最基本和最重要的，它主要表明建筑物内给排水管道、卫生器具和用水设备的平面布置。图上的线条都是示意的，同时管材配件如接头、管箍等也不画出来，因此在识图时还必须熟悉给排水管道的施工工艺。在阅读平面布置图时，应该掌握的主要内容和注意事项如下：

①查清卫生器具、用水设备和升压设备的类型、数量、安装位置、定位尺寸。

②查清给水引入管和污水排出管的平面位置、走向、定位尺寸、与室外给排水管网的连接形式、管径及坡度等。

③查清给排水干管、立管、支管的平面位置与走向、管径尺寸及立管编号。

④在给水管道上设置水表时，必须查清水表的型号、安装位置以及水表前后阀门的设置情况。

⑤对于室内排水管道，还要查清清通设备的布置情况，清扫口和检查口的型号和位置。

4）系统图的识图。给排水管道系统图主要表明管道系统的立体空间走向。在给水系统图上，卫生器具不画出来，只画出水龙头、淋浴器、冲洗水箱等符号；用水设备如锅炉、热交换器、水箱等则画出示意性的立体图，并在旁边注以文字说明。在排水系统图上也只画出相应的卫生器具的存水弯或器具排水管。在阅读系统图时，应掌握的主要内容和注意事项如下：

①查清给水管道系统的具体走向，干管的布置方式，管径尺寸及其变化情况，阀门的设置，引入管、干管及各支管的标高。

②查清排水管道的具体走向，管路分支情况，管径尺寸与横管坡度，管道各部分标高，存水弯的形式，清通设备的设置情况，弯头及三通的选用等。识读排水管道系统图时，一般按卫生器具或排水设备的存水弯、器具排水管、横支管、立管、排出管的顺序进行。

③系统图上对各楼层标高都有注明，识图时可据此分清管路是属于哪一层的。

5）大样图的识图。主要是管道节点、水表、水加热器、开水炉、卫生器具、套管、排水设备、管道支架及卫生间大样图等。这些图都是根据实物用正投影法画出来的，图上都有详细尺寸，可供安装时直接使用。

6.2.3 通风空调工程

通风空调施工图分为风管系统与水管系统（包括冷冻水、冷却水系统、冷凝水系统）按照它们的实际情况出现在同一张平、剖面图中，但是在实际运行中，风系统与水系统具有相对独立性。因此，在阅读施工图时，首先将风系统与水系统分开阅读，然后再结合起来。

（1）通风空调安装工程施工图主要由以下几部分组成：

1）首页。内容包括施工图目录、设计（施工）说明、图例、主要材料设备表等。

2）平面图。通风空调工程平面图主要表达通风管道、设备、风管部件、水系统等的平面布置情况，主要内容包括：

①工艺设备的主要轮廓线、位置尺寸、标注编号及说明其型号和规格的设备明细表，如通风机、电动机、吸气罩、送风口、空调器等。

②通风管、异径管、弯头、三通或四通管接头，应注明风管的轴线长度尺寸、各管道及管件的截面尺寸（圆形风管以“ϕ”表示，矩形风管以“宽 × 高”表示）。风管直径或断面尺寸宜标注在风管或风管法兰盘处延长的细实线上方。

③导风板、调节阀门、送风口、回风口均用图例表明并注明规格型号，用带箭头的符号表明进风口空气流动方向。

④如有两个以上的进、排风系统或空调系统会有系统编号。

⑤注明设备及管道的定位尺寸（即它们的中心线与建筑定位轴线或墙面距离）。

3）剖面图。通风空调系统剖面图表示管道及设备在高度方向的安装高度。其主要内容与平面图基本相同，所不同的只是在表达风管及设备的位置尺寸时须明确标注出它们的标高。圆管标注管道中心标高，管底保持水平的矩形管及变截面矩形管标注管底标高。

4）系统图。通风空调管网系统图是根据各层通风系统中管道及设备的平面位置和竖向标高，用轴测投影法绘制而成，它表明通风系统各种设备、管道及主要配件的空间位置关系。平面图和剖面图不能准确表达系统全貌或不足以说明设计意图时，均需绘制通风空调管网系统轴测图，系统图标注详尽，主要设备、部件标注出编号，与平面图、剖面图及设备明细表相对照，还注明管径（截面尺寸）、标高、坡度（标注方法与平面图相同）。

5）大样图。大样图又称详图，包括制作加工详图和安装详图。如果是国家通用标准图，则只标明图号，不再将图画出，需用时直接查标准图集即可；如果没有标准图集，必须画出大样图，以便制作和安装。

（2）通风空调工程施工图的识图方法：

1）阅读通风与空调施工图时，先阅读设计（施工）说明，对整个工程建立全面的概念，再阅读原理图，了解水系统的工艺流程后，最后阅读平面图和风管系统图。工艺流程一般反映空调制冷站制冷原理和冷冻水、冷却水的工艺流程，对整个水系统或制冷工艺有全面介绍，要注意原理图（即工艺流程图）不一定按比例绘制。领会工艺流程后，再阅读各层、各通风空调房间、制冷站、空调机房等平面图。

2）在识图过程中，按介质的流动方向将原理图、系统图、平面图相互结合交叉阅读，才能达到较好效果。通风空调系统，无论是水管系统还是风管系统，都可以称之为环路，这就说明风、水管系统总是有一定来源，并按一定方向，通过干管、支管，最后与具体设备连接，多数情况下又将回到它们的来源处，形成一个完整的系统。可见，系统形成了一个循环往复的完整的环路。我们可以从冷水机组开始阅读，也可以从空调设备开始阅读，直至经过完整的环路又回到起点。风管系统同样可以形成这样的环路，对于风管系统，可以从空调箱开始阅读，逆风流动方向阅读到新风口，顺风流动方向看到房间，再至回风干管空调箱，再看回风干管到排风管支路。

3）注意设备和管道安装的标高。通风空调系统中的主要设备，如冷水机组、空调箱等，其安装位置根据建筑结构工程来确定，这使得风管系统与水管系统在空间的走向往往是纵横交错，在平面图上很难表示清楚，因此，通风空调系统的施工图中除了大量的平面图外，还包括许多剖面图与系统图，它们对理解施工图有重要帮助。

4）特别要注意与给排水管道、电气管道和消防管道等专业施工图的相互关系。

5）通风管道有用线段表示的，有用单线表示，也有用双线表示。若用双线表示，设计时会画出管道中心线，管道中心线采用点划线。管道的规格采用符号和数字加以标注。

6）设备和部件。设备和部件在通风安装工程施工图上是用规定的图形符号来表示的，其规格型号采用文字和代号加以标注。

7）材料设备表。材料设备表列出材料设备名称、规格或性能参数、技术要求、数量，阅读时要重点了解。

8）标高。通风管道和设备的安装高度用标高表示，圆形风管指管中心线标高，矩形风管指管底标高。

6.2.4 消防工程

消防工程施工图根据工程项目大小和要求一般分为自动喷淋系统、消火栓系统、火灾自动报警系统、泡沫灭火系统、气体灭火系统、雨淋灭火系统、防排烟系统等。

（1）消防工程施工图主要由以下几部分组成：

1）首页。内容包括施工图目录、设计（施工）说明、图例、主要材料设备表等。

2）系统图。系统图表明整个系统的工作状态、连接方式、系统的工作原理以及各部件在系统中发挥的作用。系统图又分为水系统图和电系统图。

3）平面图。平面图是对系统图的进一步细化，表明设备的安装方式、位置及连接方式等。

4）大样图。

（2）消防工程施工图的识图方法：

1）先阅读总平面图、设计（施工）说明、图例，设计（施工）说明是施工图的提纲，阅读它能把握设计意图，不同的设计可能图例不一样，阅读时要联系平面图和系统图进行推测。

2）然后阅读系统图，系统图相对难理解点，要多花点时间，不明白或矛盾的地方可以查阅同工程的建筑、装修和通风空调施工图仔细分析；阅读它就知道整个系统的工作原理及连接方式，通过阅读系统图要做到清晰各系统的运作，各材料、设备、部件在系统中发挥的作用等，这样才能把施工图理解透彻。

3）最后阅读平面图，事实上平面图是对系统图的进一步细化，平面图表明设备的安装方式、位置及连接方式。

4）阅读平面图与系统图要进行对照，用以将整个系统联系起来。根据水系统图结合平面图来了解每层管线走向，一般先找到进水点，再按系统管线的布置来找每一层平面图的具体位置。

5）一般系统图只是为了表示管线连接方式和规格，平面图电气的回路需要了解电线和电缆的标识，电线和电缆的符号标识有很多，如 ZR（阻燃）、NH（耐火）、WDZ（低烟无卤）等，不同标识价格不同，作用也不同，这样阅读施工图才不会出错，计算工程量时也要分类列项。

6.3 常用图形符号和文字符号

施工图中的各种管线、材料和设备均是用图例符号和文字符号来表示的，识图的基础是首先要明确和熟悉有关专业的图例符号和文字符号所表达的内容和含义。本章所提到的施工图的图形符号和文字符号并不是每个工程的设计都是一样的，识图时要根据每个工程的设计图例和相关规范正确灵活应用。

6.3.1 电气设备安装工程

一、常用电气设备安装工程图形符号（见表 6.3.1-1 和表 6.3.1-2）

表 6.3.1-1 图线形式及应用

图线名称	图线形式	图线应用	图线名称	图线形式	图线应用
粗实线	━━━━━━	电气线路，一次线路	点划线	——·——	控制线
细实线	——————	二次线路，一般线路	双点划线	——··——	辅助围框线
虚线	— — — — —	屏蔽线路，机械线路			

表 6.3.1-2 常用电气图例符号

图例	名称	备注	图例	名称	备注
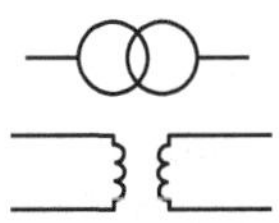	双绕组	形式 1	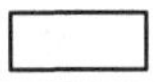	屏、台、箱柜一般符号	
	变压器	形式 2		动力或动力—照明配电箱	
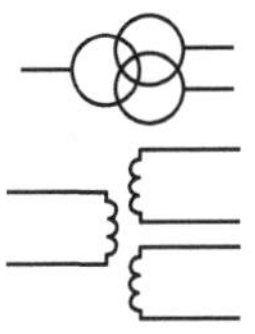	三绕组	形式 1		照明配电箱（屏）	
				事故照明配电箱（屏）	
				室内分线盒	
	变压器	形式 2		室外分线盒	
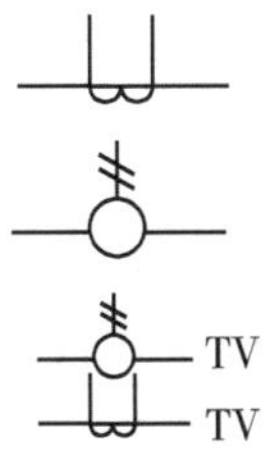	电流互感器	形式 1		灯的一般符号	
				球型灯	
				顶棚灯	
	脉冲变压器	形式 2		花灯	

续表 6.3.1–2

图例	名称	备注	图例	名称	备注
	弯灯		MDF	总配线架	
	荧光灯		IDF	中间配线架	
	三管荧光灯			壁龛交接箱	
5	五管荧光灯			分线盒的一般符号	
	壁灯			单极开关（暗装）	
	广照型灯（配照型灯）			双极开关	
	防水防尘灯			双极开关（暗装）	
	开关一般符号			三极开关	
	单极开关			三极开关（暗装）	
V	指示式电压表			单相插座	
cosφ	功率因数表			暗装插座	
Wh	有功电能表（瓦时计）			密闭（防水）插座	
	电铃			防爆插座	
	天线一般符号			带保护接点插座	
	放大器一般符号			带接地插孔的单相插座（暗装）	
	分配器，两路，一般符号		t	单极限时开关	
EEL	应急疏散指示标志灯		A	指示式电流表	
///	三根导线			带接地插孔的三相插座	
3	三根导线			带接地插孔的三相插座（暗装）	
	电源自动切换箱（屏）			扬声器一般符号	
	隔离开关			三路分配器	
	接触器（在非动作位置触点断开）			四路分配器	
	断路器		EL	应急疏散照明灯	
	熔断器式开关		F	电话线路	
	熔断器式隔离开关		V	视频线路	
	避雷器		n	n 根导线	

二、常用电气设备安装工程文字符号

（1）线路的文字标注基本格式为：ab–c（$d\times e$+$f\times g$）i–jh　　（6.3.1–1）

其中：a——线缆编号；

b——型号；

c——线缆根数；

d——线缆线芯数；

e——线芯截面（mm^2）；

f——PE、N 线芯数；

g——线芯截面（mm^2）；

i——线路敷设方式；

j——线路敷设部位；

h——线路敷设安装高度（m）。

上述字母无内容时则省略该部分。

（2）用电设备的文字标注格式为：$\frac{a}{b}$　　（6.3.1–2）

其中：a——设备编号；

b——额定功率（kW）。

（3）动力和照明配电箱的文字标注格式为：a $\frac{b}{c}$　　（6.3.1–3）

其中：a——设备编号；

b——设备型号；

c——设备功率（kW）。

例：3 $\frac{XL\text{–}3\text{–}2}{35.165}$ 表示 3 号动力配电箱，其型号为 XL–3–2 型、功率为 35.165kW。

（4）照明灯具的文字标注格式为：a–b $\frac{c\times d\times L}{e}$ f　　（6.3.1–4）

其中：a——同一个平面内，同种型号灯具的数量；

b——灯具的型号；

c——每盏照明灯具中光源的数量；

d——每个光源的容量（W）；

e——安装高度，当吸顶或嵌入安装时用“–”表示；

L——光源种类（常省略不标）；

f——安装方式。

（5）灯具安装方式文字符号见表 6.3.1–3。

表 6.3.1–3　灯具安装方式文字符号

名称	旧符号	新符号	名称	旧符号	新符号
线吊式自在器线吊式		SW	顶棚内安装	DR	CR
链吊式	L	CS	墙壁内安装	BR	WR
管吊式	G	DS	支架上安装	J	S
壁装式	B	W	柱上安装	Z	CL
吸顶式	D	C	座装	ZH	HM
嵌入式	R	R			

（6）线路敷设方式文字符号见表 6.3.1-4。

表 6.3.1-4 线路敷设方式文字符号

序号	中文名称	英文名称	旧符号	新符号	备注
1	暗敷	Concealed	A	C	
2	明敷	Exposed	M	E	
3	铝皮线卡	Aluminum clip	QD	AL	
4	电缆桥架	Cable tray	—	CT	
5	金属软管	Flexible metallic conduit	—	F	
6	水煤气管	Gas tube（pipe）	G	G	
7	瓷绝缘子	Porcelain insulator（Knob）	CP	K	
8	钢索敷设	Supported by messenger wire	S	M	
9	金属线槽	Metallic raceway	—	MR	
10	电线管	Electrical metallic tubing	DG	T（MT）	
11	塑料管	Plastic conduit	VG，SG	P（PC）	
12	塑料线卡	Plastic clip	—	PL	含尼龙线卡
13	塑料线槽	Plastic raceway	—	PR	
14	钢管	Steel conduit	GG	S（SC）	

（7）线路敷设部位文字符号见表 6.3.1-5。

表 6.3.1-5 线路敷设部位文字符号

序号	中文名称	英文名称	旧符号	新符号	备注
1	梁	Beam	L	B	
2	顶棚	Ceiling	P	CE	
3	柱	Column	Z	C	
4	地面（板）	Floor	D	F	
5	构架	Rack	—	R	
6	吊顶	Suspended ceiling	—	SC	
7	墙	Wall	Q	W	

6.3.2 给排水工程

常用给排水工程图形符号和文字符号见表 6.3.2-1~ 表 6.3.2-10。

表 6.3.2-1 管 道 图 例

序号	名称	图例	备注	序号	名称	图例	备注
1	生活给水管	—— J ——		10	凝结水管	—— N ——	
2	热水给水管	—— RJ ——		11	废水管	—— F ——	
3	热水回水管	—— RH ——		12	压力废水管	—— YF ——	
4	中水给水管	—— ZJ ——		13	通气管	—— T ——	
5	循环给水管	—— XJ ——		14	污水管	—— W ——	
6	循环回水管	—— Xh ——		15	压力污水管	—— YW ——	
7	热媒给水管	—— RM ——		16	雨水管	—— Y ——	
8	热媒回水管	—— RMH ——		17	压力雨水管	—— YY ——	
9	蒸汽管	—— Z ——		18	膨胀管	—— PZ ——	

表 6.3.2–2　管道附件

序号	名称	图例	备注	序号	名称	图例	备注
1	套管伸缩器	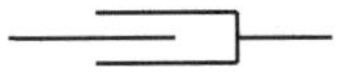		12	雨水斗		
2	方形伸缩器	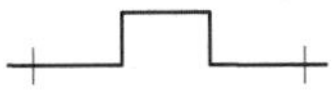		13	排水漏斗		
3	刚性防水套管	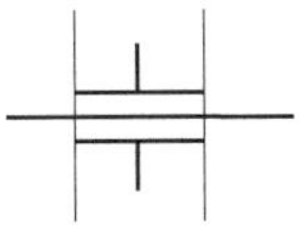		14	圆形地漏		
4	柔性防水套管	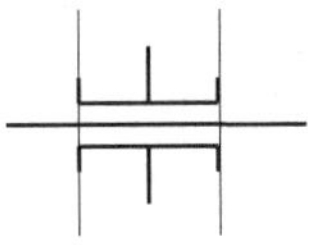		15	方形地漏		
5	波纹管			16	自动冲洗水箱		
6	可曲挠橡胶接头			17	挡墩	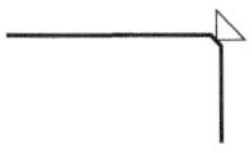	
7	管道固定支架			18	减压孔板	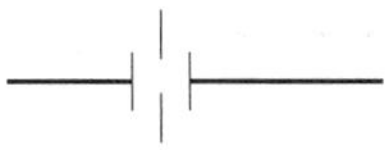	
8	管道滑动支架	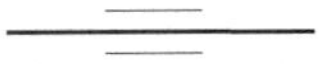		19	Y 形除污器	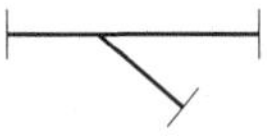	
9	立管检查口			20	毛发聚集器		
10	清扫口			21	防回流污染止回阀	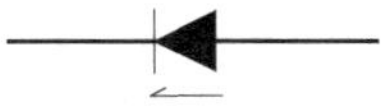	
11	通气帽			22	吸气阀		

表 6.3.2–3　管道连接

序号	名称	图例	备注	序号	名称	图例	备注
1	法兰连接			7	三通连接	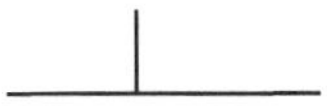	
2	承插连接			8	四通连接		
3	活接头			9	盲板		
4	管堵			10	管道丁字上接	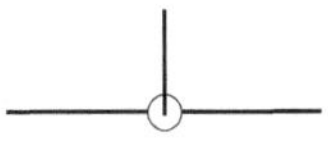	
5	法兰堵盖			11	管道丁字下接	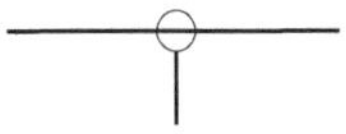	
6	弯折管		表示管道向后及向下弯转 90°	12	管道交叉		在下方和后面的管道应断开

表 6.3.2-4　管　件

序号	名称	图例	备注	序号	名称	图例	备注
1	偏心异径管			8	弯头		
2	异径管	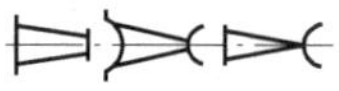		9	正三通		
3	乙字管			10	斜三通		
4	喇叭口			11	正四通	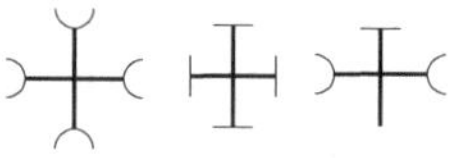	
5	转动接头	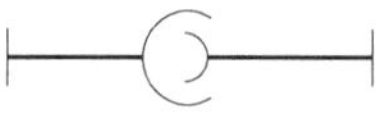		12	斜四通	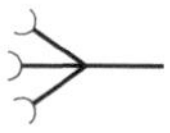	
6	短管	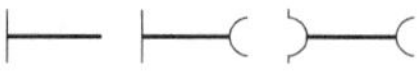		13	浴盆排水件		
7	存水弯						

表 6.3.2-5　阀　门

序号	名称	图例	备注	序号	名称	图例	备注
1	闸阀			12	底阀		
2	角阀	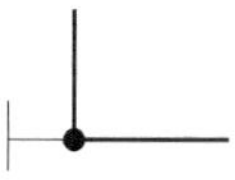		13	球阀		
3	三通阀	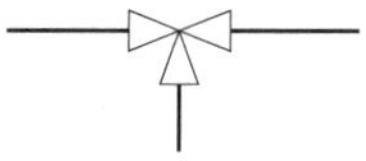		14	隔膜阀		
4	四通阀	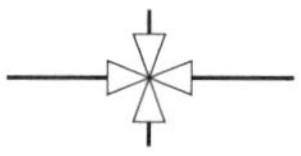		15	气开隔膜阀	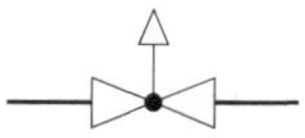	
5	截止阀	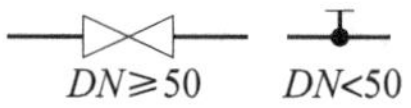		16	气闭隔膜阀	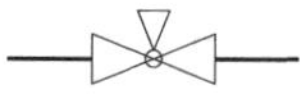	
6	电动阀	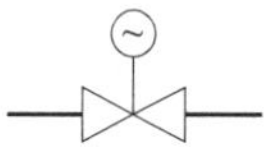		17	温度调节阀	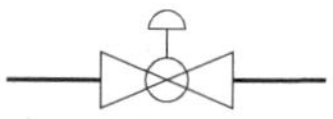	
7	液动阀	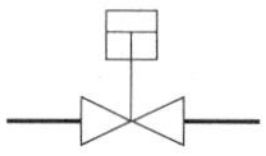		18	压力调节阀		
8	气动阀	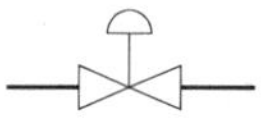		19	电磁阀	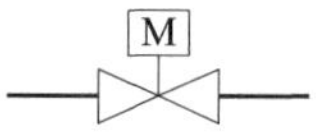	
9	减压阀	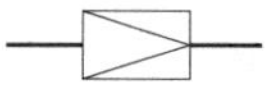	左侧为高压端	20	止回阀		
10	蝶阀			21	消声止回阀		
11	旋塞阀	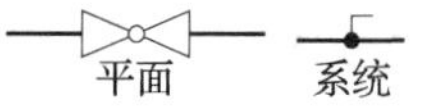		22	弹簧安全阀	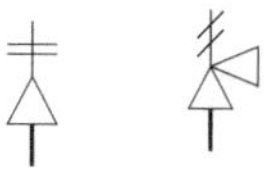	

续表 6.3.2-5

序号	名称	图例	备注	序号	名称	图例	备注
23	平衡锤安全阀	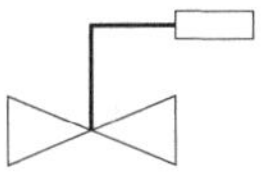		26	延时自闭冲洗阀		
24	自动排气阀	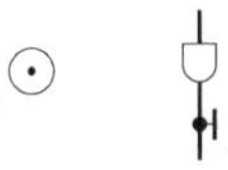 平面　系统		27	吸水喇叭口	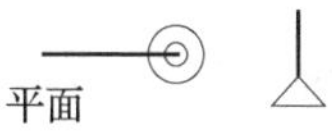 平面　系统	
25	浮球阀	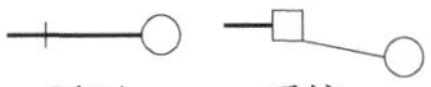 平面　系统		28	疏水器		

表 6.3.2-6　给 水 配 件

序号	名称	图例	备注	序号	名称	图例	备注
1	放水龙头		左侧为平面，右侧为系统	6	脚踏开关	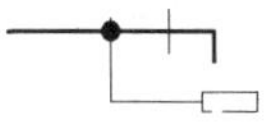	
2	皮带龙头		左侧为平面，右侧为系统	7	混合水龙头		
3	洒水（栓）龙头			8	旋转水龙头	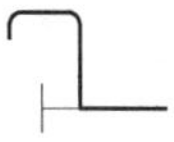	
4	化验龙头			9	浴盆带喷头混合水龙头		
5	肘式龙头	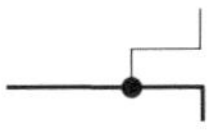					

表 6.3.2-7　卫生设备及水池

序号	名称	图例	备注	序号	名称	图例	备注
1	立式洗脸盆			8	污水池		
2	台式洗脸盆	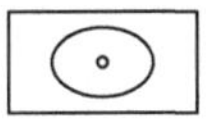		9	立式小便器		
3	挂式洗脸盆			10	壁挂式小便器		
4	浴盆	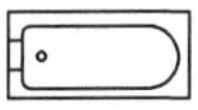		11	蹲式大便器	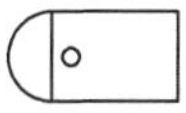	
5	化验盆、洗涤盆	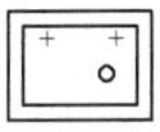		12	坐式大便器	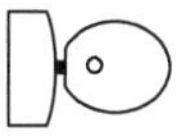	
6	带沥水板洗涤盆	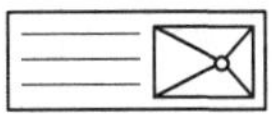		13	小便槽	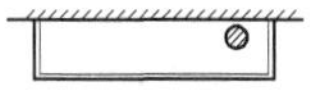	
7	盥洗槽	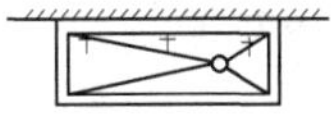		14	淋浴喷头		

表 6.3.2-8　小型给水排水构筑物

序号	名称	图例	备注	序号	名称	图例	备注
1	矩形化粪池	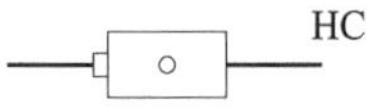	HC 为化粪池代号	7	雨水口		单口
2	圆形化粪池						双口
3	除油池		YC 为除油池代号	8	阀门井、检查井	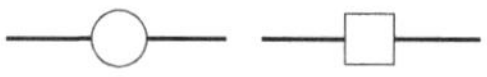	
4	沉淀池	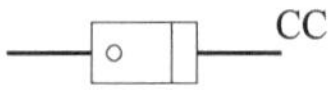	CC 为沉淀池代号	9	水封井		
5	降温池	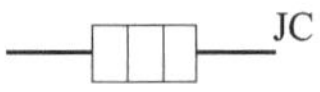	JC 为降温池代号	10	跌水井		
6	中和池	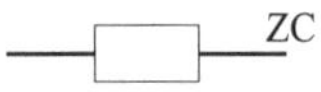	ZC 为中和池代号	11	水表井		

表 6.3.2-9　给水排水设备

序号	名称	图例	备注	序号	名称	图例	备注
1	水泵			8	开水器		
2	潜水泵	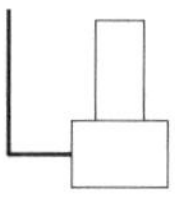		9	喷射器	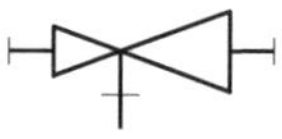	小三角为进水端
3	定量泵	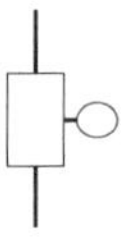		10	除垢器	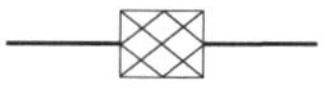	
4	管道泵			11	水锤消除器	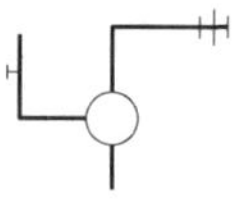	
5	卧式热交换器	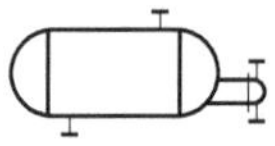		12	浮球液位器	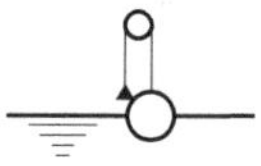	
6	立式热交换器	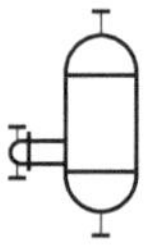		13	搅拌器	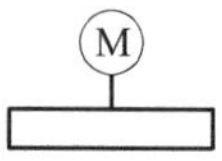	
7	快速管式热交换器	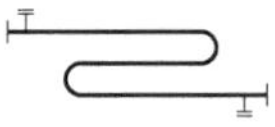					

表 6.3.2-10　仪　　表

序号	名称	图例	备注	序号	名称	图例	备注
1	温度计			3	自动记录压力表		
2	压力表			4	压力控制器		

续表 6.3.2–10

序号	名称	图例	备注	序号	名称	图例	备注
5	水表			10	压力传感器	----[P]----	
6	自动记录流量计	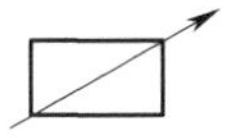		11	pH 值传感器	----[pH]----	
7	转子流量计			12	酸传感器	----[H]----	
8	真空表			13	碱传感器	----[Na]----	
9	温度传感器	----[T]----		14	余氯传感器	----[Cl]----	

6.3.3　通风空调工程

常用通风空调工程图形符号和文字符号见表 6.3.3。

表 6.3.3　通风空调工程图形符号

序号	名　称	图　例	附　注
系 统 编 号			
1	送风系统	—— S ——	两个系统以上时应进行系统编号
2	排风系统	—— P ——	
3	空调系统	—— K ——	
4	新风系统	—— X ——	
5	回风系统	—— H ——	
6	排烟系统	—— PY ——	
7	制冷系统	—— L ——	
8	除尘系统	—— C ——	
9	采暖系统	—— N ——	
10	洁净系统	—— J ——	
11	正压送风系统	—— ZS ——	
12	人防送风系统	—— RS ——	
13	人防排风系统	—— RP ——	
各类水管、汽管			
1	蒸汽管	—— Z ——	
2	凝结水管	—— N ——	
3	膨胀水管	—— P ——	
4	补给水管	—— G ——	
5	信号管	—— X ——	
6	溢排管	—— Y ——	
7	空调供水管	—— L_1 ——	

续表 6.3.3

序号	名　称	图　例	附　注
		各类水管、汽管	
8	空调回水管	—— L_2 ——	
9	冷凝水管	—— n ——	
10	冷却供水管	—— LG_1 ——	
11	冷却回水管	—— LG_2 ——	
12	软化水管	——RH——	
13	盐水管	——YS ——	
		风　管	
1	送风管、新（进）风管	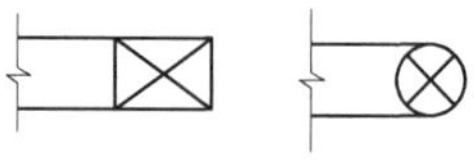 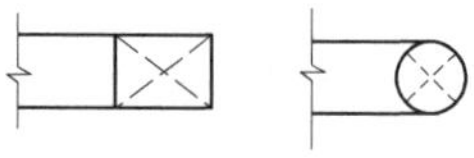	
2	回风管、排风管	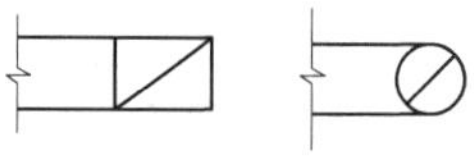 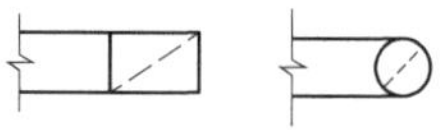	
3	混凝土或砖砌风管	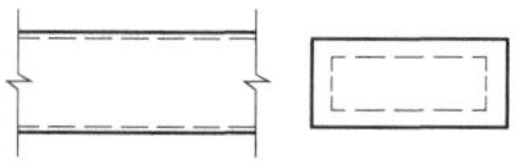	
4	异径风管	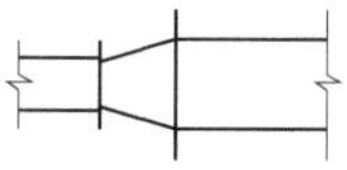	
5	天圆地方	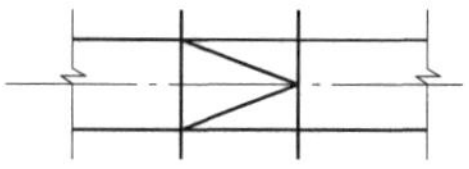	
6	柔性风管	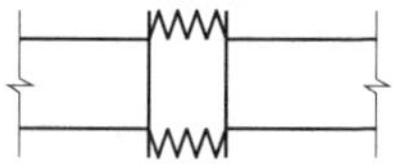	
7	风管检查孔	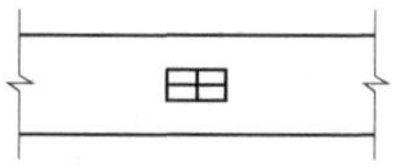	
8	风管测定孔	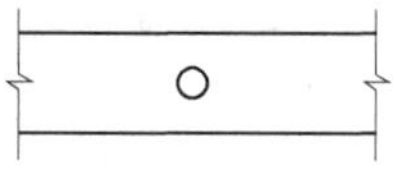	
9	矩形三通	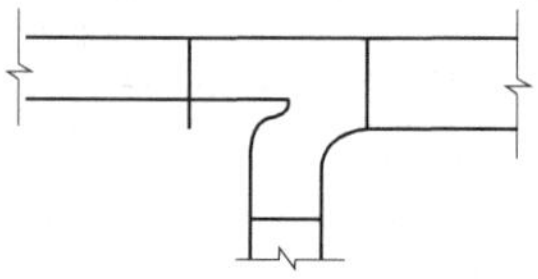	

续表 6.3.3

序号	名　　称	图　　例	附　　注
		风　　管	
10	圆形三通	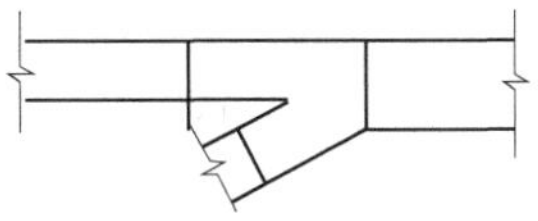	
11	弯头	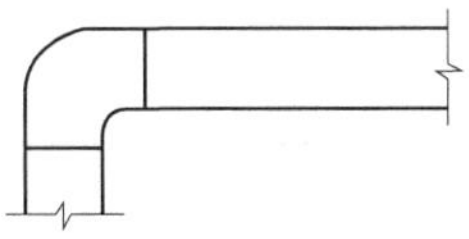	
12	带导流片弯头	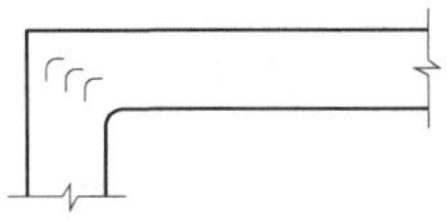	
		各种阀门及附件	
1	安全阀	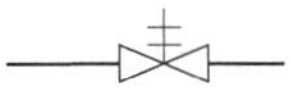	
2	蝶阀	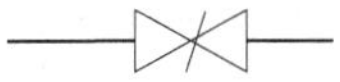	
3	手动排气阀	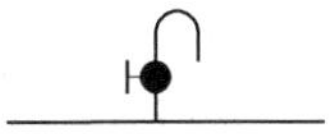	
		风阀及附件	
1	插板阀	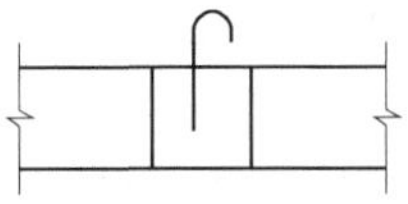	
2	蝶阀	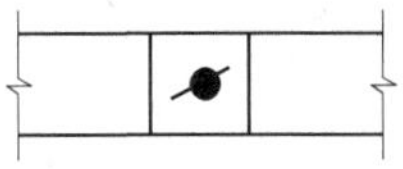	
3	手动对开式多叶调节阀	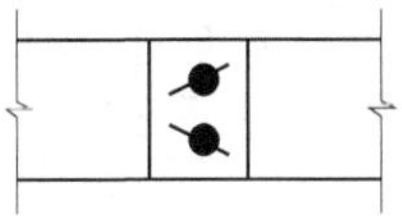	
4	电动对开式多叶调节阀	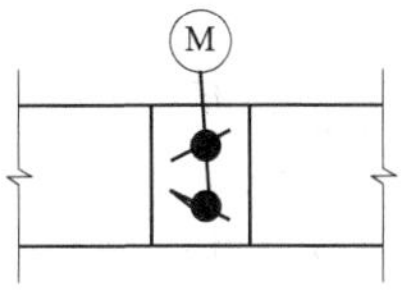	
5	三通调节阀	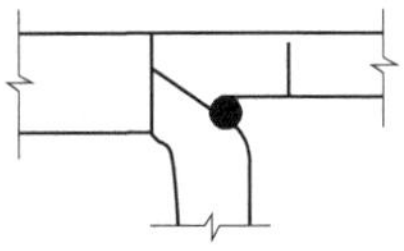	
6	防火（调节阀）	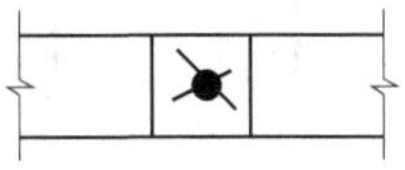	

续表 6.3.3

序号	名　称	图　例	附　注
风阀及附件			
7	余压阀	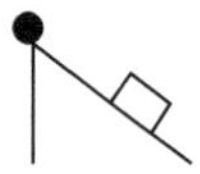	
8	止回阀	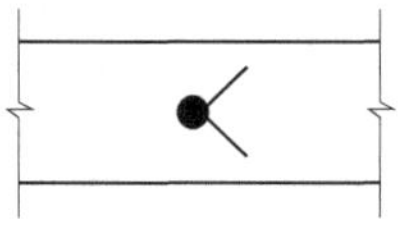	
9	送风口	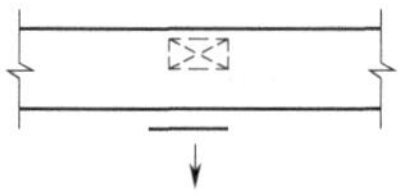	
10	回风口	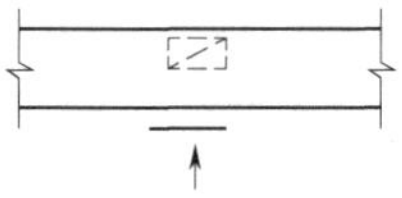	
11	方形散流器	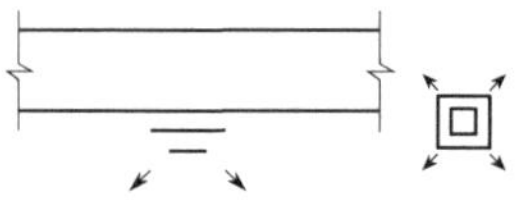	
12	圆形散流器	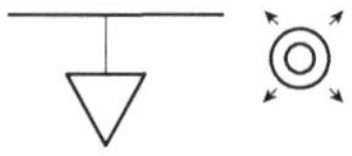	
13	伞形风帽	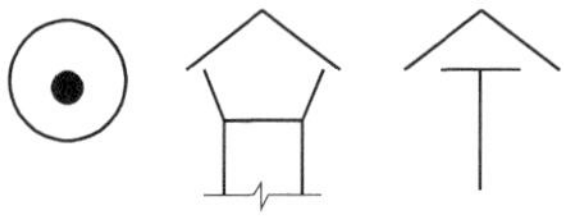	
14	锥形风帽	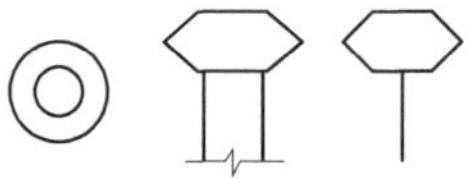	
15	筒形风帽	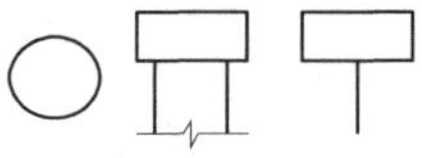	
通风、空调、制冷设备			
1	离心式通风机	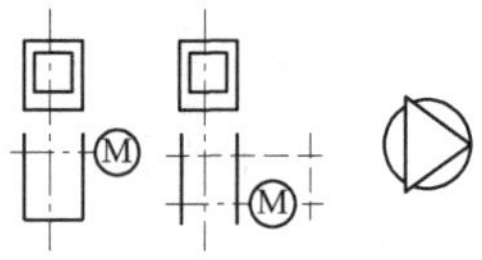	
2	轴流式通风机	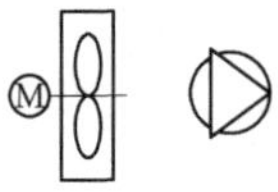	
3	离心式水泵	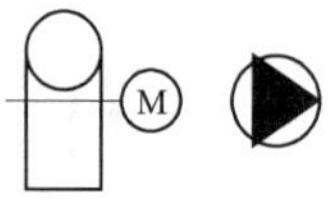	

续表 6.3.3

序号	名　　称	图　　例	附　　注
通风、空调、制冷设备			
4	制冷压缩机		
5	水冷机组	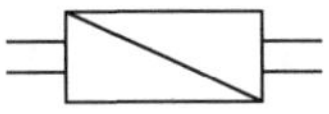	
6	空气过滤器		
7	空气加热器	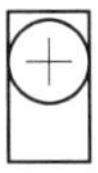	
8	空气冷却器		
9	空气加湿器		
10	窗式空调器	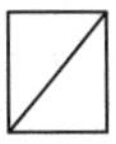	
11	风机盘管		
12	消声器	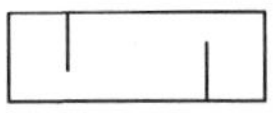	
13	减振器	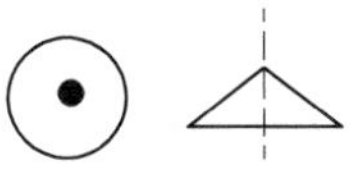	
14	消声弯头	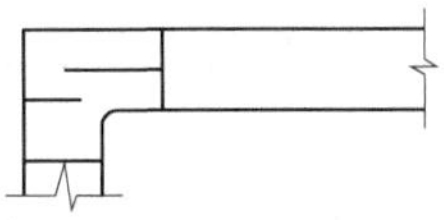	
15	喷雾排管	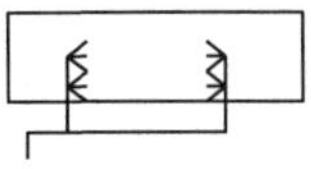	
16	挡水板		
17	水过滤器	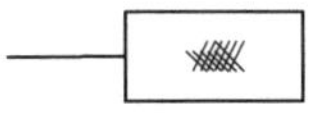	
18	通风空调设备	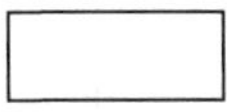	
仪　　表			
1	指示器（计）		

6.3.4 消防工程

常用消防工程图形符号和文字符号见表 6.3.4–1~ 表 6.3.4–4。

表 6.3.4–1 消防工程固定灭火器系统符号

名　称	图　形	名　称	图　形
水灭火系统（全淹没）		ABC 类干粉灭火系统	
手动控制灭火系统		泡沫灭火系统（全淹没）	
卤代烷灭火系统		BC 类干粉灭火系统	
二氧化碳灭火系统			

表 6.3.4–2 消防工程灭火器符号

名　称	图　形	名　称	图　形
手提式清水灭火器		卤代烷灭火器	
推车式 ABC 类干粉灭火器		泡沫灭火器	
二氧化碳灭火器		推车式卤代烷灭火器	
BC 类干粉灭火器		推车式泡沫灭火器	
水桶		ABC 类干粉灭火器	
推车式 BC 类干粉灭火器		砂桶	

表 6.3.4–3 消防工程自动报警设备符号

名　称	图　形	名　称	图　形
消防控制中心	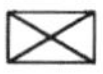	火灾报警装置	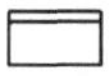
感温火灾探测器（点型）		感光探测器	
手动报警装置		感烟探测器（点型）	
气体探测器		报警电话	
火灾警铃		火灾报警扬声器	
火灾发声警报器		火灾光信号装置	

表 6.3.4–4　消防管路及配件符号

名　称	图　形	名　称	图　形
干式立管		水泵接合器	
干式立管		自动喷洒头（闭式下喷）	平面　系统
干式立管		自动喷洒头（闭式上喷）	平面　系统
报警阀		自动喷洒头（闭式）	平面　系统
消火栓		湿式报警阀	平面　系统
干式立管		预作用报警阀	平面　系统
闭式喷头		消防水管线	—— FS ——
泡沫比例混合器		消防水罐（池）	
湿式立管		泡沫混合液管线	—— FP ——
泡沫混合器立管		干式报警阀	
闸阀		开式喷头	
截止阀		消防泵	
止回阀		干式报警阀	
消声止回阀		水泵结合器	
蝶阀		泡沫产生器	
柔性防水套管		泡沫液管	
消火栓给水管	—— XH ——	减压阀	
自动喷水灭火给水管	—— ZP ——	水表	
室外消火栓		防回流污染止回阀	
室内消火栓（单口白色为开启面）	平面　系统	可曲挠橡胶接头	
室内消火栓（双口）	平面　系统	水表井	

续表 6.3.4–4

名　称	图　形	名　称	图　形
侧墙式自动喷洒头	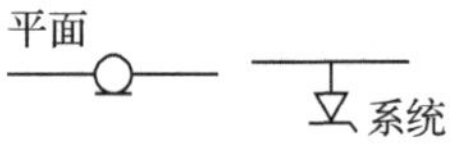	水力警铃	
侧喷式喷洒头	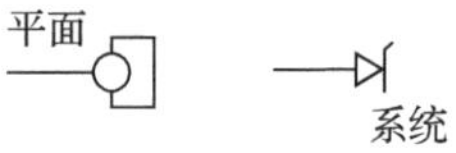	雨淋阀	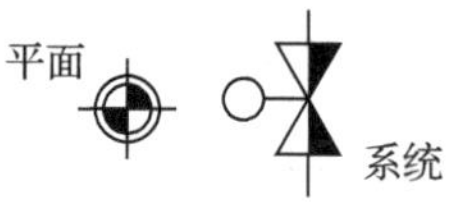
雨淋灭火给水管	—— YL ——	末端测试阀	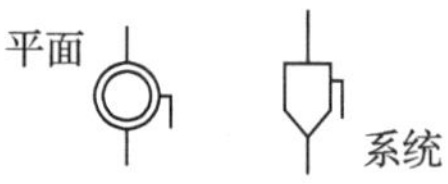
水幕灭火给水管	—— SM ——	末端测试阀	
水炮灭火给水管	—— SP ——	遥控信号阀	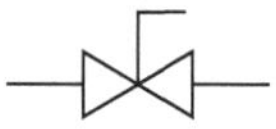
干式报警阀	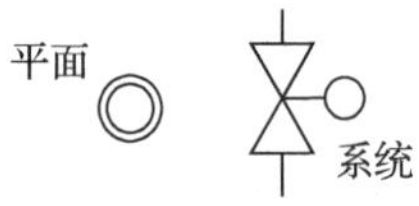	水流指示器	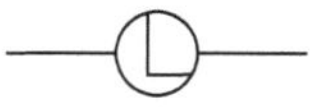
水炮	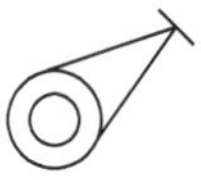		

第 7 章　安装工程工程量清单的编制

【本章提示】《全国二级造价工程师职业资格考试大纲》要求学习人员要掌握安装工程工程量清单编制的职业能力。特别需要提示的是，由于篇幅有限，本章不可能全面介绍全部规范，学习人员应结合《建设工程工程量清单计价规范》GB 50500—2013 进行学习，全面掌握。

招标工程量清单应由具有编制能力的招标人或受其委托、具有相应资质的工程造价咨询人编制。按照工程量清单计价规范和招标文件的有关规定，根据施工图和施工现场的情况，并将拟建工程的全部工程项目和内容及工程项目特征等列在清单上供投标人逐一报价。工程量清单必须体现招标人要求完成的工程内容及相应的工程数量，全面反映投标报价的要求。工程量清单是投标人投标报价的依据，是招标文件的组成部分。

7.1　国家标准《建设工程工程量清单计价规范》概述

7.1.1　《建设工程工程量清单计价规范》GB 50500—2013 的内容

《建设工程工程量清单计价规范》GB 50500—2013 是根据《中华人民共和国建筑法》《中华人民共和国合同法》《中华人民共和国招标投标法》等法律，遵照国家宏观调控、市场竞争的原则，在总结了《建设工程工程量清单计价规范》GB 50500—2008 实施以来的经验及执行中存在问题的基础上修编的。

《建设工程工程量清单计价规范》GB 50500—2013 是规范工程造价计价行为，统一建设工程计价文件的编制和计价方法，是处理建设工程工程量清单计价活动中发包人与承包人各种关系的规范文件，由正文、附录及条文三部分组成。

（1）正文共 16 章：第一章总则，第二章术语，第三章一般规定，第四章工程量清单编制，第五章招标控制价，第六章投标报价，第七章合同价款约定，第八章工程计量，第九章合同价款调整，第十章合同价款期中支付，第十一章竣工结算与支付，第十二章合同解除的价款结算与支付，第十三章合同价款争议的解决，第十四章工程造价鉴定，第十五章工程计价资料与档案，第十六章工程计价表格。正文分别就计价规范的使用范围、遵循的原则进行明确的规定，其内容涵盖了建设工程从招投标开始至工程结算的全过程计价及管理，包括工程量清单的编制、招标控制价及投标报价的编制、合同价款的约定、施工过程计量与支付、索赔和现场签证；工程价款的调整、结算办理以及计价争议的处理等内容。

（2）附录包括内容如下：

1）附录 A　物价变化合同价款调整方法。

2）附录 B　工程计价文件封面。

3）附录 C　工程计价文件扉页。

4）附录 D　工程计价总说明。

5）附录 E　工程计价汇总表。

6）附录 F　分部分项工程和措施项目计价表。

7）附录 G　其他项目计价表。

8）附录 H　规费、税费项目计价表。

9）附录 J　工程计量申请（核准）表。

10）附录 K　合同价款支付申请（核准）表。

11）附录 L　主要材料、工程设备一览表。

（3）条文说明对正文中每个条款的具体说明及解释，便于理解和执行。

7.1.2 工程量清单计价的适用范围

《建设工程工程量清单计价规范》GB 50500—2013 适用于建设工程发承包及其实施阶段的计价活动。建设工程发承包及实施阶段的计价活动包括招标工程量清单、招标控制价、投标报价的编制，工程合同价款的约定，竣工结算的办理以及施工过程中的工程计量、合同价款支付、施工索赔与现场签证、合同价款调整和合同价款争议的解决等活动。

使用国有资金投资的建设工程发承包，必须采用工程量清单计价；非国有资金投资的建设工程，宜采用工程量清单计价；不采用工程量清单计价的建设工程，应执行计价规范中除工程量清单等专门性规定外的其他规定。

国有资金投资的项目包括全部使用国有资金（含国家融资资金）投资或国有资金投资为主的工程建设项目。

（1）国有资金投资的工程建设项目包括：

1）使用各级财政预算资金的项目。

2）使用纳入财政管理的各种政府性专项建设资金的项目。

3）使用国有企事业单位自有资金，并且国有资产投资者实际拥有控制权的项目。

（2）国家融资资金投资的工程建设项目包括：

1）使用国家发行债券所筹资金的项目。

2）使用国家对外借款或者担保所筹资金的项目。

3）使用国家政策性贷款的项目。

4）国家授权投资主体融资的项目。

5）国家特许的融资项目。

（3）国有资金（含国家融资资金）为主的工程建设项目是指国有资金占投资总额 50% 以上，或虽不足 50% 但国有投资者实质上拥有控股权的工程建设项目。

7.1.3 工程量清单计价的作用

一、提供一个平等的竞争条件

采用施工图预算来投标报价，由于设计图纸的缺陷，不同施工企业的人员理解不同，计算出的工程量也不同，报价就更相去甚远，也容易产生纠纷。而工程量清单报价就为投标者提供了一个平等竞争的条件，相同的工程量，由企业根据自身的实力来填报不同的单价。投标人的这种自主报价，使得企业的优势体现到投标报价中，可在一定程度上规范建筑市场秩序，确保工程质量。

二、满足市场经济条件下竞争的需要

招投标过程就是竞争的过程，招标人提供工程量清单，投标人根据自身情况确定综合单价，利用单价与工程量逐项计算每个项目的合价，再分别填入工程量清单表内，计算出投标总价。单价成了决定性的因素，定高了不能中标，定低了又要承担过大的风险。单价的高低直接取决于企业管理水平和技术水平的高低，这种局面促成了企业整体实力的竞争，有利于我国建设市场的快速发展。

三、有利于提高工程计价效率，能真正实现快速报价

采用工程量清单计价方式，避免了传统计价方式下招标人与投标人之间的在工程量计算上的重复工作，各投标人以招标人提供的工程量清单为统一平台，结合自身的管理水平和施工方案进行报价，促进了各投标人企业定额的完善和工程造价信息的积累和整理，体现了现代工程建设中快速报价的要求。

四、有利于工程款的拨付和工程造价的最终结算

中标后，业主要与中标单位签订施工合同，中标价就是确定合同价的基础，投标清单上的单价就成了拨付工程款的依据。业主根据施工企业完成的工程量，可以很容易地确定进度款的拨付额。工程竣工后，根据设计变更、工程量增减等，业主也很容易确定工程的最终造价，可在某种程度上减少业主与施工单位之间的纠纷。

五、有利于业主对投资的控制

采用现在的施工图预算形式，业主对因设计变更、工程量的增减所引起的工程造价变化不敏感，往往等到竣工结算时才知道这些变化对项目投资的影响有多大，但此时常常是为时已晚。而采用工程量清单报价的方式则可对投资变化一目了然，在要进行设计变更时，能马上知道它对工程造价的影响，业主就能根据投资情况来决定是否变更或进行方案比较，以决定最恰当的处理方法。

7.2 工程量清单的组成

7.2.1 工程量清单的组成

工程量清单是载明建设工程分部分项工程项目、措施项目和其他项目的名称和相应数量以及规费和税金项目等内容的明细清单。其中由招标人根据国家标准、招标文件、设计文件以及施工现场实际情况编制的称为招标工程量清单，而作为投标文件组成部分的已标明价格并经承包人确认的称为已标价工程量清单。采用工程量清单方式招标，招标工程量清单必须作为招标文件的组成部分，其准确性和完整性由招标人负责。

根据《建设工程工程量清单计价规范》GB 50500—2013，招标工程量清单应以单位（项）工程为单位编制，由分部分项工程项目清单、措施项目清单、其他项目清单、规费项目清单和税金项目清单组成。

7.2.2 工程量清单的编制依据

（1）《建设工程工程量清单计价规范》GB 50500—2013 和相关工程的国家计量规范。

（2）国家或省级、行业建设主管部门颁发的计价定额和办法。

（3）建设工程设计文件及相关资料。

（4）与建设工程有关的标准、规范、技术资料。

（5）拟定的招标文件。

（6）施工现场情况、地勘水文资料、工程特点及常规施工方案。

（7）其他相关资料。

7.2.3 工程量清单的编制内容

根据《建设工程工程量清单计价规范》GB 50500—2013 编制工程量清单的内容：

（1）编制说明。主要对工程项目的基本概况，工程量清单的编制依据，编制内容、工程质量标准要求及其他需要说明的内容等进行说明。

（2）分部分项工程量清单。

（3）措施项目清单。

（4）其他项目清单。

（5）规费项目清单。

（6）税金项目清单。

7.3 工程量清单的编制方法

7.3.1 工程量清单的编制方法

一、工程量清单的编制方法

（1）按《建设工程工程量清单计价规范》GB 50500—2013 及国家标准各专业工程量计算规范的规定，列出项目编码、项目名称、项目特征、计量单位。

（2）按拟建工程的设计图纸、设计要求、设计说明、施工方案以及相关设计规范、施工规范的有关规定编制每个分部分项工程项目的项目特征。

（3）按工程量清单工程量的计算规则计算每个分部分项工程项目的工程量。

（4）按《建设工程工程量清单计价规范》GB 50500—2013 要求，填写规定的工程量清单标准表格。

二、工程量清单编制表格应符合的规定

（1）工程量清单编制使用表格按《建设工程工程量清单计价规范》GB 50500—2013 的工程计价表格执行。

（2）扉页应按规定的内容填写、签字、盖章，由造价人员编制的工程量清单应有负责审核的造价工程师签字、盖章。受委托编制的工程量清单，应有造价工程师签字、盖章以及工程造价咨询人盖章。

（3）总说明应按下列内容填写。

1）工程概况：建设规模、工程特征、计划工期、施工现场实际情况、自然地理条件、环境保护要求等。

2）工程招标和专业工程发包范围。

3）工程量清单编制依据。

4）工程质量、材料、施工等的特殊要求。

5）其他需说明的问题。

第 8 章　安装工程工程量计算规则及应用

【本章提示】《全国二级造价工程师职业资格考试大纲》要求学习人员要掌握安装工程工程量计算规则的应用的职业能力。特别需要提示的是，由于篇幅有限，本章不可能全面介绍安装工程计量的全部规则及相关专业定额的内容，学习人员应结合《通用安装工程工程量计算规范》GB 50856—2013、《广东省通用安装工程综合定额（2018）》和《深圳市安装工程消耗量定额（2003）》进行学习，全面掌握。

8.1 《通用安装工程工程量计算规范》GB 50856—2013 概述

安装工程计量是对拟建或已完安装工程（实体性或非实体性）数量的计算与确定。安装工程计量可划分为项目设计阶段、承发包阶段、项目实施阶段和竣工验收阶段的工程计量。项目设计阶段的工程计量是根据项目的建设规模、拟生产产品数量、生产方法、工艺流程和设备清单等对拟建项目安装工程量的计算；招投标阶段的工程计量是依据安装施工图对拟建工程予以计量；项目实施阶段的工程计量指根据合同约定及实际完成的安装工程数量进行计量；竣工验收阶段的工程计量是依据竣工图对安装工程进行的最终确认。

在进行计算工程量的过程中，需依据《通用安装工程工程量计算规范》GB 50856—2013、《建设工程工程量清单计价规范》GB 50500—2013、施工图和工程计量内容及相关规定等进行计量。

8.1.1　建筑安装编码体系

建设安装工程项目的计量是通过对工程项目分解进行的，工程项目分解成不同层次后，为了有效管理，需进行规范编码。编码体系作为建设安装项目的项目管理、成本分析和数据积累的基础，是很重要的业务标准。

安装工程分类编码体系

按照我国《通用安装工程工程量计算规范》GB 50856—2013 规定，分部分项工程量清单项目编码采用 12 位阿拉伯数字表示，以“安装工程—安装专业工程—安装分部工程—安装分项工程—具体安装分项工程”的顺序进行五级项目编码设置。一、二、三、四级编码为全国统一，第五级编码由清单编制人根据工程的清单项目特征分别编制。

如 030101001001 编码含义如图 8.1.1 所示。

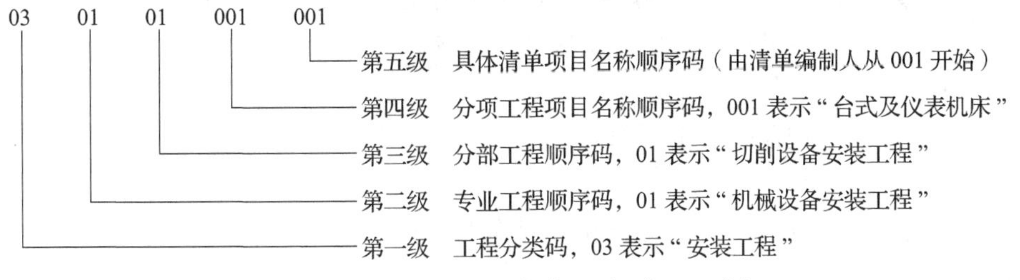

图 8.1.1　安装工程编码示例

（1）第一级编码表示工程类别。采用两位数字（即第一、二位数字）表示。01 表示建筑工程，02 表示装饰装修工程，03 表示安装工程，04 表示市政工程，05 表示园林绿化工程，06 表示矿山工程。

（2）第二级编码表示各专业工程。采用两位数字（即第三、四位数字）表示。如安装工程的 0301 为“机械设备安装工程”，0308 为“工业管道工程”等。

（3）第三级编码表示各专业工程下的各分部工程。采用两位数字（即第五、六位数字）表示。如 030101 为“切削设备安装工程”；030803 为“高压管道”分部工程。

（4）第四级编码表示各分部工程的各分项工程，即表示清单项目。采用三位数字（即第七、八、九位数字）表示。如 030101001 为“台式及仪表机床”，030803001 为“高压碳钢管”分项工程。

（5）第五级编码表示清单项目名称顺序码。采用三位数字（即第十、十一、十二位数字）表示，由清单编制人员所编列，可有 1~999 个子项。

（6）工程量清单是以单位（项）工程为单位编制。在编制工程量清单时，在同一份工程量单中所列的分部分项工程清单项目的编码不得重码。

8.1.2 安装工程计量

安装工程造价采用清单计价的，其工程量的计算应依照现行的《通用安装工程工程量计算规范》GB 50856—2013 附录中安装工程工程量清单项目及计算规则进行工程计量，以工程量清单的形式表现。工程量清单是载明建设工程分部分项工程项目、措施项目、其他项目的名称、单位和相应数量以及规费、税金项目等内容的明细清单。

一、安装工程计量规定和项目划分

（一）安装工程计量规定

（1）招标工程量清单应由具有编制能力的招标人或受其委托、具有相应资质的工程造价咨询人编制。工程量清单标明的工程量是投标人投标报价的共同基础，投标人工程量必须与招标人提供的工程量一致。

（2）《通用安装工程工程量计算规范》GB 50856—2013 适用于安装工程的计量和工程计量清单编制。

（3）本规范的计算尺寸，以设计图纸表示的或设计图纸能读出的尺寸为准。除另有规定外，工程量的计量单位应按下列规定计算：

1）以体积计算的为立方米（m^3）。

2）以面积计算的为平方米（m^2）。

3）以长度计算的为米（m）。

4）以重量计算的为吨（t）。

5）以台（套或件等）计算的为台（套或件等）。

汇总工程量时，其精确度取值：以“m^3”“m^2”“m”“kg”为单位，应保留两位小数；以“t”为单位，应保留三位小数；以“台”“套”或“件”等为单位，应取整数，两位或三位小数后的位数按四舍五入法取舍。

（4）计算工程量时，应依施工图顺序，分部、分项依次计算，并尽可能采用计算表格及计算机计算，简化计算过程。

（5）安装工程工程量的计量除依据《通用安装工程工程量计算规范》GB 50856—2013 各项规定外，还应依据以下文件：

1）《建设工程工程量清单计价规范》GB 50500—2013 和相关工程的国家计量规范。

2）国家或省级、行业建设主管部门颁发的计价定额和办法。

3）建设工程设计文件及相关资料。

4）与建设工程有关的标准、规范、技术资料。

5）拟定的招标文件。

6）施工现场情况、地勘水文资料、工程特点及常规施工方案。

7）其他相关资料。

二、安装工程计量项目的划分

（1）在《通用安装工程工程量计算规范》GB 50856—2013 中，按专业、设备特征或工程类别分为：机械设备安装工程、热力设备安装工程等 13 部分，形成附录 A~ 附录 N，具体为：

附录 A　机械设备安装工程（编码：0301）

附录 B　热力设备安装工程（编码：0302）

附录 C　静置设备与工艺金属结构制作安装工程（编码：0303）

附录 D　电气设备安装工程（编码：0304）

附录 E　建筑智能化工程（编码：0305）

附录 F　自动化控制仪表安装工程（编码：0306）
附录 G　通风空调工程（编码：0307）
附录 H　工业管道工程（编码：0308）
附录 J　消防工程（编码：0309）
附录 K　给排水、采暖、燃气工程（编码：0310）
附录 L　通信设备及线路工程（编码：0311）
附录 M　刷油、防腐蚀、绝热工程（编码：0312）
附录 N　措施项目（编码：0313）

（2）每个专业工程又统一划分为若干个分部工程。如附录 D 电气设备安装工程，又划分为：

D.1　变压器安装（030401）
D.2　配电装置安装（030402）
D.3　母线安装（030403）
D.4　控制设备及低压电器安装（030404）
D.5　蓄电池安装（030405）
D.6　电机检查接线及调试（030406）
D.7　滑触线装置安装（030407）
D.8　电缆安装（030408）
D.9　防雷及接地装置（030409）
D.10　10kV 以下架空配电线路（030410）
D.11　配管、配线（030411）
D.12　照明器具安装（030412）
D.13　附属工程（030413）
D.14　电气调整试验（030414）
D.15　相关问题及说明

（3）每个分部工程又统一划分为若干分项工程，列于分部工程表格之内，见表 8.1.2。

表 8.1.2　通风管道部件制作安装（编码：030703）

<table>
<tr><th>项目编码</th><th>项目名称</th><th>项目特征</th><th>计量单位</th><th>工程量计算规则</th><th>工作内容</th></tr>
<tr><td>030703001</td><td>碳钢阀门</td><td>1. 名称
2. 型号
3. 规格
4. 质量
5. 类型
6. 支架形式、材质</td><td rowspan="6">个</td><td rowspan="6">按设计图示数量计算</td><td>1. 阀体制作
2. 阀体安装
3. 支架制作、安装</td></tr>
<tr><td>030703002</td><td>柔性软风管阀门</td><td>1. 名称
2. 规格
3. 材质
4. 类型</td><td rowspan="5">阀体安装</td></tr>
<tr><td>030703003</td><td>铝蝶阀</td><td rowspan="2">1. 名称
2. 规格
3. 质量
4. 类型</td></tr>
<tr><td>030703004</td><td>不锈钢蝶阀</td></tr>
<tr><td>030703005</td><td>塑料阀门</td><td rowspan="2">1. 名称
2. 型号
3. 规格
4. 类型</td></tr>
<tr><td>030703006</td><td>玻璃钢蝶阀</td></tr>
</table>

在编制分部分项工程量清单时，应根据《通用安装工程工程量计算规范》GB 50856—2013 规定的项目编码、项目名称、项目特征、计量单位和工程量计算规则进行编制，各个分部分项工程量清单必须包括五部分：项目编码、项目名称、项目特征、计量单位和工程量，缺一不可。

《通用安装工程工程量计算规范》GB 50856—2013 适用于工业、民用、公共设施建设安装工程的计量和工程计量清单编制。在进行安装工程工程量计量时，除应遵守本规范外，尚应符合国家现行标准的规定。

三、《通用安装工程工程量计算规范》GB 50856—2013 与其他计量规范相关内容界线划分

（1）安装工程中的电气设备安装工程与市政工程中的路灯工程界定：厂区、住宅小区的道路路灯安装工程、庭院艺术喷泉等电气设备安装工程按《通用安装工程工程量计算规范》GB 50856—2013“电气设备安装工程”相应项目执行；涉及市政道路、市政庭院等电气安装工程的项目，按《市政工程工程量计算规范》GB 50857—2013 中“路灯工程”的相应项目执行。

（2）安装工业管道与市政工程管网工程的界定：给水管道以厂区入口水表井为界；排水管道以厂区围墙外第一个污水井为界；热力和燃气以厂区入口第一个计量表（阀门）为界。

（3）安装给排水、采暖、燃气工程与市政工程管网工程的界定：室外给排水、采暖、燃气管道以市政管道碰头井为界（如给水管道有水表井的以水表井为界）；厂区、住宅小区的庭院喷灌及喷泉水设备安装按《通用安装工程工程量计算规范》GB 50856—2013 相应项目执行；公共庭院喷灌及喷泉水设备安装按《市政工程工程量计算规范》GB 50857—2013 管网工程的相应项目执行。

（4）涉及管沟、坑及井类的土方开挖、垫层、基础、砌筑、抹灰、地沟盖板预制安装、回填、运输、路面开挖及修复、管道支墩的项目，按《房屋建筑与装饰工程工程量计算规范》GB 50854—2013 和《市政工程工程量计算规范》GB 50857—2013 的相应项目执行。

8.1.3 分部分项工程量清单

安装工程分部分项工程量清单应根据《通用安装工程工程量计算规范》GB 50856—2013 附录规定的项目编码、项目名称、项目特征、计量单位和工程量计算规则进行编制。分部分项工程量清单形式以碳钢通风管道为例，见表 8.1.3。

表 8.1.3 分部分项工程量清单

工程名称： 标段： 第 页 共 页

序号	项目编码	项目名称	项 目 特 征	计量单位	工程量
1	030702001001	碳钢通风管道	1. 材质：镀锌钢板 2. 形状：矩形风管 3. 规格：200×120 4. 板材厚度：δ=0.5mm 5. 接口形式：咬口连接	m^2	14.66

在编制分部分项工程量清单时，应根据《通用安装工程工程量计算规范》GB 50856—2013 规定的项目编码、项目名称、项目特征、计量单位和工程量计算规则进行编制，即一个分部分项工程量清单应包括五个要件：项目编码、项目名称、项目特征、计量单位和工程量这五个要件在分部分项工程项目清单的组成中缺一不可。

一、项目编码

项目编码应按照《通用安装工程工程量计算规范》GB 50856—2013 要求的安装工程项目分项编码进行编制，编制工程量清单时若出现附录中未包括的项目，编制人应作补充，并报省级或行业工程造价管理机构备案，省级或行业工程造价管理机构应汇总报住房和城乡建设部标准定额研究所。

补充项目的编码由安装工程的代码 03 与 B 和三位阿拉伯数字组成，并应从 03B001 起顺序编制，同一招标工程的项目不得重码。补充的工程量清单中需附有补充项目的名称、项目特征、计量单位、工程量计算规则、工作内容。

二、项目名称

项目名称是表明建设项目各专业工程分部分项工程清单项目的具体名称。安装工程各专业工程的清单项目名称应按《通用安装工程工程量计算规范》GB 50856—2013 附录 A~ 附录 N 的规定，并结合拟建工程的实际确定。

三、项目特征

项目特征是指构成分部分项工程量清单项目、措施项目自身价值的本质特征。是确定一个清单项目综合单价的重要依据之一，必须对项目进行准确全面的特征描述，才能满足确定综合单价的需要。

安装工程应按《通用安装工程工程量计算规范》GB 50856—2013 附录 A~ 附录 N 的规定，结合技术规范、标准图集、施工图，按照工程结构、使用材质及规格或安装位置等，予以详细而准确的表述和说明清单项目内容。如 030801001 低压碳钢管，项目特征有：材质，规格，连接形式、焊接方法，压力试验、吹扫与清洗设计要求，脱脂设计要求。其中材质可区分为不同钢号；规格可区分为不同公称直径；连接形式可区分为螺纹、法兰等连接方式。经过上述区分，即可编列出 030801001 低压碳钢管的各个子项，并做出相应的特征描述。

项目安装高度若超过基本高度时，应在“项目特征”中描述。《通用安装工程工程量计算规范》GB 50856—2013 安装工程各附录基本安装高度为：附录 A 机械设备安装工程 10m，附录 D 电气设备安装工程 5m，附录 E 建筑智能化工程 5m，附录 G 通风空调工程 6m，附录 J 消防工程 5m，附录 K 给排水、采暖、燃气工程 3.6m，附录 M 刷油、防腐蚀、绝热工程 6m。

四、计量单位

《通用安装工程工程量计算规范》GB 50856—2013 规定了安装工程各清单项目的计量单位。在清单计价方式中，清单项目工程量的计量单位均采用基本单位，不得使用扩大单位。

有两个或两个以上计量单位的，应结合拟建工程的实际选择其中一个。同一工程项目的计量单位应一致。如静置设备与工艺金属结构制作安装工程中磁粉探伤项目的计量单位为“m”或“m^2”。

五、工程量

《通用安装工程工程量计算规范》GB 50856—2013 规定了清单工程量的计算规则。其原则是按施工图图示尺寸（数量）计算工程数量。如 030801002 低压碳钢伴热管的工程量计算规则为：按设计图示管道中心线长度以“m”计算。

安装工程各专业工程的工程量计算规则，分别在本书各章节中进行介绍。

六、工作内容

《通用安装工程工程量计算规范》GB 50856—2013 规定了完成一个清单项目可能所需要的施工工作内容。

如 030801001 低压碳钢管，此项“工作内容”有：安装，压力试验，吹扫、清洗，脱脂。当低压碳钢管用于热水采暖管道时，设计要求有：压力试验、系统清洗。该项目特征描述应根据工程实际综合选择工作内容中的“安装，压力试验，吹扫、清洗”施工作业内容，记入分部分项工程量清单“项目特征描述”项。

当附录中“工作内容”所列的施工作业内容不足时，在清单项目特征描述中应予以补充。

8.1.4 措施项目清单

措施项目指为完成工程项目施工，发生于该工程施工准备和施工过程中的技术、生活、安全、环境保护等方面的项目。

一、措施项目清单编制要求

措施项目清单的编制应根据拟建工程的实际情况列项，除了考虑工程本身的因素外，还要考虑水文、气象、环境、安全的实际情况。若出现规范未列的项目，可根据工程实际情况补充。补充的措施项目，需附有补充的项目的名称、工作内容及包含范围等。

措施项目中可以计算工程量的项目，宜采用分部分项工程量清单的方式编制，列出项目编码、项目名称、项目特征、计量单位和工程量；对不可以计算工程量的项目，以“项”为计量单位。

二、措施项目清单内容

安装工程措施项目清单依据《通用安装工程工程量计算规范》GB 50856—2013 附录 N 中的规定进行编制。

《通用安装工程工程量计算规范》GB 50856—2013 根据措施项目的通用性和安装的专业性，将措施项目分为专业措施项目和安全文明施工及其他措施项目。

（一）专业措施项目

《通用安装工程工程量计算规范》GB 50856—2013 附录 N 提供了安装专业工程可列的措施项目，具体见表 8.1.4–1。

表 8.1.4–1　专业措施项目一览表（编码：031301）

项目编码	项 目 名 称	工作内容及包含范围
031301001	吊装加固	1. 行车梁加固 2. 桥式起重机加固及负荷试验 3. 整体吊装临时加固件，加固设施拆除、清理
031301002	金属抱杆安装、拆除、移位	1. 安装、拆除 2. 位移 3. 吊耳制作安装 4. 拖拉坑挖埋
031301003	平台铺设、拆除	1. 场地平整 2. 基础及支墩砌筑 3. 支架型钢搭设 4. 铺设 5. 拆除、清理
031301004	顶升、提升装置	安装、拆除
031301005	大型设备专用机具	
031301006	焊接工艺评定	焊接、试验及结果评价
031301007	胎（模）具制作安装拆除	制作、安装、拆除
031301008	防护棚制作安装拆除	防护棚制作、安装、拆除
031301009	特殊地区施工增加	1. 高原、高寒施工防护 2. 地震防护
031301010	安装与生产同时进行施工增加	1. 火灾防护 2. 噪声防护
031301011	在有害身体健康环境中施工增加	1. 有害化合物防护 2. 粉尘防护 3. 有害气体防护 4. 高浓度氧气防护
031301012	工程系统检测、检验	1. 起重机、锅炉、高压容器等特殊设备安装质量监督检验检测 2. 由国家或地方检测部门进行的各类检测
031301013	设备、管道施工的安全、防冻和焊接保护	保证工程施工正常进行的防冻和焊接保护
031301014	焦炉烘炉、热态工程	1. 烘炉安装、拆除、外运 2. 热态作业劳保消耗
031301015	管道安拆后的充气保护	充气管道安装、拆除

续表 8.1.4–1

项目编码	项 目 名 称	工作内容及包含范围
031301016	隧道内施工的通风、供水、供气、供电、照明及通信设施	通风、供水、供气、供电、照明及通信设施安装、拆除
031301017	脚手架搭拆	1. 场内、场外材料搬运 2. 搭、拆脚手架 3. 拆除脚手架后材料的堆放
031301018	其他措施	为保证工程施工正常进行所发生的费用

注：1. 由国家或地方检测部门进行的各类检测，指安装工程不包括的属经营服务性项目，如通电测试、防雷装置检测、安全、消防工程检测、室内空气质量检测等。
2. 脚手架按各附录分别列项。
3. 其他措施项目必须根据实际措施项目名称确定项目名称，明确描述工作内容及包含范围。

编列安装工程措施项目时，应根据拟安装工程的具体情况，在专业措施项目一览表中选择列项，也可根据实际情况补充。该表中大部分项目可以计算工程量，该项目的计量宜采用分部分项工程量清单方式编制。其他措施项目必须根据实际措施项目名称确定项目名称，明确描述工作内容及包含范围。

（二）安全文明施工及其他措施项目

《通用安装工程工程量计算规范》GB 50856—2013 附录 N.2 提供了安全文明施工及其他措施项目，具体见表 8.1.4–2。

表 8.1.4–2　安全文明施工及其他措施项目一览表（编码：031302）

项 目 编 码	项 目 名 称
031302001	安全文明施工（含环境保护、文明施工、安全施工、临时设施）
031302002	夜间施工
031302003	非夜间施工
031302004	二次搬运
031302005	冬雨季施工增加
031302006	已完工程及设备保护
031302007	高层施工增加

安全文明施工及其他措施项目工作内容及包含范围如下：

（1）环境保护：现场施工机械设备降低噪声、防扰民措施；水泥和其他易飞扬细颗粒建筑材料密闭存放或采取覆盖措施等；工程防扬尘洒水；土石方、建渣外运防护措施等；现场污染源的控制、生活垃圾清理外运、场地排水排污措施；其他环境保护措施。

（2）文明施工："五牌一图"［工程概况牌、管理人员名单及监督电话牌、消防保卫（防火责任）牌、安全生产牌、文明施工牌和施工现场平面图］；现场围挡的墙面美化（包括内外粉刷、刷白、标语等）、压顶装饰；现场厕所便槽刷白、贴面砖，水泥砂浆地面或地砖，建筑物内临时便溺设施；其他施工现场临时设施的装饰装修、美化措施；现场生活卫生设施；符合卫生要求的饮水设备、淋浴、消毒等设施；生活用洁净燃料；防煤气中毒、防蚊虫叮咬等措施；施工现场操作场地的硬化；现场绿化、治安综合治理；现场配备医药保健器材、物品费用和急救人员培训；用于现场工人的防暑降温、电风扇、空调等设备及用电；其他文明施工措施。

（3）安全施工：安全资料、特殊作业专项方案的编制，安全施工标志的购置及安全宣传；"三宝"（安全帽、安全带、安全网）、"四口"（楼梯口、电梯井口、通道口、预留洞口）、"五临边"（阳台围边、楼板围边、屋面围边、槽坑围边、卸料平台两侧）、水平防护架、垂直防护架、外架封闭等防护措施；施工安全用电，包括配电箱三级配电、两级保护装置要求、外电防护措施；起重机、塔吊等起重设备（含井架、门架）及外用电梯的安全防护措施（含警示标志）及卸料平台的临边防护、层间安全门、防护棚等设施；建筑工地起重机械的检验检测；施工机具防护棚及其围栏的安全保护设施；施工安全防护通道；工人的安全防护用品、用具购置；消防设施与消防器材的配置；电气保护、安全照明设施；其他安全防护措施。

（4）临时设施：施工现场采用彩色、定型钢板，砖、混凝土砌块等围挡的安砌、维修、拆除；施工现场临时建筑物、构筑物的搭设、维修、拆除，如临时宿舍、办公室，食堂、厨房、厕所、诊疗所、临时文化福利用房、临时仓库、加工场、搅拌台、临时简易水塔、水池等；施工现场临时设施的搭设、维修、拆除，如临时供水管道、临时供电管线、小型临时设施等；施工现场规定范围内临时简易道路铺设，临时排水沟、排水设施安砌、维修、拆除；其他临时设施的搭设、维修、拆除。

（5）夜间施工增加：夜间固定照明灯具和临时可移动照明灯具的设置、拆除；夜间施工时，施工现场交通标志、安全标牌、警示灯等的设置、移动、拆除；夜间照明设备及照明用电、施工人员夜班补助、夜间施工劳动效率降低等。

（6）非夜间施工增加：为保证工程施工正常进行，在地下（暗）室、设备及大口径管道内等特殊施工部位施工时所采用的照明设备的安拆、维护及照明用电、通风等；在地下（暗）室等施工引起的人工工效降低以及由于人工工效降低引起的机械降效。

（7）二次搬运：由于施工场地条件限制而发生的材料、成品、半成品等一次运输不能到达堆放地点，必须进行二次或多次搬运。

（8）冬雨季施工增加：冬雨（风）季施工时增加的临时设施（防寒保温、防雨、防风设施）的搭设、拆除；冬雨（风）季施工时，对砌体、混凝土等采用的特殊加温、保温和养护措施；冬雨（风）季施工时，施工现场的防滑处理、对影响施工的雨雪的清除；冬雨（风）季施工时增加的临时设施、施工人员的劳动保护用品、冬雨（风）季施工劳动效率降低等。

（9）已完工程及设备保护：对已完工程及设备采取的覆盖、包裹、封闭、隔离等必要保护措施。

（10）高层施工增加：高层施工引起的人工工效降低以及由于人工工效降低引起的机械降效；通信联络设备的使用。

1）单层建筑物檐口高度超过 20m，多层建筑物超过 6 层时，应分别列项。

2）突出主体建筑物顶的电梯机房、楼梯出口间、水箱间、瞭望塔、排烟机房等不计入檐口高度。计算层数时，地下室不计入层数。

（11）其他：工业炉烘炉、设备负荷试运转、联合试运转、生产准备试运转及安装工程设备场外运输应根据招标人提供的设备及安装主要材料堆放点按其他措施编码列项。大型机械设备进出场及安拆，应按《房屋建筑与装饰工程工程量计算规范》GB 50854—2013 相关项目编码列项。

三、施工措施项目及其计量

在工程量清单计量时，根据工程设计施工图，通过编制分部分项工程量清单，可对安装工程的实体性项目做到较为准确的计量。

施工措施项目的列项及其计量要根据施工项目管理规划进行，施工项目管理规划主要内容有施工方案和施工方法、施工现场管理和施工平面图等。

（一）施工方案、施工方法及计量

施工方案和施工方法是施工项目管理规划的主要内容之一。施工方案内容一般包括施工流向和施工顺序，施工阶段划分，施工方法和施工机械选择等内容。还包括招标文件、施工规范与工程验收规范和设计文件对工程所要求的技术措施而采用的一些施工方法。这些内容将决定安装专业工程措施项目可能列项：

（1）当拟建工程中有工艺钢结构预制安装和工业管道预制安装时，措施项目清单可列项“平台铺设、拆除”。

（2）当拟建工程中有设备、管道冬雨季施工，有易燃易爆、有害环境施工，或设备、管道焊接质量要求较高时，措施项目清单可列项“设备、管道施工的安全防冻和焊接保护”。

（3）当拟建工程中有三类容器制作、安装，有超过 10MPa 的高压管道敷设时，措施项目清单可列项

“工程系统检测、检验”。

（4）当拟建工程中有冶金炉窑时，措施项目清单可列项“焦炉烘炉、热态工程”。

（5）当拟建工程中有洁净度、防腐要求较高的管道安装时，措施项目清单可列项“管道安拆后的充气保护”。

（6）当拟建工程中有隧道内设备、管道安装时，措施项目清单可列项“隧道内施工的通风、供水、供气、供电、照明及通信设施”。

（7）当拟建工程有大于40t的设备安装时，措施项目清单可列项“金属抱杆安装、拆除、移位”。

（8）当拟建工程在高原、高寒或地震多发地区进行施工时，措施项目清单可列项“特殊地区施工增加”。

对于所列项的措施项目，可以计算工程量的宜按照分部分项工程量清单编制方式计量。

显然，施工方案和施工方法的选择直接影响措施清单的编制。《通用安装工程工程量计算规范》GB 50856—2013中的每个清单项目的“工作内容”取舍，要依据常用的施工方案和施工方法确定，并影响到清单项目特征的描述及综合单价的确定。

（二）施工平面图、现场管理及计量

施工平面图和现场管理是项目管理规划的主要内容。施工平面图是施工现场之内永久建筑物、临时建筑物、设施、管线和道路等的总体布置图。其布置也包含了现场管理的意图。

据此将决定措施项目的可能列项。如“安全文明施工”“夜间设施增加”“非夜间施工增加”“二次搬运”“冬雨季施工增加”“已完工程及设备保护”“高层施工增加”等。对于所列项的措施项目，不可以计算工程量的，按“项”予以计量。

8.1.5　其他项目清单

其他项目清单主要表明了招标人提出的与拟安装工程有关的特殊要求。

在编制其他项目清单时，工程建设项目标准的高低、工程的复杂程度、工程的工期长短、工程的组成内容等直接影响其他项目清单中的具体内容。

其他项目清单应根据拟建工程的具体情况确定。一般包括暂列金额、暂估价、计日工和总承包服务费等。其他项目清单的编制按照下列内容列项：

（1）暂列金额。招标人在工程量清单中暂定并包括在合同价款中的一笔款项。用于工程合同签订时尚未确定或者不可预见的所需材料、工程设备、服务的采购，施工中可能发生的工程变更、合同约定调整因素出现时的合同价款调整以及发生的索赔、现场签证确认等的费用。暂列金额应根据工程特点，按有关计价规定估算。

（2）暂估价。招标人在工程量清单中提供的用于支付必然发生但暂时不能确定价格的材料、工程设备的单价以及专业工程的金额。包括材料暂估单价、工程设备暂估单价、专业工程暂估价。

编制招标工程量清单时，暂估价中的材料单价、工程设备暂估单价应根据工程造价信息或参照市场价格估算，列出明细表；暂估价中的专业工程暂估价应分不同专业，按有关计价规定估算，列出明细表。

编制招标控制价、投标报价时，材料暂估价、工程设备暂估单价应按招标人在其他项目清单中列出的单价计入综合单价，专业工程暂估价应按招标人在其他项目清单中列出的金额填写。

（3）计日工。在施工过程中，承包人完成发包人提出的工程合同范围以外的零星项目或工作，按合同中约定的单价计价的一种方式，是为解决现场发生的零星工作的计价而设立的。

计日工应列出项目名称、计量单位和暂估数量。计日工工程量应根据工程特点和经验，尽可能估算一个比较贴近实际的数量。投标人进行计日工报价应按招标人在其他项目清单中列出的项目和数量，自主确定综合单价并计算计日工费用。

（4）总承包服务费。总承包人为配合协调发包人进行的专业工程发包，对发包人自行采购的材料、工程设备等进行保管以及施工现场管理、竣工资料汇总整理等服务所需的费用。

投标报价时，总承包服务费根据招标文件中列出的专业工程暂估价内容和供应材料、设备情况，按照招标人提出协调、配合与服务要求和施工现场管理需要自主确定。

8.1.6 规费项目清单

规费是强制性费用，在工程计价时，必须按工程所在地的规定列出项目的名称和标准。

8.1.7 税金清单

税金项目清单，税金必须按国家或省级政府部门的规定计算。

8.2 《通用安装工程工程量计算规范》GB 50856—2013 计算规则

8.2.1 电气设备安装工程

一、变配电装置安装工程量清单编制

（一）变配电装置安装工程量清单项目设置

（1）变压器安装工程量清单项目设置。

1）《通用安装工程工程量计算规范》GB 50856—2013 附录 D.1 中变压器安装工程量清单项目设置见表 8.2.1-1。

表 8.2.1-1 变压器安装工程量清单项目设置（编码：030401）

<table>
<tr><th>项目编码</th><th>项目名称</th><th>项目特征</th><th>计量单位</th><th>工程量计算规则</th><th>工作内容</th></tr>
<tr><td>030401001</td><td>油浸电力变压器</td><td rowspan="2">1. 名称
2. 型号
3. 容量（kV·A）
4. 电压（kV）
5. 油过滤要求
6. 干燥要求
7. 基础型钢形式、规格
8. 网门、保护门材质、规格
9. 温控箱型号、规格</td><td rowspan="6">台</td><td rowspan="6">按设计图示数量计算</td><td>1. 本体安装
2. 基础型钢制作、安装
3. 油过滤
4. 干燥
5. 接地
6. 网门、保护门制作、安装
7. 补刷（喷）油漆</td></tr>
<tr><td>030401002</td><td>干式变压器</td><td>1. 本体安装
2. 基础型钢制作、安装
3. 温控箱安装
4. 接地
5. 网门、保护门制作、安装
6. 补刷（喷）油漆</td></tr>
<tr><td>030401003</td><td>整流变压器</td><td rowspan="3">1. 名称
2. 型号
3. 容量（kV·A）
4. 电压（kV）
5. 油过滤要求
6. 干燥要求
7. 基础型钢形式、规格
8. 网门、保护门材质、规格</td><td rowspan="3">1. 本体安装
2. 基础型钢制作、安装
3. 油过滤
4. 干燥
5. 网门、保护门制作、安装
6. 补刷（喷）油漆</td></tr>
<tr><td>030401004</td><td>自耦变压器</td></tr>
<tr><td>030401005</td><td>有载调压变压器</td></tr>
<tr><td>030401006</td><td>电炉变压器</td><td>1. 名称
2. 型号
3. 容量（kV·A）
4. 电压（kV）
5. 基础型钢形式、规格
6. 网门、保护门材质、规格</td><td>1. 本体安装
2. 基础型钢制作、安装
3. 网门、保护门制作、安装
4. 补刷（喷）油漆</td></tr>
</table>

续表 8.2.1–1

项目编码	项目名称	项目特征	计量单位	工程量计算规则	工作内容
030401007	消弧线圈	1. 名称 2. 型号 3. 容量（kV·A） 4. 电压（kV） 5. 油过滤要求 6. 干燥要求 7. 基础型钢形式、规格	台	按设计图示数量计算	1. 本体安装 2. 基础型钢制作、安装 3. 油过滤 4. 干燥 5. 补刷（喷）油漆

2）变压器安装工程量清单项目设置时，项目特征应根据表 8.2.1–1 所列特征进行表述，并注意以下问题：

①名称。应为变压器完整的实体名称，并参照设计图的要求准确表述，实体名称不同，要分别设置清单项目。

②型号和容量。型号相同，额定容量不同或额定电压等级不同，应要分别设置清单项目，并在该清单项目中表述具体型号特征。

③变压器需要干燥或绝缘油需要过滤的，其特征应予以表述。

④基础型钢形式、规格。变压器安装大多数都需要基础型钢，采用何种型钢和规格应表述清楚，但目前常用 10 号槽钢作为变压器安装的基础。

⑤网门、保护门、温控箱。是变压器安装的附属内容，如果实际发生时，也要对其相应的型号、规格和材质特征进行表述。

3）清单项目设置说明。

变压器油如需试验、化验、色谱分析应按《通用安装工程工程量计算规范》GB 50856—2013 附录 N 措施项目相关项目编码列项。

（2）配电装置安装工程量清单项目设置。

1）《通用安装工程工程量计算规范》GB 50856—2013 附录 D.2 中配电装置安装工程量清单项目设置见表 8.2.1–2。

表 8.2.1–2　配电装置安装工程量清单项目设置（编码：030402）

<table>
<tr><th>项目编码</th><th>项目名称</th><th>项目特征</th><th>计量单位</th><th>工程量计算规则</th><th>工作内容</th></tr>
<tr><td>030402001</td><td>油断路器</td><td rowspan="3">1. 名称
2. 型号
3. 容量（A）
4. 电压等级（kV）
5. 安装条件
6. 操作机构名称及型号
7. 基础型钢规格
8. 接线材质、规格
9. 安装部位
10. 油过滤要求</td><td rowspan="3">台</td><td rowspan="3">按设计图示数量计算</td><td>1. 本体安装、调试
2. 基础型钢制作、安装
3. 油过滤
4. 补刷（喷）油漆
5. 接地</td></tr>
<tr><td>030402002</td><td>真空断路器</td><td rowspan="2">1. 本体安装、调试
2. 基础型钢制作、安装
3. 补刷（喷）油漆
4. 接地</td></tr>
<tr><td>030402003</td><td>SF_6 断路器</td></tr>
</table>

续表 8.2.1–2

项目编码	项目名称	项目特征	计量单位	工程量计算规则	工作内容
030402004	空气断路器	1. 名称 2. 型号 3. 容量（A） 4. 电压等级（kV） 5. 安装条件 6. 操作机构名称及型号 7. 接线材质、规格 8. 安装部位	台	按设计图示数量计算	1. 本体安装、调试 2. 基础型钢制作、安装 3. 补刷（喷）油漆 4. 接地
030402005	真空接触器				1. 本体安装、调试 2. 补刷（喷）油漆 3. 接地
030402006	隔离开关		组		
030402007	负荷开关				
030402008	互感器	1. 名称 2. 型号 3. 规格 4. 类型 5. 油过滤要求	台		1. 本体安装、调试 2. 干燥 3. 油过滤 4. 接地
030402009	高压熔断器	1. 名称 2. 型号 3. 规格 4. 安装部位	组		1. 本体安装、调试 2. 接地
030402010	避雷器	1. 名称 2. 型号 3. 规格 4. 电压等级 5. 安装部位			1. 本体安装 2. 接地
030402011	干式电抗器	1. 名称 2. 型号 3. 规格 4. 质量 5. 安装部位 6. 干燥要求			1. 本体安装 2. 干燥
030402012	油浸电抗器	1. 名称 2. 型号 3. 规格 4. 容量（kV · A） 5. 油过滤要求 6. 干燥要求	台		1. 本体安装 2. 油过滤 3. 干燥
030402013	移相及串联电容器	1. 名称 2. 型号 3. 规格 4. 质量 5. 安装部位	个		1. 本体安装 2. 接地
030402014	集合式并联电容器				

续表 8.2.1–2

项目编码	项目名称	项目特征	计量单位	工程量计算规则	工作内容
030402015	并联补偿电容器组架	1. 名称 2. 型号 3. 规格 4. 结构形式	台	按设计图示数量计算	1. 本体安装 2. 接地
030402016	交流滤波装置组架	1. 名称 2. 型号 3. 规格			
030402017	高压成套配电柜	1. 名称 2. 型号 3. 规格 4. 母线设置方式 5. 种类 6. 基础型钢形式、规格			1. 本体安装 2. 基础型钢制作、安装 3. 补刷（喷）油漆 4. 接地
030402018	组合型成套箱式变电站	1. 名称 2. 型号 3. 容量（kV·A） 4. 电压（kV） 5. 组合形式 6. 基础规格、浇筑材质			1. 本体安装 2. 基础浇筑 3. 进箱母线安装 4. 补刷（喷）油漆 5. 接地

2）配电装置安装工程量清单项目设置时，项目特征应根据表 8.2.1–2 所列特征进行表述，并注意以下问题：

①配电装置安装清单项目特征主要有名称、型号、规格、容量、质量等，其中项目特征“质量”是“重量”的规范用语，它不是指设备产品质量的优或劣，而是指设备本体的重量。若特征不完全相同，则必须分别设置清单项目。

②油断路器、SF_6 断路器等清单项目表述时，应表述绝缘油、SF_6 气体是否设备带有，以便于计价时确定是否计算此部分费用。

③油断路器的绝缘油需要过滤的，其特征应予以表述。

④高压设备的安装如涉及绝缘台安装者，其特征应予以表述。

⑤高压设备安装所需的基础型钢，应表述其型钢的形式及规格等特征。

3）清单项目设置说明。

①空气断路器的储气罐及储气罐至断路器的管路应按《通用安装工程工程量计算规范》GB 50856—2013 附录 H 工业管道工程相关项目编码列项。

②干式电抗器项目适用于混凝土电抗器、铁芯干式电抗器、空心干式电抗器等。

③设备安装未包括地脚螺栓、浇注（二次灌浆、抹面），如需安装应按现行国家标准《房屋建筑与装饰工程工程量计量规范》GB 50854—2013 相关项目编码列项。

（3）母线安装工程量清单项目设置。

1）《通用安装工程工程量计算规范》GB 50856—2013 附录 D.3 中母线安装工程量清单项目设置见表 8.2.1–3。

表 8.2.1-3　母线安装工程量清单项目设置（编码：030403）

<table>
<tr><th>项目编码</th><th>项目名称</th><th>项目特征</th><th>计量单位</th><th>工程量计算规则</th><th>工作内容</th></tr>
<tr><td>030403001</td><td>软母线</td><td rowspan="2">1. 名称
2. 材质
3. 型号
4. 规格
5. 绝缘子类型、规格</td><td rowspan="4">m</td><td rowspan="4">按设计图示尺寸以单相长度计算（含预留长度）</td><td rowspan="2">1. 母线安装
2. 绝缘子耐压试验
3. 跳线安装
4. 绝缘子安装</td></tr>
<tr><td>030403002</td><td>组合软母线</td></tr>
<tr><td>030403003</td><td>带形母线</td><td>1. 名称
2. 型号
3. 规格
4. 材质
5. 绝缘子类型、规格
6. 穿墙套管材质、规格
7. 穿通板材质、规格
8. 母线桥材质、规格
9. 引下线材质、规格
10. 伸缩节、过渡板材质、规格
11. 分相漆品种</td><td>1. 母线安装
2. 穿通板制作、安装
3. 支持绝缘子、穿墙套管的耐压试验、安装
4. 引下线安装
5. 伸缩节安装
6. 过渡板安装
7. 刷分相漆</td></tr>
<tr><td>030403004</td><td>槽形母线</td><td>1. 名称
2. 型号
3. 规格
4. 材质
5. 连接设备名称、规格
6. 分相漆品种</td><td>1. 母线制作、安装
2. 与发电机、变压器连接
3. 与断路器、隔离开关连接
4. 刷分相漆</td></tr>
<tr><td>030403005</td><td>共箱母线</td><td>1. 名称
2. 型号
3. 规格
4. 材质</td><td rowspan="2">m</td><td rowspan="2">按设计图示尺寸以中心线长度计算</td><td rowspan="2">1. 母线安装
2. 补刷（喷）油漆</td></tr>
<tr><td>030403006</td><td>低压封闭式插接母线槽</td><td>1. 名称
2. 型号
3. 规格
4. 容量（A）
5. 线制
6. 安装部位</td></tr>
<tr><td>030403007</td><td>始端箱、分线箱</td><td>1. 名称
2. 型号
3. 规格
4. 容量（A）</td><td>台</td><td>按设计图示数量计算</td><td>1. 本体安装
2. 补刷（喷）油漆</td></tr>
<tr><td>030403008</td><td>重型母线</td><td>1. 名称
2. 型号
3. 规格
4. 容量（A）
5. 材质
6. 绝缘子类型、规格
7. 伸缩器及导板规格</td><td>t</td><td>按设计图示尺寸以质量计算</td><td>1. 母线制作、安装
2. 伸缩器及导板制作、安装
3. 支承绝缘子安装
4. 补刷（喷）油漆</td></tr>
</table>

2）母线安装工程量清单项目设置时，项目特征应根据表 8.2.1–3 所列特征进行表述，并注意以下问题：

①软母线和带型母线安装都需要绝缘子来固定的，因此对绝缘子的特征应予以表述。如需穿墙套管和穿通板的，也需对其材质、规格加以表述。

②低压封闭式插接母线槽和重型母线项目特征中的容量，是指其额定电流。

3）清单项目设置说明。

①软母线安装预留长度应根据《通用安装工程工程量计算规范》GB 50856—2013 表 D.15.7–1（表 8.2.1–4）计入清单工程量。

表 8.2.1–4　软母线安装预留长度（m/ 根）

项　　目	耐张	跳线	引下线、设备连接线
预留长度	2.5	0.8	0.6

②硬母线配置安装预留长度应根据《通用安装工程工程量计算规范》GB 50856—2013 表 D.15.7–2（表 8.2.1–5）计入清单工程量。

表 8.2.1–5　硬母线配置安装预留长度（m/ 根）

序号	项　　目	预留长度	说　　明
1	带形、槽形母线终端	0.3	从最后一个支持点算起
2	带形、槽形母线与分支线连接	0.5	分支线预留
3	带形母线与设备连接	0.5	从设备端子接口算起
4	多片重型母线与设备连接	1.0	从设备端子接口算起
5	槽形母线与设备连接	0.5	从设备端子接口算起

（4）控制设备及低压电器安装工程量清单项目设置。

1）《通用安装工程工程量计算规范》GB 50856—2013 附录 D.4 中控制设备及低压电器安装工程量清单项目设置见表 8.2.1–6。

表 8.2.1–6　控制设备及低压电器安装工程量清单项目设置（编码：030404）

<table>
<tr><th>项目编码</th><th>项目名称</th><th>项目特征</th><th>计量单位</th><th>工程量计算规则</th><th>工作内容</th></tr>
<tr><td>030404001</td><td>控制屏</td><td rowspan="4">1. 名称
2. 型号
3. 规格
4. 种类
5. 基础型钢形式、规格
6. 接线端子材质、规格
7. 端子板外部接线材质、规格
8. 小母线材质、规格
9. 屏边规格</td><td rowspan="4">台</td><td rowspan="4">按设计图示数量计算</td><td rowspan="3">1. 本体安装
2. 基础槽钢制作、安装
3. 端子板安装
4. 焊、压接线端子
5. 盘柜配线、端子接线
6. 小母线安装
7. 屏边安装
8. 补刷（喷）油漆
9. 接地</td></tr>
<tr><td>030404002</td><td>继电、信号屏</td></tr>
<tr><td>030404003</td><td>模拟屏</td></tr>
<tr><td>030404004</td><td>低压开关柜（屏）</td><td>1. 本体安装
2. 基础槽钢制作、安装
3. 端子板安装
4. 焊、压接线端子
5. 盘柜配线、端子接线
6. 屏边安装
7. 补刷（喷）油漆
8. 接地</td></tr>
</table>

续表 8.2.1–6

项目编码	项目名称	项目特征	计量单位	工程量计算规则	工作内容
030404005	弱电控制返回屏	1. 名称 2. 型号 3. 规格 4. 种类 5. 基础型钢形式、规格 6. 接线端子材质、规格 7. 端子板外部接线材质、规格 8. 小母线材质、规格 9. 屏边规格	台	按设计图示数量计算	1. 本体安装 2. 基础槽钢制作、安装 3. 端子板安装 4. 焊、压接线端子 5. 盘柜配线、端子接线 6. 小母线安装 7. 屏边安装 8. 补刷（喷）油漆 9. 接地
030404006	箱式配电室	1. 名称 2. 型号 3. 规格 4. 质量 5. 基础规格、浇筑材质 6. 基础型钢形式、规格	套		1. 本体安装 2. 基础槽钢制作、安装 3. 基础浇筑 4. 补刷（喷）油漆 5. 接地
030404007	硅整流柜	1. 名称 2. 型号 3. 规格 4. 容量（A） 5. 基础型钢形式、规格	台		1. 本体安装 2. 基础槽钢制作、安装 3. 补刷（喷）油漆 4. 接地
030404008	可控硅柜	1. 名称 2. 型号 3. 规格 4. 容量（kW） 5. 基础型钢形式、规格			
030404009	低压电容器柜	1. 名称 2. 型号 3. 规格 4. 基础型钢形式、规格 5. 接线端子材质、规格 6. 端子板外部接线材质、规格 7. 小母线材质、规格 8. 屏边规格			1. 本体安装 2. 基础槽钢制作、安装 3. 端子板安装 4. 焊、压接线端子 5. 盘柜配线、端子接线 6. 小母线安装 7. 屏边安装 8. 补刷（喷）油漆 9. 接地
030404010	自动调节励磁屏				
030404011	励磁灭磁屏				
030404012	蓄电池屏（柜）				
030404013	直流馈电屏				
030404014	事故照明切换屏				
030404015	控制台	1. 名称 2. 型号 3. 规格 4. 基础型钢形式、规格 5. 接线端子材质、规格 6. 端子板外部接线材质、规格 7. 小母线材质、规格			1. 本体安装 2. 基础槽钢制作、安装 3. 端子板安装 4. 焊、压接线端子 5. 盘柜配线、端子接线 6. 小母线安装 7. 补刷（喷）油漆 8. 接地

续表 8.2.1-6

项目编码	项目名称	项目特征	计量单位	工程量计算规则	工作内容
030404016	控制箱	1. 名称 2. 型号 3. 规格 4. 基础形式、规格 5. 接线端子材质、规格 6. 端子板外部接线材质、规格 7. 安装方式	台	按设计图示数量计算	1. 本体安装 2. 基础槽钢制作、安装 3. 焊、压接线端子 4. 补刷（喷）油漆 5. 接地
030404017	配电箱				
030404018	插座箱	1. 名称 2. 型号 3. 规格 4. 安装方式			1. 本体安装 2. 接地
030404019	控制开关	1. 名称 2. 型号 3. 规格 4. 接线端子材质、规格 5. 额定电流（A）	个		1. 本体安装 2. 焊、压接线端子 3. 接地
030404020	低压熔断器	1. 名称 2. 型号 3. 规格 4. 接线端子材质、规格			
030404021	限位开关				
030404022	控制器		台		
030404023	接触器				
030404024	磁力启动器				
030404025	Y-△自耦减压启动器				
030404026	电磁铁（电磁制动器）				
030404027	快速自动开关				
030404028	电阻器	1. 名称 2. 型号 3. 规格 4. 接线端子材质、规格	箱		1. 本体安装 2. 焊、压接线端子 3. 接地
030404029	油浸频敏变阻器		台		
030404030	分流器	1. 名称 2. 型号 3. 规格 4. 容量（A） 5. 接线端子材质、规格	个		
030404031	小电器	1. 名称 2. 型号 3. 规格 4. 接线端子材质、规格	个（套、台）		

续表 8.2.1–6

<table>
<tr><th>项目编码</th><th>项目名称</th><th>项目特征</th><th>计量单位</th><th>工程量计算规则</th><th>工作内容</th></tr>
<tr><td>030404032</td><td>端子箱</td><td>1. 名称
2. 型号
3. 规格
4. 安装部位</td><td rowspan="2">台</td><td rowspan="6">按设计图示数量计算</td><td>1. 本体安装
2. 接线</td></tr>
<tr><td>030404033</td><td>风扇</td><td>1. 名称
2. 型号
3. 规格
4. 安装方式</td><td>1. 本体安装
2. 调速开关安装</td></tr>
<tr><td>030404034</td><td>照明开关</td><td rowspan="2">1. 名称
2. 材质
3. 规格
4. 安装方式</td><td rowspan="2">个</td><td rowspan="2">1. 本体安装
2. 接线</td></tr>
<tr><td>030404035</td><td>插座</td></tr>
<tr><td>030404036</td><td>其他电器</td><td>1. 名称
2. 规格
3. 安装方式</td><td>个（套、台）</td><td>1. 安装
2. 接线</td></tr>
<tr><td>粤 030404037</td><td>其他电器接线</td><td>1. 名称
2. 接线端子材质、规格</td><td>个（台）</td><td>1. 焊、压接线端子
2. 接线</td></tr>
</table>

2）控制设备及低压电器安装工程量清单项目设置时，项目特征应根据表 8.2.1–6 所列特征进行表述，并注意以下问题：

①项目特征中主要为名称、型号、规格、容量，除项目名称小电器外，特征中的名称基本是国标《通用安装工程工程量计算规范》GB 50856—2013 中的项目名称，但要加以细化，要以实体的名称来表述。型号、规格和容量特征只需按产品铭牌或设计图纸的标示准确表述即可。

②低压开关柜（屏）、配电箱等箱内空气开关与导线连接如需用接线端子的，虽然接线端子是组价项目，也应对其特征进行表述。

③各种箱、盘、柜安装如需基础槽钢的，则基础槽钢的特征应予表述。

3）清单项目设置说明。

①控制开关包括：自动空气开关、刀型开关、铁壳开关、胶盖刀闸开关、组合控制开关、万能转换开关、风机盘管三速开关、漏电保护开关等。

②小电器包括：按钮、电笛、电铃、水位电气信号装置、测量表计、继电器、电磁锁、屏上辅助设备、辅助电压互感器、小型安全变压器等。

③其他电器安装指：本节未列的电器项目。

④其他电器必须根据电器实际名称确定项目名称，明确描述工作内容、项目特征、计量单位、计算规则。

⑤箱、盘、柜的外部进出电线预留长度应根据《通用安装工程工程量计算规范》GB 50856—2013 表 D.15.7–3（表 8.2.1–7）计入清单工程量。

表 8.2.1–7　盘、箱、柜的外部进出电线预留长度（m/ 根）

序号	项　　目	预留长度	说　　明
1	各种箱、柜、盘、板、盒	宽 + 高	盘面尺寸
2	单独安装的铁壳开关、自动开关、刀开关、启动器、箱式电阻器、变阻器	0.5	从安装对象中心算起
3	继电器、控制开关、信号灯、按钮、熔断器等小电器	0.3	从安装对象中心算起
4	分支接头	0.2	分支线预留

（二）变配电装置安装清单工程量计算

变配电装置安装清单工程量计算规则见表 8.2.1–1~ 表 8.2.1–7。在计算清单工程量时应注意以下几点：

（1）在计算变压器安装清单工程量时，变压器的不同种类、不同型号、不同容量和不同电压等级应分别计算清单工程量和设置清单项目。项目特征完全相同但安装形式或安装条件不同，如落地安装或杆上安装、室内安装或室外安装，也应分别计算清单工程量和设置清单项目。若需对变压器做特殊处理，如变压器要干燥、油过滤等直接影响投标人计价的，应加以表述清楚并单独设置清单项目。

（2）成套设备，如高压成套配电柜、组合成套箱式变电站等，应按成套型计算工程量，不能把柜内开关、避雷器等设备、元器件分拆计算。带有操动机构的开关设备，计算清单工程量时要加以说明。安装形式或安装条件不同，也应分别计算清单工程量和设置清单项目。

（3）软母线、组合母线、带形母线、槽形母线安装项目清单工程量均按设计图示尺寸以单相长度计算，并按设计要求或施工及验收规范规定的预留长度计入清单工程量中。

（4）共箱母线、低压封闭式插接母线槽安装项目清单工程量均按设计图示尺寸以中心线长度计算，即指成品母线槽的轴线长度。在计算低压封闭式插接母线槽清单工程量时不扣除母线槽专用接头所占长度。

（5）控制设备及低压电器清单项目特征大部分都是以电流大小来表述的，因此要特别注意区分电流的不同分别计算清单工程量。安装条件或安装方式不同，也应分别计算清单工程量。

（三）变配电装置安装工程量清单编制示例

【例 8.2.1–1】某工厂变配电工程需安装 2 台专用变压器，设计图示 2 台专用变压器分别采用 10 号基础槽钢单独安装在变压器房内，1 号、2 号变压器型号 SC_9–1250/10。试编制变压器安装工程量清单。

解：编制步骤

（1）本例 1 号、2 号变压器为三相环氧树脂浇注干式变压器。

（2）计算清单工程量。清单工程量为：三相环氧树脂浇注干式变压器 SC_9–1250/10，2 台。

（3）编制分部分项工程量清单。分部分项工程量清单见表 8.2.1–8。

表 8.2.1–8　分部分项工程量清单与计价表

工程名称：　　　　　　　　　　　　　　　　标段：

序号	项目编码	项目名称	项目特征描述	计量单位	工程量	金额（元）		
						综合单价	合价	其中：暂估价
1	030401002001	干式变压器	三相环氧树脂浇注干式变压器 SC_9–1250/10 基础槽钢 ⊏ 10	台	2			
本页小计								
合　计								

【例 8.2.1–2】某工厂变配电工程，设计图示需采用 10 号基础槽钢安装高压进线柜 1 台，型号为 KYN28–12（Z）/T1250–31.5；高压出线柜 4 台，型号为 KYN28–12（Z）/T630–25；高压计量柜 1 台，型号为 KYN28–12，试编制高压开关柜安装工程量清单。

解：编制步骤

（1）根据设计图纸及相关资料核实完善高压开关柜的其他特征。高压开关柜名称：由厂家资料及相关手册中得知为户内铠装移开式交流金属封闭高压开关柜；规格（即外形尺寸，宽 × 深 × 高）：800 × 1700 × 2300；母线设置方式：单母线；回路：单回路。

（2）计算清单工程量。虽然 6 台高压开关柜的名称都相同，但使用功能和型号不同，因此要分别计算清单工程量和设置清单项目。各清单工程量为：金属铠装移开式户内高压进线柜 KYN28–12（Z）/

T1250–31.5，1 台；金属铠装移开式户内高压出线柜 KYN28–12（Z）/T630–25，4 台；金属铠装移开式户内高压计量柜 KYN28–12，1 台。

（3）编制分部分项工程量清单。分部分项工程量清单见表 8.2.1–9。

表 8.2.1–9　分部分项工程量清单与计价表

工程名称：　　　　　　　　　　　　　　　　标段：

序号	项目编码	项目名称	项目特征描述	计量单位	工程量	金额（元）		
						综合单价	合价	其中：暂估价
1	030402017001	高压成套配电柜	金属铠装移开式户内单母线高压进线柜 KYN28–12（Z）/T1250–31.5 800×1700×2300 基础槽钢[10	台	1			
2	030402017002	高压成套配电柜	金属铠装移开式户内单母线单回路高压出线柜 KYN28–12（Z）/T630–25 800×1700×2300 基础槽钢[10	台	4			
3	030402017003	高压成套配电柜	金属铠装移开式户内单母线高压计量柜 KYN28–12 800×1700×2300 基础槽钢[10	台	1			
本页小计								
合　计								

【例 8.2.1–3】某综合楼电气安装工程，设计图示从首层低压配电房水平安装低压封闭式插接母线槽 CMC_3–2000/5A3000–1 至强电井口，共 25.00m；强电井内安装低压封闭式插接母线槽共 90.00m。试编制低压封闭式插接母线槽安装工程量清单。

解：首先根据设计图纸并查阅相关资料核实低压母线槽 CMC_3–2000/5A3000–1 的具体产品名称为带 1 个插口的三相五线制插接式密集绝缘母线槽。清单工程量为一般场所安装 25m，竖井内安装 90m。然后编制分部分项工程量清单。分部分项工程量清单见表 8.2.1–10。

表 8.2.1–10　分部分项工程量清单与计价表

工程名称：　　　　　　　　　　　　　　　　标段：

序号	项目编码	项目名称	项目特征描述	计量单位	工程量	金额（元）		
						综合单价	合价	其中：暂估价
1	030403006001	低压封闭式插接母线槽	三相五线制插接式密集绝缘母线槽 CMC_3–2000/5A3000–1 竖井内安装	m	90.00			
2	030403006002	低压封闭式插接母线槽	三相五线制插接式密集绝缘母线槽 CMC_3–2000/5A3000–1	m	25.00			
本页小计								
合　计								

【例 8.2.1–4】某 9 层住宅楼电气安装工程，每层 4 个单元，设计图示各单元分别暗装房间配电箱 1 台，规格为 300×200×120 铁箱体，箱内导线直接与空气开关连接；门铃按钮 1 个；百叶式排气扇 1 台；单控单联暗开关 5 套；单控三联暗开关 3 套；250V/10A 单相三孔暗插座 8 套；250V/15A 单相三孔暗插座

4 套；250V/10A 单相五孔暗插座 5 套。试编制低压电器的工程量清单。

解：本例设计图纸没有明确各低压电器的具体型号和规格，需征求招标人意见并查阅相关资料确定具体的特征后，再编制分部分项工程量清单。分部分项工程量清单见表 8.2.1-11。

表 8.2.1-11　分部分项工程量清单与计价表

工程名称：　　　　　　　　　　　　　　　　标段：

序号	项目编码	项目名称	项目特征描述	计量单位	工程量	金额（元）		
						综合单价	合价	其中：暂估价
1	030404017001	配电箱	房间铁配电箱 ZMX-1 300×200×120 暗装	台	36			
2	030404031001	小电器	门铃按钮 86 型 C9H3 250V	个	36			
3	030404033001	风扇	风压式百叶窗排气扇 APB15A1 350×350	台	36			
4	030404034001	照明开关	单控单联大跷板暗开关 86 型 C9C1/1 250V/16A	个	180			
5	030404034002	照明开关	单控三联大跷板暗开关 86 型 C9C3/1 250V/16A	个	108			
6	030404035001	插座	单相三孔暗插座 86 型 C9/10S 250V/10A	个	288			
7	030404035002	插座	单相三孔暗插座 86 型 C9/16CS 250V/15A	个	144			
8	030404035003	插座	单相五孔暗插座 86 型 C9/10US 250V/10A	个	180			
本页小计								
合　计								

二、电缆安装工程量清单编制

（一）电缆安装工程量清单编制

（1）电缆安装工程量清单项目设置。

1）《通用安装工程工程量计算规范》GB 50856—2013 附录 D.8 中电缆安装工程量清单项目设置见表 8.2.1-12。

表 8.2.1-12　电缆安装工程量清单项目设置（编码：030408）

项目编码	项目名称	项目特征	计量单位	工程量计算规则	工作内容
030408001	电力电缆	1. 名称 2. 型号 3. 规格 4. 材质 5. 敷设方式、部位 6. 电压等级（kV） 7. 地形	m	按设计图示尺寸以长度计算（含预留长度及附加长度）	1. 电缆敷设 2. 揭（盖）盖板
030408002	控制电缆				

续表 8.2.1-12

项目编码	项目名称	项目特征	计量单位	工程量计算规则	工作内容
030408003	电缆保护管	1. 名称 2. 材质 3. 规格 4. 敷设方式	m	按设计图示尺寸以长度计算	保护管敷设
030408004	电缆槽盒	1. 名称 2. 材质 3. 规格 4. 型号			槽盒敷设
030408005	铺砂、盖保护板（砖）	1. 种类 2. 规格			1. 铺砂 2. 盖板（砖）
030408006	电力电缆头	1. 名称 2. 型号 3. 规格 4. 材质、类型 5. 安装部位 6. 电压等级（kV）	个	按设计图示数量计算	1. 电力电缆头制作 2. 电力电缆头安装 3. 接地
030408007	控制电缆头	1. 名称 2. 型号 3. 规格 4. 材质、类型 5. 安装部位			
030408008	防火堵洞	1. 名称 2. 材质 3. 方式 4. 部位	处	按设计图示数量计算	安装
030408009	防火隔板		m^2	按设计图示尺寸以面积计算	
030408010	防火涂料		kg	按设计图示尺寸以质量计算	
030408011	电缆分支箱	1. 名称 2. 型号 3. 规格 4. 基础形式、材质、规格	台	按设计图示数量计算	1. 本体安装 2. 基础制作、安装

2）电缆安装工程量清单项目设置时，项目特征应根据表 8.2.1-12 所列特征进行表述，并注意以下问题：

电缆清单项目特征首先要把实体名称表述准确，其他项目特征基本为型号、规格、材质，但其规格特征的表述各有不同含义。电力电缆、控制电缆、电力电缆头和控制电缆头的规格是指其截面；电缆保护管的规格是指管的内径；电缆分支箱的规格是指箱体的宽 × 高 × 厚等。

3）清单项目设置说明。

①电缆穿刺线夹按电缆头编码列项。

②电缆井、电缆排管、顶管，应按现行国家标准《市政工程工程量计量规范》GB 50857—2013 相关项目编码列项。

③电缆敷设预留长度及附加长度应根据《通用安装工程工程量计算规范》GB 50856—2013 表 D.15.7-5（表 8.2.1-13）计入清单工程量。

表 8.2.1–13　电缆敷设预留及附加长度

序号	项　　目	预留（附加）长度	说　　明
1	电缆敷设弛度、波形弯度、交叉	2.5%	按电缆全长计算
2	电缆进入建筑物	2.0m	规范规定最小值
3	电缆进入沟内或吊架时引上（下）预留	1.5m	规范规定最小值
4	变电所进线、出线	1.5m	规范规定最小值
5	电力电缆终端头	1.5m	检修余量最小值
6	电缆中间接头盒	两端各留 2.0m	检修余量最小值
7	电缆进控制、保护屏及模拟盘、配电箱等	宽 + 高	按盘面尺寸
8	高压开关柜及低压配电盘、箱（柜）	2.0m	盘下进出线
9	电缆至电动机	0.5m	从电动机接线盒算起
10	厂用变压器	3.0m	从地坪算起
11	电缆绕过梁柱等增加长度	按实计算	按被绕物的断面情况计算增加长度
12	电梯电缆与电缆架固定点	每处 0.5m	规范规定最小值

（2）电缆安装清单工程量计算。电缆安装清单工程量计算规则见表 8.2.1–12 及表 8.2.1–13。在计算清单工程量时应注意以下几点：

1）电力电缆、控制电缆清单工程量按设计图示尺寸以长度计算，不扣除电缆中间头所占长度。计算的起点和终点为电缆与配电设备（如配电箱、盘、柜等）交接处为界，其清单工程量总长度为水平长度加垂直长度及预留长度和附加长度。

2）电缆保护管清单工程量要区分不同材质、不同管径按设计图示尺寸以长度计算。

三、防雷及接地装置工程量清单编制

（一）防雷及接地装置工程量清单编制

（1）防雷及接地装置工程量清单项目设置。

1）《通用安装工程工程量计算规范》GB 50856—2013 附录 D.9 中防雷及接地装置工程量清单项目设置见表 8.2.1–14（其中广东省建设工程标准定额站补充 1 个清单项目）。

表 8.2.1–14　防雷及接地装置工程量清单项目设置（编码：030409）

项目编码	项目名称	项目特征	计量单位	工程量计算规则	工作内容
030409001	接地极	1. 名称 2. 材质 3. 规格 4. 土质 5. 基础接地形式	根（块）	按设计图示数量计算	1. 接地极（板、桩）制作、安装 2. 基础接地网安装 3. 补刷（喷）油漆
030409002	接地母线	1. 名称 2. 材质 3. 规格 4. 安装部位 5. 安装形式	m	按设计图示尺寸以长度计算（含附加长度）	1. 接地母线制作、安装 2. 补刷（喷）油漆

续表 8.2.1-14

项目编码	项目名称	项目特征	计量单位	工程量计算规则	工作内容
030409003	避雷引下线	1. 名称 2. 材质 3. 规格 4. 安装部位 5. 安装形式 6. 断接卡子、箱材质、规格	m	按设计图示尺寸以长度计算（含附加长度）	1. 避雷引下线制作、安装 2. 断接卡子、箱制作、安装 3. 利用主钢筋焊接 4. 补刷（喷）油漆
030409004	均压环	1. 名称 2. 材质 3. 规格 4. 安装形式			1. 均压环敷设 2. 钢铝窗接地 3. 主钢筋与圈梁焊接 4. 利用圈梁钢筋焊接 5. 补刷（喷）油漆
030409005	避雷网	1. 名称 2. 材质 3. 规格 4. 安装形式 5. 混凝土块标号	m	按设计图示尺寸以长度计算（含附加长度）	1. 避雷网制作、安装 2. 跨接 3. 混凝土块制作 4. 补刷（喷）油漆
030409006	避雷针	1. 名称 2. 材质 3. 规格 4. 安装形式、高度	根	按设计图示数量计算	1. 避雷针制作、安装 2. 跨接 3. 补刷（喷）油漆
030409007	半导体少长针消雷装置	1. 型号 2. 高度	套		本体安装
030409008	等电位端子箱、测试板	1. 名称 2. 材质 3. 规格	台（块）		
030409009	绝缘垫		m^2	按设计图示尺寸以展开面积计算	1. 制作 2. 安装
030409010	浪涌保护器	1. 名称 2. 规格 3. 安装形式 4. 防雷等级	个	按设计图示数量计算	1. 本体安装 2. 接线 3. 接地
030409011	降阻剂	1. 名称 2. 类型	kg	按设计图示以质量计算	1. 挖土 2. 施放降阻剂 3. 回填土 4. 运输
粤 030409012	桩承台接地	1. 名称 2. 材质 3. 焊接桩根数 4. 每桩焊接根数 5. 桩承台钢筋焊接形式	基	按设计图示数量计算	1. 桩承台钢筋焊接 2. 补刷油漆

2）防雷及接地装置工程量清单项目设置时，项目特征应根据表 8.2.1-14 所列特征进行表述，并注意以下问题：

①防雷及接地装置工程量清单项目特征主要表述的是实体名称、材质、规格、安装部位和安装形式。

②避雷针的安装形式特征是指装在烟囱上；装在平面屋顶上；装在墙上；装在金属容器顶上；装在金属容器壁上；装在构筑物上等。装在避雷网或女儿墙上的避雷针，称为避雷小短针，避雷小短针“高度”应作表述。

③避雷带和避雷网的安装形式特征是指沿混凝土块敷设或沿折板支架敷设两种形式。

3）清单项目设置说明。

①执行国家计量规范的：

a. 利用桩基础作接地极，应描述桩台下桩的根数，每桩台下需焊接柱筋根数，其工程量按柱引下线计算；利用基础钢筋作接地极按均压环项目编码列项。

b. 利用柱筋作引下线的，需描述柱筋焊接根数。

c. 利用圈梁筋作均压环的，需描述圈梁筋焊接根数。

d. 使用电缆、电线作接地线，应按《通用安装工程工程量计算规范》GB 50856—2013 附录 D.8、D.11 相关项目编码列项。

e. 接地母线、引下线、避雷网附加长度应根据《通用安装工程工程量计算规范》GB 50856—2013 表 D.15.7-6（表 8.2.1-15）计入清单工程量。

表 8.2.1-15　接地母线、引下线、避雷网附加长度

项　目	附加长度	说　明
接地母线、引下线、避雷网附加长度	3.9%	按接地母线、引下线、避雷网全长计算

②执行广东省计价规定的：利用桩基础作接地极，应描述桩台下桩的根数，每桩台下需焊接柱筋根数，其工程量按基计算，按桩承台接地项目编码列项。

（2）防雷及接地装置项目清单工程量计算。

1）防雷及接地装置清单工程量计算规则见表 8.2.1-14 及表 8.2.1-15。在计算清单工程量时应注意：

①防雷及接地装置清单工程量分别按设计图示尺寸以长度、数量、根等计算。

②利用柱（梁）内钢筋作引下线、均压环的，不管图纸要求焊接钢筋根数是 2 根或以上，均按图示柱（梁）长度计算清单工程量，但其特征应表述清楚焊接钢筋根数，以便计价。

2）清单工程量的计算要领：防雷及接地装置清单工程量计算关键是接地母线、避雷引下线、均压环、避雷线长度的计算，水平长度应根据设计图示尺寸计算或以比例尺量度计算，垂直长度则根据建筑物的不同标高计算，并计算附加长度。

（3）防雷及接地装置项目工程量清单编制示例。

【例 8.2.1-5】某 16 层 100m × 50m 矩形住宅楼防雷接地工程，层高 3m，女儿墙高 1.2m。天面避雷网采用镀锌圆钢 ϕ10 沿女儿墙顶 100.00mm 高处支架敷设，图示长度 300.00m；避雷网格采用镀锌圆钢 ϕ10 沿女儿墙内墙表面穿过隔热层距天面 50mm 高与防雷带焊接，图示长度 415.00m；焊接在防雷带上的 L=250.00、ϕ12 镀锌圆钢避雷小短针共 20 根。利用柱内 3 条主钢筋焊接连通作防雷引下线与基础承台焊接连通，并在 +0.40m 处焊接测试端子，基础承台标高 -1.70m，共 6 条柱，图示长度 306.00m。利用基础梁内 2 条主钢筋焊接连通作防雷接地母线，图示长度 700.00m。作接地极的承台共 8 基，其中四连桩承台 4 基，三连桩承台 2 基，二连桩承台 2 基。低压配电房设在首层左下角，为 5.2m × 3.3m，沿电房内四周墙脚 -0.10m 处敷设**—**40 × 4 的镀锌扁钢作接地线与左下角柱内防雷引下线 +0.30m 处引出的接地端子焊接连通，接地线水平与 10 号基础槽钢（地上安装）距离 1.4m，并从电房左上角强电井内垂直明敷设一根**—**40 × 4 的镀锌扁钢至顶层作接地干线。图示长度共 67.00m。试编制防雷及接地装置工程量清单。

解：根据题目得知该住宅楼防雷系统和接地系统是相对独立的，其清单编制方法如下：

（1）计算应增加附加长度的清单项目及相应的清单工程量

1）镀锌圆钢天面避雷网 ϕ10 支架敷设，300m × 1.039=311.70m；

2）镀锌圆钢天面避雷网格 ϕ10 暗敷，415m × 1.039=431.185m ≈ 431.19m；

3）镀锌扁钢接地母线−40×4 户内敷设，67m×1.039=69.613m ≈ 69.61m。

（2）利用柱内 3 条主钢筋焊接连通作防雷引下线与基础承台焊接连通，并在 +0.40m 处焊接测试端子，基础承台标高 −1.70m，共 6 条柱，图示长度 306.00m。

（3）分部分项工程量清单见表 8.2.1−16。

表 8.2.1−16　分部分项工程量清单与计价表

工程名称：　　　　　　　　　　　　　　标段：

序号	项目编码	项目名称	项目特征描述	计量单位	工程量	金额（元）		
						综合单价	合价	其中：暂估价
1	030409005001	避雷网	镀锌圆钢避雷网 ϕ10 明敷	m	311.70			
2	030409005002	避雷网	镀锌圆钢避雷网 ϕ10 暗敷	m	431.19			
3	030409006001	避雷针	镀锌圆钢避雷小短针 L=250 ϕ12 避雷网上焊接	根	20			
4	030409003001	避雷引下线	引下线（柱内 3 根钢筋焊接） 断接测试端子 镀锌扁钢−40×4 接地端子 镀锌扁钢−40×4	m	306.00			
5	030409004001	均压环	接地母线（梁内 2 根钢筋焊接）	m	700.00			
6	粤 030409012001	桩承台接地	桩承台接地（四连桩）	基	4			
7	粤 030409012002	桩承台接地	桩承台接地（二、三连桩）	基	4			
8	030409002001	接地母线	镀锌扁钢户内接地母线 −40×4	m	69.61			
本页小计								
合　计								

四、配管、配电、照明器具安装工程量清单编制

（一）配管、配线、照明器具安装工程量清单编制

（1）配管、配线、照明器具安装工程量清单项目设置。

1）《通用安装工程工程量计算规范》GB 50856—2013 附录 D.11 中配管、配线工程量清单项目设置见表 8.2.1−17；附录 D.12 中照明器具安装工程量清单项目设置见表 8.2.1−18。

表 8.2.1−17　配管、配线工程量清单项目设置（编码：030411）

项目编码	项目名称	项目特征	计量单位	工程量计算规则	工作内容
030411001	配管	1. 名称 2. 材质 3. 规格 4. 配置形式 5. 接地要求 6. 钢索材质、规格	m	按设计图示尺寸以长度计算	1. 电线管路敷设 2. 钢索架设（拉紧装置安装） 3. 预留沟槽 4. 接地
030411002	线槽	1. 名称 2. 材质 3. 规格			1. 本体安装 2. 补刷（喷）油漆
030411003	桥架	1. 名称 2. 型号 3. 规格 4. 材质 5. 类型 6. 接地方式			1. 本体安装 2. 接地

续表 8.2.1–17

项目编码	项目名称	项目特征	计量单位	工程量计算规则	工作内容
030411004	配线	1. 名称 2. 配线形式 3. 型号 4. 规格 5. 材质 6. 配线部位 7. 配线线制 8. 钢索材质、规格	m	按设计图示尺寸以单线长度计算（含预留长度）	1. 配线 2. 钢索架设（拉紧装置安装） 3. 支持体（夹板、绝缘子、槽板等）安装
030411005	接线箱	1. 名称 2. 材质 3. 规格 4. 安装形式	个	按设计图示数量计算	本体安装
030411006	接线盒				

表 8.2.1–18 照明器具安装工程量清单项目设置（编码：030412）

项目编码	项目名称	项目特征	计量单位	工程量计算规则	工作内容
030412001	普通灯具	1. 名称 2. 型号 3. 规格 4. 类型	套	按设计图示数量计算	本体安装
030412002	工厂灯	1. 名称 2. 型号 3. 规格 4. 安装形式			
030412003	高度标志（障碍）灯	1. 名称 2. 型号 3. 规格 4. 安装部位 5. 安装高度			
030412004	装饰灯	1. 名称 2. 型号 3. 规格 4. 安装形式			
030412005	荧光灯				
030412006	医疗专用灯	1. 名称 2. 型号 3. 规格			
030412007	一般路灯	1. 名称 2. 型号 3. 规格 4. 灯杆材质、规格 5. 灯架形式及臂长 6. 附件配置要求 7. 灯杆形式（单、双） 8. 基础形式、砂浆配合比 9. 杆座材质、规格 10. 接线端子材质、规格 11. 编号 12. 接地要求			1. 基础制作、安装 2. 立灯杆 3. 杆座安装 4. 灯架及灯具附件安装 5. 焊、压接线端子 6. 补刷（喷）刷油 7. 灯杆编号 8. 接地

续表 8.2.1–18

项目编码	项目名称	项目特征	计量单位	工程量计算规则	工作内容
030412008	中杆灯	1. 名称 2. 灯杆的材质及高度 3. 灯架的型号、规格 4. 附件配置 5. 光源数量 6. 基础形式、浇筑材质 7. 杆座材质、规格 8. 接线端子材质、规格 9. 铁构件规格 10. 编号 11. 灌浆配合比 12. 接地要求	套	按设计图示数量计算	1. 基础浇筑 2. 立灯杆 3. 杆座安装 4. 灯架及灯具附件安装 5. 焊、压接线端子 6. 铁构件安装 7. 补刷（喷）刷油 8. 灯杆编号 9. 接地
030412009	高杆灯	1. 名称 2. 灯杆高度 3. 灯架形式（成套或组装、固定或升降） 4. 附件配置 5. 光源数量 6. 基础形式、浇筑材质 7. 杆座材质、规格 8. 接线端子材质、规格 9. 铁构件规格 10. 编号 11. 灌浆配合比 12. 接地要求			1. 基础浇筑 2. 立灯杆 3. 杆座安装 4. 灯架及灯具附件安装 5. 焊、压接线端子 6. 铁构件安装 7. 补刷（喷）油漆 8. 灯杆编号 9. 升降机构接线调试 10. 接地
030412010	桥栏杆灯	1. 名称 2. 型号 3. 规格 4. 安装形式			1. 灯具安装 2. 补刷（喷）刷油
030412011	地道涵洞灯				

2）配管、配线、照明器具安装工程量清单项目设置时，项目特征应根据表 8.2.1–17、表 8.2.1–18 所列特征进行表述，并注意以下几点问题：

①《通用安装工程工程量计算规范》GB 50856—2013 中配管、配线的项目名称是概括性的名称，因此，在项目特征表述时必须将具体的实体名称表述清楚，以免混淆。

②项目特征中的实体名称大都是已含材质的特征，名称和材质是一体的，如实体名称镀锌钢管，“钢管”既是名称，又是材质，“镀锌”也有代表材质的含义。

③配管的特征中，规格是指管的公称直径，并应把壁厚表述清楚；配置形式是指明配或暗配等。

④线槽的特征中，金属线槽规格是指其截面的宽 + 高尺寸，同时也必须表述其壁厚；塑料线槽规格是指其截面的周长。

⑤电缆桥架的规格是指桥架的宽 + 高尺寸，类型是指槽式、托盘式、梯级式、组合式等。

⑥配线的特征中，导线型号一般已包含其材质和规格。

⑦在照明器具项目特征中，关键是要表述清楚灯具的型号和规格特征。型号不同，灯具的类型也就不同。型号相同，其规格尺寸不同，虽灯具的类型一样，但因尺寸大小不同，其价格及安装费用也会有差异。因此，型号和规格的准确表述尤其重要。同时要表述清楚其安装方式。

⑧灯具没带引导线的，应予以说明，提供报价依据。

3）清单项目设置说明。

①配管、配线清单项目设置说明。

a. 配管、线槽安装不扣除管路中间的接线箱（盒）、灯头盒、开关盒所占长度。

b. 配管名称指电线管、钢管、防爆管、塑料管、软管、波纹管等。

c. 配管配置形式指明配、暗配、吊顶内、钢结构支架、钢索配管、埋地敷设、水下敷设、砌筑沟内敷设等。

d. 配线名称指管内穿线、瓷夹板配线、塑料夹板配线、绝缘子配线、槽板配线、塑料护套配线、线槽配线、车间带形母线等。

e. 配线形式指照明线路、动力线路、木结构、顶棚内、砖、混凝土结构、沿支架、钢索、屋架、梁、柱、墙、以及跨屋架、梁、柱。

f. 在配管清单项目计量时，设计无要求时可按管布线的相应规定作为计量接线盒、拉线盒的依据。

g. 配管安装中不包括凿槽、刨沟，应按《通用安装工程工程量计算规范》GB 50856—2013 附录 D.13 附属工程相关项目编码列项。

h. 配线进入箱、柜、板的预留长度应根据《通用安装工程工程量计算规范》GB 50856—2013 表 D.15.7-8（表 8.2.1-19）计入清单工程量。

表 8.2.1-19　配线进入箱、柜、板的预留长度（m/ 根）

序号	项　　目	预留长度	说明
1	各种开关箱、柜、板	宽＋高	盘面尺寸
2	单独安装（无箱、盘）的铁壳开关、闸刀开关、启动器、线槽进出线盒等	0.3	从安装对象中心算起
3	由地面管子出口引至动力接线箱	1.0	从管口计算
4	电源与管内导线连接（管内穿线与软、硬母线接点）	1.5	从管口计算
5	出户线	1.5	从管口计算

②照明器具安装清单项目设置说明。

a. 普通灯具包括圆球吸顶灯、半圆球吸顶灯、方形吸顶灯、软线吊灯、座头灯、吊链灯、防水吊灯、壁灯等。

b. 工厂灯包括工厂罩灯、防水灯、防尘灯、碘钨灯、投光灯、泛光灯、混光灯、密闭灯等。

c. 高度标志（障碍）灯包括烟囱标志灯、高塔标志灯、高层建筑屋顶障碍指示灯等。

d. 装饰灯包括吊式艺术装饰灯、吸顶式艺术装饰灯、荧光艺术装饰灯、几何型组合艺术装饰灯、标志灯、诱导装饰灯、水下（上）艺术装饰灯、点光源艺术灯、歌舞厅灯具、草坪灯具等。

e. 医疗专用灯包括病房指示灯、病房暗脚灯、紫外线杀菌灯、无影灯等。

f. 中杆灯是指安装在高度小于或等于 19m 的灯杆上的照明器具。

g. 高杆灯是指安装在高度大于 19m 的灯杆上的照明器具。

（二）配管、配线、照明器具安装清单工程量计算

（1）配管、配线清单工程量计算。配管、配线清单工程量计算规则见表 8.2.1-17~ 表 8.2.1-19。在计算清单工程量时应注意以下几点：

1）电缆桥架清单工程量要区分不同材质、不同型号、规格、不同类型按设计图示尺寸以桥架的中心线长度计算，不扣除附件所占长度。

2）配管、线槽清单工程量按设计图示尺寸以水平和垂直的长度计算，并考虑绕梁柱所需的长度。

3）垂直方向敷设的线管、线槽，其工程量计算与楼层高度及箱、柜、盘、板、开关等设备安装高度有关。线管、线槽长度计算方法如图 8.2.1 所示。

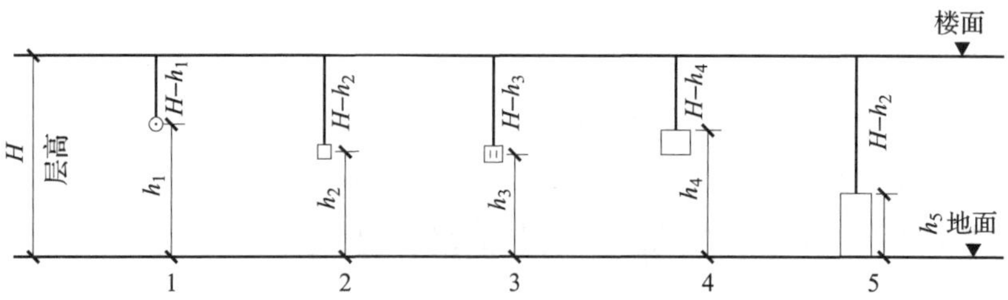

图 8.2.1 线管、线槽长度计算方法

1—拉线开关；2—开关；3—插座；4—配电箱或电度表；5—配电柜

4）管内穿线工程量计算：管内穿线长度 = 配管长度 × 同截面导线根数。

5）在计算配线清单工程量时，导线进出箱、盘、柜、屏等的预留量，应计入清单工程量中。

6）在民用建筑低压配电工程中，配管、配线的设计图纸是分支回路最多、管线型号规格最多也是最难识读的分部工程之一，因此清单工程量计算量大而烦琐。要算好配管、配线的清单工程量，就得先把图纸吃透看懂，了解清楚每层之间的供电关系，各配电箱之间的回路关系，管线敷设方式和施工要求等，然后开始计算，管线计算次序为“先支线，分路干线，后主干线”。计算时应把平面图和系统图对应来阅读，区分材质、规格、敷设方式等按回路编号“先管后线”依次进行，从房间用电设备最末端（导线根数最少）开始用比例尺量度支线，计算管长的同时应在平面图上标记每段距离的长度和导线根数，以便于简化导线工程量计算和校核。因平面图不能反映垂直管线的长度，所以要了解建筑的立面和剖面图，按标高关系推算垂直敷设长度，防止漏算。然后计算各房间配电箱至层间配电箱的分路干线。再计算各层间配电箱至低压配电房的主干线。最后把所计算的工程量进行汇总。

（2）照明器具安装清单工程量计算。照明器具安装清单工程量计算规则见表 8.2.1–18。在计算清单工程量时应注意：

照明器具的安装方式图纸一般都会标注，所以清单工程量计算不难。但要注意要区分各型灯具的不同实体名称、型号、规格等分别计算。有的灯具完全一样，但安装方式不同，不要笼统地把工程量累加，要单独设置清单项目。

（三）配管、配线、照明器具安装工程量清单编制示例

【例 8.2.1–6】某办公楼照明工程，设计图纸标注吸顶安装荧光灯支架 YG1–1×40W 共 25 套，壁装荧光灯支架 YG1–1×40W 共 5 套，嵌入式安装格栅荧光灯盘 XD512–Y20×3 共 320 套，嵌入式安装带应急格栅荧光灯盘 JXD513–Y20×3 共 32 套，半圆球形吸顶灯 XD27B–1×60W/ϕ305 共 18 套。试编制灯具安装工程量清单。

解：荧光灯支架吸顶安装和壁装两者的安装工艺相同，因此，清单工程数量可累加计算。分部分项工程量清单见表 8.2.1–20。

表 8.2.1–20 分部分项工程量清单与计价表

工程名称： 标段：

序号	项目编码	项目名称	项目特征描述	计量单位	工程量	金额（元）		
						综合单价	合价	其中：暂估价
1	030412005001	荧光灯	荧光灯支架 YG1–1×40W 吸顶安装（壁装）	套	30			
2	030412005002	荧光灯	格栅荧光灯盘 XD512–Y20×3 嵌入式安装	套	320			
3	030412005003	荧光灯	带应急格栅荧光灯盘 JXD513–Y20×3 嵌入式安装	套	32			
4	030412001001	普通灯具	半圆球形吸顶灯 XD27B–1×60W/ϕ305	套	18			
本页小计								
合　计								

五、附属工程工程量清单编制

（一）附属工程工程量清单项目设置

（1）《通用安装工程工程量计算规范》GB 50856—2013 附录 D.13 中附属工程工程量清单项目设置见表 8.2.1-21。

表 8.2.1-21 附属工程工程量清单项目设置（编码：030413）

项目编码	项目名称	项目特征	计量单位	工程量计算规则	工作内容
030413001	铁构件	1. 名称 2. 材质 3. 规格	kg	按设计图示尺寸以质量计算	1. 制作 2. 安装 3. 补刷（喷）油漆
030413002	凿（压）槽	1. 名称 2. 规格 3. 类型 4. 填充（恢复）方式 5. 混凝土标准	m	按设计图示尺寸以长度计算	1. 开槽 2. 恢复处理
030413003	打洞（孔）	1. 名称 2. 规格 3. 类型 4. 填充（恢复）方式 5. 混凝土标准	个	按设计图示数量计算	1. 开孔、洞 2. 恢复处理
030413004	管道包封	1. 名称 2. 规格 3. 混凝土强度等级	m	按设计图示长度计算	1. 灌注 2. 养护
030413005	人（手）孔砌筑	1. 名称 2. 规格 3. 类型	个	按设计图示数量计算	砌筑
030413006	人（手）孔防水	1. 名称 2. 类型 3. 规格 4. 防水材质及做法	m^2	按设计图示防水面积计算	防水

（2）附属工程工程量清单项目设置时，项目特征应根据表中所列特征进行表述，并注意以下问题：

1）铁构件常用的型钢有角钢、圆钢、扁钢等，其特征主要是型钢的名称、材质和规格，并应表述所需型钢是否镀锌这一特征。

2）凿（压）槽是用以配合电线管路敷设的沟槽，沟槽的规格视埋设电线管规格大小而定，以符合施工规范为原则。其特征主要表述凿（压）槽的类别和规格，同时要表述是否填充或恢复。

（3）清单项目设置说明。铁构件适用于电气工程的各种支架、铁构件的制作安装。

（二）附属工程项目清单工程量计算

（1）附属工程清单工程量计算规则见表 8.2.1-21。在计算清单工程量时应注意：

1）铁构件项目清单工程量应区别铁构件所用的型钢不同分别计算工程量，不能合并计算。

2）凿（压）槽项目清单工程量应按凿槽和压槽分别计算工程量，不能合并计算。

（2）清单工程量的计算要领。

铁构件的清单工程量计算往往因实际施工的不同而差异较大，如电气支架的计算，一般图纸都没有标注支架的形式和安装的具体位置，加上施工现场的不同环境等因素影响，因此难以准确计算，在实际工作中可采用模拟估算法来计算。方法是：1）确定支架形式，有一字形（或 T 形）、角形（或 L 形）、门形等形式。2）根据施工规范计算所需支架的个数。3）计算单个支架的长度。4）计算支架的总长度。

5）依据所用型钢选择理论重量值计算支架的总重量。

（三）附属工程工程量清单编制示例

【例 8.2.1-7】某电缆桥架敷设电缆工程，根据施工现场条件采用∟50×50×5 镀锌角钢门形支架吊装电缆桥架，单个支架用角钢长度 2.5m，共需 32 个支架；∟40×40×4 镀锌角钢角形支架，单个支架用角钢长度 1.5m，共需 20 个支架。试编制支架的分部分项工程量清单。

解：先计算镀锌角钢的清单工程量，查相关手册得知，角钢∟50×50×5 的理论重量为 3.55kg/m，角钢∟40×40×4 的理论重量为 2.42kg/m，清单工程量计算见表 8.2.1-22，再根据《通用安装工程工程量计算规范》GB 50856—2013（见表 8.2.1-22）编制镀锌角钢分部分项工程量清单，见表 8.2.1-23。

表 8.2.1-22　清单工程量计算表

工程名称：　　　　　　　　　　　　　　　　　　标段：

序号	清单项目特征	清单工程量计算过程	单位	清单工程量
1	镀锌角钢支架∟50×50×5	2.5m/个 ×32 个 ×3.77kg/m	kg	301.60
2	镀锌角钢支架∟40×40×4	1.5m/个 ×20 个 ×2.422kg/m	kg	72.66

表 8.2.1-23　分部分项工程量清单与计价

工程名称：　　　　　　　　　　　　　　　　　　标段：

序号	项目编码	项目名称	项目特征描述	计量单位	工程量	金额（元）		
						综合单价	合价	其中：暂估价
1	030413001001	铁构件	镀锌角钢支架∟50×50×5	kg	301.60			
2	030413001002	铁构件	镀锌角钢支架∟40×40×4	kg	72.66			
本页小计								
合　计								

六、电气调整试验工程量清单编制

（一）电气调整试验工程量清单项目设置

（1）《通用安装工程工程量计算规范》GB 50856—2013 附录 D.14 中电气调整试验工程量清单项目设置见表 8.2.1-24。

表 8.2.1-24　电气调整试验工程量清单项目设置（编码：030414）

项目编码	项目名称	项目特征	计量单位	工程量计算规则	工作内容
030414001	电力变压器系统	1. 名称 2. 型号 3. 容量（kV·A）	系统	按设计图示系统计算	系统调试
030414002	送配电装置系统	1. 名称 2. 型号 3. 电压等级（kV） 4. 类型			

续表 8.2.1-24

<table>
<tr><th>项目编码</th><th>项目名称</th><th>项目特征</th><th>计量单位</th><th>工程量计算规则</th><th>工作内容</th></tr>
<tr><td>030414003</td><td>特殊保护装置</td><td rowspan="4">1. 名称
2. 类型</td><td>台（套）</td><td rowspan="3">按设计图示数量计算</td><td rowspan="8">调试</td></tr>
<tr><td>030414004</td><td>自动投入装置</td><td>系统（台、套）</td></tr>
<tr><td>030414005</td><td>中央信号装置</td><td>系统（台）</td></tr>
<tr><td>030414006</td><td>事故照明
切换装置</td><td rowspan="2">系统</td><td rowspan="2">按设计图示系统计算</td></tr>
<tr><td>030414007</td><td>不间断电源</td><td>1. 名称
2. 类型
3. 容量</td></tr>
<tr><td>030414008</td><td>母线</td><td rowspan="3">1. 名称
2. 电压等级（kV）</td><td>段</td><td rowspan="3">按设计图示数量计算</td></tr>
<tr><td>030414009</td><td>避雷器</td><td rowspan="2">组</td></tr>
<tr><td>030414010</td><td>电容器</td></tr>
<tr><td>030414011</td><td>接地装置</td><td rowspan="2">1. 名称
2. 型别</td><td>1. 系统
2. 组</td><td>1. 以系统计量，按设计图示系统计算
2. 以组计量，按设计图示数量计算</td><td>接地电阻测试</td></tr>
<tr><td>030414012</td><td>电抗器、
消弧线圈</td><td>台</td><td rowspan="2">按设计图示数量计算</td><td rowspan="3">调试</td></tr>
<tr><td>030414013</td><td>电除尘器</td><td>1. 名称
2. 型号
3. 规格</td><td>组</td></tr>
<tr><td>030414014</td><td>硅整流设备、
可控硅整流装置</td><td>1. 名称
2. 类别
3. 电压（V）
4. 电流（A）</td><td>系统</td><td>按设计图示系统计算</td></tr>
<tr><td>030414015</td><td>电缆试验</td><td>1. 名称
2. 电压等级（kV）</td><td>次（根、点）</td><td>按设计图示数量计算</td><td>试验</td></tr>
</table>

（2）电气调整试验工程量清单项目设置时，项目特征应根据表 8.2.1-24 所列特征进行表述，并注意以下问题应注意：

1）电气调整试验清单项目特征基本是以系统名称或保护装置及设备本体名称来表述。如变压器系统调试的特征表述就是变压器的名称、型号和容量。

2）送配电装置系统调试主要的项目特征是电压等级，有 10kV 以下和 1kV 以下两级。1kV 以下和直流供电系统均以电压来设置，而 10kV 以下的交流供电系统则以供电用的负荷隔离开关、断路器和带电抗器分别设置。特征中的型号应是负荷隔离开关、断路器等的型号。

3）接地装置试验的类别特征是指人工接地装置或自然接地装置。

4）特殊保护装置调试的清单项目按其保护名称设置，其他均按需要调试的装置或设备的名称来设置。

（3）清单项目设置说明。

1）功率大于 10kW 电动机及发电机的启动调试用的蒸汽、电力和其他动力能源消耗及变压器空载试运转的电力消耗及设备需烘干处理应说明。

2）配合机械设备及其他工艺的单体试车，应按《通用安装工程工程量计算规范》GB 50856—2013 附录 N 措施项目相关项目编码列项。

3）计算机系统调试应按《通用安装工程工程量计算规范》GB 50856—2013 附录 F 自动化控制仪表安装工程相关项目编码列项。

（二）电气调整试验清单工程量计算

电气调整试验清单工程量计算规则见表 8.2.1–24。在计算清单工程量时应注意以下几点：

（1）调整试验项目系指一个系统的调整试验，它是由多台设备、组件（配件）、网络连在一起，经过调整试验才能完成某一特定的生产过程，这个工作（调试）无法综合考虑在某一实体（仪表、设备、组件、网络）上，因此不能用物理计量单位或一般的自然计量单位来计量，只能用“系统”为单位计量。

（2）低压送配电装置系统调试可按低压配电柜出线数（即回路数）来计算工程量（包括一个照明回路）。如果低压配电柜的出线直接与电动机相连，则应计算电动机的调试，而不再计算送配电装置系统调试。

（3）电气调试系统的划分以设计的电气原理系统图为依据。

（4）接地装置测试按每栋建筑物各自独立的接地网为一个系统计算。对于大型建筑群来说，也是各有自己的接地网，虽然在最后也将各接地网连在一起，但应按各自的接地网计算，不能作为一个网。

（三）电气调整试验工程量清单编制示例

【例 8.2.1–8】某新建高层建筑，有三层裙楼、裙楼上有 A、B 两栋塔楼。从 1 号低压配电柜分别引出 2 根电缆至 A、B 两栋塔楼电梯控制柜；从 2 号低压配电柜分别引出 3 根电缆至裙楼及 A、B 两栋塔楼各总配电箱作照明用电；从 3 号低压配电柜分别引出 2 根电缆直接控制供水设备。试编制低压送配电装置系统调试分部分项工程量清单。

解：编制方法如下：

（1）因为从 3 号低压配电柜分别引出 2 根电缆直接控制供水设备，即出线电缆直接与电动机相连，应计算电动机的调试，所以不能计算送配电装置系统调试。

（2）该工程为新建，所需电缆均为合格产品，故无需进行电缆试验工作。

（3）分部分项工程量清单见表 8.2.1–25。

表 8.2.1–25　分部分项工程量清单与计价表

工程名称：　　　　　　　　　　　　标段：

序号	项目编码	项目名称	项目特征描述	计量单位	工程量	金额（元）		
						综合单价	合价	其中：暂估价
1	030414002001	送配电装置系统	低压送配电装置系统调试 1kV 以下	系统	5			
本页小计								
合　计								

七、电气设备安装工程计量有关说明

（一）电气设备安装工程量清单编制有关说明

（1）《通用安装工程工程量计算规范》GB 50856—2013 附录 D.15 相关问题及说明。

1）电气设备安装工程适用于 10kV 以下变配电设备及线路的安装工程、车间动力电气设备及电气照明、防雷及接地装置安装、配管配线、电气调试等。

2）挖土、填土工程，应按现行国家标准《房屋建筑与装饰工程工程量计算规范》GB 50854—2013 相关项目编码列项。

3）开挖路面，应按现行国家标准《市政工程工程量计算规范》GB 50857—2013 相关项目编码列项。

4）过梁、墙、楼板的钢（塑料）套管，应按《通用安装工程工程量计算规范》GB 50856—2013 附录 K 给排水、采暖、燃气工程相关项目编码列项。

5）除锈、刷漆（补刷漆除外）、保护层安装，应按《通用安装工程工程量计算规范》GB 50856—2013 附录 M 刷油、防腐蚀、绝热工程相关项目编码列项。

6）由国家或地方检测验收部门进行的检测验收，应按《通用安装工程工程量计算规范》GB 50856—2013 附录 N 措施项目编码列项。

（2）其他说明。

1）附录中有两个或两个以上计量单位的，应结合拟建工程项目的实际选择其中一个确定。

2）电缆沟、杆坑土方工程量清单项目表述时，要表明沟的平均深度、土质和铺砂盖砖的要求。

3）独立敷设的金属软管执行配管清单项目，但在相关设备安装或电机检查接线所需的金属软管，则应在综合单价中考虑。

4）清单项目描述时，对各种铁构件如需镀锌、镀锡、喷塑等，需予以描述。

5）电机是否需要干燥应在项目特征中予以表述。

6）在洞内、地下室内、库内或暗室内安装的项目及在管井内、竖井内和封闭天棚内安装的项目，应分列清单项目。

7）电气调试系统的划分以设计的电气原理系统图为依据。

8）电气安装工程中需要计算预留量（或附加量）的项目主要有：独立安装的防雷网（带）、接地母线、导线、电缆、软（硬）母线等。

8.2.2　给排水工程

一、给排水管道安装工程量清单编制

（一）给排水管道安装工程量清单项目设置

（1）《通用安装工程工程量计算规范》GB 50856—2013 附录 K.1 中给排水、采暖、燃气管道安装工程量清单项目设置见表 8.2.2–1；K.2 中支架及其他制作安装工程量清单项目设置见表 8.2.2–2。

表 8.2.2–1　给排水、采暖、燃气管道（编码：031001）

<table>
<tr><th>项目编码</th><th>项目名称</th><th>项目特征</th><th>计量单位</th><th>工程量计算规则</th><th>工作内容</th></tr>
<tr><td>031001001</td><td>镀锌钢管</td><td rowspan="4">1. 安装部位
2. 介质
3. 规格、压力等级
4. 连接形式
5. 压力试验及吹、洗设计要求
6. 警示带形式</td><td rowspan="5">m</td><td rowspan="5">按设计图示管道中心线以长度计算</td><td rowspan="4">1. 管道安装
2. 管件制作、安装
3. 压力试验
4. 吹扫、冲洗
5. 警示带铺设</td></tr>
<tr><td>031001002</td><td>钢管</td></tr>
<tr><td>031001003</td><td>不锈钢管</td></tr>
<tr><td>031001004</td><td>铜管</td></tr>
<tr><td>031001005</td><td>铸铁管</td><td>1. 安装部位
2. 介质
3. 材质、规格
4. 连接形式
5. 接口材料
6. 压力试验及吹、洗设计要求
7. 警示带形式</td><td>1. 管道安装
2. 管件安装
3. 压力试验
4. 吹扫、冲洗
5. 警示带铺设</td></tr>
</table>

续表 8.2.2–1

<table>
<tr><th>项目编码</th><th>项目名称</th><th>项目特征</th><th>计量单位</th><th>工程量计算规则</th><th>工作内容</th></tr>
<tr><td>031001006</td><td>塑料管</td><td>1. 安装部位
2. 介质
3. 材质、规格
4. 连接形式
5. 阻火圈设计要求
6. 压力试验及吹、洗设计要求
7. 警示带形式</td><td rowspan="5">m</td><td rowspan="5">按设计图示管道中心线以长度计算</td><td>1. 管道安装
2. 管件安装
3. 塑料卡固定
4. 阻火圈安装
5. 压力试验
6. 吹扫、冲洗
7. 警示带铺设</td></tr>
<tr><td>031001007</td><td>复合管</td><td>1. 安装部位
2. 介质
3. 材质、规格
4. 连接形式
5. 压力试验及吹、洗设计要求
6. 警示带形式</td><td>1. 管道安装
2. 管件安装
3. 塑料卡固定
4. 压力试验
5. 吹扫、冲洗
6. 警示带铺设</td></tr>
<tr><td>031001008</td><td>直埋式预制保温管</td><td>1. 埋设深度
2. 介质
3. 管道材质、规格
4. 连接形式
5. 接口保温材料
6. 压力试验及吹、洗设计要求
7. 警示带形式</td><td>1. 管道安装
2. 管件安装
3. 接口保温
4. 压力试验
5. 吹扫、冲洗
6. 警示带铺设</td></tr>
<tr><td>031001009</td><td>承插陶瓷缸瓦管</td><td rowspan="2">1. 埋设深度
2. 规格
3. 接口方式及材料
4. 压力试验及吹、洗设计要求
5. 警示带形式</td><td rowspan="2">1. 管道安装
2. 管件安装
3. 压力试验
4. 吹扫、冲洗
5. 警示带铺设</td></tr>
<tr><td>031001010</td><td>承插水泥管</td></tr>
<tr><td>031001011</td><td>室外管道碰头</td><td>1. 介质
2. 碰头形式
3. 材料、规格
4. 连接形式
5. 防腐、绝热设计要求</td><td>处</td><td>按设计图示以处计算</td><td>1. 挖填工作坑或暖气沟拆除及修复
2. 碰头
3. 接口处防腐
4. 接口处绝热及保护层</td></tr>
</table>

表 8.2.2–2 支架及其他（编码：031002）

<table>
<tr><th>项目编码</th><th>项目名称</th><th>项目特征</th><th>计量单位</th><th>工程量计算规则</th><th>工作内容</th></tr>
<tr><td>031002001</td><td>管道支架</td><td>1. 材质
2. 管架形式</td><td rowspan="2">1. kg
2. 套</td><td rowspan="2">1. 以千克计量，按设计图示质量计算
2. 以套计量，按设计图示数量计算</td><td rowspan="2">1. 制作
2. 安装</td></tr>
<tr><td>031002002</td><td>设备支架</td><td>1. 材质
2. 形式</td></tr>
<tr><td>031002003</td><td>套管</td><td>1. 名称、类型
2. 材质
3. 规格
4. 填料材料</td><td>个</td><td>按设计图示数量计算</td><td>1. 制作
2. 安装
3. 除锈、刷油</td></tr>
</table>

（2）给排水管道安装和支架及套管制作安装工程量清单项目设置时，项目特征应根据表 8.2.2–1 和表 8.2.2–2 所列特征进行表述，并注意以下问题：

1）项目名称中的所列的管材，在特征表述时应指明其实体名称。如钢管应指明是焊接钢管（镀锌、不镀锌）还是无缝钢管；铜管则应指明是 T_2 铜管还是 T_3 铜管等。

2）规格是指管道的直径。给排水管道常用公称直径表示，但有些管材也用外径表示的，如塑料给水管、塑料排水管、无缝钢管等，必要时还应表述其管道的壁厚。

3）压力应表述其工作压力。给排水管道常用的工作压力有 1.0MPa、1.6MPa 等。

4）连接形式应说明管道的接口形式，如螺纹连接、焊接（电弧焊、气焊等）、法兰连接、承插连接、胶水粘结、热熔连接等。

5）接口材料通常与连接形式相匹配，必要时可表述其材质，如水泥、胶圈等。

6）压力试验适用于给水系统，排水系统不适用。压力试验通常按设计要求表述，如设计无要求时，按施工验收规范执行。

7）警示带形式主要有地埋式和明露式两种。明露式是沿管道埋设路线的地面上每隔一定间距铺设，多为标牌式；地埋式是沿管道埋设路线的地下与管道之间距管道面 300~500mm 处铺设，多为条带型。警示带一般有两种：一种为普通警示带；另一种为夹金属可探测警示带（又称为示踪带或称为带不锈钢金属警示带）。夹金属警示带既可以解决因地下塑料管网而无法采用探测仪器探测到管线走向的难题，又有耐腐蚀性能好、色泽鲜艳、不褪色、施工方便（施工与埋管同时进行）等优点，起到警示标志作用，以免今后因开挖施工时管线受到无谓的损伤而造成重大事故，避免因意外损坏造成巨大的财产和经济损失，是各种直埋式管道、线缆等安全防护的经济有效、简单易行的产品。

8）支架的特征应表述所用型钢的类型，如角钢、圆钢、槽钢等，同时还应表述其是否镀锌。

9）套管类型是指刚性套管（一般钢套管、防水翼环钢套管等）和柔性套管；材质是指钢套管和塑料套管。

10）套管的规格是指其本体直径，而不是穿越的管道直径。

11）套管填料材质特征一般可不表述，如设计有特殊要求的，则应表述清楚。

（3）清单项目设置说明。

1）安装部位，指管道安装在室内、室外。

2）输送介质包括给水、排水、雨水、热媒体、燃气、空调水等。

3）方形补偿器制作安装应含在管道安装综合单价中。

4）铸铁管安装适用于承插铸铁管、球墨铸铁管、柔性抗震铸铁管等。

5）塑料管安装适用于 UPVC、PVC、PP–C、PP–R、PE、PB 管等塑料管材。

6）复合管安装适用于钢塑复合管、铝塑复合管、钢骨架复合管等复合型管道安装。

7）直埋保温管包括直埋保温管件安装及接口保温。

8）排水管道安装包括立管检查口、透气帽。

9）室外管道碰头：

①适用于新建或扩建工程热源、水源、气源管道与原（旧）有管道碰头。

②室外管道碰头包括挖工作坑、土方回填或暖气沟局部拆除及修复。

③带介质管道碰头包括开关闸、临时放水管线铺设等费用。

④热源管道碰头每处包括供、回水两个接口。

⑤碰头形式指带介质碰头、不带介质碰头。

10）管道工程量计算不扣除阀门、管件（包括减压器、疏水器、水表、伸缩器等组成安装）及附属构筑物所占的长度；方形补偿器以其所占长度列入管道安装工程量。

11）压力试验按设计要求描述试验方法，如水压试验、泄漏性试验、闭水试验、通球试验、真空试验等。

12）吹、洗按设计要求描述吹扫、冲洗方法，如水冲洗、空气吹扫等。

13）单件支架质量 100kg 以上的管道支吊架执行设备支吊架制作安装。

14）成品支架安装执行相应管道支架或设备支架项目，不再计取制作费，支架本身价值含在综合单价中。

15）套管制作安装，适用于穿基础、墙、楼板等部位的防水套管、填料套管、无填料套管及防火套管等，应分别列项。

（二）给排水管道安装清单工程量计算

给排水管道安装和支架及其他制作安装清单工程量计算规则见表 8.2.2–1 和表 8.2.2–2。在计算清单工程量时应注意以下几点：

（1）室内管道清单工程量计算应区分不同专业（给水管道工程和排水管道工程）分别计算。对于管道系统比较简单的工程，一般按水流方向顺序计算清单工程量。给水管道工程从引入管起，先主管，再干管和立管，后支管，然后计算用水设备和用水器具、附件；排水管道工程从器具排水管起，先器具排水管，后排水横支管、立管、排出管、然后计算集水器具。对于管道系统比较复杂的工程，不管是给水工程还是排水工程，其管道清单工程量多从室内往室外方向依序计算。水平管道在平面图中用比例尺量度，垂直管道按系统图上的标高计算。

（2）在计算给排水管道工程量时，应按系统图中图示立管编号对照平面图或大样图以每条立管系统区分不同管材、管径、连接方式和安装部位逐一计算，并对已计算的管道做出标记，以区别未计算的管道。对于住宅楼给排水工程，一般先计算每个厨卫小系统的清单工程量，再计算支管、立管等清单工程量，最后分别汇总即为全系统的管道清单工程量。

（3）管道变径通常应设在支管的连接处。

（4）套管清单工程量首先要区分不同专业各自计算，然后再根据不同类型、材质、规格和安装部位（如穿水池或穿楼层）分别以实物量计算，并注明穿越的管道规格。对于套管所用管材长度不同者，其构成的价格也不相同，故应分开计算。

（5）支架制作安装清单工程量应区分支架用途（管道支架或设备支架）、型钢种类、规格先计算出每一个支架所需型钢的长度，然后计算全部支架所有型钢的总长度，再按不同型钢的理论重量计算出支架的总重量，并注意镀锌与非镀锌理论重量的不同。管道支架的重量应根据管道种类的不同，按设计图或国家标准图集和管道支架间距进行计算。钢管道的单管、双管托架一般是沿墙安装和膨胀螺栓固定安装两种，如图 8.2.2–1 所示，每个支架重量见表 8.2.2–3。

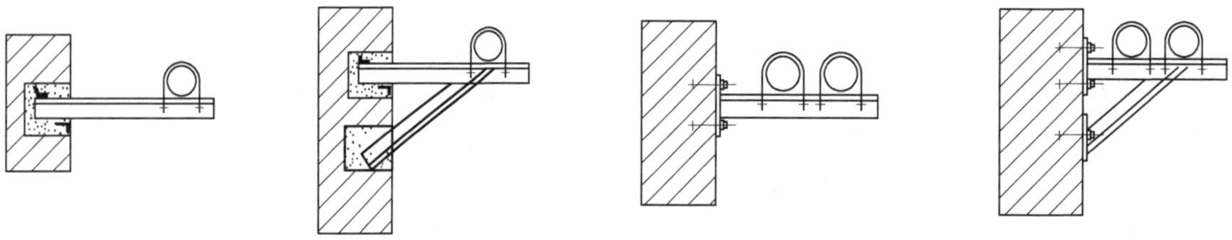

(a)沿墙安装单管或双管托架（15~150mm） (b)沿墙安装单管或双管托架（200~300mm） (c)膨胀螺栓固定单管或双管托架（15~150mm） (d)膨胀螺栓固定单管或双管托架（200~300mm）

图 8.2.2–1 管道支架安装方式

表 8.2.2–3 管道托架重量参考表（*DN*200~*DN*300 按间距 3m 计算）（kg/ 个）

托架形式	管道种类		公称直径（mm）									
			40	50	70	80	100	125	150	200	250	300
A 型	单管	保温	1.06	1.09	1.23	1.30	2.06	2.34	4.74			
		不保温	0.99	1.02	1.13	1.25	1.95	2.27	3.57			
	双管	保温	1.63	2.54	2.87	3.02	5.95	6.63	12.28			
		不保温	1.38	2.27	2.60	2.83	5.61	6.29	8.60			

续表 8.2.2–3

托架形式	管道种类		公称直径（mm）									
			40	50	70	80	100	125	150	200	250	300
B 型	单管	保温								6.39	10.47	11.21
		不保温								6.12	10.06	10.93
	双管	保温								19.94	31.27	46.00
		不保温								14.55	21.64	31.09
C 型	单管	保温	0.85	0.89	1.02	1.09	1.20	2.02	3.34			
		不保温	0.78	0.81	0.95	1.04	1.13	1.95	2.09			
	双管	保温	1.43	2.22	2.55	2.70	4.56	5.24	9.98			
		不保温	1.23	1.95	2.28	2.51	4.10	4.90	6.81			
D 型	单管	保温								4.59	7.71	8.42
		不保温								4.32	7.30	7.86
	双管	保温								17.13	28.95	41.27
		不保温								10.17	17.03	28.78

（三）给排水管道安装工程量清单编制示例

【例 8.2.2–1】某 6 层建筑的卫生间给水管道布置如图 8.2.2–2 所示。首层为架空层，层高为 3.3m，其余各层高均为 3.0m。该建筑用水由室外市政水表计量后采用埋地管引入。所有管材均为 PP–R 塑料给水管，热熔连接。架空层水平管采用镀锌角钢∟30×30×3 沿墙敷设，共需 3 个 L 形支架，采用膨胀螺栓固定。立管（JL 和 JL–1）采用塑料卡码沿墙明敷，分水表后管道需配合土建预留沟槽暗敷。立管穿过楼板需预埋钢制翼环套管，套管规格比穿越的管道规格大 2 号，并采用水泥作填料，套管暂不考虑除锈刷油。清单工程量从埋地管与 JL 立管的节点处开始计算，试编制给水管道、支架和套管的分部分项工程量清单。

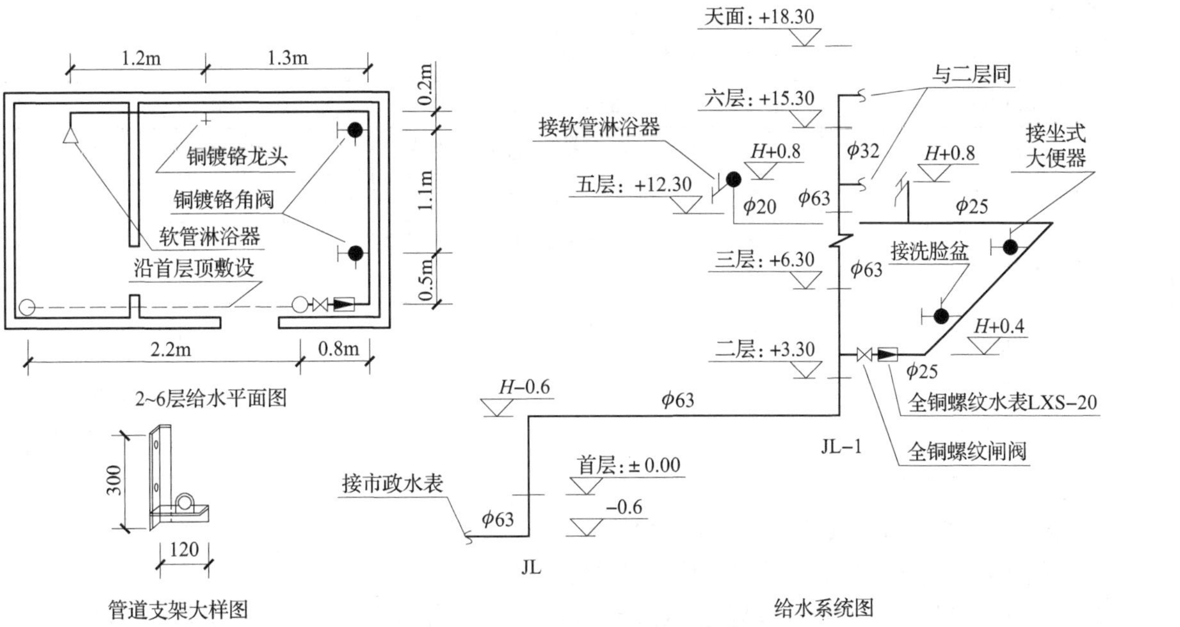

图 8.2.2–2　卫生间给水管道布置图

解：编制步骤如下：

（1）管道安装清单工程量由各用水器具的连接管开始计算，垂直管段根据系统图标高计算，水平管段根据平面图计算。除立管外，其他管道按图示尺寸计算后再乘以5层。

（2）管道支架清单工程量在计算所需角钢总长度后再根据理论重量计算支架的总重量，查资料得知，角钢L 30×30×3 的理论重量为1.37kg/m。

（3）套管清单工程量计算应说明单个套管的长度，套管长度可根据施工现场楼板厚度并结合施工规范确定。本例按楼板完成面厚150mm、高出楼面50mm考虑计算，则单个套管的长度为200mm。

（4）给水管道、支架和套管的清单工程量计算见表8.2.2–4。

表8.2.2–4 清单工程量计算表

工程名称： 标段：

序号	清单项目特征	清单工程量计算过程	单位	清单工程量
1	室内PP–R塑料给水管 ϕ20 热熔连接	[（0.8–0.4）×2+1.2]×5	m	10.00
2	室内PP–R塑料给水管 ϕ25 热熔连接	（1.3+0.2+1.1+0.5+0.8）×5	m	19.50
3	室内PP–R塑料给水管 ϕ32 热熔连接	3	m	3.00
4	室内PP–R塑料给水管 ϕ63 热熔连接	12.3+0.4+0.6+2.2	m	15.50
5	管道支架镀 锌角钢L 30×30×3	（0.3+0.12）×3×1.37	kg	1.73
6	钢制楼层翼环套管 *DN*40/25 *L*=200 水泥调料	1	个	1
7	钢制楼层翼环套管 *DN*80/50 *L*=200 水泥调料	4	个	4

（5）编制分部分项工程量清单。分部分项工程量清单见表8.2.2–5。

表8.2.2–5 分部分项工程量清单与计价表

工程名称： 标段：

序号	项目编码	项目名称	项目特征描述	计量单位	工程量	金额（元）		
						综合单价	合价	其中：暂估价
1	031001006001	塑料管	室内PP–R塑料给水管 ϕ20 热熔连接	m	10.00			
2	031001006002	塑料管	室内PP–R塑料给水管 ϕ25 热熔连接	m	19.50			
3	031001006003	塑料管	室内PP–R塑料给水管 ϕ32 热熔连接	m	3.00			
4	031001006004	塑料管	室内PP–R塑料给水管 ϕ63 热熔连接	m	15.50			
5	031002001001	管道支架	管道支架镀锌角钢L 30×30×3	kg	1.73			
6	031002003001	套管	钢制楼层翼环套管 *DN*40/25 *L*=200 水泥调料	个	1			
7	031002003002	套管	钢制楼层翼环套管 *DN*80/50 *L*=200 水泥调料	个	4			
本页小计								
合 计								

二、给排水管道附件安装工程工程量清单编制

（一）给排水管道附件安装工程量清单项目设置

（1）《通用安装工程工程量计算规范》GB 50856—2013附录K.3中管道附件安装工程量清单项目设置见表8.2.2–6。

表 8.2.2-6　管道附件（编码：031003）

项目编码	项目名称	项目特征	计量单位	工程量计算规则	工作内容
031003001	螺纹阀门	1. 类型 2. 材质 3. 规格、压力等级 4. 连接形式 5. 焊接方法	个	按设计图示数量计算	1. 安装 2. 电气接线 3. 调试
031003002	螺纹法兰阀门				
031003003	焊接法兰阀门				
031003004	带短管甲乙阀门	1. 材质 2. 规格、压力等级 3. 连接形式 4. 接口方式及材质			
031003005	塑料阀门	1. 规格 2. 连接形式			1. 安装 2. 调试
031003006	减压器	1. 材质 2. 规格、压力等级 3. 连接形式 4. 附件配置	组		组装
031003007	疏水器				
031003008	除污器（过滤器）	1. 材质 2. 规格、压力等级 3. 连接形式			安装
031003009	补偿器	1. 类型 2. 材质 3. 规格、压力等级 4. 连接形式	个		
031003010	软接头（软管）	1. 材质 2. 规格 3. 连接形式	个（组）		
031003011	法兰	1. 材质 2. 规格、压力等级 3. 连接形式	副（片）		
031003012	倒流防止器	1. 材质 2. 型号、规格 3. 连接形式	套		
031003013	水表	1. 安装部位（室内外） 2. 型号、规格 3. 连接形式 4. 附件配置	组（个）		组装
031003014	热量表	1. 类型 2. 型号、规格 3. 连接形式	块		安装
031003015	塑料排水管消声器	1. 规格 2. 连接形式	个		
031003016	浮标液面计		组		
031003017	浮漂水位标尺	1. 用途 2. 规格	套		

（2）管道附件安装工程量清单项目设置时，项目特征应根据表 8.2.2–6 所列特征进行表述，并注意下问题：

1）阀门清单项目必须注明阀门的类型、材质、规格、压力等级、连接形式等特征；减压器和疏水器清单项目必须注明材质、规格、压力等级和连接形式等特征；水表清单项目必须注明类型、型号、规格和连接形式等特征。

2）编制法兰阀门的工程量清单时，如阀门是安装在铸铁管道上，则应明确表述阀门是否带短管甲乙。

3）编制减压器、疏水器、水表安装的工程量清单时，如果是成组安装，必须明确表述其组成的工作内容和相应材质。

4）保温阀门和不保温阀门应分别设置清单项目。

（3）清单项目设置说明。

1）法兰阀门安装包括法兰连接，不得另计。阀门安装如仅为一侧法兰连接时，应在项目特征中描述。

2）塑料阀门连接形式需注明热熔连接、粘接、热风焊接等方式。

3）减压器规格按高压侧管道规格描述。

4）减压器、疏水器、倒流防止器等项目包括组成与安装工作内容，项目特征应根据设计要求描述附件配置情况，或根据 × × 图集或 × × 施工图做法描述。

（二）给排水管道附件安装清单工程量计算

管道附件安装清单工程量计算规则见表 8.2.2–6。在计算清单工程量时应注意以下几点：

（1）管道附件清单工程量计算很简单，按自然计量单位计算，但主要注意区分型号、规格、材质和连接方式即可，如螺纹阀门和法兰阀门应分别计算清单工程量。

（2）管道附件的安装，可组合的其他项目很少，清单项目基本上仅为本体安装项目，但减压器和水表等清单项目，其组成安装所需的附件（如阀门等附件）是组价项目，不能另列清单项目。法兰阀门安装所需的法兰片是法兰阀门的组价项目，同样不能另列清单项目。

（三）给排水管道附件安装工程量清单编制示例

【例 8.2.2–2】某室内钢管工程阀门安装工程量见表 8.2.2–7，试编制分部分项工程量清单。

解：编制工程量清单时，具有不同项目特征的应分别设置清单项目。本例中 *DN*25 和 *DN*32 的内螺纹阀门各有两种型号，应分别设置清单项目；*DN*65 的阀门有 2 个在管井内安装，具有不同的特征，应分别列清单项目。分部分项工程量清单见表 8.2.2–8。

表 8.2.2–7　阀门数量表

序号	名　　称	规格	单位	数量	备　　注
1	内螺纹截止阀 J11X–10	*DN*25	个	5	
2	内螺纹铜截止阀 J11W–10T	*DN*25	个	10	
3	内螺纹截止阀 J11X–10	*DN*32	个	3	
4	内螺纹暗杆楔式闸阀 Z15T–10	*DN*32	个	4	
5	内螺纹暗杆楔式闸阀 Z15T–10	*DN*65	个	4	其中 2 个在管井内
6	法兰楔式闸阀 Z41T–10	*DN*125	个	1	
7	法兰旋启式单瓣止回阀 H44T–10	*DN*125	个	1	

表 8.2.2–8　分部分项工程量清单与计价表

工程名称：　　　　　　　　　　　　　　　　　　　　　标段：

序号	项目编码	项目名称	项目特征描述	计量单位	工程量	金额（元）		
						综合单价	合价	其中：暂估价
1	031003001001	螺纹阀门	内螺纹截止阀 J11X–10 *DN*25	个	5			
2	031003001002	螺纹阀门	内螺纹铜截止阀 J11W–10T *DN*25	个	10			
3	031003001003	螺纹阀门	内螺纹截止阀 J11X–10 *DN*32	个	3			
4	031003001004	螺纹阀门	内螺纹暗杆楔式闸阀 Z15T–10 *DN*32	个	4			
5	031003001005	螺纹阀门	内螺纹暗杆楔式闸阀 Z15T–10 *DN*65	个	2			
6	031003001006	螺纹阀门	内螺纹暗杆楔式闸阀 Z15T–10 *DN*65 管井内	个	2			
7	031003003001	焊接法兰阀门	法兰楔式闸阀 Z41T–10 *DN*125	个	1			
8	031003003002	焊接法兰阀门	法兰旋启式单瓣止回阀 H44T–10 *DN*125	个	1			
本页小计								
合　　计								

三、卫生器具安装工程量清单编制

（一）卫生器具安装工程量清单项目设置

（1）《通用安装工程工程量计算规范》GB 50856—2013 附录 K.4 中卫生器具安装工程量清单项目设置见表 8.2.2–9。

表 8.2.2–9　卫生器具制作安装（编码：031004）

项目编码	项目名称	项目特征	计量单位	工程量计算规则	工作内容
031004001	浴盆	1. 材质 2. 规格、型号 3. 组装形式 4. 附件名称、数量	组	按设计图示数量计算	1. 器具安装 2. 附件安装
031004002	净身盆				
031004003	洗脸盆				
031004004	洗涤盆				
031004005	化验盆				
031004006	大便器				
031004007	小便器				
031004008	其他成品卫生器具				
031004009	烘手器	1. 材质 2. 规格、型号	个		安装
031004010	淋浴器	1. 材质、规格 2. 组装形式 3. 附件名称、数量	套		1. 器具安装 2. 附件安装
031004011	淋浴间				
031004012	桑拿浴房				
031004013	大、小便槽自动冲洗水箱	1. 材质、类型 2. 规格 3. 水箱配件 4. 支架形式及做法 5. 器具及支架除锈、刷油设计要求			1. 制作 2. 安装 3. 支架制作、安装 4. 除锈、刷油

续表 8.2.2–9

<table>
<tr><th>项目编码</th><th>项目名称</th><th>项目特征</th><th>计量单位</th><th>工程量计算规则</th><th>工作内容</th></tr>
<tr><td>031004014</td><td>给、排水附（配）件</td><td>1. 材质
2. 型号、规格
3. 安装方式</td><td>个（组）</td><td>按设计图示数量计算</td><td>安装</td></tr>
<tr><td>031004015</td><td>小便槽冲洗水管</td><td>1. 材质
2. 规格</td><td>m</td><td>按设计图示长度计算</td><td rowspan="3">1. 制作
2. 安装</td></tr>
<tr><td>031004016</td><td>蒸汽 – 水加热器</td><td rowspan="3">1. 类型
2. 型号、规格
3. 安装方式</td><td rowspan="4">套</td><td rowspan="4">按设计图示数量计算</td></tr>
<tr><td>030804017</td><td>冷热水混合器</td></tr>
<tr><td>030804018</td><td>饮水器</td><td rowspan="2">安装</td></tr>
<tr><td>030804019</td><td>隔油器</td><td>1. 类型
2. 型号、规格
3. 安装部位</td></tr>
</table>

（2）卫生器具安装工程量清单项目设置时，项目特征应根据表 8.2.2–9 所列特征进行表述，并注意下问题：

1）浴盆的安装形式有独立式和嵌入式两种。其材质特征有搪瓷、铸铁、钢板、玻璃钢、亚力克、木质和塑料等；规格特征有长方形、圆形、椭圆形和三角形等，以外形尺寸标注，其中圆形以直径标注，款式有无裙边和有裙边两种；类型特征有普通式、坐泡式、按摩式（包括坐泡式按摩、水疗按摩、水疗空气按摩）；浴盆组装形式特征有冷水、冷热水、冷热水带喷头三种形式。附件名称特征是指水龙头、排水栓等的材质及规格型号。

2）洗脸盆材质特征有不锈钢、陶瓷、玻璃、人造石和塑料等，常用的是不锈钢、陶瓷、玻璃材质的洗脸盆；类型特征一般有立柱式、台式、台上盆、台下盆等；规格特征有方形、圆形、椭圆形和不规则形等，以长 × 宽 × 深标注，其中圆形以直径 × 深标注；组装形式特征有冷水式和冷热水式两种；附件名称特征是指开关种类（肘式、脚踏式）、水龙头、三角阀、排水栓等的材质及规格型号。

3）大便器的材质主要是陶瓷；类型特征有蹲式和坐式两种；组装形式特征有低水箱冲洗、高水箱冲洗、手压阀冲洗、脚踏阀冲洗、自闭式冲洗等；附件名称特征是指冲洗阀、冲洗管等的材质及规格型号。

4）小便器的材质主要是陶瓷；类型特征有挂斗式和立式等；附件名称特征是指冲洗阀、冲洗短管等的材质及规格型号。

5）淋浴器组装形式特征是指钢管组成或铜管成品。

6）水龙头的特征主要是材质、种类、直径规格等。

7）排水栓的特征主要是类型、直径规格等。

8）地漏、地面扫除口的特征主要是材质、直径规格等。

（3）清单项目设置说明。

1）成品卫生器具项目中的附件安装，主要指给水附件包括水嘴、阀门、喷头等，排水配件包括存水弯、排水栓、下水口等以及连接管。

2）浴缸支座和浴缸周边的砌砖、瓷砖粘贴，应按现行国家标准《房屋建筑与装饰工程工程量计算规范》GB 50854 相关项目编码列项。功能性浴缸不含电机接线和调试，应按《通用安装工程工程量计算规范》GB 50856—2013 附录 D 电气设备安装工程相关项目编码列项。

3）洗脸配适用于洗脸盆、洗发盆、洗手盆安装。

4）器具安装中若采用混凝土或砖基础，应按现行国家标准《房屋建筑与装饰工程工程量计算规范》GB 50854 相关项目编码列项。

5）给、排水附（配）件是指独立安装的水嘴、地漏、地面扫除口等。

（二）卫生器具安装清单工程量计算

卫生器具安装清单工程量计算规则见表 8.2.2–9。各种卫生器具安装清单工程量计算比较简单，只需按施工图所示数量，以自然计量单位进行统计即可。但应注意以下几点：

（1）卫生器具的材质、型号、规格虽然相同，但其组装形式（或方式）不同者，要分别计算工程量。如洗脸盆安装有钢管组成和铜管组成之分，还有冷水和冷热水之别。因此在计算清单工程量时要予以注意。

（2）卫生器具组装所包括的阀门、水龙头、冲洗管等属于组价项目，不能再另列清单项目。

（3）淋浴器要区分组装型和成品型计算清单工程量。

（三）卫生器具安装工程量清单编制示例

【例 8.2.2–3】 假设椭圆形陶瓷冷水台下盆，型号为 TCP（X）–0023，规格为 555×430×200，配型号为 JF–2399 的铜镀铬单冷洗脸盆龙头，铜镀铬 S 形存水弯及去水头，不锈钢编织软管连接；陶瓷低水箱坐式大便器，型号 TCZ–2907，不锈钢编织软管连接；手持式金属软管淋浴器，型号 HP–2415，软管长 1500；铜镀铬水龙头，型号 WXJP–1210。假设各有一组（套），试编制分部分项工程量清单。

解： 编制工程量清单时，要完善和补充特征表述，如水龙头的规格等。清单工程量计算见表 8.2.2–10，分部分项工程量清单见表 8.2.2–11。

表 8.2.2–10 清单工程量计算表

工程名称： 标段：

序号	清单项目特征	清单工程量计算过程	单位	清单工程量
1	椭圆形陶瓷冷水台下盆 TCP（X）–0023 555×430×200 铜镀铬单冷洗脸盆龙头 JF–2399 *DN*15 铜镀铬 S 形存水弯及去水头 *DN*25	1	组	1
2	陶瓷低水箱坐式大便器 TCZ–2907	1	组	1
3	手持式金属软管淋浴器 HP–2415 *L*=1500	1	套	1
4	铜镀铬水龙头 WXJP–1210 *DN*15	1	个	1

表 8.2.2–11 分部分项工程量清单与计价表

工程名称： 标段：

序号	项目编码	项目名称	项目特征描述	计量单位	工程量	金额（元）		
						综合单价	合价	其中：暂估价
1	031004003001	洗脸盆	椭圆形陶瓷冷水台下盆 TCP（X）–0023 555×430×200 铜镀铬单冷洗脸盆龙头 JF–2399 *DN*15 铜镀铬 S 形存水弯及去水头 *DN*25	组	1			
2	031004006001	大便器	陶瓷低水箱坐式大便器 TCZ–2907	组	1			
3	031004010001	淋浴器	手持式金属软管淋浴器 HP–2415 *L*=1500	套	1			
4	031004014001	给、排水附（配）件	铜镀铬水龙头 WXJP–1210 *DN*15	个	1			
本页小计								
合 计								

四、给排水、燃气及工业管道工程计量有关说明

（一）给排水、燃气安装工程量清单编制有关说明

（1）《通用安装工程工程量计算规范》GB 50856—2013 附录 K.10 相关问题及说明。

1）管道界限的划分。

①给水管道室内外界限划分：以建筑物外墙皮 1.5m 为界，入口处设阀门者以阀门为界。

②排水管道室内外界限划分：以出户第一个排水检查井为界。

③采暖管道室内外界限划分：以建筑物外墙皮 1.5m 为界，入口处设阀门者以阀门为界。

④燃气管道室内外界限划分：地下引入室内的管道以室内第一个阀门为界，地上引入室内的管道以外墙三通为界。

2）管道热处理、无损探伤，应按《通用安装工程工程量计算规范》GB 50856—2013 附录 H 工业管道工程相关项目编码列项。

3）医疗气体管道及附件，应按《通用安装工程工程量计算规范》GB 50856—2013 附录 H 工业管道工程相关项目编码列项。

4）管道、设备及支架除锈、刷油、保温除注明者外，应按《通用安装工程工程量计算规范》GB 50856—2013 附录 M 刷油、防腐蚀、绝热工程相关项目编码列项。

5）凿槽（沟）、打洞项目，应按《通用安装工程工程量计算规范》GB 50856—2013 附录 D 电气设备安装工程相关项目编码列项。

（2）其他说明。

1）单独安装蹲式大便器的脚踏阀、手压阀时，可按给、排水附（配）件清单项目编码列项。

2）管沟土石方、垫层、基础、砌筑抹灰、地沟盖板预制、土石方回填、土石方运输等，按国家标准《房屋建筑与装饰工程工程量计算规范》GB 50854—2013 附录 A 相关项目编码列项。管沟土石方开挖、回填工程量清单项目设置见表 8.2.2-12~ 表 8.2.2-14。

表 8.2.2-12　土方工程（编码：010101）

项目编码	项目名称	项目特征	计量单位	工程量计算规则	工作内容
010101007	管沟土方	1. 土壤类别 2. 管外径 3. 挖沟深度 4. 回填要求	1. m 2. m^3	1. 以“米”计量，按设计图示以管道中心线长度计算 2. 以“立方米”计量，按设计图示管底垫层面积乘以挖土深度计算；无管底垫层按管外径的水平投影面积乘以挖土深度计算。不扣除各类井的长度，井的土方并入	1. 排地表水 2. 土方开挖 3. 维护（挡土板）、支撑 4. 运输 5. 回填

表 8.2.2-13　石方工程（编码：010102）

项目编码	项目名称	项目特征	计量单位	工程量计算规则	工作内容
010102004	挖管沟石方	1. 岩石类别 2. 管外径 3. 挖沟深度	1. m 2. m^3	1. 以“米”计量，按设计图示以管道中心线长度计算 2. 以“立方米”计量，按设计图示面积乘以长度计算	1. 排地表水 2. 凿石 3. 回填 4. 运输

表 8.2.2-14　回填（编码：010103）

项目编码	项目名称	项目特征	计量单位	工程量计算规则	工作内容
010103001	回填方	1. 密实度要求 2. 填方材料品种 3. 填方粒径要求 4. 填方来源、运距	m^3	按设计图示尺寸以体积计算 1. 场地回填：回填面积乘平均回填厚度 2. 室内回填：主墙间面积乘回填厚度，不扣除间隔墙 3. 基础回填：按挖方清单项目工程量减去自然地坪以下埋没的基础体积（包括基础垫层及其他构筑物）	1. 运输 2. 回填 3. 压实

3）路面开挖及修复、管道支墩、井砌筑等，按国家标准《市政工程工程量计算规范》GB 50857—2013 相关项目编码列项。

4）室外给排水管沟土石方清单工程量常按设计图示以管道中心线长度计算。

【例 8.2.2-4】某 *DN*400 的室外钢筋混凝土排水管道共 40.00m，需砌筑 180° 混凝土基础，管沟深度为 1.8m。依据设计图纸得知，该管道基础的宽度为 0.63m，土质为三类土，无地下水。试编制该管段的土方工程量清单。

解：根据《房屋建筑与装饰工程工程量计算规范》GB 50854—2013 规定，管沟土方清单工程量选择按管道长度计算，故其清单工程量为 40.00m。查相关资料得知，*DN*400 的钢筋混凝土排水管其外径为 470mm。该管段的土方分部分项工程量清单见表 8.2.2-15。

表 8.2.2-15　分部分项工程量清单与计价表

工程名称：　　　　　　　　　　　　　　　　标段：

序号	项目编码	项目名称	项目特征描述	计量单位	工程量	金额（元）		
						综合单价	合价	其中：暂估价
1	010101007001	管沟土方	三类土，无地下水；管道外径 470mm；管沟平均深度 1.8m；管道基础宽度 0.63m。原土开挖和松填	m	40.00			
本页小计								
合　计								

8.2.3　通风空调工程

一、通风及空调设备及部件制作安装工程量清单编制

（一）通风及空调设备及部件制作安装工程量清单项目设置

（1）《通用安装工程工程量计算规范》GB 50856—2013 附录 G.1 中通风及空调设备及部件制作安装工程量清单项目设置见表 8.2.3-1。

表 8.2.3-1　通风及空调设备及部件制作安装（编码：030701）

项目编码	项目名称	项目特征	计量单位	工程量计算规则	工作内容
030701001	空气加热器（冷却器）	1. 名称 2. 型号 3. 规格 4. 质量 5. 安装形式 6. 支架形式、材质	台	按设计图示数量计算	1. 本体安装、调试 2. 设备支架制作、安装 3. 补刷（喷）油漆
030701002	除尘设备				
030701003	空调器	1. 名称 2. 型号 3. 规格 4. 安装形式 5. 质量 6. 隔振垫（器）、支架形式、材质	台（组）		1. 本体安装或组装、调试 2. 设备支架制作、安装 3. 补刷（喷）油漆
030701004	风机盘管	1. 名称 2. 型号 3. 规格 4. 安装形式 5. 减震器、支架形式、材质 6. 试压要求	台		1. 本体安装、调试 2. 支架制作、安装 3. 调试 4. 补刷（喷）油漆

续表 8.2.3–1

项目编码	项目名称	项目特征	计量单位	工程量计算规则	工作内容
030701005	表冷器	1. 名称 2. 型号 3. 规格	台	按设计图示数量计算	1. 本体安装 2. 型钢制作、安装 3. 过滤器安装 4. 挡水板安装 5. 调试及运转 6. 补刷（喷）油漆
030701006	密闭门	1. 名称 2. 型号 3. 规格 4. 形式 5. 支架形式、材质	个		1. 本体制作 2. 本体安装 3. 支架制作、安装
030701007	挡水板				
030701008	滤水器、溢水盘				
030701009	金属壳体				
030701010	过滤器	1. 名称 2. 型号 3. 规格 4. 类型 5. 框架形式、材质	1. 台 2. m^2	1. 以台计算，按设计图示数量计算 2. 以面积计算，按设计图示尺寸以过滤面积计算	1. 本体安装 2. 框架制作、安装 3. 补刷（喷）油漆
030701011	净化工作台	1. 名称 2. 型号 3. 规格 4. 类型	台	按设计图示数量计算	1. 本体安装 2. 补刷（喷）油漆
030701012	风淋室	1. 名称 2. 型号 3. 规格 4. 类型 5. 质量			
030701013	洁净室				
030701014	除湿机	1. 名称 2. 型号 3. 规格 4. 类型			本体安装
030701015	人防过滤吸收器	1. 名称 2. 规格 3. 形式 4. 材质 5. 支架形式、材质			1. 过滤吸收器安装 2. 支架制作、安装

（2）通风及空调设备及部件制作安装工程量清单项目设置时，项目特征应根据表 8.2.3–1 所列特征进行表述，并注意以下问题：

1）项目特征中的质量是指其重量。

2）空调器的安装形式应表述吊顶式、落地式、墙上式、窗式、分段组装式，标出单台设备质量。

3）风机盘管的安装形式特征应表述立式、卡式、吊顶式等，并应表述明装、暗装等。

4）挡水板制作安装项目特征中，应补充其材质种类特征，支架用的钢材应表述热轧或冷轧等。

5）过滤器安装项目，其过滤功效特征应表述其初效、中效、高效等。

（3）清单项目设置说明。

通风空调设备安装的地脚螺栓按设备自带考虑。

（二）通风及空调设备及部件制作安装清单工程量计算

通风及空调设备及部件制作安装清单工程量计算规则见表 8.2.3–1。在计算清单工程量时应注意以下几点：

（1）通风及空调设备安装的工作内容包括设备支架的制作安装，设备支架制作安装的工程量不属于清单工程量的计算范围。

（2）挡水板制作安装应区分不同板材及板厚按成型面积分别以“个”计算清单工程量。如果是成品购买者，则区分不同材质、规格以“个”计算，无需计算制作工程量。

（3）滤水器、溢水盘制作安装、金属壳体制作安装应区分各自不同用途按成型重量，区分不同材质、规格分别以“个”计算清单工程量。

（三）通风及空调设备及部件制作安装工程量清单编制示例

【例 8.2.3–1】某 6 层办公楼通风空调工程，设计图中有吊顶卧式暗装风机盘管 25 台，型号为 YSFP–300，采用规格为 ϕ12、L=950 的镀锌圆钢丝杆带减震垫安装固定；组装式空调器 2 台，型号为 ZK 系列，风量 10000m^3/h，重量 350kg/ 台，采用 ZD 型阻尼弹簧减振器安装固定。试编制分部分项工程量清单。

解：根据工程量清单项目设置表 8.2.3–1，分部分项工程量清单见表 8.2.3–2。

表 8.2.3–2　分部分项工程量清单与计价表

工程名称：　　　　　　　　　　　　标段：

序号	项目编码	项目名称	项目特征描述	计量单位	工程量	金额（元）		
						综合单价	合价	其中：暂估价
1	030701004001	风机盘管	吊顶卧式暗装风机盘管 YSFP–300 镀锌圆钢丝杆带减震垫 ϕ12 L=950	台	25			
2	030701003001	空调器	组装式空调器 ZK 系列风量 10000m^3/h 重量 350kg/ 台 ZD 型阻尼弹簧减振器	台	2			
本页小计								
合　　计								

二、通风管道制作安装工程量清单编制

（一）通风管道制作安装工程量清单项目设置

（1）《通用安装工程工程量计算规范》GB 50856—2013 附录 G.2 中通风管道制作安装工程量清单项目设置见表 8.2.3–3。

表 8.2.3–3　通风管道制作安装（编码：030702）

项目编码	项目名称	项目特征	计量单位	工程量计算规则	工作内容
030702001	碳钢通风管道	1. 名称 2. 材质 3. 形状 4. 规格 5. 板材厚度 6. 管件、法兰等附件及支架设计要求 7. 接口形式	m^2	按设计图示内径尺寸以展开面积计算	1. 风管、管件、法兰、零件、支吊架制作、安装 2. 过跨风管落地支架制作、安装
030702002	净化通风管				
030702003	不锈钢板风管	1. 名称 2. 形状 3. 规格 4. 板材厚度 5. 管件、法兰等附件及支架设计要求 6. 接口形式			
030702004	铝板通风管道				
030702005	塑料通风管道				

续表 8.2.3–3

项目编码	项目名称	项目特征	计量单位	工程量计算规则	工作内容
030702006	玻璃钢通风管道	1. 名称 2. 形状 3. 规格 4. 板材厚度 5. 支架形式、材质 6. 接口形式	m^2	按设计图示外径尺寸以展开面积计算	1. 风管、管件安装 2. 支吊架制作、安装 3. 过跨风管落地支架制作、安装
030702007	复合型风管	1. 名称 2. 材质 3. 形状 4. 规格 5. 板材厚度 6. 接口形式 7. 支架形式、材质	m^2	按设计图示外径尺寸以展开面积计算	
030702008	柔性软风管	1. 名称 2. 材质 3. 规格 4. 风管接头、支架形式、材质	1. m 2. 节	1. 以“米”计量，按设计图示中心线以长度计算 2. 以“节”计算，按设计图示数量计算	1. 风管安装 2. 风管接头安装 3. 支吊架制作、安装
030702009	弯头导流叶片	1. 名称 2. 材质 3. 规格 4. 形式	1. m^2 2. 组	1. 以面积计量，按设计图示以展开面积“平方米”计算 2. 以“组”计算，按设计图示数量计算	1. 制作 2. 安装
030702010	风管检查孔	1. 名称 2. 材质 3. 规格	1. kg 2. 个	1. 以“千克”计量，按风管检查孔质量计算 2. 以“个”计算，按设计图示数量计算	1. 制作 2. 安装
030702011	温度、风量测定孔	1. 名称 2. 材质 3. 规格 4. 设计要求	个	按设计图示数量计算	1. 制作 2. 安装

（2）通风管道制作安装工程量清单项目设置时，项目特征应根据表 8.2.3–3 所列特征进行表述，并注意下问题：

1）风管的形状特征应表述圆形、矩形、渐缩形等。

2）风管的材质特征应表述碳钢、塑料、不锈钢、复合材料、铝材等材料类型、材料的规格、板厚等。

3）碳钢材料特征应表述热轧或冷轧等。

4）风管接口形式特征应表述咬口、铆接或焊接等。

（3）清单项目设置说明。

1）风管展开面积，不扣除检查孔、测定孔、送风口、吸风口等所占面积；风管长度一律以设计图示中心线长度为准（主管与支管以其中心线交点划分），包括弯头、三通、变径管、天圆地方等管件的长度，但不包括部件所占的长度。风管展开面积不包括风管、管口重叠部分面积。风管渐缩管：圆形风管按平均直径，矩形风管按平均周长。

2）穿墙套管按展开面积计算，计入通风管道工程量中。

3）通风管道的法兰垫片或风口材料，按图纸要求应在项目特征中描述。

4）净化通风管的空气洁净度按100000级标准编制，净化通风管使用的型钢材料如要求镀锌时，工作内容应注明支架镀锌。

5）弯头导流叶片数量，按设计图纸或规范要求计算。

6）风管检查孔、温度测定孔、风量测定孔数量，按设计图纸或规范要求计算。

（二）通风管道制作安装清单工程量计算

通风管道制作安装清单工程量计算规则见表8.2.3–3。在计算清单工程量时应注意以下几点：

（1）薄钢板通风管道清单工程量，按设计图示内径尺寸以展开面积计算，但由于所用板材的厚度比较薄，可忽略内外径区别，按图纸标注规格展开计算即可。

（2）薄钢板通风管道要区分矩形和圆形，按不同板厚分别计算清单工程量。若风管大小规格是在《广东省通用安装工程综合定额（2018）》规定范围内，且板厚、连接形式相同的，其清单工程量可以合并计算。

（3）薄钢板通风管道、防火板通风管道、净化通风管道、玻璃钢通风管道、复合型材料通风管道的制作安装所需的法兰、加固框和吊托支架是风管制作安装固定用的辅助材料，不应计算清单工程量。

（4）柔性软风管清单计量单位有以“m”计量和以节计量，应根据施工实际情况选用，但以“m”计量更便于计价。

（5）弯头导流叶片清单计量单位有以“m^2”计量和以组计量，但实际工程中多以“m^2”计量。

（6）风管检查孔清单计量单位有以“kg”计量和以“个”计量，应结合实际工作以便于计量和计价为原则选用。

（7）圆形、矩形直风管展开面积计算：

圆形直风管展开面积：

$$F=\pi DL \tag{8.2.3–1}$$

矩形直风管展开面积：

$$F=2(A+B)L \tag{8.2.3–2}$$

式中：F——风管展开面积（m^2）；

D——圆形风管直径（m）；

A——矩形风管宽（m）；

B——矩形风管高（m）；

L——管道中心线长度（m）。

【例8.2.3–2】某通风系统设计圆形渐缩风管均匀送风，采用δ=1.0mm的镀锌钢板，风管直径为D_1=880mm，D_2=320mm，风管中心线长度为100m；试计算圆形渐缩风管的制作安装清单工程量。

解：计算方法如下：

（1）计算圆形渐缩风管的平均直径。

$$D=(D_1+D_2)\div 2=(880+320)\div 2=600\text{（mm）}$$

（2）计算圆形渐缩风管的制作安装清单工程量。

$$F=\pi DL=\pi\times 0.6\times 100=188.50\text{（}m^2\text{）}$$

（三）通风管道制作安装工程量清单编制示例

【例8.2.3–3】某6层办公楼通风空调工程，设计采用镀锌薄钢板矩形风管送风，风管为咬口连接。规格1250×400的风管，中心线长度60.00m，板厚δ=1.0，管路中设有380×350风管检查孔1个，L=300对开多页调节阀1个，400×400双层铝合金百叶风口12个；规格800×400的风管，中心线长度

120.00m，板厚 δ=1.0，管路中设有 400×400 双层铝合金百叶风口 28 个；规格 500×400 的风管，中心线长度 380.00m，板厚 δ=0.75，管路中设有 400×400 双层铝合金百叶风口 72 个；1000×1000 钢百叶窗 6 个。风管采用 δ=25 玻璃棉毯保温，风口紧贴风管底部安装。试编制通风管道制作安装分部分项工程量清单。

解： 风管保温不属于风管安装的组价内容，应按《通用安装工程工程量计算规范》GB 50856—2013 规定另列清单。清单工程量计算见表 8.2.3–4，通风管道制作安装分部分项工程量清单见表 8.2.3–5。

表 8.2.3–4 清单工程量计算表

工程名称： 标段：

序号	清单项目名称	清单工程量计算过程	单位	清单工程量
1	镀锌薄钢板矩形风管 咬口连接 1250×400 δ=1.0	（1.25+0.4）×2×（60–0.3）	m^2	197.01
2	镀锌薄钢板矩形风管 咬口连接 800×400 δ=1.0	（0.8+0.4）×2×120	m^2	288.00
3	镀锌薄钢板矩形风管 咬口连接 500×400 δ=0.75	（0.5+0.4）×2×380	m^2	684.00
4	对开多页调节阀 1250×400 L=300	1	个	1
5	双层铝合金百叶风口 400×400	12+28+72	个	112
6	钢百叶窗 1000×1000	6	个	6

表 8.2.3–5 分部分项工程量清单与计价表

工程名称： 标段：

序号	项目编码	项目名称	项目特征描述	计量单位	工程量	金额（元）		
						综合单价	合价	其中：暂估价
1	030702001001	碳钢通风管道	镀锌薄钢板矩形风管 咬口连接 1250×400 δ=1.0	m^2	197.01			
2	030702001002	碳钢通风管道	镀锌薄钢板矩形风管 咬口连接 800×400 δ=1.0	m^2	288.00			
3	030702001003	碳钢通风管道	镀锌薄钢板矩形风管 咬口连接 500×400 δ=0.75	m^2	684.00			
4	030703001001	碳钢阀门	对开多页调节阀 1250×400 L=300（成品）	个	1			
5	030703011001	铝及铝合金风口、散流器、百叶窗	双层铝合金百叶风口 400×400（成品）	个	112			
6	030703007001	碳钢风口、散流器、百叶窗	钢百叶窗 1000×1000（成品）	个	6			
本页小计								
合　计								

三、通风管道部件制作安装工程量清单编制

（一）通风管道部件制作安装工程量清单项目设置

（1）《通用安装工程工程量计算规范》GB 50856—2013 附录 G.3 中通风管道部件制作安装工程量清单项目设置见表 8.2.3–6。

表 8.2.3-6　通风管道部件制作安装（编码：030703）

<table>
<tr><th>项目编码</th><th>项目名称</th><th>项目特征</th><th>计量单位</th><th>工程量计算规则</th><th>工作内容</th></tr>
<tr><td>030703001</td><td>碳钢阀门</td><td>1. 名称
2. 型号
3. 规格
4. 质量
5. 类型
6. 支架形式、材质</td><td rowspan="16">个</td><td rowspan="16">按设计图示数量计算</td><td>1. 阀体制作
2. 阀体安装
3. 支架制作、安装</td></tr>
<tr><td>030703002</td><td>柔性软风管阀门</td><td>1. 名称
2. 规格
3. 材质
4. 类型</td><td rowspan="3">阀体安装</td></tr>
<tr><td>030703003</td><td>铝蝶阀</td><td rowspan="2">1. 名称
2. 规格
3. 质量
4. 类型</td></tr>
<tr><td>030703004</td><td>不锈钢蝶阀</td></tr>
<tr><td>030703005</td><td>塑料阀门</td><td rowspan="2">1. 名称
2. 型号
3. 规格
4. 类型</td><td rowspan="2">阀体安装</td></tr>
<tr><td>030703006</td><td>玻璃钢蝶阀</td></tr>
<tr><td>030703007</td><td>碳钢风口、散流器、百叶窗</td><td rowspan="3">1. 名称
2. 型号
3. 规格
4. 质量
5. 类型
6. 形式</td><td rowspan="3">1. 风口制作、安装
2. 散流器制作、安装
3. 百叶窗安装</td></tr>
<tr><td>030703008</td><td>不锈钢风口、散流器、百叶窗</td></tr>
<tr><td>030703009</td><td>塑料风口、散流器、百叶窗</td></tr>
<tr><td>030703010</td><td>玻璃钢风口</td><td rowspan="2">1. 名称
2. 型号
3. 规格
4. 类型
5. 形式</td><td>风口安装</td></tr>
<tr><td>030703011</td><td>铝及铝合金风口、散流器</td><td>1. 风口制作、安装
2. 散流器制作、安装</td></tr>
<tr><td>030703012</td><td>碳钢风帽</td><td rowspan="5">1. 名称
2. 规格
3. 质量
4. 类型
5. 形式
6. 风帽筝绳、泛水设计要求</td><td rowspan="3">1. 风帽制作、安装
2. 筒形风帽滴水盘制作、安装
3. 风帽筝绳制作、安装
4. 风帽泛水制作、安装</td></tr>
<tr><td>030703013</td><td>不锈钢风帽</td></tr>
<tr><td>030703014</td><td>塑料风帽</td></tr>
<tr><td>030703015</td><td>铝板伞形风帽</td><td>1. 板伞形风帽制作、安装
2. 风帽筝绳制作、安装
3. 风帽泛水制作、安装</td></tr>
<tr><td>030703016</td><td>玻璃钢风帽</td><td>1. 玻璃钢风帽安装
2. 筒形风帽滴水盘安装
3. 风帽筝绳安装
4. 风帽泛水安装</td></tr>
</table>

续表 8.2.3–6

<table>
<tr><th>项目编码</th><th>项目名称</th><th>项目特征</th><th>计量单位</th><th>工程量计算规则</th><th>工作内容</th></tr>
<tr><td>030703017</td><td>碳钢罩类</td><td rowspan="2">1. 名称
2. 型号
3. 规格
4. 质量
5. 类型
6. 形式</td><td rowspan="2">个</td><td rowspan="2">按设计图示数量计算</td><td rowspan="2">1. 罩类制作
2. 罩类安装</td></tr>
<tr><td>030703018</td><td>塑料罩类</td></tr>
<tr><td>030703019</td><td>柔性接口</td><td>1. 名称
2. 规格
3. 材质
4. 类型
5. 形式</td><td>m^2</td><td>按设计图示尺寸以展开面积计算</td><td>1. 柔性接口制作
2. 柔性接口安装</td></tr>
<tr><td>030703020</td><td>消声器</td><td>1. 名称
2. 规格
3. 材质
4. 形式
5. 质量
6. 支架形式、材质</td><td>个</td><td>按设计图示数量计算</td><td>1. 消声器制作
2. 消声器安装
3. 支架制作、安装</td></tr>
<tr><td>030703021</td><td>静压箱</td><td>1. 名称
2. 规格
3. 形式
4. 材质
5. 支架形式、材质</td><td>1. 个
2. m^2</td><td>1. 以“个”计量，按设计图示数量计算
2. 以“平方米”计算，按设计图示尺寸以展开面积计算</td><td>1. 静压箱制作、安装
2. 支架制作、安装</td></tr>
<tr><td>030703022</td><td>人防超压自动排气阀</td><td>1. 名称
2. 型号
3. 规格
4. 类型</td><td rowspan="2">个</td><td rowspan="3">按设计图示数量计算</td><td>安装</td></tr>
<tr><td>030703023</td><td>人防手动密闭阀</td><td>1. 名称
2. 型号
3. 规格
4. 支架形式、材质</td><td>1. 密闭阀安装
2. 支架制作、安装</td></tr>
<tr><td>030703024</td><td>人防其他部件</td><td>1. 名称
2. 型号
3. 规格
4. 类型</td><td>个（套）</td><td>安装</td></tr>
</table>

（2）通风管道部件制作安装工程量清单项目设置时，项目特征应根据表 8.2.3–6 所列特征进行表述，并注意以下问题：

1）碳钢阀门的名称特征应表述其具体的实体名称，如三通调节阀、防火阀等；类型特征则表述其结构形式，如三通调节阀的手柄式或拉杆式等，在具体特征表述时，可以将名称和类型特征合并表述，如手柄式三通调节阀、拉杆式三通调节阀等。规格特征是指阀门形状和周长，同样名称和形状特征也可合并表述，如矩形防火阀、圆形防火阀等。有具体型号规格的，应予以表述，反之可不表述。质量特征是指每个阀门的重量，按设计图示规格型号采用国家标准通用部件质量标准计算。

2）碳钢风口、散流器、百叶窗的规格特征是指其形状和周长，形状应描述方形或圆形等，如果是成品者，则应表述具体型号。

3）风帽的形式特征应表述伞形、锥形、筒形等。

4）静压箱的材质特征应描述材料种类和板厚，规格特征应表述其（长 × 宽 × 高）尺寸等。

（3）清单项目设置说明。

1）碳钢阀门包括：空气加热器上通阀、空气加热器旁通阀、圆形瓣式启动阀、风管蝶阀、风管止回阀、密闭式斜插板阀、矩形风管三通调节阀、对开多叶调节阀、风管防火阀、各型风罩调节阀等。

2）塑料阀门包括：塑料蝶阀、塑料插板阀、各型风罩塑料调节阀。

3）碳钢风口、散流器、百叶窗包括：百叶风口、矩形送风口、矩形空气分布器、风管插板风口、旋转吹风口、圆形散流器、方形散流器、流线型散流器、送吸风口、活动箅式风口、网式风口、钢百叶窗等。

4）碳钢罩类包括：皮带防护罩、电动机防雨罩、侧吸罩、中小型零件焊接台排气罩、整体分组式槽边侧吸罩、吹吸式槽边通风罩、条缝槽边抽风罩、泥心烘炉排气罩、升降式回转排气罩、上下吸式圆形回转罩、升降式排气罩、手锻炉排气罩。

5）塑料罩类包括：塑料槽边侧吸罩、塑料槽边风罩、塑料条缝槽边抽风罩。

6）柔性接口包括：金属、非金属软接口及伸缩节。

7）消声器包括：片式消声器、矿棉管式消声器、聚酯泡沫管式消声器、卡普隆纤维管式消声器、弧形声流式消声器、阻抗复合式消声器、微穿孔板消声器、消声弯头。

8）通风部件如图纸要求制作安装或用成品部件只安装不制作，这类特征在项目特征中应明确描述。

9）静压箱的面积计算：按设计图示尺寸以展开面积计算，不扣除开口的面积。

10）百叶窗如需计算面积时，应按设计图示以框内面积计算。

11）风管插板风口制作已包括安装内容。

（二）通风管道部件制作安装清单工程量计算

通风管道部件制作安装清单工程量计算规则见表 8.2.3–6。在计算清单工程量时应注意以下几点：

（1）在计算碳钢阀门清单工程量时，要明确区分其实体名称、规格、每个重量的不同以自然量计算，不能笼统计算。

（2）在计算风口清单工程量时，要注意区别不同材质计算。

（3）静压箱清单计量单位有以“个”计量和以“m^2”计量，应结合实际工作以便于计量和计价为原则选用。

四、通风工程检测、调试工程量清单编制

（一）通风工程检测、调试工程量清单项目设置

（1）《通用安装工程工程量计算规范》GB 50856—2013 附录 G.4 中通风工程检测、调试工程量清单项目设置见表 8.2.3–7。

表 8.2.3–7　通风工程检测、调试（编码：030704）

项目编码	项目名称	项目特征	计量单位	工程量计算规则	工作内容
030704001	通风工程检测、调试	风管工程量	系统	按通风系统计算	1. 通风管道风量测定 2. 风压测定 3. 温度测定 4. 各系统风口、阀门调试
030704002	风管漏光试验、漏风试验	漏光试验、漏风试验设计要求	m^2	按设计图纸或规范要求以展开面积计算	通风管道漏光试验、漏风试验

（2）通风工程检测、调试工程量清单项目设置时，项目特征应根据表 8.2.3–7 所列特征进行表述，并注意以下问题：

1）通风工程检测、调试项目是系统工程安装完毕后所进行的系统检测及对系统的各风口、调节阀、排气罩进行风量、风压、温度测试等全部工作过程。其项目特征应以风系统中风管工程量进行表述。

2）风管漏光试验、漏风试验项目特征应以设计要求或施工验收规范要求进行表述。

（二）通风工程检测、调试清单工程量计算

通风工程检测、调试清单工程量计算规则见表 8.2.3–8。

（三）通风工程检测、调试工程量清单编制示例

【例 8.2.3–4】某中央空调工程，施工方按设计图示要求全部完成所有工作内容，其中完成风管制作安装工程量共 3560.00m^2，具备进入整个通风系统检测、调试工序。试编制通风工程检测、调试及风管漏光试验、漏风试验分部分项工程量清单。

解：查表 8.2.3–7，分部分项工程量清单见表 8.2.3–8。

表 8.2.3–8　分部分项工程量清单与计价表

工程名称：　　　　　　　　　　　　　　标段：

序号	项目编码	项目名称	项目特征描述	计量单位	工程量	金额（元）		
						综合单价	合价	其中：暂估价
1	030704001001	通风工程检测、调试	风管工程量 3560m^2	系统	1			
2	030704001002	风管漏光试验、漏风试验	符合设计及验收要求	m^2	3560.00			
本页小计								
合　计								

五、通风空调及机械设备安装计量有关说明

（一）通风空调安装工程量清单编制有关说明

（1）《通用安装工程工程量计算规范》GB 50856—2013 附录 G.5 相关问题及说明。

1）通风空调工程适用于通风（空调）设备及部件、通风管道及部件的制作安装工程。

2）冷冻机组站内的设备安装、通风机安装及人防两用通风机安装，应按《通用安装工程工程量计算规范》GB 50856—2013 附录 A 机械设备安装工程相关项目编码列项。

3）冷冻机组站内的管道安装，应按《通用安装工程工程量计算规范》GB 50856—2013 附录 H 工业管道工程相关项目编码列项。

4）冷冻机组外墙皮以外通往通风空调设备的供热、供冷、供水等管道，应按《通用安装工程工程量计算规范》GB 50856—2013 附录 K 给排水、采暖、燃气工程相关项目编码列项。

5）设备和支架的除锈、刷漆、保温及保护层安装，应按《通用安装工程工程量计算规范》GB 50856—2013 附录 M 刷油、防腐蚀、绝热工程相关项目编码列项。

（2）其他说明。

通风空调安装工程中，同一工程项目的不同使用功能系统应分别编制工程量清单和计价。如中央空调系统、净化空调系统，VRV 空调系统等，不应合项编制。

8.2.4 消防工程

一、火灾自动报警系统工程量清单编制

（一）火灾自动报警系统工程量清单项目设置

（1）《通用安装工程工程量计算规范》GB 50856—2013 附录 J.4 中火灾自动报警系统工程量清单项目设置见表 8.2.4–1。

表 8.2.4–1 火灾自动报警系统（编码：030904）

项目编码	项目名称	项目特征	计量单位	工程量计算规则	工作内容
030904001	点型探测器	1. 名称 2. 规格 3. 线型 4. 类型	个	按设计图示数量计算	1. 底座安装 2. 探头安装 3. 校接线 4. 编码 5. 探测器调试
030904002	线型探测器	1. 名称 2. 规格 3. 安装方式	m	按设计图示长度计算	1. 探测器安装 2. 接口模块安装 3. 报警终端安装 4. 校接线
030904003	按钮	1. 名称 2. 规格	个	按设计图示数量计算	1. 安装 2. 校接线 3. 编码 4. 调试
030904004	消防警铃				
030904005	声光报警器				
030904006	消防报警电话插孔（电话）	1. 名称 2. 规格 3. 安装方式	个（部）		1. 安装 2. 校接线 3. 编码 4. 调试
030904007	消防广播（扬声器）	1. 名称 2. 功率 3. 安装方式	个		
030904008	模块（模块箱）	1. 名称 2. 规格 3. 类型 4. 输出形式	个（台）		
030904009	区域报警控制箱	1. 多线制 2. 总线制 3. 安装方式 4. 控制点数量 5. 显示器类型	台		1. 本体安装 2. 校接线、摇测绝缘电阻 3. 排线、绑扎、导线标识 4. 显示器安装 5. 调试
030904010	联动控制箱				
030904011	远程控制箱（柜）	1. 规格 2. 控制回路			
030904012	火灾报警系统控制主机	1. 规格、线制 2. 控制回路 3. 安装方式			1. 安装 2. 校接线 3. 调试
030904013	联动控制主机				
030904014	消防广播及对讲电话主机（柜）				
030904015	火灾报警控制微机（CRT）	1. 规格 2. 安装方式	台		1. 安装 2. 调试
030904016	备用电源及电池主机（柜）	1. 名称 2. 容量 3. 安装方式	套		1. 安装 2. 调试
030904017	报警联动一体机	1. 规格、线制 2. 控制回路 3. 安装方式	台		1. 安装 2. 校接线 3. 调试

（2）火灾自动报警系统工程量清单项目设置时，项目特征应根据表 8.2.4–1 所列特征进行表述，并注意以下问题：

1）探测器。按点型和线型分别编码。点型探测器按多线制、总线制分不同类型不同名称分别表述；其类型主要有感烟火灾探测器、感温火灾探测器、感光火灾探测器、可燃气体探测器、复合式火灾探测器等，名称主要是指各种类型下的具体描述，如离子感烟探测器、光电感烟探测器、复合式感烟感温探测器等。线型探测器按安装方式描述，常用的缆式线型定温探测器，其安装方式主要有环绕式、正弦式、直线式三种。

2）按钮。包括消火栓按钮、手动报警按钮、气体报警起停按钮，不同厂家生产的按钮型号各不相同，应根据设计图纸对不同的型号分别编制清单项目。例如 SHD–1 型手动报警按钮、Q–K/1664 地址编码手动报警开关等。

3）模块。名称有输入模块、输出模块、输入输出模块、监视模块、信号模块、控制模块、信号接口、单控模块、双控模块等，不同厂家产品各异，名称也不同。输出形式指控制模块的单输出和多输出。

4）控制器。按报警控制器、联动控制器、报警联动一体机分别设置清单项目，各清单项目分别按多线制、总线制、安装方式及控制点数量进行特征表述。其安装方式是指落地式和壁挂式安装。控制点数量特征表述为：

①报警控制器。多线制“点”是指报警控制器所带报警器件（探测器、报警按钮等）的数量，总线制“点”是指报警控制器所带的有地址编码的报警器件（探测器、报警按钮、模块等）的数量，如果一个模块带数个探测器，则只能计为一点。

②联动控制器。多线制“点”是指联动控制器所带联动设备的状态控制和状态显示的数量，总线制“点”是指联动控制器所带的有控制模块（接口）的数量。

③报警联动一体机。多线制“点”是指报警联动一体机所带的报警器件与联动设备的状态控制和状态显示的数量，总线制“点”是指报警联动一体机所带的有地址编码的报警器件与控制模块（接口）的数量。

5）报警装置。一般有声光报警和警铃报警两种形式。

6）远程控制器。一般按控制回路进行表述。

（3）清单项目设置说明。

1）消防报警系统配管、配线、接线盒均按《通用安装工程工程量计算规范》GB 50856—2013 附录 D 电气设备安装工程相关项目编码列项。

2）消防广播及对讲电话主机包括功放、录音机、分配器、控制柜等设备。

3）点型探测器包括火焰、烟感、温感、红外光束、可燃气体探测器等。

（二）火灾自动报警系统清单工程量计算

火灾自动报警系统清单工程量计算规则见表 8.2.4–1。在计算清单工程量时应注意以下几点：

（1）火灾自动报警系统均按自然计量单位计算，但必须注意区分其不同特征分别计算清单工程量。

（2）工程量计算方法。一套完整的火灾自动报警系统，通常由探测系统、联动控制系统、广播系统、电话系统、显示打印系统等组成。为准确计算工程量，应对图纸中内容进行分解，分系统、分区域、分楼层一部分一部分地进行计算。最后计算过的工程项目在图纸上做出标记。既避免重复计算和漏算，又便于核对工程量。将单位工程中型号相同、规格相同、敷设条件相同、安装方式相同的工程量汇总。

（3）计算火灾事故广播及消防通信清单工程量时，首先要清楚火灾事故广播通信柜中的基本配置，一般情况下，柜中可配置广播分配器、火警专用前置放大器、火警专用功率放大器、电话交换机、直流稳压电源、直流备用电池组、话筒及磁带等。柜中配置的该部分设施不再单独进行计算清单工程量，假如柜中未配置电话交换机，而系统中又设有电话系统，则该项目应单独计算清单工程量。

（三）火灾自动报警系统工程量清单编制示例

【例 8.2.4–1】某一总线制火灾自动报警系统设有离子感烟探测器 10 个，光电感烟探测器 10 个，感温探测器 10 个，声光报警器 3 个。试编制分部分项工程量清单。

解：分部分项工程量清单见表 8.2.4–2。

表 8.2.4–2　分部分项工程量清单与计价表

工程名称：　　　　　　　　　　　　标段：

序号	项目编码	项目名称	项目特征描述	计量单位	工程量	金额（元）		
						综合单价	合价	其中：暂估价
1	030904001001	点型探测器	总线制离子感烟探测器 ×× 型	个	10			
2	030904001002	点型探测器	总线制光电感烟探测器 ×× 型	个	10			
3	030904001003	点型探测器	总线制感温探测器 ×× 型	个	10			
4	030904005001	声光报警器	声光报警器 ×× 型	个	3			
本页小计								
合　计								

二、水灭火系统工程量清单编制

（一）水灭火系统工程量清单项目设置

（1）《通用安装工程工程量计算规范》GB 50856—2013 附录 J.1 中水灭火系统工程量清单项目设置见表 8.2.4–3。

表 8.2.4–3　水灭火系统（编码：030901）

项目编码	项目名称	项目特征	计量单位	工程量计算规则	工作内容
030901001	水喷淋钢管	1. 安装部位 2. 材质、规格 3. 连接形式 4. 钢管镀锌设计要求 5. 压力试验及冲洗设计要求 6. 管道标识设计要求	m	按设计图示管道中心线以长度计算	1. 管道及管件安装 2. 钢管镀锌 3. 压力试验 4. 冲洗 5. 管道标识
030901002	消防栓钢管				
030901003	水喷淋（雾）喷头	1. 安装部位 2. 材质、型号、规格 3. 连接形式 4. 装饰盘设计要求	个	按设计图示数量计算	1. 安装 2. 装饰盘安装 3. 严密性试验
030901004	报警装置	1. 名称 2. 型号、规格	组		1. 安装 2. 电气接线 3. 调试
030901005	温感式水幕装置	1. 型号、规格 2. 连接形式			
030901006	水流指示器	1. 型号、规格 2. 连接形式	个		1. 安装 2. 电气接线 3. 调试
030901007	减压孔板	1. 材质、规格 2. 连接形式			
030901008	末端试水装置	1. 规格 2. 组装形式	组		
030901009	集热板制作安装	1. 介质 2. 碰头形式 3. 材料、规格 4. 连接形式 5. 防腐、绝热设计要求	个		1. 制作、安装 2. 支架制作、安装

续表 8.2.4–3

项目编码	项目名称	项目特征	计量单位	工程量计算规则	工作内容
030901010	室内消火栓	1. 安装方式 2. 型号、规格 3. 附件材质、规格	套	按设计图示数量计算	1. 箱体及消火栓安装 2. 配件安装
030901011	室外消火栓				1. 安装 2. 配件安装
030901012	消防水泵接合器	1. 安装部位 2. 型号、规格 3. 附件材质、规格	套		1. 安装 2. 附件安装
030901013	灭火器	1. 形式 2. 规格、型号	具（组）		设置
030901014	消防水炮	1. 水炮类型 2. 压力等级 3. 保护半径	台		1. 本体安装 2. 调试

（2）水灭火系统工程量清单项目设置时，项目特征应根据表 8.2.4–3 所列特征进行表述，并注意以下问题：

1）安装部位。管道是指室内、室外；消防水泵接合器是指地上、地下、墙壁。

2）材质。管道是指焊接钢道（镀锌、非镀锌）、无缝管道（冷拔、热轧）。

3）型号规格。管道是指口径（一般为公称直径，无缝钢管应按外径及壁厚表示）；阀门是指阀门的内径，通常型号已含公称直径，如 Z41T–10–50、J11T–16–25。

4）连接形式是指丝扣连接、焊接、法兰连接、沟槽式连接件（卡箍）连接等。

（3）清单项目设置说明。

1）水灭火管道工程量计算，不扣除阀门，管件及各种组件所占长度以延长米计算。

2）水喷淋（雾）喷头安装部位应区分有吊顶、无吊顶。

3）报警装置适用于湿式报警装置、干湿两用报警装置、电动雨淋报警装置、预作用报警装置及报警装置安装。报警装置安装包括装配管（除水力警铃进水管）的安装，水力警铃进水管并入消防管道工程量。其中：

①湿式报警装置包括内容：湿式阀、蝶阀、装配管、供水压力表、试验阀、泄放试验阀、泄放试验管、试验管流量计、过滤器、延时器、水力警铃、报警截止阀、漏斗、压力开关等。

②干湿两用报警装置包括内容：两用阀、蝶阀、装配管、加速器、加速器压力表、供水压力表、试验阀、泄放试验阀（湿式、干式）、挠性接头、泄放试验管、试验管流量计、排气阀、截止阀、漏斗、过滤器、延时器、水力警铃、压力开关等。

③电动雨淋报警装置包括内容：雨淋阀、蝶阀、装配管、压力表、泄放试验阀、流量表、截止阀、注水阀、止回阀、电磁阀、排水阀、手动应急球阀、报警试验阀、漏斗、压力开关、过滤器、水力警铃等。

④预作用报警装置包括内容：报警阀、控制蝶阀、压力表、流量表、截止阀、排放阀、注水阀、止回阀、泄放阀、报警试验阀、液压切断阀、装配管、供水检验管、气压开关、试压电磁阀、空压机、应急手动试压器、漏斗、过滤器、水力警铃等。

4）温感式水幕装置，包括给水三通至喷头、阀门间的管道、管件、阀门、喷头等全部内容的安装。

5）末端试水装置，包括压力表、控制阀等附件安装。末端试水装置安装中不含连接管及排水管安装，其工程量并入消防管道。

6）室内消火栓，包括消火栓箱、消火栓、水枪、水龙头、水龙带接扣、自救卷盘、挂架、消防按钮；落地消火栓箱包括箱内手提灭火器。

7）室外消火栓，安装方式分地上式、地下式；地上式消火栓安装包括地上式消火栓、法兰接管、弯管底座；地下室消火栓安装包括地下室消火栓、法兰接管、弯管底座或消火栓三通。

8）消防水泵接合器，包括法兰接管及弯头安装，接合器井内阀门、弯管底座、标牌等附件安装。

9）减压孔板若在法兰盘内安装，其法兰计入组价中。

10）消防水炮：分普通手动水炮、智能控制水炮。

（二）水灭火系统清单工程量计算

水灭火系统清单工程量计算规则见表8.2.4–3，对于既包括消火栓灭火系统又包括自动喷水灭火系统的室内消防工程，计算清单工程量时应按以下内容分别计算：

（1）计算管道清单工程量时，一般可依照水流的方向由干管到支管按不同管径分别计算。计算系统组件清单工程量时，计算比较简单，只要按系统、楼层等进行统计即可。同时要注意湿式报警装置、温感式水幕装置、末端试水装置等成套产品所包含的内容，以免重复计算。

（2）消防泵房部分。该部分是指从水泵至水泵房外墙皮之间的管路、阀门、水泵安装等项目。

（3）消火栓部分。该部分是指从水泵房外墙皮开始算至整个消火栓系统的管路、阀门、消火栓安装等项目。

（4）自动喷水灭火部分。该部分是指从水泵房外墙皮开始算至整个自动喷水灭火系统的管路、阀门、报警装置、水流指示器、喷头安装等项目。

（5）消火栓及水泵结合器。室内消火栓按单栓、双栓、组合卷盘分别统计；室外消火栓按高压、低压及安装方式分别统计；水泵接合器按规格、安装方式分别统计。同样要注意成套产品所包含的内容，以免重复计算。

（三）水灭火系统工程量清单编制示例

【例8.2.4–2】某一室内消火栓灭火系统，共设*DN*65单栓单门铝合金组合消火栓箱5套，规格为800×760×284，配麻质水带长20m；*DN*65双栓单门铝合金组合消火栓箱2套，规格为1200×750×280，配麻质水带长20m；*DN*65带消防软管卷盘单栓单门铝合金组合消火栓箱1套，规格为1200×750×280，配麻质水带长20m，卷盘胶管20m、喷嘴口径19mm。试编制分部分项工程量清单。

解：根据工程量清单项目设置表8.2.4–3，分部分项工程清单见表8.2.4–4。

表8.2.4–4　分部分项工程量清单与计价表

工程名称：　　　　　　　　　　　　　　标段：

序号	项目编码	项目名称	项目特征描述	计量单位	工程量	金额（元）		
						综合单价	合价	其中：暂估价
1	030901010001	室内消火栓	室内单门铝合金组合消火栓箱　单栓*DN*65 箱体800×760×284　配麻质水带长20m	套	5			
2	030901010002	室内消火栓	室内单门铝合金组合消火栓箱　双栓*DN*65 箱体1200×750×280　配麻质水带长20m	套	2			
3	030901010003	室内消火栓	室内单门带消防软管卷盘铝合金组合消火栓箱　单栓　*DN*65 箱体1200×750×280　配麻质水带长20m 卷盘胶管20m　喷嘴口径19mm	套	1			
本页小计								
合　计								

【例 8.2.4–3】一湿式自动喷水灭火系统，安装有 ZSS 型 *DN*100 的湿式自动报警阀 1 组，ZSJZ 型 *DN*100 水流指示器 1 个，法兰连接，*DN*15 下垂型喷头 2 个（无吊顶），管路采用镀锌钢管螺纹连接，*DN*25 的管路长 100.00m，普通穿墙钢套管 5 处（*DN*40、0.25m/ 个），L 40×40×4 镀锌角钢支吊架 0.060t，安装完毕后采用水冲洗，水压试验。试编制分部分项工程量清单。

解：根据工程量清单项目设置表 8.2.4–2，分部分项工程量清单见表 8.2.4–5。

表 8.2.4–5　分部分项工程量清单与计价表

工程名称：　　　　　　　　　　　　　　标段：

序号	项目编码	项目名称	项目特征描述	计量单位	工程量	金额（元）		
						综合单价	合价	其中：暂估价
1	030901001001	水喷淋钢管	镀锌钢管 *DN*25 螺纹连接 压力试验及冲洗符合设计要求	m	100.00			
2	030901004001	报警装置	湿式自动报警阀 ZSS 型 *DN*100	组	1			
3	030901006001	水流指示器	法兰式水流指示器 ZSJZ 型 *DN*100	个	1			
4	030901003001	水喷林(雾)喷头	下垂型喷头 *DN*15 螺纹连接（无吊顶）	个	2			
5	031002001001	管道支架	镀锌角钢支吊架L 40×40×4	kg	60.00			
6	031002003001	套管	普通穿墙钢套管 *DN*40/25 制作安装	个	5			
本页小计								
合　计								

三、气体灭火系统工程量清单编制

（一）气体灭火系统工程量清单项目设置

（1）《通用安装工程工程量计算规范》GB 50856—2013 附录 J.2 中气体灭火系统工程量清单项目设置见表 8.2.4–6。

表 8.2.4–6　气体灭火系统（编码：030902）

项目编码	项目名称	项目特征	计量单位	工程量计算规则	工作内容
030902001	无缝钢管	1. 介质 2. 材质、压力等级 3. 规格 4. 焊接方法 5. 钢管镀锌设计要求 6. 压力试验及吹扫设计要求 7. 管道标识设计要求	m	按设计图示管道中心线以长度计算	1. 管道安装 2. 管件安装 3. 钢管镀锌 4. 压力试验 5. 吹扫 6. 管道标识
030902002	不锈钢管	1. 材质、压力等级 2. 规格 3. 焊接方法 4. 充氩保护方式、部位 5. 压力试验及吹扫设计要求 6. 管道标识设计要求			1. 管道安装 2. 焊口充氩保护 3. 压力试验 4. 吹扫 5. 管道标识

续表 8.2.4–6

项目编码	项目名称	项目特征	计量单位	工程量计算规则	工作内容
030902003	不锈钢管管件	1. 材质、压力等级 2. 规格 3. 焊接方法 4. 充氩保护方式、部位	个	按设计图示数量计算	1. 管件安装 2. 管件焊口充氩保护
030902004	气体驱动装置管道	1. 材质、压力等级 2. 规格 3. 焊接方法 4. 压力试验及吹扫设计要求 5. 管道标识设计要求	m	按设计图示管道中心线以长度计算	1. 管道安装 2. 压力试验 3. 吹扫 4. 管道标识
030902005	选择阀	1. 材质 2. 型号、规格 3. 连接方式	个	按设计图示数量计算	1. 安装 2. 压力试验
030902006	气体喷头				喷头安装
030902007	贮存装置	1. 介质、类型 2. 型号、规格 3. 气体增压设计要求	套	按设计图示数量计算	1. 贮存装置安装 2. 系统组件安装 3. 气体增压
030902008	称重检漏装置	1. 型号 2. 规格			1. 安装 2. 调试
030902009	无管网气体灭火装置	1. 类型 2. 型号、规格 3. 安装部位 4. 调试要求			

（2）水灭火系统工程量清单项目设置时，项目特征应根据表 8.2.4–6 所列特征进行表述，并注意以下问题：

1）管路。材质为无缝钢管（冷拔、热轧、钢号要求）、不锈钢管（1Cr18Ni9、1Cr18Ni9Ti、Cr18Ni13Mo3Ti）、铜管为纯铜管（T1、T2、T3）、黄铜管（H59~H96）；规格为公称直径或外径（外径应按外径 × 管壁厚表示）；连接方式是指螺纹连接、焊接、法兰连接；压力试验是指液压、气压等试验方法；吹扫是指水冲洗、空气吹扫、蒸汽吹扫。

2）选择阀。材质是指不锈钢、铜等；规格为公称直径；连接方式为螺纹连接、法兰连接。

3）气体喷头。型号主要是指全淹没灭火方式用喷头（即 EQT 型）和局部应用槽边型喷头（ECT 型）、局部应用架空型喷头（EJT 型）；规格主要是指喷头代号，该代号一般从 2~24 表示。不同的生产厂家其型号略有不同。

4）贮存装置。规格指储存容器的容量，一般以 L（升）为单位。

（3）清单项目设置说明

1）气体灭火管道工程量计算，不扣除阀门、管件及各种组件所占长度以延长米计算。

2）气体灭火介质，包括七氟丙烷灭火系统、IG541 灭火系统、二氧化碳灭火系统等。

3）气体驱动装置管道安装，包括卡、套连接件。

4）贮存装置安装，包括灭火剂存储器、驱动气瓶、支框架、集流阀、容器阀、单向阀、高压软管和安全阀等贮存装置和阀驱动装置、减压装置、压力指示仪等。

5）无管网气体灭火系统由柜式预制灭火装置、火灾探测器、火灾自动报警灭火控制器等组成，具有自动控制和手动控制两种启动方式。无管网气体灭火装置安装，包括气瓶柜装置（内设气瓶、电磁阀、喷头）和自动报警控制装置（包括控制器，烟，温感，声光报警器，手动报警器，手 / 自动控制按钮）等。

（二）气体灭火系统清单工程量计算

气体灭火系统清单工程量计算规则见表 8.2.4–6。以气体灭火系统的组成为例，按自动报警系统和气体管路灭火系统分别计算。进行气体管路灭火系统计算时可按以下部分逐项计算：

（1）启动气瓶至储存装置、储存装置至选择阀。该部分主要计算贮存装置（包括灭火气体储存器、驱动气瓶、支架框、集流阀、容器阀、单向阀、高压软管、安全阀等储存装置和阀驱动瓶装置）的套数、二氧化碳称重检漏装置（包括泄漏开关、配重、支架等）的套数、气体驱动装置管道长度、选择阀的个数。

（2）选择阀至官网末端。该部分主要计算管路长度及气体喷头个数。

（三）气体灭火系统工程量清单编制示例

【例 8.2.4–4】某二氧化碳气体灭火系统共设螺纹连接不锈钢 *DN*25、*DN*32 选择阀各 1 个，水压强度及气压严密性试验。试编制其分部分项工程量清单。

解：根据气体灭火系统工程量清单项目设置表 8.2.4–6，分部分项工程量清单见表 8.2.4–7。

表 8.2.4–7　分部分项工程量清单与计价表

工程名称：　　　　　　　　　　　　　　　　标段：

序号	项目编码	项目名称	项目特征描述	计量单位	工程量	金额（元）		
						综合单价	合价	其中：暂估价
1	030902005001	选择阀	不锈钢选择阀 *DN*25 螺纹连接	个	1			
2	030902005002	选择阀	不锈钢选择阀 *DN*32 螺纹连接	个	1			
本页小计								
合　计								

四、泡沫灭火系统工程量清单编制

（一）泡沫灭火系统工程量清单项目设置

（1）《通用安装工程工程量计算规范》GB 50856—2013 附录 J.3 中泡沫灭火系统工程量清单项目设置见表 8.2.4–8。

表 8.2.4–8　泡沫灭火系统（编码：030903）

项目编码	项目名称	项目特征	计量单位	工程量计算规则	工作内容
030903001	碳钢管	1. 材质、压力等级 2. 规格 3. 焊接方法 4. 无缝钢管镀锌设计要求 5. 压力试验、吹扫设计要求 6. 管道标识设计要求	m	按设计图示管道中心线以长度计算	1. 管道安装 2. 管件安装 3. 钢管镀锌 4. 压力试验 5. 吹扫 6. 管道标识
030903002	不锈钢管	1. 材质、压力等级 2. 规格 3. 焊接方法 4. 充氩保护方式、部位 5. 压力试验、吹扫设计要求 6. 管道标识设计要求			1. 管道安装 2. 焊口充氩保护 3. 压力试验 4. 吹扫 5. 管道标识

续表 8.2.4–8

项目编码	项目名称	项目特征	计量单位	工程量计算规则	工作内容
030903003	铜管	1. 材质、压力等级 2. 规格 3. 焊接方法 4. 压力试验、吹扫设计要求 5. 管道标识设计要求	m	按设计图示管道中心线以长度计算	1. 管道安装 2. 压力试验 3. 吹扫 4. 管道标识
030903004	不锈钢管管件	1. 材质、压力等级 2. 规格 3. 焊接方法 4. 充氩保护方式、部位	个	按设计图示数量计算	1. 管件安装 2. 管件焊口充氩保护
030903005	铜管管件	1. 材质、压力等级 2. 规格 3. 焊接方法			管件安装
030903006	泡沫发生器	1. 类型 2. 型号、规格 3. 二次灌浆材料	台		喷头安装
030903007	泡沫比例混合器				1. 安装 2. 调试 3. 二次灌浆
030903008	泡沫液贮罐	1. 质量 / 容量 2. 型号、规格 3. 二次灌浆材料			

（2）水灭火系统工程量清单项目设置时，项目特征应根据表 8.2.4–8 所列特征进行表述，并注意以下问题：

1）管道。材质为无缝钢管（冷拔、热轧、钢号要求）、不锈钢管（1Cr18Ni9、1Cr18Ni9Ti、Cr18Ni13Mo3Ti）、钢管为纯铜管（T1、T2、T3）、黄铜管（H59~H96）；规格为公称直径或外径（外径应按外径 × 管壁厚表示）；焊接方式是指电弧焊和气焊等；压力试验是指采用试压方法（液压、气压、泄漏、真空）；吹扫是指水冲洗、空气吹扫、蒸汽吹扫。

2）泡沫发生器型号、规格。水轮机式的主要有 PFS3 型、PF4 型、PFS4 型、PFS10 型、PFT4 型；电动机式的主要有 PF20 型、BGP–200 型。该清单项目不包括油罐上安装的泡沫发生器及化学泡沫比例混合器。

3）泡沫比例混合器型号、规格。压力储罐式主要有 PHY 32/30 型、PHY48/55 型、PHY64/76 型、PHY72/110 型；平衡压力式主要有 PHP20 型、PHP40 型、PHP80 型；环泵负压式主要有 PH32 型、PH48 型、PII64 型；管线式负压主要有 PHF 型。

4）泵房间管道安装工程量清单按《通用安装工程工程量计算规范》GB 50856—2013 附录 H 工业管道工程相应项目编码列项。

5）各种消防泵、稳压泵安装工程量清单按《通用安装工程工程量计算规范》GB 50856—2013 附录 A 机械设备安装工程相应项目编码列项。

（3）清单项目设置说明。

1）泡沫灭火管道工程量计算，不扣除阀门、管件及各种组件所占长度以延长米计算。

2）泡沫发生器、泡沫比例混合器安装、包括整体安装、焊法兰、单体调试及配合管道试压时隔离本体所消耗的工料。

3）泡沫液贮罐内如需充装泡沫液，应明确描述泡沫灭火剂品种、规格。

（二）泡沫灭火系统清单工程量计算

泡沫灭火系统清单工程量计算规则见表 8.2.4–8。以自动控制全淹没式泡沫灭火系统为例，该系统由自动报警系统和泡沫灭火系统两部分组成。在计算清单工程量时，应按不同系统分别计算。

首先计算报警系统清单工程量。计算泡沫灭火系统清单工程量时，可按流程示意图从水泵（或泡沫液储罐）沿液体流动方向计算至发生器。该计算过程中，首先计算水池至水泵部分的管道长度以及阀门数量等，接着计算水泵至比例混合器部分的管道长度及相关设备，再接着计算泡沫液储罐至泡沫液泵、泡沫液泵至比例混合器部分；最后计算比例混合器至发生器部分。将以上完全相同的部分工程数量进行汇总。

（三）泡沫灭火系统工程量清单编制示例

【例 8.2.4–5】某一泡沫灭火系统，采用 PH32 型环泵式负压泡沫比例混合器 1 台，L 50×50×5 镀锌角钢支架安装固定。支架重 0.250t。*DN*80 的低压电弧焊碳钢管 200.00m，其中管件 8 个，L 40×40×4 管道镀锌角钢支架 0.150t，管道采用液压试验，水冲洗。试编制分部分项工程量清单。

解：根据工程量清单项目设置表 8.2.4–8，分部分项工程量清单见表 8.2.4–9。

表 8.2.4–9 分部分项工程量清单与计价表

工程名称： 标段：

<table>
<tr><th rowspan="2">序号</th><th rowspan="2">项目编码</th><th rowspan="2">项目名称</th><th rowspan="2">项目特征描述</th><th rowspan="2">计量单位</th><th rowspan="2">工程量</th><th colspan="3">金额（元）</th></tr>
<tr><th>综合单价</th><th>合价</th><th>其中：暂估价</th></tr>
<tr><td>1</td><td>030903001001</td><td>碳钢管</td><td>低压电弧焊碳钢管 DN80
液压试验，水冲洗</td><td>m</td><td>200.00</td><td></td><td></td><td></td></tr>
<tr><td>2</td><td>030903007001</td><td>泡沫比例混合器</td><td>环泵式负压泡沫比例混合器 PH32 型</td><td>台</td><td>1</td><td></td><td></td><td></td></tr>
<tr><td>3</td><td>031002001001</td><td>设备支架</td><td>镀锌角钢支吊架 L 50×50×5</td><td>kg</td><td>250.00</td><td></td><td></td><td></td></tr>
<tr><td>4</td><td>031002002001</td><td>管道支架</td><td>镀锌角钢支吊架 L 40×40×4</td><td>kg</td><td>150.00</td><td></td><td></td><td></td></tr>
<tr><td colspan="7">本页小计</td><td></td><td></td></tr>
<tr><td colspan="7">合　计</td><td></td><td></td></tr>
</table>

五、消防系统调试工程量清单编制

（一）消防系统调试工程量清单项目设置

（1）《通用安装工程工程量计算规范》GB 50856—2013 附录 J.5 中消防系统调试工程量清单项目设置见表 8.2.4–10。

表 8.2.4–10 消防系统调试（编码：030905）

<table>
<tr><th>项目编码</th><th>项目名称</th><th>项目特征</th><th>计量单位</th><th>工程量计算规则</th><th>工作内容</th></tr>
<tr><td>030905001</td><td>自动报警系统调试</td><td>1. 点数
2. 线制</td><td>系统</td><td>按系统计算</td><td>系统调试</td></tr>
<tr><td>030905002</td><td>水灭火控制装置调试</td><td>系统形式</td><td>点</td><td>按控制装置的点数计算</td><td rowspan="2">调试</td></tr>
<tr><td>030905003</td><td>防火控制装置调试</td><td>1. 名称
2. 类型</td><td>个（部）</td><td>按设计图示数量计算</td></tr>
<tr><td>030905004</td><td>气体灭火系统装置调试</td><td>1. 试验容器规格
2. 气体试喷</td><td>点</td><td>按调试、检验和验收所消耗的试验容器总数计算</td><td>1. 模拟喷气试验
2. 备用灭火器贮存容器切换操作试验
3. 气体试喷</td></tr>
</table>

（2）消防系统调试工程量清单项目设置时，项目特征应根据表 8.2.4–10 所列特征进行表述，并注意以下问题：

1）自动报警系统装置调试按点数进行特征表述。

2）水灭火系统装置调试按点数进行特征表描述。

3）防火控制系统装置调试按名称、类型进行特征表述。

①名称。一般是指喇叭及音箱、通信分机及插孔、电动防火门、防火卷帘门、正压送风阀、排烟阀、防火控制阀等。

②类型。一般是指火灾事故广播、消防通信、消防电梯等系统装置调试。

4）气体灭火控制系统装置调试按试验容器规格进行特征表述。

（3）清单项目设置说明。

1）自动报警系统，包括各种探测器、报警器、报警按钮、报警控制器、消防广播、消防电话等组成的报警系统；按不同点数以系统计算。

2）水灭火控制装置，自动喷洒系统按水流指示器数量以点（支路）计算，消火栓系统按消火栓启泵按钮数量以点计算；消防水炮系统按水炮数量以点计算。

3）防火控制装置，包括电动防火门、防火卷帘门、正压送风阀、排烟阀、防火控制阀、消防电梯等防火控制装置；电动防火门、防火卷帘门、正压送风阀、排烟阀、防火控制阀等调试以个计算，消防电梯以部计算。

4）气体灭火系统调试，是由七氟丙烷、IG541、二氧化碳等组成的灭火系统；按气体灭火系统装置的瓶头阀以点计算。

（二）消防系统调试清单工程量计算

消防系统调试清单工程量计算规则见表 8.2.4–10。在计算清单工程量时，应按不同功能系统逐一分别计算，同时要注意其不同的计量单位。

（三）消防系统调试工程量清单编制示例

【例 8.2.4–6】某 12 层办公楼采用总线制火灾自动报警系统，系统其中装有类比式烟感探测器 120 只，手动报警按钮 16 只，单输出控制模块 25 只，单输入（出）隔离模块 8 只，吸顶式扬声器 20 台等；排烟阀 5 个。试编制火灾自动报警系统及消防系统调试分部分项工程量清单。

解：依据题意，排烟阀安装属于通风排烟工程，不属于火灾自动报警系统项目范围。自动报警系统调试计算 1 个系统，防火控制装置调试（排烟阀调试）计算 5 个。根据工程量清单项目设置表 8.2.4–3、表 8.2.4–10，分部分项工程量清单见表 8.2.4–11。

表 8.2.4–11　分部分项工程量清单与计价表

工程名称：　　　　　　　　　　　　　　　　　标段：

序号	项目编码	项目名称	项目特征描述	计量单位	工程量	金额（元）		
						综合单价	合价	其中：暂估价
1	030904001001	点型探测器	总线制类比式烟感探测器 ISL1–125 连底座	个	120			
2	030904003001	按钮	手动报警按钮 ×× 型	个	16			
3	030904008001	模块（模块箱）	单输出控制模块 ISL–AOM	个	25			
4	030904008002	模块（模块箱）	单输入（出）隔离模块 SL–M500X	个	8			
5	030904007001	消防广播（扬声器）	吸顶式扬声器 ×× 型	个	20			

续表 8.2.4-11

序号	项目编码	项目名称	项目特征描述	计量单位	工程量	金额（元）		
						综合单价	合价	其中：暂估价
6	030905001001	自动报警系统调试	自动报警系统装置调试 256 点以下	系统	1			
	030905003001	防火控制装置调试	排烟阀调试	个	5			
本页小计								
合　计								

六、消防安装工程工程量清单编制有关说明

（一）《通用安装工程工程量计算规范》GB 50856—2013 附录 J.6 相关问题及说明

（1）管道界限的划分：

1）喷淋系统水灭火管道：室内外界限应以建筑物外墙皮 1.5m 为界，入口处设阀门者应以阀门为界；设在高层建筑物内的消防泵间管道应以泵间外墙皮为界。

2）消火栓管道：给水管道室内外界限划分应以外墙皮 1.5m 为界，入口处设阀门者应以阀门为界。

3）与市政给水管道的界限：以与市政给水管道碰头点（井）为界。

（2）消防管道如需进行探伤，应按《通用安装工程工程量计算规范》GB 50856—2013 附录 H 工业管道工程相关项目编码列项。

（3）消防管道上的阀门、管道及设备支架、套管制作安装，应按《通用安装工程工程量计算规范》GB 50856—2013 附录 K 给排水、采暖、燃气工程相关项目编码列项。

（4）本章管道及设备除锈、刷油、保温除注明者外，均应按《通用安装工程工程量计算规范》GB 50856—2013 附录 M 刷油、防腐蚀、绝热工程相关项目编码列项。

（5）消防工程措施项目，应按《通用安装工程工程量计算规范》GB 50856—2013 附录 N 措施项目相关项目编码列项。

（二）其他说明

（1）湿式报警装置：包括湿式阀、蝶阀、装配管、供水压力表、装置压力表、试验阀、泄放试验阀、泄放试验管、试验管流量计、过滤器、延时器、水力警铃、报警截止阀、漏斗、压力开关等。

（2）干湿两用报警装置：包括两用阀、蝶阀、装配管、加速器、加速器压力表、供水压力表、试验阀、泄放试验阀（湿式、干式）、挠性接头、泄放试验管、试验管流量计、排气阀、截止阀、漏斗、过滤器、延时器、水力警铃、压力开关等。

（3）电动雨淋报警装置：包括雨淋阀、蝶阀（2 个）、装配管、压力表、泄放试验阀、流量表、截止阀、注水阀、止回阀、电磁阀、排水阀、手动应急球阀、报警试验阀、漏斗、压力开关、过滤器、水力警铃等。

（4）预作用报警装置：包括干式报警阀、控制蝶阀（2 个）、压力表（2 块）、流量表、截止阀、排放阀、注水阀、止回阀、泄放阀、报警试验阀、液压切断阀、装配管、供水检验管、气压开关（2 个）、试压电磁阀、应急手动试压器、漏斗、过滤器、水力警铃等。

（5）室内消火栓：包括消火栓箱、消火栓、水枪、水龙头、水龙带接扣、挂架、消防按钮。

（6）室外地上式消火栓：包括地上式消火栓、法兰接管、弯管底座。

（7）室外地下式消火栓：包括地下式消火栓、法兰接管、弯管底座或消火栓三通。

（8）涉及管沟及井类的土石方开挖、垫层、基础、砌筑、抹灰、地井盖板预制安装、回填、运输，路面开挖及修复、管道支墩等，应按现行国家标准《房屋建筑与装饰工程工程量计算规范》GB 50854—2013 和《市政工程工程量计算规范》GB 50857—2013 相关项目编码列项。

（9）泵房间内管道安装工程量清单按《通用安装工程工程量计算规范》GB 50856—2013 附录 H 工业管道工程相关项目编码列项。

（10）各种消防泵、稳压泵安装工程量清单按《通用安装工程工程量计算规范》GB 50856—2013 附录 A 机械设备安装工程相关项目编码列项。

（11）各种仪表的安装工程量清单按《通用安装工程工程量计算规范》GB 50856—2013 附录 F 自动化控制仪表安装工程相关项目编码列项。

（12）水灭火系统的室外管道安装工程量清单按《通用安装工程工程量计算规范》GB 50856—2013 附录 K 给排水、采暖、燃气工程相关项目编码列项。

（13）消防通信、火灾事故广播项目工程量清单按《通用安装工程工程量计算规范》GB 50856—2013 附录 L 通信设备及线路工程、附录 E 建筑智能化工程相关项目编码列项。

（14）探测系统、联动控制系统中的电缆敷设、桥架安装、配管配线、动力应急照明控制设备、应急照明器具、电动阀门检查接线、水流指示器检查接线、防雷接地装置等项目工程清单按《通用安装工程工程量计算规范》GB 50856—2013 附录 D 电气设备安装工程相关项目编码列项。

第 9 章　计算机辅助工程量计算

【本章提示】《全国二级造价工程师职业资格考试大纲》要求学习人员要了解计算机辅助工程量计算的职业能力。

9.1　计算机辅助工程量计算

随着信息化技术的发展，市场有不少软件企业开发出了一系列计量计价软件。在经历了算盘、计算器、EXCEL 电子表格计算工程量的低效繁复的阶段后，人们可以利用计算机快速计量算价，不仅大大提高了量价计算的准确度，也节省了大量的时间。

利用计算机辅助计算工程量，目前市场上存在着以传统的 CAD 二维设计图纸建模算量和最新的用 BIM 技术搭建三维模型算量两大模式。

9.1.1　计算机辅助工程量计算传统模式

软件公司开发出可以直接导入 CAD 图纸后由人工手动建模或计算机识别建模的算量软件平台，通过分析构件扣减关系，按照软件内置的工程量计算规则，计算机会自动算出工程量；通过给工程量挂接清单和定额，软件也可以自动组价并算出造价。现阶段国内建筑行业使用的大多数是这种传统的基于 CAD 二维模型基础上的土建安装算量软件。在传统算量平台上，各专业根据各自的 CAD 图纸在指定的专业软件中进行建模，运算速度快，准确率高，但是模型功能单一，量价均为静态数据，不能满足项目动态管理的需要。具体过程见图 9.1.1。

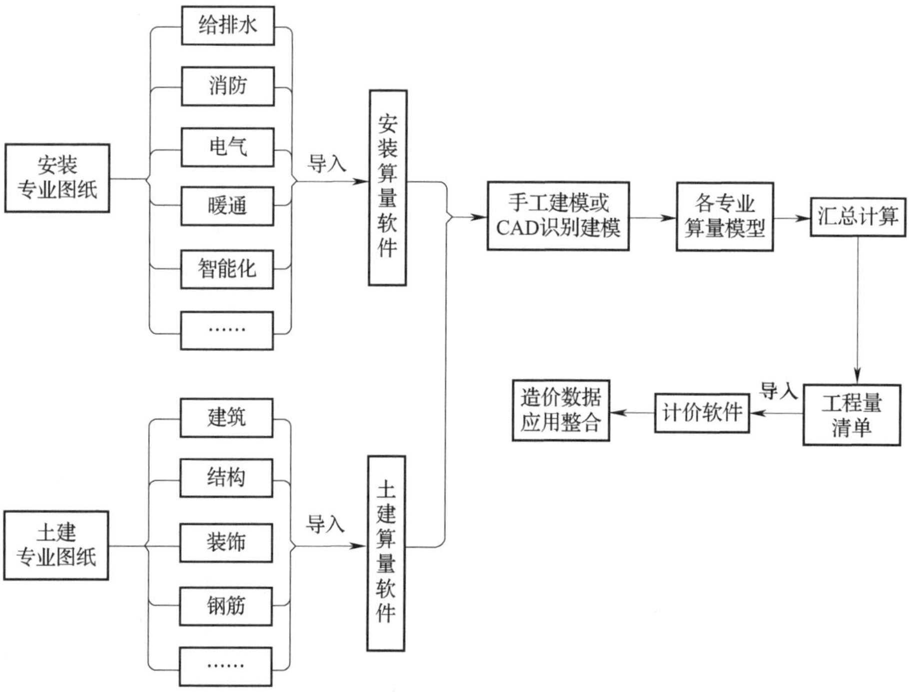

图 9.1.1　计算机辅助工程量计算传统模式

9.1.2　计算机辅助工程量计算 BIM 全过程应用模式

随着 BIM 技术在工程项目中的应用逐渐深入，由三维设计软件建好的三维模型可以直接导入到三维算量软件中进行算量。但是由于三维设计模型输出的构件实体工程量与预算工程量差别较大，需要利用插件把构件实体工程量通过 ifc 或者是 xml 文件格式转化为传统算量软件内置的计算规则（国标清单计算规则及各省市定额计算规则）可以识别的量才能汇总计算，而这个过程存在两次数据传递，一次是模型转化为中继文件（ifc 文件或 xml 文件），一次是将中继文件导入平台，都有可能会造成构件丢失。因此为了计量准确，很多造价人员还是选择使用传统算量平台建模计量。为了避免重复建模，国内部分软件公司已经尝试在三维设计建模软件上开发算量插件，直接嵌入国内清单及定额计算规则，省略了数据导出导入的步骤，可实现自动化精准算量，并贯穿工程造价全过程管理，一模多用。

以图 9.1.2 为例。首先在设计阶段进行 BIM 三维建模正向设计，模型碰撞检查及管综优化后直接出具施工图，并实现设计与算量同步进行。将模型构件关联清单，得出的工程量清单导入清单计价软件按照项目特征计价（编制预算、核算成本或编制标底）后再把清单文件回导 BIM 软件（把清单单价与工料机匹配到 BIM 模型构件），最后给构件匹配进度做虚拟建造（构件关联清单即关联清单内的工料机），即可进行清单进度申报管理、资源计划管理、资源实际管理、工料机结算价差管理、赢得值及三算对比、工程量结算量差管理等；全过程 BIM5D 数据（3D 模型 +1D 造价 +1D 进度）上传到云端轻量化交互管理、交付运维，真正实现一模多用，将 BIM5D 信息传递效果最大化。

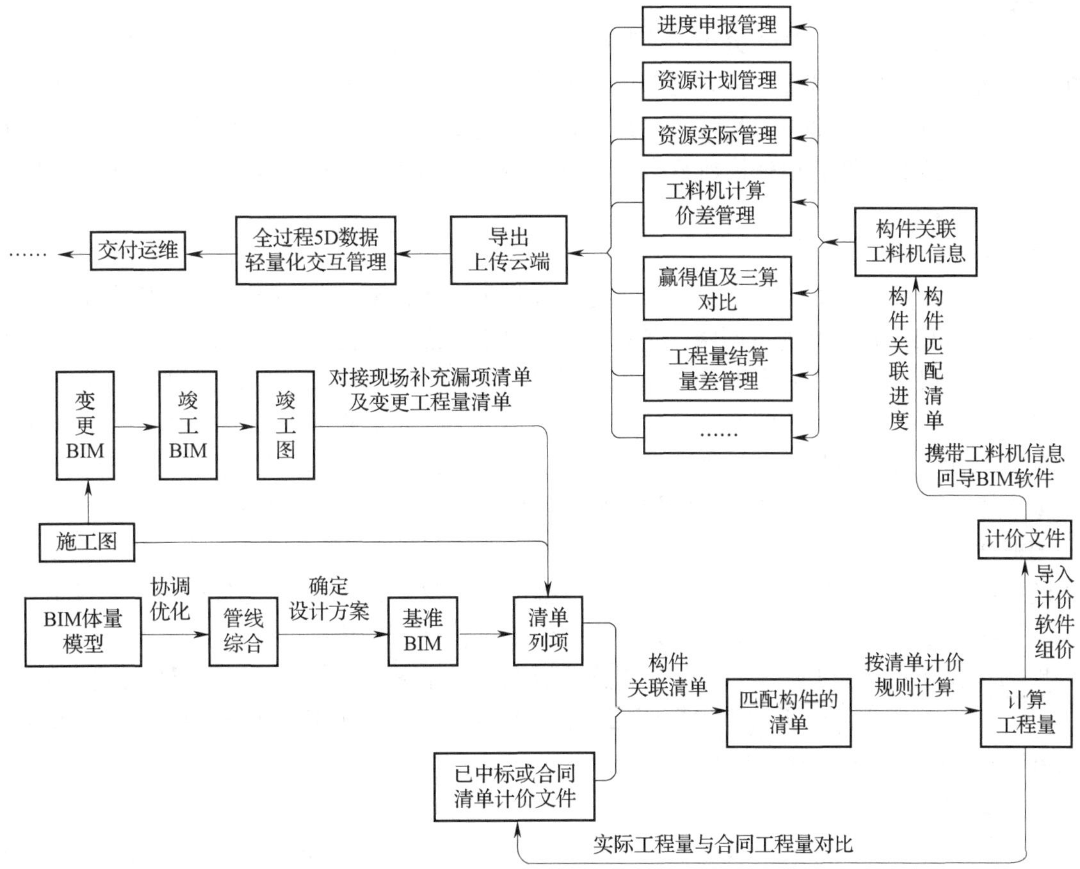

图 9.1.2　计算机辅助工程量计算 BIM 模式

9.2　BIM 在工程量计算的应用

9.2.1　BIM 的概念

BIM 的概念原型最早于 1974 年由美国的查克·伊斯曼博士提出，他提出的 BDS（Building Description System）理论旨在解决建筑图纸冗余、信息不一致以及人工摘录图纸等问题。随着信息技术的发展，2002 年由美国 Autodesk 明确提出了 BIM 的概念，BIM 技术开始在工程建设中得到应用。

BIM 是英文 Building Information Modeling 或 Building Information Model 的缩写，代表建筑信息模型化或建筑信息模型。对于 BIM 并没有统一的定义，但是在各国的标准文件中都做出了各自的解释。《建筑信息模型应用统一标准》GB/T 51212—2016 中定义 BIM 为工程项目及其设施物理和功能的数字化表达，在全生命期内提供共享的信息资源，并为各种决策提供基础信息。

9.2.2 BIM 的优势

随着 BIM 技术在我国建设领域应用逐步深入，BIM 的应用价值在工程算量、施工模拟、深化设计、专业协调和进度控制等方面都得到很高的体现，BIM 技术被认为是建筑行业信息化的最佳解决方案。下面就 BIM 最突出的几大优势做简单介绍。

一、可视化

可视化是 BIM 最显著的优点，也就是是“所见即所得”。与传统的二维图纸相比，三维模型的可视化特性可以让设计师在三维模式下，搭建与实际工程一样的模型，能按照三维的思考方式来完成设计，同时也给业主提供了最直接有效的感官体验，建筑物的体量形态、空间位置一目了然，通过三维模型的展示，业主能直观地看到自己的投资成果，方便业主和设计师之间更好地沟通、讨论与决策。

二、参数化

参数化在工程设计阶段发挥了突出的优势。面对多个设计方案或设计变更，传统的方法是设计人员对大量的图纸进行手动修改调整，费时耗力且容易出错。而利用 BIM 的参数化修改引擎，只要对模型设计的任何部位所做的修改，都可以自动修改到其相关联的部分，在任一视图下所发生的变更都能参数化地、双向地传播到所有视图，以保证所有图纸的一致性，无需逐一对所有视图进行修改，大大提高了工作效率和工作质量。

三、协同化

各专业设计师基于统一的 IFC 工业标准建立 BIM 模型，不同应用程序之间可以完成数据的转换和共享。设计师们采用 BIM 技术并通过网络将各自的设计理念整合到一起，实现协同设计，得到最终的数字化模型。该模型不仅可以完成对图形的描述，还可以容纳从设计、施工、运维到项目报废为止的全生命周期的信息，使所有信息相互之间完全关联。协同的结果不仅是消除了项目中的信息孤岛和不同专业软件之间的不兼容性，也为各相关人员提供了一个交流、共享的平台。模型信息可以被平台上各相关人员共享，避免重复利用，减少信息传递过程的损失，从而大大提高整体工作效率。

四、模拟性

BIM 模型不仅是模拟建筑物的形状，对于一些抽象的信息，比如温度、光度、日照等都可以进行模拟实验，从而得出适合建筑物应用的设计方案；与施工进度计划链接，可以模拟整个施工过程，为科学布置施工现场、合理确定施工计划、优化使用施工资源提供指导；进行运营阶段日常紧急情况的处理方式模拟，确定灾害发位置，分析灾害发生原因，合理制定人员快速疏散路线，为有效预防地震、火灾、人员伤亡事件发生等提供最佳应对方案。

五、可出图性

BIM 数据库是由参数化数据组成，可以以多种方式导出。如对建筑物进行了可视化展示、协调、模拟、优化以后，出具对应的建筑设计图、经过碰撞检查和设计修改后的施工图、综合管线图、综合结构留洞图（预埋套管图）、碰撞检查侦错报告和建议改进方案等。另外工程量清单、设备表等电子表格信息及电子文档信息也可以输出。

9.2.3 BIM 技术应用现状

近年来，我国的 BIM 技术发展很快，在很多标志性项目中都推广应用了 BIM 技术，积累不少典型案例的经验。目前国内大多数大型建筑企业都有非常强烈的应用 BIM 提升生产效率的意识，并逐渐在一些项目上开展了试点应用。国家政策也给予了大力的支持，各级政府纷纷出台 BIM 应用推广的政策，呈现政府和企业双管齐下，多渠道推动的态势。

一、政府出台了相关政策和标准

住房和城乡建设部于2016年8月发布了《2016—2020年建筑业信息化发展纲要》，明确提出“十三五”期间全面提高建筑业信息化水平，着力增强BIM、大数据、智能化、移动通信、云计算、物联网等信息技术集成应用能力；2017年，国家和地方政府加大BIM政策与标准落地应用力度，《建筑业10项新技术2017版》将BIM列为建筑业重点推广的信息技术之首。

地方政府也相继推出发展BIM技术的政策。2014年9月，广东省住房和城乡建设厅发出《关于开展建筑信息模型BIM技术推广应用工作的通知》，要求2020年底2万平方米以上建筑工程普遍应用BIM技术。在国家级BIM标准不断推进的同时，各地也针对BIM技术应用出台了一部分地方或行业标准。如北京市出台了地方标准《民用建筑信息模型（BIM）设计基础标准》，也出台了一些细分领域行业标准，如门窗、幕墙等行业相关BIM标准及规范。一些大型房地产开发企业如万达、碧桂园也制定了企业内的BIM技术实施导则。

二、各行业企业BIM技术应用分析

（一）设计企业BIM应用的主要内容

（1）方案设计和初步设计。使用BIM技术能进行项目立体模型的直观展示，分析造型、体量和空间的不足之处并进行修改，快速确定方案；还可以同时进行能耗分析和建造成本分析等，使得初期方案决策更具有科学性。

（2）详细设计分析及模拟。基于建筑、结构、机电各专业建立的BIM模型，进行日照、能耗、室内外风环境、声学、热工、环境光污染及噪声等分析，进行垂直交通模拟、应急模拟，相对于传统设计可以在设计工期很紧的情况下，快速完成设计分析和模拟，大幅提高设计质量。

（3）施工图设计。基于三维几何模型的BIM工程数据可以通过工具软件自动生成各种平面、立面、剖面图纸和统计报表。设计变更也可以通过修改模型自动完成相应图纸的修改，把设计人员从繁重的绘制二维图纸中解放出来，把主要精力放到方案设计和扩初设计阶段，集中在创造性劳动上。

（4）设计评审。在设计会签之前，利用BIM的三维模型进行错漏碰缺的检查，能够直观地解决建筑物空间关系上的冲突，检查出设计中存在的错误，并利用专业知识查勘缺失项目，从而优化工程设计，减少在正式施工时可能存在的问题，最大程度避免返工。同时可以通过BIM模型进行空间标高的优化，对装修完成面和管线排布方案进行调整和美化。

（二）施工企业BIM应用的主要内容

（1）专业协调。施工单位利用错漏碰缺优化后的方案，进行施工交底和施工模拟，对各专业施工进行协调，能够大大提高施工质量，最大程度减少返工。

（2）模拟优化施工方案。在BIM模型三维可视化模型的基础上增加时间维度，结合施工组织设计和施工方案，进行施工进度的模拟。将不同方案的模拟效果进行对比，可以优选方案；将模拟施工进度与施工现场的实际进度进行对比，可以提前预警，提醒工程技术人员调整进度安排和资源配置。

（3）项目综合管控。运用BIM5D技术追踪现场的施工过程，监控各种危险源，发现问题进行标记、跟踪、记录并进行数据同步，通知现场质安人员核实查看完成质量、安全管理工作；将实际进度完成情况反馈进BIM5D，可以看到当前的进度情况与计划对比的效果，进行进度调控；在已经关联了进度计划的BIM5D模型中，可以根据进度、部位、不同材料类别进行材料查询，生成材料报表，辅助材料管理人员对现场材料进行管控；BIM5D提供合同造价、实际造价和结算造价等资金信息，可随时查询不同时期计划资金与实际资金的差距，进而可预测项目的实时盈亏情况；此外BIM5D还可以提供移动端、PC端和网页端的互联网+应用，对项目进行综合管控。

（三）建设单位运维阶段BIM应用的主要内容

（1）空间管理。在为各系统进行空间位置信息的编码后，将原来编号或者文字表示的内容变成三维图形位置，能够非常直观的查找设施、设备的位置，提升空间管理的效率。例如：通过RFID获取安保人员位置；消防报警时，在BIM模型上快速定位所在位置，并查看周边疏散通道和重要设备等。

（2）设施管理。主要包括设施的装修、空间规划和维护操作。美国国家标准与技术研究院（NIST）

于 2004 年进行的研究显示，业主和运营商在持续设施运营和维护方面耗费的成本几乎占总成本的 2/3。对重要设备进行远程控制，了解设备的运行状况，可降低由于缺乏互操作性而导致的成本损失，为业主提供更好的运维管理条件。

（3）隐蔽工程管理。项目施工阶段一些管线或者设备可能被隐蔽在封闭的吊顶上方，或者放置在不太被关注的某个角落里，只有设计师和少数物业管理人员知道。随着建筑物使用年限的不断增加，物业管理人员更换频繁，这些隐蔽的工程便有可能成为安全隐患。通过 BIM 模型可以将隐蔽的管线或者设备的信息进行可视化的共享，内部管理人员可以通过共享的信息，随时查看设备数据可能发生的调整，并及时更新这些信息，从而确保信息的完整性和准确性，对设备进行维护，最大概率地降低安全风险。

（4）应急管理。公共建筑、大型建筑和高层建筑等作为人流聚集区域，对突发事件的应急响应能力变得至关重要。通过 BIM 技术的运维管理对突发事件管理包括预防、警报和处理。可以迅速定位故障设施设备的位置，避免了在浩如烟海的图纸中寻找信息，降低酿成灾难性事故的风险。

（5）节能减排管理。BIM 模型通过与物联网技术的结合，可以方便地进行日常能源管理监控。通过传感器采集到的建筑能耗数据，实现数据的实时传输、初步分析、定时定点上传等基本功能，并实时的在 BIM 模型上进行显示，进行数据的可视化处理。

（四）广州地区 BIM 技术应用现状分析

根据广州市建设科学技术委员会办公室 2017 年对广州市建筑业有代表性的设计单位、施工企业、咨询公司、教育机构等多家单位的调研显示，广州市建筑行业内 BIM 技术仍然属于前沿技术，多数企业和个人还处在初学起步阶段，市场并未成熟，运用成熟的 BIM 技术为企业提供全过程集成化的管理服务还为时尚早，见图 9.2.3–1。

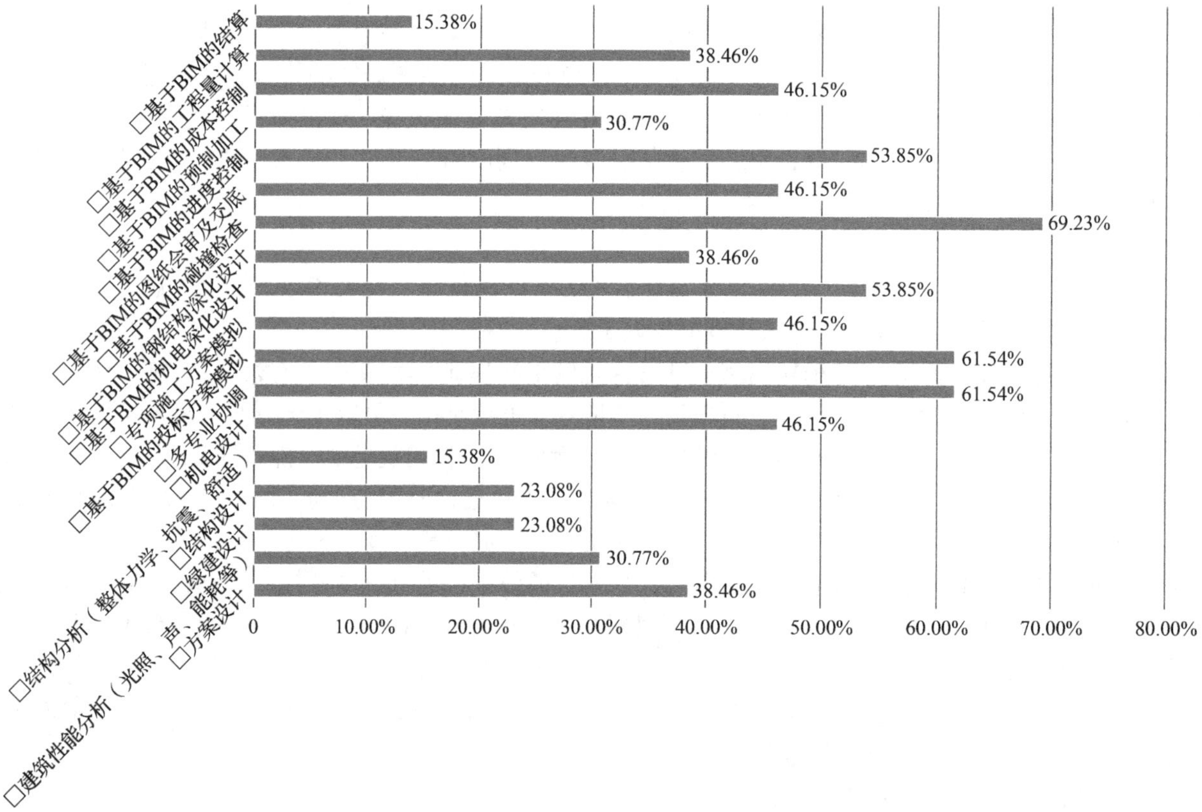

图 9.2.3–1　广州市实施 BIM 技术的应用点

从图 9.2.3–1 可以看出，目前广州市建设企业的 BIM 技术应用点集中于碰撞检查、方案模拟、深化设计等方面，BIM 仅仅是作为项目的数据和技术支撑手段，从边缘层面上支持项目管理，还没有形成项目全生命周期的全面深入应用。

不同类型的工程项目采用 BIM 技术的情况参差不齐，从图 9.2.3–2 可以看出高层办公楼、商业广场运用 BIM 技术的比例最高，住宅工程中也有超过半数的项目使用了 BIM 技术，市政、路桥的应用比例最低。从这个结果不难发现 BIM 技术的应用很不均衡，主要还是集中在常规民建项目。

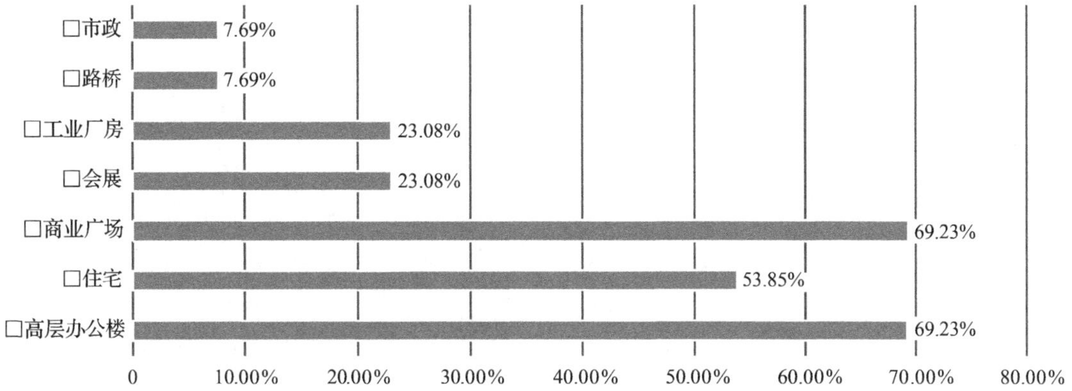

图 9.2.3–2　广州市采用 BIM 技术的工程类型

9.2.4　BIM 在工程量计算的应用

由于 Revit 只能导出实物工程量，与我国现行的计量规范还有一定的差异，所以要从 BIM 模型中提取符合现行规范的工程量并直接输出工程量清单，需要使用专门开发的插件进行转换，对建模的深度也有一定的要求。首先应按规定的建模规则进行建模并描述构件的信息，即应建立并遵守统一的建模规则；其次对于设计图纸中构件信息不完整不规范的要进行补充完善。如果建模提供的模型深度和建模规则达不到要求，会导致转换过程中的信息错误或构件丢失。

9.2.5　BIM 技术应用的未来展望

随着 BIM 技术在建筑领域的应用逐步深入，其为建筑行业提高工作效率节省成本的优势显而易见，相信 BIM 未来将会在更多的领域发挥更大的作用。比如 BIM 技术在装配式建筑、地下管廊、绿色建筑、智能建筑的建设方面提供关键技术支撑。BIM 技术结合物联网、GIS 等技术，也将在智慧城市建设、城市管理和园区物业管理等方面实现更多的技术创新和管理创新。

推进 BIM 技术需要大量的掌握 BIM 技术的复合型人才。一个合格的 BIM 从业人员不仅要具备工程专业背景和工程项目实践经验，还要理解 BIM 理念熟练掌握核心 BIM 软件的操作，能够结合企业和项目的实际需求制订 BIM 应用方案和技术标准。另外市场也应大力开发 BIM 配套应用软件，在项目性能分析、施工管理、协同建造、进度分析、成本管控等方面提供更加高效的服务。

我们要加大人才培养力度，尽快培养出一批符合市场需要的复合型 BIM 人才，为 BIM 技术的推广提供人才支持；借鉴国外软件的优势，大力开发符合本土工程需求和习惯的 BIM 软件和平台；加快制定 BIM 应用技术相关标准和指南等文件，指导技术人员和企业开展 BIM 业务。相信随着科技水平的提高，大数据、云计算、物联网技术的高速发展，BIM 技术的应用也将迎来一个新的发展阶段。无论是硬件的提升还是软件的飞跃，BIM 技术改变整个建设行业的趋势不可阻挡，我们也会成为新技术的使用者和受益者。

第三篇

安装工程计价

第 10 章 预算定额的分类、适用范围、调整与应用

【本章提示】通过学习本章，学习人员应熟悉预算定额的分类与适用范围，掌握预算定额的调整与运用的一般方法，了解工期定额的术语、招（投）标工期的计算、工期的约定、工期的调整、实际施工工期的确定。

工程计价定额是指工程定额中直接用于工程计价的定额或指标，包括预算定额、概算定额、概算指标和估算指标等。工程计价定额主要是在建设项目的不同阶段作为确定和计算工程造价的依据。

目前，预算定额是应用最广、体系最成熟的工程计价定额。预算定额是在正常的施工条件下，完成一定计量单位合格分项工程和结构构件所需消耗的人工、材料、施工机具台班数量及其相应费用标准。预算定额是工程建设中的一项重要的技术经济文件，是编制施工图预算的主要依据，是确定和控制工程造价的基础。

10.1 预算定额的分类、适用范围

10.1.1 预算定额的分类

（1）按专业性质分，预算定额有建筑工程预算定额和安装工程预算定额两大类。

1）建筑工程预算定额按专业对象又分为建筑工程预算定额、市政工程预算定额、铁路工程预算定额、公路工程预算定额、房屋修缮工程预算定额、矿山井巷预算定额等。

2）安装工程预算定额按专业对象又分为机械设备安装工程预算定额，热力设备安装工程预算定额，静置设备与工艺金属结构制作安装工程预算定额，电气设备安装工程预算定额，建筑智能化工程预算定额，自动化控制仪表安装工程预算定额，通风空调工程预算定额，工业管道安装工程预算定额，消防工程预算定额，给排水、采暖、燃气工程预算定额，通信设备及线路工程预算定额，刷油、防腐蚀、绝热工程预算定额等。

（2）从管理权限和执行范围分，预算定额可分为全国统一定额、行业统一定额和地区统一定额等。

（3）预算定额按物资要素区分为劳动定额、机械定额和材料消耗定额，但它们相互依存形成一个整体，作为编制预算定额依据，各自不具有独立性。

10.1.2 预算定额的适用范围

一、全国统一定额

全国统一定额是由国家建设行政主管部门，综合全国工程建设中技术和施工组织管理的情况编制，并在全国范围内执行的定额，如全国通用安装工程消耗量定额。

二、行业统一定额

行业统一定额，是考虑到各行各业专业工程的技术特点以及施工生产和管理水平编制的。

三、地区统一定额

地区统一定额是各省、市、自治区根据地区特点并结合全国统一定额水平适当调整补充而编制，在规定的地区范围内使用的定额。目前广东省执行《广东省通用安装工程综合定额（2018）》，深圳市执行《深圳市安装工程消耗量标准（2003）》。

10.2 预算定额的调整与应用

10.2.1 定额直接套用

当施工图的设计要求、结构特征与定额的项目内容完全相符时，可直接套用相应定额。

10.2.2 定额换算

当分项工程的设计要求与定额工作内容、材料规格、施工方法不相符时，不能指直接套定额，必须依据总说明、分部工程说明等规定，按照要求进行换算。

10.2.3 定额调整换算的方法

一、按计算方法分类

（1）加减数的换算方法：按照定额规定在原定额项目中工、料、机械消耗量抽减、添加上新的消耗量。

（2）乘数的换算：按规定在定额项目的工、料、机械或预算价格上乘以系数的换算。

二、按定额换算的位置分类

按定额换算的位置分为人工、材料、机械和混合换算。

（1）人工换算：只对项目定额人工进行换算，其他不变。

（2）材料换算：由于定额项目中某种（部分）材料、规格与设计和施工要求不同而影响数量及价格时按规定进行换算，其他不变。

（3）机械换算：只对定额项目中某种施工机械费进行换算，其他不变。

（4）混合换算：施工图要求使定额项目中的工、料、机发生部分变化而影响另一个子目发生变化的两种以上的换算。

10.3 工期定额

建筑工程工期定额是依据国家建筑工程质量检验评定标准施工及验收规范有关规定，结合各施工条件，本着平均、经济合理的原则制定的，工期定额是编制施工组织设计、安排施工计划和考核施工工期、调解施工工期纠纷的依据，是编制招标标底、投标标书和签订建筑工程合同的重要依据。目前广东省现行施工工期定额为《广东省建设工程施工标准工期定额（2011）》，深圳市现行施工工期定额为《深圳市建设工程施工工期定额（2017）》。

建设工程施工工期的确定和调整应遵循科学、客观、公正、公平的原则。

建设单位、施工单位应保证建设工程有合理的施工工期，不得任意压缩工期。

建设工程施工工期的计算与管理活动，包括但不限于以下事项：

（1）工期目标及招标工期的确定；

（2）施工合同工期的确定；

（3）工期的调整；

（4）施工进度计划的编制和调整；

（5）工期纠纷的处理。

10.3.1 工期定额的术语

一、标准工期（定额工期）

标准工期是指按照工期定额规定计算的工期。标准工期（定额工期）是指自开工之日起到完成施工合同约定全部工程内容达到过程验收标准之日为止的全过程所需的日历天数，但不包括施工准备、竣工文件的编制和实施验收的时间。开工日期是指建设工程项目具备法律规定及合同约定的开工条件时，发包人或监理工程师发出的开工通知书（开工令）中确定的开工时间。

二、招标工期

招标工期是指招标人在招标文件中提出的，完成施工招标内容并通过施工质量竣工验收所需的日历天数。

三、投标工期

投标工期是指投标人根据招标文件的要求，结合企业自身和拟定的施工组织设计对招标工程报出的完成施工招标内容和通过施工质量竣工验收所需的日历天数。

10.3.2 招（投）标工期的计算

（1）发包人应在招标文件中明确招标工期并说明确定依据、计划开工日期等有关事项。扣减施工质量竣工验收时间后招标工期短于标准工期的，应在招标文件中单独说明，工程量清单和招标控制价（施工图预算）应开列“赶工措施项目”和“赶工措施费用”，赶工措施费用按照行业建设主管部门现行建设工程计价依据的有关规定计算。

（2）投标工期应符合招标工期的要求：

1）招标文件规定确定性招标工期的，投标工期按照招标工期；

2）招标文件规定非确定性招标工期的，投标工期应由投标人根据项目特征和规模，结合工期定额的规定在投标施工组织方案的基础上自行确定。

10.3.3 工期的约定

发、承包双方应在施工合同中明确合同工期，并约定以下与工期有关的事项：

（1）开工日期；

（2）工期调整事项；

（3）工期调整程序；

（4）工期责任；

（5）工期争议的处理方式。

10.3.4 工期的调整

（1）因承包人原因未能按规定开工的，工期不予顺延。因发包人原因致使工程不具备开工条件的，工期应予顺延。

（2）施工合同履行过程中，发生下列情形之一影响施工进度或暂停施工的，应按照相关规定顺延施工工期：

1）遇不可抗力或政府政策；

2）地质勘察报告与实际地质出入较大的；

3）遇地下障碍物或发现地下文物、化石、古迹遗址等具有考古价值文物的；

4）发生重大设计变更的；

5）发包人违约导致暂停施工或影响关键工作的；

6）停水、停电、停气导致暂停施工的；

7）其他非承包人原因引起的暂停施工或工期延误的。

10.3.5 实际施工工期的确定

（1）实际施工工期的确定应依据：

1）工期定额；

2）施工合同；

3）建设工程设计文件及相关资料；

4）与建设项目相关的标准、规范、技术资料施工组织设计；

5）施工记录，地质勘察报告和实际地质情况；

6）其他相关资料。

（2）调整后的合同工期天数应以合同约定天数（中标工期天数）为基础，考虑合同履行过程中的工程调整，具体算式为：

$$T_{dc}=T_{db}+T_{ds}+T_{dz}-T_{dj} \quad (10.3.5)$$

式中：T_{dc}——调整后的合同工期天数（d）；

T_{db}——中标工期天数或合同工期约定天数（d）；

T_{ds}——顺延工期天数（d）；

T_{dz}——增加工期天数（d）；

T_{dj}——缩短工期天数（d）。

第 11 章　施工图预算的编制

【本章提示】通过学习本章，学习人员应熟悉施工图预算编制依据、单位工程施工图预算的编制、单项工程综合预算的编制、建设项目总预算的编制、广东省（或深圳市）建设工程计价依据，掌握广东省（或深圳市）建设工程计价程序及费用组成。

施工图预算是以施工图设计文件为依据，按照规定的程序、方法和依据，在工程施工前对工程项目的工程费用进行的预测与计算。施工图预算的成果文件称为施工图预算书，也简称施工图预算，它是在施工图设计阶段对工程建设所需资金做出较精确计算的技术经济文件。

施工图预算价格既可以是按照政府统一规定的预算单价、取费标准、计价程序计算而得到的属于计划或预期性质的价格，也可以是通过招标投标法定程序后施工企业根据自身的实力、资源市场单价以及市场供求及竞争状况计算得到的反映市场性质的价格。

11.1　施工图预算编制依据

施工图预算的编制必须遵循以下依据：

（1）国家、行业和地方有关规定；

（2）相应工程造价管理机构发布的预算定额；

（3）施工图设计文件及相关标准图集和规范；

（4）项目相关文件、合同、协议等；

（5）工程所在地的人工、材料、设备、施工机具预算价格；

（6）施工组织设计和施工方案；

（7）项目的管理模式、发包模式及施工条件；

（8）其他应提供的资料。

11.2　施工图预算编制程序和方法

11.2.1　单位工程施工图预算的编制

一、建筑安装工程费计算

单位工程施工图预算包括建筑工程费、安装工程费和设备及工器具购置费。单位工程施工图预算中的建筑安装工程费应根据施工图设计文件、预算定额（或综合单价）以及人工、材料及施工机具台班等价格资料进行计算。为适应工程量清单计价模式，目前预算定额采用综合单价的模式编制，施工图预算的编制也相应从工料单价法全面转向了综合单价法。

综合单价是指完成一个规定计量单位的项目所需的人工费、材料费、施工机具使用费、企业管理费和利润、工程设备费，以及一定范围内的风险费用。

预算定额中各子目综合单价计算公式如下：

$$\text{综合单价}(G)=\text{人工费}(A)+\text{材料费}(B)+\text{机具费}(C)+\text{企业管理费}(E)+\text{利润}(F)+\text{工程设备费}(H) \quad (11.2.1\text{–}1)$$

采用综合单价法编制建筑安装工程预算的程序见图 11.2.1。

（一）准备工作

准备工作阶段应主要完成以下工作内容。

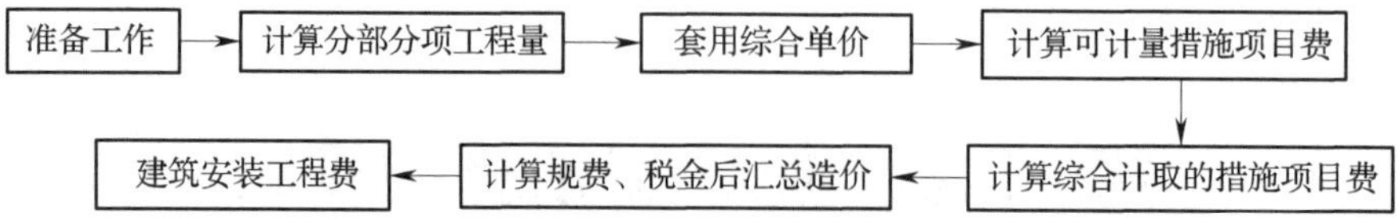

图 11.2.1　施工图预算中建筑安装工程费的计算程序

（1）收集编制施工图预算的编制依据。其中主要包括现行建筑安装定额、取费标准、工程量计算规则、地区材料预算价格以及市场材料价格等各种资料。

（2）熟悉施工图等基础资料。熟悉施工图纸、有关的通用标准图、图纸会审记录、设计变更通知等资料，并检查施工图纸是否齐全、尺寸是否清楚，了解设计意图，掌握工程全貌。

（3）了解施工组织设计和施工现场情况。全面分析各分部分项工程，充分了解施工组织设计和施工方案，如工程进度、施工方法、人员使用、材料消耗、施工机械、技术措施等内容，注意影响费用的关键因素；核实施工现场情况，包括工程所在地地质、地形、地貌等情况、工程实地情况、当地气象资料、当地材料供应地点及运距等情况；了解工程布置、地形条件、施工条件、料场开采条件、场内外交通运输条件等。

（二）清单的划分

在工程量清单计价模式下，工程造价首先按照本书第二篇的方法划分为分部分项工程量清单、措施费清单及规费税金等，各清单又细分为不同的清单项目。在此基础上我们需要对每个清单进行单价分析。目前单价分析多采用定额进行编制。

（三）列项并计算工程量

（1）根据清单项目工程内容，列出对应的定额子目。

（2）根据清单工程量，列出下挂各定额子目的工程量。

（3）根据施工图纸上的设计尺寸及有关数据，计算各定额子目工程量。

（四）套用定额综合单价

核对工程量计算结果后，根据编制期人工、材料的市场价格或造价信息价格调整后得出定额子目综合单价，乘以工程量得出合价，汇总求出分部分项工程费。计算综合单价时需要注意以下几个问题：

（1）清单项目的名称、规格、计量单位与定额所列内容完全一致时，可以直接套用综合单价。

（2）定额人工、材料价格需要按市场价格或当地造价信息调整单价。

（3）分项工程施工工艺条件与定额不一致而造成人工、机具的数量增减时，应按定额规定调整。

（4）措施项目费的计算。建筑安装工程预算的措施项目费应按下列规定计算：可以计量的措施项目费与分部分项工程费的计算方法相同；综合计取的措施项目费按相关规定通常以费率计算。

（五）按计价程序计取其他费用，并汇总造价

根据规定的税率、费率和相应的计取基础，分别计算规费和税金。将上述费用累计后与直接工程费进行汇总，得到单位工程预算造价。

（六）复核

对项目填列、工程量计算公式、计算结果、套用单价、取费费率、数字计算结果、数据精确度等进行全面复核，及时发现差错并修改，以保证预算的准确性。

（七）填写封面、编制说明

封面应写明工程编号、工程名称、预算总造价和单方造价等，编制说明，将封面、编制说明、预算费用汇总表、材料汇总表、工程预算分析表，按顺序编排并装订成册。便完成了单位施工图预算的编制工作。

全费用综合单价是在上述综合单价的基础上，增加安全文明施工措施费、规费及税金等内容。全费用综合单价直接采用包含全部费用和税金等项在内的综合单价进行计算，过程简单，其目的是适应目前推行的全过程全费用单价计价的需要。

二、设备及工器具购置费计算

设备购置费由设备原价和设备运杂费构成；未到达固定资产标准的工器具购置费一般以设备购置费

为计算基数，按照规定的费率计算。计算结果填入材料和工程设备一览表。

三、单位工程施工图预算书编制

单位工程施工图预算由建筑安装工程费和设备及工器具购置费组成，将计算好的建筑安装工程费和设备及工器具购置费相加，就得到单位工程施工图预算，即：

单位工程施工图预算 = 建筑安装工程预算 + 设备及工器具购置费　（11.2.1–2）

11.2.2　单项工程综合预算的编制

单项工程综合预算造价由组成该单项工程的各个单位工程预算造价汇总而成，填入单项工程造价汇总表，计算公式如下：

单项工程施工图预算 = $\sum$单位建筑工程费用 + $\sum$单位设备及安装工程费用　（11.2.2）

11.2.3　建设项目总预算的编制

建设项目总预算由组成该建设项目的各个单项工程综合预算，以及经计算的工程建设其他费、预备费和建设期利息和铺底流动资金汇总而成。三级预算编制中总预算由综合预算和工程建设其他费、预备费、建设期利息及铺底流动资金汇总而成，计算公式如下：

总预算 = $\sum$单项工程施工图预算 + 工程建设其他费 + 预备费 + 建设期利息 + 铺底流动资金
（11.2.3–1）

二级预算编制中总预算由单位工程施工图预算和工程建设其他费、预备费、建设期利息及铺底流动资金汇总而成，计算公式如下：

总预算 = $\sum$单位建筑工程费用 + $\sum$单位设备及安装工程费用 + 工程建设其他费 + 预备费 + 建设期利息 + 铺底流动资金　（11.2.3–2）

以建设项目施工图预算编制时为界线，若上述费用已经发生，按合理发生金额列计，如果还未发生，按照原概算内容和本阶段的计费原则计算列入。

采用三级预算编制形式的工程预算文件，包括封面、签署页及目录、编制说明、总预算表、综合预算表、单位工程预算表、附件等内容。其中，总预算表的格式见表 11.2.3。

表 11.2.3　总 预 算 表

总预算编号：　　　　工程名称：　　　　单位：万元　　　　第　页　共　页

序号	预算编号	工程项目或费用名称	建筑工程费	设备及工器具购置费	安装工程费	其他费用	合计	其中：引进部分		占总投资比例（%）
								美元	折合人民币	
一		工程费用								
1		主要工程								
		×××××								
		×××××								
2		辅助工程								
		×××××								
3		配套工程								
		×××××								

续表 11.2.3

序号	预算编号	工程项目或费用名称	建筑工程费	设备及工器具购置费	安装工程费	其他费用	合计	其中：引进部分		占总投资比例（%）
								美元	折合人民币	
二		其他费用								
1		×××××								
2		×××××								
三		预备费								
四		专项费用								
1		×××××								
2		×××××								
		建设项目预算总投资								

11.3 广东省通用安装工程计价依据的组成

广东省通用安装工程计价方法包括工程量清单计价法和定额计价法两种，全部采用国有资金投资或国有资金投资为主的建设项目，必须采用工程量清单计价。其他投资主体的建设项目由业主确定是否采用工程量清单计价法或定额计价法，如施工合同未约定计价方法的，应采用工程量清单计价法。

采用工程量清单计价的，其计价依据由《建设工程工程量清单计价规范》GB 50500—2013、《通用安装工程工程量计算规范》GB 50856—2013 及《广东省建设工程计价依据（2018）》组成。采用定额计价的，其计价依据为《广东省建设工程计价依据（2018）》。

11.3.1 《广东省建设工程计价依据（2018）》概述

《广东省建设工程计价依据（2018）》包括《广东省房屋建筑与装饰工程综合定额（2018）》《广东省通用安装工程综合定额（2018）》《广东省市政工程综合定额（2018）》《广东省园林绿化工程综合定额（2018）》《广东省建设工程施工机具台班费用编制规则（2018）》等内容。

《广东省建设工程计价依据（2018）》编制原则：

（1）采用“量价合一”的表现形式，消耗量体现全省的统一性，保证绿色施工和安全生产的需要；工料机价格采用编制时期综合价格，由各市动态调整，合理确定工程造价。

（2）项目划分、计量单位和工程量计算规则三者必须有机统一，简洁明了，便于初步设计概算编制、投标报价、工程价款结算以及单位内部核算与管理。

（3）项目的工、料、机消耗量参考全国统一定额及公路专业定额，参考其他省市最新定额，在《广东省建设工程计价依据》（2010）的基础上，结合现行设计规范、施工验收规范、质量评定标准和安全操作规程下实际施工发生的社会平均水平来调整取定，科学理顺量价关系，贴近市场实际。

（4）依据广东省地方标准《建筑工程绿色施工评价标准》DBJ/T 15-97—2013，删减因工艺材料落后等因素需要淘汰的项目，提升绿色环保施工管理标准。

（5）局部调整各专业册定额子目水平偏差和不合理部分，对措施项目、其他项目、税金、附录等进行了审查梳理，修改相关内容、计费基数、计费标准等。

（6）根据《建设工程工程量清单计价规范》GB 50500—2013 以及《通用安装工程工程量计算规范》

GB 50856—2013 完善定额子目设置、结构、内容，结合广东省实际情况的要求，满足工程量清单计价和定额计价的需要。

（7）定额编制有利于衔接市场实际，有利于服务项目管理，有利于推行工程量清单计价，有利于促进工程造价管理信息化发展，有利于形成公平、规范的计价市场秩序，有利于增强政府宏观调控和政策引导作用。

11.3.2　广东省通用安装工程造价组成计价程序

通用安装工程计价方法包括工程量清单计价和定额计价两种。使用国有资金投资的工程建设项目，必须采用工程量清单计价，其他建设工程，由发包人根据有关法律法规在招标文件或合同中予以明确采用工程量清单计价还是定额计价方法，在条件许可的情况下应首先选择采用工程量清单计价。两种计价方法不能同时使用。

一、广东省通用安装工程工程量清单计价程序

采用工程量清单计价，是按照《建设工程工程量清单计价规范》GB 50500—2013 的规定计算建设工程造价的计价。采用工程量清单计价时，工程造价由分部分项工程费、措施项目费、其他项目费、规费和税金组成。费用组成图如图 11.3.2–1 所示，工程造价计价程序见表 11.3.2–1。

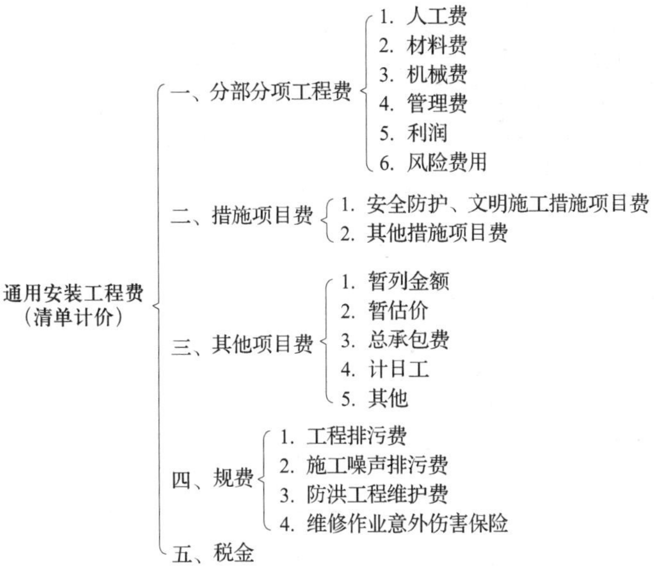

图 11.3.2–1　通用安装工程清单计价费用组成结构图

表 11.3.2–1　工程量清单计价的计价程序

序号	名　　称	计 算 办 法
1	分部分项工程费	Σ（清单工程量 × 综合单价）
2	措施项目费	2.1+2.2
2.1	安全防护、文明施工措施费	按规定计算（包括利润）
2.2	其他措施项目费	按规定计算（包括利润）
3	其他项目费	按规定计算
4	规费	（1+2+3）× 费率
5	不含税工程造价	1+2+3+4
6	税金	5 × 税率，税率按税务部的规定计算
7	含税工程造价	5+6

二、广东省通用安装工程定额计价程序

采用定额计价，是按照《广东省通用安装工程综合定额（2018）》规定计算建设工程造价的计价。采用定额计价时，工程造价由分部分项工程费（包括定额分部分项工程费、价差及利润）、措施项目费、其他项目费和税金组成。费用组成图如图 11.3.2–2 所示，工程造价计价程序见表 11.3.2–2。

通用安装工程费（定额计价）
- 一、分部分项工程费
  - 1. 定额分部分项工程费
  - 2. 价差
  - 3. 利润
- 二、措施项目费
  - 1. 绿色施工安全防护措施费
  - 2. 其他措施项目费
- 三、其他项目费
- 四、税金

图 11.3.2–2　通用安装工程定额计价费用组成结构图

表 11.3.2–2　定额计价的计价程序

序号	名　　称	计 算 方 法
1	分部分项工程费	1.1+1.2
1.1	定额分部分项工程费	1.1.1+1.1.2+1.1.3+1.1.4
1.1.1	定额分部分项人工费	Σ 定额工程量 × 定额人工费 × 人工费调整系数
1.1.2	定额分部分项材料费	Σ 定额工程量 × 编制期材料信息价
1.1.3	定额分部分项机具费	Σ 定额工程量 × 编制期机具台班单价
1.1.4	管理费	（1.1.1+1.1.3）× 管理费费率
1.2	利润	（1.1.1+1.1.3）× 利润率
2	措施项目费	2.1+2.2
2.1	绿色施工安全防护措施费	按规定计算
2.2	其他措施项目费	按规定计算
3	其他项目费	按规定计算
4	税前工程造价	1+2+3
5	增值税销项税额	4 × 增值税税率
6	含税工程造价	4+5

注：1. 定额计价法所称子目基价是指为完成《广东省通用安装工程综合定额（2018）》分部分项工程项目所需的人工费、材料费、施工机具费、管理费之和。
2. 定额计价所称价差是指编制时人工、材料和施工机具费的价格和《广东省通用安装工程综合定额（2018）》取定的相应价格之差，结算需调整的必须在招标文件中明确。

11.4　深圳市安装工程计价依据的组成

11.4.1　深圳市安装工程计价依据概述

深圳市现行的安装工程计价依据由《深圳市建设工程计价规程（2017）》《深圳市安装工程消耗量标准（2003）》以及相应的补充子目、补充清单等组成。

《深圳市建设工程计价规程》（以下简称《规程》）规定了深圳市计价标准体系的构成，以及采用深圳市计价标准的程序、格式及造价相关术语定义等。《规程》附录包括《建设工程工程量清单计价规范》

GB 50500—2013 和深圳市实施规定及深圳补充清单和 2017 年度编制最高投标限价的推荐费率，以及为运用全费用综合单价计价进行的相应的规定等。

其中增值税采用应纳税费率的方法计取，参与计价的工料机价格不需要进行除税处理。

11.4.2 深圳市安装工程计价程序

深圳市使用国有资金投资的工程建设项目，必须按照计价规程的规定，采用工程量清单计价。非国有资金投资的工程建设项目，可按照计价规程的规定，采用工程量清单计价或消耗量清单计价。建设工程计价基本程序按表 11.4.2 所示进行。

表 11.4.2 建设工程计价程序

<table>
<tr><th colspan="4">构成关系</th><th>项目名称</th><th>参考计算公式</th></tr>
<tr><td rowspan="16">工程项目造价</td><td rowspan="14">单项工程建筑安装工程造价</td><td rowspan="12">单位工程建筑安装工程造价</td><td>1</td><td>分部分项工程费</td><td>Σ（工程量 × 综合单价）</td></tr>
<tr><td>2</td><td>措施项目费</td><td></td></tr>
<tr><td>2.1</td><td>混凝土 / 钢筋混凝土模板及支架费等</td><td>Σ（工程量 × 综合单价）</td></tr>
<tr><td>2.2</td><td>安全文明施工措施费</td><td>按规定计算</td></tr>
<tr><td>2.3</td><td>履约担保手续费、赶工措施费等</td><td>按项计算</td></tr>
<tr><td>3</td><td>其他项目费</td><td>按规定计算</td></tr>
<tr><td>4</td><td>规费</td><td>[（1）+（2）+（3）] 中的人工费 × 费率</td></tr>
<tr><td>5</td><td>不含税建筑安装工程造价</td><td>（1）+（2）+（3）+（4）</td></tr>
<tr><td>6</td><td>应纳税费</td><td></td></tr>
<tr><td>6.1</td><td>增值税应纳税额</td><td>（5）× 增值税综合应纳税费率</td></tr>
<tr><td>6.2</td><td>城市维护建设税、教育费附加及地方教育费附加</td><td>（6.1）× 税务部门公布的税（费）率</td></tr>
<tr><td>7</td><td>含税建筑安装工程造价</td><td>（5）+（6）</td></tr>
<tr><td colspan="2">8</td><td>暂列金额</td><td>按规定计算</td></tr>
<tr><td colspan="2">9</td><td>专业工程暂估（结算）价</td><td>按规定计算</td></tr>
<tr><td colspan="3">10</td><td>工程建设其他费</td><td>按规定计算</td></tr>
<tr><td colspan="3">11</td><td>设备及工器具购置费</td><td>按规定计算</td></tr>
</table>

深圳市建设工程造价包括建筑安装工程费、工程建设其他费、设备及工器具购置费及预备费，其中建筑安装工程费由直接费、企业管理费、利润、规费和应纳税费组成，费用组成如图 11.4.2 所示。

消耗量定额中各子目综合单价计算公式如下：

$$\text{综合单价}(G)=\text{人工费}(A)+\text{材料费}(B)+\text{机械费}(C)+\text{企业管理费}(E)+\text{利润}(F)+\text{工程设备费}(H) \tag{11.4.2}$$

式中：人工费（A）——Σ（人工工日消耗量 × 人工工日单价）或 Σ 各类人工费

材料费（B）——Σ（材料消耗量 × 材料单价）

机械费（C）——Σ（施工机械台班消耗量 × 机械台班单价）

企业管理费（E）、利润（F）计算办法详见费率标准相关规定。

工程量清单综合单价计算公式参照消耗量定额综合单价，结合工程实际确定。

- 建筑安装工程费
  - 一、直接费
    - 1.直接工程费
      - (1)人工费
        - ①计时（件）工资
        - ②奖金
        - ③津贴补贴
        - ④加班加点工资
        - ⑤特殊情况下支付的工资
      - (2)材料费
        - ①材料原价
        - ②材料运杂费
        - ③运输损耗费
        - ④采购及保管费
      - (3)工程设备费
      - (4)施工机具使用费
        - ①台班折旧费
        - ②大修理费
        - ③经常修理费
        - ④安拆费及场外运输费
        - ⑤机械管理费
        - ⑥机械台班人工费
        - ⑦燃料动力费
    - 2.措施费
      - (1)安全文明施工措施费
        - ①临时设施费
        - ②安全施工费
        - ③文明施工费
        - ④环境保护费
      - (2)履约担保手续费
      - (3)夜间施工增加费
      - (4)赶工措施费
      - (5)冬雨季施工费
      - (6)已完工程及设备保护费
      - (7)地上地下设施及建筑物的临时保护费
      - (8)二次搬运费
      - (9)大型机械设备进出场及安拆费
      - (10)混凝土钢筋混凝土模板及支架费
      - (11)脚手架费
      - (12)垂直运输机械费
      - (13)施工排水降水费
      - (14)专业工程措施项目费
      - (15)其他
  - 二、企业管理费
    - 1.管理人员工资
    - 2.办公费
    - 3.差旅交通费
    - 4.固定资产使用费
    - 5.工具用具使用费
    - 6.劳动保险和职工福利费
    - 7.劳动保护费
    - 8.检验试验费
    - 9.工会经费
    - 10.职工教育经费
    - 11.财产保险费
    - 12.财务费
    - 13.税金
    - 14.其他
  - 三、利润
  - 四、规费
    - 1.社会保险费
      - (1)养老保险费
      - (2)失业保险费
      - (3)医疗保险费
      - (4)生育保险费
      - (5)工伤保险费
    - 2.住房公积金
    - 3.工程排污费
  - 五、应纳税费
    - 1.增值税应纳税额
    - 2.城市维护建设税
    - 3.教育费附加
    - 4.地方教育费附加

图 11.4.2　深圳市建筑安装工程费用组成图

第12章　建筑安装工程最高投标限价的编制

【本章提示】通过学习本章，学习人员应掌握最高投标限价中分部分项工程费、措施项目费、其他项目费、规费和税金的编制；了解最高投标限价与标底的关系、编制最高投标限价的原则、最高投标限价的编制依据、最高投标限价的编制程序。

12.1　最高投标限价的编制原则和依据

《招标投标法实施条例》规定，招标人可以自行决定是否编制标底，一个招标项目只能有一个标底，标底必须保密。同时规定，招标人设有最高投标限价的，应当在招标文件中明确最高投标限价或者最高投标限价的计算方法，招标人不得规定最低投标限价。

最高投标限价是指根据国家或省级建设行政主管部门颁发的有关计价依据和办法，依据拟订的招标文件和招标工程量清单，结合工程具体情况发布的招标工程的最高投标限价。根据住房和城乡建设部颁布的《建筑工程施工发包与承包计价管理办法》（住建部令第16号）的规定，国有资金投资的建筑工程招标的，应当设有最高投标限价；非国有资金投资的建筑工程招标的，可以设有最高投标限价或者招标标底。

12.1.1　最高投标限价与标底的关系

最高投标限价是推行工程量清单计价过程中对传统标底概念的性质进行界定后所设置的专业术语，它使招标时评标定价的管理方式发生了很大的变化。设标底招标、无标底招标以及最高投标限价招标的利弊分析如下：

一、设标底招标

（1）设标底时易发生泄露标底及暗箱操作的现象，失去招标的公平公正性，容易诱发违法违规行为。

（2）编制的标底价是预期价格，因较难考虑施工方案、技术措施对造价的影响，容易与市场造价水平脱节，不利于引导投标人理性竞争。

（3）标底在评标过程的特殊地位使标底价成为左右工程造价的杠杆，不合理的标底会使合理的投标报价在评标中显得不合理，有可能成为地方或行业保护的手段。

（4）将标底作为衡量投标人报价的基准，导致投标人尽力地去迎合标底，往往招标投标过程反映的不是投标人实力的竞争，而是投标人编制预算文件能力的竞争，或者各种合法或非法的“投标策略”的竞争。

二、无标底招标

（1）容易出现围标串标现象，各投标人哄抬价格，给招标人带来投资失控的风险。

（2）容易出现低价中标后偷工减料，以牺牲工程质量来降低工程成本，或产生先低价中标，后高额索赔等不良后果。

（3）评标时，招标人对投标人的报价没有参考依据和评判基准。

三、最高投标限价招标

（1）采用最高投标限价招标的优点：

1）可有效控制投资，防止恶性哄抬报价带来的投资风险；

2）提高了透明度，避免了暗箱操作、寻租等违法活动的产生；

3）可使各投标人自主报价、公平竞争，符合市场规律，投标人自主报价，不受标底的左右；

4）既设置了控制上限又尽量地减少了业主依赖评标基准价的影响。

（2）采用最高投标限价招标也可能出现如下问题：

1）若“最高限价”大大高于市场平均价时，就预示中标后利润很丰厚，只要投标不超过公布的限额都是有效投标，从而可能诱导投标人串标围标。

2）若公布的最高限价远远低于市场平均价，就会影响招标效率。即可能出现只有 1~2 人投标或出现无人投标情况，因为按此限额投标将无利可图，超出此限额投标又成为无效投标，结果使招标人不得不修改最高投标限价进行二次招标。

12.1.2 最高投标限价的编制原则

（1）国有资金投资的工程建设项目应实行工程量清单招标，招标人应编制最高投标限价，并应当拒绝高于最高投标限价的投标报价，即投标人的投标报价若超过公布的最高投标限价，则其投标应被否决。

（2）最高投标限价应由具有编制能力的招标人或受其委托具有相应资质的工程造价咨询人编制。工程造价咨询人不得同时接受招标人和投标人对同一工程的最高投标限价和投标报价的编制。

（3）最高投标限价应当依据工程量清单、工程计价有关规定和市场价格信息等编制。最高投标限价应在招标文件中公布，对所编制的最高投标限价不得进行上浮或下调。招标人应当在招标时公布最高投标限价的总价，以及各单位工程的分部分项工程费、措施项目费、其他项目费、规费和税金。

（4）最高投标限价超过批准的概算时，招标人应将其报原概算审批部门审核。这是由于我国对国有资金投资项目的投资控制实行的是设计概算审批制度，国有资金投资的工程原则上不能超过批准的设计概算。

（5）投标人经复核认为招标人公布的最高投标限价未按《建设工程工程量清单计价规范》GB 50500—2013 的规定进行编制的，应在最高投标限价公布后 5 天内向招标投标监督机构和工程造价管理机构投诉。工程造价管理机构受理投诉后，应立即对最高投标限价进行复查，组织投诉人、被投诉人或其委托的最高投标限价编制人等单位人员对投诉问题逐一核对。工程造价管理机构应当在受理投诉的 10 天内完成复查，特殊情况下可适当延长，并做出书面结论通知投诉人、被投诉人及负责该工程招投标监督的招投标管理机构。当最高投标限价复查结论与原公布的最高投标限价误差大于 ±3% 时，应责成招标人改正。当重新公布最高投标限价时，若重新公布之日起至原投标截止期不足 15 天的应延长投标截止期。

（6）招标人应将最高投标限价及有关资料报送工程所在地或有该工程管辖权的行业管理部门工程造价管理机构备查。

12.1.3 最高投标限价的编制依据

最高投标限价的编制依据是指在编制最高投标限价时需要进行工程量计量、价格确认、工程计价的有关参数、率值的确定等工作时所需的基础性资料，主要包括：

（1）现行国家标准《建设工程工程量清单计价规范》GB 50500—2013 与专业工程量计算规范；

（2）国家或省级、行业建设主管部门颁发的计价定额和计价办法；

（3）建设工程设计文件及相关资料；

（4）拟定的招标文件及招标工程量清单；

（5）与建设项目相关的标准、规范、技术资料；

（6）施工现场情况、工程特点及常规施工方案；

（7）工程造价管理机构发布的工程造价信息，但工程造价信息没有发布的，参照市场价；

（8）其他的相关资料。

12.2 最高投标限价的编制程序

12.2.1 最高投标限价（招标人）计价程序

建设工程的最高投标限价反映的是单位工程费用，各单位工程费用是由分部分项工程费、措施项目费、其他项目费、规费和税金组成。单位工程最高投标限价计价程序见表 12.2.1。

表 12.2.1　建设单位工程最高投标限价计价程序表（施工企业投标报价计价程序）

工程名称:　　　　　　　　　　　　　　　　　标段:　　　　　　　　　　　　　第　页　共　页

序号	汇 总 内 容	计 算 方 法	金额（元）
1	分部分项工程	按计价规定计算 /（自主报价）	
1.1			
1.2			
2	措施项目	按计价规定计算 /（自主报价）	
2.1	其中：安全文明施工费	按规定标准估算 /（按规定标准计算）	
3	其他项目		
3.1	其中：暂列金额	按计价规定估算 /（按招标文件提供金额计列）	
3.2	专业工程暂估价	按计价规定估算 /（按招标文件提供金额计列）	
3.3	计日工	按计价规定估算 /（自主报价）	
3.4	总承包服务费	按计价规定估算 /（自主报价）	
4	规费	按规定标准计算	
5	税金	按规定标准计算	
最高投标限价 /（投标报价）		合计 =1+2+3+4+5	

注：本表适用于单位工程最高投标限价计算或投标报价计算，如无单位工程划分，单项工程也使用本表。

12.2.2　最高投标限价（投标人）计价程序

由于投标人（施工企业）投标报价计价程序与招标人（建设单位）最高投标限价计价程序具有相同的表格，为便于对比分析，此处将两种表格合并列出，其中表格栏目中斜线后带括号的内容用于投标报价，其余为通用栏目。

12.3　最高投标限价的编制内容和方法

12.3.1　分部分项工程费的编制

（1）分部分项工程费应根据招标文件中的分部分项工程项目清单及有关要求，按《建设工程工程量清单计价规范》GB 50500—2013 有关规定确定综合单价计价。

（2）综合单价的组价过程。最高投标限价的分部分项工程费应由各单位工程的招标工程量清单中给定的工程量乘以其相应综合单价汇总而成。综合单价应按照招标人发布的分部分项工程项目清单的项目名称、工程量、项目特征描述，依据工程所在地区颁发的计价定额和人工、材料、机具台班价格信息等进行组价确定。首先，依据提供的工程量清单和施工图纸，按照工程所在地区颁发的计价定额的规定，确定所组价的定额项目名称，并计算出相应的工程量；其次，依据工程造价政策规定或工程造价信息确定其人工、材料、机具台班单价；同时，在考虑风险因素确定管理费率和利润率的基础上，按规定程序计算出所组价定额项目的合价，见公式（12.3.1–1），然后将若干项所组价的定额项目合价相加除以工程量清单项目工程量，便得到工程量清单项目综合单价，见公式（12.3.1–2），对于未计价材料费（包括暂估单价的材料费）应计入综合单价。

定额项目合价 = 定额项目工程量 ×［Σ（定额人工消耗量 × 人工单价）+

Σ（定额材料消耗量 × 材料单价）+ Σ（定额机械台班消耗量 × 机械台班单价）+

$$价差（基价或人工、材料、机具费用）+ 管理费和利润] \tag{12.3.1-1}$$

$$工程量清单综合单价 = \frac{\sum 定额项目合价 + 未计价材料}{工程量清单项目工程量} \tag{12.3.1-2}$$

（3）综合单价中的风险因素。为使最高投标限价与投标报价所包含的内容一致，综合单价中应包括招标文件中要求投标人所承担的风险内容及其范围（幅度）产生的风险费用。

1）对于技术难度较大和管理复杂的项目，可考虑一定的风险费用，并纳入综合单价中。

2）对于工程设备、材料价格的市场风险，应依据招标文件的规定，工程所在地或行业工程造价管理机构的有关规定，以及市场价格趋势考虑一定率值的风险费用，纳入综合单价中。

3）税金、规费等法律、法规、规章和政策变化的风险和人工单价等风险费用不应纳入综合单价中。

12.3.2 措施项目费的编制

（1）措施项目费中的安全文明施工费应当按照国家或省级、行业建设主管部门的规定标准计价，该部分不得作为竞争性费用。

（2）措施项目应按招标文件中提供的措施项目清单确定，措施项目分为以“量”计算和以“项”计算两种。对于可计量的措施项目，以“量”计算即按其工程量用与分部分项工程项目清单单价相同的方式确定综合单价；对于不可计量的措施项目，则以“项”为单位，采用费率法按有关规定综合取定，采用费率法时需确定某项费用的计费基数及其费率，结果应是包括除规费、税金以外的全部费用，计算公式为：

$$以“项”计算的措施项目清单费 = 措施项目计费基数 \times 费率 \tag{12.3.2}$$

12.3.3 其他项目费的编制

一、暂列金额

暂列金额由招标人根据工程特点、工期长短，按有关计价规定进行估算。

二、暂估价

暂估价中的材料单价应按照工程造价管理机构发布的工程造价信息中的材料单价计算，工程造价信息未发布的材料单价，其单价参考市场价格估算；暂估价中的专业工程暂估价应分不同专业，按有关计价规定估算。

三、计日工

在编制最高投标限价时，对计日工中的人工单价和施工机具台班单价应按省级、行业建设主管部门或其授权的工程造价管理机构公布的单价计算；材料应按工程造价管理机构发布的工程造价信息中的材料单价计算，工程造价信息未发布单价的材料，其价格应按市场调查确定的单价计算。

四、总承包服务费

总承包服务费应按照省级或行业建设主管部门的规定计算。

12.3.4 规费和税金的编制

规费和税金必须按国家或省级、行业建设主管部门的规定计算。

第 13 章　安装工程投标报价的编制

【本章提示】通过学习本章，学习人员应掌握分部分项工程和单价措施项目清单与计价表的编制、其他项目清单与计价表的编制、规费、税金项目计价表的编制；了解投标报价的编制原则、投标报价的编制依据、投标报价的编制程序、投标报价的分析。

13.1　投标报价的编制原则和依据

投标报价是投标人希望达成工程承包交易的期望价格，它不能高于招标人设定的最高投标限价。作为投标报价计算的必要条件，应预先确定施工方案和施工进度，此外，投标报价计算还必须与采用的合同形式相协调。

13.1.1　投标报价的编制原则

报价是投标的关键性工作，报价是否合理不仅直接关系到投标的成败，还关系到中标后企业的盈亏。投标报价的编制原则如下：

（1）投标报价由投标人自主确定，但必须执行《建设工程工程量清单计价规范》GB 50500—2013 的强制性规定。投标报价应由投标人或受其委托、具有相应资质的工程造价咨询人员编制。

（2）投标人的投标报价不得低于工程成本。《招标投标法》第四十一条规定："中标人的投标应当符合下列条件……（二）能够满足招标文件的实质性要求，并且经评审的投标价格最低；但是投标价格低于成本的除外。"《评标委员会和评标方法暂行规定》（七部委第 12 号令）第二十一条规定："在评标过程中，评标委员会发现投标人的报价明显低于其他投标报价或者在设有标底时明显低于标底，使得其投标报价可能低于其个别成本的，应当要求该投标人做出书面说明并提供相关证明材料。投标人不能合理说明或者不能提供相关证明材料的，由评标委员会认定该投标人以低于成本报价竞标，其投标应作废标处理。"根据上述法律、规章的规定，特别要求投标人的投标报价不得低于工程成本。

（3）投标报价要以招标文件中设定的发承包双方责任划分，作为考虑投标报价费用项目和费用计算的基础，发承包双方的责任划分不同，会导致合同风险不同的分摊，从而导致投标人选择不同的报价。

（4）以施工方案、技术措施等作为投标报价计算的基本条件；以反映企业技术和管理水平的企业定额作为计算人工、材料和机具台班消耗量的基本依据；充分利用现场考察、调研成果、市场价格信息和行情资料，编制基础标价。

（5）报价计算方法要科学严谨，简明适用。

13.1.2　投标报价的编制依据

《建设工程工程量清单计价规范》GB 50500—2013 规定，投标报价应根据下列依据编制：

（1）《建设工程工程量清单计价规范》GB 50500—2013 与专业工程量计算规范；

（2）国家或省级、行业建设主管部门颁发的计价办法；

（3）企业定额，国家或省级、行业建设主管部门颁发的计价定额；

（4）招标文件、工程量清单及其补充通知、答疑纪要；

（5）建设工程设计文件及相关资料；

（6）施工现场情况、工程特点及投标时拟定的施工组织设计或施工方案；

（7）与建设项目相关的标准、规范等技术资料；

（8）市场价格信息或工程造价管理机构发布的工程造价信息；

（9）其他的相关资料。

13.2 投标报价的编制程序

13.2.1 投标报价的编制过程

投标报价的编制过程，应首先根据招标人提供的工程量清单编制分部分项工程和措施项目清单与计价表，其他项目清单与计价汇总表，规费、税金项目计价表，计算完毕之后，汇总得到单位工程投标报价汇总表，再层层汇总，分别得出单项工程投标报价汇总表和工程项目投标总价汇总表，投标总价的组成如图 13.2.1 所示。在编制过程中，投标人应按招标人提供的工程量清单填报价格。填写的项目编码、项目名称、项目特征、计量单位、工程量必须与招标人提供的一致。

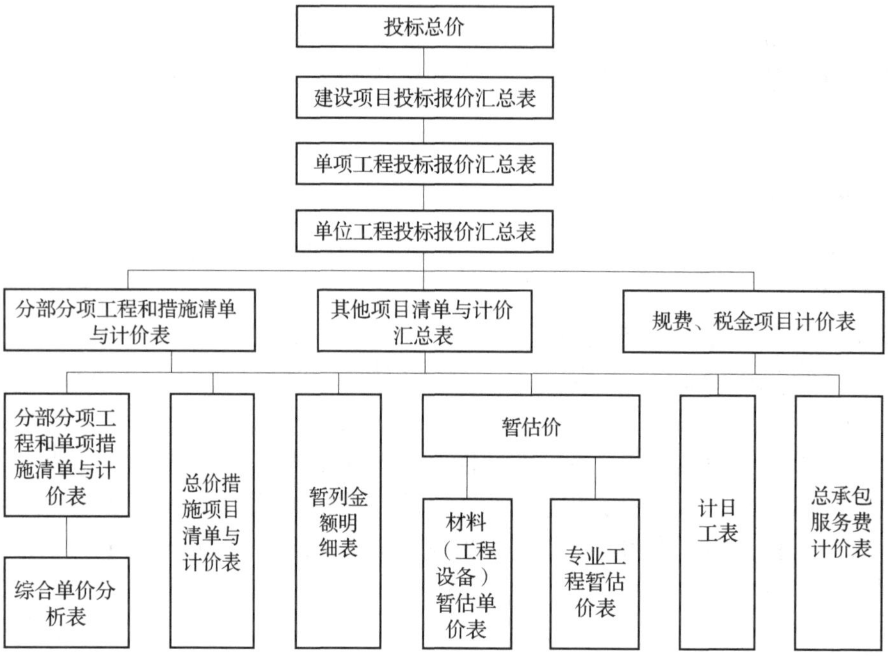

图 13.2.1 建设项目施工投标总价组成

13.3 投标报价的编制内容和方法

13.3.1 分部分项工程和单价措施项目清单与计价表的编制

一、分部分项工程和单价措施项目清单与计价表的编制

承包人投标报价中的分部分项工程费和以单价计算的措施项目费应按招标文件中分部分项工程和单价措施项目清单与计价表的特征描述确定综合单价计算。因此，确定综合单价是分部分项工程和单价措施项目清单与计价表编制过程中最主要的内容。综合单价包括完成一个规定清单项目所需的人工费、材料和工程设备费、施工机具使用费、企业管理费、利润，并考虑风险费用的分摊。

综合单价 = 人工费 + 材料和工程设备费 + 施工机具使用费 + 企业管理费 + 利润　（13.3.1–1）

（一）确定综合单价时的注意事项

（1）以项目特征描述为依据。项目特征是确定综合单价的重要依据之一，投标人投标报价时应依据招标文件中清单项目的特征描述确定综合单价。当招标文件未明确，出现招标工程量清单特征描述与设计图纸不符时，投标人应以招标工程量清单的项目特征描述为准，确定投标报价的综合单价。当施工中施工图纸或设计变更与招标工程量清单项目特征描述不一致时，发承包双方应按实际施工的项目特征，依据合同约定重新确定综合单价。

（2）材料、工程设备暂估价的处理。招标文件中在其他项目清单中提供了暂估单价的材料和工程设备，应按其暂估的单价计入清单项目的综合单价中。

（3）考虑合理的风险。招标文件中要求投标人承担的风险费用，投标人应考虑进入综合单价。在施工过程中，当出现的风险内容及其范围（幅度）在招标文件规定的范围（幅度）内时，综合单价不得变动，合同价款不做调整。根据国际惯例并结合我国工程建设的特点，发承包双方对工程施工阶段的风险宜采用如下分摊原则：

1）对于主要由市场价格波动导致的价格风险，如工程造价中的建筑材料、燃料等价格风险，发承包双方应当在招标文件中及在合同中对此类风险的范围和幅度予以明确约定，进行合理分摊。根据工程特点和工期要求，一般采取的方式是承包人承担5%以内的材料、工程设备价格风险，10%以内的施工机具使用费风险。

2）对于法律、法规、规章或有关政策出台导致工程税金、规费、人工费发生变化，并由省级、行业建设行政主管部门或其授权的工程造价管理机构根据上述变化发布的政策性调整，以及由政府定价或政府指导价管理的原材料等价格进行了调整，承包人不应承担此类风险，应按照有关调整规定执行。

3）对于承包人根据自身技术水平、管理、经营状况能够自主控制的风险，如承包人的管理费、利润的风险，承包人应结合市场情况，根据企业自身的实际合理确定、自主报价，该部分风险由承包人全部承担。

（二）综合单价确定的步骤和方法

当分部分项工程内容比较简单，由单一计价子项计价，且《建设工程工程量清单计价规范》GB 50500—2013与所使用计价定额中的工程量计算规则相同时，综合单价的确定只需用相应计价定额子目中的人、材、机费作基数计算管理费、利润，再考虑相应的风险费用即可。当工程量清单给出的分部分项工程与所用计价定额的单位不同或工程量计算规则不同，则需要按计价定额的计算规则重新计算工程量，并按照下列步骤来确定综合单价。

（1）确定计算基础。计算基础主要包括消耗量指标和生产要素单价。应根据本企业的实际消耗量水平，并结合拟定的施工方案确定完成清单项目需要消耗的各种人工、材料、机具台班的数量。计算时应采用企业定额，在没有企业定额或企业定额缺项时，可参照与本企业实际水平相近的国家、地区、行业定额，并通过调整来确定清单项目的人、材、机单位用量。各种人工、材料、机具台班的单价，则应根据询价的结果和市场行情综合确定。

（2）分析每一清单项目的工程内容。在招标工程量清单中，招标人已对项目特征进行了准确、详细的描述，投标人根据这一描述，再结合施工现场情况和拟定的施工方案确定完成各清单项目实际应发生的工程内容。必要时可参照《建设工程工程量清单计价规范》GB 50500—2013中提供的工程内容，有些特殊的工程也可能出现规范列表之外的工程内容。

（3）计算工程内容的工程数量与清单单位的含量。每一项工程内容都应根据所选定额的工程量计算规则计算其工程数量，当定额的工程量计算规则与清单的工程量计算规则相一致时，可直接以工程量清单中的工程量作为工程内容的工程数量。

当采用清单单位含量计算人工费、材料费、施工机具使用费时，还需要计算每一计量单位的清单项目所分摊的工程内容的工程数量，即清单单位含量。

$$\text{清单单位含量}=\frac{\text{某工程内容的定额工程量}}{\text{清单工程量}} \quad (13.3.1\text{–}2)$$

（4）分部分项工程人工、材料、施工机具使用费的计算。以完成每一计量单位的清单项目所需的人工、材料、机具用量为基础计算。

计算综合单价。企业管理费和利润的计算可按照规定的取费基数以及一定的费率取费计算，若以人工费与施工机具使用费之和为取费基数将上述五项费用汇总，并考虑合理的风险费用后，即可得到清单综合单价。根据计算出的综合单价，可编制分部分项工程和单价措施项目清单与计价表。

（三）工程量清单综合单价分析表的编制

为表明综合单价的合理性，投标人应对其进行单价分析，以作为评标时的判断依据。综合单价分析表的编制应反映上述综合单价的编制过程，并按照规定的格式进行。

二、总价措施项目清单与计价表的编制

对于不能精确计量的措施项目，应编制总价措施项目清单与计价表。投标人对措施项目中的总价项目投标报价应遵循以下原则：

（1）措施项目的内容应依据招标人提供的措施项目清单和投标人投标时拟定的施工组织设计或施工方案确定。

（2）措施项目费由投标人自主确定，但其中安全文明施工费必须按照国家或省级、行业建设主管部门的规定计价，不得作为竞争性费用。招标人不得要求投标人对该项费用进行优惠，投标人也不得将该项费用参与市场竞争。

13.3.2 其他项目清单与计价表的编制

其他项目费主要包括暂列金额、暂估价、计日工以及总承包服务费。

13.3.3 规费、税金项目计价表的编制

规费和税金应按国家或省级、行业建设主管部门的规定计算，不得作为竞争性费用。这是由于规费和税金的计取标准是依据有关法律、法规和政策规定制定的，具有强制性。因此，投标人在投标报价时必须按照国家或省级、行业建设主管部门的有关规定计算规费和税金。

13.4 投标报价的分析

投标人的投标总价应当与组成工程量清单的分部分项工程费、措施项目费、其他项目费和规费、税金的合计金额相一致，即投标人在进行工程量清单招标的投标报价时，不能进行投标总价优惠（或降价、让利），投标人对投标报价的任何优惠（或降价、让利）均应反映在相应清单项目的综合单价中。

第 14 章　安装工程价款结算和合同价款的调整

【本章提示】通过学习本章，学习人员应掌握工程计量；熟悉工程合同价款的调整、预付款及期中支付、竣工结算、最终结清、合同价款纠纷的处理；了解缺陷责任期的概念和期限、质量保证金的使用及返还。

合同的计价方式有很多种，不同种类的合同，有不同的应用条件、不同的权力和责任分配、不同的付款方式，同时合同双方的风险也不同，应依具体情况选择合同类型。目前，合同的类型主要有三种：单价合同、总价合同、成本加酬金合同。

（1）单价合同：当发包工程的内容和工程量一时尚不能明确、具体地予以规定时，则可采用单价合同形式，即根据计划工程内容和估算工程量，在合同中明确每项工程内容的单位价格（如每米、每平方米或者每立方米的价格），实际支付时则根据实际完成的工程量乘以合同单价计算应付的工程款。

单价合同分为固定单价合同和变动单价合同。

（2）总价合同：又称作总价包干合同，即根据施工招标时的要求和条件，当施工内容和有关条件不发生变化时，业主付给承包商的价款总额就不发生变化。如果由于承包人的失误导致投标价计算错误，合同总价格也不予调整。

总价合同分为固定总价合同和变动总价合同。

（3）成本加酬金合同：也称为成本补偿合同，这是与固定总价合同正好相反的合同，工程施工的最终合同价格将按照工程的实际成本再加上一定的酬金进行计算。在合同签订时，工程实际成本往往不能确定，只能确定酬金的取值比例或者计算原则。

14.1　工程合同价款的调整

发承包双方应当在施工合同中约定合同价款，实行招标工程的合同价款由合同双方依据中标通知书的中标价款在合同协议书中约定，不实行招标工程的合同价款由合同双方依据双方确定的施工图预算的总造价在合同协议书中约定。在工程施工阶段，由于项目实际情况的变化，发承包双方在施工合同中约定的合同价款可能会出现变动。为合理分配双方的合同价款变动风险，有效地控制工程造价，发承包双方应当在施工合同中明确约定合同价款的调整事件、调整方法及调整程序。

发承包双方按照合同约定调整合同价款的若干事项，大致包括五大类：

（1）法规变化类，主要包括法律法规变化事件；

（2）工程变更类，主要包括工程变更、项目特征不符、工程量清单缺项、工程量偏差、计日工等事件；

（3）物价变化类，主要包括物价波动、暂估价事件；

（4）工程索赔类，主要包括不可抗力、提前竣工（赶工补偿）、误期赔偿、索赔等事件；

（5）其他类，主要包括现场签证以及发承包双方约定的其他调整事项，现场签证根据签证内容，有的可归于工程变更类，有的可归于索赔类，有的可能不涉及合同价款调整。

经发承包双方确认调整的合同价款，作为追加（减）合同价款，应与工程进度款或结算款同期支付。

14.2　工程计量与价款结算

合同价款结算是指依据建设工程发承包合同等进行工程预付款、进度款、竣工价款结算的活动。

14.2.1　工程计量

对承包人已经完成的合格工程进行计量并予以确认，是发包人支付工程价款的前提工作。因此，工程计量不仅是发包人控制施工阶段工程造价的关键环节，也是约束承包人履行合同义务的重要手段。

一、工程计量的原则与范围

（一）工程计量的概念

所谓工程计量，就是发承包双方根据合同约定，对承包人完成合同工程的数量进行的计算和确认。具体地说，就是双方根据设计图纸、技术规范以及施工合同约定的计量方式和计算方法，对承包人已经完成的质量合格的工程实体数量进行测量与计算，并以物理计量单位或自然计量单位进行标识、确认的过程。

招标工程量清单中所列的数量，通常是根据设计图纸计算的数量，是对合同工程的估计工程量。工程施工过程中，通常会由于一些原因导致承包人实际完成工程量与工程量清单中所列工程量的不一致，如招标工程量清单缺项或项目特征描述与实际不符、工程变更、现场施工条件的变化、现场签证、暂估价中的专业工程发包等。因此，在工程合同价款结算前，必须对承包人履行合同义务所完成的实际工程进行准确的计量。

（二）工程计量的原则

工程计量的原则包括下列三个方面：

（1）不符合合同文件要求的工程不予计量。即工程必须满足设计图纸、技术规范等合同文件对其在工程质量上的要求，同时有关的工程质量验收资料齐全、手续完备，满足合同文件对其在工程管理上的要求。

（2）按合同文件所规定的方法、范围、内容和单位计量。工程计量的方法、范围、内容和单位受合同文件所约束，其中工程量清单（说明）、技术规范、合同条款均会从不同角度、不同侧面涉及这方面的内容。在计量中要严格遵循这些文件的规定，并且一定要结合起来使用。

（3）因承包人原因造成的超出合同工程范围施工或返工的工程量，发包人不予计量。

（三）工程计量的范围与依据

（1）工程计量的范围。工程计量的范围包括：工程量清单及工程变更所修订的工程量清单的内容；合同文件中规定的各种费用支付项目，如费用索赔、各种预付款、价格调整、违约金等。

（2）工程计量的依据。工程计量的依据包括：工程量清单及说明、合同图纸、工程变更令及其修订的工程量清单、合同条件、技术规范、有关计量的补充协议、质量合格证书等。

二、工程计量的方法

工程量必须按照相关工程现行国家工程量计算规范规定的工程量计算规则计算。工程计量可选择按月或按工程形象进度分段计量，具体计量周期在合同中约定。因承包人原因造成的超出合同工程范围施工或返工的工程量，发包人不予计量。通常区分单价合同和总价合同规定不同的计量方法，成本加酬金合同按照单价合同的计量规定进行计量。

（一）单价合同计量

单价合同工程量必须以承包人完成合同工程应予计量的按照现行国家工程量计算规范规定的工程量计算规则计算得到的工程量确定。施工中工程计量时，若发现招标工程量清单中出现缺项、工程量偏差，或因工程变更引起工程量的增减，应按承包人在履行合同义务中完成的工程量计算。

（二）总价合同计量

采用工程量清单方式招标形成的总价合同，工程量应按照与单价合同相同的方式计算。采用经审定批准的施工图纸及其预算方式发包形成的总价合同，除按照工程变更规定引起的工程量增减外，总价合同各项目的工程量是承包人用于结算的最终工程量。总价合同约定的项目计量应以合同工程经审定批准的施工图纸为依据，发承包双方应在合同中约定工程计量的形象目标或时间节点进行计量。

14.2.2 预付款及期中支付

一、预付款

工程预付款是由发包人按照合同约定，在正式开工前由发包人预先支付给承包人，用于购买工程施工所需的材料和组织施工机械和人员进场的价款。

（一）预付款的支付

工程预付款额度，各地区、各部门的规定不完全相同，主要是保证施工所需材料和构件的正常储备。工程预付款额度一般是根据施工工期、建筑安装工作量、主要材料和构件费用占建筑安装工程费的比例以及材料储备周期等因素经测算来确定。

（1）百分比法。发包人根据工程的特点、工期长短、市场行情、供求规律等因素，招标时在合同条件中约定工程预付款的百分比。预付款的支付比例不得低于签约合同价（扣除暂列金额）的 10%，不宜高于签约合同价（扣除暂列金额）的 30%。

（2）公式计算法。公式计算法是根据主要材料（含结构件等）占年度承包工程总价的比重，材料储备定额天数和年度施工天数等因素，通过公式计算预付款额度的一种方法，其计算公式为：

$$\text{工程预付款数额}=\frac{\text{年度工程总价}\times\text{材料比例（\%）}}{\text{年度施工天数}}\times\text{材料储备定额天数} \quad (14.2.2\text{–}1)$$

式中，年度施工天数按 365 天日历天计算；材料储备定额天数由当地材料供应的在途天数、加工天数、整理天数、供应间隔天数、保险天数等因素决定。

（二）预付款的扣回

发包人支付给承包人的工程预付款属于预支性质，随着工程的逐步实施后，原已支付的预付款应以充抵工程价款的方式陆续扣回，抵扣方式应当由双方当事人在合同中明确约定。扣款的方法主要有以下两种：

（1）按合同约定扣款。预付款的扣款方法由发包人和承包人通过洽商后在合同中予以确定，一般是在承包人完成金额累计达到合同总价的一定比例后，由承包人开始向发包人还款，发包人从每次应付给承包人的金额中扣回工程预付款，发包人至少在合同规定的完工期前将工程预付款的总金额逐次扣回。国际工程中的扣款方法一般为：当工程进度款累计金额超过合同价格的 10%~20% 时开始起扣，每月从进度款中按一定比例扣回。

（2）起扣点计算法。从未施工工程尚需的主要材料及构件的价值相当于工程预付款数额时起扣，此后每次结算工程价款时，按材料所占比重扣减工程价款，至工程竣工前全部扣清。起扣点的计算公式如下：

$$T=P-\frac{M}{N} \quad (14.2.2\text{–}2)$$

式中：T——起扣点（即工程预付款开始扣回时）的累计完成工程金额；

P——承包工程合同总额；

M——工程预付款总额；

N——主要材料及构件所占比重。

该方法对承包人比较有利，最大限度地占用了发包人的流动资金，但是，显然不利于发包人资金使用。

（三）预付款担保

（1）预付款担保的概念及作用。预付款担保是指承包人与发包人签订合同后领取预付款前，承包人正确、合理使用发包人支付的预付款而提供的担保。其主要作用是保证承包人能够按合同规定的目的使用并及时偿还发包人已支付的全部预付金额。如果承包人中途毁约，中止工程，使发包人不能在规定期限内从应付工程款中扣除全部预付款，则发包人有权从该项担保金额中获得补偿。

（2）预付款担保的形式。预付款担保的主要形式为银行保函。预付款担保的担保金额通常与发包人的预付款是等值的。预付款一般逐月从工程进度款中扣除，预付款担保的担保金额也相应逐月减少。承包人的预付款保函的担保金额根据预付款扣回的数额相应扣减，但在预付款全部扣回之前一直保持有效。

预付款担保也可以采用发承包双方约定的其他形式，如由担保公司提供担保，或采取抵押等担保形式。

（四）安全文明施工费

发包人应在工程开工后的28天内预付不低于当年施工进度计划的安全文明施工费总额的60%，其余部分按照提前安排的原则进行分解，与进度款同期支付。

发包人没有按时支付安全文明施工费的，承包人可催告发包人支付；发包人在付款期满后的7天内仍未支付的，若发生安全事故，发包人应承担连带责任。

二、期中支付

合同价款的期中支付，是指发包人在合同工程施工过程中，按照合同约定对付款周期内承包人完成的合同价款给予支付的款项，也就是工程进度款的结算支付。发承包双方应按照合同约定的时间、程序和方法，根据工程计量结果，办理期中价款结算，支付进度款。进度款支付周期，应与合同约定的工程计量周期一致。

（一）期中支付价款的计算

（1）已完工程的结算价款。已标价工程量清单中的单价项目，承包人应按工程计量确认的工程量与综合单价计算。如综合单价发生调整的，以发承包双方确认调整的综合单价计算进度款。

已标价工程量清单中的总价项目，承包人应按合同中约定的进度款支付分解，分别列入进度款支付申请中的安全文明施工费和本周期应支付的总价项目的金额中。

（2）结算价款的调整。承包人现场签证和得到发包人确认的索赔金额列入本周期应增加的金额中。由发包人提供的材料、工程设备金额，应按照发包人签约提供的单价和数量从进度款支付中扣出，列入本周期应扣减的金额中。

（3）进度款的支付比例。进度款的支付比例按照合同约定，按期中结算价款总额计，不低于60%，不高于90%。

（二）期中支付的文件

（1）进度款支付申请。承包人应在每个计量周期到期后向发包人提交已完工程进度款支付申请一式四份，详细说明此周期认为有权得到的款额，包括分包人已完工程的价款。支付申请的内容包括：

1）累计已完成的合同价款。

2）累计已实际支付的合同价款。

3）本周期合计完成的合同价款，其中包括：①本周期已完成单价项目的金额；②本周期应支付的总价项目的金额；③本周期已完成的计日工价款；④本周期应支付的安全文明施工费；⑤本周期应增加的金额。

4）本周期合计应扣减的金额，其中包括：①本周期应扣回的预付款；②本周期应扣减的金额。

5）本周期实际应支付的合同价款。

（2）进度款支付证书。发包人应在收到承包人进度款支付申请后，根据计量结果和合同约定对申请内容予以核实，确认后向承包人出具进度款支付证书。若发、承包双方对有的清单项目的计量结果出现争议，发包人应对无争议部分的工程计量结果向承包人出具进度款支付证书。

（3）支付证书的修正。发现已签发的任何支付证书有错、漏或重复的数额，发包人有权予以修正，承包人也有权提出修正申请。经发承包双方复核同意修正的，应在本次到期的进度款中支付或扣除。

14.2.3 竣工结算

工程竣工结算是指工程项目完工并经竣工验收合格后，发承包双方按照施工合同的约定对所完成的工程项目进行的合同价款的计算、调整和确认。工程竣工结算分为单位工程竣工结算、单项工程竣工结算和建设项目竣工总结算，其中，单位工程竣工结算和单项工程竣工结算也可看作是分阶段结算。

一、工程竣工结算的编制和审核

单位工程竣工结算由承包人编制，发包人审查；实行总承包的工程，由具体承包人编制，在总包人审查的基础上，发包人审查。单项工程竣工结算或建设项目竣工总结算由总（承）包人编制，发包人可直接进行审查，也可以委托具有相应资质的工程造价咨询机构进行审查。政府投资项目，由同级财政部门审查。单项工程竣工结算或建设项目竣工总结算经发承包人签字盖章后有效。承包人应在合同约定期限内完成项目竣工结算编制工作，未在规定期限内完成的并且提不出正当理由延期的，责任自负。

（一）工程竣工结算的编制依据

工程竣工结算由承包人或受其委托具有相应资质的工程造价咨询人编制，由发包人或受其委托具有相应资质的工程造价咨询人核对。工程竣工结算编制的主要依据有：

（1）《建设工程工程量清单计价规范》GB 50500—2013；

（2）工程合同；

（3）发、承包双方实施过程中已确认的工程量及其结算的合同价款；

（4）发、承包双方实施过程中已确认调整后追加（减）的合同价款；

（5）建设工程设计文件及相关资料；

（6）投标文件；

（7）其他依据。

（二）工程竣工结算的计价原则

在采用工程量清单计价的方式下，工程竣工结算的编制应当规定的计价原则如下：

（1）分部分项工程和措施项目中的单价项目应依据双方确认的工程量与已标价工程量清单的综合单价计算；如发生调整的，以发承包双方确认调整的综合单价计算。

（2）措施项目中的总价项目应依据合同约定的项目和金额计算；如发生调整的，以发承包双方确认调整的金额计算，其中安全文明施工费必须按照国家或省级、行业建设主管部门的规定计算。

（3）其他项目应按下列规定计价：

1）计日工应按发包人实际签证确认的事项计算；

2）暂估价应按发、承包双方按照《建设工程工程量清单计价规范》GB 50500—2013 的相关规定计算；

3）总承包服务费应依据合同约定金额计算，如发生调整的，以发承包双方确认调整的金额计算；

4）施工索赔费用应依据发承包双方确认的索赔事项和金额计算；

5）现场签证费用应依据发承包双方签证资料确认的金额计算；

6）暂列金额应减去工程价款调整（包括索赔、现场签证）金额计算，如有余额归发包人。

（4）规费和税金应按照国家或省级、行业建设主管部门的规定计算。规费中的工程排污费应按工程所在地环境保护部门规定标准缴纳后按实列入。

此外，发承包双方在合同工程实施过程中已经确认的工程计量结果和合同价款，在竣工结算办理中应直接进入结算。

采用总价合同的，应在合同总价基础上，对合同约定能调整的内容及超过合同约定范围的风险因素进行调整；采用单价合同的，在合同约定风险范围内的综合单价应固定不变，并应按合同约定进行计量，且应按实际完成的工程量进行计量。

（三）竣工结算的审核

（1）国有资金投资建设工程的发包人，应当委托具有相应资质的工程造价咨询企业对竣工结算文件进行审核，并在收到竣工结算文件后的约定期限内向承包人提出由工程造价咨询企业出具的竣工结算文件审核意见；逾期未答复的，按照合同约定处理，合同没有约定的，竣工结算文件视为已被认可。

（2）非国有资金投资的建筑工程发包人，应当在收到竣工结算文件后的约定期限内予以答复，逾期未答复的，按照合同约定处理，合同没有约定的，竣工结算文件视为已被认可；发包人对竣工结算文件有异议的，应当在答复期内向承包人提出，并可以在提出异议日起的约定期限内与承包人协商；发包人在协商期内未与承包人协商或者经协商未能与承包人达成协议的，应当委托工程造价咨询企业进行竣工结算审核，并在协商期满后的约定期限内向承包人提出由工程造价咨询企业出具的竣工结算文件审核意见。

（3）发包人委托工程造价咨询机构核对竣工结算的，工程造价咨询机构应在规定期限内核对完毕，核对结论与承包人竣工结算文件不一致的，应提交给承包人复核，承包人应在规定期限内将同意核对结论或不同意见的说明提交工程造价咨询机构。工程造价咨询机构收到承包人提出的异议后，应再次复核，复核无异议的，发承包双方应在规定期限内在竣工结算文件上签字确认，竣工结算办理完毕；复核后仍有异议的，对于无异议部分办理不完全竣工结算；有异议部分由发承包双方协商解决，协商不成的，按照合同约定的争议解决方式处理。

承包人逾期未提出书面异议的，视为工程造价咨询机构核对的竣工结算文件已经承包人认可。

（4）接受委托的工程造价咨询机构从事竣工结算审核工作通常应包括下列三个阶段：

1）准备阶段。准备阶段应包括收集、整理竣工结算审核项目的审核依据资料，做好送审资料的交验、核实、签收工作，并应对资料的缺陷向委托方提出书面意见及要求。

2）审核阶段应包括现场踏勘核实，召开审核会议，澄清问题，提出补充依据性资料和必要的弥补性措施，形成会商纪要，进行计量、计价审核与确定工作，完成初步审核报告。

3）审定阶段应包括就竣工结算审核意见与承包人和发包人进行沟通，召开协调会议，处理分歧事项，形成竣工结算审核成果文件，签认竣工结算审定签署表，提交竣工结算审核报告等工作。

（5）竣工结算审核的成果文件应包括竣工结算审核书封面、签署页、竣工结算审核报告、竣工结算审定签署表、竣工结算审核汇总对比表、单项工程竣工结算审核汇总对比表、单位工程竣工结算审核汇总对比表等。

（6）竣工结算审核应采用全面审核法，除委托咨询合同另有约定外，不得采用重点审核法、抽样审核法或类比审核法等其他方法。

（四）质量争议工程的竣工结算

发包人对工程质量有异议，拒绝办理工程竣工结算的：

（1）已经竣工验收或已竣工未验收但实际投入使用的工程，其质量争议按该工程保修合同执行，竣工结算按合同约定办理；

（2）已竣工未验收且未实际投入使用的工程以及停工、停建工程的质量争议，双方应就有争议的部分委托有资质的检测鉴定机构进行检测，根据检测结果确定解决方案，或按工程质量监督机构的处理决定执行后办理竣工结算，无争议部分的竣工结算按合同约定办理。

二、竣工结算款的支付

工程竣工结算文件经发承包双方签字确认的，应当作为工程结算的依据，未经对方同意，另一方不得就已生效的竣工结算文件委托工程造价咨询企业重复审核。发包人应当按照竣工结算文件及时支付竣工结算款。竣工结算文件应当由发包人报工程所在地县级以上地方人民政府住房和城乡建设主管部门备案。

（一）承包人提交竣工结算款支付申请

承包人应根据办理的竣工结算文件，向发包人提交竣工结算款支付申请。该申请应包括下列内容：

（1）竣工结算合同价款总额；

（2）累计已实际支付的合同价款；

（3）应扣留的质量保证金；

（4）实际应支付的竣工结算款金额。

（二）发包人签发竣工结算支付证书

发包人应在收到承包人提交竣工结算款支付申请后规定时间内予以核实，向承包人签发竣工结算支付证书。

（三）支付竣工结算款

发包人签发竣工结算支付证书后的规定时间内，按照竣工结算支付证书列明的金额向承包人支付结算款。

发包人在收到承包人提交的竣工结算款支付申请后的规定时间内不予核实，不向承包人签发竣工结算支付证书的，视为承包人的竣工结算款支付申请已被发包人认可；发包人应在收到承包人提交的竣工结算款支付申请规定时间内，按照承包人提交的竣工结算款支付申请列明的金额向承包人支付结算款。

发包人未按照规定的程序支付竣工结算款的，承包人可催告发包人支付，并有权获得延迟支付的利息。发包人在竣工结算支付证书签发后或者在收到承包人提交的竣工结算款支付申请规定时间内仍未支付的，除法律另有规定外，承包人可与发包人协商将该工程折价，也可直接向人民法院申请将该工程依法拍卖。承包人就该工程折价或拍卖的价款优先受偿。

三、合同解除的价款结算与支付

发承包双方协商一致解除合同的，按照达成的协议办理结算和支付合同价款。

（一）不可抗力解除合同

由于不可抗力解除合同的，发包人除应向承包人支付合同解除之日前已完成工程但尚未支付的合同价款，还应支付下列金额：

（1）合同中约定应由发包人承担的费用；

（2）已实施或部分实施的措施项目应付价款；

（3）承包人为合同工程合理订购且已交付的材料和工程设备货款。发包人一经支付此项货款，该材料和工程设备即成为发包人的财产；

（4）承包人撤离现场所需的合理费用，包括员工遣送费和临时工程拆除、施工设备运离现场的费用；

（5）承包人为完成合同工程而预期开支的任何合理费用，且该项费用未包括在本款其他各项支付之内。

发承包双方办理结算合同价款时，应扣除合同解除之日前发包人应向承包人收回的价款。当发包人应扣除的金额超过了应支付的金额，则承包人应在合同解除后的56天内将其差额退还给发包人。

（二）违约解除合同

（1）承包人违约。因承包人违约解除合同的，发包人应暂停向承包人支付任何价款。发包人应在合同解除后规定时间内核实合同解除时承包人已完成的全部合同价款以及按施工进度计划已运至现场的材料和工程设备货款，按合同约定核算承包人应支付的违约金以及造成损失的索赔金额，并将结果通知承包人。发承包双方应在规定时间内予以确认或提出意见，并办理结算合同价款，如果发包人应扣除的金额超过了应支付的金额，则承包人应在合同解除后的规定时间内将其差额退还给发包人。发承包双方不能就解除合同后的结算达成一致的，按照合同约定的争议解决方式处理。

（2）因发包人违约解除合同的，发包人除应按照有关不可抗力解除合同的规定向承包人支付各项价款外，还需按合同约定核算发包人应支付的违约金以及给承包人造成损失或损害的索赔金额费用。该笔费用由承包人提出，发包人核实后与承包人协商确定后的规定时间内向承包人签发支付证书。协商不能达成一致的，按照合同约定的争议解决方式处理。

14.2.4　最终结清

所谓最终结清，是指合同约定的缺陷责任期终止后，承包人已按合同规定完成全部剩余工作且质量合格的，发包人与承包人结清全部剩余款项的活动。

一、最终结清申请单

缺陷责任期终止后，承包人已按合同规定完成全部剩余工作且质量合格的，发包人签发缺陷责任期终止证书，承包人可按合同约定的份数和期限向发包人提交最终结清申请单，并提供相关证明材料，详细说明承包人根据合同规定已经完成的全部工程价款金额以及承包人认为根据合同规定应进一步支付的其他款项。发包人对最终结清申请单内容有异议的，有权要求承包人进行修正和提供补充资料，由承包人向发包人提交修正后的最终结清申请单。

二、最终支付证书

发包人收到承包人提交的最终结清申请单后的规定时间内予以核实，向承包人签发最终支付证书。发包人未在约定时间内核实，又未提出具体意见的，视为承包人提交的最终结清申请单已被发包人认可。

三、最终结清付款

发包人应在签发最终结清支付证书后的规定时间内，按照最终结清支付证书列明的金额向承包人支付最终结清款。承包人按合同约定接受了竣工结算支付证书后，应被认为已无权再提出在合同工程接收证书颁发前所发生的任何索赔。承包人在提交的最终结清申请中，只限于提出工程接收证书颁发后发生的索赔。提出索赔的期限自接受最终支付证书时终止。发包人未按期支付的，承包人可催告发包人在合理的期限内支付，并有权获得延迟支付的利息。

最终结清时，如果承包人被扣留的质量保证金不足以抵减发包人工程缺陷修复费用的，承包人应承担不足部分的补偿责任。

最终结清付款涉及政府投资资金的，按照国库集中支付等国家相关规定和专用合同条款的约定办理。

承包人对发包人支付的最终结清款有异议的，按照合同约定的争议解决方式处理。

14.2.5 合同价款纠纷的处理

建设工程合同价款纠纷，是指发承包双方在建设工程合同价款的约定、调整以及结算等过程中所发生的争议。按照争议合同的类型不同，可以把工程合同价款纠纷分为总价合同价款纠纷、单价合同价款纠纷以及成本加酬金合同价款纠纷；按照纠纷发生的阶段不同，可以分为合同价款约定纠纷、合同价款调整纠纷和合同价款结算纠纷；按照纠纷的成因不同，可以分为合同无效的价款纠纷、工期延误的价款纠纷、质量争议的价款纠纷以及工程索赔的价款纠纷。

建设工程合同价款纠纷的解决途径主要有四种：和解、调解、仲裁和诉讼。建设工程合同发生纠纷后，当事人可以通过和解或者调解解决合同争议。当事人不愿和解、调解或者和解、调解不成的，可以根据仲裁协议向仲裁机构申请仲裁。当事人没有订立仲裁协议或者仲裁协议无效的，可以向人民法院起诉。当事人应当履行发生法律效力的法院判决或裁定、仲裁裁决、法院或仲裁调解书；拒不履行的，对方当事人可以请求人民法院执行。

14.3 质量保证金的处理

14.3.1 缺陷责任期的概念和期限

一、缺陷责任期与保修期的概念区别

（1）缺陷责任期。缺陷是指建设工程质量不符合工程建设强制标准、设计文件，以及承包合同的约定。缺陷责任期是指承包人对已交付使用的合同工程承担合同约定的缺陷修复责任的期限。

（2）保修期。建设工程保修期是指在正常使用条件下，建设工程的最低保修期限。其期限长短由《建设工程质量管理条例》规定。

二、缺陷责任期与保修期的期限

（1）缺陷责任期的期限。缺陷责任期从工程通过竣工验收之日起计。由于承包人原因导致工程无法按规定期限进行竣工验收的，缺陷责任期从实际通过竣工验收之日起计。由于发包人原因导致工程无法按规定期限进行竣工验收的，在承包人提交竣工验收报告 90 天后，工程自动进入缺陷责任期。缺陷责任期一般为 1 年，最长不超过 2 年，由发、承包双方在合同中约定。

（2）保修期的期限。保修期自实际竣工日期起计算，按照《建设工程质量管理条例》的规定，保修期限如下：

1）地基基础工程和主体结构工程，为设计文件规定的该工程的合理使用年限；

2）屋面防水工程，有防水要求的卫生间、房间和外墙面的防渗漏为 5 年；

3）供热与供冷系统为 2 个采暖期和供热期；

4）电气管线、给排水管道、设备安装和装修工程为 2 年。

14.3.2 质量保证金的使用及返还

一、质量保证金的含义

根据《建设工程质量保证金管理办法》（建质〔2017〕138 号）的规定，建设工程质量保证金（以下简称保证金）是指发包人与承包人在建设工程承包合同中约定，从应付的工程款中预留，用以保证承包人在缺陷责任期内对建设工程出现的缺陷进行维修的资金。

二、质量保证金预留及管理

（1）质量保证金的预留。发包人应按照合同约定方式预留质量保证金，质量保证金总预留比例不得高于工程价款结算总额的 3%。合同约定由承包人以银行保函替代预留质量保证金的，保函金额不得高于工程价款结算总额的 3%。在工程项目竣工前，已经缴纳履约保证金的，发包人不得同时预留工程质量保证金。采用工程质量保证担保、工程质量保险等其他方式的，发包人不得再预留质量保证金。

（2）缺陷责任期内，实行国库集中支付的政府投资项目，质量保证金的管理应按国库集中支付的有关规定执行。其他政府投资项目，质量保证金可以预留在财政部门或发包方。缺陷责任期内，如发包方被撤销，质量保证金随交付使用资产一并移交使用单位，由使用单位代行发包人职责。社会投资项目采用预留质量保证金方式的，发承包双方可以约定将质量保证金交由金融机构托管。

（3）质量保证金的使用。缺陷责任期内，由承包人原因造成的缺陷，承包人应负责维修，并承担鉴定及维修费用。如承包人不维修也不承担费用，发包人可按合同约定从质量保证金或银行保函中扣除，费用超出质量保证金额的，发包人可按合同约定向承包人进行索赔。承包人维修并承担相应费用后，不免除对工程的损失赔偿责任。由他人及不可抗力原因造成的缺陷，发包人负责组织维修，承包人不承担费用，且发包人不得从质量保证金中扣除费用。发承包双方就缺陷责任有争议时，可以请有资质的单位进行鉴定，责任方承担鉴定费用并承担维修费用。

三、质量保证金的返还

缺陷责任期内，承包人认真履行合同约定的责任，到期后，承包人向发包人申请返还质量保证金。

发包人在接到承包人返还质量保证金申请后，应于 14 天内会同承包人按照合同约定的内容进行核实。如无异议，发包人应当按照约定将质量保证金返还给承包人。对返还期限没有约定或者约定不明确的，发包人应当在核实后 14 天内将质量保证金返还承包人，逾期未返还的，依法承担违约责任。发包人在接到承包人返还质量保证金申请后 14 天内不予答复，经催告后 14 天内仍不予答复，视同认可承包人的返还保证金申请。

第 15 章　安装工程竣工决算价款的编制

【本章提示】通过学习本章，学习人员应了解建设项目竣工验收的条件及内容，建设项目竣工验收的方式，建设项目竣工验收报告，建设项目竣工决算的概念，建设项目竣工决算的作用，竣工决算的内容，竣工决算的编制。

15.1　工程竣工验收

15.1.1　建设项目竣工验收的范围和依据

建设项目竣工验收是指由发包人、承包人和项目验收委员会，以项目批准的设计任务书和设计文件，以及国家或部门颁发的施工验收规范和质量检验标准为依据，按照一定的程序和手续，在项目建成并试生产合格后（工业生产性项目），对工程项目的总体进行检验和认证、综合评价和鉴定的活动。按照我国建设程序的规定，竣工验收是建设工程的最后阶段，是建设项目施工阶段和保修阶段的中间过程，是全面检验建设项目是否符合设计要求和工程质量检验标准的重要环节，审查投资使用是否合理的重要环节，是投资成果转入生产或使用的标志。只有经过竣工验收，建设项目才能实现由承包人管理向发包人管理的过渡，它标志着建设成果投入生产或使用，对促进建设项目及时投产或交付使用、发挥投资效果、总结建设经验有着重要的作用。

一、建设项目竣工验收的条件及范围

（一）竣工验收的条件

《建设工程质量管理条例》规定，建设工程竣工验收应当具备以下条件：

（1）完成建设工程设计和合同约定的各项内容，主要是指设计文件所确定的、在承包合同中载明的工作范围，也包括监理工程师签发的变更通知单中所确定的工作内容。

（2）有完整的技术档案和施工管理资料。

（3）有工程使用的主要建筑材料、建筑构配件和设备的进场试验报告。对建设工程使用的主要建筑材料、建筑构配件和设备的进场，除具有质量合格证明资料外，还应当有试验、检验报告。试验、检验报告中应当注明其规格、型号、用于工程的哪些部位、批量批次、性能等技术指标，其质量要求必须符合国家规定的标准。

（4）有勘察、设计、施工、工程监理等单位分别签署的质量合格文件，勘察、设计、施工、工程监理等有关单位依据工程设计文件及承包合同所要求的质量标准，对竣工工程进行检查和评定，符合规定的，签署合格文件。

（5）有施工单位签署的工程保修书。

（二）竣工验收的范围

国家颁布的建设法规规定，凡新建、扩建、改建的基本建设项目和技术改造项目（所有列入固定资产投资计划的建设项目或单项工程），已按国家批准的设计文件所规定的内容建成，符合验收标准，即工业投资项目经负荷试车考核，试生产期间能够正常生产出合格产品，形成生产能力的；非工业投资项目符合设计要求，能够正常使用的，不论是属于哪种建设性质，都应及时组织验收，办理固定资产移交手续。

有的工期较长、建设设备装置较多的大型工程。为了及时发挥其经济效益，对其能够独立生产的单项工程，也可以根据建成时间的先后顺序，分期分批地组织竣工验收；对能生产中间产品的一些单项工程，不能提前投料试车，可按生产要求与生产最终产品的工程同步建成竣工后，再进行全部验收。

对于某些特殊情况，工程施工虽未全部按设计要求完成，也应进行验收。

二、建设项目竣工验收的依据和标准

（一）竣工验收的依据

建设项目竣工验收的主要依据包括：

（1）上级主管部门对该项目批准的各种文件；

（2）可行性研究报告；

（3）施工图设计文件及设计变更洽商记录；

（4）国家颁布的各种标准和现行的施工验收规范；

（5）工程承包合同文件；

（6）技术设备说明书；

（7）建筑安装工程统一规定及主管部门关于工程竣工的规定；

（8）从国外引进的新技术和成套设备的项目，以及中外合资建设项目，要按照签订的合同和进口国提供的设计文件等进行验收；

（9）利用世界银行等国际金融机构贷款的建设项目，应按世界银行规定，按时编制《项目完成报告》。

（二）竣工验收的标准

（1）工业建设项目竣工验收标准。根据国家规定，工业建设项目竣工验收、交付生产使用，必须满足以下要求：

1）生产性项目和辅助性公用设施，已按设计要求完成，能满足生产使用。

2）主要工艺设备配套经联动负荷试车合格，形成生产能力，能够生产出设计文件所规定的产品。

3）有必要的生活设施，并已按设计要求建成合格。

4）生产准备工作能适应投产的需要。

5）环境保护设施，劳动、安全、卫生设施，消防设施，已按设计要求与主体工程同时建成使用。

6）设计和施工质量已经过质量监督部门检验并做出评定。

7）工程结算和竣工决算通过有关部门审查和审计。

（2）民用建设项目竣工验收标准。

1）建设项目各单位工程和单项工程，均已符合项目竣工验收标准。

2）建设项目配套工程和附属工程，均已施工结束，达到设计规定的相应质量要求，并具备正常使用条件。

三、建设项目竣工验收的内容

不同的建设项目竣工验收的内容可能有所不同，但一般包括工程资料验收和工程内容验收两部分。

（一）工程资料验收

包括工程技术资料、工程综合资料和工程财务资料验收三个方面的内容。

（二）工程内容验收

工程内容验收包括建筑工程验收和安装工程验收。其中，安装工程验收分为建筑设备安装工程、工艺设备安装工程和动力设备安装工程验收，主要包括：

（1）建筑设备安装工程包括：民用建筑物中的上下水管道、暖气、天然气或煤气、通风、电气照明等。验收时应检查这些设备的规格、型号、数量、质量是否符合设计要求，检查安装时的材料、材质、材种，检查试压、闭水试验、照明。

（2）工艺设备安装工程包括：生产、起重、传动、实验等设备的安装，以及附属管线敷设和油漆、保温等。验收时应检查设备的规格、型号、数量、质量、设备安装的位置、标高、机座尺寸、质量、单机试车、无负荷联动试车、有负荷联动试车是否符合设计要求，检查管道的焊接质量、洗清、吹扫、试压、试漏、油漆、保温等及各种阀门。

（3）动力设备安装工程验收是指有自备电厂的项目的验收，或变配电室（所）、动力配电线路的验收。

15.1.2 建设项目竣工验收的方式与程序

一、建设项目竣工验收的组织

（一）成立竣工验收委员会或验收组

大、中型和限额以上建设项目及技术改造项目，由国家发改委或国家发改委委托项目主管部门、地方政府部门组织验收；小型和限额以下建设项目及技术改造项目，由项目主管部门或地方政府部门组织验收。建设主管部门和建设单位（业主）、接管单位、施工单位、勘察设计及工程监理等有关单位参加验收工作；根据工程规模大小和复杂程度组成验收委员会或验收组，其人员构成应由银行、物资、环保、劳动、统计、消防及其他有关部门的专业技术人员和专家组成。

（二）验收委员会或验收组的职责

（1）负责审查工程建设的各个环节，听取各有关单位的工作报告。

（2）审阅工程档案资料，实地考察建筑工程和设备安装工程情况。

（3）对工程设计、施工和设备质量、环境保护、安全卫生、消防等方面客观地做出全面的评价。

（4）处理交接验收过程中出现的有关问题，核定移交工程清单，签订交工验收证书。

（5）签署验收意见，对遗留问题应提出具体解决意见并限期落实完成。不合格工程不予验收。并提出竣工验收工作的总结报告和国家验收鉴定书。

二、建设项目竣工验收的方式

为了保证建设项目竣工验收的顺利进行，验收必须遵循一定的程序，并按照建设项目总体计划的要求以及施工进展的实际情况分阶段进行。建设项目竣工验收，按被验收的对象划分，可分为：单位工程验收、单项工程验收及工程整体验收（称为“动用验收”），见表 15.1.2。

表 15.1.2 不同阶段的工程验收

乘　型	验 收 条 件	验 收 组 织
单位工程验收（中间验收）	1. 按照施工承包合同的约定，施工完成到某一阶段后要进行中间验收 2. 主要的工程部位施工已完成了隐蔽前的准备工作，该工程部位将置于无法查看的状态	由监理单位组织，业主和承包商派人参加，该部位的验收资料将作为最终验收的依据
单项工程验收（交工验收）	1. 建设项目中的某个合同工程已全部完成 2. 合同内约定有单项移交的工程已达到竣工标准，可移交给业主投入试运行	由业主组织，会同施工单位，监理单位、设计单位及使用单位等有关部门共同进行
工程整体验收（动用验收）	1. 建设项目按设计规定全部建成，达到竣工验收条件 2. 初验结果全部合格 3. 竣工验收所需资料已准备齐全	大中型和限额以上项目由国家发改委或由其委托项目主管部门或地方政府部门组织验收；小型和限额以下项目由项目主管部门组织验收；业主、监理单位、施工单位、设计单位和使用单位参加验收工作

三、建设项目竣工验收管理与备案

（一）竣工验收报告

建设项目竣工验收合格后，建设单位应当及时提出工程竣工验收报告。工程竣工验收报告主要包括工程概况，建设单位执行基本建设程序情况，对工程勘察、设计、施工、监理等方面的评价，工程竣工验收时间、程序、内容和组织形式，工程竣工验收意见等内容。

工程竣工验收报告还应附有下列文件：

（1）施工许可证；

（2）施工图设计文件审查意见；

（3）验收组人员签署的工程竣工验收意见；

（4）市政基础设施工程应附有质量检测和功能性试验资料；

（5）施工单位签署的工程质量保修书；

（6）法规、规章规定的其他有关文件。

（二）竣工验收的管理

（1）国务院建设行政主管部门负责全国工程竣工验收的监督管理工作。

（2）县级以上地方人民政府建设行政主管部门负责本行政区域内工程竣工验收监督管理工作。

（3）工程竣工验收工作，由建设单位负责组织实施。

（4）县级以上地方人民政府建设行政主管部门应当委托工程质量监督机构对工程竣工验收实施监督。

（5）负责监督该工程的工程质量监督机构应当对工程竣工验收的组织形式、验收程序、执行验收标准等情况进行现场监督，发现有违反建设工程项目质量管理规定行为的，责令改正，并将对工程竣工验收的监督情况作为工程质量监督报告的重要内容。

（三）竣工验收的备案

（1）国务院建设行政主管部门负责全国房屋建筑工程和市政基础设施工程的竣工验收备案管理工作。县级以上地方人民政府建设行政主管部门负责本行政区域内工程的竣工验收备案管理工作。

（2）依照《房屋建筑工程和市政基础设施工程竣工验收备案管理暂行办法》的规定，建设单位应当自工程竣工验收合格之日起 15 日内，向工程所在地的县级以上地方人民政府建设行政主管部门备案。

15.2 竣工决算的概念及作用

15.2.1 建设项目竣工决算的概念

项目竣工决算是指所有项目竣工后，项目单位按照国家有关规定在项目竣工验收阶段编制的竣工决算报告。竣工决算是以实物数量和货币指标为计量单位，综合反映竣工建设项目全部建设费用、建设成果和财务状况的总结性文件，是竣工验收报告的重要组成部分，竣工决算是正确核定新增固定资产价值，考核分析投资效果，建立健全经济责任制的依据，是反映建设项目实际造价和投资效果的文件。竣工决算是建设工程经济效益的全面反映，是项目法人核定各类新增资产价值、办理其交付使用的依据。竣工决算是工程造价管理的重要组成部分，做好竣工决算是全面完成工程造价管理目标的关键性因素之一。通过竣工决算，既能够正确反映建设工程的实际造价和投资结果；又可以通过竣工决算与概算、预算的对比分析，考核投资控制的工作成效，为工程建设提供重要的技术经济方面的基础资料，提高未来工程建设的投资效益。

项目竣工时，应编制建设项目竣工财务决算。建设周期长、建设内容多的项目，单项工程竣工，具备交付使用条件的，可编制单项工程竣工财务决算。建设项目全部竣工后应编制竣工财务总决算。

15.2.2 建设项目竣工决算的作用

（1）建设项目竣工决算是综合全面地反映竣工项目建设成果及财务情况的总结性文件，它采用货币指标、实物数量、建设工期和各种技术经济指标综合、全面地反映建设项目自开始建设到竣工为止全部建设成果和财务状况。

（2）建设项目竣工决算是办理交付使用资产的依据，也是竣工验收报告的重要组成部分。建设单位与使用单位在办理交付资产的验收交接手续时，通过竣工决算反映了交付使用资产的全部价值，包括固定资产、流动资产、无形资产和其他资产的价值。及时编制竣工决算可以正确核定固定资产价值并及时办理交付使用，可缩短工程建设周期，节约建设项目投资，准确考核和分析投资效果。可作为建设主管部门向企业使用单位移交财产的依据。

（3）建设项目竣工决算是分析和检查设计概算的执行情况，考核建设项目管理水平和投资效果的依据。竣工决算反映了竣工项目计划、实际的建设规模、建设工期以及设计和实际的生产能力，反映了概算总投资和实际的建设成本，同时还反映了所达到的主要技术经济指标。通过对这些指标计划数、概算数与实际数进行对比分析，不仅可以全面掌握建设项目计划和概算执行情况，而且可以考核建设项目投资效果，为今后制订建设项目计划，降低建设成本，提高投资效果提供必要的参考资料。

15.3 竣工决算的内容与编制

建设项目竣工决算应包括从筹集到竣工投产全过程的全部实际费用，即包括建筑工程费、安装工程费、设备工器具购置费用及预备费等费用。根据财政部、国家发改委、住房和城乡建设部的有关文件规定，竣工决算是由竣工财务决算说明书、竣工财务决算报表、工程竣工图和工程竣工造价对比分析四部分组成。其中竣工财务决算说明书和竣工财务决算报表两部分又称建设项目竣工财务决算，是竣工决算的核心内容。竣工财务决算是正确核定项目资产价值、反映竣工项目建设成果的文件，是办理资产移交和产权登记的依据。

15.3.1 竣工财务决算说明书

（1）竣工财务决算说明书主要反映竣工工程建设成果和经验，是对竣工决算报表进行分析和补充说明的文件，是全面考核分析工程投资与造价的书面总结，是竣工决算报告的重要组成部分竣工财务决算报表。

（2）建设项目竣工决算报表包括：基本建设项目概况表，基本建设项目竣工财务决算表，基本建设项目资金情况明细表，基本建设项目交付使用资产总表，基本建设项目交付使用资产明细表，待摊投资明细表，待核销基建支出明细表，转出投资明细表等。

15.3.2 建设工程竣工图

建设工程竣工图是真实地记录各种地上、地下建筑物和构筑物等情况的技术文件，是工程进行交工验收、维护、改建和扩建的依据，是国家的重要技术档案。全国各建设、设计、施工单位和各主管部门都要认真做好竣工图的编制工作。国家规定：各项新建、扩建、改建的基本建设工程，特别是基础、地下建筑、管线、结构、井巷、桥梁、隧道、港口、水坝以及设备安装等隐蔽部位，都要编制竣工图。为确保竣工图质量，必须在施工过程中（不能在竣工后）及时做好隐蔽工程检查记录，整理好设计变更文件。编制竣工图的形式和深度，应根据不同情况区别对待，其具体要求包括：

（1）凡按图竣工没有变动的，由承包人（包括总包和分包承包人，下同）在原施工上加盖“竣工图”表之后，即作为竣工图。

（2）凡在施工过程中，虽有一般性设计变更，但能将原施工图加以修改补充作为竣工图的，可不重新绘制，由承包人负责在原施工图（必须是新蓝图）上注明修改的部分，并附以设计变更通知单和施工说明，加盖“竣工图”标志后，作为竣工图。

（3）凡结构形式改变、施工工艺改变、平面布置改变、项目改变以及有其他重大改变，不宜再在原施工图上修改、补充时，应重新绘制改变后的竣工图。由原设计原因造成的，由设计单位负责重新绘制；由施工原因造成的，由承包人负责重新绘图；由其他原因造成的，由建设单位自行绘制或委托设计单位绘制。承包人负责在新图上加盖“竣工图”标志，并附以有关记录和说明作为竣工图。

（4）为了满足竣工验收和竣工决算需要，还应绘制反映竣工工程全部内容的工程设计平面示意图。

（5）重大的改建、扩建工程项目涉及原有的工程项目变更时，应将相关项目的竣工图资料统一整理归档，并在原图案卷内增补必要的说明一起归档。

15.3.3 工程造价对比分析

对控制工程造价所采取的措施、效果及其动态的变化需要进行认真地比较对比，总结经验教训。批准的概算是考核建设工程造价的依据。在分析时，可先对比整个项目的总概算，然后将建筑安装工程费、设备工器具费和其他工程费用逐一与竣工决算表中所提供的实际数据和相关资料及批准的概算、预算指标、实际的工程造价进行对比分析，以确定竣工项目总造价是节约还是超支，并在对比的基础上，总结先进经验，找出节约和超支的内容和原因，提出改进措施。在实际工作中，应主要分析以下内容：

（1）考核主要实物工程量。对于实物工程量出入比较大的情况，必须查明原因。

（2）考核主要材料消耗量。要按照竣工决算表中所列明的三大材料实际超概算的消耗量，查明是在工程的哪个环节超出量最大，再进一步查明超耗的原因。

（3）考核建设单位管理费、措施费和间接费的取费标准。建设单位管理费、措施费和间接费的取费标准要按照国家和各地的有关规定，根据竣工决算报表中所列的建设单位管理费与概预算所列的建设单位管理费数额进行比较，依据规定查明是否多列或少列的费用项目，确定其节约超支的数额，并查明原因。

15.3.4 竣工决算的编制

一、建设项目竣工决算的编制条件

（1）经批准的初步设计所确定的工程内容已完成；

（2）单项工程或建设项目竣工结算已完成；

（3）收尾工程投资和预留费用不超过规定的比例；

（4）涉及法律诉讼、工程质量纠纷的事项已处理完毕；

（5）其他影响工程竣工决算编制的重大问题已解决。

二、建设项目竣工决算的编制依据

（1）《基本建设财务规则》（财政部第 81 号令）等法律、法规和规范性文件；项目计划任务书及立项批复文件；

（2）项目总概算书和单项工程概算书文件；

（3）经批准的设计文件及设计交底、图纸会审资料；

（4）招标文件和最高投标限价；

（5）工程合同文件；

（6）项目竣工结算文件；

（7）工程签证、工程索赔等合同价款调整文件；

（8）设备、材料调价文件记录；

（9）会计核算及财务管理资料；

（10）其他有关项目管理的文件。

三、竣工决算的编制要求

为了严格执行建设项目竣工验收制度，正确核定新增固定资产价值，考核分析投资效果，建立健全经济责任制，所有新建、扩建和改建等建设项目竣工后，都应及时、完整、正确的编制好竣工决算。建设单位要做好以下工作：

（1）按照规定组织竣工验收，保证竣工决算的及时性。对建设工程的全面考核，所有的建设项目（或单项工程）按照批准的设计文件所规定的内容建成后，具备了投产和使用条件的，都要及时组织验收。对于竣工验收中发现的问题，应及时查明原因，采取措施加以解决，以保证建设项目按时交付使用和及时编制竣工决算。

（2）积累、整理竣工项目资料，保证竣工决算的完整性。积累、整理竣工项目资料是编制竣工决算的基础工作，它关系到竣工决算的完整性和质量的好坏。因此，在建设过程中，建设单位必须随时收集项目建设的各种资料，并在竣工验收前，对各种资料进行系统整理，分类立卷，为编制竣工决算提供完整的数据资料，为投产后加强固定资产管理提供依据。在工程竣工时，建设单位应将各种基础资料与竣工决算一起移交给生产单位或使用单位。

（3）清理、核对各项账目，保证竣工决算的正确性。工程竣工后，建设单位要认真核实各项交付使用资产的建设成本；做好各项账务、物资以及债权的清理结余工作，应偿还的及时偿还，该收回的应及时收回，对各种结余的材料、设备、施工机械工具等，要逐项清点核实，妥善保管，按照国家有关规定进行处理不得任意侵占；对竣工后的结余资金，要按规定上交财政部门或上级主管部门。在完成上述工作，核实了各项数字的基础上，正确编制从年初起到竣工月份止的竣工年度财务决算，以便根据历年的财务决算和竣工年度财务决算进行整理汇总，编制建设项目竣工决算。

第四篇

安装工程计量与计价应用

【本篇提示】《全国二级造价工程师职业资格考试大纲》要求学习人员应掌握电气设备安装、给排水安装工程、通风空调安装工程、消防工程各专业的清单工程量和组价工程量计算、分部分项工程量清单编制、措施项目清单编制、其他项目清单编制、税金项目清单编制以及综合单价分析计算、投标报价编制等内容，并结合《建设工程工程量清单计价规范》GB 50500—2013、《通用安装工程工程量计算规范》GB 50856—2013、《广东省通用安装工程综合定额（2018）》《深圳市安装工程消耗量标准（2003）》进行全面学习。

第 16 章　电气设备安装工程实例

16.1　电气设备安装工程量清单编制案例

16.1.1　电气设备安装工程概况及工程量清单编制要求

工程量清单编制案例如图 16.1.1–1~ 图 16.1.1–4 和表 16.1.1–2 所示。

一、工程情况及设计说明

（1）本工程为广州市辖区内某六层高办公楼电气安装工程，首层为商场，层高为 3.5m，标准层二至六层为办公区，各层高均为 3.5m，天面梯屋高度为 3m，天面水池高度为 2.5m，天面女儿墙高为 1m，达到广东省标准《建筑工程绿色施工评价标准》DBJ/T 15–97–2013 的要求。

（2）电源由室外低压配电房引入至本办公楼首层总配电箱（M），采用三相四线制供电。从首层总配电箱（M）出线至首层层间配电箱（M1）进线采用难燃铜芯单塑线直接穿过；从首层层间配电箱（M1）出线至商场配电箱（M1–1、M1–2）进线采用难燃铜芯单塑线穿难燃线管暗敷；二至六层层间配电箱（M2~6）电源由首层总配电箱（M）采用难燃铜芯单塑线穿难燃线管暗敷。

（3）商场用电由商场配电箱（M1–1、M1–2）采用难燃铜芯单塑线穿难燃线管方式供给，其余各层用电分别由同层层间配电箱（M2~6）采用难燃铜芯单塑线穿难燃线管方式供给。

（4）所有电气配管均需配合土建预埋。

（5）配电箱规格（长 × 宽 × 厚）分别为 M：500×400×120；M1：300×200×120；M1–1~2：400×200×120；M2~6：300×200×120；M2~6–1、M2~6–2：300×200×120。

（6）配电设备安装高度和安装方式

配电箱箱底离楼地面 1.7m 暗装；扳式开关离楼地面 1.4m 暗装；插座离楼地面 0.3m 暗装，插座配管暗敷设在同层地板内。应急灯、排气扇均离楼地面 2.3m 壁装，所配用插座在相应的应急灯、排气扇正上方离楼地面 3m 暗装，其配管暗敷设在同层顶板内。其余灯具除注明者外均为吸顶式安装。除配电箱为甲方供应外，其余材料均为乙方供应。

（7）工程完工后接地电阻值不得大于 4Ω。

（8）导线穿管见表 16.1.1–1。

表 16.1.1–1　导线穿管表

导线截面	ZR–BV–2.5mm²			ZR–BV–6mm²			ZR–BV–10mm²		
导线根数	2~3	4~6	7~8	2~3	4~6	7~8	2	3~5	6~7
电线管直径（mm）	20	25	32	25	32	40	25	32	40

二、清单工程量计算范围

从首层总配电箱（M）出线（包括配电箱本体）开始计算至各用电负载止（包括用电器具）。不考虑凿槽刨沟、打孔工程量。除有尺寸标注外，水平管线长度以图示比例计算。

工程计量时每一项目汇总的有效位数应遵守下列规定：

（1）以“t”为单位，应保留小数点后三位数字，第四位小数四舍五入；

（2）以“m”“m²”“m³”“kg”为单位，应保留小数点后两位数字，第三位小数四舍五入；

（3）以“个”“件”“根”“组”“系统”为单位，应取整数。

三、招标人编制清单工程量依据

招标人依据《建设工程工程量清单计价规范》GB 50500—2013、《通用安装工程工程量计算规范》GB 50856—2013 进行工程量清单编制。

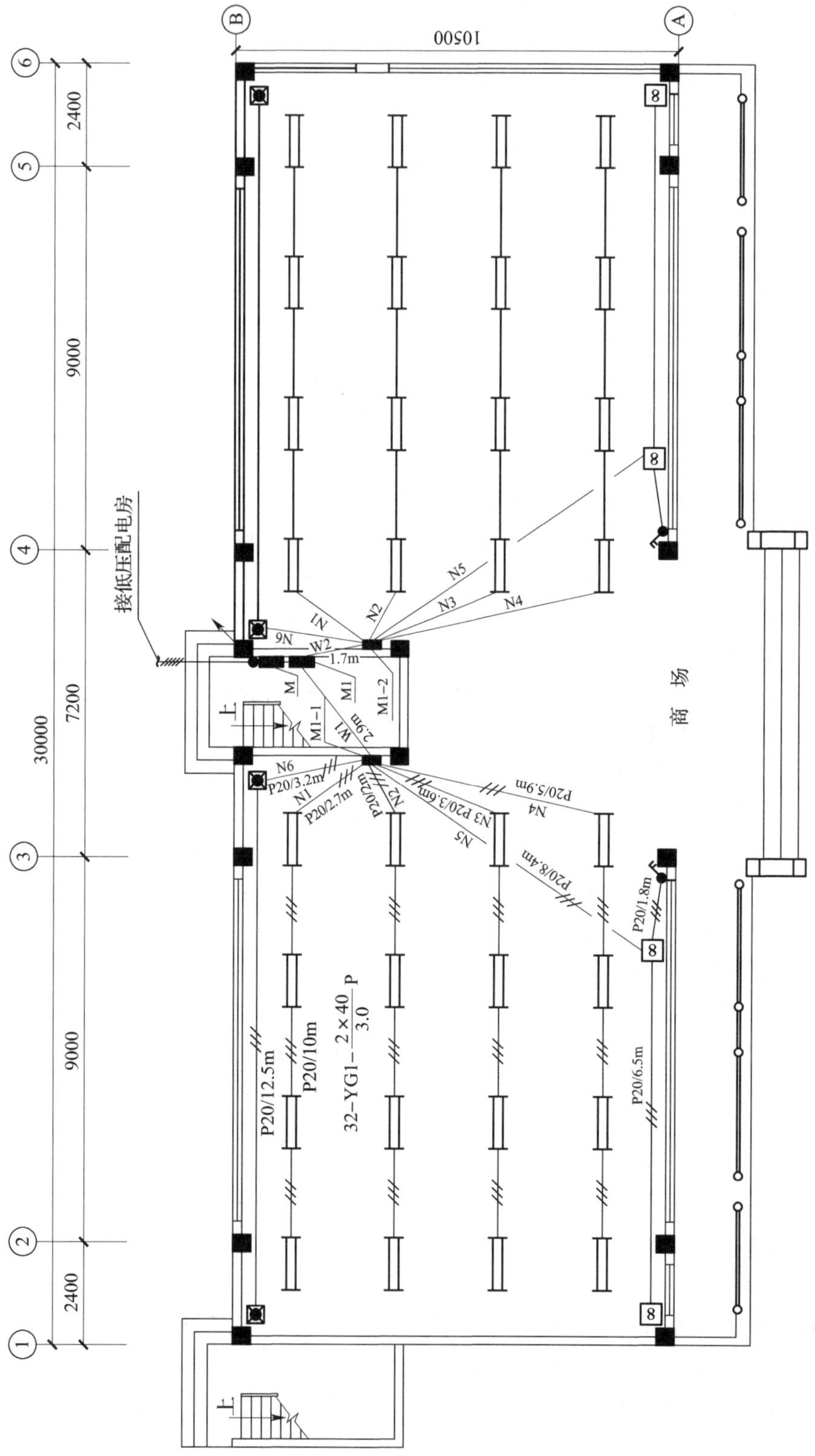

图 16.1.1-1 首层照明平面图 1∶150

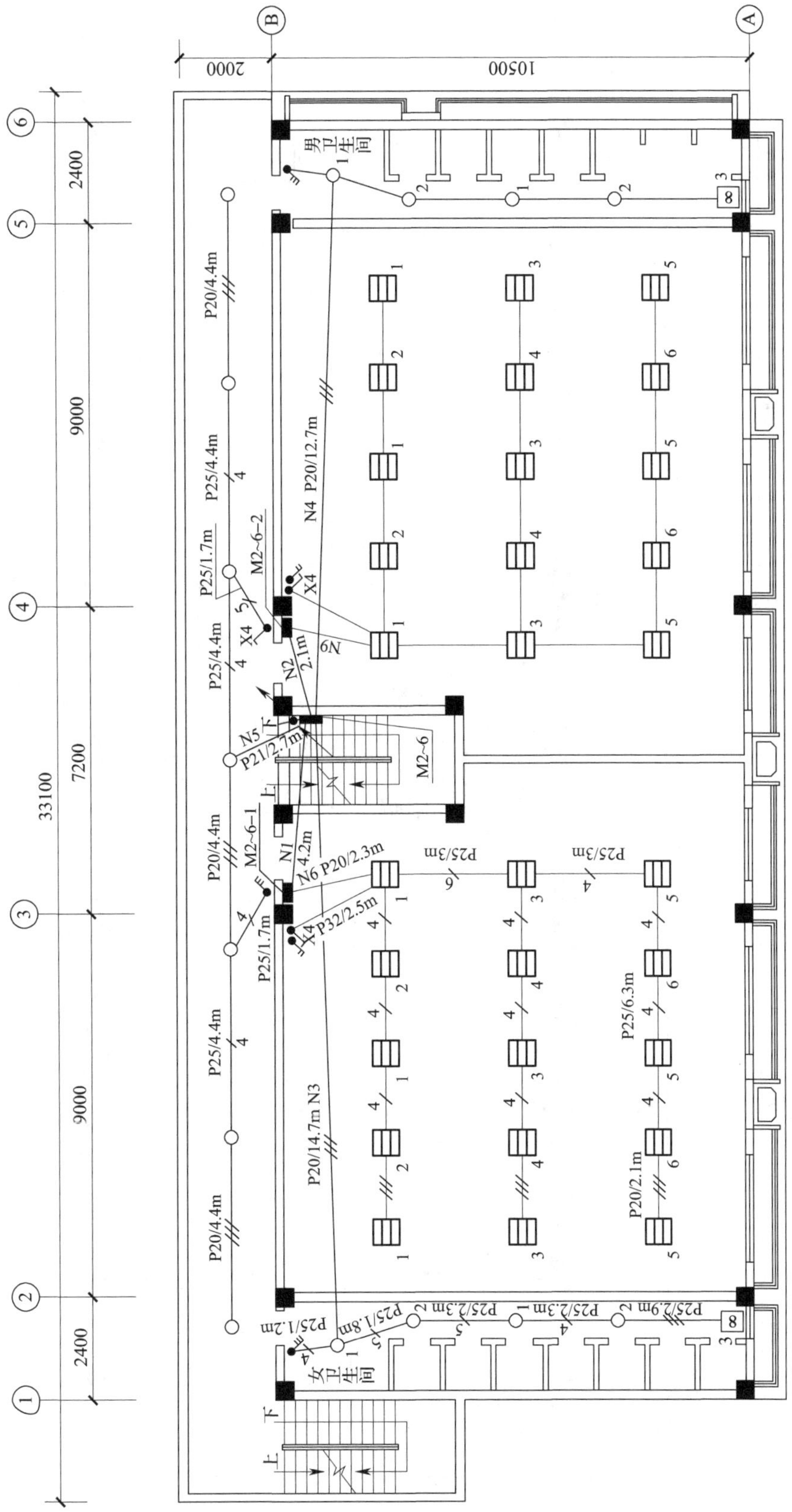

图 16.1.1-2　二至六层照明平面图 1:150

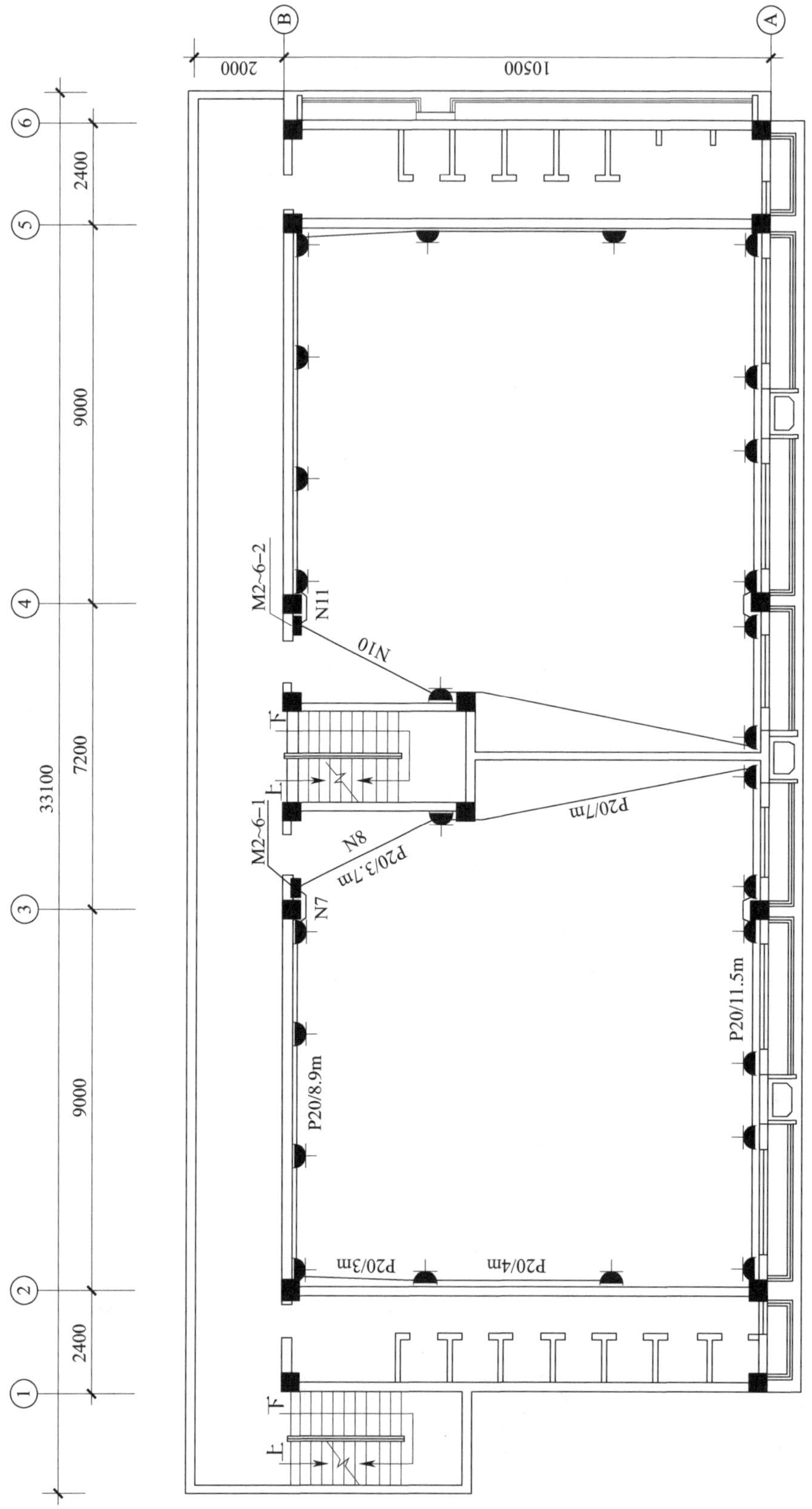

图 16.1.1-3　二至六层插座平面图　1 : 150

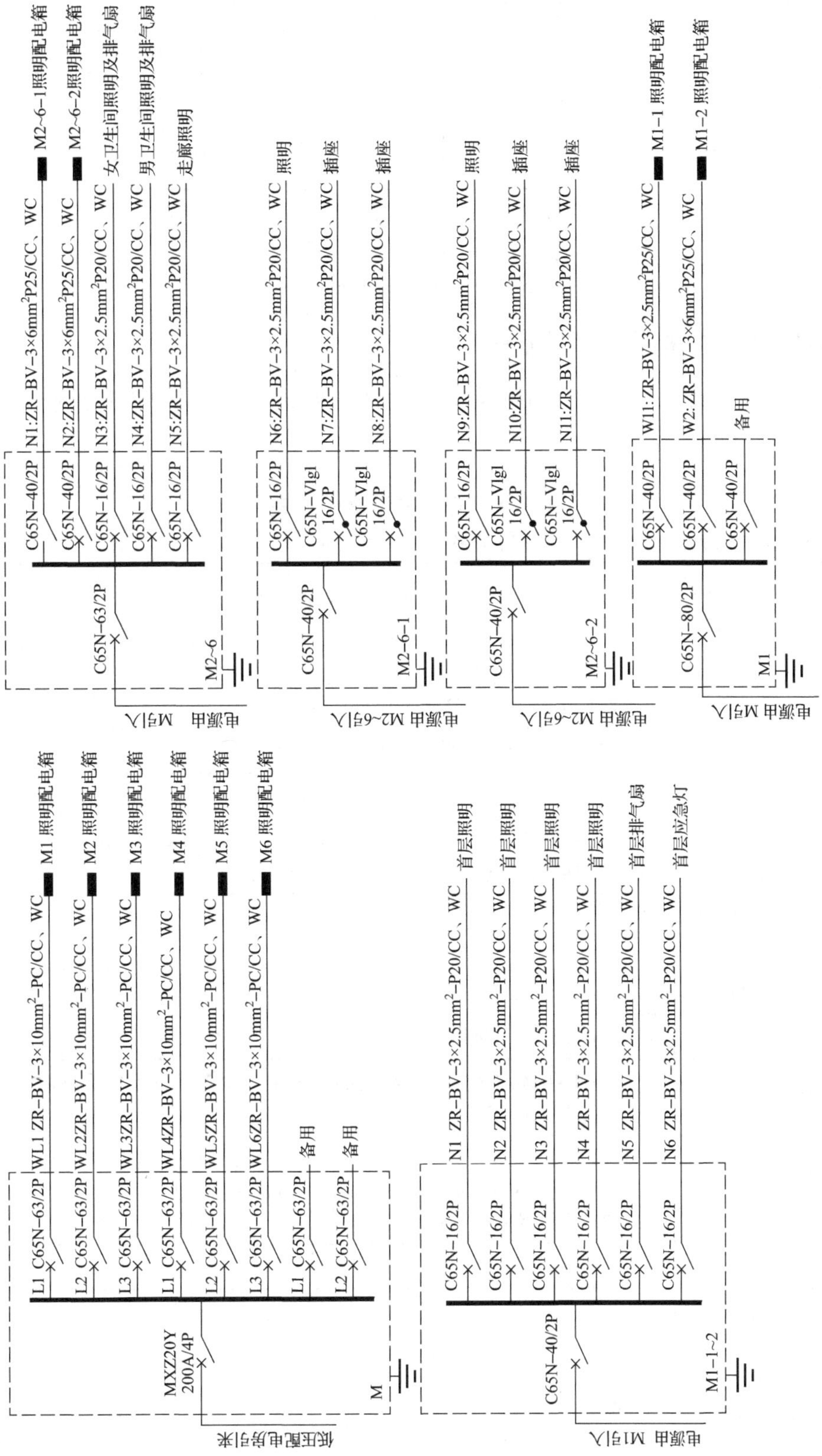

图 16.1.1-4　电气系统图

表 16.1.1-2　图例表

图例	名称	规格	图例	名称	规格
○	半圆球吸顶灯	XD1448-1×60ϕ250		照明配电箱	M1
	格栅型荧光灯盘	XD512-3×20		照明配电箱	M1-1~2
	光管支架	YG1-2×40		照明配电箱	M2~6-1
	单相单控双联暗开关	B52/1		照明配电箱	M2~6-2
	单相单控三联暗开关	B53/1		风压式百叶排气扇	APB30A 48W1200CMH
	单相单控四联暗开关	B54/1		双头应急灯	YJ4-2A4X
	单相三极暗插座	B5/10S			

16.1.2　电气设备安装工程量清单案例编制

根据《建设工程工程量清单计价规范》GB 50500—2013 的格式，工程量清单案例编制见表 16.1.2-1~表 16.1.2-14。

表 16.1.2-1　清单工程量计算表

工程名称：广州市辖区内某六层高办公楼电气安装工程

序号	清单项目特征	清单工程量计算过程	单位	清单工程量
		一、首层照明平面		
		M1-1 箱出线（M1-2 箱出线与 M1-1 箱出线相同）		
		1）N1~N4（光管回路）×2		
1	难燃线管 P20 暗敷	[10×4+2.7+2+3.6+5.9+（3.5-1.7-0.2）×4（垂直入箱）]×2	m	121.20
2	阻燃铜芯单塑线 ZR-BV-2.5mm^2 穿管	[（10×4+2.7+2+3.6+5.9）×3+（3.5-1.7-0.2）×4×3（垂直入箱）+（0.4+0.2）×4×3（预留量）]×2	m	378.00
3	光管支架 YG1-2×40 吊管安装	（4×4）×2	套	32
4	难燃灯头盒 86 型 暗装	（4×4）×2	个	32
		2）N5（排气扇回路）×2		
5	难燃线管 P20 暗敷	[6.5+1.8+8.4+（3.5-3）×4（插座垂直）+（3.5-1.4）（开关垂直）+（3.5-1.7-0.2）（箱垂直）]×2	m	44.80
6	阻燃铜芯单塑线 ZR-BV-2.5mm^2 穿管	[（6.5+1.8+8.4）×3+（3.5-3）×4×3（插座垂直）+（3.5-1.4）×3（开关垂直）+（3.5-1.7-0.2）×3（箱垂直）+（0.4+0.2）×3（预留量）]×2	m	138.00
7	单相三极暗插座 B5/10S	2×2	套	4
8	单相单控双联暗开关 B52/1	1×2	套	2
9	风压式百叶排气扇 APB30A48W1200CMH	2×2	台	4
10	难燃插座盒 86 型 暗装	2×2	个	4
11	难燃开关盒 86 型 暗装	1×2	个	2
		3）N6（应急灯扇回路）×2		

续表 16.1.2-1

序号	清单项目特征	清单工程量计算过程	单位	清单工程量
12	难燃线管 P20 暗敷	［12.5+3.2+（3.5–3）×3（插座垂直）+（3.5–1.7–0.2）（箱垂直）］×2	m	37.60
13	阻燃铜芯单塑线 ZR-BV-2.5mm² 穿管	［（12.5+3.2）×3+（3.5–3）×3×3（插座垂直）+（3.5–1.7–0.2）×3（箱垂直）+（0.4+0.2）×3（预留量）］×2	m	116.40
14	单相三极暗插座 B5/10S	2×2	个	4
15	双头应急灯 YJ4-2A4X	2×2	套	4
16	难燃插座盒 86 型 暗装	2×2	个	4
		二、二至六层照明平面		
		M2~6-1 箱照明出线（M2~6-2 箱照明出线与 M2~6-1 箱照明出线相同）×2		
17	难燃线管 P20 暗敷	［2.1×3+2.3+（3.5–1.7–0.2）（箱垂直）］×5（层数）×2	m	102.00
18	难燃线管 P25 暗敷	［6.3×3+3+3］×5（层数）×2	m	249.00
19	难燃线管 P32 暗敷	［2.5+（3.5–1.4）（开关垂直）］×5（层数）×2	m	46.00
20	阻燃铜芯单塑线 ZR-BV-2.5mm² 穿管	［2.1×3×3+6.3×4×3+3×4+3×6+2.5×7+2.3×3+（3.5–1.4）×7（开关垂直）+（3.5–1.7–0.2）×3（箱垂直）+（0.3+0.2）×3（预留量）］×5（层数）×2	m	1699.00
21	格栅型荧光灯盘 XD512-3×20 吸顶安装	5×3×5（层数）×2	套	150
22	单相单控双联暗开关 B52/1	1×5（层数）×2	个	10
23	单相单控四联暗开关 B54/1	1×5（层数）×2	个	10
24	难燃灯头盒 86 型 暗装	15×5（层数）×2	个	150
25	难燃开关盒 86 型 暗装	2×5（层数）×2	个	20
		三、二至六层插座平面		
		M2~6-1 箱插座出线（M2~6-2 箱插座出线与 M2~6-1 箱插座出线相同）		
		1）N7 插座回路 ×2		
26	难燃线管 P20 暗敷	［4+3+8.9+0.35×11（插座垂直）+1.75（箱垂直）］×5（层数）×2	m	215.00
27	阻燃铜芯单塑线 ZR-BV-2.5mm² 穿管	［（4+3+8.9+0.35×11+1.75）×3+（0.3+0.2）×3（预留量）］×5（层数）×2	m	660.00
28	单相三极暗插座 B5/10S	6×5（层数）×2	个	60
29	难燃插座盒 86 型 暗装	6×5（层数）×2	个	60
		2）N8 插座回路 ×2		
30	难燃线管 P20 暗敷	［11.5+7+3.7+0.35×13（插座垂直）+1.75（箱垂直）］×5（层数）×2	m	285.00
31	阻燃铜芯单塑线 ZR-BV-2.5mm² 穿管	［（11.5+7+3.7+0.35×13+1.75）×3+（0.3+0.2）×3（预留量）］×5（层数）×2	m	870.00
32	单相三极暗插座 B5/10S	7×5（层数）×2	个	70

续表 16.1.2–1

序号	清单项目特征	清单工程量计算过程	单位	清单工程量
33	难燃插座盒 86 型 暗装	7×5（层数）×2	个	70
		四、二至六层公共卫生间及走廊照明平面		
		M2~6 箱公共卫生间及走廊照明出线		
		1）N3 女卫生间照明回路		
34	难燃线管 P20 暗敷	［2.9+（3.5–3）（插座垂直）+14.7+（3.5–1.7–0.2）（箱垂直）］×5（层数）	m	98.50
35	难燃线管 P25 暗敷	［2.3+2.3+1.8+1.2+（3.5–1.4）（开关垂直）］×5（层数）	m	48.50
36	阻燃铜芯单塑线 ZR–BV–2.5mm^2 穿管	［（3.5–3）×3（插座垂直）+2.9×3+2.3×4+2.3×5+1.8×5+1.2×4+（3.5–1.4）×4（开关垂直）+14.7×3+（3.5–1.7–0.2）×3（箱垂直）+（0.3+0.2）×3（预留量）］×5（层数）	m	517.50
37	半圆球吸顶灯 XD1448–1×60 ϕ250	4×5（层数）	套	20
38	风压式百叶排气扇 APB30A48W1200CMH	1×5（层数）	台	5
39	单相三极暗插座 B5/10S	1×5（层数）	个	5
40	单相单控三联暗开关 B53/1	1×5（层数）	个	5
41	难燃灯头盒 86 型 暗装	4×5（层数）	个	20
42	难燃插座盒 86 型 暗装	1×5（层数）	个	5
43	难燃开关盒 86 型 暗装	1×5（层数）	个	5
		2）N4 男卫生间照明回路		
44	难燃线管 P20 暗敷	［2.9+（3.5–3）（插座垂直）+12.7+（3.5–1.7–0.2）（箱垂直）］×5（层数）	m	88.50
45	难燃线管 P25 暗敷	［（2.3+2.3+1.8+1.2）（水平段）+（3.5–1.4）（开关垂直段）］×5（层数）	m	48.50
46	阻燃铜芯单塑线 ZR–BV–2.5mm^2 穿管	［（3.5–3）×3（插座垂直）+2.9×3+2.3×4+2.3×5+1.8×5+1.2×4+（3.5–1.4）×4（开关垂直）+12.7×3+（3.5–1.7–0.2）×3（箱垂直）+（0.3+0.2）×3（预留量）］×5（层数）	m	487.50
47	半圆球吸顶灯 XD1448–1×60 ϕ250	4×5（层数）	套	20
48	风压式百叶排气扇 APB30A48W1200CMH	1×5（层数）	台	5
49	单相三极暗插座 B5/10S	1×5（层数）	个	5
50	单相单控三联暗开关 B53/1	1×5（层数）	个	5
51	难燃灯头盒 86 型 暗装	4×5（层数）	个	20
52	难燃插座盒 86 型 暗装	1×5（层数）	个	5
53	难燃开关盒 86 型 暗装	1×5（层数）	个	5
		3）N5 走廊照明回路		
54	难燃线管 P20 暗敷	［4.4+4.4+4.4+2.1+（3.5–1.7–0.2）（箱垂直）］×5（层数）	m	84.50

续表 16.1.2–1

序号	清单项目特征	清单工程量计算过程	单位	清单工程量
55	难燃线管 P25 暗敷	［4.4+4.4+4.4+1.7+1.7+（3.5–1.4）×2（开关垂直）］×5（层数）	m	104.00
56	阻燃铜芯单塑线 ZR–BV–2.5mm^2 穿管	｛4.4×3+4.4×4+4.4×3+4.4×4+4.4×4+4.4×3+1.7×4+1.7×5+2.1×3+［（3.5–1.4）×4+（3.5–1.4）×5］（开关垂直）+（3.5–1.7–0.2）×3（箱垂直）+（0.3+0.2）×3（预留量）｝×5（层数）	m	696.00
57	半圆球吸顶灯 XD1448–1×60 ϕ250	7×5（层数）	套	35
58	单相单控三联暗开关 B53/1	1×5（层数）	个	5
59	单相单控四联暗开关 B54/1	1×5（层数）	个	5
60	难燃灯头盒 86 型 暗装	7×5（层数）	个	35
61	难燃开关盒 86 型 暗装	2×5（层数）	个	10
		五、层间干线		
		1）M1 箱出线至 M1–1~2 箱进线		
62	难燃线管 P25 暗敷	（3.5–1.7–0.2）×2（M1 箱垂直）+2.9+1.7+（3.5–1.7–0.2）×2（M1–1~2 箱垂直）	m	11.00
63	阻燃铜芯单塑线 ZR–BV–6mm^2 穿管	［（3.5–1.7–0.2）×2+2.9+1.7+（3.5–1.7–0.2）×2］×3+（0.3+0.2）×3×2+（0.4+0.2）×3×2（预留量）	m	39.60
		2）M2~6 箱出线至 M2~6–1、M2~6–2 箱进线		
64	难燃线管 P25 暗敷	［（3.5–1.7–0.2）×2（M2~6 箱垂直）+4.2+2.1+（3.5–1.7–0.2）×2（M2~6–1~2 箱垂直）］×5（层数）	m	63.50
65	阻燃铜芯单塑线 ZR–BV–6mm^2 穿管	｛［（3.5–1.7–0.2）×2+4.2+2.1+（3.5–1.7–0.2）×2］×3｝×5（层数）+［（0.3+0.2）×3×2+（0.3+0.2）×3×2］×5（层数）（预留量）	m	220.50
		六、主干线		
		M 箱出线至 M1、M2~6 箱进线		
66	难燃线管 P32 暗敷	（3.5–1.7–0.4+1.7）+（3.5–1.7–0.4+3.5+1.7）+（3.5–1.7–0.4+7+1.7）+（3.5–1.7–0.4+10.5+1.7）+（3.5–1.7–0.4+14+1.7）	m	50.50
67	阻燃铜芯单塑线 ZR–BV–10mm^2 穿管	［（3.5–1.7–0.4+1.7）+（3.5–1.7–0.4+3.5+1.7）+（3.5–1.7–0.4+7+1.7）+（3.5–1.7–0.4+10.5+1.7）+（3.5–1.7–0.4+14+1.7）］×3+（0.5+0.4）×3×6+（0.3+0.2）×3×6（预留量）	m	176.70
68	总配电箱（M）	1	台	1
69	层间配电箱（M1）	1	台	1
70	层间配电箱（M2~6）	5	台	5
71	商场配电箱（M1–1~2）	2	台	2
72	办公室配电箱（M2~6–1~2）	10	台	10
73	送配电装置调试 1kV 以下	1	系统	1
74	接地电阻测试 接地网	1	系统	1

表 16.1.2–2 清单工程量汇总表

工程名称：广州市辖区内某六层高办公楼电气安装工程

序号	清单项目特征	清单工程量计算过程	单位	清单工程量
1	难燃线管 P20 暗敷	121.2+44.8+37.6+102+215+285+98.5+88.5+84.5	m	1077.10
2	难燃线管 P25 暗敷	249+48.5+48.5+104+11+63.5	m	524.50
3	难燃线管 P32 暗敷	46+50.5	m	96.50
4	阻燃铜芯单塑线 ZR–BV–2.5mm² 穿管	378+138+116.4+1699+660+870+517.5+487.5+696	m	5562.40
5	阻燃铜芯单塑线 ZR–BV–6mm² 穿管	39.6+220.5	m	260.10
6	阻燃铜芯单塑线 ZR–BV–10mm² 穿管	176.7	m	176.70
7	光管支架 YG1–2×40 吊管安装	32	套	32
8	格栅型荧光灯盘 XD512–3×20 吸顶安装	150	套	150
9	半圆球吸顶灯 XD1448–1×60 ϕ250	20+20+35	套	75
10	双头应急灯 YJ4–2A4X	4	套	4
11	风压式百叶排气扇 APB30A48W1200CMH	4+5+5	台	14
12	单相三极暗插座 B5/10S	4+4+60+70+5+5	个	148
13	单相单控双联暗开关 B52/1	2+10	个	12
14	单相单控三联暗开关 B53/1	5+5+5	个	15
15	单相单控四联暗开关 B54/1	10+5	个	15
16	照明配电箱 M	1	台	1
17	照明配电箱 M1	1	台	1
18	照明配电箱 M2~6	5	台	5
19	照明配电箱 M1–1~2	2	台	2
20	照明配电箱 M2~6–1~2	10	台	10
21	难燃灯头盒 86 型 暗装	32+150+20+20+35	个	257
22	难燃插座盒 86 型 暗装	4+4+60+70+5+5	个	148
23	难燃开关盒 86 型 暗装	2+20+5+5+10	个	42
24	送配电装置调试 1kV 以下	1	系统	1
25	接地电阻测试 接地网	1	系统	1

广州市辖区内某六层高办公楼电气安装　工程

招 标 工 程 量 清 单

招　标　人：（略）

（单位盖章）

造价咨询人：（略）

（签字或盖章）

年　　月　　日

广州市辖区内某六层高办公楼电气安装 工程

招标工程量清单

招　标　人：（略）
（单位盖章）

造价咨询人：（略）
（单位资质专用章）

法定代表人
或其授权人：（略）
（签字或盖章）

法定代表人
或其授权人：（略）
（签字或盖章）

编　制　人：（略）
（造价人员签字盖专用章）

复　核　人：（略）
（造价工程师签字盖专用章）

编制时间：　　年　　月　　日

复核时间：　　年　　月　　日

表 16.1.2–3　总　说　明

工程名称：广州市辖区内某六层高办公楼电气安装工程

1. 工程概况：本工程为广州市辖区内某六层高办公楼，框架结构，首层为商场，层高为 3.5m，标准层二至六层为办公区，各层高均为 3.5m，天面梯屋高度为 3m，天面水池高度为 2.5m，天面女儿墙高为 1m。总建筑面积约 $1890m^2$。
2. 招标范围：施工图纸范围内的电气安装工程。
3. 工期：60 个日历天。
4. 编制依据：本工程量清单以现行国家标准《建设工程工程量清单计价规范》GB 50500—2013、《通用安装工程工程量计算规范》GB 50856—2013 及 × × 设计院设计的施工图纸为依据进行编制。
5. 本工程要求获得市级文明工地。
6. 本工程质量标准应获得市级质量奖。
7. 必须达到广东省标准《建筑工程绿色施工评价标准》DBJ/T 15–97—2013 的要求

表 16.1.2–4　分部分项工程量清单与计价表

工程名称：广州市辖区内某六层高办公楼电气安装工程

序号	项目编码	项目名称	项目特征描述	计量单位	工程量	金额（元）		
						综合单价	合价	其中：暂估价
1	030411001001	配管	难燃线管 P20 暗敷	m	1077.10			
2	030411001002	配管	难燃线管 P25 暗敷	m	524.50			
3	030411001003	配管	难燃线管 P32 暗敷	m	96.50			
4	030411004001	配线	阻燃铜芯单塑线 ZR–BV–$2.5mm^2$ 穿管	m	5562.40			
5	030411004002	配线	阻燃铜芯单塑线 ZR–BV–$6mm^2$ 穿管	m	260.10			
6	030411004003	配线	阻燃铜芯单塑线 ZR–BV–$10mm^2$ 穿管	m	176.70			
7	030412005001	荧光灯	光管支架 YG1–2 × 40 吊管安装	套	32			
8	030412005002	荧光灯	格栅荧光灯盘 XD512–3 × 20 吸顶安装	套	150			
9	030412001001	普通灯具	半圆球吸顶灯 XD1448–1 × 60 ϕ250	套	75			
10	030412004001	装饰灯	双头应急灯 YJ4–2A4X	套	4			
11	030404033001	风扇	风压式百叶排气扇 APB30A48W1200CMH	台	14			
12	030404035001	插座	单相三极暗插座 B5/10S 86 型	个	148			
13	030404034001	照明开关	单相单控双联暗开关 B52/1 86 型	个	12			
14	030404034002	照明开关	单相单控三联暗开关 B53/1 86 型	个	15			
15	030404034003	照明开关	单相单控四联暗开关 B54/1 86 型	个	15			
16	030404017001	配电箱	照明铁配电箱 M 500 × 400 × 120 暗装 铜压接线端子 $10mm^2$；$70mm^2$	台	1			
17	030404017002	配电箱	照明铁配电箱 M1 300 × 200 × 120 暗装 铜压接线端子 $10mm^2$	台	1			
18	030404017003	配电箱	照明铁配电箱 M2~6 300 × 200 × 12 暗装 铜压接线端子 $10mm^2$	台	5			
19	030404017004	配电箱	照明铁配电箱 M1–1~2 400 × 200 × 120 暗装	台	2			
20	030404017005	配电箱	照明铁配电箱 M2~6–1~2 300 × 200 × 120 暗装	台	10			
21	030411006001	接线盒	难燃灯头盒 86 型 暗装	个	257			

续表 16.1.2-4

序号	项目编码	项目名称	项目特征描述	计量单位	工程量	金额（元）		
						综合单价	合价	其中：暂估价
22	030411006002	接线盒	难燃插座（开关）盒 86 型 暗装	个	190			
23	030414002001	送配电装置系统	送配电装置调试 1kV 以下	系统	1			
24	030414011001	接地装置	接地电阻测试 接地网	系统	1			
本页小计								
合　计								
其中：人工费								
其中：机具费								

表 16.1.2-5　总价措施项目清单与计价表

工程名称：广州市辖区内某六层高办公楼电气安装工程

序号	项目编码	项 目 名 称	计算基础	费率（%）	金额（元）	调整费率（%）	调整后金额（元）	备注
1	031302001001	绿色施工安全防护措施	人工费 + 施工机具费	35.77				
2	031301017001	脚手架搭拆	人工费					
3	031302007001	高层建筑增加费	人工费					
4	粤 031303009001	文明工地增加费	人工费 + 施工机具费					
5	031302006001	已完工程及设备保护费	人工费 + 施工机具费					预算包干费
合　计								

表 16.1.2-6　其他项目清单与计价汇总表

工程名称：广州市辖区内某六层高办公楼电气安装工程

序号	项 目 名 称	金额（元）	结算金额（元）	备　注
1	暂列金额	46300.00		按实际发生计算，明细详见表 16.1.2-7
2	暂估价	209160.00		
2.1	材料（工程设备）暂估价 / 结算价	23660.00		甲方供应，明细详见表 16.1.2-8
2.2	专业工程暂估价 / 结算价	185500.00		按实际发生计算，明细详见表 16.1.2-9
3	计日工			按实际发生计算，明细详见表 16.1.2-10
4	总承包服务费			按实际发生计算，明细详见表 16.1.2-11
5	工程优质费			
6	甲供材料设备现场保管费			
合　计				

表 16.1.2–7　暂列金额明细表

工程名称：广州市辖区内某六层高办公楼电气安装工程

序号	项 目 名 称	计量单位	暂定金额（元）	备　注
1	工程量清单中工程量偏差和设计变更	项	22300.00	
2	政策性调整和材料价格风险	项	3500.00	
3	设计变更新增加的材料、设备	项	12500.00	
4	其他	项	8000.00	
合　计			46300.00	

表 16.1.2–8　材料（工程设备）暂估价及调整表

工程名称：广州市辖区内某六层高办公楼电气安装工程

序号	材料（工程设备）名称、规格、型号	计量单位	数量		暂估（元）		确认（元）		差额 ±（元）		备注
			暂估	确认	单价	合价	单价	合价	单价	合价	
1	照明配电箱 M	台	1		2780.00	2780.00					甲方供应
2	照明配电箱 M1	台	1		960.00	960.00					甲方供应
3	照明配电箱 M2~6	台	5		1440.00	7200.00					甲方供应
4	照明配电箱 M1–1~2	台	2		1260.00	2520.00					甲方供应
5	照明配电箱 M2~6–1~2	台	10		1020.00	10200.00					甲方供应
合　计						23660.00					

表 16.1.2–9　专业工程暂估价及结算表

工程名称：广州市辖区内某六层高办公楼电气安装工程

序号	工程名称	工程内容	暂估金额（元）	结算金额（元）	差额 ±（元）	备　注
1	发电机系统安装工程	（1）发电机组安装、调试 （2）环保工程	185500.00			1. 有专业资质 2. 必须通过验收
合　计			185500.00			

表 16.1.2–10　计 日 工 表

工程名称：广州市辖区内某六层高办公楼电气安装工程

编号	项 目 名 称	单位	暂定数量	实际数量	综合单价（元）	合　价	
						暂定	实际
一	人　工						
1	油漆工	工日	12				
2	搬运工	工日	8				
人 工 小 计							
二	材　料						
1	镀锌圆铁 $\phi 8$	kg	60				
材 料 小 计							

续表 16.1.2-10

编号	项 目 名 称	单位	暂定数量	实际数量	综合单价（元）	合 价	
						暂定	实际
三	施 工 机 具						
1	交流电焊机 21kV·A	台班	4				
施工机具小计							
四、企业管理费和利润							
总 计							

表 16.1.2-11 总承包服务费计价表

工程名称：广州市辖区内某六层高办公楼电气安装工程

序号	项 目 名 称	项目价值（元）	服务内容	计算基础	费率（%）	金额（元）
1	发包人发包发电机系统安装工程	185500.00	（1）提供施工工作面并对施工现场进行统一管理，竣工资料统一整理汇总 （2）提供垂直运输机械 （3）提供施工用水、用电接入点			
2	发包人供应材料	23660.00	配合发包人进行材料供应			
合 计						

表 16.1.2-12 税金项目计价表

工程名称：广州市辖区内某六层高办公楼电气安装工程

序号	项 目 名 称	计 算 基 础	计算基数	费率（%）	金额（元）
1	增值税金	分部分项工程费＋措施项目费＋其他项目费－规定不计税的工程设备金额		9	
合 计					

表 16.1.2-13 发包人提供材料和工程设备一览表

工程名称：广州市辖区内某六层高办公楼电气安装工程

序号	材料（工程设备）名称、规格、型号	单位	数量	单价（元）	交货方式	送达地点	备注
1	照明配电箱 M	台	1	2780.00	甲方提货	施工现场	甲方供应
2	照明配电箱 M1	台	1	960.00	甲方提货	施工现场	甲方供应
3	照明配电箱 M2~6	台	5	1440.00	甲方提货	施工现场	甲方供应
4	照明配电箱 M1-1~2	台	2	1260.00	甲方提货	施工现场	甲方供应
5	照明配电箱 M2~6-1~2	台	10	1020.00	甲方提货	施工现场	甲方供应

表 16.1.2-14　承包人提供主要材料和工程设备一览表

工程名称：广州市辖区内某六层高办公楼电气安装工程

序号	名称、规格、型号	单位	数量	风险系数（%）	基准单价（元）	投标单价（元）	发承包人确定单价（元）	备注
1	难燃线管 P20	m	1077.10					
2	难燃线管 P25	m	524.50					
3	难燃线管 P32	m	96.50					
4	阻燃铜芯单塑线 ZR-BV-2.5mm^2	m	5562.40					
5	阻燃铜芯单塑线 ZR-BV-6mm^2	m	260.10					
6	阻燃铜芯单塑线 ZR-BV-10mm^2	m	176.70					
7	光管支架 YG1-2×40	套	32					
8	格栅 荧光灯盘 XD512-3×20	套	150					
9	半圆球吸顶灯 XD1448-1×60 ϕ250	套	75					
10	双头应急灯 YJ4-2A4X	套	4					
11	风压式百叶排气扇 APB30A48W1200CMH	台	14					
12	单相三极暗插座 B5/10S 86 型	个	148					
13	单相单控双联暗开关 B52/1 86 型	个	12					
14	单相单控三联暗开关 B53/1 86 型	个	15					
15	单相单控四联暗开关 B54/1 86 型	个	15					
16	难燃灯头盒 86 型	个	257					
17	难燃开关、插座盒 86 型	个	190					
18	薄壁不锈钢灯具吊杆 ϕ15 L=500	根	64					
19	单相三极插头 10A	个	14					
20	荧光灯管 40W	支	64					
21	荧光灯管 20W	支	450					
22	螺口灯泡 60W	个	75					

16.2 电气设备安装工程量清单计价案例

16.2.1 电气设备安装工程量清单计价要求

在第 16.1 节工程量清单编制案例中，假设投标人根据企业的实际情况确定人工费、辅材价差和机具价差参照《广东省通用安装工程综合定额（2018）》均不做调整，利润以人工费与施工机具费之和为基础按 20% 计算，未计价材料价格按市场确定。

16.2.2 电气设备安装工程量清单案例计价

（1）根据《建设工程工程量清单计价规范》GB 50500—2013、《通用安装工程工程量计算规范》GB 50856—2013、《广东省通用安装工程综合定额（2018）》，投标人的报价文件见表 16.2.2-1~ 表 16.2.2-39。

（2）配电箱内的小型断路器，根据产品结构特点，其与导线连接无须接线端子而采用直接连接，为体现配电箱安装的组价计算，本案例模拟采用接线端子连接。

表 16.2.2–1　组价工程量计算表

工程名称：广州市辖区内某六层高办公楼电气安装工程

序号	组价项目特征	组价工程量计算过程	单位	组价工程量
		一、首层照明平面		
		M1–1 箱出线（M1–2 箱出线与 M1–1 箱出线相同）		
		1）N1~N4（光管回路）×2		
1	荧光灯管 40W	4×4×2×2	支	64
2	薄壁不锈钢灯具吊杆 ϕ15 L=500	4×4×2×2	根	64
		2）N5（排气扇回路）×2		
3	单相三极插头 10A（排气扇用）	2×2	个	4
		二、二至六层照明平面		
		M2~6–1 箱照明出线（M2~6–2 箱照明出线与 M2~6–1 箱照明出线相同）×2		
4	荧光灯管 20W	5×3×3×5（层数）×2	支	450
		三、二至六层插座平面		
		M2~6–1 箱插座出线（M2~6–2 箱插座出线与 M2~6–1 箱插座出线相同）		
5		无组价项目		
		四、二至六层公共卫生间及走廊照明平面		
		M2~6 箱公共卫生间及走廊照明出线		
		1）N3 女卫生间照明回路		
6	螺口灯泡 60W	4×5（层数）	个	20
7	单相三极插头 10A（排气扇用）	1×5（层数）	个	5
		2）N4 男卫生间照明回路		
8	螺口灯泡 60W	4×5（层数）	个	20
9	单相三极插头 10A（排气扇用）	1×5（层数）	个	5
		3）N5 走廊照明回路		
10	螺口灯泡 60W	7×5（层数）	个	35
		五、层间干线		
11		无组价项目		
		六、主干线		
		M 箱出线至 M1、M2~6 箱进线		
12	铜压接端子 70mm^2（组合 M 箱）	1	个	1
13	铜压接端子 10mm^2（组合 M 箱）	12	个	12
14	铜压接端子 10mm^2（组合 M1 箱）	3	个	3
15	铜压接端子 10mm^2（组合 M2~6 箱）	3×5	个	15

表 16.2.2–2　组价工程量汇总表

工程名称：广州市辖区内某六层高办公楼电气安装工程

序号	组价项目特征	组价工程量计算过程	单位	组价工程量
1	荧光灯管 40W	64	支	64
2	荧光灯管 20W	450	支	450
3	螺口灯泡 60W	20+20+35	个	75
4	薄壁不锈钢灯具吊杆 ϕ15 L=500	64	根	64
5	单相三极插头 10A（双头应急灯用）	4+5+5	个	14
6	铜压接端子 70mm^2（组合 M 箱）	1	个	1
7	铜压接端子 10mm^2（组合 M 箱）	12	个	12
8	铜压接端子 10mm^2（组合 M1 箱）	3	个	3
9	铜压接端子 10mm^2（组合 M2~6 箱）	3×5	个	15

广州市辖区内某六层高办公楼电气安装 工程

投 标 总 价

投 标 人：（略）

（单位盖章）

年 月 日

投 标 总 价

招　标　人：（略）

工 程 名 称：广州市辖区内某六层高办公楼电气安装

投　标　价（小写）：¥436679.60元

（大写）：肆拾叁万陆仟陆佰柒拾玖元陆角零分

投　标　人：（略）

（单位盖章）

法定代表人

或其授权人：（略）

（签字或盖章）

编　制　人：（略）

（造价人员签字盖专用章）

年　　月　　日

表 16.2.2-3 总 说 明

工程名称：广州市辖区内某六层高办公楼电气安装工程

1. 工程概况：本工程为广州市辖区内某六层高办公楼，框架结构，首层为商场，层高为 3.5m，标准层二至六层为办公区，各层高均为 3.5m，天面梯屋高度为 3m，天面水池高度为 2.5m，天面女儿墙高为 1m。总建筑面积约 1890m^2。

2. 投标范围：施工图纸范围内的电气安装工程。

3. 投标工期：55 个日历天。

4. 编制依据：根据招标人提供的招标文件及招标工程量清单以现行国家标准《建设工程工程量清单计价规范》GB 50500—2013、《通用安装工程工程量计算规范》GB 50856—2013、《广东省通用安装工程综合定额（2018）》及 ×× 设计院设计的施工图纸为依据进行投标报价编制。

5. 响应招标文件要求，本工程获得市级文明工地和工程质量标准为市级质量奖。

6. 工程施工确保达到广东省标准《建筑工程绿色施工评价标准》DBJ/T 15-97—2013 的要求。

表 16.2.2-4 单位工程投标报价汇总表

工程名称：广州市辖区内某六层高办公楼电气安装工程

序号	汇 总 内 容	金额（元）	其中：暂估价（元）
1	分部分项工程	135933.18	
2	措施项目费	15603.41	
2.1	其中：绿色施工安全防护措施费	10590.61	
3	其他项目费	269104.86	
3.1	其中：暂列金额	46300.00	
3.2	其中：材料（工程设备）暂估价	23660.00	
3.3	其中：专业工程暂估价	185500.00	
3.4	其中：计日工	3412.80	
3.5	其中：总承包服务费	7656.60	
3.6	其中：工程优质费	2220.56	
3.7	其中：甲供材料设备现场保管费	354.90	
4	税金	35728.33	
5	投标报价合计（不含暂估价）=1+2+3+4-3.2	432709.78	

表 16.2.2-5 分部分项工程量清单与计价表

工程名称：广州市辖区内某六层高办公楼电气安装工程

序号	项目编码	项目名称	项目特征描述	计量单位	工程量	金额（元）		
						综合单价	合价	其中：暂估价
1	030411001001	配管	难燃线管 P20 暗敷	m	1077.10	9.39	10119.54	
2	030411001002	配管	难燃线管 P25 暗敷	m	524.50	13.01	6823.75	
3	030411001003	配管	难燃线管 P32 暗敷	m	96.50	15.77	1521.81	
4	030411004001	配线	阻燃铜芯单塑线 ZR-BV-2.5mm^2 穿管	m	5562.40	3.30	18355.92	
5	030411004002	配线	阻燃铜芯单塑线 ZR-BV-6mm^2 穿管	m	260.10	5.65	1469.57	

续表 16.2.2–5

序号	项目编码	项目名称	项目特征描述	计量单位	工程量	金额（元）		
						综合单价	合价	其中：暂估价
6	030411004003	配线	阻燃铜芯单塑线 ZR–BV–10mm^2 穿管	m	176.70	8.68	1533.76	
7	030412005001	荧光灯	光管支架 YG1–2×40 吊管安装	套	32	130.35	4171.20	
8	030412005002	荧光灯	格栅荧光灯盘 XD512–3×20 吸顶安装	套	150	281.82	42273.00	
9	030412001001	普通灯具	半圆球吸顶灯 XD1448–1×60 ϕ250	套	75	77.61	5820.75	
10	030412004001	装饰灯	双头应急灯 YJ4–2A4X	套	4	225.15	900.60	
11	030404033001	风扇	风压式百叶排气扇 APB30A48W1200CMH	台	14	215.01	3010.14	
12	030404035001	插座	单相三极暗插座 B5/10S 86 型	个	148	24.06	3560.88	
13	030404034001	照明开关	单相单控双联暗开关 B52/1 86 型	个	12	20.10	241.20	
14	030404034002	照明开关	单相单控三联暗开关 B53/1 86 型	个	15	22.42	336.30	
15	030404034003	照明开关	单相单控四联暗开关 B54/1 86 型	个	15	26.97	404.55	
16	030404017001	配电箱	照明铁配电箱 M 500×400×120 暗装 铜压接线端子 10mm^2；70mm^2	台	1	3406.84	3406.84	2780.00
17	030404017002	配电箱	照明铁配电箱 M1 300×200×120 暗装 铜压接线端子 10mm^2	台	1	1226.46	1226.46	960.00
18	030404017003	配电箱	照明铁配电箱 M2~6 300×200×120 暗装 铜压接线端子 10mm^2	台	5	1706.46	8532.30	7200.00
19	030404017004	配电箱	照明铁配电箱 M1–1~2 400×200×120 暗装	台	2	1545.30	3090.60	2520.00
20	030404017005	配电箱	照明铁配电箱 M2~6–1~2 300×200×120 暗装	台	10	1256.86	12568.60	10200.00
21	030411006001	接线盒	难燃灯头盒 86 型 暗装	个	257	9.01	2315.57	
22	030411006002	接线盒	难燃插座（开关）盒 86 型 暗装	个	190	8.49	1613.10	
23	030414002001	送配电装置系统	送配电装置调试 1kV 以下	系统	1	906.43	906.43	
24	030414011001	接地装置	接地电阻测试 接地网	系统	1	1743.39	1743.39	
本页小计							135933.18	23660.00
合　　计							135933.18	23660.00
其中：人工费							29266.19	
其中：机具费							341.33	

表 16.2.2–6　综合单价分析表

工程名称：广州市辖区内某六层高办公楼电气安装工程

项目编码	030411001001	项目名称	配管						计量单位	m	清单工程量	1077.10	
清单综合单价组成明细													
定额编号	定额名称	定额单位	数量	单价					合价				
				人工费	材料费	机具费	管理费	利润	人工费	材料费	机具费	管理费	利润
C4–11–89	难燃线管 P20 暗敷	100m	10.77	442.42	17.55		127.15	88.48	4764.86	189.01		1369.41	952.93
人工单价		小计（单价）							4.42	0.18		1.27	0.88
		未计价材料费							2.64				
清单项目综合单价									9.39				
材料费明细	主要材料名称、规格、型号					单位	数量		单价（元）	合价（元）	暂估单价（元）	暂估合价（元）	
	难燃线管 P20					m	1184.7		2.40	2843.28			
	其他材料费								—		—		
	材料费小计（单价）								—	2.64	—		

表 16.2.2–7　综合单价分析表

工程名称：广州市辖区内某六层高办公楼电气安装工程

项目编码	030411001002	项目名称	配管						计量单位	m	清单工程量	524.50	
清单综合单价组成明细													
定额编号	定额名称	定额单位	数量	单价					合价				
				人工费	材料费	机具费	管理费	利润	人工费	材料费	机具费	管理费	利润
C4–11–90	难燃线管 P25 暗敷	100m	5.245	632.94	18.44		181.91	126.59	3319.77	96.72		954.12	663.96
人工单价		小计（单价）							6.33	0.18		1.82	1.27
		未计价材料费							3.41				
清单项目综合单价									13.01				
材料费明细	主要材料名称、规格、型号					单位	数量		单价（元）	合价（元）	暂估单价（元）	暂估合价（元）	
	难燃线管 P25					m	576.95		3.10	1788.55			
	其他材料费								—		—		
	材料费小计（单价）								—	3.41	—		

表 16.2.2-8 综合单价分析表

工程名称：广州市辖区内某六层高办公楼电气安装工程

项目编码	030411001003		项目名称	配管					计量单位	m		清单工程量	96.50	
清单综合单价组成明细														
定额编号	定额名称	定额单位	数量	单价					合价					
				人工费	材料费	机具费	管理费	利润	人工费	材料费	机具费	管理费	利润	
C4-11-91	难燃线管 P32 暗敷	100m	0.965	691.35	20.83		198.69	138.27	667.15	20.10		191.74	133.43	
人工单价		小计（单价）							6.91	0.21		1.99	1.38	
		未计价材料费							5.28					
清单项目综合单价									15.77					
材料费明细	主要材料名称、规格、型号					单位	数量		单价（元）	合价（元）		暂估单价（元）	暂估合价（元）	
	难燃线管 P32					m	106.15		4.80	509.52				
	其他材料费								—			—		
	材料费小计（单价）								—	5.28		—		

表 16.2.2-9 综合单价分析表

工程名称：广州市辖区内某六层高办公楼电气安装工程

项目编码	030411004001		项目名称	配线					计量单位	m		清单工程量	5562.40	
清单综合单价组成明细														
定额编号	定额名称	定额单位	数量	单价					合价					
				人工费	材料费	机具费	管理费	利润	人工费	材料费	机具费	管理费	利润	
C4-11-215	阻燃铜芯单塑线 ZR-BV-2.5mm^2 穿管	100m	55.624	77.85	16.05		22.37	15.57	4330.33	892.77		1244.31	866.07	
人工单价		小计（单价）							0.78	0.16		0.22	0.16	
		未计价材料费							1.98					
清单项目综合单价									3.30					
材料费明细	主要材料名称、规格、型号					单位	数量		单价（元）	合价（元）		暂估单价（元）	暂估合价（元）	
	阻燃铜芯单塑线 ZR-BV-2.5mm^2					m	6118.64		1.80	11013.55				
	其他材料费								—			—		
	材料费小计（单价）								—	1.98		—		

表 16.2.2–10　综合单价分析表

工程名称：广州市辖区内某六层高办公楼电气安装工程

项目编码	030411004002			项目名称	配线					计量单位	m	清单工程量	260.10
清单综合单价组成明细													
定额编号	定额名称	定额单位	数量	单　价					合　价				
				人工费	材料费	机具费	管理费	利润	人工费	材料费	机具费	管理费	利润
C4–11–216	阻燃铜芯单塑线 ZR–BV–6mm² 穿管	100m	2.601	68.34	15.98		19.64	13.67	177.75	41.56		51.08	35.56
人工单价		小计（单价）							0.68	0.16		0.20	0.14
		未计价材料费							4.47				
清单项目综合单价									5.65				
材料费明细	主要材料名称、规格、型号					单位	数量		单价（元）	合价（元）	暂估单价（元）	暂估合价（元）	
	阻燃铜芯单塑线 ZR–BV–6mm²					m	280.908		4.14	1162.96			
	其他材料费								—		—		
	材料费小计（单价）								—	4.47	—		

表 16.2.2–11　综合单价分析表

工程名称：广州市辖区内某六层高办公楼电气安装工程

项目编码	030411004003			项目名称	配线					计量单位	m	清单工程量	176.70
清单综合单价组成明细													
定额编号	定额名称	定额单位	数量	单　价					合　价				
				人工费	材料费	机具费	管理费	利润	人工费	材料费	机具费	管理费	利润
C4–11–217	阻燃铜芯单塑线 ZR–BV–10mm² 穿管	100m	1.767	93.49	20.04		26.87	18.70	165.20	35.41		47.48	33.04
人工单价		小计（单价）							0.93	0.20		0.27	0.19
		未计价材料费							7.09				
清单项目综合单价									8.68				
材料费明细	主要材料名称、规格、型号					单位	数量		单价（元）	合价（元）	暂估单价（元）	暂估合价（元）	
	阻燃铜芯单塑线 ZR–BV–10mm²					m	185.535		6.75	1252.36			
	其他材料费								—		—		
	材料费小计（单价）								—	7.09	—		

表 16.2.2-12　综合单价分析表

工程名称：广州市辖区内某六层高办公楼电气安装工程

项目编码	030412005001		项目名称	荧光灯					计量单位	套	清单工程量		32
清单综合单价组成明细													
定额编号	定额名称	定额单位	数量	单价					合价				
				人工费	材料费	机具费	管理费	利润	人工费	材料费	机具费	管理费	利润
C4-12-243	光管支架 YG1-2×40 吊管安装	10套	3.2	248.25	73.82		71.35	49.65	794.40	236.22		228.32	158.88
人工单价		小计（单价）							24.83	7.38		7.14	4.97
		未计价材料费							86.04				
清单项目综合单价									130.35				
材料费明细	主要材料名称、规格、型号				单位		数量		单价（元）	合价（元）	暂估单价（元）	暂估合价（元）	
	光管支架 YG1-2×40				套		32.32		58.00	1874.56			
	荧光灯管 40W				支		64.96		8.00	519.68			
	薄壁不锈钢灯具吊杆 ϕ15 L=500				根		65.28		5.50	359.04			
	其他材料费								—		—		
	材料费小计（单价）								—	86.04	—		

表 16.2.2-13　综合单价分析表

工程名称：广州市辖区内某六层高办公楼电气安装工程

项目编码	030412005002		项目名称	荧光灯					计量单位	套	清单工程量		150
清单综合单价组成明细													
定额编号	定额名称	定额单位	数量	单价					合价				
				人工费	材料费	机具费	管理费	利润	人工费	材料费	机具费	管理费	利润
C4-12-247	格栅荧光灯盘 XD512-3×20 吸顶安装	10套	15	277.78	25.48		79.83	55.56	4166.70	382.20		1197.45	833.40
人工单价		小计（单价）							27.78	2.55		7.98	5.56
		未计价材料费							237.95				
清单项目综合单价									281.82				
材料费明细	主要材料名称、规格、型号				单位		数量		单价（元）	合价（元）	暂估单价（元）	暂估合价（元）	
	格栅荧光灯盘 XD512-3×20				套		151.5		216.00	32724.00			
	荧光灯管 20W				支		456.75		6.50	2968.88			
	其他材料费								—		—		
	材料费小计（单价）								—	237.95	—		

表 16.2.2-14　综合单价分析表

工程名称：广州市辖区内某六层高办公楼电气安装工程

项目编码	030412001001	项目名称		普通灯具				计量单位	套		清单工程量	75	
清单综合单价组成明细													
定额编号	定额名称	定额单位	数量	单价					合价				
				人工费	材料费	机具费	管理费	利润	人工费	材料费	机具费	管理费	利润
C4-12-3	半圆球吸顶灯 XD1448-1×60 ϕ250	10 套	7.5	196.63	27.67		56.51	39.33	1474.73	207.53		423.83	294.98
人工单价		小计（单价）							19.66	2.77		5.65	3.93
		未计价材料费							45.59				
清单项目综合单价									77.61				
材料费明细	主要材料名称、规格、型号				单位	数量			单价（元）	合价（元）	暂估单价（元）	暂估合价（元）	
	半圆球吸顶灯 XD1448-1×60 ϕ250				套	75.75			43.00	3257.25			
	螺口灯泡 60W				个	77.25			2.10	162.23			
	其他材料费								—		—		
	材料费小计（单价）								—	45.59	—		

表 16.2.2-15　综合单价分析表

工程名称：广州市辖区内某六层高办公楼电气安装工程

项目编码	030412004001	项目名称		装饰灯				计量单位	套		清单工程量	4	
清单综合单价组成明细													
定额编号	定额名称	定额单位	数量	单价					合价				
				人工费	材料费	机具费	管理费	利润	人工费	材料费	机具费	管理费	利润
C4-12-34	双头应急灯 YJ4-2A4X	10 套	0.4	287.54	26.04		82.64	57.51	115.02	10.42		33.06	23.00
人工单价		小计（单价）							28.75	2.60		8.26	5.75
		未计价材料费							179.78				
清单项目综合单价									225.15				
材料费明细	主要材料名称、规格、型号				单位	数量			单价（元）	合价（元）	暂估单价（元）	暂估合价（元）	
	双头应急灯 YJ4-2A4X				套	4.04			178.00	719.12			
	其他材料费								—		—		
	材料费小计（单价）								—	179.78	—		

表 16.2.2–16　综合单价分析表

工程名称：广州市辖区内某六层高办公楼电气安装工程

项目编码	030404033001			项目名称	风扇				计量单位	台		清单工程量	14
清单综合单价组成明细													
定额编号	定额名称	定额单位	数量	单价					合价				
				人工费	材料费	机具费	管理费	利润	人工费	材料费	机具费	管理费	利润
C4–4–114	风压式百叶排气扇 APB30A48W1200CMH	台	14	58.60	1.30		16.84	11.72	820.40	18.20		235.76	164.08
人工单价		小计（单价）							58.60	1.30		16.84	11.72
		未计价材料费							126.55				
清单项目综合单价									215.01				

材料费明细	主要材料名称、规格、型号	单位	数量	单价（元）	合价（元）	暂估单价（元）	暂估合价（元）
	风压式百叶排气扇 APB30A48W1200CMH	台	14	125.00	1750.00		
	单相三极插头 10A	个	14.42	1.50	21.63		
	其他材料费			—		—	
	材料费小计（单价）			—	126.55	—	

表 16.2.2–17　综合单价分析表

工程名称：广州市辖区内某六层高办公楼电气安装工程

项目编码	030404035001			项目名称	插座				计量单位	个		清单工程量	148
清单综合单价组成明细													
定额编号	定额名称	定额单位	数量	单价					合价				
				人工费	材料费	机具费	管理费	利润	人工费	材料费	机具费	管理费	利润
C4–4–139	单相三极暗插座 B5/10S 86 型	10 套	14.8	117.61	6.48		33.80	23.52	1740.63	95.90		500.24	348.10
人工单价		小计（单价）							11.76	0.65		3.38	2.35
		未计价材料费							5.92				
清单项目综合单价									24.06				

材料费明细	主要材料名称、规格、型号	单位	数量	单价（元）	合价（元）	暂估单价（元）	暂估合价（元）
	单相三极暗插座 B5/10S 86 型	个	150.96	5.80	875.57		
	其他材料费			—		—	
	材料费小计（单价）			—	5.92	—	

表 16.2.2-18　综合单价分析表

工程名称：广州市辖区内某六层高办公楼电气安装工程

项目编码	030404034001		项目名称	照明开关					计量单位	个	清单工程量	12	
清单综合单价组成明细													
定额编号	定额名称	定额单位	数量	单价					合价				
				人工费	材料费	机具费	管理费	利润	人工费	材料费	机具费	管理费	利润
C4-4-117	单相单控双联暗开关 B52/1 86 型	10 套	1.2	81.44	6.48		23.41	16.29	97.73	7.78		28.09	19.55
人工单价		小计（单价）							8.14	0.65		2.34	1.63
		未计价材料费							7.34				
清单项目综合单价									20.10				

材料费明细	主要材料名称、规格、型号	单位	数量	单价（元）	合价（元）	暂估单价（元）	暂估合价（元）
	单相单控双联暗开关 B52/1 86 型	个	12.24	7.20	88.13		
	其他材料费			—		—	
	材料费小计（单价）			—	7.34	—	

表 16.2.2-19　综合单价分析表

工程名称：广州市辖区内某六层高办公楼电气安装工程

项目编码	030404034002		项目名称	照明开关					计量单位	个	清单工程量	15	
清单综合单价组成明细													
定额编号	定额名称	定额单位	数量	单价					合价				
				人工费	材料费	机具费	管理费	利润	人工费	材料费	机具费	管理费	利润
C4-4-118	单相单控三联暗开关 B53/1 86 型	10 套	1.5	81.44	8.18		23.41	16.29	122.16	12.27		35.12	24.43
人工单价		小计（单价）							8.14	0.82		2.34	1.63
		未计价材料费							9.49				
清单项目综合单价									22.42				

材料费明细	主要材料名称、规格、型号	单位	数量	单价（元）	合价（元）	暂估单价（元）	暂估合价（元）
	单相单控三联暗开关 B53/1 86 型	个	15.3	9.30	142.29		
	其他材料费			—		—	
	材料费小计（单价）			—	9.49	—	

表 16.2.2–20 综合单价分析表

工程名称：广州市辖区内某六层高办公楼电气安装工程

项目编码	030404034003			项目名称	照明开关				计量单位	个		清单工程量	15
清单综合单价组成明细													
定额编号	定额名称	定额单位	数量	单价					合价				
				人工费	材料费	机具费	管理费	利润	人工费	材料费	机具费	管理费	利润
C4–4–119	单相单控四联暗开关 B54/1 86型	10 套	1.5	81.44	9.87		23.41	16.29	122.16	14.81		35.12	24.43
人工单价		小计（单价）							8.14	0.99		2.34	1.63
		未计价材料费							13.87				
清单项目综合单价									26.97				

材料费明细	主要材料名称、规格、型号	单位	数量	单价（元）	合价（元）	暂估单价（元）	暂估合价（元）
	单相单控四联暗开关 B54/1 86 型	个	15.3	13.60	208.08		
	其他材料费			—		—	
	材料费小计（单价）			—	13.87	—	

表 16.2.2–21 综合单价分析表

工程名称：广州市辖区内某六层高办公楼电气安装工程

项目编码	030404017001			项目名称	配电箱				计量单位	台		清单工程量	1
清单综合单价组成明细													
定额编号	定额名称	定额单位	数量	单价					合价				
				人工费	材料费	机具费	管理费	利润	人工费	材料费	机具费	管理费	利润
C4–4–31	照明铁配电箱 M500 × 400 × 120 暗装	台	1	172.70	28.43		49.63	34.54	172.70	28.43		49.63	34.54
C4–4–183	铜压接线端子 $10mm^2$	10 个	1.2	42.08	36.09		12.09	8.42	4.21	3.61		1.21	0.84
C4–4–185	铜压接线端子 $70mm^2$	10 个	0.1	126.31	88.52		36.30	25.26	151.27	106.22		43.56	30.31
人工单价		小计（单价）							328.48	138.26		94.40	65.70
		未计价材料费							2780.00				
清单项目综合单价									3406.84				

材料费明细	主要材料名称、规格、型号	单位	数量	单价（元）	合价（元）	暂估单价（元）	暂估合价（元）
	照明铁配电箱 M 500 × 400 × 120	台	1			2780.00	2780.00
	其他材料费			—		—	
	材料费小计（单价）			—		—	2780.00

表 16.2.2-22　综合单价分析表

工程名称：广州市辖区内某六层高办公楼电气安装工程

项目编码	030404017002			项目名称	配电箱				计量单位	台	清单工程量	1	
清单综合单价组成明细													
定额编号	定额名称	定额单位	数量	单价					合价				
				人工费	材料费	机具费	管理费	利润	人工费	材料费	机具费	管理费	利润
C4-4-30	照明铁配电箱 M1300×200×120 暗装	台	1	143.81	22.96		41.33	28.76	143.81	22.96		41.33	28.76
C4-4-183	铜压接线端子 10mm^2	10 个	0.3	42.08	36.09		12.09	8.42	12.62	10.83		3.63	2.53
人工单价		小计（单价）							156.43	33.79		44.96	31.29
		未计价材料费							960.00				
清单项目综合单价									1226.47				
材料费明细	主要材料名称、规格、型号					单位	数量		单价（元）	合价（元）	暂估单价（元）	暂估合价（元）	
	照明铁配电箱 M1 300×200×120					台	1				960.00	960.00	
	其他材料费								—		—		
	材料费小计（单价）								—		—	960.00	

表 16.2.2-23　综合单价分析表

工程名称：广州市辖区内某六层高办公楼电气安装工程

项目编码	030404017003			项目名称	配电箱				计量单位	台	清单工程量	5	
清单综合单价组成明细													
定额编号	定额名称	定额单位	数量	单价					合价				
				人工费	材料费	机具费	管理费	利润	人工费	材料费	机具费	管理费	利润
C4-4-30	照明铁配电箱 M2~6 300×200×120 暗装	台	5	143.81	22.96		41.33	28.76	719.05	114.80		206.65	143.80
C4-4-183	铜压接线端子 10mm^2	10 个	1.5	42.08	36.09		12.09	8.42	63.12	54.14		18.14	12.63
人工单价		小计（单价）							156.43	33.79		44.96	31.29
		未计价材料费							1440.00				
清单项目综合单价									1706.47				
材料费明细	主要材料名称、规格、型号					单位	数量		单价（元）	合价（元）	暂估单价（元）	暂估合价（元）	
	照明铁配电箱 M2~6 300×200×120					台	5				1440.00	7200.00	
	其他材料费								—		—		
	材料费小计（单价）								—		—	1440.00	

表 16.2.2–24　综合单价分析表

工程名称：广州市辖区内某六层高办公楼电气安装工程

项目编码	030404017004		项目名称	配电箱					计量单位	台	清单工程量	2	
清单综合单价组成明细													
定额编号	定额名称	定额单位	数量	单价					合价				
				人工费	材料费	机具费	管理费	利润	人工费	材料费	机具费	管理费	利润
C4–4–31	照明铁配电箱 M1–1~2400 × 200 × 120 暗装	台	2	172.70	28.43		49.63	34.54	345.40	56.86		99.26	69.08
人工单价		小计（单价）							172.70	28.43		49.63	34.54
		未计价材料费							1260.00				
清单项目综合单价									1545.30				

材料费明细	主要材料名称、规格、型号	单位	数量	单价（元）	合价（元）	暂估单价（元）	暂估合价（元）
	照明铁配电箱 M1–1~2 400 × 200 × 120	台	2			1260.00	2520.00
	其他材料费			—		—	
	材料费小计（单价）			—		—	1260.00

表 16.2.2–25　综合单价分析表

工程名称：广州市辖区内某六层高办公楼电气安装工程

项目编码	030404017005		项目名称	配电箱					计量单位	台	清单工程量	10	
清单综合单价组成明细													
定额编号	定额名称	定额单位	数量	单价					合价				
				人工费	材料费	机具费	管理费	利润	人工费	材料费	机具费	管理费	利润
C4–4–30	照明铁配电箱 M2~6–1–2 300 × 200 × 120 暗装	台	10	143.81	22.96		41.33	28.76	1438.10	229.60		413.30	287.60
人工单价		小计（单价）							143.81	22.96		41.33	28.76
		未计价材料费							1020.00				
清单项目综合单价									1256.86				

材料费明细	主要材料名称、规格、型号	单位	数量	单价（元）	合价（元）	暂估单价（元）	暂估合价（元）
	照明铁配电箱 M2~6–1–2 300 × 200 × 120	台	10			1020.00	10200.00
	其他材料费			—		—	
	材料费小计（单价）			—		—	1020.00

表 16.2.2-26　综合单价分析表

工程名称：广州市辖区内某六层高办公楼电气安装工程

<table>
<tr><td colspan="2">项目编码</td><td colspan="2">030411006001</td><td>项目名称</td><td colspan="4">接线盒</td><td>计量单位</td><td>个</td><td>清单工程量</td><td colspan="2">257</td></tr>
<tr><td colspan="14">清单综合单价组成明细</td></tr>
<tr><td rowspan="2">定额编号</td><td rowspan="2">定额名称</td><td rowspan="2">定额单位</td><td rowspan="2">数量</td><td colspan="5">单　　价</td><td colspan="5">合　　价</td></tr>
<tr><td>人工费</td><td>材料费</td><td>机具费</td><td>管理费</td><td>利润</td><td>人工费</td><td>材料费</td><td>机具费</td><td>管理费</td><td>利润</td></tr>
<tr><td>C4-4-282</td><td>难燃灯头盒 86型 暗装</td><td>10个</td><td>25.7</td><td>41.27</td><td>10.31</td><td></td><td>11.86</td><td>8.25</td><td>1060.64</td><td>264.97</td><td></td><td>304.80</td><td>212.03</td></tr>
<tr><td></td><td></td><td></td><td></td><td></td><td></td><td></td><td></td><td></td><td></td><td></td><td></td><td></td><td></td></tr>
<tr><td colspan="2">人工单价</td><td colspan="7">小计（单价）</td><td>4.13</td><td>1.03</td><td></td><td>1.19</td><td>0.83</td></tr>
<tr><td colspan="2"></td><td colspan="7">未计价材料费</td><td colspan="5">1.84</td></tr>
<tr><td colspan="9">清单项目综合单价</td><td colspan="5">9.02</td></tr>
<tr><td rowspan="5">材料费明细</td><td colspan="5">主要材料名称、规格、型号</td><td>单位</td><td>数量</td><td>单价（元）</td><td>合价（元）</td><td colspan="2">暂估单价（元）</td><td colspan="2">暂估合价（元）</td></tr>
<tr><td colspan="5">难燃灯头盒 86型</td><td>个</td><td>262.14</td><td>1.80</td><td>471.85</td><td colspan="2"></td><td colspan="2"></td></tr>
<tr><td colspan="5"></td><td></td><td></td><td></td><td></td><td colspan="2"></td><td colspan="2"></td></tr>
<tr><td colspan="7">其他材料费</td><td>—</td><td></td><td colspan="2">—</td><td colspan="2"></td></tr>
<tr><td colspan="7">材料费小计（单价）</td><td>—</td><td>1.84</td><td colspan="2">—</td><td colspan="2"></td></tr>
</table>

表 16.2.2-27　综合单价分析表

工程名称：广州市辖区内某六层高办公楼电气安装工程

<table>
<tr><td colspan="2">项目编码</td><td colspan="2">030411006002</td><td>项目名称</td><td colspan="4">接线盒</td><td>计量单位</td><td>个</td><td>清单工程量</td><td colspan="2">190</td></tr>
<tr><td colspan="14">清单综合单价组成明细</td></tr>
<tr><td rowspan="2">定额编号</td><td rowspan="2">定额名称</td><td rowspan="2">定额单位</td><td rowspan="2">数量</td><td colspan="5">单　　价</td><td colspan="5">合　　价</td></tr>
<tr><td>人工费</td><td>材料费</td><td>机具费</td><td>管理费</td><td>利润</td><td>人工费</td><td>材料费</td><td>机具费</td><td>管理费</td><td>利润</td></tr>
<tr><td>C4-4-281</td><td>难燃插座（开关）盒 86型 暗装</td><td>10个</td><td>19</td><td>43.99</td><td>4.15</td><td></td><td>12.64</td><td>8.80</td><td>835.81</td><td>78.85</td><td></td><td>240.16</td><td>167.20</td></tr>
<tr><td></td><td></td><td></td><td></td><td></td><td></td><td></td><td></td><td></td><td></td><td></td><td></td><td></td><td></td></tr>
<tr><td colspan="2">人工单价</td><td colspan="7">小计（单价）</td><td>4.40</td><td>0.42</td><td></td><td>1.26</td><td>0.88</td></tr>
<tr><td colspan="2"></td><td colspan="7">未计价材料费</td><td colspan="5">1.53</td></tr>
<tr><td colspan="9">清单项目综合单价</td><td colspan="5">8.49</td></tr>
<tr><td rowspan="5">材料费明细</td><td colspan="5">主要材料名称、规格、型号</td><td>单位</td><td>数量</td><td>单价（元）</td><td>合价（元）</td><td colspan="2">暂估单价（元）</td><td colspan="2">暂估合价（元）</td></tr>
<tr><td colspan="5">难燃插座（开关）盒 86型</td><td>个</td><td>193.8</td><td>1.50</td><td>290.70</td><td colspan="2"></td><td colspan="2"></td></tr>
<tr><td colspan="5"></td><td></td><td></td><td></td><td></td><td colspan="2"></td><td colspan="2"></td></tr>
<tr><td colspan="7">其他材料费</td><td>—</td><td></td><td colspan="2">—</td><td colspan="2"></td></tr>
<tr><td colspan="7">材料费小计（单价）</td><td>—</td><td>1.53</td><td colspan="2">—</td><td colspan="2"></td></tr>
</table>

表 16.2.2-28　综合单价分析表

工程名称：广州市辖区内某六层高办公楼电气安装工程

项目编码	030414002001	项目名称	送配电装置系统						计量单位	系统	清单工程量	1	
清单综合单价组成明细													
定额编号	定额名称	定额单位	数量	单价					合价				
				人工费	材料费	机具费	管理费	利润	人工费	材料费	机具费	管理费	利润
C4-14-12	送配电装置调试 1kV 以下	系统	1	560.60		48.80	175.15	121.88	560.60		48.80	175.15	121.88
人工单价		小计（单价）							560.60		48.80	175.15	121.88
		未计价材料费							0.00				
清单项目综合单价									906.43				
材料费明细	主要材料名称、规格、型号				单位		数量		单价（元）	合价（元）	暂估单价（元）	暂估合价（元）	
	其他材料费								—		—		
	材料费小计（单价）								—	0.00	—		

表 16.2.2-29　综合单价分析表

工程名称：广州市辖区内某六层高办公楼电气安装工程

项目编码	030414011001	项目名称	接地装置						计量单位	系统	清单工程量	1	
清单综合单价组成明细													
定额编号	定额名称	定额单位	数量	单价					合价				
				人工费	材料费	机具费	管理费	利润	人工费	材料费	机具费	管理费	利润
C4-14-49	接地电阻测试接地网	系统	1	879.58		292.53	336.86	234.42	879.58		292.53	336.86	234.42
人工单价		小计（单价）							879.58		292.53	336.86	234.42
		未计价材料费							0.00				
清单项目综合单价									1743.39				
材料费明细	主要材料名称、规格、型号				单位		数量		单价（元）	合价（元）	暂估单价（元）	暂估合价（元）	
	其他材料费								—		—		
	材料费小计（单价）								—	0.00	—		

表 16.2.2–30 总价措施项目清单与计价表

工程名称：广州市辖区内某六层高办公楼电气安装工程

序号	项目编码	项目名称	计算基础	费率（%）	金额（元）	调整费率（%）	调整后金额（元）	备注
1	031302001001	绿色施工安全防护措施	人工费 + 施工机具费	35.77	10590.61			
2	031301017001	脚手架搭拆	人工费	4	1170.65			
3	031302007001	高层建筑增加费	人工费	2	585.32			
4	粤 031303009001	文明工地增加费	人工费 + 施工机具费	1	296.08			
5	031302006001	已完工程及设备保护费	人工费 + 施工机具费	10	2960.75			预算包干费
合　计					15603.41			

表 16.2.2–31 其他项目清单与计价汇总表

工程名称：广州市辖区内某六层高办公楼电气安装工程

序号	项 目 名 称	金额（元）	结算金额（元）	备　注
1	暂列金额	46300.00		按实际发生计算，明细详见表 16.2.2–32
2	暂估价	209160.00		
2.1	材料（工程设备）暂估价 / 结算价	23660.00		甲方供应，明细详见表 16.2.2–33
2.2	专业工程暂估价 / 结算价	185500.00		按实际发生计算，明细详见表 16.2.2–34
3	计日工	3412.80		按实际发生计算，明细详见表 16.2.2–35
4	总承包服务费	7656.60		按实际发生计算，明细详见表 16.2.2–36
5	工程优质费	2220.56		按人工费 + 施工机具费的 7.5% 计算
6	甲供材料设备现场保管费	354.90		按甲供材料设备总值的 1.5% 计算
合　计		269104.86		

表 16.2.2–32 暂列金额明细表

工程名称：广州市辖区内某六层高办公楼电气安装工程

序号	项 目 名 称	计量单位	暂定金额（元）	备　注
1	工程量清单中工程量偏差和设计变更	项	22300.00	
2	政策性调整和材料价格风险	项	3500.00	
3	设计变更新增加的材料、设备	项	12500.00	
4	其他	项	8000.00	
合　计			46300.00	

表 16.2.2-33　材料（工程设备）暂估价及调整表

工程名称：广州市辖区内某六层高办公楼电气安装工程

序号	材料（工程设备）名称、规格、型号	计量单位	数量		暂估（元）		确认（元）		差额 ±（元）		备注
			暂估	确认	单价	合价	单价	合价	单价	合价	
1	照明配电箱 M	台	1		2780.00	2780.00					甲方供应
2	照明配电箱 M1	台	1		960.00	960.00					甲方供应
3	照明配电箱 M2~6	台	5		1440.00	7200.00					甲方供应
4	照明配电箱 M1-1~2	台	2		1260.00	2520.00					甲方供应
5	照明配电箱 M2~6-1~2	台	10		1020.00	10200.00					甲方供应
合　价						23660.00					

表 16.2.2-34　专业工程暂估价及结算表

工程名称：广州市辖区内某六层高办公楼电气安装工程

序号	工程名称	工程内容	暂估金额（元）	结算金额（元）	价差 ±（元）	备　注
1	发电机系统安装工程	1. 发电机组安装、调试 2. 环保工程	185500.00			1. 有专业资质 2. 必须通过验收
合　计			185500.00			

表 16.2.2-35　计　日　工　表

工程名称：广州市辖区内某六层高办公楼电气安装工程

编号	项目名称	单位	暂定数量	实际数量	综合单价（元）	合价	
						暂定	实际
一	人　工						
1	油漆工	工日	12		130.00	1560.00	
2	搬运工	工日	8		115.00	920.00	
人工小计						2480.00	
二	材　料						
1	镀锌元铁 $\phi 8$	kg	60		5.00	300.00	
材料小计						300.00	
三	施工机具						
1	交流电焊机 21kV · A	台班	4		95.00	380.00	
施工机械小计						380.00	
四、企业管理费和利润						252.80	
总　计						3412.80	

表 16.2.2-36　总承包服务费计价表

工程名称：广州市辖区内某六层高办公楼电气安装工程

序号	项目名称	项目价值（元）	服务内容	计算基础	费率（%）	金额（元）
1	发包人发包发电机系统安装工程	185500.00	1. 提供施工工作面并对施工现场进行统一管理，竣工资料统一整理汇总 2. 提供垂直运输机械 3. 提供施工用水、用电接入点	发包项目总值	4	7420.00
2	发包人供应材料	23660.00	配合发包人进行材料供应	甲供材料总值	1	236.60
合　计						7656.60

表 16.2.2-37　税金项目计价表

工程名称：广州市辖区内某六层高办公楼电气安装工程

序号	项目名称	计算基础	计算基数	费率（%）	金额（元）
1	增值税金	分部分项工程费 + 措施项目费 + 其他项目费 – 材料（工程设备）暂估价 / 结算价 – 规定不计税的工程设备金额	396981.45	9	35728.33
合　计					35728.33

表 16.2.2-38　发包人提供材料和工程设备一览表

工程名称：广州市辖区内某六层高办公楼电气安装工程

序号	材料（工程设备）名称、规格、型号	单位	数量	单价（元）	交货方式	送达地点	备注
1	照明配电箱 M	台	1	2780.00	甲方提货	施工现场	甲方供应
2	照明配电箱 M1	台	1	960.00	甲方提货	施工现场	甲方供应
3	照明配电箱 M2~6	台	5	1440.00	甲方提货	施工现场	甲方供应
4	照明配电箱 M1–1~2	台	2	1260.00	甲方提货	施工现场	甲方供应
5	照明配电箱 M2~6–1~2	台	10	1020.00	甲方提货	施工现场	甲方供应

表 16.2.2-39　承包人提供主要材料和工程设备一览表

工程名称：广州市辖区内某六层高办公楼电气安装工程

序号	名称、规格、型号	单位	数量	风险系数（%）	基准单价（元）	投标单价（元）	发承包人确定单价（元）	备注
1	难燃线管 P20	m	1077.00			2.40		综合
2	难燃线管 P25	m	524.50			3.10		综合
3	难燃线管 P32	m	96.50			4.80		综合
4	阻燃铜芯单塑线 ZR–BV–2.5mm^2	m	5562.40			1.80		综合
5	阻燃铜芯单塑线 ZR–BV–6mm^2	m	260.10			4.14		综合
6	阻燃铜芯单塑线 ZR–BV–10mm^2	m	176.70			6.75		综合
7	光管支架 YG1–2 × 40	套	32			58.00		综合
8	格栅荧光灯盘 XD512–3 × 20	套	150			216.00		综合
9	半圆球吸顶灯 XD1448–1 × 60 ϕ250	套	75			43.00		综合

续表 16.2.2-39

序号	名称、规格、型号	单位	数量	风险系数（%）	基准单价（元）	投标单价（元）	发承包人确定单价（元）	备注
10	双头应急灯 YJ4-2A4X	套	4			178.00		综合
11	风压式百叶排气扇 APB30A48W1200CMH	台	14			125.00		综合
12	单相三极暗插座 B5/10S 86 型	个	148			5.80		综合
13	单相单控双联暗开关 B52/1 86 型	个	12			7.20		综合
14	单相单控三联暗开关 B53/1 86 型	个	15			9.30		综合
15	单相单控四联暗开关 B54/1 86 型	个	15			13.60		综合
16	难燃灯头盒 86 型	个	257			1.80		综合
17	难燃开关、插座盒 86 型	个	190			1.50		综合
18	薄壁不锈钢灯具吊杆 $\phi 15$ L=500	根	64			5.50		综合
19	单相三极插头 10A	个	14			1.50		综合
20	荧光灯管 40W	支	64			8.00		综合
21	荧光灯管 20W	支	450			6.50		综合
22	螺口灯泡 60W	个	75			2.10		综合

第 17 章 给排水安装工程量清单编制与计价案例

17.1 给排水安装工程量清单编制案例

17.1.1 给排水安装工程概况及工程量清单编制要求

工程量清单编制案例如图 17.1.1–1~ 图 17.1.1–6 和表 17.1.1–1 所示。

一、工程情况及设计说明

本工程为广州市辖区内某六层高办公楼电气安装工程，首层为商场，层高为 3.5m，标准层二至六层为办公区，各层高均为 3.5m，天面梯屋高度为 3m，天面水池高度为 2.5m，天面女儿墙高为 1m，达到广东省《建筑工程绿色施工评价标准》DBJ/T 15–97—2013 的要求。

（1）给水系统：由市政供水管网经市政水表计量后沿建筑物外墙引上至天面水池，再由天面水池采用间接供水方式供给各卫生器具用水。市政水表装设在首层室外楼梯外墙处，安装高度为离地面 0.5m。给水管均采用镀锌钢塑管，螺纹连接，卫生间管道要求配合土建沿墙暗敷，外墙给水立管采用 5 号镀锌槽钢离墙安装，天面水平给水管和卫生间给水立管均采用镀锌角钢 ∟40×40×4 支架安装。洗脸盆为立式冷水型；大便器为自闭式冲洗阀蹲式大便器，在楼层面安装；挂式小便器为按式冲洗阀普通型。卫生洁具均采用陶瓷产品，阀门采用铜质螺纹闸阀。

（2）排水系统：生活污水经室内排水管道汇合后排至室外市政污水管网，管材和管件均采用 UPVC 承插塑料排水管，胶水粘接，沿墙或采用镀锌角钢 ∟40×40×4 吊顶明敷。

（3）其他说明：天面水池由土建单位现场采用混凝土浇筑，给排水管道穿越水池和楼板时必须设置钢质翼环套管，套管直径要求比穿越的管道直径大两号，并需配合土建预埋。图中所标注尺寸除管长标高以“m”计外，其余均以“mm”计。

二、清单工程量计算范围

（1）给水系统从市政水表组（包括水表组）中点出水管开始计算至各用水点止（包括各用水器具）。

（2）排水系统从室内各排水点开始计算至管道与室外第一个检查井或化粪池接口处止（不包括检查井、化粪池）。

（3）除有尺寸标注外，管道长度以图示比例计算。

工程计量时每一项目汇总的有效位数应遵守下列规定：

1）以“t”为单位，应保留小数点后三位数字，第四位小数四舍五入；

2）以“m”“m^2”“m^3”“kg”为单位，应保留小数点后两位数字，第三位小数四舍五入；

3）以“个”“件”“根”“组”“系统”为单位，应取整数。

三、招标人编制清单工程量依据

招标人依据《建设工程工程量清单计价规范》GB 50500—2013、《通用安装工程工程量计算规范》GB 50856—2013 进行工程量清单编制。

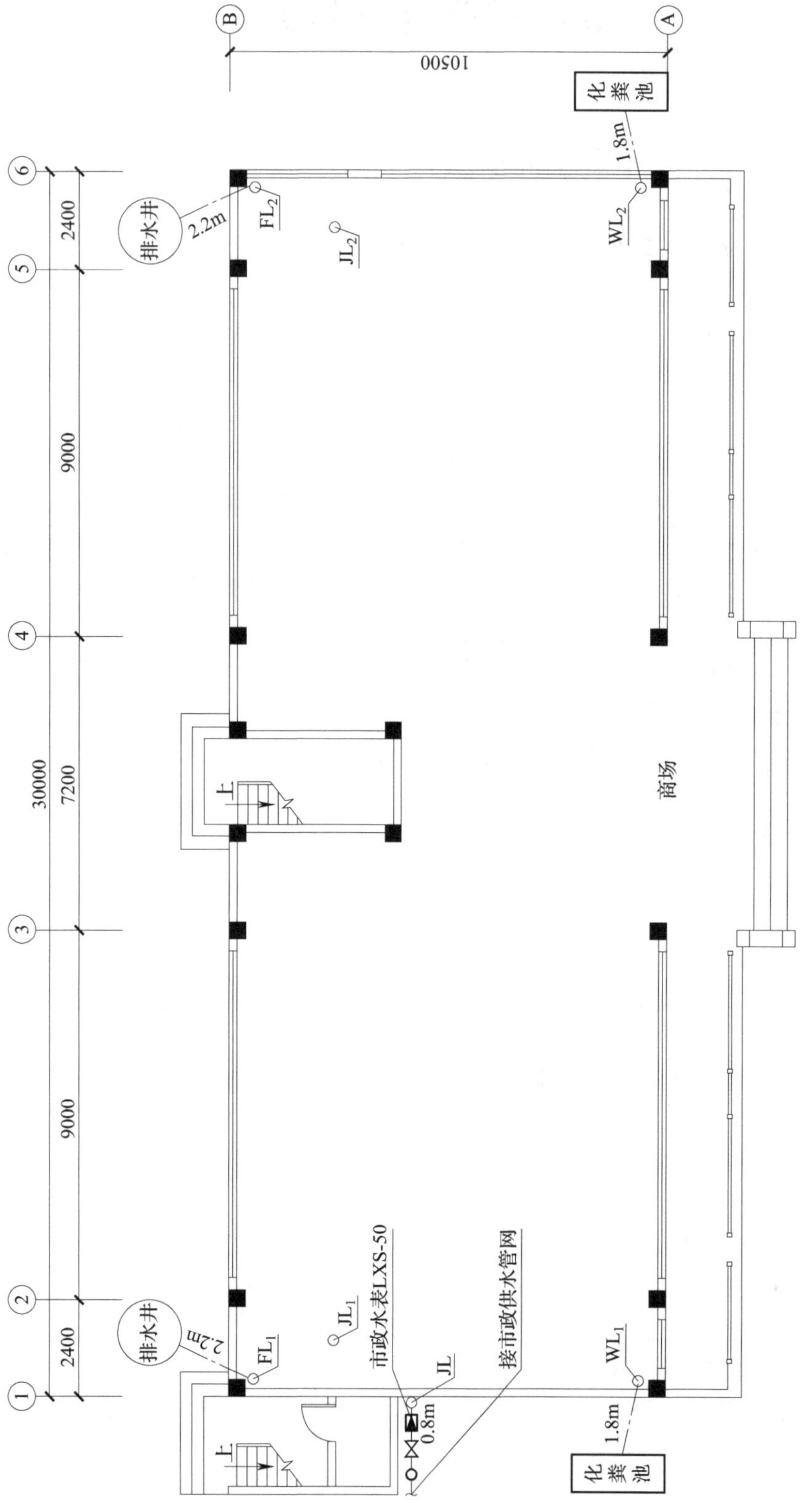

图 17.1.1-1　首层给排水平面图　1：150

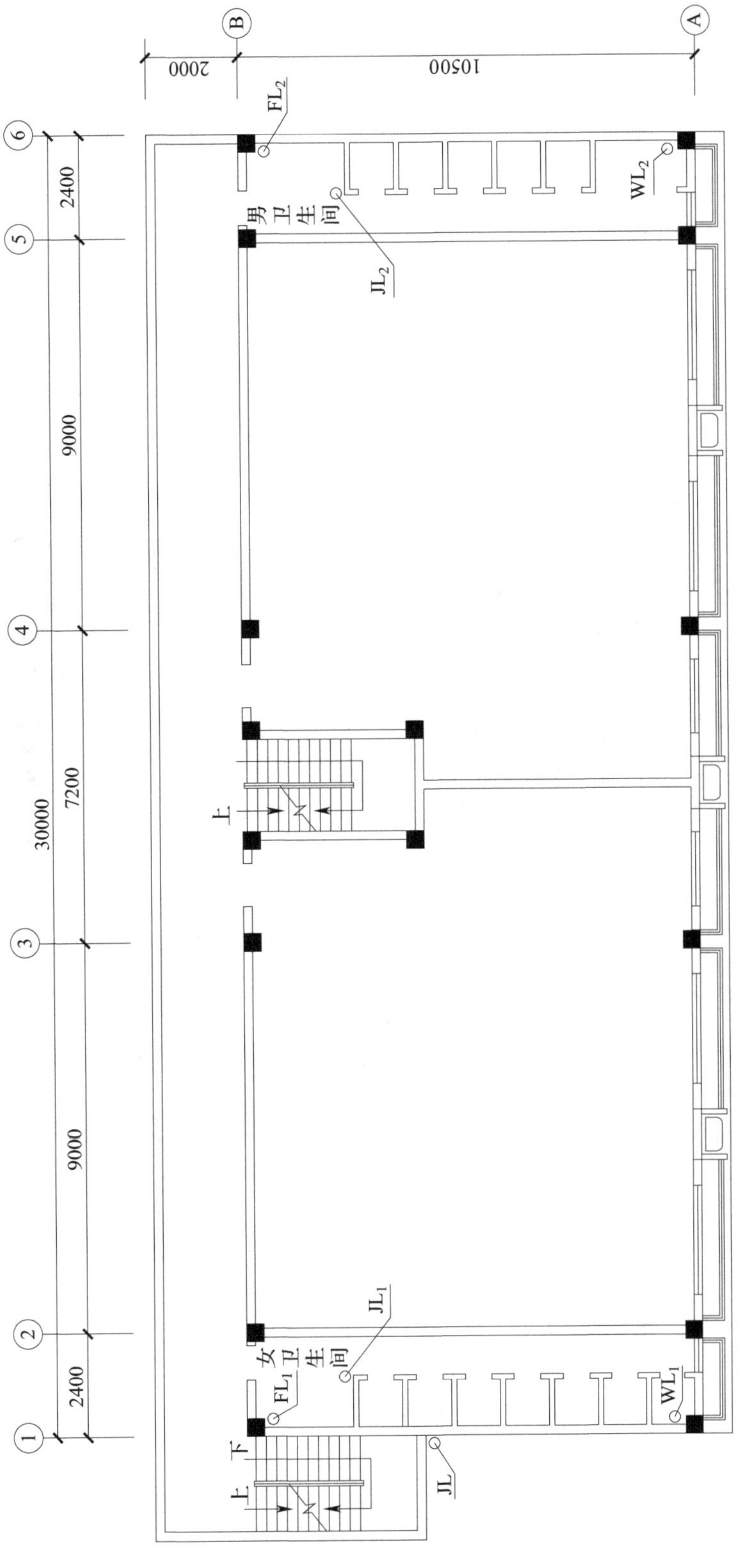

图 17.1.1-2　二至六层给排水平面图　1∶150

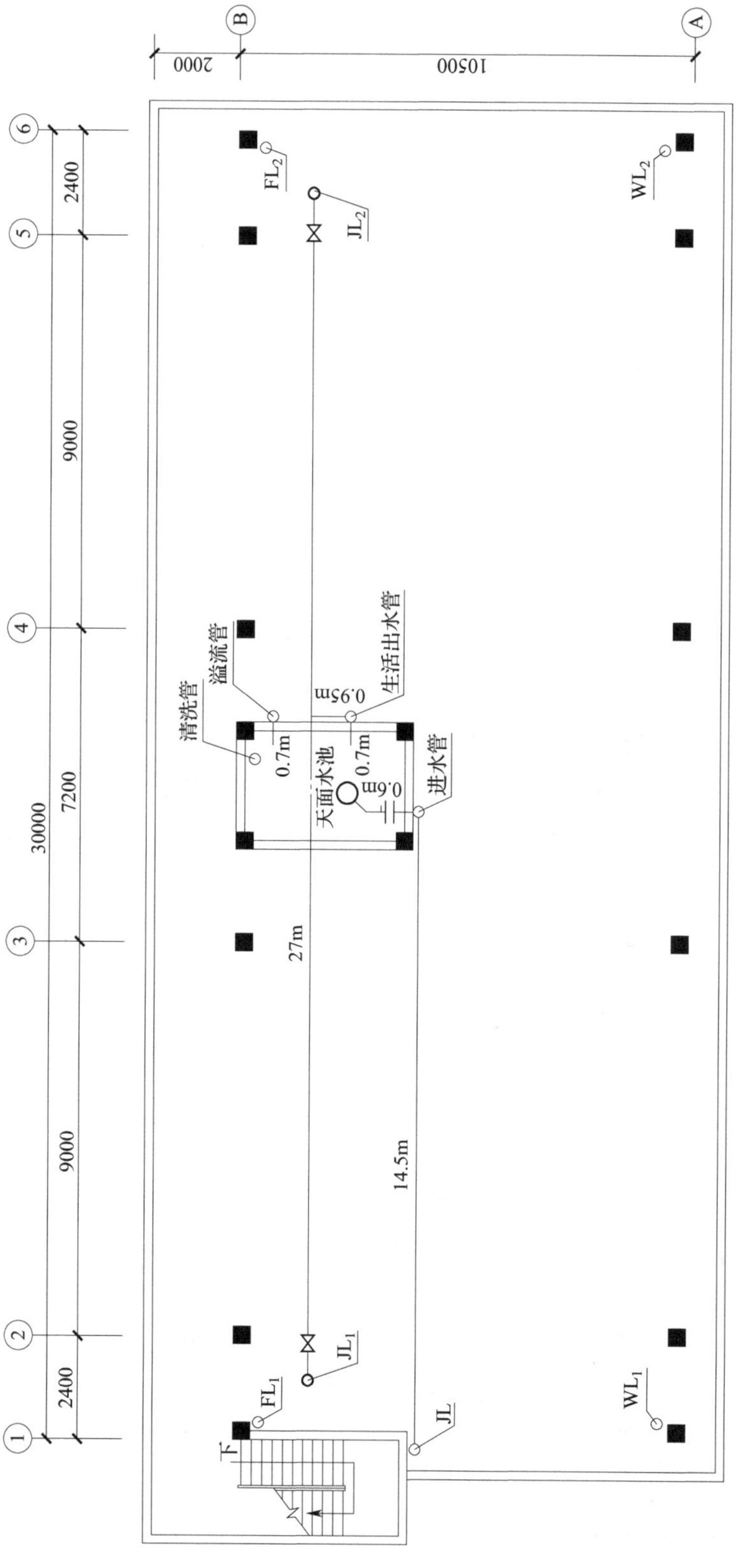

图 17.1.1-3　天面给排水平面图　1：150

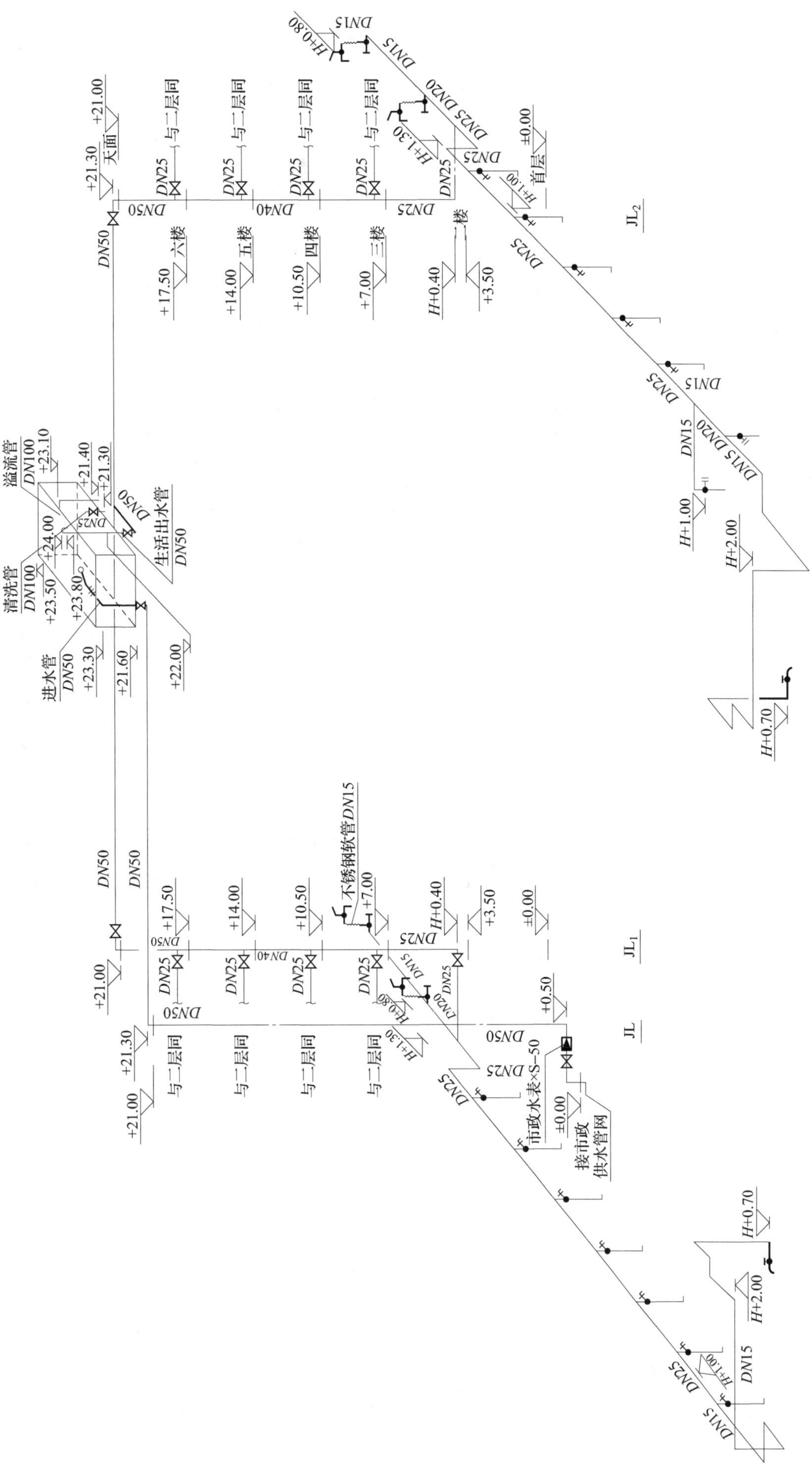

图 17.1.1-4　给水系统图 1：150

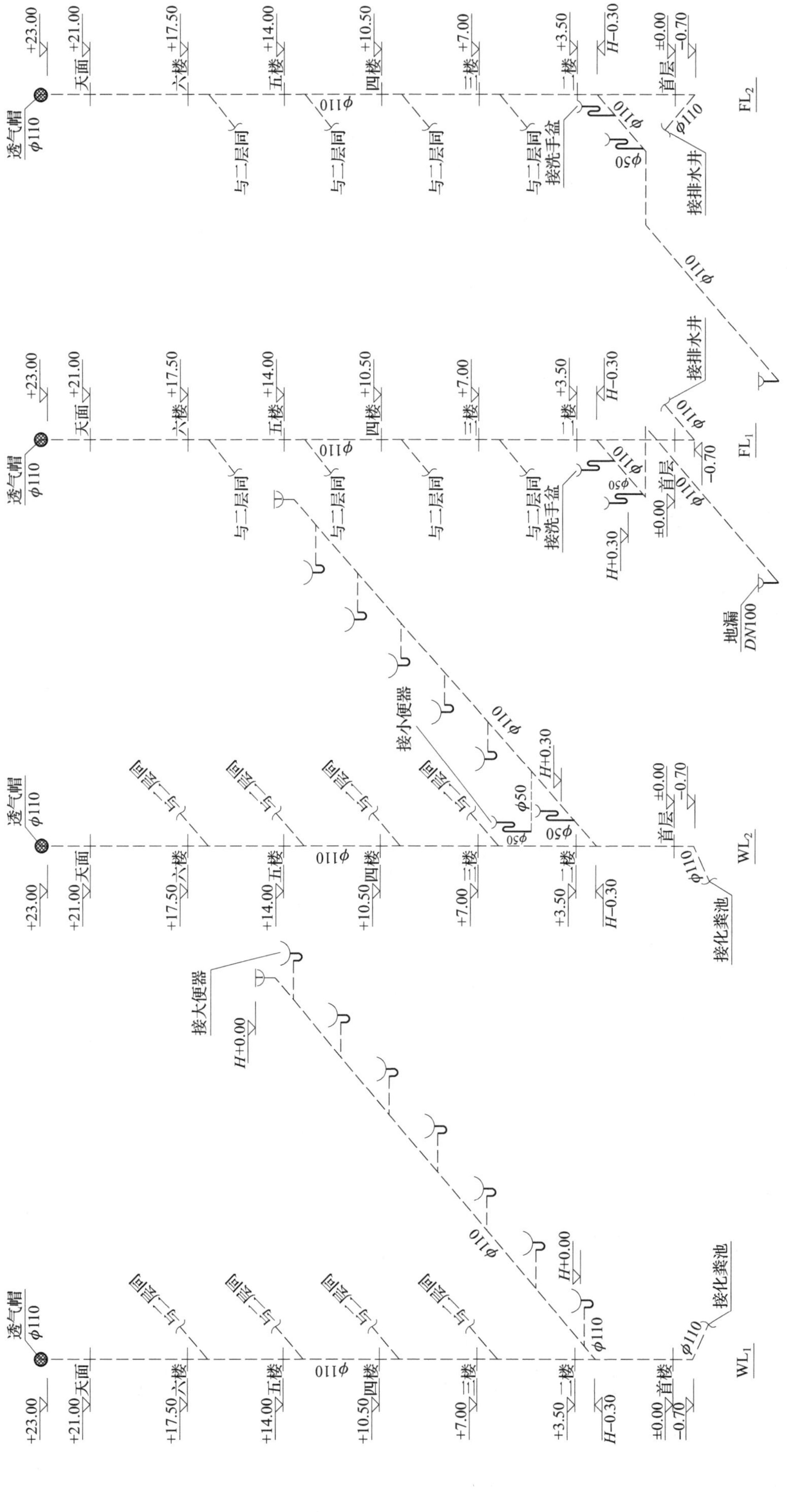

图 17.1.1-5 排水系统图 1：150

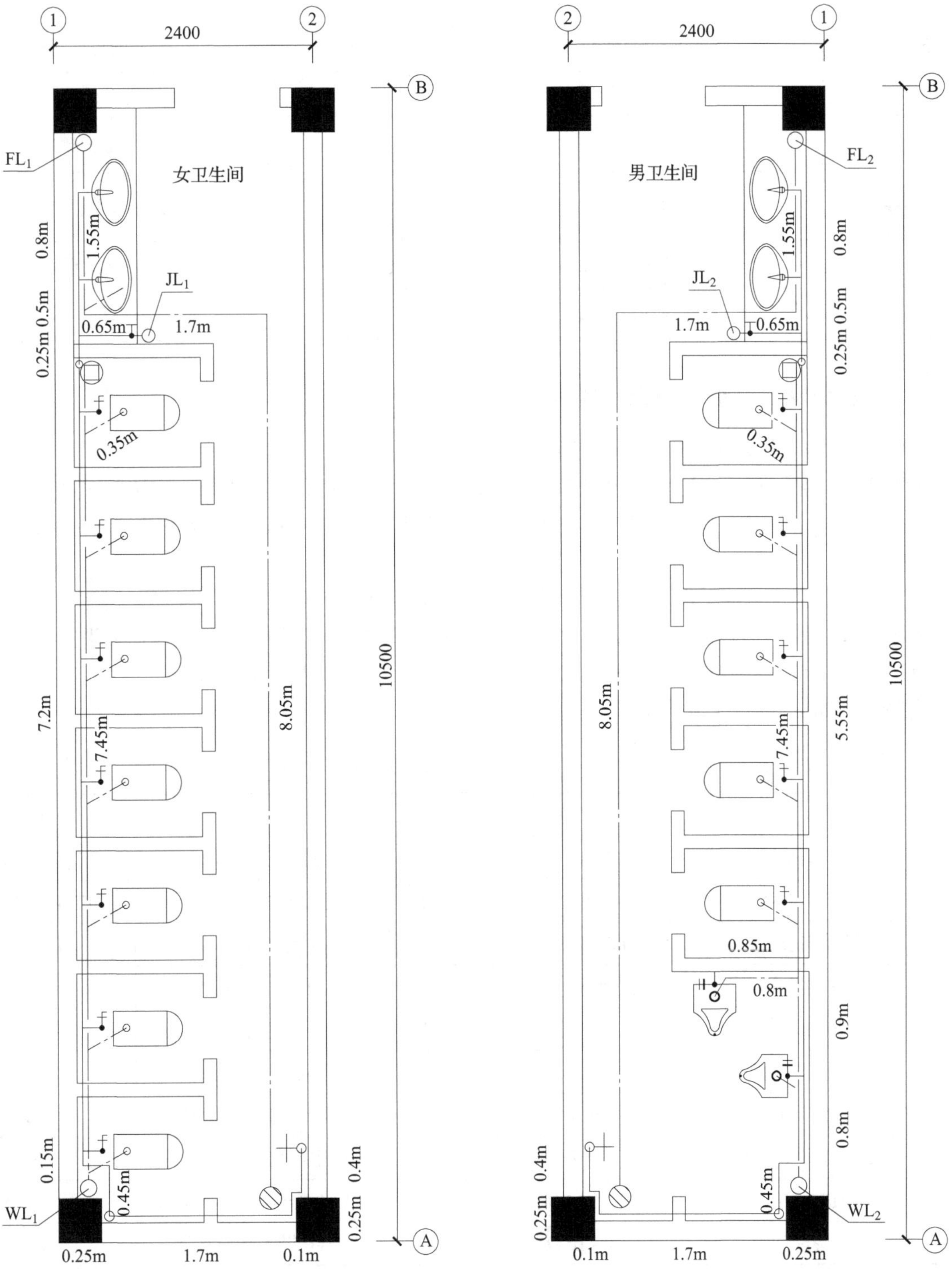

图 17.1.1–6 卫生间大样图 1∶50

表 17.1.1-1 图 例 表

图例	名 称	图例	名 称
	铜质螺纹闸阀	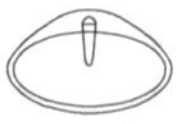	椭圆形陶瓷洗手盆
	镀铬三角阀	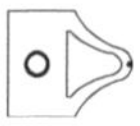	普通挂式陶瓷小便斗
	手柄式大便冲洗阀		UPVC 圆形水封地漏
	按式小便冲洗阀		UPVC 透气帽
	单冷洗手盆龙头		UPVC 地面清扫口
	全铜水龙头		镀铬 S 型存水弯
	方形陶瓷蹲式大便器		UPVC P 型存水弯
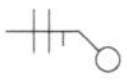	全铜丝扣浮球阀		全铜螺纹水表

17.1.2 给排水安装工程量清单案例编制

（1）招标人根据工程的实际情况，拟定管道支架的计算方法如下：

1）外墙给水立管：距离节点 0.5m 处设 1 个支架，中间每隔 3.5m 设 1 个支架，支架形式为一字型支架；

2）天面水平给水管：距离节点 0.5m 处设 1 个支架，中间每隔 3.5m 设 1 个支架，支架形式为工字型支架；

3）卫生间给水立管：每层设 2 个支架，支架形式为 L 型支架；

4）排水横管：距离节点 0.5m 处设 1 个支架，*DN*100 管道中间每隔 1.5m 设 1 个支架，*DN*50 管道中间每隔 1.0m 设 1 个支架，每个大便器连接管设 1 个支架，支架形式为 L 型支架。

（2）招标人拟定的材料规格见表 17.1.2-1。

表 17.1.2-1 材 料 规 格

序号	名 称	规格	序号	名 称	规格
1	镀锌钢塑管	*DN*15 δ =3.8	11	铜质螺纹闸阀	Z15W-10 *DN*100
2	镀锌钢塑管	*DN*20 δ =3.8	12	全铜丝扣浮球阀	H724X-4T *DN*50
3	镀锌钢塑管	*DN*25 δ =4	13	全铜螺纹水表	LXS-50
4	镀锌钢塑管	*DN*40 δ =4.25	14	全铜水龙头	GD-720 *DN*15
5	镀锌钢塑管	*DN*50 δ =4.5	15	镀铬三角阀	GD-519 *DN*15
6	镀锌钢塑管	*DN*100 δ =5	16	椭圆形陶瓷立柱式洗手盆	AP301
7	UPVC 塑料排水管	ϕ 50 δ =2	17	方形陶瓷蹲式大便器	W829
8	UPVC 塑料排水管	ϕ 110 δ =3.2	18	普通挂式陶瓷小便器	W914A
9	铜质螺纹闸阀	Z15W-10 *DN*25	19	UPVC 塑料地面清扫口	ϕ 110
10	铜质螺纹闸阀	Z15W-10 *DN*50	20	UPVC 圆形水封地漏	ϕ 110

（3）根据《建设工程工程量清单计价规范》GB 50500—2013 的格式，工程量清单案例编制，见表 17.1.2-2、表 17.1.2-3。

（4）本案例只编制分部分项工程量清单（见表 17.1.2-4）。措施项目、其他项目和税金项目清单的编制从略，可参照第 16.1 节电气设备安装工程量清单编制案例的编制方法。

表 17.1.2-2　清单工程量计算表

工程名称：广州市辖区内某六层高办公楼给排水安装工程

序号	清单项目特征	清单工程量计算过程	单位	清单工程量
		一、市政水表组中点至天面水池进水管（JL 管）		
1	室内镀锌钢塑给水管 $DN50$　δ =4.5 螺纹连接	0.8（水表中点至立管水平段）+（21.3–0.5）（立管）+14.5（天面水平段）+（23.3–21.3）（进水池垂直段）+0.6（进入水池水平段）	m	38.70
2	市政全铜螺纹水表 LXS–50	1	组	1
3	铜质螺纹闸阀 Z15W–10 $DN50$	1	个	1
4	全铜丝扣浮球阀 H724X–4T $DN50$	1	个	1
5	刚性防水套管 $DN80$（穿 $DN50$ 管）	1（过天面）+1（过水池）	个	2
6	镀锌角钢支架制作安装 ∟40×40×4	5个×[（21.3–21）+0.1×2]m/个×2.422kg/m×1.05(天面水平管)	kg	6.36
7	镀锌槽钢支架制作安装 ⊏5	7个×0.1m/个×5.438kg/m×1.05	kg	4.00
		二、天面水池出水管至卫生间立管（JL_1、JL_2）		
8	室内镀锌钢塑给水管 $DN25$ δ =4 螺纹连接	[（24–23.8）+0.2+（24–22）]（透气管）	m	2.40
9	室内镀锌钢塑给水管 $DN50$ δ =4.5 螺纹连接	0.7（过水池壁水平段）+（22–21.3）（水池出水垂直段）+ 0.95（水池出水水平段）+27（天面 JL_1、JL_2 立管间水平段）+（21.3–14–0.4）×2（JL_1、JL_2 立管）	m	43.15
10	室内镀锌钢塑给水管 $DN40$ δ =4.25 螺纹连接	7×2（JL_1、JL_2 立管）	m	14.00
11	室内镀锌钢塑给水管 $DN25$ δ =4 螺纹连接	3.5×2（JL_1、JL_2 立管）	m	7.00
12	铜质螺纹闸阀 Z15W–10 $DN50$	1+1+1	个	3
13	镀锌角钢支架制作安装 ∟40×40×4	9个×[（21.3–21）+0.1×2]m/个×2.422kg/m×1.05(天面水平管)+[10个×0.2m/个（平均）×2.422kg/m×1.05]×2（JL_1、JL_2 立管）	kg	21.62
14	刚性防水套管 $DN80$（穿 $DN50$ 管）	1（过水池）+2×2（JL_1、JL_2 立管）	个	5
15	刚性防水套管 $DN65$（穿 $DN40$ 管）	2×2（JL_1、JL_2 立管）	个	4
16	刚性防水套管 $DN40$（穿 $DN25$ 管）	1×2（JL_1、JL_2 立管）	个	2
		三、天面水池其他管道		
17	室内镀锌钢塑给水管 $DN100$ δ =5 螺纹连接	[0.7+（23.1–1.4）]（溢流管）+（21.6–1.3）（清洗管）	m	42.70
18	铜质螺纹闸阀 Z15W–10 $DN100$	1	个	1
19	刚性防水套管 $DN150$（穿 $DN100$ 管）	2	个	2
		四、女卫生间给水（二至六层）		
20	室内镀锌钢塑给水管 $DN25$ δ =4 螺纹连接	[0.65+0.25+（1.3–0.4）（垂直段）+7.2+（1.3–1）×7（大便冲洗阀连接管）]×5	m	55.50
21	室内镀锌钢塑给水管 $DN20$ δ =3.8 螺纹连接	0.5（洗脸盆水平段）×5	m	2.50

续表 17.1.2–2

序号	清单项目特征	清单工程量计算过程	单位	清单工程量
22	室内镀锌钢塑给水管 *DN*15 δ=3.8 螺纹连接	［0.15+0.25+0.45+（2–1.3）（垂直段）+1.7+0.25+0.1+0.4+（2–0.7）（垂直段）+0.8（洗脸盆水平段）］×5	m	30.50
23	方形陶瓷蹲式大便器 ALD512C	7×5	套	35
24	椭圆形陶瓷立柱式洗手盆 AP301	2×5	组	10
25	铜质螺纹闸阀 Z15W–10 *DN*25	1×5	个	5
26	全铜水龙头 GD–720 *DN*15	1×5	个	5
		五、男卫生间给水（二至六层）		
27	室内镀锌钢塑给水管 *DN*25 δ=4 螺纹连接	［0.65+0.25+（1.3–0.4）（垂直段）+5.55+（1.3–1）×5（大便冲洗阀连接管）］×5	m	44.25
28	室内镀锌钢塑给水管 *DN*20 δ=3.8 螺纹连接	［0.9+0.5（洗脸盆水平段）］×5	m	7.00
29	室内镀锌钢塑给水管 *DN*15 δ=3.8 螺纹连接	［0.8+0.25+0.45+（2–1.3）（垂直段）+1.7+0.25+0.1+0.4+（2–0.7）（垂直段）+0.8（洗脸盆水平段）+0.85+（1.3–1）×2（小便冲洗阀连接管）］×5	m	41.00
30	方形陶瓷蹲式大便器 W829	5×5	套	25
31	椭圆形陶瓷立柱式洗手盆 AP301	2×5	组	10
32	普通挂式陶瓷小便器 W914A	2×5	套	10
33	铜质螺纹闸阀 Z15W–10 *DN*25	1×5	个	5
34	全铜水龙头 GD–720 *DN*15	1×5	个	5
		六、排水立管（WL_1、WL_2、FL_1、FL_2）		
35	室内 UPVC 塑料排水管 ϕ110 δ=3.2 胶水粘结	（23+0.7）×4+1.8×2（污水排出管）+2.2×2（废水排出管）	m	102.80
36	刚性防水套管 *DN*150（穿 *DN*100 管）	6×4（WL_1、WL_2、FL_1、FL_2 立管）	个	24
		七、女卫生间排水（二至六层）		
37	室内 UPVC 塑料排水管 ϕ110 δ=3.2 胶水粘结	［1.55+1.7+8.05+0.3（地漏垂直段）+7.45+0.3（清扫口垂直段）+0.35×7（大便器连接水平段）+0.3×7（大便器连接垂直段）］×5	m	119.50
38	室内 UPVC 塑料排水管 ϕ50 δ=2 胶水粘结	［0.6×2（洗脸盆垂直段）］×5	m	6.00
39	UPVC 圆形水封地漏 ϕ110	1×5	个	5
40	UPVC 塑料地面清扫口 ϕ110	1×5	个	5
41	镀锌角钢支架制作安装 L40×40×4	［23 个 ×（0.3+0.2+0.05）m/ 个 ×2.422kg/m×1.05］×5	kg	160.85
42	刚性防水套管 *DN*65（穿 *DN*40 管）	2（洗脸盆）×5	个	10
		八、男卫生间排水（二至六层）		
43	室内 UPVC 塑料排水管 ϕ110 δ=3.2 胶水粘结	［1.55+1.7+8.05+0.3（地漏垂直段）+7.45+0.3（清扫口垂直段）+0.35×5（大便器连接水平段）+0.3×5（大便器连接垂直段）］×5	m	113.00

续表 17.1.2-2

序号	清单项目特征	清单工程量计算过程	单位	清单工程量
44	室内UPVC塑料排水管 ϕ50 δ=2 胶水粘结	［0.6×2（洗脸盆垂直段）+0.8+0.6×2（小便器垂直段）］×5	m	16.00
45	UPVC 圆形水封地漏 ϕ110	1×5	个	5
46	UPVC 塑料地面清扫口 ϕ110	1×5	个	5
47	镀锌角钢支架制作安装 ∟40×40×4	［23 个 ×（0.3+0.2+0.05）m/ 个 ×2.422kg/m×1.05］×5	kg	160.85
48	刚性防水套管 *DN*65（穿 *DN*40 管）	［2（洗脸盆）+2（小便器）］×5	个	20

表 17.1.2-3　清单工程量汇总表

工程名称：广州市辖区内某六层高办公楼给排水安装工程

序号	清单项目特征	清单工程量计算过程	单位	清单工程量
1	室内镀锌钢塑给水管 *DN*15 δ=3.8 螺纹连接	30.5+41	m	71.50
2	室内镀锌钢塑给水管 *DN*20 δ=3.8 螺纹连接	2.5+7	m	9.50
3	室内镀锌钢塑给水管 *DN*25 δ=4 螺纹连接	2.4+7+55.5+44.3	m	109.20
4	室内镀锌钢塑给水管 *DN*40 δ=4.25 螺纹连接	14	m	14.00
5	室内镀锌钢塑给水管 *DN*50 δ=4.5 螺纹连接	38.7+43.2	m	81.90
6	室内镀锌钢塑给水管 *DN*100 δ=5 螺纹连接	2.7	m	2.70
7	市政全铜螺纹水表 LXS-50	1	组	1
8	铜质螺纹闸阀 Z15W-10 *DN*25	5+5	个	10
9	铜质螺纹闸阀 Z15W-10 *DN*50	1+3	个	4
10	铜质螺纹闸阀 Z15W-10 *DN*100	1	个	1
11	全铜丝扣浮球阀 H724X-4T *DN*50	1	个	1
12	方形陶瓷蹲式大便器 W829	35+25	个	60
13	椭圆形陶瓷立柱式洗手盆 AP301	10+10	组	20
14	普通挂式陶瓷小便器 W914A	10	套	10
15	镀锌角钢支架制作安装 ∟40×40×4	6.4+21.6+160.9+160.9	kg	349.80
16	镀锌槽钢支架制作安装 ⊏5	4	kg	4.00
17	室内 UPVC 塑料排水管 ϕ50 δ=2 胶水粘接	6+16	m	22.00
18	室内 UPVC 塑料排水管 ϕ110 δ=3.2 胶水粘接	102.8+119.5+113	m	335.30
19	全铜水龙头 GD-720 *DN*15	5+5	个	10
20	UPVC 圆形水封地漏 ϕ110	5+5	个	10
21	UPVC 塑料地面清扫口 ϕ110	5+5	个	10
22	刚性防水套管 *DN*40（穿 *DN*25 管）	2	个	2
23	刚性防水套管 *DN*65（穿 *DN*40 管）	4+10+20	个	34
24	刚性防水套管 *DN*80（穿 *DN*50 管）	2+5	个	7
25	刚性防水套管 *DN*150（穿 *DN*100 管）	2+24	个	26

表 17.1.2–4　分部分项工程量清单与计价表

工程名称：广州市辖区内某六层高办公楼给排水安装工程

序号	项目编码	项目名称	项目特征描述	计量单位	工程量	金额（元）		
						综合单价	合价	其中：暂估价
1	031001007001	复合管	室内镀锌钢塑给水管 *DN*15 δ=3.8 螺纹连接	m	71.50			
2	031001007002	复合管	室内镀锌钢塑给水管 *DN*20 δ=3.8 螺纹连接	m	9.50			
3	031001007003	复合管	室内镀锌钢塑给水管 *DN*25 δ=4 螺纹连接	m	109.20			
4	031001007004	复合管	室内镀锌钢塑给水管 *DN*40 δ=4.25 螺纹连接	m	14.0			
5	031001007005	复合管	室内镀锌钢塑给水管 *DN*50 δ=4.5 螺纹连接	m	81.90			
6	031001007006	复合管	室内镀锌钢塑给水管 *DN*100 δ=5 螺纹连接	m	2.70			
7	031003013001	水表	市政全铜螺纹水表 LXS–50 配铜质螺纹闸阀 Z15W–10 *DN*50	组	1			
8	031003001001	螺纹阀门	铜质螺纹闸阀 Z15W–10 *DN*25	个	10			
9	031003001002	螺纹阀门	铜质螺纹闸阀 Z15W–10 *DN*50	个	4			
10	031003001003	螺纹阀门	铜质螺纹闸阀 Z15W–10 *DN*100	个	1			
11	031003001004	螺纹阀门	全铜丝扣浮球阀 H724X–4T *DN*50	个	1			
12	031004006001	大便器	方形陶瓷蹲式大便器 W829 手柄式大便冲洗阀 GD–552 *DN*25 镀铬大便冲洗管 *DN*25 UPVC P 型大便器存水弯 ϕ110	组	60			
13	031004003001	洗脸盆	椭圆形陶瓷立柱式洗手盆 AP301 单联洗手盆龙头 GD–127 *DN*15 镀铬洗脸盆 S 型排水附件 GD–603 *DN*25 镀铬三角阀 GD–519 *DN*15 锈钢编织软管 *DN*15 *L*=500	组	20			
14	031004007001	小便器	普通挂式陶瓷小便器 W914A 镀铬小便器 S 型存水弯 GD–617 *DN*25 按式小便冲洗阀 GD–551 *DN*15	套	10			
15	031002001001	管道支架	镀锌角钢支架制作安装 ∟40×40×4	kg	349.80			
16	031002001002	管道支架	镀锌槽钢支架制作安装 [5	kg	4.00			
17	031001006001	塑料管	室内 UPVC 塑料排水管 ϕ50 δ=2 胶水粘接	m	22.00			
18	031001006002	塑料管	室内 UPVC 塑料排水管 ϕ110 δ=3.2 胶水粘接	m	335.30			
19	031004014001	给排水附（配）件	全铜水龙头 GD–720 *DN*15	个	10			
20	031004014002	给排水附（配）件	UPVC 圆形水封地漏 ϕ110	个	10			

续表 17.1.2-4

序号	项目编码	项目名称	项目特征描述	计量单位	工程量	金额（元）		
						综合单价	合价	其中：暂估价
21	031004014003	给排水附（配）件	UPVC 塑料地面清扫口 ϕ110	个	10			
22	031002003001	套管	刚性防水套管 *DN*40/25	个	2			
23	031002003002	套管	刚性防水套管 *DN*65/40	个	34			
24	031002003003	套管	刚性防水套管 *DN*80/50	个	7			
25	031002003004	套管	刚性防水套管 *DN*150/100	个	26			
本页小计								
合　计								
其中：人工费								
其中：机具费								

17.2　给排水安装工程量清单计价案例

17.2.1　给排水安装工程量清单计价要求

在第 17.1 节工程量清单编制案例中，假设投标人根据企业的实际情况确定人工费、辅材价差和机具价差，参照《广东省通用安装工程综合定额（2018）》均不做调整，利润以人工费与施工机具费之和为基础按 20% 计算，未计价材料价格按市场确定。

17.2.2　给排水安装工程量清单案例计价

（1）根据《建设工程工程量清单计价规范》GB 50500—2013、《通用安装工程工程量计算规范》GB 50856—2013、《广东省通用安装工程综合定额（2018）》，投标人报价文件见表 17.2.2-1~表 17.2.2-29。

（2）室内给排水管件分别参照《广东省通用安装工程综合定额（2018）》附录四（一）表 23 和表 30 取定。

（3）本案例只编制分部分项工程量清单计价和综合单价分析计算。措施项目、其他项目和税金项目清单计价的编制从略，可参照第 16.2 节电气设备安装工程量清单计价案例的编制方法。

表 17.2.2-1　组价工程量计算表

工程名称：广州市辖区内某六层高办公楼给排水安装工程

序号	组价项目特征	组价工程量计算过程	单位	组价工程量
		一、市政水表组中点至天面水池进水管（JL 管）		
1	铜质螺纹闸阀 Z15W-10 *DN*50（组合市政水表）	1	个	1
2	成品镀锌圆钢 U 型码 *DN*50（配槽钢）	7（JL 立管）	套	7
3	成品镀锌圆钢 U 型码 *DN*50（配角钢）	5（天面管）	套	5
4	管道消毒、冲洗 *DN*50	38.7	m	38.70

续表 17.2.2–1

序号	组价项目特征	组价工程量计算过程	单位	组价工程量
		二、天面水池出水管至卫生间立管（JL_1、JL_2）		
5	成品镀锌圆钢 U 型码 *DN*50（配角钢）	9（天面水平管）+4×2（JL_1、JL_2 立管）	套	17
6	成品镀锌圆钢 U 型码 *DN*40（配角钢）	4×2（JL_1、JL_2 立管）	套	8
7	成品镀锌圆钢 U 型码 *DN*25（配角钢）	2×2（JL_1、JL_2 立管）	套	4
8	管道消毒、冲洗 *DN*50	43.2	m	43.20
9	管道消毒、冲洗 *DN*40	14	m	14.00
10	管道消毒、冲洗 *DN*25	2.4+7	m	9.40
		三、天面水池其他管道		
11	管道消毒、冲洗 *DN*100	2.7	m	2.70
		四、女卫生间给水（二至六层）		
12	单联洗脸盆龙头 GD–127 *DN*15	2×5	个	10
13	镀铬洗脸盆 S 型排水附件 GD–603 *DN*25	2×5	套	10
14	镀铬三角阀 GD–519 *DN*15（洗脸盆）	2×5	个	10
15	不锈钢编织软管 *DN*15 *L*=500	2×5	条	10
16	手柄式大便冲洗阀 GD–552 *DN*25	7×5	个	35
17	镀铬大便冲洗管 *DN*25	7×5	条	35
18	管道消毒、冲洗 *DN*25	55.5	m	55.50
19	管道消毒、冲洗 *DN*20	2.5	m	2.50
20	管道消毒、冲洗 *DN*15	30.5	m	30.50
		五、男卫生间给水（二至六层）		
21	单联洗脸盆龙头 GD–127 *DN*15	2×5	个	10
22	镀铬洗脸盆 S 型排水附件 GD–603 *DN*25	2×5	套	10
23	镀铬三角阀 GD–519 *DN*15（洗脸盆）	2×5	个	10
24	不锈钢编织软管 *DN*15 *L*=500	2×5	条	10
25	手柄式大便冲洗阀 GD–552 *DN*25	5×5	个	25
26	镀铬大便冲洗管 *DN*25	5×5	条	25
27	镀铬小便器 S 型存水弯 GD–617 *DN*25	2×5	个	10
28	按式小便冲洗阀 GD–551 *DN*15	2×5	个	10
29	管道消毒、冲洗 *DN*25	44.3	m	44.30
30	管道消毒、冲洗 *DN*20	7	m	7.00
31	管道消毒、冲洗 *DN*15	41	m	41.00
		六、排水立管（WL_1、WL_2、FL_1、FL_2）		
32	UPVC 塑料透气帽 ϕ110	4	个	4
33	成品套塑管卡 ϕ110	2 个 / 层 ×6 层 ×4 条立管	个	48
		七、女卫生间排水（二至六层）		

续表 17.2.2–1

序号	组价项目特征	组价工程量计算过程	单位	组价工程量
34	UPVC P 型大便器存水弯 ϕ110	7×5	个	35
35	成品镀锌圆钢 U 型码 DN100（配角钢）	23	套	23
		八、男卫生间排水（二至六层）		
36	UPVC P 型大便器存水弯 ϕ110	5×5	个	25
37	成品镀锌圆钢 U 型码 DN100（配角钢）	23	套	23
		九、室内钢塑给水管接头零件		
		1）DN15 给水管		
38	螺纹钢塑三通 DN15 δ=3.8	71.5m×0.069 个 /m	个	4.934
39	螺纹钢塑弯头 DN15 δ=3.8	71.5m×1.165 个 /m	个	83.298
40	螺纹钢塑管箍 DN15 δ=3.8	71.5m×0.107 个 /m	个	7.651
41	螺纹钢塑对丝 DN15 δ=3.8	71.5m×0.108 个 /m	个	7.722
		2）DN20 给水管		
42	螺纹钢塑三通 DN20 δ=3.8	9.5m×0.445 个 /m	个	4.228
43	螺纹钢塑弯头 DN20 δ=3.8	9.5m×0.512 个 /m	个	4.864
44	螺纹钢塑管箍 DN20 δ=3.8	9.5m×0.109 个 /m	个	1.036
45	螺纹钢塑异径管 DN20 δ=3.8	9.5m×0.05 个 /m	个	0.475
46	螺纹钢塑对丝 DN20 δ=3.8	9.5m×0.094 个 /m	个	0.893
		3）DN25 给水管		
47	螺纹钢塑三通 DN25 δ=4	109.2m×0.373 个 /m	个	40.732
48	螺纹钢塑四通 DN25 δ=4	109.2m×0.021 个 /m	个	2.293
49	螺纹钢塑弯头 DN25 δ=4	109.2m×0.465 个 /m	个	50.778
50	螺纹钢塑管箍 DN25 δ=4	109.2m×0.102 个 /m	个	11.138
51	螺纹钢塑异径管 DN25 δ=4	109.2m×0.114 个 /m	个	12.449
52	螺纹钢塑对丝 DN25 δ=4	109.2m×0.065 个 /m	个	7.098
		4）DN40 给水管		
53	螺纹钢塑三通 DN40 δ=4.25	14m×0.255 个 /m	个	3.57
54	螺纹钢塑四通 DN40 δ=4.25	14m×0.007 个 /m	个	0.098
55	螺纹钢塑弯头 DN40 δ=4.25	14m×0.298 个 /m	个	4.172
56	螺纹钢塑管箍 DN40 δ=4.25	14m×0.128 个 /m	个	1.792
57	螺纹钢塑异径管 DN40 δ=4.25	14m×0.064 个 /m	个	0.896
58	螺纹钢塑对丝 DN40 δ=4.25	14m×0.034 个 /m	个	0.476
		5）DN50 给水管		
59	螺纹钢塑三通 DN50 δ=4.5	81.9m×0.186 个 /m	个	15.233
60	螺纹钢塑四通 DN50 δ=4.5	81.9m×0.002 个 /m	个	0.164
61	螺纹钢塑弯头 DN50 δ=4.5	81.9m×0.291 个 /m	个	23.833
62	螺纹钢塑管箍 DN50 δ=4.5	81.9m×0.115 个 /m	个	9.419
63	螺纹钢塑异径管 DN50 δ=4.5	81.9m×0.039 个 /m	个	3.194

续表 17.2.2–1

序号	组价项目特征	组价工程量计算过程	单位	组价工程量
64	螺纹钢塑对丝 *DN*50 δ =4.5	81.9m × 0.028 个 /m	个	2.293
		6）*DN*100 给水		
65	螺纹钢塑三通 *DN*100 δ =5	2.7m × 0.135 个 /m	个	0.365
66	螺纹钢塑四通 *DN*100 δ =5	2.7m × 0.003 个 /m	个	0.008
67	螺纹钢塑弯头 *DN*100 δ =5	2.7m × 0.146 个 /m	个	0.394
68	螺纹钢塑管箍 *DN*100 δ =5	2.7m × 0.116 个 /m	个	0.313
69	螺纹钢塑异径管 *DN*100 δ =5	2.7m × 0.015 个 /m	个	0.041
		十、室内塑料排水管接头零件		
		1）φ 50 塑料排水管		
70	UPVC 塑料排水三通 φ 50 δ =2	22m × 0.109 个 /m	个	2.398
71	UPVC 塑料排水弯头 φ 50 δ =2	22m × 0.528 个 /m	个	11.616
72	UPVC 塑料排水管箍 φ 50 δ =2	22m × 0.007 个 /m	个	0.154
73	UPVC 塑料排水检查口 φ 50 δ =2	22m × 0.02 个 /m	个	0.44
74	UPVC 塑料排水伸缩节 φ 50 δ =2	22m × 0.026 个 /m	个	0.572
		2）φ 110 塑料排水管		
75	UPVC 塑料排水三通 φ 110 δ =3.2	335.3m × 0.427 个 /m	个	143.173
76	UPVC 塑料排水四通 φ 110 δ =3.2	335.3m × 0.024 个 /m	个	8.047
77	UPVC 塑料排水弯头 φ 110 δ =3.2	335.3m × 0.393 个 /m	个	131.773
78	UPVC 塑料排水管箍 φ 110 δ =3.2	335.3m × 0.013 个 /m	个	4.359
79	UPVC 塑料排水异径管 φ 110 δ =3.2	335.3m × 0.03 个 /m	个	10.059
80	UPVC 塑料排水检查口 φ 110 δ =3.2	335.3m × 0.077 个 /m	个	25.818
81	UPVC 塑料排水伸缩节 φ 110 δ =3.2	335.3m × 0.192 个 /m	个	64.378

表 17.2.2–2 组价工程量汇总表

工程名称：广州市辖区内某六层高办公楼给排水安装工程

序号	组价项目特征	组价工程量计算过程	单位	组价工程量
1	成品镀锌圆钢 U 型码 *DN*25（配角钢）	4	套	4
2	成品镀锌圆钢 U 型码 *DN*40（配角钢）	8	套	8
3	成品镀锌圆钢 U 型码 *DN*50（配角钢）	5+17	套	22
4	成品镀锌圆钢 U 型码 *DN*50（配槽钢）	7	套	7
5	铜质螺纹闸阀 Z15W–10 *DN*50（组合市政水表）	1	个	1
6	单联洗脸盆龙头 GD–127 *DN*15	10+10	个	20
7	镀铬洗脸盆 S 型排水附件 GD–603 *DN*25	10+10	套	20
8	镀铬三角阀 GD–519 *DN*15（洗脸盆）	10+10	个	20
9	不锈钢编织软管 *DN*15 *L*=500	10+10	条	20
10	手柄式大便冲洗阀 GD–552 *DN*25	35+25	个	60
11	镀铬大便冲洗管 *DN*25 *L*=1500	35+25	条	60

续表 17.2.2-2

序号	组价项目特征	组价工程量计算过程	单位	组价工程量
12	镀铬小便器 S 型存水弯 GD-617 *DN*25	10	套	10
13	按式小便冲洗阀 GD-551 *DN*15	10	个	10
14	UPVC P 型大便器存水弯 ϕ110	35+25	个	60
15	UPVC 塑料透气帽 ϕ110	4	个	4
16	成品套塑管卡 ϕ110	48	个	48
17	管道消毒、冲洗 *DN*15	30.5+41	m	71.50
18	管道消毒、冲洗 *DN*20	2.5+7	m	9.50
19	管道消毒、冲洗 *DN*25	9.4+55.5+44.3	m	109.20
20	管道消毒、冲洗 *DN*40	14	m	14.00
21	管道消毒、冲洗 *DN*50	38.7+43.2	m	81.90
22	管道消毒、冲洗 *DN*100	2.7	m	2.70
23	螺纹钢塑三通 *DN*15 δ=3.8	4.934	个	4.934
24	螺纹钢塑弯头 *DN*15 δ=3.8	83.298	个	83.298
25	螺纹钢塑管箍 *DN*15 δ=3.8	7.651	个	7.651
26	螺纹钢塑对丝 *DN*15 δ=3.8	7.722	个	7.722
27	螺纹钢塑三通 *DN*20 δ=3.8	4.228	个	4.228
28	螺纹钢塑弯头 *DN*20 δ=3.8	4.864	个	4.864
29	螺纹钢塑管箍 *DN*20 δ=3.8	1.036	个	1.036
30	螺纹钢塑异径管 *DN*20 δ=3.8	0.475	个	0.475
31	螺纹钢塑对丝 *DN*20 δ=3.8	0.893	个	0.893
32	螺纹钢塑三通 *DN*25 δ=4	40.732	个	40.732
33	螺纹钢塑四通 *DN*25 δ=4	2.293	个	2.293
34	螺纹钢塑弯头 *DN*25 δ=4	50.778	个	50.778
35	螺纹钢塑管箍 *DN*25 δ=4	11.138	个	11.138
36	螺纹钢塑异径管 *DN*25 δ=4	12.449	个	12.449
37	螺纹钢塑对丝 *DN*25 δ=4	7.098	个	7.098
38	螺纹钢塑三通 *DN*40 δ=4.25	3.57	个	3.57
39	螺纹钢塑四通 *DN*40 δ=4.25	0.098	个	0.098
40	螺纹钢塑弯头 *DN*40 δ=4.25	4.172	个	4.172
41	螺纹钢塑管箍 *DN*40 δ=4.25	1.792	个	1.792
42	螺纹钢塑异径管 *DN*40 δ=4.25	0.896	个	0.896
43	螺纹钢塑对丝 *DN*40 δ=4.25	0.476	个	0.476
44	螺纹钢塑三通 *DN*50 δ=4.5	15.233	个	15.233
45	螺纹钢塑四通 *DN*50 δ=4.5	0.164	个	0.164
46	螺纹钢塑弯头 *DN*50 δ=4.5	23.833	个	23.833
47	螺纹钢塑管箍 *DN*50 δ=4.5	9.419	个	9.419
48	螺纹钢塑异径管 *DN*50 δ=4.5	3.194	个	3.194

续表 17.2.2–2

序号	组价项目特征	组价工程量计算过程	单位	组价工程量
49	螺纹钢塑对丝 *DN*50 δ=4.5	2.293	个	2.293
50	螺纹钢塑三通 *DN*100 δ=5	0.365	个	0.365
51	螺纹钢塑四通 *DN*100 δ=5	0.008	个	0.008
52	螺纹钢塑弯头 *DN*100 δ=5	0.394	个	0.394
53	螺纹钢塑管箍 *DN*100 δ=5	0.313	个	0.313
54	螺纹钢塑异径管 *DN*100 δ=5	0.041	个	0.041
55	UPVC 塑料排水三通 φ50 δ=2	2.398	个	2.398
56	UPVC 塑料排水弯头 φ50 δ=2	11.616	个	11.616
57	UPVC 塑料排水管箍 φ50 δ=2	0.154	个	0.154
58	UPVC 塑料排水检查口 φ50 δ=2	0.44	个	0.44
59	UPVC 塑料排水伸缩节 φ50 δ=2	0.572	个	0.572
60	UPVC 塑料排水三通 φ110 δ=3.2	143.173	个	143.173
61	UPVC 塑料排水四通 φ110 δ=3.2	8.047	个	8.047
62	UPVC 塑料排水弯头 φ110 δ=3.2	131.773	个	131.773
63	UPVC 塑料排水管箍 φ110 δ=3.2	4.359	个	4.359
64	UPVC 塑料排水异径管 φ110 δ=3.2	10.059	个	10.059
65	UPVC 塑料排水检查口 φ110 δ=3.2	25.818	个	25.818
66	UPVC 塑料排水伸缩节 φ110 δ=3.2	64.378	个	64.378

表 17.2.2–3　分部分项工程量清单与计价表

工程名称：广州市辖区内某六层高办公楼给排水安装工程　　　　标段：

序号	项目编码	项目名称	项目特征描述	计量单位	工程量	金额（元）		
						综合单价	合价	其中：暂估价
1	031001007001	复合管	室内镀锌钢塑给水管 *DN*15 δ=3.8 螺纹连接	m	71.50	51.73	3698.70	
2	031001007002	复合管	室内镀锌钢塑给水管 *DN*20 δ=3.8 螺纹连接	m	9.50	68.49	650.66	
3	031001007003	复合管	室内镀锌钢塑给水管 *DN*25 δ=4 螺纹连接	m	109.20	107.17	11702.96	
4	031001007004	复合管	室内镀锌钢塑给水管 *DN*40 δ=4.25 螺纹连接	m	14.00	95.61	1338.54	
5	031001007005	复合管	室内镀锌钢塑给水管 *DN*50 δ=4.5 螺纹连接	m	81.90	115.1	9426.69	
6	031001007006	复合管	室内镀锌钢塑给水管 *DN*100 δ=5 螺纹连接	m	2.70	182.24	492.05	
7	031003013001	水表	市政全铜螺纹水表 LXS–50 配铜质螺纹闸阀 Z15W–10 *DN*50	组	1	193.74	193.74	

续表 17.2.2–3

序号	项目编码	项目名称	项目特征描述	计量单位	工程量	金额（元）		
						综合单价	合价	其中：暂估价
8	031003001001	螺纹阀门	铜质螺纹闸阀 Z15W–10 *DN*25	个	10	71.21	712.10	
9	031003001002	螺纹阀门	铜质螺纹闸阀 Z15W–10 *DN*50	个	4	190.71	762.84	
10	031003001003	螺纹阀门	铜质螺纹闸阀 Z15W–10 *DN*100	个	1	391.91	391.91	
11	031003001004	螺纹阀门	全铜丝扣浮球阀 H724X–4T *DN*50	个	1	962.65	962.65	
12	031004006001	大便器	方形陶瓷蹲式大便器 W829 手柄式大便冲洗阀 GD–552 *DN*25 镀铬大便冲洗管 *DN*25 UPVC P 型大便器存水弯 ϕ110	组	60	476.28	28576.80	
13	031004003001	洗脸盆	椭圆形陶瓷立柱式洗手盆 AP301 单联洗手盆龙头 GD–127 *DN*15 镀铬洗脸盆 S 型排水附件 GD–603 *DN*25 镀铬三角阀 GD–519 *DN*15 锈钢编织软管 *DN*15 *L*=500	组	20	563.44	11268.80	
14	031004007001	小便器	普通挂式陶瓷小便器 W914A 镀铬小便器 S 型存水弯 GD–617 *DN*25 按式小便冲洗阀 GD–551 *DN*15	套	10	758.42	7584.20	
15	031002001001	管道支架	镀锌角钢支架制作安装 L 40×40×4	kg	349.80	28.03	9804.89	
16	031002001002	管道支架	镀锌槽钢支架制作安装 [5	kg	4.00	41.11	164.44	
17	031001006001	塑料管	室内 UPVC 塑料排水管 ϕ50 δ=2 胶水粘接	m	22.00	30.28	666.16	
18	031001006002	塑料管	室内 UPVC 塑料排水管 ϕ110 δ=3.2 胶水粘接	m	335.30	49.34	16543.70	
19	031004014001	给排水附（配）件	全铜水龙头 GD–720 *DN*15	个	10	23.93	239.30	
20	031004014002	给排水附（配）件	UPVC 圆形水封地漏 ϕ110	个	10	86.27	862.70	
21	031004014003	给排水附（配）件	UPVC 塑料地面清扫口 ϕ110	个	10	26.97	269.70	
22	031002003001	套管	刚性防水套管 *DN*40/25	个	2	209.75	419.50	
23	031002003002	套管	刚性防水套管 *DN*65/40	个	34	209.75	7131.50	
24	031002003003	套管	刚性防水套管 *DN*80/50	个	7	209.70	1467.90	
25	031002003004	套管	刚性防水套管 *DN*150/100	个	26	301.55	7840.30	
本页小计							123172.73	
合　计							123172.73	
其中：人工费							29645.23	
其中：机具费							2622.58	

表 17.2.2-4 综合单价分析表

工程名称：广州市辖区内某六层高办公楼给排水安装工程

项目编码	031001007001	项目名称	复合管						计量单位	m	清单工程量	71.50	
清单综合单价组成明细													
定额编号	定额名称	定额单位	数量	单价					合价				
				人工费	材料费	机具费	管理费	利润	人工费	材料费	机具费	管理费	利润
C10-1-390	室内镀锌钢塑给水管 *DN*15 δ=3.8 螺纹连接	10m	7.15	186.17	26.01	3.71	52.64	37.98	1331.12	185.97	26.53	376.38	271.56
C10-2-140	管道消毒冲洗 *DN*15	100m	0.715	40.57	1.02		11.25	8.11	29.01	0.73		8.04	5.80
人工单价		小计（单价）							19.02	2.61	0.37	5.38	3.88
		未计价材料费							20.47				
清单项目综合单价									51.73				

材料费明细	主要材料名称、规格、型号	单位	数量	单价（元）	合价（元）	暂估单价（元）	暂估合价（元）
	镀锌钢塑给水管 *DN*15 δ=3.8	m	70.857	18.42	1305.19		
	螺纹钢塑三通 *DN*15 δ=3.8	个	4.983	2.10	10.46		
	螺纹钢塑弯头 *DN*15 δ=3.8	个	84.131	1.49	125.36		
	螺纹钢塑管箍 *DN*15 δ=3.8	个	7.728	1.50	11.59		
	螺纹钢塑对丝 *DN*15 δ=3.8	个	7.799	1.45	11.31		
	其他材料费			—		—	
	材料费小计（单价）			—	20.47	—	

表 17.2.2-5 综合单价分析表

工程名称：广州市辖区内某六层高办公楼给排水安装工程

项目编码	031001007002	项目名称	复合管						计量单位	m	清单工程量	9.50	
清单综合单价组成明细													
定额编号	定额名称	定额单位	数量	单价					合价				
				人工费	材料费	机具费	管理费	利润	人工费	材料费	机具费	管理费	利润
C10-1-391	室内镀锌钢塑给水管 *DN*20 δ=3.8 螺纹连接	10m	0.95	194.66	30.60	4.25	55.14	39.78	184.93	29.07	4.04	52.38	37.79
C10-2-141	管道消毒冲洗 *DN*20	100m	0.095	43.69	1.44		12.11	8.74	4.15	0.14		1.15	0.83
人工单价		小计（单价）							19.90	3.07	0.43	5.64	4.07
		未计价材料费							25.39				
清单项目综合单价									58.50				

材料费明细	主要材料名称、规格、型号	单位	数量	单价（元）	合价（元）	暂估单价（元）	暂估合价（元）
	锌钢塑给水管 *DN*20 δ=3.8	m	9.415	22.65	213.25		
	螺纹钢塑三通 *DN*20 δ=3.8	个	4.270	2.80	11.96		
	螺纹钢塑弯头 *DN*20 δ=3.8	个	4.913	2.30	11.30		
	螺纹钢塑管箍 *DN*20 δ=3.8	个	1.046	2.00	2.09		
	螺纹钢塑异径管 *DN*20 δ=3.8	个	0.480	1.76	0.84		
	螺纹钢塑对丝 *DN*20 δ=3.8	个	0.902	1.92	1.73		
	其他材料费			—		—	
	材料费小计（单价）			—	25.39	—	

表 17.2.2–6 综合单价分析表

工程名称：广州市辖区内某六层高办公楼给排水安装工程

项目编码	031001007003	项目名称	复合管	计量单位	m	清单工程量	109.20						
清单综合单价组成明细													
定额编号	定额名称	定额单位	数量	单价					合价				
				人工费	材料费	机具费	管理费	利润	人工费	材料费	机具费	管理费	利润
C10–1–392	室内镀锌钢塑给水管 *DN*25 δ =4 螺纹连接	10m	10.92	234.65	36.80	9.60	67.70	48.85	2562.38	401.86	104.83	739.28	533.44
C10–2–142	管道消毒冲洗 *DN*25	100m	1.092	47.11	2.00		13.06	9.42	51.44	2.18		14.26	10.29
人工单价		小计（单价）							23.94	3.70	0.96	6.90	4.98
		未计价材料费							66.69				
清单项目综合单价									107.17				

材料费明细	主要材料名称、规格、型号	单位	数量	单价（元）	合价（元）	暂估单价（元）	暂估合价（元）
	镀锌钢塑给水管 *DN*25 δ =4	m	108.217	29.63	3206.47		
	螺纹钢塑三通 *DN*25 δ =4	个	41.139	30.63	1260.09		
	螺纹钢塑四通 *DN*25 δ =4	个	2.316	31.63	73.26		
	螺纹钢塑弯头 *DN*25 δ =4	个	51.286	32.63	1673.46		
	螺纹钢塑管箍 *DN*25 δ =4	个	11.249	33.63	378.30		
	螺纹钢塑异径管 *DN*25 δ =4	个	12.573	34.63	435.40		
	螺纹钢塑对丝 *DN*25 δ =4	个	7.169	35.63	255.43		
	其他材料费			—		—	
	材料费小计（单价）			—	66.69	—	

表 17.2.2–7 综合单价分析表

工程名称：广州市辖区内某六层高办公楼给排水安装工程

项目编码	031001007004	项目名称	复合管	计量单位	m	清单工程量	14.00						
清单综合单价组成明细													
定额编号	定额名称	定额单位	数量	单价					合价				
				人工费	材料费	机具费	管理费	利润	人工费	材料费	机具费	管理费	利润
C10–1–394	室内镀锌钢塑给水管 *DN*40 δ =4.25 螺纹连接	10m	1.4	257.15	39.01	14.04	75.17	54.24	360.01	54.61	19.66	105.24	75.94
C10–2–144	管道消毒冲洗 *DN*40	100m	0.14	54.07	3.95		14.99	10.81	7.57	0.55		2.10	1.51
人工单价		小计（单价）							26.26	3.94	1.40	7.67	5.53
		未计价材料费							50.81				
清单项目综合单价									95.61				

材料费明细	主要材料名称、规格、型号	单位	数量	单价（元）	合价（元）	暂估单价（元）	暂估合价（元）
	镀锌钢塑给水管 *DN*40 δ =4.25	m	14.028	45.77	642.06		
	螺纹钢塑三通 *DN*40 δ =4.25	个	3.606	6.70	24.16		
	螺纹钢塑四通 *DN*40 δ =4.25	个	0.099	9.52	0.94		
	螺纹钢塑弯头 *DN*40 δ =4.25	个	4.214	5.95	25.07		
	螺纹钢塑管箍 *DN*40 δ =4.25	个	1.810	6.30	11.40		
	螺纹钢塑异径管 *DN*40 δ =4.25	个	0.905	5.67	5.13		
	螺纹钢塑对丝 *DN*40 δ =4.25	个	0.481	5.34	2.57		
	其他材料费			—		—	
	材料费小计（单价）			—	50.81	—	

表 17.2.2–8 综合单价分析表

工程名称：广州市辖区内某六层高办公楼给排水安装工程

项目编码	031001007005		项目名称	复合管					计量单位	m	清单工程量	81.90	
清单综合单价组成明细													
定额编号	定额名称	定额单位	数量	单价					合价				
				人工费	材料费	机具费	管理费	利润	人工费	材料费	机具费	管理费	利润
C10–1–395	室内镀锌钢塑给水管 *DN*50 δ =4.5 螺纹连接	10m	8.19	277.55	40.16	16.70	81.57	58.85	2273.13	328.91	136.77	668.06	481.98
C10–2–145	管道消毒冲洗 *DN*50	100m	0.819	67.12	6.03		15.83	13.42	54.97	4.94		12.96	10.99
人工单价		小计（单价）							28.43	4.08	1.67	8.32	6.02
		未计价材料费							66.59				
清单项目综合单价									115.10				

材料费明细	主要材料名称、规格、型号	单位	数量	单价（元）	合价（元）	暂估单价（元）	暂估合价（元）
	镀锌钢塑给水管 *DN*50 δ =4.5	m	82.064	64.28	5275.07		
	螺纹钢塑三通 *DN*50 δ =4.5	个	15.233	11.60	176.70		
	螺纹钢塑四通 *DN*50 δ =4.5	个	0.164	13.09	2.15		
	螺纹钢塑弯头 *DN*50 δ =4.5	个	23.833	10.80	257.40		
	螺纹钢塑管箍 *DN*50 δ =4.5	个	9.419	9.20	86.65		
	螺纹钢塑异径管 *DN*50 δ =4.5	个	3.194	7.70	24.59		
	螺纹钢塑对丝 *DN*50 δ =4.5	个	2.293	7.76	17.79		
	其他材料费			—		—	
	材料费小计（单价）			—	66.59	—	

表 17.2.2–9 综合单价分析表

工程名称：广州市辖区内某六层高办公楼给排水安装工程

项目编码	031001007006		项目名称	复合管					计量单位	m	清单工程量	2.70	
清单综合单价组成明细													
定额编号	定额名称	定额单位	数量	单价					合价				
				人工费	材料费	机具费	管理费	利润	人工费	材料费	机具费	管理费	利润
C10–1–398	室内镀锌钢塑给水管 *DN*100 δ =5 螺纹连接	10m	0.27	348.90	49.54	48.13	110.06	79.41	94.20	13.38	13.00	29.72	21.44
C10–2–148	管道消毒冲洗	100m	0.027	74.83	21.57		20.74	14.97	2.02	0.58		0.56	0.40
人工单价		小计（单价）							35.64	5.17	4.81	11.21	8.09
		未计价材料费							117.32				
清单项目综合单价									182.24				

材料费明细	主要材料名称、规格、型号	单位	数量	单价（元）	合价（元）	暂估单价（元）	暂估合价（元）
	镀锌钢塑给水管 *DN*100 δ =5	m	2.705	98.63	266.79		
	螺纹钢塑三通 *DN*100 δ =5	个	0.369	51.30	18.93		
	螺纹钢塑四通 *DN*100 δ =5	个	0.008	63.50	0.51		
	螺纹钢塑弯头 *DN*100 δ =5	个	0.398	45.90	18.27		
	螺纹钢塑管箍 *DN*100 δ =5	个	0.316	34.80	11.00		
	螺纹钢塑异径管 *DN*100 δ =5	个	0.041	29.70	1.22		
	其他材料费			—		—	
	材料费小计（单价）			—	117.32	—	

表 17.2.2–10 综合单价分析表

工程名称：广州市辖区内某六层高办公楼给排水安装工程

项目编码	031003013001		项目名称	水表					计量单位	组	清单工程量	1	
清单综合单价组成明细													
定额编号	定额名称	定额单位	数量	单价					合价				
				人工费	材料费	机具费	管理费	利润	人工费	材料费	机具费	管理费	利润
C10-3-278	市政全铜螺纹水表安装 LXS-50	组	1	38.25	3.62		10.60	7.65	38.25	3.62		10.60	7.65
人工单价		小计（单价）							38.25	3.62		10.60	7.65
		未计价材料费							133.62				
清单项目综合单价									193.74				
材料费明细	主要材料名称、规格、型号					单位	数量		单价（元）	合价（元）	暂估单价（元）	暂估合价（元）	
	铜质螺纹闸阀 Z15W-10 *DN*50					个	1.01		132.30	133.62			
	其他材料费								—		—		
	材料费小计（单价）								—	133.62	—		

表 17.2.2–11 综合单价分析表

工程名称：广州市辖区内某六层高办公楼给排水安装工程

项目编码	031003001001		项目名称	螺纹阀门					计量单位	个	清单工程量	10	
清单综合单价组成明细													
定额编号	定额名称	定额单位	数量	单价					合价				
				人工费	材料费	机具费	管理费	利润	人工费	材料费	机具费	管理费	利润
C10-3-3	铜质螺纹闸阀 Z15W-10 *DN*25	个	10	9.43	10.04	0.81	2.83	2.05	94.30	100.40	8.10	28.30	20.50
人工单价		小计（单价）							9.43	10.04	0.81	2.83	2.05
		未计价材料费							46.06				
清单项目综合单价									71.22				
材料费明细	主要材料名称、规格、型号					单位	数量		单价（元）	合价（元）	暂估单价（元）	暂估合价（元）	
	铜质螺纹闸阀 Z15W-10 *DN*25					个	10.1		45.60	460.56			
	其他材料费								—		—		
	材料费小计（单价）								—	46.06	—		

表 17.2.2-12　综合单价分析表

工程名称：广州市辖区内某六层高办公楼给排水安装工程

项目编码	031003001002			项目名称	螺纹阀门				计量单位	个	清单工程量	4	
清单综合单价组成明细													
定额编号	定额名称	定额单位	数量	单价					合价				
				人工费	材料费	机具费	管理费	利润	人工费	材料费	机具费	管理费	利润
C10-3-6	铜质螺纹闸阀安装 Z15W-10 *DN*50	个	4	20.97	23.20	1.97	6.36	4.59	83.88	92.80	7.88	25.44	18.36
人工单价		小计（单价）							20.97	23.20	1.97	6.36	4.59
		未计价材料费							133.62				
清单项目综合单价									190.71				
材料费明细	主要材料名称、规格、型号					单位	数量		单价（元）	合价（元）	暂估单价（元）	暂估合价（元）	
	铜质螺纹闸阀 Z15W-10 *DN*50					个	4.04		132.30	534.49			
	其他材料费								—		—		
	材料费小计（单价）								—	133.62	—		

表 17.2.2-13　综合单价分析表

工程名称：广州市辖区内某六层高办公楼给排水安装工程

项目编码	031003001003			项目名称	螺纹阀门				计量单位	个	清单工程量	1	
清单综合单价组成明细													
定额编号	定额名称	定额单位	数量	单价					合价				
				人工费	材料费	机具费	管理费	利润	人工费	材料费	机具费	管理费	利润
C10-3-9	铜质螺纹闸阀安装 Z15W-10 *DN*100	个	1	83.47	97.40	4.11	24.28	17.52	83.47	97.40	4.11	24.28	17.52
人工单价		小计（单价）							83.47	97.40	4.11	24.28	17.52
		未计价材料费							165.14				
清单项目综合单价									391.92				
材料费明细	主要材料名称、规格、型号					单位	数量		单价（元）	合价（元）	暂估单价（元）	暂估合价（元）	
	铜质螺纹闸阀 Z15W-10 *DN*100					个	1.01		163.50	165.14			
	其他材料费								—		—		
	材料费小计（单价）								—	165.14	—		

表 17.2.2–14　综合单价分析表

工程名称：广州市辖区内某六层高办公楼给排水安装工程

项目编码	031003001004		项目名称	螺纹阀门					计量单位	个	清单工程量		1
清单综合单价组成明细													
定额编号	定额名称	定额单位	数量	单　价					合　价				
				人工费	材料费	机具费	管理费	利润	人工费	材料费	机具费	管理费	利润
C10–3–19	全铜丝扣浮球阀安装 H724X–4T *DN*50	个	1	20.03	9.14	1.03	5.84	4.21	20.03	9.14	1.03	5.84	4.21
人工单价		小计（单价）							20.03	9.14	1.03	5.84	4.21
		未计价材料费							922.40				
清单项目综合单价									962.65				
材料费明细	主要材料名称、规格、型号					单位		数量	单价（元）	合价（元）	暂估单价（元）		暂估合价（元）
	全铜丝扣浮球阀 H724X–4T *DN*50					个		1	922.40	922.40			
	其他材料费								—		—		
	材料费小计（单价）								—	922.40	—		

表 17.2.2–15　综合单价分析表

工程名称：广州市辖区内某六层高办公楼给排水安装工程

项目编码	031004006001		项目名称	大便器					计量单位	组	清单工程量		60
清单综合单价组成明细													
定额编号	定额名称	定额单位	数量	单　价					合　价				
				人工费	材料费	机具费	管理费	利润	人工费	材料费	机具费	管理费	利润
C10–4–35	方形陶瓷蹲式大便器安装 W829	10 组	6	535.65	265.05		148.48	107.13	3213.90	1590.30		890.88	642.78
人工单价		小计（单价）							53.57	26.51		14.85	10.71
		未计价材料费							370.65				
清单项目综合单价									476.29				
材料费明细	主要材料名称、规格、型号					单位		数量	单价（元）	合价（元）	暂估单价（元）		暂估合价（元）
	方形陶瓷蹲式大便器 W829					个		60.6	215.00	13029.00			
	手柄式大便冲洗阀 GD–552 *DN*25					个		60.6	75.82	4594.69			
	镀铬大便冲洗管 *DN*25 *L*=1500					条		60.6	56.50	3423.90			
	UPVC P 型大便器存水弯 ϕ110					个		60.6	19.66	1191.40			
	其他材料费								—		—		
	材料费小计（单价）								—	370.65	—		

表 17.2.2-16　综合单价分析表

工程名称：广州市辖区内某六层高办公楼给排水安装工程

项目编码	031004003001			项目名称	洗脸盆				计量单位	组	清单工程量	20	
清单综合单价组成明细													
定额编号	定额名称	定额单位	数量	单价					合价				
				人工费	材料费	机具费	管理费	利润	人工费	材料费	机具费	管理费	利润
C10-4-18	椭圆形陶瓷立柱式洗手盆 AP301	10 组	2	418.14	217.41		115.91	83.63	836.28	434.82		231.82	167.26
人工单价		小计（单价）							41.81	21.74		11.59	8.36
		未计价材料费							479.93				
清单项目综合单价									563.43				
材料费明细	主要材料名称、规格、型号					单位	数量		单价（元）	合价（元）	暂估单价（元）	暂估合价（元）	
	椭圆形陶瓷立柱式洗手盆 AP301					组	20.2		232.00	4686.40			
	单联洗手盆龙头 GD-127 *DN*15					个	20.2		78.66	1588.93			
	镀铬洗脸盆 S 型排水附件 GD-603 *DN*25					套	20.2		131.22	2650.64			
	镀铬三角阀 GD-519 *DN*15					个	20.2		18.80	379.76			
	不锈钢编织软管 *DN*15 *L*=500					条	20.2		14.50	292.90			
	其他材料费								—		—		
	材料费小计（单价）								—	479.93	—		

表 17.2.2-17　综合单价分析表

工程名称：广州市辖区内某六层高办公楼给排水安装工程

项目编码	031004007001			项目名称	小便器				计量单位	组	清单工程量	10	
清单综合单价组成明细													
定额编号	定额名称	定额单位	数量	单价					合价				
				人工费	材料费	机具费	管理费	利润	人工费	材料费	机具费	管理费	利润
C10-4-43	普通挂式陶瓷小便器安装 W914A	10 组	1	303.53	399.68		84.14	60.71	303.53	399.68		84.14	60.71
人工单价		小计（单价）							30.35	39.97		8.41	6.07
		未计价材料费							673.61				
清单项目综合单价									758.41				
材料费明细	主要材料名称、规格、型号					单位	数量		单价（元）	合价（元）	暂估单价（元）	暂估合价（元）	
	普通挂式陶瓷小便器 W914A					套	10.1		413.00	4171.30			
	镀铬小便器存水弯 GD-617 *DN*25					套	10.1		120.54	1217.45			
	按式小便冲洗阀 GD-551 *DN*15					个	10.1		133.40	1347.34			
	其他材料费								—		—		
	材料费小计（单价）								—	673.61	—		

表 17.2.2–18　综合单价分析表

工程名称：广州市辖区内某六层高办公楼给排水安装工程

项目编码	031002001001		项目名称	管道支架					计量单位	kg	清单工程量	349.80	
清单综合单价组成明细													
定额编号	定额名称	定额单位	数量	单价					合价				
				人工费	材料费	机具费	管理费	利润	人工费	材料费	机具费	管理费	利润
C10–2–1	镀锌角钢支架制作 ∟40×40×4	100kg	3.498	618.17	67.47	254.53	241.92	174.54	2162.36	236.01	890.35	846.24	610.54
C10–2–6	镀锌角钢支架安装 ∟40×40×4	100kg	3.498	332.71	109.46	161.46	136.99	98.83	1163.82	382.89	564.79	479.19	345.71
C10–2–12	成品镀锌圆钢 U 型码安装 *DN*25	个	4	1.31	0.95		0.36	0.26	5.24	3.80		1.44	1.05
C10–2–13	成品镀锌圆钢 U 型码安装 *DN*40	个	8	1.31	0.95		0.36	0.26	10.48	7.60		2.88	2.10
C10–2–14	成品镀锌圆钢 U 型码安装 *DN*50	个	22	1.68	1.24		0.47	0.34	36.96	27.28		10.34	7.39
人工单价			小计（单价）						9.66	1.88	4.16	3.83	2.76
			未计价材料费						5.74				
清单项目综合单价									28.03				
材料费明细	主要材料名称、规格、型号							单位	数量	单价（元）	合价（元）	暂估单价（元）	暂估合价（元）
	镀锌角钢 ∟40×40×4							kg	367.29	5.10	1873.18		
	成品镀锌圆钢 U 型码 *DN*25							个	4.200	2.30	9.66		
	成品镀锌圆钢 U 型码 *DN*40							个	8.400	3.60	30.24		
	成品镀锌圆钢 U 型码 *DN*50							个	23.100	4.10	94.71		
	其他材料费									—		—	
	材料费小计（单价）									—	5.74	—	

表 17.2.2–19　综合单价分析表

工程名称：广州市辖区内某六层高办公楼给排水安装工程

项目编码	031002001002		项目名称	管道支架					计量单位	kg	清单工程量	4.00	
清单综合单价组成明细													
定额编号	定额名称	定额单位	数量	单价					合价				
				人工费	材料费	机具费	管理费	利润	人工费	材料费	机具费	管理费	利润
C10–2–1	镀锌槽钢支架制作 ⊏5	100kg	0.04	618.17	67.47	254.53	241.92	174.54	24.73	2.70	10.18	9.68	6.98
C10–2–6	镀锌槽钢支架安装 ⊏5	100kg	0.04	332.71	109.46	161.46	136.99	98.83	13.31	4.38	6.46	5.48	3.95
C10–2–14	成品镀锌圆钢 U 型码安装 *DN*50	个	7	1.68	1.24		0.47	0.34	11.76	8.68		3.29	2.38
人工单价			小计（单价）						12.45	3.94	4.16	4.61	3.32
			未计价材料费						12.63				
清单项目综合单价									41.11				
材料费明细	主要材料名称、规格、型号							单位	数量	单价（元）	合价（元）	暂估单价（元）	暂估合价（元）
	镀锌槽钢 ⊏5							kg	4.200	4.85	20.37		
	成品镀锌圆钢 U 型码 *DN*50							个	7.350	4.10	30.14		
	其他材料费									—		—	
	材料费小计（单价）									—	12.63	—	

表 17.2.2-20　综合单价分析表

工程名称：广州市辖区内某六层高办公楼给排水安装工程

项目编码	031001006001	项目名称	塑料管					计量单位	m	清单工程量	22.00		
清单综合单价组成明细													
定额编号	定额名称	定额单位	数量	单价					合价				
				人工费	材料费	机具费	管理费	利润	人工费	材料费	机具费	管理费	利润
C10-1-328	室内 UPVC 塑料排水管 ϕ50 δ=2 胶水粘接	10m	2.2	137.90	3.31	0.04	38.24	27.59	303.38	7.28	0.09	84.13	60.69
人工单价		小计（单价）							13.79	0.33		3.82	2.76
		未计价材料费							9.57				
清单项目综合单价									30.27				

材料费明细	主要材料名称、规格、型号	单位	数量	单价（元）	合价（元）	暂估单价（元）	暂估合价（元）
	UPVC 塑料排水管 ϕ50 δ=2	m	22.264	9.46	210.62		
	其他材料费			—		—	
	材料费小计（单价）			—	9.57	—	

表 17.2.2-21　综合单价分析表

工程名称：广州市辖区内某六层高办公楼给排水安装工程

项目编码	031001006002	项目名称	塑料管					计量单位	m	清单工程量	335.30		
清单综合单价组成明细													
定额编号	定额名称	定额单位	数量	单价					合价				
				人工费	材料费	机具费	管理费	利润	人工费	材料费	机具费	管理费	利润
C10-1-330	室内 UPVC 塑料排水管 ϕ110 δ=3.2 胶水粘接	10m	33.53	205.62	8.27	0.08	57.02	41.14	6894.44	277.29	2.68	1911.88	1739.42
C10-2-16	成品套塑管卡 ϕ110	个	48	2.04	1.57		0.57	0.41	97.92	75.36		27.36	19.68
人工单价		小计（单价）							20.85	1.05	0.01	5.78	4.17
		未计价材料费							17.47				
清单项目综合单价									49.33				

材料费明细	主要材料名称、规格、型号	单位	数量	单价（元）	合价（元）	暂估单价（元）	暂估合价（元）
	UPVC 塑料排水管 ϕ110 δ=3.2	m	301.435	18.68	5630.81		
	UPVC 塑料透气帽 ϕ110	个	4.000	9.20	36.80		
	成品套塑管卡 ϕ110	个	50.400	3.80	191.52		
	其他材料费			—		—	
	材料费小计（单价）			—	17.47	—	

表 17.2.2–22　综合单价分析表

工程名称：广州市辖区内某六层高办公楼给排水安装工程

项目编码	031004014001			项目名称	给排水附（配）件					计量单位	个	清单工程量	10
清单综合单价组成明细													
定额编号	定额名称	定额单位	数量	单　价					合　价				
				人工费	材料费	机具费	管理费	利润	人工费	材料费	机具费	管理费	利润
C10–4–83	全铜水龙头 GD–720 *DN*15	10 个	1	28.67	8.90		7.95	5.73	28.67	8.90		7.95	5.73
人工单价		小计（单价）							2.87	0.89		0.80	0.57
		未计价材料费							18.81				
清单项目综合单价									23.94				

材料费明细	主要材料名称、规格、型号	单位	数量	单价（元）	合价（元）	暂估单价（元）	暂估合价（元）
	全铜水龙头 GD–720 *DN*15	个	10.1	18.62	188.06		
	其他材料费			—			
	材料费小计（单价）			—	18.81		

表 17.2.2–23　综合单价分析表

工程名称：广州市辖区内某六层高办公楼给排水安装工程

项目编码	031004014002			项目名称	给排水附（配）件					计量单位	个	清单工程量	10
清单综合单价组成明细													
定额编号	定额名称	定额单位	数量	单　价					合　价				
				人工费	材料费	机具费	管理费	利润	人工费	材料费	机具费	管理费	利润
C10–4–94	UPVC 圆形水封地漏 ϕ110	10 个	1	376.19	0.88		104.28	75.24	376.19	0.88		104.28	75.24
人工单价		小计（单价）							37.62	0.09		10.43	7.52
		未计价材料费							30.61				
清单项目综合单价									86.27				

材料费明细	主要材料名称、规格、型号	单位	数量	单价（元）	合价（元）	暂估单价（元）	暂估合价（元）
	UPVC 圆形水封地漏 ϕ110	个	10.1	30.31	306.13		
	其他材料费			—		—	
	材料费小计（单价）			—	30.61	—	

表 17.2.2–24　综合单价分析表

工程名称：广州市辖区内某六层高办公楼给排水安装工程

项目编码	031004014003		项目名称	给排水附（配）件				计量单位	个	清单工程量	10		
清单综合单价组成明细													
定额编号	定额名称	定额单位	数量	单价					合价				
				人工费	材料费	机具费	管理费	利润	人工费	材料费	机具费	管理费	利润
C10–4–102	UPVC 塑料地面清扫口 ϕ110	10 个	1	97.91	0.88		27.14	19.58	97.91	0.88		27.14	19.58
人工单价		小计（单价）							9.79	0.09		2.71	1.96
		未计价材料费							12.42				
清单项目综合单价									26.97				
材料费明细	主要材料名称、规格、型号					单位	数量		单价（元）	合价（元）	暂估单价（元）	暂估合价（元）	
	UPVC 塑料地面清扫口 ϕ110					个	10.1		12.30	124.23			
	其他材料费								—		—		
	材料费小计（单价）								—	12.42	—		

表 17.2.2–25　综合单价分析表

工程名称：广州市辖区内某六层高办公楼给排水安装工程

项目编码	031002003001		项目名称	套管				计量单位	个	清单工程量	2		
清单综合单价组成明细													
定额编号	定额名称	定额单位	数量	单价					合价				
				人工费	材料费	机具费	管理费	利润	人工费	材料费	机具费	管理费	利润
C10–2–71	刚性防水套管 *DN*40/25 制作	个	2	40.14	12.39	9.16	13.67	9.86	80.28	24.78	18.32	27.34	19.72
C10–2–88	刚性防水套管 *DN*40/25 安装	个	2	47.38	18.89		13.13	9.48	94.76	37.78		26.26	18.95
人工单价		小计（单价）							87.52	31.28	9.16	26.80	19.34
		未计价材料费							35.65				
清单项目综合单价									209.75				
材料费明细	主要材料名称、规格、型号					单位	数量		单价（元）	合价（元）	暂估单价（元）	暂估合价（元）	
	焊接钢管 *DN*40					kg	6.52		5.70	37.16			
	普通钢板 δ =8~20					kg	7.940		4.30	34.14			
	其他材料费								—		—		
	材料费小计（单价）								—	35.65	—		

表 17.2.2–26　综合单价分析表

工程名称：广州市辖区内某六层高办公楼给排水安装工程

项目编码	031002003002		项目名称	套管			计量单位	个		清单工程量	34		
清单综合单价组成明细													
定额编号	定额名称	定额单位	数量	单价					合价				
				人工费	材料费	机具费	管理费	利润	人工费	材料费	机具费	管理费	利润
C10–2–71	刚性防水套管 *DN*65/40 制作	个	34	40.14	12.39	9.16	13.67	9.86	1364.76	421.26	311.44	464.78	335.24
C10–2–88	刚性防水套管 *DN*65/40 安装	个	34	47.38	18.89		13.13	9.48	1610.92	642.26		446.42	322.18
人工单价		小计（单价）							87.52	31.28	9.16	26.80	19.34
		未计价材料费							35.65				
清单项目综合单价									209.75				
材料费明细	主要材料名称、规格、型号					单位	数量		单价（元）	合价（元）	暂估单价（元）	暂估合价（元）	
	焊接钢管 *DN*65					kg	110.84		5.70	631.79			
	普通钢板 δ =8~20					kg	134.98		4.30	580.41			
	其他材料费								—		—		
	材料费小计（单价）								—	35.65	—		

表 17.2.2–27　综合单价分析表

工程名称：广州市辖区内某六层高办公楼给排水安装工程

项目编码	031002003003		项目名称	套管			计量单位	个		清单工程量	7		
清单综合单价组成明细													
定额编号	定额名称	定额单位	数量	单价					合价				
				人工费	材料费	机具费	管理费	利润	人工费	材料费	机具费	管理费	利润
C10–2–71	刚性防水套管 *DN*80/50 制作	个	7	40.14	12.39	9.16	13.67	9.86	280.98	86.73	64.12	95.69	69.02
C10–2–88	刚性防水套管 *DN*80/50 安装	个	7	47.38	18.89		13.13	9.48	331.66	132.23		91.91	66.36
人工单价		小计（单价）							87.52	31.28	9.16	26.80	19.34
		未计价材料费							35.65				
清单项目综合单价									209.75				
材料费明细	主要材料名称、规格、型号					单位	数量		单价（元）	合价（元）	暂估单价（元）	暂估合价（元）	
	焊接钢管 *DN*80					kg	22.82		5.70	130.07			
	普通钢板 δ =8~20					kg	27.79		4.30	119.50			
	其他材料费								—		—		
	材料费小计（单价）								—	35.65	—		

表 17.2.2–28 综合单价分析表

工程名称：广州市辖区内某六层高办公楼给排水安装工程

项目编码	031002003004			项目名称	套管					计量单位	个	清单工程量	26
清单综合单价组成明细													
定额编号	定额名称	定额单位	数量	单价					合价				
				人工费	材料费	机具费	管理费	利润	人工费	材料费	机具费	管理费	利润
C10–2–73	刚性防水套管 *DN*150/100 制作	个	26	63.15	17.31	16.47	22.08	15.92	1641.90	450.06	428.22	574.08	414.02
C10–2–89	刚性防水套管 *DN*150/100 安装	个	26	53.24	32.22		14.76	10.65	1384.24	837.72		383.76	276.85
人工单价		小计（单价）							116.39	49.53	16.47	36.84	26.57
		未计价材料费							55.74				
清单项目综合单价									301.55				

材料费明细	主要材料名称、规格、型号	单位	数量	单价（元）	合价（元）	暂估单价（元）	暂估合价（元）
	焊接钢管 *DN*150	kg	133.64	5.70	761.75		
	普通钢板 δ =8~20	kg	159.90	4.30	687.57		
	其他材料费			—		—	
	材料费小计（单价）			—	55.74	—	

表 17.2.2–29 承包人提供主要材料和工程设备一览表

工程名称：广州市辖区内某六层高办公楼电气安装工程

序号	名称、规格、型号	单位	数量	风险系数（%）	基准单价（元）	投标单价（元）	发承包人确定单价（元）	备注
1	镀锌钢塑给水管 *DN*15 δ =3.8	m	71.50			18.42		综合
2	镀锌钢塑给水管 *DN*20 δ =3.8	m	9.50			22.65		综合
3	镀锌钢塑给水管 *DN*25 δ =4	m	109.20			29.63		综合
4	镀锌钢塑给水管 *DN*40 δ =4.25	m	14.00			45.77		综合
5	镀锌钢塑给水管 *DN*50 δ =4.5	m	81.90			64.28		综合
6	镀锌钢塑给水管 *DN*100 δ =5	m	2.70			98.63		综合
7	UPVC 塑料排水管 ϕ 50 δ =2	m	22.00			9.46		综合
8	UPVC 塑料排水管 ϕ 110 δ =3.2	m	335.30			18.68		综合
9	铜质螺纹闸阀 Z15W–10 *DN*25	个	10			45.60		综合
10	铜质螺纹闸阀 Z15W–10 *DN*50	个	4			132.30		综合
11	铜质螺纹闸阀 Z15W–10 *DN*100	个	1			163.50		综合
12	镀铬三角阀 GD–519 *DN*15	个	20			18.80		综合
13	全铜丝扣浮球阀 H724X–4T *DN*50	个	1			922.40		综合
14	方形陶瓷蹲式大便器 W829	个	60			215.00		综合
15	椭圆形陶瓷立柱式洗手盆 AP301	组	20			232.00		综合

续表 17.2.2–29

序号	名称、规格、型号	单位	数量	风险系数（%）	基准单价（元）	投标单价（元）	发承包人确定单价（元）	备注
16	普通挂式陶瓷小便器 W914A	套	10			413.00		综合
17	全铜水龙头 GD–720 *DN*15	个	10			18.62		综合
18	单联洗手盆龙头 GD–127 *DN*15	个	20			78.66		综合
19	手柄式大便冲洗阀 GD–552 *DN*25	个	60			75.82		综合
20	镀铬大便冲洗管 *DN*25 *L*=1500	条	60			56.50		综合
21	按式小便冲洗阀 GD–551 *DN*15	个	10			133.40		综合
22	镀铬小便器存水弯 GD–617 *DN*25	个	10			120.54		综合
23	镀铬洗脸盆 S 型排水附件 GD–603 *DN*25	套	20			131.22		综合
24	镀锌角钢 ∟40×40×4	kg	349.80			5.10		综合
25	镀锌槽钢 [5	kg	4			4.85		综合
26	圆形水封地漏 UPVC ϕ110	个	10			30.31		综合
27	塑料地面清扫口 UPVC ϕ110	个	10			12.30		综合
28	UPVC–P 型大便器存水弯 ϕ110	个	60			19.66		综合
29	不锈钢编制软管 *DN*15 *L*=500	条	20			14.50		综合
30	镀锌圆钢 U 型码 *DN*25	个	4			2.30		综合
31	镀锌圆钢 U 型码 *DN*40	个	8			3.60		综合
32	镀锌圆钢 U 型码 *DN*50	个	29			4.10		综合
33	塑料透气帽 UPVC ϕ110	个	4			9.20		综合
34	焊接钢管 （综合）	kg	—			5.70		综合
35	普通钢板 δ=8~20	kg	—			4.30		综合
36	成品套塑管卡 ϕ110	个	48			3.8		综合
37	螺纹钢塑三通 *DN*15 δ=3.8	个	4.934			2.1		综合
38	螺纹钢塑弯头 *DN*15 δ=3.8	个	83.298			1.49		综合
39	螺纹钢塑管箍 *DN*15 δ=3.8	个	7.651			1.5		综合
40	螺纹钢塑对丝 *DN*15 δ=3.8	个	7.722			1.45		综合
41	螺纹钢塑三通 *DN*20 δ=3.8	个	4.228			2.8		综合
42	螺纹钢塑弯头 *DN*20 δ=3.8	个	4.864			2.3		综合
43	螺纹钢塑管箍 *DN*20 δ=3.8	个	1.036			2		综合
44	螺纹钢塑异径管 *DN*20 δ=3.8	个	0.475			1.76		综合
45	螺纹钢塑对丝 *DN*20 δ=3.8	个	0.893			1.92		综合
46	螺纹钢塑三通 *DN*25 δ=4	个	40.732			3.75		综合
47	螺纹钢塑四通 *DN*25 δ=4	个	2.293			4.17		综合
48	螺纹钢塑弯头 *DN*25 δ=4	个	50.778			3.38		综合
49	螺纹钢塑管箍 *DN*25 δ=4	个	11.138			3.1		综合
50	螺纹钢塑异径管 *DN*25 δ=4	个	12.449			2.57		综合

续表 17.2.2–29

序号	名称、规格、型号	单位	数量	风险系数（%）	基准单价（元）	投标单价（元）	发承包人确定单价（元）	备注
51	螺纹钢塑对丝 *DN*25 δ =4	个	7.098			2.98		综合
52	螺纹钢塑三通 *DN*40 δ =4.25	个	3.57			6.7		综合
53	螺纹钢塑四通 *DN*40 δ =4.25	个	0.098			9.52		综合
54	螺纹钢塑弯头 *DN*40 δ =4.25	个	4.172			5.95		综合
55	螺纹钢塑管箍 *DN*40 δ =4.25	个	1.792			6.3		综合
56	螺纹钢塑异径管 *DN*40 δ =4.25	个	0.896			5.67		综合
57	螺纹钢塑对丝 *DN*40 δ =4.25	个	0.476			5.34		综合
58	螺纹钢塑三通 *DN*50 δ =4.5	个	15.233			11.6		综合
59	螺纹钢塑四通 *DN*50 δ =4.5	个	0.164			13.09		综合
60	螺纹钢塑弯头 *DN*50 δ =4.5	个	23.833			10.8		综合
61	螺纹钢塑管箍 *DN*50 δ =4.5	个	9.419			9.2		综合
62	螺纹钢塑异径管 *DN*50 δ =4.5	个	3.194			7.7		综合
63	螺纹钢塑对丝 *DN*50 δ =4.5	个	2.293			7.76		综合
64	螺纹钢塑三通 *DN*100 δ =5	个	0.365			51.3		综合
65	螺纹钢塑四通 *DN*100 δ =5	个	0.008			63.5		综合
66	螺纹钢塑弯头 *DN*100 δ =5	个	0.394			45.9		综合
67	螺纹钢塑管箍 *DN*100 δ =5	个	0.313			34.8		综合
68	螺纹钢塑异径管 *DN*100 δ =5	个	0.041			29.7		综合
69	UPVC 塑料排水三通 φ50 δ =2	个	2.398			2.5		综合
70	UPVC 塑料排水弯头 φ50 δ =2	个	11.616			1.86		综合
71	UPVC 塑料排水管箍 φ50 δ =2	个	0.154			0.58		综合
72	UPVC 塑料排水检查口 φ50 δ =2	个	0.44			2.62		综合
73	UPVC 塑料排水伸缩节 φ50 δ =2	个	0.572			1.66		综合
74	UPVC 塑料排水三通 φ110 δ =3.2	个	143.173			11.5		综合
75	UPVC 塑料排水四通 φ110 δ =3.2	个	8.047			15.81		综合
76	UPVC 塑料排水弯头 φ110 δ =3.2	个	131.773			8.39		综合
77	UPVC 塑料排水管箍 φ110 δ =3.2	个	4.359			2.11		综合
78	UPVC 塑料排水异径管 φ110 δ =3.2	个	10.059			2.4		综合
79	UPVC 塑料排水检查口 φ110 δ =3.2	个	25.818			12.35		综合
80	UPVC 塑料排水伸缩节 φ110 δ =3.2	个	64.378			4.06		综合

第 18 章　通风空调安装工程量清单编制与计价案例

18.1　通风空调安装工程量清单编制案例

18.1.1　通风空调安装工程概况及工程量清单编制要求

工程量清单编制案例如图 18.1.1 所示。

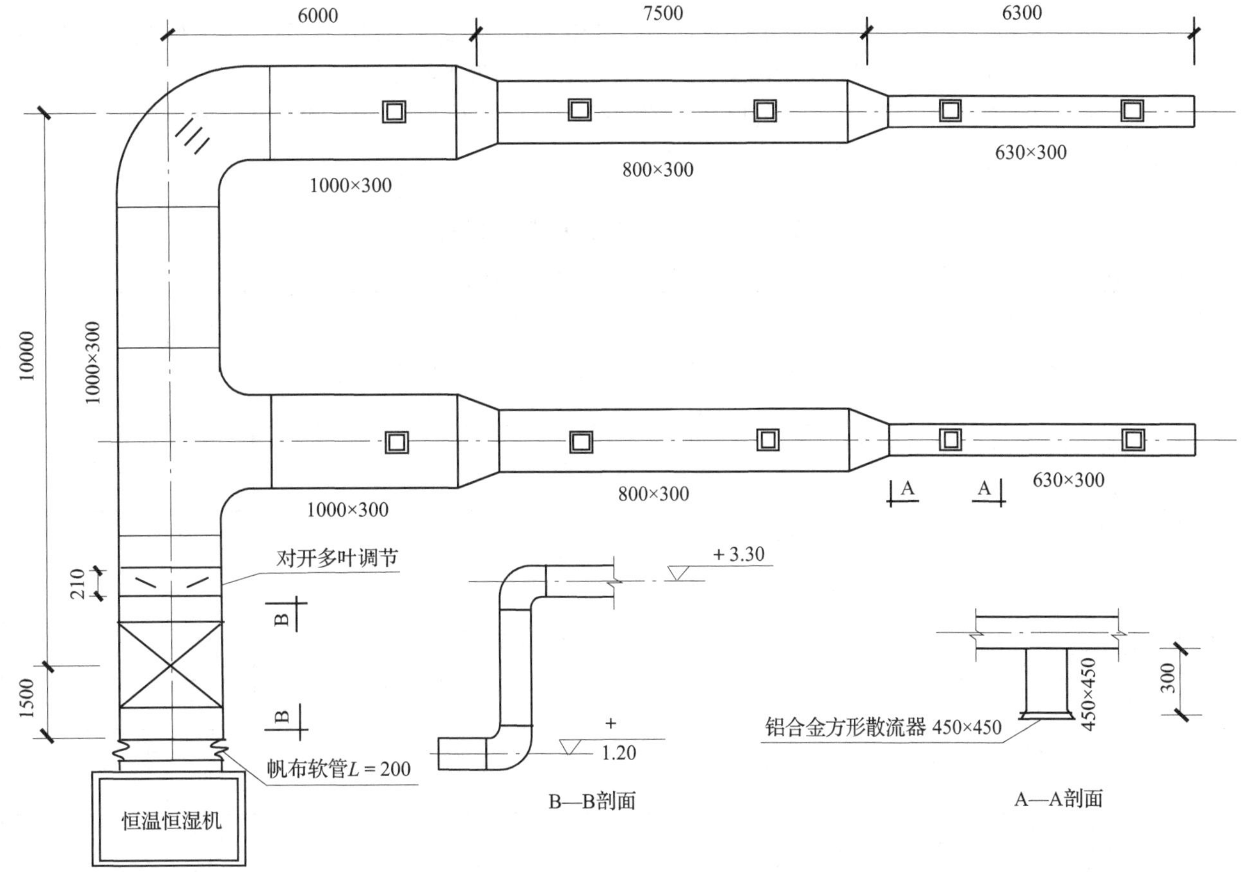

图 18.1.1　首层通风空调平面图

一、工程情况及设计说明

（1）本工程为广州市辖区内某首层电子零部件加工车间通风空调系统安装工程，层高为 4m。

（2）本加工车间采用 1 台恒温恒湿机进行室内空气调节，并配合土建砌筑混凝土基础和预埋地脚螺栓安装，其型号为 YSL–DHS–225，外形尺寸为 1200 × 1100 × 1900。

（3）风管采用镀锌薄钢板矩形风管，法兰咬口连接，风管规格 1000 × 300，板厚 δ =1.20mm；风管规格 800 × 300，板厚 δ =1.00mm；风管规格 630 × 300，板厚 δ =1.00mm；风管规格 450 × 450，板厚 δ =0.75mm。

（4）对开多叶调节阀为成品购买，成品铝合金方形散流器规格为 450 × 450。

（5）风管采用橡塑玻璃棉保温，保温厚度为 δ =25mm。

（6）恒温恒湿机 YSL–DHS–225 1200 × 1100 × 1900，350kg，落地安装。

（7）恒温恒湿机减振措施采用橡胶隔振垫 δ =20mm，地脚螺栓规格采用 ϕ 14mm，L=250mm。

二、清单工程量计算范围

根据所给图纸，从恒温恒湿机（包括本体）开始计算至各风口止（包括风口），工程计量时每一项目汇总的有效位数应遵守下列规定：

（1）以“t”为单位，应保留小数点后三位数字，第四位小数四舍五入；

（2）以“m”“m^2”“m^3”“kg”为单位，应保留小数点后两位数字，第三位小数四舍五入；

（3）以“个”“件”“根”“组”“系统”为单位，应取整数。

三、招标人编制清单工程量依据

招标人依据《建设工程工程量清单计价规范》GB 50500—2013、《通用安装工程工程量计算规范》GB 50856—2013 进行工程量清单编制。

18.1.2 通风空调安装工程量清单案例编制

（1）根据《建设工程工程量清单计价规范》GB 50500—2013、《通用安装工程工程量计算规范》GB 50856—2013 的格式，工程量清单案例编制，见表 18.1.2-1、表 18.1.2-2。

（2）本案例只编制分部分项工程量清单。措施项目、其他项目、税金项目清单的编制从略，可参照第 16.1.2 小节电气设备安装工程量清单案例的编制方法。

表 18.1.2-1 清单工程量计算表

工程名称：广州市辖区内某首层电子零部件加工车间通风空调系统安装工程

序号	清单项目特征	清单工程量计算过程	单位	清单工程量
1	镀锌薄钢板矩形风管 1000×300 δ=1.2mm 法兰咬口连接	（1+0.3）×2×［1.5+（10−0.21）+（3.3−1.2）+6×2］	m^2	66.01
2	镀锌薄钢板矩形风管 800×300 δ=1.0mm 法兰咬口连接	（0.8+0.3）×2×7.5×2	m^2	33.00
3	镀锌薄钢板矩形风管 630×300 δ=1.0mm 法兰咬口连接	（0.63+0.3）×2×6.3×2	m^2	23.44
4	镀锌薄钢板矩形风管 450×450 δ=0.75mm 法兰咬口连接	（0.45+0.45）×2×（0.3+0.15）×10	m^2	8.10
5	帆布软管 1000×300 *L*=200mm	（1+0.3）×2×0.2	m^2	0.52
6	单叶片镀锌薄钢板导流叶片 *H*=300 δ=0.75mm	0.314×7	m^2	2.20
7	恒温恒湿机 型号 YSL-DHS-225 外形尺寸 1200×1100×1900 350kg 橡胶隔振垫 δ=20mm 落地安装	1	个	1
8	对开多叶调节阀 1000×300 *L*=210mm	1	个	1
9	铝合金方形散流器 450×450mm	10	个	10
10	矩形风管橡塑玻璃棉保温 δ=25mm	［2×（1+0.3）+1.033×4×0.025］×1.033×0.025×25.39+［2×（0.8+0.3）+1.033×4×0.025］×1.033×0.025×15+［2×（0.63+0.3）+1.033×4×0.025］×1.033×0.025×12.6+［2×（0.45+0.45）+1.033×4×0.025］×1.033×0.025×4.5	m^3	3.52
11	风管型钢人工除轻锈、刷红丹防锈漆 2 遍	37.81kg/10m^2×（6.6+3.3）+38.92kg/10m^2×（2.34+0.81）+26.65kg/10m^2×0.5	kg	510.24
12	通风系统检测、调试	1	系统	1
13	矩形风管漏光试验、漏风试验	66+33+23.4+8.1+0.5	m^3	131.00

表 18.1.2-2　分部分项工程量清单与计价表

工程名称：广州市辖区内某首层电子零部件加工车间通风空调系统安装工程　　标段：

序号	项目编码	项目名称	项目特征描述	计量单位	工程量	金额（元）		
						综合单价	合价	其中：暂估价
1	030702001001	碳钢通风管道	镀锌薄钢板矩形风管 1000×300 δ=1.2mm 法兰咬口连接	m^2	66.00			
2	030702001002	碳钢通风管道	镀锌薄钢板矩形风管 800×300 δ=1.0mm 法兰咬口连接	m^2	33.00			
3	030702001003	碳钢通风管道	镀锌薄钢板矩形风管 630×300 δ=1.0mm 法兰咬口连接	m^2	23.40			
4	030702001004	碳钢通风管道	镀锌薄钢板矩形风管 450×450 δ=0.75mm 法兰咬口连接	m^2	8.10			
5	030703019001	柔性接口	帆布软管 1000×300 L=200mm	m^2	0.50			
6	030702009001	弯头导流叶片	单叶片镀锌薄钢板导流叶片 H=300 δ=0.75mm	m^2	2.20			
7	030701003001	空调器	恒温恒湿机 YSL-DHS-225 1200×1100×1900，350kg 橡胶隔振垫 δ=20mm 落地安装	台	1			
8	030703001001	碳钢阀门	对开多叶调节阀 1000×300 L=210mm	个	1			
9	030703011001	铝及铝合金散流器	铝合金方形散流器 450×450	个	10			
10	031208003001	通风管道绝热	矩形风管橡塑玻璃棉保温 δ=25mm	m^3	3.50			
11	031201003001	金属结构刷油	风管型钢人工除轻锈、刷红丹防锈漆 2 遍	kg	510.20			
12	030704001001	通风工程检测调试	通风系统检测、调试	系统	1			
13	030704002001	风管漏光试验、漏风试验	矩形风管漏光试验、漏风试验	m^2	131.00			
本页小计								
合　计								
其中：人工费								
其中：机具费								

18.2　通风空调安装工程量清单计价案例

18.2.1　通风空调安装工程量清单计价要求

在第 18.1.2 小节工程量清单编制案例中，假设投标人根据企业的实际情况确定人工费、辅材价差和机具价差，参照《广东省通用安装工程综合定额（2018）》均不做调整，利润以人工费与施工机具费之和为基础按 20% 计算，未计价材料价格按市场确定。

18.2.2　通风空调安装工程量清单案例计价

（1）根据《建设工程工程量清单计价规范》GB 50500—2013、《通用安装工程工程量计算规范》

GB 50856—2013、《广东省通用安装工程综合定额（2018）》，投标人报价文件见表 18.2.2-1~ 表 18.2.2-16。

（2）本案例只编制分部分项工程量清单计价和综合单价分析计算，措施项目、其他项目、税金项目清单的编制从略，可参照第 16.2 节电气设备安装工程量清单案例的编制方法。

表 18.2.2-1　组价工程量计算表

工程名称：广州市辖区内某首层电子零部件加工车间通风空调系统安装工程

序号	组价项目特征	组价工程量计算过程	单位	组价工程量
1	橡胶隔振垫　δ=20mm	4	块	4
2	地脚螺栓 ϕ14　L=250mm	4	套	4

表 18.2.2-2　分部分项工程量清单与计价表

工程名称：广州市辖区内某首层电子零部件加工车间通风空调系统安装工程　　标段：

序号	项目编码	项目名称	项目特征描述	计量单位	工程量	金额（元）		
						综合单价	合价	其中：暂估价
1	030702001001	碳钢通风管道	镀锌薄钢板矩形风管　1000×300 δ =1.2mm　法兰咬口连接	m^2	66.00	134.18	8855.88	
2	030702001002	碳钢通风管道	镀锌薄钢板矩形风管　800×300 δ =1.0mm　法兰咬口连接	m^2	33.00	125.25	4133.25	
3	030702001003	碳钢通风管道	镀锌薄钢板矩形风管　630×300 δ =1.0mm　法兰咬口连接	m^2	23.40	125.25	2930.85	
4	030702001004	碳钢通风管道	镀锌薄钢板矩形风管　450×450 δ =0.75mm　法兰咬口连接	m^2	8.10	138.11	1118.69	
5	030703019001	柔性接口	帆布软管　1000×300　L=200mm	m^2	0.50	386.59	193.30	
6	030702009001	弯头导流叶片	单叶片镀锌薄钢板导流叶片　H=300 δ =0.75mm	m^2	2.20	235.84	518.85	
7	030701003001	空调器	恒温恒湿机　YSL-DHS-225 1200×1100×1900，350kg 橡胶隔振垫　δ =20mm　落地安装	台	1	41400.58	41400.58	
8	030703001001	碳钢阀门	对开多叶调节阀　1000×300　L=210mm	个	1	571.05	571.05	
9	030703011001	铝及铝合金散流器	铝合金方形散流器　450×450	个	10	180.66	1806.60	
10	031208003001	通风管道绝热	矩形风管橡塑玻璃棉保温　δ =25mm	m^3	3.50	1286.43	4502.51	
11	031201003001	金属结构刷油	风管型钢人工除轻锈、刷红丹防锈漆 2 遍	kg	510.20	1.76	897.95	
12	030704001001	通风工程检测调试	通风系统检测、调试	系统	1	852.24	852.24	
13	030704002001	风管漏光试验、漏风试验	矩形风管漏光试验、漏风试验	m^2	131.00	32.20	4218.20	
本页小计							71999.94	
合　计							71999.94	
其中：人工费							13317.26	
其中：机具费							443.38	

表 18.2.2–3　综合单价分析表

工程名称：广州市辖区内某首层电子零部件加工车间通风空调系统安装工程

<table>
<tr><td>项目编码</td><td>030702001001</td><td colspan="3">项目名称</td><td colspan="4">碳钢通风管道</td><td colspan="2">计量单位</td><td>m^2</td><td>清单工程量</td><td>66.00</td></tr>
<tr><td colspan="14">清单综合单价组成明细</td></tr>
<tr><td rowspan="2">定额编号</td><td rowspan="2">定额项目名称</td><td rowspan="2">定额单位</td><td rowspan="2">数量</td><td colspan="5">单　价</td><td colspan="5">合　价</td></tr>
<tr><td>人工费</td><td>材料费</td><td>机具费</td><td>管理费</td><td>利润</td><td>人工费</td><td>材料费</td><td>机具费</td><td>管理费</td><td>利润</td></tr>
<tr><td>C7–2–36</td><td>镀锌薄钢板矩形风管（δ =1.2mm 以内咬口）制作安装 长边长（mm）≤1000</td><td>$10m^2$</td><td>6.60</td><td>426.8</td><td>157.89</td><td>11.84</td><td>121.59</td><td>87.73</td><td>2816.88</td><td>1042.07</td><td>78.14</td><td>802.49</td><td>579.02</td></tr>
<tr><td colspan="2">人工单价</td><td colspan="7">小计（单价）</td><td>42.68</td><td>15.79</td><td>1.18</td><td>12.16</td><td>8.77</td></tr>
<tr><td colspan="2"></td><td colspan="7">未计价材料费</td><td colspan="5">53.60</td></tr>
<tr><td colspan="9">清单项目综合单价</td><td colspan="5">134.18</td></tr>
<tr><td rowspan="4">材料费明细</td><td colspan="5">主要材料名称、规格、型号</td><td>单位</td><td colspan="2">数量</td><td>单价（元）</td><td>合价（元）</td><td>暂估单价（元）</td><td colspan="2">暂估合价（元）</td></tr>
<tr><td colspan="5">镀锌薄钢板矩形风管 1000 × 300　δ =1.2mm</td><td>m^2</td><td colspan="2">75.11</td><td>47.1</td><td>3537.68</td><td></td><td colspan="2"></td></tr>
<tr><td colspan="8">其他材料费</td><td>—</td><td></td><td>—</td><td colspan="2"></td></tr>
<tr><td colspan="8">材料费小计（单价）</td><td>—</td><td>53.60</td><td>—</td><td colspan="2"></td></tr>
</table>

表 18.2.2–4　综合单价分析表

工程名称：广州市辖区内某首层电子零部件加工车间通风空调系统安装工程

<table>
<tr><td>项目编码</td><td>030702001008</td><td colspan="3">项目名称</td><td colspan="4">碳钢通风管道</td><td colspan="2">计量单位</td><td>m^2</td><td>清单工程量</td><td>33.00</td></tr>
<tr><td colspan="14">清单综合单价组成明细</td></tr>
<tr><td rowspan="2">定额编号</td><td rowspan="2">定额项目名称</td><td rowspan="2">定额单位</td><td rowspan="2">数量</td><td colspan="5">单　价</td><td colspan="5">合　价</td></tr>
<tr><td>人工费</td><td>材料费</td><td>机具费</td><td>管理费</td><td>利润</td><td>人工费</td><td>材料费</td><td>机具费</td><td>管理费</td><td>利润</td></tr>
<tr><td>C7–2–36</td><td>镀锌薄钢板矩形风管（δ =1.2mm 以内咬口）制作安装 长边长（mm）≤1000</td><td>$10m^2$</td><td>3.30</td><td>426.80</td><td>157.89</td><td>11.84</td><td>121.59</td><td>87.73</td><td>1408.44</td><td>521.04</td><td>39.07</td><td>401.25</td><td>289.51</td></tr>
<tr><td colspan="2">人工单价</td><td colspan="7">小计（单价）</td><td>42.68</td><td>15.79</td><td>1.18</td><td>12.16</td><td>8.77</td></tr>
<tr><td colspan="2"></td><td colspan="7">未计价材料费</td><td colspan="5">44.67</td></tr>
<tr><td colspan="9">清单项目综合单价</td><td colspan="5">125.25</td></tr>
<tr><td rowspan="4">材料费明细</td><td colspan="5">主要材料名称、规格、型号</td><td>单位</td><td colspan="2">数量</td><td>单价（元）</td><td>合价（元）</td><td>暂估单价（元）</td><td colspan="2">暂估合价（元）</td></tr>
<tr><td colspan="5">镀锌薄钢板矩形风管 800 × 300　δ =1.0mm</td><td>m^2</td><td colspan="2">37.554</td><td>39.25</td><td>1473.99</td><td></td><td colspan="2"></td></tr>
<tr><td colspan="8">其他材料费</td><td>—</td><td></td><td>—</td><td colspan="2"></td></tr>
<tr><td colspan="8">材料费小计（单价）</td><td>—</td><td>44.67</td><td>—</td><td colspan="2"></td></tr>
</table>

表 18.2.2-5　综合单价分析表

工程名称：广州市辖区内某首层电子零部件加工车间通风空调系统安装工程

项目编码	030702001009	项目名称		碳钢通风管道				计量单位		m²	清单工程量	23.40
清单综合单价组成明细												
定额编号	定额项目名称	定额单位	数量	单价					合价			
				人工费	材料费	机具费	管理费	利润	人工费	材料费	机具费	管理费	利润
C7-2-36	镀锌薄钢板矩形风管（δ=1.2mm 以内咬口）制作安装 长边长（mm）≤1000	10m²	2.34	426.80	157.89	11.84	121.59	87.73	998.71	369.46	27.71	284.52	205.29
人工单价		小计（单价）							42.68	15.79	1.18	12.16	8.77
		未计价材料费							44.67				
清单项目综合单价									125.25				
材料费明细	主要材料名称、规格、型号				单位	数量			单价（元）	合价（元）	暂估单价（元）	暂估合价（元）	
	镀锌薄钢板矩形风管 630×300　δ=1.0mm				m²	26.63			39.25	1045.23			
	其他材料费								—		—		
	材料费小计（单价）								—	44.67	—		

表 18.2.2-6　综合单价分析表

工程名称：广州市辖区内某首层电子零部件加工车间通风空调系统安装工程

项目编码	030702001010	项目名称		碳钢通风管道				计量单位		m²	清单工程量	8.10
清单综合单价组成明细												
定额编号	定额项目名称	定额单位	数量	单价					合价			
				人工费	材料费	机具费	管理费	利润	人工费	材料费	机具费	管理费	利润
C7-2-35	镀锌薄钢板矩形风管（δ=1.2mm 以内咬口）制作安装 长边长（mm）≤450	10m²	0.81	567.82	174.67	21.98	163.49	117.96	459.93	141.48	17.80	132.43	95.55
人工单价		小计（单价）							56.78	17.47	2.20	16.35	11.80
		未计价材料费							33.51				
清单项目综合单价									138.11				
材料费明细	主要材料名称、规格、型号				单位	数量			单价（元）	合价（元）	暂估单价（元）	暂估合价（元）	
	镀锌薄钢板矩形风管 450×450　δ=0.75mm				m²	9.22			29.44	271.44			
	其他材料费								—		—		
	材料费小计（单价）								—	33.51	—		

表 18.2.2–7　综合单价分析表

工程名称：广州市辖区内某首层电子零部件加工车间通风空调系统安装工程

项目编码	030703019001	项目名称		柔性接口					计量单位		m²	清单工程量	0.50
清单综合单价组成明细													
定额编号	定额项目名称	定额单位	数量	单价					合价				
				人工费	材料费	机具费	管理费	利润	人工费	材料费	机具费	管理费	利润
C7–3–182	软管接口制作、安装	m²	0.50	176.11	123.29	2.13	49.41	35.65	88.06	61.65	1.07	24.71	17.83
人工单价		小计（单价）							176.11	123.29	2.13	49.41	35.65
		未计价材料费							0.00				
清单项目综合单价									386.59				
材料费明细	主要材料名称、规格、型号					单位	数量		单价（元）	合价（元）	暂估单价（元）	暂估合价（元）	
	其他材料费								—		—		
	材料费小计（单价）								—	0.00	—		

表 18.2.2–8　综合单价分析表

工程名称：广州市辖区内某首层电子零部件加工车间通风空调系统安装工程

项目编码	030702009001	项目名称		弯头导流叶片					计量单位		m²	清单工程量	2.20
清单综合单价组成明细													
定额编号	定额项目名称	定额单位	数量	单价					合价				
				人工费	材料费	机具费	管理费	利润	人工费	材料费	机具费	管理费	利润
C7–2–165	弯头导流叶片制作、安装	m²	2.20	135.19	36.14		37.47	27.04	297.42	79.51		82.43	59.49
人工单价		小计（单价）							135.19	36.14		37.47	27.04
		未计价材料费							0.00				
清单项目综合单价									235.84				
材料费明细	主要材料名称、规格、型号					单位	数量		单价（元）	合价（元）	暂估单价（元）	暂估合价（元）	
	其他材料费								—		—		
	材料费小计（单价）								—	0.00	—		

表 18.2.2-9 综合单价分析表

工程名称：广州市辖区内某首层电子零部件加工车间通风空调系统安装工程

项目编码	030701003001	项目名称		空调器			计量单位			台	清单工程量		1
清单综合单价组成明细													
定额编号	定额项目名称	定额单位	数量	单价					合价				
				人工费	材料费	机具费	管理费	利润	人工费	材料费	机具费	管理费	利润
C7-1-17	整体式空调机组（落地式）安装 制冷量（kW以下）200	台	1.00	1526.91	25.09	56.29	438.86	316.64	1526.91	25.09	56.29	438.86	316.64
C7-4-5	减震器安装	个	4.00	34.21	0.50		9.48	6.84	136.84	2.00		37.92	27.36
C3-1-605	地脚螺栓制作 直径（mm以内）20	10个	0.40	229.93	2.58	89.96	127.51	63.98	91.97	1.03	35.98	51.00	25.59
C1-8-227	地脚螺栓孔灌浆 一台设备的灌浆体积（m^3以内）0.03	m^3	0.012	910.77	297.21		363.03	182.15	10.93	3.57		4.36	2.19
人工单价		小计（单价）							1766.65	31.69	92.27	532.14	371.78
		未计价材料费							38606.05				
清单项目综合单价									41400.58				
材料费明细	主要材料名称、规格、型号					单位	数量		单价（元）	合价（元）	暂估单价（元）	暂估合价（元）	
	恒温恒湿机 YSL-DHS-225 1200×1100×1900，350kg					台	1.00		38540.00	38540.00			
	地脚螺栓 ϕ14mm L=250mm					套	4.08		5.60	22.85			
	橡胶隔振垫 δ=20mm					块	4.0		10.80	43.20			
	其他材料费								—		—		
	材料费小计（单价）								—	38606.05	—		

表 18.2.2-10 综合单价分析表

工程名称：广州市辖区内某首层电子零部件加工车间通风空调系统安装工程

项目编码	030703001001	项目名称		碳钢阀门			计量单位			个	清单工程量		1
清单综合单价组成明细													
定额编号	定额项目名称	定额单位	数量	单价					合价				
				人工费	材料费	机具费	管理费	利润	人工费	材料费	机具费	管理费	利润
C7-3-22	碳钢调节阀安装 对开多叶调节阀 周长（mm以内）2800	个	1.00	38.5	4.53	6.53	12.48	9.01	38.5	4.53	6.53	12.48	9.01
人工单价		小计（单价）							38.5	4.53	6.53	12.48	9.01
		未计价材料费							500.00				
清单项目综合单价									571.05				
材料费明细	主要材料名称、规格、型号					单位	数量		单价（元）	合价（元）	暂估单价（元）	暂估合价（元）	
	对开多叶调节阀 1000×300 L=210mm					个	1.00		500.00	500.00			
	其他材料费								—		—		
	材料费小计（单价）								—	500.00	—		

表 18.2.2–11　综合单价分析表

工程名称：广州市辖区内某首层电子零部件加工车间通风空调系统安装工程

项目编码	030703011001	项目名称		铝及铝合金风口、散流器			计量单位			个	清单工程量		10
清单综合单价组成明细													
定额编号	定额项目名称	定额单位	数量	单价					合价				
				人工费	材料费	机具费	管理费	利润	人工费	材料费	机具费	管理费	利润
C7–3–55	风口安装　百叶风口 周长（mm 以内）3300	个	10	75.35	8.37	0.16	20.93	15.10	753.50	83.70	1.60	209.30	151.00
人工单价		小计（单价）							75.35	8.37	0.16	20.93	15.1
		未计价材料费							60.75				
清单项目综合单价									180.66				
材料费明细	主要材料名称、规格、型号					单位		数量	单价（元）	合价（元）	暂估单价（元）	暂估合价（元）	
	铝合金方形散流器 450×450					个		10	60.75	607.50			
	其他材料费								—		—		
	材料费小计（单价）								—	60.75	—		

表 18.2.2–12　综合单价分析表

工程名称：广州市辖区内某首层电子零部件加工车间通风空调系统安装工程

项目编码	031208003001	项目名称		通风管道绝热			计量单位			m^3	清单工程量		3.50
清单综合单价组成明细													
定额编号	定额项目名称	定额单位	数量	单价					合价				
				人工费	材料费	机具费	管理费	利润	人工费	材料费	机具费	管理费	利润
C12–5–124	风管纤维类制品（板）安装铝箔玻璃棉毡	m^3	3.50	352.09	35.21		72.39	70.42	1232.32	123.24		253.37	246.47
人工单价		小计（单价）							352.09	35.21		72.39	70.42
		未计价材料费							756.32				
清单项目综合单价									1286.43				
材料费明细	主要材料名称、规格、型号					单位		数量	单价（元）	合价（元）	暂估单价（元）	暂估合价（元）	
	保温胶钉					10 套		168.00	0.09	15.12			
	粘接剂					kg		35.00	15.00	525.00			
	铝箔胶带 20m					卷		7.00	15.00	105.00			
	矩形风管橡塑玻璃棉保温　δ=25mm					m^3		3.64	550.00	2002.00			
	其他材料费								—		—		
	材料费小计（单价）								—	756.32	—		

表 18.2.2–13　综合单价分析表

工程名称：广州市辖区内某首层电子零部件加工车间通风空调系统安装工程

<table>
<tr><td>项目编码</td><td>031201003001</td><td colspan="2">项目名称</td><td colspan="4">金属结构刷油</td><td colspan="2">计量单位</td><td>kg</td><td>清单工程量</td><td>510.20</td></tr>
<tr><td colspan="14">清单综合单价组成明细</td></tr>
<tr><td rowspan="2">定额编号</td><td rowspan="2">定额项目名称</td><td rowspan="2">定额单位</td><td rowspan="2">数量</td><td colspan="5">单　价</td><td colspan="5">合　价</td></tr>
<tr><td>人工费</td><td>材料费</td><td>机具费</td><td>管理费</td><td>利润</td><td>人工费</td><td>材料费</td><td>机具费</td><td>管理费</td><td>利润</td></tr>
<tr><td>C12–1–5</td><td>手工除锈
一般钢结构 轻锈</td><td>100kg</td><td>5.102</td><td>26.85</td><td>3.53</td><td>11.57</td><td>7.9</td><td>7.68</td><td>136.99</td><td>18.01</td><td>59.03</td><td>40.31</td><td>39.18</td></tr>
<tr><td>C12–2–49 换</td><td>一般钢结构
红丹防锈漆 第一遍
实际遍数（遍）：2</td><td>100kg</td><td>5.102</td><td>36.83</td><td>5.01</td><td>23.14</td><td>12.33</td><td>11.99</td><td>187.91</td><td>25.56</td><td>118.06</td><td>62.91</td><td>61.17</td></tr>
<tr><td colspan="2">人工单价</td><td colspan="7">小计（单价）</td><td>0.64</td><td>0.09</td><td>0.35</td><td>0.20</td><td>0.20</td></tr>
<tr><td colspan="2"></td><td colspan="7">未计价材料费</td><td colspan="5">0.28</td></tr>
<tr><td colspan="9">清单项目综合单价</td><td colspan="5">1.76</td></tr>
<tr><td rowspan="4">材料费明细</td><td colspan="5">主要材料名称、规格、型号</td><td>单位</td><td colspan="2">数量</td><td>单价（元）</td><td>合价（元）</td><td>暂估单价（元）</td><td colspan="2">暂估合价（元）</td></tr>
<tr><td colspan="5">醇酸防锈漆</td><td>kg</td><td colspan="2">10.765</td><td>13.15</td><td>141.56</td><td></td><td colspan="2"></td></tr>
<tr><td colspan="8">其他材料费</td><td>—</td><td></td><td>—</td><td colspan="2"></td></tr>
<tr><td colspan="8">材料费小计（单价）</td><td>—</td><td>0.28</td><td>—</td><td colspan="2"></td></tr>
</table>

表 18.2.2–14　综合单价分析表

工程名称：广州市辖区内某首层电子零部件加工车间通风空调系统安装工程

<table>
<tr><td>项目编码</td><td>030704001001</td><td colspan="2">项目名称</td><td colspan="4">通风工程检测、调试</td><td colspan="2">计量单位</td><td>系统</td><td>清单工程量</td><td>1</td></tr>
<tr><td colspan="14">清单综合单价组成明细</td></tr>
<tr><td rowspan="2">定额编号</td><td rowspan="2">定额项目名称</td><td rowspan="2">定额单位</td><td rowspan="2">数量</td><td colspan="5">单　价</td><td colspan="5">合　价</td></tr>
<tr><td>人工费</td><td>材料费</td><td>机具费</td><td>管理费</td><td>利润</td><td>人工费</td><td>材料费</td><td>机具费</td><td>管理费</td><td>利润</td></tr>
<tr><td>BM308</td><td>空调系统调试费（包括设备、风管系统及防腐绝热）（通风空调工程）</td><td>元</td><td>1.00</td><td>278.77</td><td>517.72</td><td></td><td></td><td>55.75</td><td>278.77</td><td>517.72</td><td></td><td></td><td>55.75</td></tr>
<tr><td colspan="2">人工单价</td><td colspan="7">小计（单价）</td><td>278.77</td><td>517.72</td><td></td><td></td><td>55.75</td></tr>
<tr><td colspan="2"></td><td colspan="7">未计价材料费</td><td colspan="5">0.00</td></tr>
<tr><td colspan="9">清单项目综合单价</td><td colspan="5">852.24</td></tr>
<tr><td rowspan="4">材料费明细</td><td colspan="5">主要材料名称、规格、型号</td><td>单位</td><td colspan="2">数量</td><td>单价（元）</td><td>合价（元）</td><td>暂估单价（元）</td><td colspan="2">暂估合价（元）</td></tr>
<tr><td colspan="5"></td><td></td><td colspan="2"></td><td></td><td></td><td></td><td colspan="2"></td></tr>
<tr><td colspan="8">其他材料费</td><td>—</td><td></td><td>—</td><td colspan="2"></td></tr>
<tr><td colspan="8">材料费小计（单价）</td><td>—</td><td>0.00</td><td>—</td><td colspan="2"></td></tr>
</table>

表 18.2.2-15 综合单价分析表

工程名称：广州市辖区内某首层电子零部件加工车间通风空调系统安装工程

项目编码	030704002001	项目名称		风管漏光试验、漏风试验				计量单位		m²		清单工程量	131.00
清单综合单价组成明细													
定额编号	定额项目名称	定额单位	数量	单价					合价				
				人工费	材料费	机具费	管理费	利润	人工费	材料费	机具费	管理费	利润
C7-4-7	风管漏光试验	$10m^2$	13.10	66.00			18.30	13.20	864.60			239.73	172.92
C7-4-8	风管漏风试验	$10m^2$	13.10	151.8		0.16	42.12	30.39	1988.58		2.10	551.77	398.11
人工单价		小计（单价）							21.78		0.02	6.04	4.36
		未计价材料费							0.00				
清单项目综合单价									32.20				
材料费明细	主要材料名称、规格、型号					单位	数量		单价（元）	合价（元）	暂估单价（元）	暂估合价（元）	
	其他材料费					—	—		—				
	材料费小计（单价）					—	—		—	0.00			

表 18.2.2-16 承包人提供主要材料和工程设备一览表

工程名称：广州市辖区内某首层电子零部件加工车间通风空调系统安装工程

序号	名称、规格、型号	单位	数量	风险系数（%）	基准单价（元）	投标单价（元）	发承包人确定单价（元）	备注
1	恒温恒湿机 YSL-DHS-225 1200×1100×1900，350kg	台	1			38540.00		综合
2	镀锌薄钢板矩形风管 1000×300 δ=1.2mm	m²	75.11			47.10		综合
3	矩形风管橡塑玻璃棉保温 δ=25mm	m³	3.64			550.00		综合
4	镀锌薄钢板矩形风管 800×300 δ=1.0mm	m²	37.55			39.25		综合
5	镀锌薄钢板矩形风管 630×300 δ=1.0mm	m²	26.63			39.25		综合
6	铝合金方形散流器 450×450	个	10			60.75		综合
7	粘接剂	kg	35.00			15.00		综合
8	对开多叶调节阀 1000×300 L=210mm	个	1			500.00		综合
9	镀锌薄钢板矩形风管 450×450 δ=0.75mm	m²	9.22			29.44		综合
10	醇酸防锈漆	kg	10.765			13.15		综合
11	铝箔胶带 20m	卷	7			15.00		综合
12	橡胶隔振垫 δ=20mm	块	4			10.80		综合
13	地脚螺栓 ϕ14mm L=250mm	套	4.08			5.60		综合
14	保温胶钉	10套	168			0.09		综合

第 19 章　消防工程清单编制与计价案例

19.1　火灾自动报警系统安装工程量清单编制案例

19.1.1　火灾自动报警系统安装工程量清单案例编制要求

工程量清单编制案例如图 19.1.1–1~ 图 19.1.1–3 和表 19.1.1。

工程情况及设计说明

（1）本工程为某办公楼改造项目消防工程，一、二楼层高均为 3.6m。

（2）设计范围：

1）火灾自动报警系统；

2）消防通信系统。

（3）本工程采用区域报警系统。任一台火灾报警控制器所连接的火灾探测器、手动火灾报警按钮和模块等设备总数和地址总数，均不应超过 3200 点，其中每一总线回路连接设备的总数不宜超过 200 点，且应留有不少于额定容量 10% 的余量；任一台消防联动控制器地址总数或火灾报警控制器（联动型）所控制的各类模块总数不应超过 1600 点，每一联动总线回路连接设备的总数不宜超过 100 点，且应留有不少于额定容量 10% 的余量。系统总线上应设置总线短路隔离器，每只总线短路隔离器保护的火灾探测器、手动火灾报警按钮和模块等消防设备的总数不应超过 32 点；总线穿越防火分区时，应在穿越处设置总线短路隔离器。

（4）探测器与灯具的水平净距应大于 0.2m；与送风口边的水平净距应大于 1.5m；与多孔送风顶棚孔口或条形送风口的水平净距应大于 0.5m；与嵌入式扬声器的净距应大于 0.1m；与自动喷水头的净距应大于 0.3m；与墙或其他遮挡物的距离应大于 0.5m。

（5）在本楼适当位置设手动报警按钮及消防对讲电话插孔。手动报警按钮及对讲电话插孔底距地 1.4m。

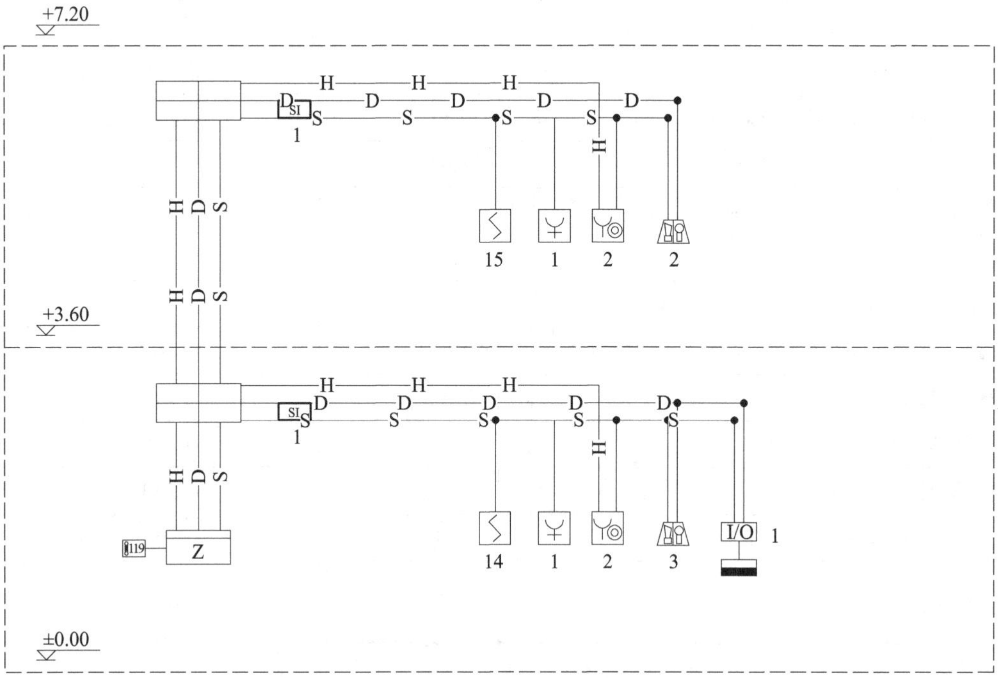

图 19.1.1–1　火灾自动报警系统图

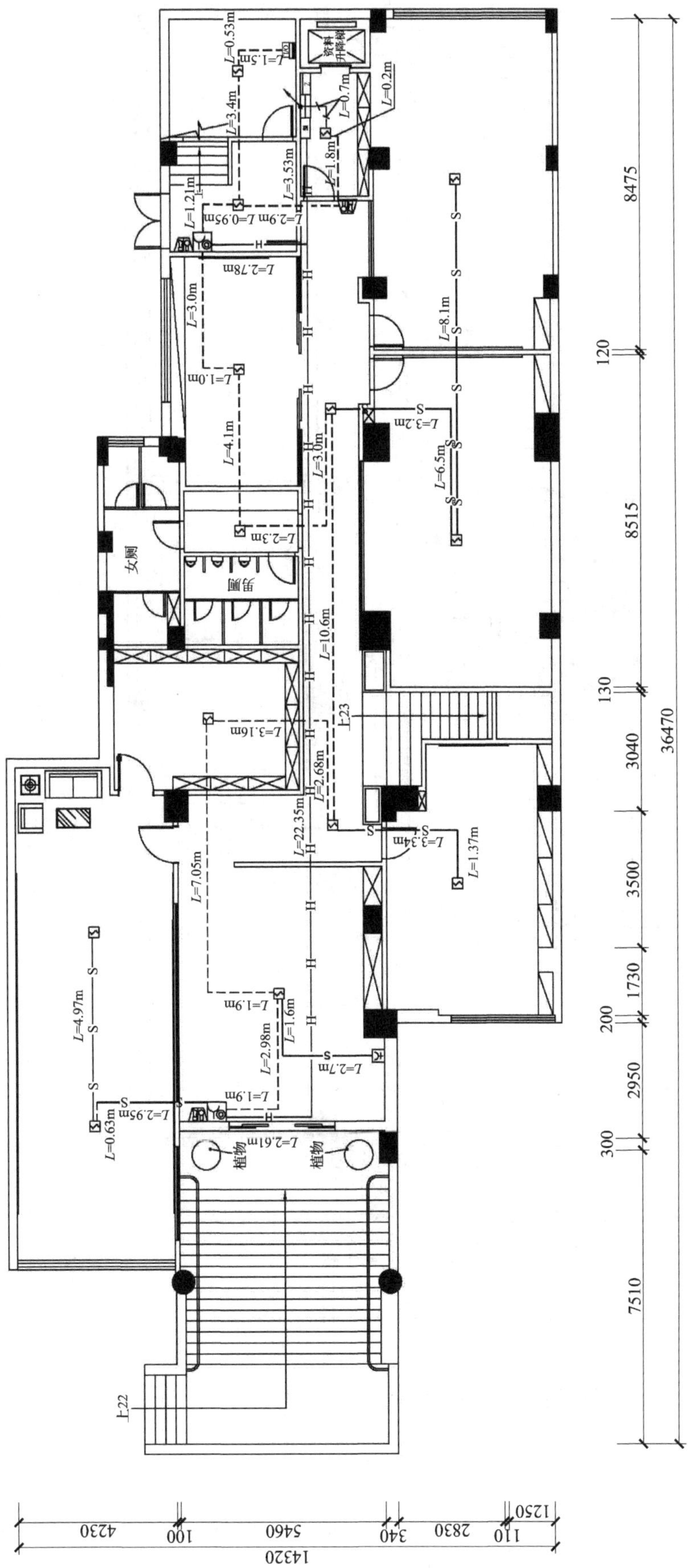

图 19.1.1-2　一楼火灾自动报警平面图

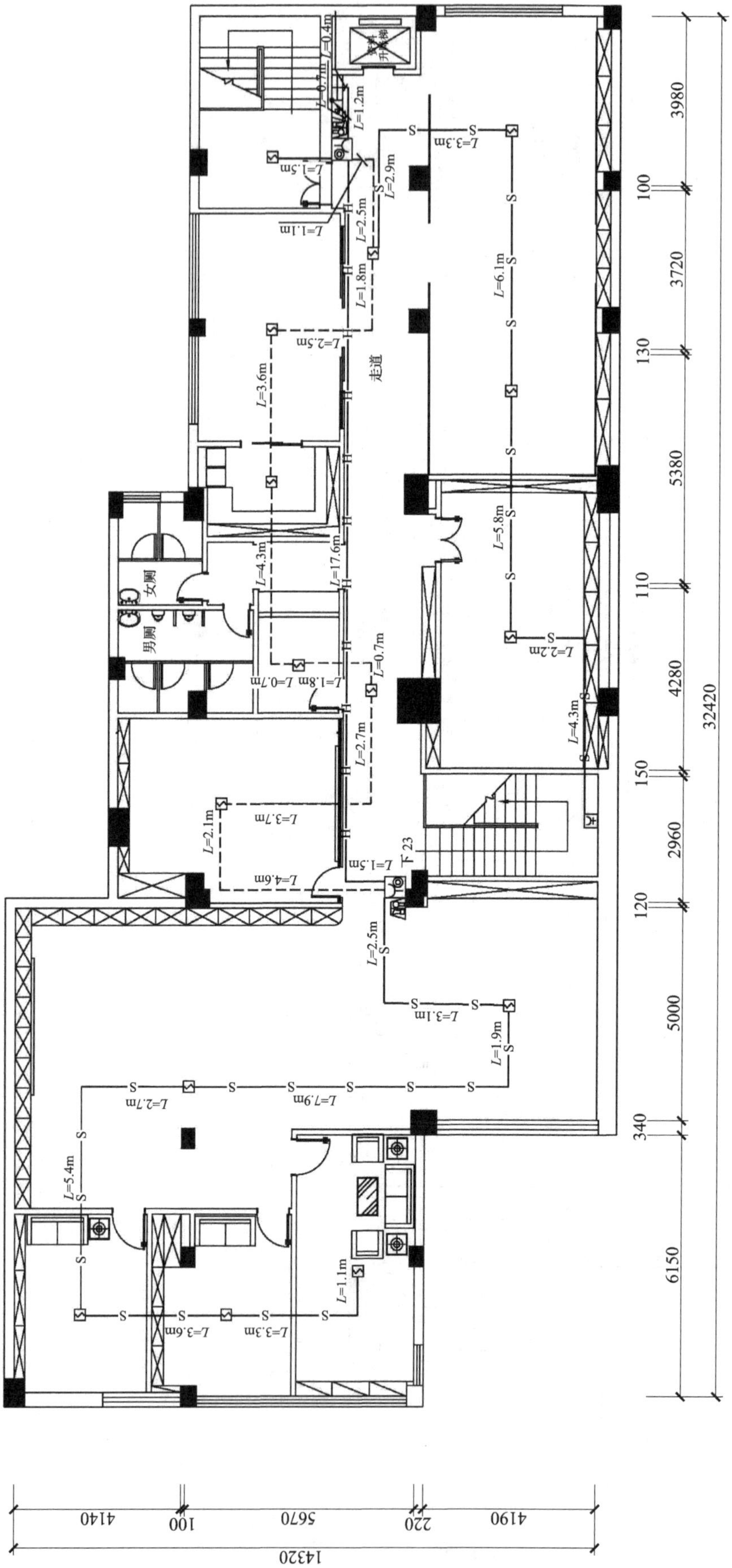

图 19.1.1-3　二楼火灾自动报警平面图

表 19.1.1　图例及管线敷设说明

序号	符号	设 备 名 称	安 装 方 式	备注
1		感烟探测器（智能型）	吸顶安装	
2		手动报警按钮（带电话插孔）	底边距地面 1.4m	
3		消火栓按钮	底边距地面 1.4m	
4		火灾声光警报器（带语音功能）	门头上 0.2m/ 装高 2.5m	
5		火灾报警接线箱（300 × 200 × 100）	壁装 1.8m	
6	SI	短路隔离模块	模块箱内安装	
7	I/O	控制模块	模块箱内安装	
8		非消防电源箱	详见强电专业图纸	
9	Z	区域报警控制器	底边距地面 1.5m	
———S———		地址信号线	NH-RVS-2 × 1.5 MT20	
———D———		24V DC 线	NH-BV-2 × 2.5 MT20	
- - - - - - - - -		地址信号线 + 24V DC 线	（NH-RVS-2 × 1.5+NH-BV-2 × 2.5）MT25	
———H———		消防电话线	NH-RVVP-2 × 1.5 MT20	

注：消防电话与其他消防管线隔开。

（6）在消火栓箱内设消火栓报警按钮。接线盒设在消火栓的开门侧，底距地 1.4m。

（7）在各楼层的楼梯口、前室、建筑内部拐角处及设置手动报警按钮位置设置声光警报器，安装高度中心距地 2.5m。每个报警区域内的火灾警报器，其声压级不小于 60dB；在环境噪声大于 60dB 的场所，其声压级应高于背景声 15dB。

（8）在设置区域报警器值班室内应设置可直接报警的外线电话。

（9）消防专用电话网络应为独立的消防系统。

（10）要求消防电话总机及各分机，对讲电话插口外可以相呼叫对讲，消防电话分机采用红色无拨号话机，话机及对讲电话插口上设有“火警”专用明显标志。

（11）火灾自动报警系统的主供电源为消防电源，此外还有直流备电，工作电压为 DC24V，直流备电由厂家成套提供，电源输出功率应大于火灾自动报警系统全负荷功率的 120%，蓄电池组的容量应保证火灾自动报警系统在火灾状态下同时工作负荷条件连续工作 3h 以上。

（12）线路选型及敷设方式：

1）不同电压等级的线缆不应穿入同一根保护管内，当合用同一线槽时，线槽内应有隔板分隔。

2）平面图中所有火灾自动报警线路及 50V 以下的供电线路、控制线路均穿金属管，在没有吊顶的场所明敷设在顶板下及明敷设在墙上，有吊顶的场所则采用在吊顶内敷设及暗敷在墙内或楼板内（并应敷设在不燃烧体结构内且保护层厚度不应小于 30mm）。由顶板接线盒至消防设备一段线路穿金属耐火（阻燃）波纹管。明敷设的金属管及金属线槽应在金属管或金属线槽上采取防火保护措施（涂防火漆），或有采用防火桥架，耐火极限不低于 1h。

3）火灾自动报警系统的每回路地址编码总数应留有不少于额定量 10% 的余量。

（13）工程计量时每一项目汇总的有效位数应遵守下列规定：

1）以“t”为单位，应保留小数点后三位数字，第四位小数四舍五入；

2）以“m”“m^2”“m^3”“kg”为单位，应保留小数点后两位数字，第三位小数四舍五入；

3）以“个”“件”“根”“组”“系统”为单位，应取整数。

19.1.2 火灾自动报警系统安装工程量清单案例编制

（1）根据《建设工程工程量清单计价规范》GB 50500—2013 及《通用安装工程工程量计算规范》GB 50856—2013 的格式，工程量清单案例编制详见表 19.1.2-1~ 表 19.1.2-3。

（2）本案例只编制分部分项工程量清单。措施项目、其他项目、税金项目清单的编制从略，可参照第 16.1.2 小节电气设备安装工程量清单案例的编制方法。

表 19.1.2-1 清单工程量计算表

工程名称：某办公楼改造项目消防工程——火灾自动报警系统

序号	清单项目特征	清单工程量计算过程	单位	清单工程量
		一楼火灾报警系统设备		
1	区域报警控制器 JB-QB-GST200/64，汉字 / 中文式显示 挂壁式 明装	1.00	台	1
2	总线制控制模块 HJ-1825 模块箱内安装	1.00	个	1
3	总线制短路隔离模块 HJ-1751 模块箱内安装	1.00	个	1
4	火灾报警接线箱（300×200×100）挂壁式 明装	1.00	台	1
5	火灾声光警报器（带语音功能）HX-100A 暗装	3.00	个	3
6	消火栓按钮 J-SAM-GST9124A 暗装	1.00	个	1
7	手动报警按钮（带电话插孔）J-SAM-GST9122A 暗装	2.00	个	2
8	总线制智能型感烟探测器（连底座）JYT-GD-JBF-3100 吸顶安装	14.00	个	14
		主干线路部分		
9	镀锌电线管 MT20×1.6mm 暗敷	［0.7+（7.2–1.5）］×3	m	19.20
10	耐火铜芯双绞线 NH-RVS-2×1.5mm^2 管内穿线	［0.7+（7.2–1.5）］+0.5×4（预留）	m	8.40
11	耐火铜芯聚氯乙烯绝缘电线 NH-BV-2.5mm^2 管内穿线	［（0.7+（7.2–1.5）］+0.5×4（预留）×2（2 根）	m	10.4
12	耐火铜芯聚氯乙烯绝缘屏蔽护套软电缆 NH-RVVP-2×1.5mm^2 管内穿线	［0.7+（7.2–1.5）］+0.5×4（预留）	m	8.40
		一楼感烟探测器、控制模块、按钮等回路		
13	镀锌电线管 MT25×1.6mm 暗敷	（3.6–1.8）（垂直）+0.7+0.7+0.2+1.8+（3.6–2.5）×2（垂直）+2.9+3.4+0.53+1.5+0.95+1.21+（3.6–1.4）×2（垂直）+3+1+4.1+2.3+3+10.6+2.68+3.16+7.05+1.9+2.98+1.9+(3.6–1.4)（垂直）	m	68.16
14	耐火铜芯双绞线 NH-RVS-2×1.5mm^2 管内穿线	（3.6–1.8）（垂直）+0.7+0.7+0.2+1.8+（3.6–2.5）×2（垂直）+2.9+3.4+0.53+1.5+0.95+1.21+（3.6–1.4）×2（垂直）+3+1+4.1+2.3+3+10.6+2.68+3.16+7.05+1.9+2.98+1.9+(3.6–1.4)（垂直）+（0.3+0.2）（火灾报警接线箱预留）	m	68.66

续表 19.1.2-1

序号	清单项目特征	清单工程量计算过程	单位	清单工程量
15	耐火铜芯聚氯乙烯绝缘电线 NH-BV-2.5mm² 管内穿线	[(3.6-1.8)(垂直)+0.7+0.7+0.2+1.8+(3.6-2.5)×2(垂直)+2.9+3.4+0.53+1.5+0.95+1.21+(3.6-1.4)×2(垂直)+3+1+4.1+2.3+3+10.6+2.68+3.16+7.05+1.9+2.98+1.9+(3.6-1.4)(垂直)+(0.3+0.2)(火灾报警接线箱预留)]×2(2根)	m	137.32
16	镀锌电线管 MT20×1.6mm 暗敷	4.97+0.63+2.95+1.6+2.7+3.34+1.37+3.2+6.5+8.1(水平)+(3.6-1.4)×2(垂直)	m	39.76
17	耐火铜芯双绞线 NH-RVS-2×1.5mm² 管内穿线	4.97+0.63+2.95+1.6+2.7+3.34+1.37+3.2+6.5+8.1(水平)+(3.6-1.4)×2(垂直)	m	39.76
		一楼消防电话回路		
18	镀锌电线管 MT20×1.6mm 暗敷	(3.6-1.8+3.6-1.4)(垂直)+(22.35+2.61)(水平)	m	28.96
19	耐火铜芯聚氯乙烯绝缘屏蔽护套软电缆 NH-RVVP-2×1.5mm² 管内穿线	(3.6-1.8+3.6-1.4)(垂直)+(22.35+2.61)(水平)+(0.2+0.3)(火灾报警接线箱预留)	m	29.46
		一楼配套附件		
20	镀锌接线盒 86 型 暗装	23.00	个	23
21	金属软管 ϕ19 吊顶内敷设	1×16[感烟探测器/模块用]	m	16.00
		二楼火灾报警系统设备		
22	火灾报警接线箱(300×200×100)挂壁式 明装	1.00	台	1
23	总线制短路隔离模块 HJ-1751 模块箱内安装	1.00	个	1
24	火灾声光警报器(带语音功能)HX-100A 暗装	2.00	个	2
25	消火栓按钮 J-SAM-GST9124A 暗装	1.00	个	1
26	手动报警按钮(带电话插孔)J-SAM-GST9122A 暗装	2.00	个	2
27	总线制智能型感烟探测器(连底座)JYT-GD-JBF-3100 吸顶安装	15.00	个	15
		二楼感烟探测器、控制模块、按钮等回路		
28	镀锌电线管 MT25×1.6mm 暗敷	0.7+1.1+2.5+1.8+3.6+4.3+0.7+1.8+0.7+2.7+3.7+2.1+4.6(水平)+[3.6-1.8+(3.6-1.4)×3](垂直)	m	38.70
29	耐火铜芯双绞线 NH-RVS-2×1.5mm² 管内穿线	0.7+1.1+2.5+1.8+3.6+4.3+0.7+1.8+0.7+2.7+3.7+2.1+4.6(水平)+[3.6-1.8+(3.6-1.4)×3](垂直)+(0.3+0.2)(火灾报警接线箱预留)	m	39.20
30	耐火铜芯聚氯乙烯绝缘电线 NH-BV-2.5mm² 管内穿线	(0.7+1.1+2.5+1.8+3.6+4.3+0.7+1.8+0.7+2.7+3.7+2.1+4.6(水平)+[3.6-1.8+(3.6-1.4)×3](垂直)+(0.3+0.2)(火灾报警接线箱预留)×2(2根)	m	78.40
31	镀锌电线管 MT20×1.6mm 暗敷	1.5+2.9+3.3+6.1+5.8+2.2+4.3+2.5+3.1+1.9+7.9+5.4+3.6+3.3+1.1(水平)+(3.6-1.4)×3(垂直)	m	61.50

续表 19.1.2-1

序号	清单项目特征	清单工程量计算过程	单位	清单工程量
32	耐火铜芯双绞线 NH-RVS-2×1.5mm² 管内穿线	1.5+2.9+3.3+6.1+5.8+2.2+4.3+2.5+3.1+1.9+7.9+5.4+3.6+3.3+1.1（水平）+（3.6-1.4）×3（垂直）	m	61.50
		二楼消防电话回路		
33	镀锌电线管 MT20×1.6mm 暗敷	（3.6-1.8+3.6-1.4）（垂直）+（0.4+1.2+17.6+1.5）（水平）	m	24.70
34	耐火铜芯聚氯乙烯绝缘屏蔽护套软电缆 NH-RVVP-2×1.5mm² 管内穿线	（3.6-1.8+3.6-1.4）（垂直）+（0.4+1.2+17.6+1.5）（水平）+（0.2+0.3）（火灾报警接线箱预留）	m	25.20
		二楼配套附件		
35	镀锌接线盒 86 型 暗装	19.00	个	19
36	金属软管 ϕ19 吊顶内敷设	1×16［感烟探测器 / 模块用］	m	16.00
37	火灾报警系统调试 64 点以内	22+20	点	42

表 19.1.2-2 清单工程量汇表

工程名称：某办公楼改造项目消防工程——火灾自动报警系统

序号	清单项目特征	清单工程量计算过程	单位	清单工程量
1	区域报警控制器 JB-QB-GST200/64 汉字 / 中文式显示 挂壁式 明装	1	台	1
2	总线制控制模块 HJ-1825 模块箱内安装	1	个	1
3	总线制短路隔离模块 HJ-1751 模块箱内安装	1+1	个	2
4	火灾报警接线箱（300×200×100）挂壁式 明装	1+1	台	2
5	火灾声光警报器（带语音功能）HX-100A 暗装	3+2	个	5
6	消火栓按钮 J-SAM-GST9124A 暗装	1+1	个	2
7	手动报警按钮（带电话插孔）J-SAM-GST9122A 暗装	2+2	个	4
8	总线制智能型感烟探测器（连底座）JYT-GD-JBF-3100 吸顶安装	14+15	个	29
9	镀锌电线管 MT25×1.6mm 暗敷	68.16+38.7	m	106.86
10	耐火铜芯双绞线 NH-RVS-2×1.5mm² 管内穿线	8.4+68.66+39.76+39.2+61.5	m	217.52
11	耐火铜芯聚氯乙烯绝缘电线 NH-BV-2.5mm² 管内穿线	16.8+137.32+78.4	m	232.52
12	镀锌电线管 MT20×1.6mm 暗敷	19.2+39.76+28.96+61.5+24.7	m	174.12
13	耐火铜芯聚氯乙烯绝缘屏蔽护套软电缆 NH-RVVP-2×1.5 管内穿线	8.4+29.46+25.2	m	63.06
14	镀锌接线盒 86 型 暗装	23+19	个	42
15	金属软管 ϕ19 吊顶内敷设	16+16	m	32.00
16	火灾报警系统调试 64 点以内	22+20	点	42

表 19.1.2–3　分部分项工程清单与计价表

工程名称：某办公楼改造项目消防工程——火灾自动报警系统

序号	项目编码	项目名称	项目特征描述	计量单位	工程量	金额（元）		
						综合单价	综合合价	其中：暂估价
1	030904009001	区域报警控制箱	区域报警控制器 JB–QB–GST200/64 汉字 / 中文式显示 挂壁式 明装	台	1			
2	030904008001	模块（模块箱）	总线制控制模块 HJ–1825 模块箱内安装	个	1			
3	030904008002	模块（模块箱）	总线制短路隔离模块 HJ–1751 模块箱内安装	个	2			
4	030411005001	接线箱	火灾报警接线箱（300×200×100）挂壁式 明装	个	2			
5	030904005001	声光报警器	火灾声光警报器（带语音功能）HX–100A 暗装	个	5			
6	030904006001	按钮	消火栓按钮 J–SAM–GST9124A 暗装	个	2			
7	030904003001	按钮	手动报警按钮（带电话插孔）J–SAM–GST9122A 暗装	个	4			
8	030904001001	点型探测器	总线制智能型感烟探测器（连底座）JYT–GD–JBF–3100 吸顶安装	个	29			
9	030411001001	配管	镀锌电线管 MT25×1.6mm 暗敷	m	106.86			
10	030411001002	配管	镀锌电线管 MT20×1.6mm 暗敷	m	174.12			
11	030411001003	配管	金属软管 ϕ19 吊顶内敷设	m	32.00			
12	030411006001	接线盒	镀锌接线盒 86 型 暗装	个	42			
13	030411004001	配线	耐火铜芯双绞线 NH–RVS–2×1.5mm^2 管内穿线	m	217.52			
14	030411004003	配线	耐火铜芯聚氯乙烯绝缘电线 NH–BV–2.5mm^2 管内穿线	m	232.52			
15	030411004002	配线	耐火铜芯聚氯乙烯绝缘屏蔽护套软电缆 NH–RVVP–2×1.5mm^2 管内穿线	m	63.06			
16	030905001001	自动报警系统调试	火灾报警系统调试 64 点以内	系统	1			
本页小计								
合　计								
其中：人工费								
其中：机具费								

19.2　火灾自动报警系统安装工程量清单计价案例编制

19.2.1　火灾自动报警系统安装工程量清单计价要求

在第 19.1.2 小节工程量清单编制案例中，假设投标人根据企业的实际情况确定人工费、辅材价差和机具价差，参照《广东省通用安装工程综合定额（2018）》均不做调整，利润以人工费与施工机具费之和为基础按 20% 计算，未计价材料价格按市场确定。

19.2.2　火灾自动报警系统安装工程量清单案例计价

（1）火灾自动报警系统工程投标报价依据《建设工程工程量清单计价规范》GB 50500—2013、《通用安装工程工程量计算规范》GB 50856—2013、《广东省通用安装工程综合定额（2018）》进行编制，投标人的报价文件，见表 19.2.2–1~ 表 19.2.2–18。

（2）本案例只编制分部分项工程量清单计价和综合单价分析计算，措施项目、其他项目、税金项目清单的编制从略，可参照第 16.2 节电气设备安装工程量清单案例的编制方法。

表 19.2.2–1　分部分项工程清单与计价表

工程名称：某办公楼改造项目消防工程——火灾自动报警系统

序号	项目编码	项目名称	项目特征描述	计量单位	工程量	金额（元）		
						综合单价	综合合价	其中：暂估价
1	030904009001	区域报警控制箱	区域报警控制器 JB–QB–GST200/64 汉字 / 中文式显示 挂壁式 明装	台	1	3257.92	3257.92	
2	030904008001	模块（模块箱）	总线制控制模块 HJ–1825　模块箱内安装	个	1	279.99	279.99	
3	030904008002	模块（模块箱）	总线制短路隔离模块 HJ–1751 模块箱内安装	个	2	289.99	579.98	
4	030411005001	接线箱	火灾报警接线箱（300 × 200 × 100）挂壁式 明装	个	2	280.48	560.96	
5	030904005001	声光报警器	火灾声光警报器（带语音功能）HX–100A 暗装	个	5	163.21	816.05	
6	030904006001	按钮	消火栓按钮 J–SAM–GST9124A 暗装	个	2	122.66	245.32	
7	030904003001	按钮	手动报警按钮（带电话插孔）J–SAM–GST9122A 暗装	个	4	142.66	570.64	
8	030904001001	点型探测器	总线制智能型感烟探测器（连底座）JYT–GD–JBF–3100 吸顶安装	个	29	138.38	4013.02	
9	030411001001	配管	镀锌电线管 MT25 × 1.6mm 暗敷	m	106.86	18.21	1945.92	
10	030411001002	配管	镀锌电线管 MT20 × 1.6mm 暗敷	m	174.12	13.13	2286.20	
11	030411001003	配管	金属软管 ϕ19 吊顶内敷设	m	32.00	29.10	931.20	
12	030411006001	接线盒	镀锌接线盒 86 型 暗装	个	42	9.22	387.24	
13	030411004001	配线	耐火铜芯双绞线 NH–RVS–2 × 1.5mm^2 管内穿线	m	217.52	3.82	830.93	
14	030411004003	配线	耐火铜芯聚氯乙烯绝缘电线 NH–BV–2.5mm^2 管内穿线	m	232.52	3.16	734.76	
15	030411004002	配线	耐火铜芯聚氯乙烯绝缘屏蔽护套软电缆 NH–RVVP–2 × 1.5mm^2 管内穿线	m	63.06	3.57	225.12	
16	030905001001	自动报警系统调试	火灾报警系统调试 64 点以内	系统	1	2847.18	2847.18	
本页小计							20512.43	
合　计							20512.43	
其中：人工费							6361.12	
其中：机具费							268.03	

表 19.2.2-2　综合单价分析表

工程名称：某办公楼改造项目消防工程——火灾自动报警系统

项目编码	030904009001	项目名称		区域报警控制箱				计量单位		台	清单工程量	1	
清单综合单价组成明细													
定额编号	定额项目名称	定额单位	数量	单价					合价				
				人工费	材料费	机具费	管理费	利润	人工费	材料费	机具费	管理费	利润
C9-4-22	区域报警控制箱（壁挂式）安装 64 点以下	台	1.00	462.83	43.67	20.65	134.07	96.70	462.83	43.67	20.65	134.07	96.70
人工单价		小计（单价）							462.83	43.67	20.65	134.07	96.70
		未计价材料费							2500.00				
清单项目综合单价									3257.92				
材料费明细	主要材料名称、规格、型号					单位	数量		单价（元）	合价（元）	暂估单价（元）	暂估合价（元）	
	区域报警控制器 JB-QB-GST200/64					台	1.00		2500.00	2500.00			
	其他材料费								—		—		
	材料费小计（单价）								—	2500.00	—		

表 19.2.2-3　综合单价分析表

工程名称：某办公楼改造项目消防工程——火灾自动报警系统

项目编码	030904008001	项目名称		模块（模块箱）				计量单位		个	清单工程量	1	
清单综合单价组成明细													
定额编号	定额项目名称	定额单位	数量	单价					合价				
				人工费	材料费	机具费	管理费	利润	人工费	材料费	机具费	管理费	利润
C9-4-20	多输入、多输出模块安装	个	1.00	104.98	11.87	2.05	29.68	21.41	104.98	11.87	2.05	29.68	21.41
人工单价		小计（单价）							104.98	11.87	2.05	29.68	21.41
		未计价材料费							110.00				
清单项目综合单价									279.99				
材料费明细	主要材料名称、规格、型号					单位	数量		单价（元）	合价（元）	暂估单价（元）	暂估合价（元）	
	总线制控制模块 HJ-1825					个	1.00		110.00	110.00			
	其他材料费								—		—		
	材料费小计（单价）								—	110.00	—		

表 19.2.2-4 综合单价分析表

工程名称：某办公楼改造项目消防工程——火灾自动报警系统

项目编码	030904008002	项目名称		模块（模块箱）				计量单位		个	清单工程量	2	
清单综合单价组成明细													
定额编号	定额项目名称	定额单位	数量	单价					合价				
				人工费	材料费	机具费	管理费	利润	人工费	材料费	机具费	管理费	利润
C9-4-20	多输入、多输出模块安装	个	2.00	104.98	11.87	2.05	29.68	21.41	209.96	23.74	4.10	59.36	42.82
人工单价		小计（单价）							104.98	11.87	2.05	29.68	21.41
		未计价材料费							120.00				
清单项目综合单价									289.99				
材料费明细	主要材料名称、规格、型号					单位	数量		单价（元）	合价（元）	暂估单价（元）	暂估合价（元）	
	总线制短路隔离模块 HJ-1751					个	2.00		120.00	240.00			
	其他材料费								—		—		
	材料费小计（单价）								—	120.00	—		

表 19.2.2-5 综合单价分析表

工程名称：某办公楼改造项目消防工程——火灾自动报警系统

项目编码	030411005001	项目名称		接线箱				计量单位		个	清单工程量	2	
清单综合单价组成明细													
定额编号	定额项目名称	定额单位	数量	单价					合价				
				人工费	材料费	机具费	管理费	利润	人工费	材料费	机具费	管理费	利润
C4-11-273	接线箱明装 接线箱半周长（mm以内）700	10 个	0.20	868.30	13.16		249.55	173.66	173.66	2.63		49.91	34.73
人工单价		小计（单价）							86.83	1.32		24.96	17.37
		未计价材料费							150.00				
清单项目综合单价									280.48				
材料费明细	主要材料名称、规格、型号					单位	数量		单价（元）	合价（元）	暂估单价（元）	暂估合价（元）	
	火灾报警接线箱 300×200×100					个	2.00		150.00	300.00			
	其他材料费								—		—		
	材料费小计（单价）								—	150.00	—		

表 19.2.2–6　综合单价分析表

工程名称：某办公楼改造项目消防工程——火灾自动报警系统

项目编码	030904005001	项目名称			声光报警器				计量单位		个	清单工程量	5
清单综合单价组成明细													
定额编号	定额项目名称	定额单位	数量	单　价					合　价				
				人工费	材料费	机具费	管理费	利润	人工费	材料费	机具费	管理费	利润
C9–4–9	声光报警器安装	个	5.00	53.18	4.64		14.75	10.64	265.90	23.20		73.75	53.20
人工单价		小计（单价）							53.18	4.64		14.75	10.64
		未计价材料费							80.00				
清单项目综合单价									163.21				
材料费明细	主要材料名称、规格、型号					单位	数量		单价（元）	合价（元）	暂估单价（元）	暂估合价（元）	
	火灾声光警报器（带语音功能）HX–100A					个	5.00		80.00	400.00			
	其他材料费								—		—		
	材料费小计（单价）								—	80.00	—		

表 19.2.2–7　综合单价分析表

工程名称：某办公楼改造项目消防工程——火灾自动报警系统

项目编码	030904006001	项目名称			按钮				计量单位		个	清单工程量	2
清单综合单价组成明细													
定额编号	定额项目名称	定额单位	数量	单　价					合　价				
				人工费	材料费	机具费	管理费	利润	人工费	材料费	机具费	管理费	利润
C9–4–7	按钮安装	个	2.00	37.47	7.24	0.05	10.4	7.50	74.94	14.48	0.10	20.80	15.00
人工单价		小计（单价）							37.47	7.24	0.05	10.4	7.50
		未计价材料费							60.00				
清单项目综合单价									122.66				
材料费明细	主要材料名称、规格、型号					单位	数量		单价（元）	合价（元）	暂估单价（元）	暂估合价（元）	
	消火栓按钮 J–SAM–GST9124A					个	2.00		60.00	120.00			
	其他材料费								—		—		
	材料费小计（单价）								—	60.00	—		

表 19.2.2–8 综合单价分析表

工程名称：某办公楼改造项目消防工程——火灾自动报警系统

<table>
<tr><td>项目编码</td><td>030904003001</td><td colspan="3">项目名称</td><td colspan="4">按钮</td><td colspan="2">计量单位</td><td>个</td><td>清单工程量</td><td>4</td></tr>
<tr><td colspan="14">清单综合单价组成明细</td></tr>
<tr><td rowspan="2">定额编号</td><td rowspan="2">定额项目名称</td><td rowspan="2">定额单位</td><td rowspan="2">数量</td><td colspan="5">单　价</td><td colspan="5">合　价</td></tr>
<tr><td>人工费</td><td>材料费</td><td>机具费</td><td>管理费</td><td>利润</td><td>人工费</td><td>材料费</td><td>机具费</td><td>管理费</td><td>利润</td></tr>
<tr><td>C9–4–7</td><td>按钮安装</td><td>个</td><td>4.00</td><td>37.47</td><td>7.24</td><td>0.05</td><td>10.40</td><td>7.50</td><td>149.88</td><td>28.96</td><td>0.20</td><td>41.60</td><td>30.00</td></tr>
<tr><td colspan="2">人工单价</td><td colspan="7">小计（单价）</td><td>37.47</td><td>7.24</td><td>0.05</td><td>10.4</td><td>7.5</td></tr>
<tr><td colspan="2"></td><td colspan="7">未计价材料费</td><td colspan="5">80.00</td></tr>
<tr><td colspan="9">清单项目综合单价</td><td colspan="5">142.66</td></tr>
<tr><td rowspan="4">材料费明细</td><td colspan="5">主要材料名称、规格、型号</td><td>单位</td><td colspan="2">数量</td><td>单价（元）</td><td>合价（元）</td><td>暂估单价（元）</td><td colspan="2">暂估合价（元）</td></tr>
<tr><td colspan="5">手动报警按钮（带电话插孔）J-SAM-GST9122A</td><td>个</td><td colspan="2">4.00</td><td>80.00</td><td>320.00</td><td></td><td colspan="2"></td></tr>
<tr><td colspan="8">其他材料费</td><td>—</td><td></td><td>—</td><td colspan="2"></td></tr>
<tr><td colspan="8">材料费小计（单价）</td><td>—</td><td>80.00</td><td>—</td><td colspan="2"></td></tr>
</table>

表 19.2.2–9 综合单价分析表

工程名称：某办公楼改造项目消防工程——火灾自动报警系统

<table>
<tr><td>项目编码</td><td>030904001001</td><td colspan="3">项目名称</td><td colspan="4">点型探测器</td><td colspan="2">计量单位</td><td>个</td><td>清单工程量</td><td>29</td></tr>
<tr><td colspan="14">清单综合单价组成明细</td></tr>
<tr><td rowspan="2">定额编号</td><td rowspan="2">定额项目名称</td><td rowspan="2">定额单位</td><td rowspan="2">数量</td><td colspan="5">单　价</td><td colspan="5">合　价</td></tr>
<tr><td>人工费</td><td>材料费</td><td>机具费</td><td>管理费</td><td>利润</td><td>人工费</td><td>材料费</td><td>机具费</td><td>管理费</td><td>利润</td></tr>
<tr><td>C9–4–1</td><td>点型探测器安装 感烟</td><td>个</td><td>29.00</td><td>25.77</td><td>5.02</td><td>0.20</td><td>7.20</td><td>5.19</td><td>747.33</td><td>145.58</td><td>5.80</td><td>208.80</td><td>150.51</td></tr>
<tr><td colspan="2">人工单价</td><td colspan="7">小计（单价）</td><td>25.77</td><td>5.02</td><td>0.20</td><td>7.20</td><td>5.19</td></tr>
<tr><td colspan="2"></td><td colspan="7">未计价材料费</td><td colspan="5">95.00</td></tr>
<tr><td colspan="9">清单项目综合单价</td><td colspan="5">138.38</td></tr>
<tr><td rowspan="4">材料费明细</td><td colspan="5">主要材料名称、规格、型号</td><td>单位</td><td colspan="2">数量</td><td>单价（元）</td><td>合价（元）</td><td>暂估单价（元）</td><td colspan="2">暂估合价（元）</td></tr>
<tr><td colspan="5">总线制智能型感烟探测器（连底座）JYT-GD-JBF-3100</td><td>个（对）</td><td colspan="2">29.00</td><td>95.00</td><td>2755.00</td><td></td><td colspan="2"></td></tr>
<tr><td colspan="8">其他材料费</td><td>—</td><td></td><td>—</td><td colspan="2"></td></tr>
<tr><td colspan="8">材料费小计（单价）</td><td>—</td><td>95.00</td><td>—</td><td colspan="2"></td></tr>
</table>

表 19.2.2-10　综合单价分析表

工程名称：某办公楼改造项目消防工程——火灾自动报警系统

项目编码	030411001001	项目名称		配管					计量单位		m	清单工程量	106.86
清单综合单价组成明细													
定额编号	定额项目名称	定额单位	数量	单价					合价				
				人工费	材料费	机具费	管理费	利润	人工费	材料费	机具费	管理费	利润
C4-11-9	镀锌电线管砖、混凝土结构暗配 公称直径（mm 以内）25	100m	1.0686	716.79	146.91	3.45	207.00	144.05	765.96	156.99	3.69	221.20	153.93
人工单价		小计（单价）							7.17	1.47	0.03	2.07	1.44
		未计价材料费							6.03				
清单项目综合单价									18.21				
材料费明细	主要材料名称、规格、型号					单位		数量	单价（元）	合价（元）	暂估单价（元）	暂估合价（元）	
	镀锌电线管 MT25 × 1.6mm					m		110.07	5.85	643.88			
	其他材料费								—		—		
	材料费小计（单价）								—	6.03	—		

表 19.2.2-11　综合单价分析表

工程名称：某办公楼改造项目消防工程——火灾自动报警系统

项目编码	030411001002	项目名称		配管					计量单位		m	清单工程量	174.12
清单综合单价组成明细													
定额编号	定额项目名称	定额单位	数量	单价					合价				
				人工费	材料费	机具费	管理费	利润	人工费	材料费	机具费	管理费	利润
C4-11-8	镀锌电线管砖、混凝土结构暗配 公称直径（mm 以内）20	100m	1.7412	497.40	115.78		142.95	99.48	866.07	201.60		248.90	173.21
人工单价		小计（单价）							4.97	1.16		1.43	0.99
		未计价材料费							4.58				
清单项目综合单价									13.13				
材料费明细	主要材料名称、规格、型号					单位		数量	单价（元）	合价（元）	暂估单价（元）	暂估合价（元）	
	镀锌电线管 MT20 × 1.6mm					m		179.3436	4.45	798.08			
	其他材料费								—		—		
	材料费小计（单价）								—	4.58	—		

表 19.2.2–12　综合单价分析表

工程名称：某办公楼改造项目消防工程——火灾自动报警系统

项目编码	030411001003	项目名称			配管				计量单位		m	清单工程量	32.00
清单综合单价组成明细													
定额编号	定额项目名称	定额单位	数量	单价					合价				
				人工费	材料费	机具费	管理费	利润	人工费	材料费	机具费	管理费	利润
C4–11–133	金属软管敷设 公称管径（mm 以内）20 每根管长（mm）≤ 1000	10m	3.20	96.69	100.79		27.79	19.34	309.41	322.53		88.93	61.89
人工单价		小计（单价）							9.67	10.08		2.78	1.93
		未计价材料费							4.64				
清单项目综合单价									29.10				
材料费明细	主要材料名称、规格、型号					单位	数量		单价（元）	合价（元）	暂估单价（元）	暂估合价（元）	
	金属软管 ϕ 19					m	32.96		4.5	148.32			
	其他材料费								—		—		
	材料费小计（单价）								—	4.64	—		

表 19.2.2–13　综合单价分析表

工程名称：某办公楼改造项目消防工程——火灾自动报警系统

项目编码	030411006001	项目名称			接线盒				计量单位		个	清单工程量	42
清单综合单价组成明细													
定额编号	定额项目名称	定额单位	数量	单价					合价				
				人工费	材料费	机具费	管理费	利润	人工费	材料费	机具费	管理费	利润
C4–11–282	接线盒安装接线盒 暗装	10 个	4.20	41.27	10.31		11.86	8.25	173.33	43.30		49.81	34.65
人工单价		小计（单价）							4.13	1.03		1.19	0.83
		未计价材料费							2.04				
清单项目综合单价									9.22				
材料费明细	主要材料名称、规格、型号					单位	数量		单价（元）	合价（元）	暂估单价（元）	暂估合价（元）	
	镀锌接线盒 86 型					个	42.84		2.00	85.68			
	其他材料费								—		—		
	材料费小计（单价）								—	2.04	—		

表 19.2.2-14　综合单价分析表

工程名称：某办公楼改造项目消防工程——火灾自动报警系统

项目编码	030411004001	项目名称		配线				计量单位		m		清单工程量	217.52
清单综合单价组成明细													
定额编号	定额项目名称	定额单位	数量	单价					合价				
				人工费	材料费	机具费	管理费	利润	人工费	材料费	机具费	管理费	利润
C4-11-225	多芯软导线管内穿线（芯以内）二芯 导线截面（mm^2 以内）1.5	100m/束	2.1752	79.52	15.17		22.85	15.9	172.97	33		49.7	34.59
人工单价		小计（单价）							0.8	0.15		0.23	0.16
		未计价材料费							2.48				
清单项目综合单价									3.82				
材料费明细	主要材料名称、规格、型号					单位	数量		单价（元）	合价（元）	暂估单价（元）	暂估合价（元）	
	耐火铜芯双绞线 NH-RVS-2 × $1.5mm^2$					m	234.9216		2.3	540.32			
	其他材料费								—		—		
	材料费小计（单价）								—	2.48	—		

表 19.2.2-15　综合单价分析表

工程名称：某办公楼改造项目消防工程——火灾自动报警系统

项目编码	030411004003	项目名称		配线				计量单位		m		清单工程量	232.52
清单综合单价组成明细													
定额编号	定额项目名称	定额单位	数量	单价					合价				
				人工费	材料费	机具费	管理费	利润	人工费	材料费	机具费	管理费	利润
C4-11-215	硬绝缘导线管内穿线 导线截面（mm^2 以内）2.5	100m 单线	2.3252	77.85	16.05		22.37	15.57	181.02	37.32		52.01	36.20
人工单价		小计（单价）							0.78	0.16		0.22	0.16
		未计价材料费							1.85				
清单项目综合单价									3.17				
材料费明细	主要材料名称、规格、型号					单位	数量		单价（元）	合价（元）	暂估单价（元）	暂估合价（元）	
	耐火铜芯聚氯乙烯绝缘电线 NH-BV-$2.5mm^2$					m	255.772		1.68	429.70			
	其他材料费								—		—		
	材料费小计（单价）								—	1.85	—		

表 19.2.2-16　综合单价分析表

工程名称：某办公楼改造项目消防工程——火灾自动报警系统

项目编码	030411004002	项目名称		配线				计量单位		m		清单工程量	63.06
清单综合单价组成明细													
定额编号	定额项目名称	定额单位	数量	单价					合价				
				人工费	材料费	机具费	管理费	利润	人工费	材料费	机具费	管理费	利润
C5-2-25	敷设双绞线缆或电话线管、暗槽内穿放（对以内）2	100m	0.6306	63.07	1.84	3.16	20.31	13.25	39.77	1.16	1.99	12.81	8.36
人工单价		小计（单价）							0.63	0.02	0.03	0.20	0.13
		未计价材料费							2.55				
清单项目综合单价									3.56				
材料费明细	主要材料名称、规格、型号				单位	数量			单价（元）	合价（元）	暂估单价（元）	暂估合价（元）	
	耐火铜芯聚氯乙烯绝缘屏蔽护套软电缆 NH-RVVP-2 × 1.5mm^2				m	64.3212			2.50	160.8			
	其他材料费								—		—		
	材料费小计（单价）								—	2.55	—		

表 19.2.2-17　综合单价分析表

工程名称：某办公楼改造项目消防工程——火灾自动报警系统

项目编码	030905001001	项目名称		自动报警系统调试				计量单位		系统		清单工程量	1
清单综合单价组成明细													
定额编号	定额项目名称	定额单位	数量	单价					合价				
				人工费	材料费	机具费	管理费	利润	人工费	材料费	机具费	管理费	利润
C9-5-1	自动报警系统装置 调试 64 点以内	系统	1.00	1663.11	51.30	229.45	524.81	378.51	1663.11	51.30	229.45	524.81	378.51
人工单价		小计（单价）							1663.11	51.30	229.45	524.81	378.51
		未计价材料费							0.00				
清单项目综合单价									2847.18				
材料费明细	主要材料名称、规格、型号				单位	数量			单价（元）	合价（元）	暂估单价（元）	暂估合价（元）	
	其他材料费								—		—		
	材料费小计（单价）								—	0.00	—		

表 19.2.2-18 承包人提供主要材料和工程设备一览表

工程名称：某办公楼改造项目消防工程——火灾自动报警系统

序号	名称、规格、型号	单位	数量	风险系数（%）	基准单价（元）	投标单价（元）	发承包人确定单价（元）	备注
1	总线制智能型感烟探测器（连底座）JYT-GD-JBF-3100	个	29			95.00		综合
2	区域报警控制器 JB-QB-GST200/64	台	1			2500.00		综合
3	镀锌电线管 MT20 × 1.6mm	m	179.34			4.45		综合
4	镀锌电线管 MT25 × 1.6mm	m	110.07			5.85		综合
5	耐火铜芯双绞线 NH-RVS-2 × 1.5	m	234.92			2.30		综合
6	耐火铜芯聚氯乙烯绝缘电线 NH-BV-2.5mm^2	m	255.77			1.68		综合
7	火灾声光警报器（带语音功能）HX-100A	个	5			80.00		综合
8	火灾报警接线箱（300 × 200 × 100）	个	2			150.00		综合
9	总线制短路隔离模块 HJ-1751	个	2			120.00		综合
10	手动报警按钮（带电话插孔）J-SAM-GST9122A	个	3			80.00		综合
11	耐火铜芯聚氯乙烯绝缘屏蔽护套软电缆 NH-RVVP-2 × 1.5mm^2	m	64.32			2.50		综合
12	金属软管 ϕ19 吊顶内敷设	m	32.96			4.50		综合
13	总线控制模块 HJ-1825	个	1			110.00		综合
14	镀锌接线盒 86 型	个	42.84			2.00		综合
15	消火栓按钮 J-SAM-GST9124A	个	1			60.00		综合

19.3 消防工程其他专业案例

（1）消火栓灭火系统、自动喷水灭火系统案例可参照第 17 章给排水安装工程量清单编制与计价案例编制方法。

（2）防排烟系统可参照第 18 章通风空调安装工程量清单编制与计价案例编制方法。

（3）气体灭火系统、泡沫灭火系统、应急疏散系统、消防通信系统、消防广播系统、防火分隔设施（防火门、防火卷帘）等其他消防工程专业系统从略。

第 20 章　深圳参考案例

20.1　电气设备安装工程量清单编制案例

20.1.1　电气设备安装工程概况及工程量清单编制要求

参照第 16.1.1 节电气设备安装工程概况及工程量清单编制要求。

20.1.2　电气设备安装工程量清单编制案例（深圳）

根据《建设工程工程量清单计价规范》GB 50500—2013 及《通用安装工程工程量计算规范》GB 50856—2013 的格式，工程量清单案例编制，见表 20.1.2–1~ 表 20.1.2–12。

表 20.1.2–1　清单工程量计算表

工程名称：某六层高办公楼电气安装工程

序号	清单项目特征	清单工程量计算过程	单位	清单工程量
		一、首层照明平面		
		M1–1 箱出线（M1–2 箱出线与 M1–1 箱出线相同）		
		1）N1~N4（首层照明）×2		
1	难燃线管 P20 暗敷	［2.7+10+2+10+3.6+10+5.9+10（水平）+（3.5–1.7）×4（配电箱垂直）+0.1×4（进箱预留）］×2	m	123.6
2	阻燃铜芯单塑线 ZR–BV–2.5mm^2 穿管	［2.7+10+2+10+3.6+10+5.9+10（水平）+（3.5–1.7）×4（配电箱垂直）+0.1×4（进箱预留）+（0.4+0.2）×4（配电箱预留）］×3（配线根数）×2	m	385.2
3	光管支架 YG1–2×40 吊管安装	（4×4）×2	套	32
4	难燃灯头盒 86 型 暗装	（4×4）×2	个	32
		2）N5（排气扇回路）×2		
5	难燃线管 P20 暗敷	［8.4+1.8+6.5（水平）+（3.5–1.7）（配电箱垂直）+（3.5–3）×3（排气扇插座）+（3.5–1.4）（双联开关垂直）+0.1（进箱预留）］×2	m	44.4
6	阻燃铜芯单塑线 ZR–BV–2.5mm^2 穿管	［8.4+1.8+6.5（水平）+（3.5–1.7）（配电箱垂直）+（3.5–3）×3（排气扇插座）+（3.5–1.4）（双联开关垂直）+0.1（进箱预留）+（0.4+0.2）（配电箱预留）］×3（配线根数）×2	m	136.8
7	单相三极暗插座 B5/10S	2×2	套	4
8	单相单控双联暗开关 B52/1	1×2	套	2
9	风压式百叶排气扇 APB30A48W 1200CMH	2×2	台	4
10	难燃插座盒 86 型 暗装	2×2	个	4

续表 20.1.2–1

序号	清单项目特征	清单工程量计算过程	单位	清单工程量
11	难燃开关盒 86 型 暗装	1×2	个	2
		3）N6（应急灯扇回路）×2		
12	难燃线管 P20 暗敷	［3.2+12.5（水平）+（3.5–1.7）（配电箱垂直）+（3.5–3）×3（双头应急灯插座）+0.1（进箱预留）］×2	m	38.2
13	阻燃铜芯单塑线 ZR–BV–2.5mm^2 穿管	［3.2+12.5（水平）+（3.5–1.7）（配电箱垂直）+（3.5–3）×3（双头应急灯插座）+0.1（进箱预留）+（0.4+0.2）（配电箱预留）］×3（配线根数）×2	m	118.2
14	单相三极暗插座 B5/10S	2×2	个	4
15	双头应急灯 YJ4–2A4X	2×2	套	4
16	难燃插座盒 86 型 暗装	2×2	个	4
		二、二～六层照明平面		
		M2~6–1 箱照明出线（M2~6–2 箱照明出线与 M2~6–1 箱照明出线相同）×2		
17	难燃线管 P20 暗敷	［2.3+2.1×3（水平）+（3.5–1.7）（配电箱垂直）+0.1（进箱预留）］×5×2	m	105
18	难燃线管 P25 暗敷	［6.3×3+3×2（水平）］×5×2	m	249
19	难燃线管 P32 暗敷	［2.5（水平）+（3.5–1.4）（开关垂直）］×5×2	m	46
20	阻燃铜芯单塑线 ZR–BV–2.5mm^2 穿管	［2.3+2.1×3（水平）+（3.5–1.7）（配电箱垂直）+0.1（进箱预留）+（0.3+0.2）（配电箱预留）］×3（配线根数）×5×2+［6.3×3+3（水平）］×4（配线根数）×5×2+［3（水平）］×6（配线根数）×5×2+［2.5（水平）+（3.5–1.4）（开关垂直）］×8（配线根数）×5×2	m	1754
21	格栅荧光灯盘 XD512–3×20 吸顶安装	5×3×5（层数）×2	套	150
22	单相单控双联暗开关 B52/1	1×5（层数）×2	个	10
23	单相单控四联暗开关 B54/1	1×5（层数）×2	个	10
24	难燃灯头盒 86 型 暗装	15×5（层数）×2	个	150
25	难燃开关盒 86 型 暗装	2×5（层数）×2	个	20
		三、二～六层插座平面		
		M2~6–1 箱插座出线（M2~6–2 箱插座出线与 M2~6–1 箱插座出线相同）		
		1）N7 插座回路 ×2		
26	难燃线管 P20 暗敷	［8.9+3+4（水平）+1.75（配电箱垂直）+0.1（进箱预留）+0.35×11（插座垂直）］×5×2	m	216

续表 20.1.2–1

序号	清单项目特征	清单工程量计算过程	单位	清单工程量
27	阻燃铜芯单塑线 ZR–BV–2.5mm^2 穿管	［8.9+3+4（水平）+1.75（配电箱垂直）+0.1（进箱预留）+0.35×11（插座垂直）+（0.3+0.2）（配电箱预留）］×3（配线根数）×5×2	m	663
28	单相三极暗插座 B5/10S	6×5（层数）×2	个	60
29	难燃插座盒 86 型 暗装	6×5（层数）×2	个	60
		2）N8 插座回路 ×2		
30	难燃线管 P20 暗敷	［3.7+7+11.5（水平）+1.75（配电箱垂直）+0.1（进箱预留）+0.35×13（插座垂直）］×5×2	m	286
31	阻燃铜芯单塑线 ZR–BV–2.5mm^2 穿管	［3.7+7+11.5（水平）+1.75（配电箱垂直）+0.1（进箱预留）+0.35×13（插座垂直）+（0.3+0.2）（配电箱预留）］×3（配线根数）×5×2	m	873
32	单相三极暗插座 B5/10S	7×5（层数）×2	个	70
33	难燃插座盒 86 型 暗装	7×5（层数）×2	个	70
		四、二～六层公共卫生间及走廊照明平面		
		M2~6 箱公共卫生间及走廊照明出线		
		1）N3 女卫生间照明回路		
34	难燃线管 P20 暗敷	［14.7（水平）+（3.5–1.7）（配电箱垂直）+0.1（进箱预留）］×5	m	83
35	难燃线管 P25 暗敷	［2.9（水平）+（3.5–3）（排气扇插座垂直）］×5+［1.2+2.3（水平）+（3.5–1.4）（开关垂直）］×5+［2.3+1.8（水平）］×5	m	65.5
36	阻燃铜芯单塑线 ZR–BV–2.5mm^2 穿管	［14.7（水平）+（3.5–1.7）（配电箱垂直）+0.1（进箱预留）+（0.3+0.2）（配电箱预留）］×3（配线根数）×5+［2.9（水平）+（3.5–3）（排气扇插座垂直）］×3（配线根数）×5+［1.2+2.3（水平）+（3.5–1.4）（开关垂直）］×4（配线根数）×5+［2.3+1.8（水平）］×5（配线根数）×5	m	522
37	半圆球吸顶灯 XD1448–1×60 ϕ250	4×5（层数）	套	20
38	风压式百叶排气扇 APB30A48W 1200CMH	1×5（层数）	台	5
39	单相三极暗插座 B5/10S	1×5（层数）	个	5
40	单相单控三联暗开关 B53/1	1×5（层数）	个	5
41	难燃灯头盒 86 型 暗装	4×5（层数）	个	20
42	难燃插座盒 86 型 暗装	1×5（层数）	个	5
43	难燃开关盒 86 型 暗装	1×5（层数）	个	5
		2）N4 男卫生间照明回路		

续表 20.1.2–1

序号	清单项目特征	清单工程量计算过程	单位	清单工程量
44	难燃线管 P20 暗敷	［12.7（水平）+（3.5–1.7）（配电箱垂直）+0.1（进箱预留）］×5	m	73
45	难燃线管 P25 暗敷	［2.9（水平）+（3.5–3）（排气扇插座垂直）］×5+［1.2+2.3（水平）+（3.5–1.4）（开关垂直）］×5+［2.3+1.8（水平）］×5	m	65.5
46	阻燃铜芯单塑线 ZR–BV–2.5mm² 穿管	［12.7（水平）+（3.5–1.7）（配电箱垂直）+0.1（进箱预留）+（0.3+0.2）（配电箱预留）］×3（配线根数）×5+［2.9（水平）+（3.5–3）（排气扇插座垂直）］×3（配线根数）×5+［1.2+2.3（水平）+（3.5–1.4）（开关垂直）］×4（配线根数）×5+［2.3+1.8（水平）］×5（配线根数）×5	m	492
47	半圆球吸顶灯 XD1448–1×60 ϕ250	4×5（层数）	套	20
48	风压式百叶排气扇 APB30A48W 1200CMH	1×5（层数）	台	5
49	单相三极暗插座 B5/10S	1×5（层数）	个	5
50	单相单控三联暗开关 B53/1	1×5（层数）	个	5
51	难燃灯头盒 86 型 暗装	4×5（层数）	个	20
52	难燃插座盒 86 型 暗装	1×5（层数）	个	5
53	难燃开关盒 86 型 暗装	1×5（层数）	个	5
		3）N5 走廊照明回路		
54	难燃线管 P20 暗敷	［2.1+4.4×3（水平）+（3.5–1.7）（配电箱垂直）+0.1（进箱预留）］×5	m	86
55	难燃线管 P25 暗敷	［1.7×2+4.4×3（水平）+（3.5–1.4）×2（开关垂直）］×5	m	104
56	阻燃铜芯单塑线 ZR–BV–2.5mm² 穿管	［2.1+4.4×3（水平）+（3.5–1.7）（配电箱垂直）+0.1（进箱预留）+（0.3+0.2）（配电箱预留）］×3（配线根数）×5+［1.7+4.4×3（水平）+（3.5–1.4）（开关垂直）］×4（配线根数）×5+［1.7（水平）+（3.5–1.4）（开关垂直）］×5（配线根数）×5	m	700.5
57	半圆球吸顶灯 XD1448–1×60 ϕ250	7×5（层数）	套	35
58	单相单控三联暗开关 B53/1	1×5（层数）	个	5
59	单相单控四联暗开关 B54/1	1×5（层数）	个	5
60	难燃灯头盒 86 型 暗装	7×5（层数）	个	35
61	难燃开关盒 86 型 暗装	2×5（层数）	个	10

续表 20.1.2-1

序号	清单项目特征	清单工程量计算过程	单位	清单工程量
		五、层间干线		
		1）M1 箱出线至 M1-1~2 箱进线		
62	难燃线管 P25 暗敷	［2.9+1.7（水平）+（3.5−1.7）×4（配电箱垂直）+0.1×4（进箱预留）］	m	12.2
63	阻燃铜芯单塑线 ZR-BV-6mm^2 穿管	［2.9+1.7（水平）+（3.5−1.7）×4（配电箱垂直）+0.1×4（进箱预留）+（0.3+0.2）×2+（0.4+0.2）×2（配电箱预留）］×3（配线根数）	m	43.2
64	接线端子 阻燃铜芯单塑线 ZR-BV-6mm^2	2（个）×3（配线根数）×2	个	12
		2）M2~6 箱出线至 M2~6-1、M2~6-2 箱进线		
65	难燃线管 P25 暗敷	［4.2+2.1（水平）+（3.5−1.7）×4（配电箱垂直）+0.1×4（进箱预留）］×5	m	69.5
66	阻燃铜芯单塑线 ZR-BV-6mm^2 穿管	［4.2+2.1（水平）+（3.5−1.7）×4（配电箱垂直）+0.1×4（进箱预留）+（0.3+0.2）×4（配电箱预留）］×3（配线根数）×5	m	238.5
67	接线端子 阻燃铜芯单塑线 ZR-BV-6mm^2	2（个）×3（配线根数）×5	个	60
		六、主干线		
		M 箱出线至 M1、M2~6 箱进线		
68	难燃线管 P32 暗敷	［0.6×6（水平）+0.1×2（配电箱垂直）+0.1×2（进箱预留）+（3.5−1.7）×5+1.7×5（配电箱垂直）+0.1×2×5（进箱预留）+3.5×10（层高）］	m	57.5
69	阻燃铜芯单塑线 ZR-BV-10mm^2 穿管	［0.6×6（水平）+0.1×2（配电箱垂直）+0.1×2（进箱预留）+（3.5−1.7）×5+1.7×5（配电箱垂直）+0.1×2×5（进箱预留）+3.5×10（层高）+（0.5+0.4）×6+（0.3+0.2）×6（配电箱预留）］×3（配线根数）	m	197.7
70	接线端子 阻燃铜芯单塑线 ZR-BV-10mm^2	2（个）×3（配线根数）×6	个	36
71	总配电箱（M）	1	台	1
72	层间配电箱（M1）	1	台	1
73	层间配电箱（M2~6）	5	台	5
74	商场配电箱（M1-1~2）	2	台	2
75	办公室配电箱（M2~6-1~2）	10	台	10
76	送配电装置调试 1kV 以下	1	系统	1
77	接地电阻测试 接地网	1	系统	1

表 20.1.2–2　清单工程量汇总表

工程名称：某六层高办公楼电气安装工程

序号	清单项目特征	清单工程量计算过程	单位	清单工程量
1	难燃线管 P20 暗敷	123.6+44.4+38.2+105+216+286+83+73+86	m	1055.2
2	难燃线管 P25 暗敷	249+65.5+65.5+104+12.2+69.5	m	565.7
3	难燃线管 P32 暗敷	46+57.5	m	103.5
4	阻燃铜芯单塑线 ZR–BV–2.5mm^2 穿管	385.2+136.8+118.2+1754+663+873+522+492+700.5	m	5644.7
5	阻燃铜芯单塑线 ZR–BV–6mm^2 穿管	43.2+238.5	m	281.7
6	阻燃铜芯单塑线 ZR–BV–10mm^2 穿管	197.7	m	197.7
7	光管支架 YG1–2×40 吊管安装	32	套	32
8	格栅荧光灯盘 XD512–3×20 吸顶安装	150	套	150
9	半圆球吸顶灯 XD1448–1×60 ϕ250	20+20+35	套	75
10	双头应急灯 YJ4–2A4X	4	套	4
11	风压式百叶排气扇 APB30A48W 1200CMH	4+5+5	台	14
12	单相三极暗插座 B5/10S	4+4+60+70+5+5	个	148
13	单相单控双联暗开关 B52/1	2+10	个	12
14	单相单控三联暗开关 B53/1	5+5+5	个	15
15	单相单控四联暗开关 B54/1	10+5	个	15
16	照明配电箱 M	1	台	1
17	照明配电箱 M1	1	台	1
18	照明配电箱 M2~6	5	台	5
19	照明配电箱 M1–1~2	2	台	2
20	照明配电箱 M2~6–1~2	10	台	10
21	难燃灯头盒 86 型 暗装	32+150+20+20+35	个	257
22	难燃插座盒 86 型 暗装	4+4+60+70+5+5	个	148
23	难燃开关盒 86 型 暗装	2+20+5+5+10	个	42
24	接线端子 阻燃铜芯单塑线 ZR–BV–6mm^2	12+60	个	72
25	接线端子 阻燃铜芯单塑线 ZR–BV–10mm^2	36	个	36
26	送配电装置调试 1kV 以下	1	系统	1
27	接地电阻测试 接地网	1	系统	1

某六层高办公楼电气安装 工程

招 标 工 程 量 清 单

招　标　人：________________
（单位盖章）

工程造价
咨 询 人：________________
（单位公章及资质专用章）

法定代表人
或其授权人：________________
（签字或盖章）

法定代表人
或其授权人：________________
（签字或盖章）

编　制　人：________________
（造价人员签字盖专用章）

复　核　人：________________
（造价工程师签字盖专用章）

编制时间：　　年　月　日

复核时间：　　年　月　日

表 20.1.2–3　总　说　明

工程名称：某六层高办公楼电气安装

一、工程概况

工程特征：本工程某六层高办公楼电气安装工程，首层为商场，层高为 3.5m，标准层二至六层为办公区，各层高均为 3.5m，天面梯屋高度为 3m，天面水池高度为 2.5m，天面女儿墙高为 1m。总建筑面积约 1890m^2。

二、编制范围

（1）电源由室外低压配电房引入至本办公楼首层总配电箱（M），采用三相四线制供电。从首层总配电箱（M）出线至首层层间配电箱（M1）进线采用难燃铜芯单塑线直接穿过；从首层层间配电箱（M1）出线至商场配电箱（M1–1、M1–2）进线采用难燃铜芯单塑线穿难燃线管暗敷；二至六层层间配电箱（M2~6）电源由首层总配电箱（M）采用难燃铜芯单塑线穿难燃线管暗敷；

（2）商场用电由商场配电箱（M1–1、M1–2）采用难燃铜芯单塑线穿难燃线管方式供给，其余各层用电分别由同层层间配电箱（M2~6）采用难燃铜芯单塑线穿难燃线管方式供给；

（3）配电箱箱底离楼地面 1.7m 暗装；扳式开关离楼地面 1.4m 暗装；插座离楼地面 0.3m 暗装，插座配管暗敷设在同层地板内。应急灯、排气扇均离楼地面 2.3m 壁装，所配用插座在相应的应急灯、排气扇正上方离楼地面 3m 暗装，其配管暗敷设在同层顶板内。其余灯具除注明者外均为吸顶式安装；

（4）甲供设备及材料：配电箱。

三、编制依据

工程量及清单编制依据：

（1）现行国家标准《建设工程工程量清单计价规范》GB 50500—2013 及《通用安装工程工程量计算规范》GB 50856—2013 的格式；

（2）根据 ××× 设计院设计出具的“某六层高办公楼电气安装工程”招标图

表 20.1.2–4　分部分项工程量清单与计价表（适用于工程量清单计价）

工程名称：某六层高办公楼电气安装　　　　　　　标段：

序号	项目编码	项目名称	项目特征描述	计量单位	工程量	金额（元）		
						综合单价	合价	材料设备暂估合价
		某六层高办公楼电气安装						
1	030411001001	配管	（1）名称：难燃线管 P20 （2）配置形式：暗敷	m	1055.20			
2	030411001002	配管	（1）名称：难燃线管 P25 （2）配置形式：暗敷	m	565.70			
3	030411001003	配管	（1）名称：难燃线管 P32 （2）配置形式：暗敷	m	103.50			
4	030411004001	配线	名称：阻燃铜芯单塑线 ZR–BV–2.5mm^2	m	5644.70			
5	030411004002	配线	（1）名称：阻燃铜芯单塑线 ZR–BV–6mm^2 （2）规格：含接线端子	m	281.70			
6	030411004003	配线	（1）名称：阻燃铜芯单塑线 ZR–BV–10mm^2 （2）规格：含接线端子	m	197.70			
7	030412005001	荧光灯	（1）名称：光管支架 （2）规格：YG1–2×40 （3）安装形式：吸顶安装	套	32			

续表 20.1.2-4

序号	项目编码	项目名称	项目特征描述	计量单位	工程量	金额（元）		
						综合单价	合价	材料设备暂估合价
8	030412005002	荧光灯	（1）名称：格栅荧光灯盘 （2）规格：XD512–3 × 20 （3）安装形式：吸顶安装	套	150			
9	030412001001	普通灯具	（1）名称：半圆球吸顶灯 （2）型号：XD1448–1 × 60 ϕ 250 （3）安装形式：吸顶安装	套	75			
10	030412004001	装饰灯	（1）名称：双头应急灯 （2）规格：YJ4–2A4X （3）安装形式：离楼地面 2.3m 壁装	套	4			
11	030404033001	风扇	（1）名称：风压式百叶排气扇 （2）规格：APB30A48W1200CMH （3）安装形式：离楼地面 2.3m 壁装	台	14			
12	030404035001	插座	（1）名称：单相三极暗插座 （2）规格：B5/10S （3）安装形式：地面 0.3m 暗装	个	148			
13	030404034001	照明开关	（1）名称：单相单控双联暗开关 （2）规格：B52/1 （3）安装方式：离楼地面 1.4m 暗装	个	12			
14	030404034002	照明开关	（1）名称：单相单控三联暗开关 （2）规格：B53/1 （3）安装方式：离楼地面 1.4m 暗装	个	15			
15	030404034003	照明开关	（1）名称：单相单控四联暗开关 （2）规格：B54/1 （3）安装方式：离楼地面 1.4m 暗装	个	15			
16	030404017001	配电箱	（1）名称：配电箱 M （2）规格：长 × 宽 × 厚 500 × 400 × 120 （3）安装方式：暗装	台	1			
17	030404017002	配电箱	（1）名称：配电箱 M1 （2）规格：长 × 宽 × 厚 300 × 200 × 120 （3）安装方式：暗装	台	1			
18	030404017003	配电箱	（1）名称：配电箱 M1–1~2 （2）规格：长 × 宽 × 厚 400 × 200 × 120 （3）安装方式：暗装	台	2			
19	030404017004	配电箱	（1）名称：配电箱 M2~6 （2）规格：长 × 宽 × 厚 300 × 200 × 120 （3）安装方式：暗装	台	5			

续表 20.1.2-4

序号	项目编码	项目名称	项目特征描述	计量单位	工程量	金额（元）		
						综合单价	合价	材料设备暂估合价
20	030404017005	配电箱	（1）名称：配电箱 M2~6-1~2 （2）规格：长×宽×厚 300×200×120 （3）安装方式：暗装	台	10			
21	030411006001	接线盒	（1）名称：难燃线管接线盒 灯头盒 （2）安装形式：暗装	个	257			
22	030411006002	接线盒	（1）名称：难燃线管接线盒 开关盒、插座盒 （2）安装形式：暗装	个	190			
23	030414002001	送配电装置系统	名称：送配电装置系统 1kV 以下	系统	1			
24	030414011001	接地装置	名称：接地装置调试	系统	1			
		分部小计						
本页小计								
合　计								

表 20.1.2-5　措施项目清单与计价汇总表

工程名称：某六层高办公楼电气安装

序号	项 目 名 称	金额（元）
1	安全文明施工措施费	
1.1	安全文明施工措施费（按费率计算）	
1.2	其他安全文明施工措施（按清单列项）	
1.2.1	临时围挡费	
1.2.2	基坑内场地硬地化	
2	履约担保手续费	
3	夜间施工费	
4	赶工措施费	
5	冬雨季施工费	
6	已完成工程及设备保护费	
7	地上地下设施及建筑物的临时保护费	
8	混凝土、钢筋混凝土模板及支架费	
9	二次搬运费	
10	脚手架费	
11	垂直运输机械费	
12	大型机械设备进出场及安拆费	

续表 20.1.2–5

序号	项 目 名 称	金额（元）
13	施工排水、降水费	
14	专业工程措施项目费	
14.1	组装平台	
14.2	设备、管道施工的防冻和焊接保护措施	
14.3	压力容器和高压管道的检验	
14.4	焦炉施工大棚	
14.5	焦炉供炉、热态工程	
14.6	管道安装后的充气保护措施	
14.7	隧道内施工的通风、供水、供电、供气照明及通信设施	
14.8	长输管道施工措施	
14.9	格架式抱杆	
15	其他	
合 计		

表 20.1.2–6 措施项目清单与计价表（一）

工程名称：某六层高办公楼电气安装　　　　　　标段：

序号	项目编码	项目名称	项目特征描述	计量单位	工程量	金额（元）	
						综合单价	合价
1		脚手架费		项			
1.1	031301017001	脚手架搭拆	名称：电气设备安装工程脚手架搭拆费	项	1.000		
本 页 小 计							
合 计							

表 20.1.2–7 其他项目清单与计价汇总表

工程名称：某六层高办公楼电气安装　　　　　　标段：

序号	项 目 名 称	金额（元）	备 注
1	材料设备暂估价		明细详见表 20.1.2–8
2	计日工		明细详见表 20.1.2–9
3	总承包服务费		
3.1	总包管理服务费		
3.2	发包人供应材料保管费		
3.3	发包人供应设备保管费		
4	发包人供应材料费		
合 计			

表 20.1.2–8　材料设备暂估价计价表

工程名称：某六层高办公楼电气安装　　　　　　　　标段：

序号	材料名称、规格、型号	计量单位	数量	暂估单价（元）	结算单价（元）	价差（元）	合价（元）
本页小计							
合　　计							

表 20.1.2–9　计 日 工 表

工程名称：某六层高办公楼电气安装　　　　　　　　标段：

编号	项 目 名 称	单位	暂定数量	综合单价	合价
一	人工				
1					
2					
人工小计					
二	材料				
1					
2					
材料小计					
三	施工机械				
1					
2					
施工机械小计					
合　　计					

注：1. 本表项目名称、数量由招标人填写，编制招标控制价时，单价由招标人按有关计价规定确定；投标时，单价由投标人自主报价，计入投标总价中。

2. 竣工结算时，表中“暂定数量”变更为“结算数量”。

表 20.1.2–10　发包人供应材料（设备）明细表

工程名称：某六层高办公楼电气安装　　　　　　　　标段：

序号	材料设备名称、规格及型号	单位	数量	单价（元）	合价（元）	备注
1	配电箱 M	台	1.000			
2	配电箱 M1–1~2	台	2.000			
3	配电箱 M1	台	1.000			
4	配电箱 M2~6	台	5.000			
5	配电箱 M2~6–1~2	台	10.000			
合　　计						

表 20.1.2–11　规费、应纳税费项目清单与计价表

工程名称：某六层高办公楼电气安装　　　　　　　　标段：

序号	项目名称	计算基础	费率（%）	金额（元）
1	规费	（分部分项工程费 + 措施项目费 + 其他项目费）中的人工费		
2	应纳税费	应纳税费合计		
2.1	增值税应纳税额	分部分项工程费 + 措施项目费 + 其他项目费 + 规费		
2.2	城市维护建设税、教育费附加及地方教育费附加	增值税应纳税额		
合　计				

表 20.1.2–12　暂列金额明细表

工程名称：某六层高办公楼电气安装　　　　　　　　标段：

序号	项目名称	计量单位	暂列金额（元）	备注
1	安装单项工程			
1.1	暂列金额	项		
本页小计				
合　计				

20.2　电气设备安装工程量清单计价编制案例

20.2.1　电气设备安装工程概况及工程量清单计价编制要求（深圳）

在第 20.1.2 小节工程量清单编制案例中，投标人根据企业的实际情况确定人工费、材料设备价和机具价，参照《深圳市建设工程价格信息》2019 年第 2 期，缺项材料设备价格按市场确定，费率采用《深圳市建设工程计价费率标准（2018）》的推荐费率。

20.2.2　电气设备安装工程量清单计价案例（深圳）

根据《建设工程工程量清单计价规范》GB 50500—2013 及《通用安装工程工程量计算规范》GB 50856—2013 的格式，计价程序按《深圳市建设工程计价规程（2017）》，计价定额按《深圳市安装工程消耗量标准（2003）》《深圳市建设工程施工机械台班定额（2014）》，企业管理费、利润、安全文明施工措施费、规费、应纳税费按《深圳市建设工程计价费率标准（2018）》相应专业工程的推荐费率，人工、材料价格采用 2019 年第 2 期《深圳市建设工程价格信息》，工程量清单案例编制，见表 20.2.2–1~表 20.2.2–40。

招 标 总 价

招　标　人：（略）

工 程 名 称：某六层高办公楼电气安装

投　标　价（小写）：￥154228.53

（大写）：壹拾伍万肆仟贰佰贰拾捌元伍角叁分

投　标　人：（略）

（单位盖章）

法定代表人
或其授权人：（略）

（签字或盖章）

编　制　人：（略）

（造价人员签字盖专用章）

年　　月　　日

表 20.2.2-1 总 说 明

工程名称：某六层高办公楼电气安装

一、工程概况

工程特征：本工程某六层高办公楼电气安装工程，首层为商场，层高为 3.5m，标准层二至六层为办公区，各层高均为 3.5m，天面梯屋高度为 3m，天面水池高度为 2.5m，天面女儿墙高为 1m。总建筑面积约 $1890m^2$。

二、编制范围

（1）电源由室外低压配电房引入至本办公楼首层总配电箱（M），采用三相四线制供电。从首层总配电箱（M）出线至首层层间配电箱（M1）进线采用难燃铜芯单塑线直接穿过；从首层层间配电箱（M1）出线至商场配电箱（M1-1、M1-2）进线采用难燃铜芯单塑线穿难燃线管暗敷；二至六层层间配电箱（M2~6）电源由首层总配电箱（M）采用难燃铜芯单塑线穿难燃线管暗敷。

（2）商场用电由商场配电箱（M1-1、M1-2）采用难燃铜芯单塑线穿难燃线管方式供给，其余各层用电分别由同层层间配电箱（M2~6）采用难燃铜芯单塑线穿难燃线管方式供给。

（3）配电箱箱底离楼地面 1.7m 暗装；扳式开关离楼地面 1.4m 暗装；插座离楼地面 0.3m 暗装，插座配管暗敷设在同层地板内。应急灯、排气扇均离楼地面 2.3m 壁装，所配用插座在相应的应急灯、排气扇正上方离楼地面 3m 暗装，其配管暗敷设在同层顶板内。其余灯具除注明者外均为吸顶式安装；

（4）甲供设备及材料：配电箱。

三、编制依据

（1）工程量及清单编制依据：

1）现行国家标准《建设工程工程量清单计价规范》GB 50500—2013 及《通用安装工程工程量计算规范》GB 50856—2013 的格式；

2）根据 ××× 设计院设计出具的“某六层高办公楼电气安装工程”招标图；

3）招标文件（略）。

（2）工程计价依据：

1）计价程序按《深圳市建设工程计价规程（2017）》；

2）计价定额按《深圳市安装工程消耗量标准（2003）》《深圳市建设工程施工机械台班定额（2014）》；

3）企业管理费、利润、安全文明施工措施费、规费、应纳税费按《深圳市建设工程计价费率标准（2018）》相应专业工程的推荐费率；

4）材料价格采用 2019 年第 2 期《深圳市建设工程价格信息》，信息价中没有价格的材料设备参考近期市场询价，人工采用 2019 年第 2 期人工工日价格、定额人工费指数。

四、其他说明

暂列金额按建安工程造价的 5% 计取，按 7400 元取整计入

表 20.2.2-2 工程项目投标价汇总表

工程名称：某六层高办公楼电气安装

序号	单项工程名称	金额（元）	其中：（元）		
			暂估价	安全文明施工措施费	规费
1	某六层高办公楼电气安装	146828.53		1885.28	9032.96
合　计		146828.53		1885.28	9032.96

表 20.2.2-3 单项工程投标价汇总表

工程名称：某六层高办公楼电气安装

序号	单位工程名称	金额（元）	其中：（元）		
			材料设备暂估价	安全文明施工措施费	规费
1	某六层高办公楼电气安装	146828.53		1885.28	9032.96
合　计		146828.53		1885.28	9032.96

表 20.2.2–4　单位工程投标报价汇总表

工程名称：某六层高办公楼电气安装

序号	汇 总 内 容	金额（元）	其中：材料设备暂估价（元）
1	分部分项工程费	128451.90	
1.1	某六层高办公楼电气安装	128451.90	
2	措施项目费	4118.83	
2.1	其中：混凝土、钢筋混凝土模板及支架费		
2.2	其中：安全文明施工措施费	1885.28	
2.3	其中：履约担保手续费、赶工措施费		
2.4	其中：其他措施项目费	2233.55	
3	其他项目费	236.60	
3.1	其中：计日工		
3.2	其中：总承包服务费	236.60	
3.3	其中：发包人供应材料费		
4	规费	9032.96	
5	不含税建筑安装工程造价	141840.29	
6	应纳税费	4988.24	
6.1	其中：增值税应纳税额	4453.79	
6.2	其中：城市维护建设税、教育费附加及地方教育费附加	534.45	
含税建安工程造价 =5+6		146828.53	

表 20.2.2–5　分部分项工程量清单与计价表（适用于工程量清单计价）

工程名称：某六层高办公楼电气安装

序号	项目编码	项目名称	项目特征描述	计量单位	工程量	金额（元）		
						综合单价	合价	材料设备暂估合价
		某六层高办公楼电气安装						
1	030411001001	配管	（1）名称：难燃线管 P20 （2）配置形式：暗敷	m	1055.20	11.10	11712.72	
2	030411001002	配管	（1）名称：难燃线管 P25 （2）配置形式：暗敷	m	565.70	14.80	8372.36	
3	030411001003	配管	（1）名称：难燃线管 P32 （2）配置形式：暗敷	m	103.50	19.52	2020.32	
4	030411004001	配线	名称：阻燃铜芯单塑线 ZR–BV–2.5mm^2	m	5644.70	4.16	23481.95	
5	030411004002	配线	（1）名称：阻燃铜芯单塑线 ZR–BV–6mm^2 （2）规格：含接线端子	m	281.70	6.87	1935.28	
6	030411004003	配线	（1）名称：阻燃铜芯单塑线 ZR–BV–10mm^2 （2）规格：含接线端子	m	197.70	10.63	2101.55	

续表 20.2.2–5

序号	项目编码	项目名称	项目特征描述	计量单位	工程量	金额（元）		
						综合单价	合价	材料设备暂估合价
7	030412005001	荧光灯	（1）名称：光管支架 （2）规格：YG1–2×40 （3）安装形式：吸顶安装	套	32	107.95	3454.40	
8	030412005002	荧光灯	（1）名称：格栅荧光灯盘 （2）规格：XD512–3×20 （3）安装形式：吸顶安装	套	150	277.30	41595.00	
9	030412001001	普通灯具	（1）名称：半圆球吸顶灯 （2）型号：XD1448–1×60 ϕ 250 （3）安装形式：吸顶安装	套	75	80.64	6048.00	
10	030412004001	装饰灯	（1）名称：双头应急灯 （2）规格：YJ4–2A4X （3）安装形式：离楼地面 2.3m 壁装	套	4	228.74	914.96	
11	030404033001	风扇	（1）名称：风压式百叶排气扇 （2）规格：APB30A48W1200CMH （3）安装形式：离楼地面 2.3m 壁装	台	14	208.20	2914.80	
12	030404035001	插座	（1）名称：单相三极暗插座 （2）规格：B5/10S （3）安装形式：地面 0.3m 暗装	个	148	26.30	3892.40	
13	030404034001	照明开关	（1）名称：单相单控双联暗开关 （2）规格：B52/1 （3）安装方式：离楼地面 1.4m 暗装	个	12	19.01	228.12	
14	030404034002	照明开关	（1）名称：单相单控三联暗开关 （2）规格：B53/1 （3）安装方式：离楼地面 1.4m 暗装	个	15	21.54	323.10	
15	030404034003	照明开关	（1）名称：单相单控四联暗开关 （2）规格：B54/1 （3）安装方式：离楼地面 1.4m 暗装	个	15	26.69	400.35	
16	030404017001	配电箱	（1）名称：配电箱 M （2）规格：长 × 宽 × 厚 500×400×120 （3）安装方式：暗装	台	1	652.62	652.62	
17	030404017002	配电箱	（1）名称：配电箱 M1 （2）规格：长 × 宽 × 厚 300×200×120 （3）安装方式：暗装	台	1	539.36	539.36	
18	030404017003	配电箱	（1）名称：配电箱 M1–1~2 （2）规格：长 × 宽 × 厚 400×200×120 （3）安装方式：暗装	台	2	652.62	1305.24	
19	030404017004	配电箱	（1）名称：配电箱 M2~6 （2）规格：长 × 宽 × 厚 300×200×120 （3）安装方式：暗装	台	5	539.36	2696.80	

续表 20.2.2-5

序号	项目编码	项目名称	项目特征描述	计量单位	工程量	金额（元）		
						综合单价	合价	材料设备暂估合价
20	030404017005	配电箱	（1）名称：配电箱 M2~6-1~2 （2）规格：长 × 宽 × 厚 300×200×120 （3）安装方式：暗装	台	10	539.36	5393.60	
21	030411006001	接线盒	（1）名称：难燃线管接线盒 灯头盒 （2）安装形式：暗装	个	257	12.12	3114.84	
22	030411006002	接线盒	（1）名称：难燃线管接线盒 开关盒、插座盒 （2）安装形式：暗装	个	190	12.12	2302.80	
23	030414002001	送配电装置系统	名称：送配电装置系统 1kV 以下	系统	1	1986.88	1986.88	
24	030414011001	接地装置	名称：接地装置调试	系统	1	1064.45	1064.45	
合　计							128451.90	

表 20.2.2-6　工程量清单综合单价分析表

工程名称：某六层高办公楼电气安装

项目编码	030411001001	项目名称	配管						计量单位			m	
清单综合单价组成明细													
子目编号	子目名称	单位	数量	单　价					合　价				
				人工费	材料费	工程设备费	机械费	企业管理费和利润	人工费	材料费	工程设备费	机械费	企业管理费和利润
30212-135	砖、混凝土结构暗配 刚性阻燃管外径（20mm 以内）	100m	0.01	687.73	244.72			176.60	6.88	2.45			1.77
小　计									6.88	2.45			1.77
清单项目综合单价									11.1				
费用明细		内　容						单位	数量	单价（元）	合价（元）	暂估单价（元）	暂估合价（元）
	人工	安装工日						工日	0.0396	173.67	6.88		
	材料	胶合剂						kg	0.0008	7.85	0.01		
		锯条						根	0.0100	0.62	0.01		
		塑料管接头 ϕ15~ϕ20						个	0.2575	0.36	0.09		
		刚性阻燃管 ϕ20×1.6						m	1.1000	2.07	2.28		
		镀锌铁丝 ϕ2.8~ϕ2.2						kg	0.0066	4.70	0.03		
		镀锌铁丝 ϕ1.2~ϕ0.8						kg	0.0023	5.00	0.01		
		其他材料费						元	0.0225	1.00	0.02		

表 20.2.2–7　工程量清单综合单价分析表

工程名称：某六层高办公楼电气安装

项目编码	030411001002	项目名称	配管									计量单位	m
清单综合单价组成明细													
子目编号	子目名称	单位	数量	单价					合价				
				人工费	材料费	工程设备费	机械费	企业管理费和利润	人工费	材料费	工程设备费	机械费	企业管理费和利润
30212-136	砖、混凝土结构暗配 刚性阻燃管外径（25mm 以内）	100m	0.01	859.67	394.95			225.21	8.60	3.95			2.25
小计									8.60	3.95			2.25
清单项目综合单价									14.8				
费用明细	内容							单位	数量	单价（元）	合价（元）	暂估单价（元）	暂估合价（元）
	人工	安装工日						工日	0.0495	173.67	8.60		
	材料	胶合剂						kg	0.0010	7.85	0.01		
		锯条						根	0.0100	0.62	0.01		
		塑料管接头 $\phi 25 \sim \phi 32$						个	0.2575	0.59	0.15		
		刚性阻燃管 $\phi 25 \times 1.9$						m	1.1000	3.36	3.70		
		镀锌铁丝 $\phi 2.8 \sim \phi 2.2$						kg	0.0066	4.70	0.03		
		镀锌铁丝 $\phi 1.2 \sim \phi 0.8$						kg	0.0024	5.00	0.01		
		其他材料费						元	0.0445	1.00	0.04		

表 20.2.2–8　工程量清单综合单价分析表

工程名称：某六层高办公楼电气安装

项目编码	030411001003	项目名称	配管									计量单位	m
清单综合单价组成明细													
子目编号	子目名称	单位	数量	单价					合价				
				人工费	材料费	工程设备费	机械费	企业管理费和利润	人工费	材料费	工程设备费	机械费	企业管理费和利润
30212-137	砖、混凝土结构暗配 刚性阻燃管外径（32mm 以内）	100m	0.01	1029.86	643.55			278.31	10.30	6.44			2.78
小计									10.30	6.44			2.78
清单项目综合单价									19.52				

续表 20.2.2-8

<table>
<tr><td rowspan="9">费用明细</td><td colspan="2">内　容</td><td>单位</td><td>数量</td><td>单价（元）</td><td>合价（元）</td><td>暂估单价（元）</td><td>暂估合价（元）</td></tr>
<tr><td>人工</td><td>安装工日</td><td>工日</td><td>0.0593</td><td>173.67</td><td>10.30</td><td></td><td></td></tr>
<tr><td rowspan="7">材料</td><td>胶合剂</td><td>kg</td><td>0.0010</td><td>7.85</td><td>0.01</td><td></td><td></td></tr>
<tr><td>锯条</td><td>根</td><td>0.0100</td><td>0.62</td><td>0.01</td><td></td><td></td></tr>
<tr><td>塑料管接头 $\phi 25$~$\phi 32$</td><td>个</td><td>0.2575</td><td>0.59</td><td>0.15</td><td></td><td></td></tr>
<tr><td>刚性阻燃管 $\phi 32\times 2.5$</td><td>m</td><td>1.1000</td><td>5.62</td><td>6.18</td><td></td><td></td></tr>
<tr><td>镀锌铁丝 $\phi 2.8$~$\phi 2.2$</td><td>kg</td><td>0.0066</td><td>4.70</td><td>0.03</td><td></td><td></td></tr>
<tr><td>镀锌铁丝 $\phi 1.2$~$\phi 0.8$</td><td>kg</td><td>0.0024</td><td>5.00</td><td>0.01</td><td></td><td></td></tr>
<tr><td>其他材料费</td><td>元</td><td>0.0445</td><td>1.00</td><td>0.04</td><td></td><td></td></tr>
</table>

表 20.2.2-9　工程量清单综合单价分析表

工程名称：某六层高办公楼电气安装

<table>
<tr><td colspan="2">项目编码</td><td colspan="3">030411004001</td><td colspan="2">项目名称</td><td colspan="4">配线</td><td colspan="2">计量单位</td><td>m</td></tr>
<tr><td colspan="14">清单综合单价组成明细</td></tr>
<tr><td rowspan="2">子目编号</td><td rowspan="2" colspan="2">子目名称</td><td rowspan="2">单位</td><td rowspan="2">数量</td><td colspan="5">单　价</td><td colspan="4">合　价</td></tr>
<tr><td>人工费</td><td>材料费</td><td>工程设备费</td><td>机械费</td><td>企业管理费和利润</td><td>人工费</td><td>材料费</td><td>工程设备费</td><td>机械费</td><td>企业管理费和利润</td></tr>
<tr><td>30212-160换</td><td colspan="2">照明线路管内穿线
铜芯导线截面（$2.5mm^2$以内）</td><td>100m单线</td><td>0.01</td><td>154.57</td><td>212.62</td><td></td><td></td><td>47.57</td><td>1.55</td><td>2.13</td><td></td><td></td><td>0.48</td></tr>
<tr><td colspan="10">小　计</td><td>1.55</td><td>2.13</td><td></td><td></td><td>0.48</td></tr>
<tr><td colspan="10">清单项目综合单价</td><td colspan="5">4.16</td></tr>
</table>

<table>
<tr><td rowspan="11">费用明细</td><td colspan="2">内　容</td><td>单位</td><td>数量</td><td>单价（元）</td><td>合价（元）</td><td>暂估单价（元）</td><td>暂估合价（元）</td></tr>
<tr><td>人工</td><td>安装工日</td><td>工日</td><td>0.0089</td><td>173.67</td><td>1.55</td><td></td><td></td></tr>
<tr><td rowspan="9">材料</td><td>汽油 60#~70#</td><td>kg</td><td>0.0050</td><td>3.79</td><td>0.02</td><td></td><td></td></tr>
<tr><td>棉纱头</td><td>kg</td><td>0.0020</td><td>9.85</td><td>0.02</td><td></td><td></td></tr>
<tr><td>焊锡膏 瓶装 50g</td><td>kg</td><td>0.0001</td><td>58.11</td><td>0.01</td><td></td><td></td></tr>
<tr><td>焊锡</td><td>kg</td><td>0.0020</td><td>48.85</td><td>0.10</td><td></td><td></td></tr>
<tr><td>阻燃铜芯单塑线 ZR-BV-$2.5mm^2$</td><td>m</td><td>1.1600</td><td>1.70</td><td>1.97</td><td></td><td></td></tr>
<tr><td>塑料胶布带 $25\times 10m$</td><td>卷</td><td>0.0025</td><td>0.79</td><td>0.00</td><td></td><td></td></tr>
<tr><td>镀锌铁丝 $\phi 2.8$~$\phi 2.2$</td><td>kg</td><td>0.0009</td><td>4.70</td><td>0.00</td><td></td><td></td></tr>
<tr><td>其他材料费</td><td>元</td><td>0.0058</td><td>1.00</td><td>0.01</td><td></td><td></td></tr>
</table>

表 20.2.2–10　工程量清单综合单价分析表

工程名称：某六层高办公楼电气安装

项目编码	030411004002		项目名称		配线					计量单位			m
清单综合单价组成明细													
子目编号	子目名称	单位	数量	单价					合价				
				人工费	材料费	工程设备费	机械费	企业管理费和利润	人工费	材料费	工程设备费	机械费	企业管理费和利润
30212–174 换	动力线路管内穿线（铜芯）导线截面（6mm² 以内）	100m 单线	0.01	125.04	418.86			50.83	1.25	4.19			0.51
3024–104	压铜端子 导线截面（6mm² 以内）	10 个	0.0256	20.84	8.31		1.50	5.50	0.53	0.21		0.04	0.14
小　计									1.78	4.40		0.04	0.65
清单项目综合单价									6.87				
费用明细	内　容							单位	数量	单价（元）	合价（元）	暂估单价（元）	暂估合价（元）
	人工	安装工日						工日	0.0103	173.67	1.78		
	材料	汽油 60#~70#						kg	0.0086	3.79	0.03		
		棉纱头						kg	0.0030	9.85	0.03		
		铁砂布 0#~2#						张	0.0256	0.40	0.01		
		焊锡膏 瓶装 50g						kg	0.0001	58.11	0.01		
		焊锡						kg	0.0012	48.85	0.06		
		阻燃铜芯单塑线 ZR–BV–6mm²						m	1.0500	3.86	4.05		
		铜接线端子（DT–6）						个	0.2594	0.73	0.19		
		塑料软管 ϕ5						m	0.0026	0.22	0.00		
		塑料胶布带 25 × 10m						卷	0.0090	0.79	0.01		
		镀锌铁丝 ϕ2.8~ϕ2.2						kg	0.0010	4.70	0.00		
		其他材料费						元	0.0097	1.00	0.01		
	机械	其他机械费						元	0.0383	1.00	0.04		

表 20.2.2-11　工程量清单综合单价分析表

工程名称：某六层高办公楼电气安装

项目编码	030411004003	项目名称	配线							计量单位			m
清单综合单价组成明细													
子目编号	子目名称	单位	数量	单价					合价				
				人工费	材料费	工程设备费	机械费	企业管理费和利润	人工费	材料费	工程设备费	机械费	企业管理费和利润
30212-175 换	动力线路管内穿线（铜芯）导线截面（$10mm^2$ 以内）	100m 单线	0.01	149.36	699.90			70.69	1.49	7.00			0.71
3024-105 换	压铜端子 导线截面（$16mm^2$ 以内）	10 个	0.0182	31.26	35.00		2.50	9.39	0.57	0.64		0.05	0.17
小计									2.06	7.64		0.05	0.88
清单项目综合单价									10.63				

费用明细		内容	单位	数量	单价（元）	合价（元）	暂估单价（元）	暂估合价（元）
	人工	安装工日	工日	0.0119	173.67	2.07		
	材料	汽油 60#~70#	kg	0.0106	3.79	0.04		
		棉纱头	kg	0.0040	9.85	0.04		
		铁砂布 0#~2#	张	0.0182	0.40	0.01		
		焊锡膏　瓶装 50g	kg	0.0002	58.11	0.01		
		焊锡	kg	0.0013	48.85	0.06		
		阻燃铜芯单塑线 ZR-BV-$10mm^2$	m	1.0500	6.51	6.84		
		铜接线端子（DT-10）	个	0.1848	3.32	0.61		
		塑料软管 ϕ9	m	0.0018	0.40	0.00		
		塑料胶布带 25 × 10m	卷	0.0100	0.79	0.01		
		镀锌铁丝 ϕ2.8~ϕ2.2	kg	0.0013	4.70	0.01		
		其他材料费	元	0.0102	1.00	0.01		
	机械	其他机械费	元	0.0455	1.00	0.05		

表 20.2.2-12 工程量清单综合单价分析表

工程名称：某六层高办公楼电气安装

项目编码	030412005001	项目名称	荧光灯							计量单位		套	
清单综合单价组成明细													
子目编号	子目名称	单位	数量	单价					合价				
				人工费	材料费	工程设备费	机械费	企业管理费和利润	人工费	材料费	工程设备费	机械费	企业管理费和利润
30213-25 换	吸顶式 双管荧光灯具安装	10 套	0.10	373.39	587.54			118.62	37.34	58.75			11.86
小 计									37.34	58.75			11.86
清单项目综合单价									107.95				
费用明细		内 容						单位	数量	单价（元）	合价（元）	暂估单价（元）	暂估合价（元）
	人工	安装工日						工日	0.2150	173.67	37.34		
	材料	光管支架 YG1-2×40						套	1.0000	58.00	58.00		
		木螺钉 M2~4×6~65						10 个	0.2100	0.22	0.05		
		塑料膨胀管 $\phi 6$						10 个	0.2100	0.60	0.13		
		其他材料费						元	0.5820	1.00	0.58		

表 20.2.2-13 工程量清单综合单价分析表

工程名称：某六层高办公楼电气安装

项目编码	030412005002	项目名称	荧光灯							计量单位		套	
清单综合单价组成明细													
子目编号	子目名称	单位	数量	单价					合价				
				人工费	材料费	工程设备费	机械费	企业管理费和利润	人工费	材料费	工程设备费	机械费	企业管理费和利润
30213-26 换	吸顶式 三管荧光灯具安装	10 套	0.10	401.18	2167.54			204.26	40.12	216.75			20.43
小 计									40.12	216.75			20.43
清单项目综合单价									277.3				
费用明细		内 容						单位	数量	单价（元）	合价（元）	暂估单价（元）	暂估合价（元）
	人工	安装工日						工日	0.2310	173.67	40.12		
	材料	格栅荧光灯盘 XD512-3×20						套	1.0000	216.00	216.00		
		木螺钉 M2~4×6~65						10 个	0.2100	0.22	0.05		
		塑料膨胀管 $\phi 6$						10 个	0.2100	0.60	0.13		
		其他材料费						元	0.5820	1.00	0.58		

表 20.2.2-14　工程量清单综合单价分析表

工程名称：某六层高办公楼电气安装

项目编码	030412001001	项目名称	普通灯具							计量单位			套
清单综合单价组成明细													
子目编号	子目名称	单位	数量	单价					合价				
				人工费	材料费	工程设备费	机械费	企业管理费和利润	人工费	材料费	工程设备费	机械费	企业管理费和利润
30213-208 换	吸顶式筒灯安装	10 套	0.10	281.35	436.02			89.04	28.14	43.60			8.90
小　计									28.14	43.60			8.90
清单项目综合单价									80.64				
费用明细		内　容						单位	数量	单价（元）	合价（元）	暂估单价（元）	暂估合价（元）
	人工	安装工日						工日	0.1620	173.67	28.13		
	材料	半圆球吸顶灯 XD1448-1×60ϕ250						套	1.0000	43.00	43.00		
		冲击钻头 ϕ8						只	0.0510	2.90	0.15		
		木螺钉 M2~4×6~65						10 个	0.2080	0.22	0.05		
		塑料膨胀管 ϕ6~ϕ8						个	2.0300	0.08	0.16		
		其他材料费						元	0.2460	1.00	0.25		

表 20.2.2-15　工程量清单综合单价分析表

工程名称：某六层高办公楼电气安装

项目编码	030412004002	项目名称	装饰灯							计量单位			套
清单综合单价组成明细													
子目编号	子目名称	单位	数量	单价					合价				
				人工费	材料费	工程设备费	机械费	企业管理费和利润	人工费	材料费	工程设备费	机械费	企业管理费和利润
30213-203 换	应急灯标志、诱导灯安装	10 套	0.10	316.08	1805.47			165.81	31.61	180.55			16.58
小　计									31.61	180.55			16.58
清单项目综合单价									228.74				
费用明细		内　容						单位	数量	单价（元）	合价（元）	暂估单价（元）	暂估合价（元）
	人工	安装工日						工日	0.1820	173.67	31.61		
	材料	双头应急灯 YJ4-2A4X						套	1.0100	178.00	179.78		
		木螺钉 M2~4×6~65						10 个	0.2040	0.22	0.04		
		塑料膨胀管 ϕ6~ϕ8						个	0.5000	0.08	0.04		
		塑料膨胀管 ϕ6						10 个	0.2040	0.60	0.12		
		其他材料费						元	0.5600	1.00	0.56		

表 20.2.2–16 工程量清单综合单价分析表

工程名称：某六层高办公楼电气安装

项目编码	030404033001	项目名称	风扇							计量单位			台
清单综合单价组成明细													
子目编号	子目名称	单位	数量	单价					合价				
				人工费	材料费	工程设备费	机械费	企业管理费和利润	人工费	材料费	工程设备费	机械费	企业管理费和利润
30213–267	排气扇安装（风压式百叶排气扇 APB30A48W 1200CMH）	10 套	0.10	666.89	5.46	1250.00		159.66	66.69	0.55	125.00		15.97
小计									66.69	0.55	125.00		15.97
清单项目综合单价									208.21				

费用明细		内容	单位	数量	单价（元）	合价（元）	暂估单价（元）	暂估合价（元）
费用明细	人工	安装工日	工日	0.3840	173.67	66.69		
	材料	冲击钻头 $\phi 6 \sim \phi 12$	个	0.0300	2.30	0.07		
	材料	木螺钉 M4×65 以下	10 个	0.4200	0.22	0.09		
	材料	塑料膨胀管 $\phi 6 \sim \phi 8$	个	4.2000	0.08	0.34		
	材料	其他材料费	元	0.0490	1.00	0.05		
	设备	风压式百叶排气扇 APB30A48W1200CMH	台	1.0000	125.00	125.00		

表 20.2.2–17 工程量清单综合单价分析表

工程名称：某六层高办公楼电气安装

项目编码	030404035001	项目名称	插座							计量单位			个
清单综合单价组成明细													
子目编号	子目名称	单位	数量	单价					合价				
				人工费	材料费	工程设备费	机械费	企业管理费和利润	人工费	材料费	工程设备费	机械费	企业管理费和利润
30213–247 换	单相插座安装电流（16A）	10 套	0.10	130.25	96.67			35.97	13.03	9.67			3.60
小计									13.03	9.67			3.60
清单项目综合单价									26.3				

费用明细		内容	单位	数量	单价（元）	合价（元）	暂估单价（元）	暂估合价（元）
费用明细	人工	安装工日	工日	0.0750	173.67	13.03		
	材料	单相三极暗插座	个	1.0000	9.60	9.60		
	材料	其他材料费	元	0.0670	1.00	0.07		

表 20.2.2–18　工程量清单综合单价分析表

工程名称：某六层高办公楼电气安装

项目编码	030404034001	项目名称		照明开关							计量单位		个
清单综合单价组成明细													
子目编号	子目名称	单位	数量	单价					合价				
				人工费	材料费	工程设备费	机械费	企业管理费和利润	人工费	材料费	工程设备费	机械费	企业管理费和利润
30213–240 换	双联照明开关安装	10 套	0.10	104.20	58.00			27.81	10.42	5.80			2.78
小　计									10.42	5.80			2.78
清单项目综合单价									19.00				
费用明细	内　容							单位	数量	单价（元）	合价（元）	暂估单价（元）	暂估合价（元）
	人工	安装工日						工日	0.0600	173.67	10.42		
	材料	单相单控双联暗开关						个	1.0000	5.80	5.80		

表 20.2.2–19　工程量清单综合单价分析表

工程名称：某六层高办公楼电气安装

项目编码	030404034002	项目名称		照明开关							计量单位		个
清单综合单价组成明细													
子目编号	子目名称	单位	数量	单价					合价				
				人工费	材料费	工程设备费	机械费	企业管理费和利润	人工费	材料费	工程设备费	机械费	企业管理费和利润
30213–241 换	三联照明开关安装	10 套	0.10	107.68	78.00			29.63	10.77	7.80			2.96
小　计									10.77	7.80			2.96
清单项目综合单价									21.53				
费用明细	内　容							单位	数量	单价（元）	合价（元）	暂估单价（元）	暂估合价（元）
	人工	安装工日						工日	0.0620	173.67	10.77		
	材料	单相单控三联暗开关						个	1.0000	7.80	7.80		

表 20.2.2–20　工程量清单综合单价分析表

工程名称：某六层高办公楼电气安装

项目编码	030404034003	项目名称		照明开关							计量单位		个
清单综合单价组成明细													
子目编号	子目名称	单位	数量	单价					合价				
				人工费	材料费	工程设备费	机械费	企业管理费和利润	人工费	材料费	工程设备费	机械费	企业管理费和利润
30213–242 换	四联照明开关安装	10 套	0.10	111.15	123.00			32.72	11.12	12.30			3.27
小　计									11.12	12.30			3.27
清单项目综合单价									26.69				
费用明细	内　容							单位	数量	单价（元）	合价（元）	暂估单价（元）	暂估合价（元）
	人工	安装工日						工日	0.0640	173.67	11.11		
	材料	单相单控四联暗开关						个	1.0000	12.30	12.30		

表 20.2.2–21　工程量清单综合单价分析表

工程名称：某六层高办公楼电气安装

<table>
<tr><td>项目编码</td><td colspan="2">030404017001</td><td colspan="2">项目名称</td><td colspan="6">配电箱</td><td colspan="2">计量单位</td><td>台</td></tr>
<tr><td colspan="14">清单综合单价组成明细</td></tr>
<tr><td rowspan="2">子目编号</td><td rowspan="2">子目名称</td><td rowspan="2">单位</td><td rowspan="2">数量</td><td colspan="5">单　　价</td><td colspan="5">合　　价</td></tr>
<tr><td>人工费</td><td>材料费</td><td>工程设备费</td><td>机械费</td><td>企业管理费和利润</td><td>人工费</td><td>材料费</td><td>工程设备费</td><td>机械费</td><td>企业管理费和利润</td></tr>
<tr><td>3024–27</td><td>成套配电箱安装暗装（半周长 1.0m）（配电箱 M）</td><td>台</td><td>1.00</td><td>500.17</td><td>31.34</td><td></td><td></td><td>121.11</td><td>500.17</td><td>31.34</td><td></td><td></td><td>121.11</td></tr>
<tr><td colspan="9">小　　计</td><td>500.17</td><td>31.34</td><td></td><td></td><td>121.11</td></tr>
<tr><td colspan="9">清单项目综合单价</td><td colspan="5">652.62</td></tr>
<tr><td rowspan="14">费用明细</td><td colspan="7">内　　容</td><td>单位</td><td>数量</td><td>单价（元）</td><td>合价（元）</td><td>暂估单价（元）</td><td>暂估合价（元）</td></tr>
<tr><td>人工</td><td colspan="6">安装工日</td><td>工日</td><td>2.8800</td><td>173.67</td><td>500.17</td><td></td><td></td></tr>
<tr><td rowspan="11">材料</td><td colspan="6">钢垫板夹板</td><td>kg</td><td>0.1500</td><td>3.42</td><td>0.51</td><td></td><td></td></tr>
<tr><td colspan="6">破布</td><td>kg</td><td>0.1000</td><td>0.12</td><td>0.01</td><td></td><td></td></tr>
<tr><td colspan="6">铁砂布 0$^{\#}$~2$^{\#}$</td><td>张</td><td>0.8000</td><td>0.40</td><td>0.32</td><td></td><td></td></tr>
<tr><td colspan="6">焊锡丝</td><td>kg</td><td>0.0700</td><td>48.55</td><td>3.40</td><td></td><td></td></tr>
<tr><td colspan="6">裸铜线 10mm^2</td><td>kg</td><td>0.2000</td><td>30.50</td><td>6.10</td><td></td><td></td></tr>
<tr><td colspan="6">铜接线端子（DT–10）</td><td>个</td><td>2.0300</td><td>3.32</td><td>6.74</td><td></td><td></td></tr>
<tr><td colspan="6">电力复合脂 一级</td><td>kg</td><td>0.4100</td><td>20.00</td><td>8.20</td><td></td><td></td></tr>
<tr><td colspan="6">自粘性橡胶带 20mm × 5m</td><td>卷</td><td>0.1000</td><td>2.00</td><td>0.20</td><td></td><td></td></tr>
<tr><td colspan="6">镀锌精制带帽螺栓 M10 × 100 以内 2 平 1 弹垫</td><td>10 套</td><td>0.2100</td><td>4.97</td><td>1.04</td><td></td><td></td></tr>
<tr><td colspan="6">塑料软管</td><td>m</td><td>0.1500</td><td>17.45</td><td>2.62</td><td></td><td></td></tr>
<tr><td colspan="6">其他材料费</td><td>元</td><td>2.2000</td><td>1.00</td><td>2.20</td><td></td><td></td></tr>
<tr><td>设备</td><td colspan="6">配电箱 M</td><td>台</td><td>1.0000</td><td>2780.0</td><td>2780.00</td><td></td><td></td></tr>
</table>

表 20.2.2–22　工程量清单综合单价分析表

工程名称：某六层高办公楼电气安装

<table>
<tr><td>项目编码</td><td colspan="2">030404017002</td><td colspan="2">项目名称</td><td colspan="6">配电箱</td><td colspan="2">计量单位</td><td>台</td></tr>
<tr><td colspan="14">清单综合单价组成明细</td></tr>
<tr><td rowspan="2">子目编号</td><td rowspan="2">子目名称</td><td rowspan="2">单位</td><td rowspan="2">数量</td><td colspan="5">单　　价</td><td colspan="5">合　　价</td></tr>
<tr><td>人工费</td><td>材料费</td><td>工程设备费</td><td>机械费</td><td>企业管理费和利润</td><td>人工费</td><td>材料费</td><td>工程设备费</td><td>机械费</td><td>企业管理费和利润</td></tr>
<tr><td>3024–26</td><td>成套配电箱安装暗装（半周长 0.5m）（配电箱 M1）</td><td>台</td><td>1.00</td><td>415.07</td><td>23.90</td><td></td><td></td><td>100.39</td><td>415.07</td><td>23.90</td><td></td><td></td><td>100.39</td></tr>
<tr><td colspan="9">小　　计</td><td>415.07</td><td>23.90</td><td></td><td></td><td>100.39</td></tr>
<tr><td colspan="9">清单项目综合单价</td><td colspan="5">539.36</td></tr>
</table>

续表 20.2.2–22

		内　　容	单位	数量	单价（元）	合价（元）	暂估单价（元）	暂估合价（元）
费用明细	人工	安装工日	工日	2.3900	173.67	415.07		
	材料	钢垫板夹板	kg	0.1500	3.42	0.51		
		破布	kg	0.0800	0.12	0.01		
		铁砂布 0#~2#	张	0.5000	0.40	0.20		
		焊锡丝	kg	0.0500	48.55	2.43		
		裸铜线 $6mm^2$	kg	0.1700	31.50	5.36		
		铜接线端子（DT–6）	个	2.0300	0.73	1.48		
		电力复合脂 一级	kg	0.4100	20.00	8.20		
		自粘性橡胶带 20mm × 5m	卷	0.1000	2.00	0.20		
		镀锌精制带帽螺栓 M10 × 100 以内 2 平 1 弹垫	10 套	0.2100	4.97	1.04		
		塑料软管	m	0.1300	17.45	2.27		
		其他材料费	元	2.2000	1.00	2.20		
	设备	配电箱 M1	台	1.0000	960.00	960.00		

表 20.2.2–23　工程量清单综合单价分析表

工程名称：某六层高办公楼电气安装

项目编码	030404017003	项目名称	配电箱					计量单位				台
清单综合单价组成明细												
子目编号	子目名称	单位	数量	单价					合价			
				人工费	材料费	工程设备费	机械费	企业管理费和利润	人工费	材料费	工程设备费	机械费	企业管理费和利润
3024–27	成套配电箱安装 暗装（半周长 1.0m）（配电箱 M1–1~2）	台	1.00	500.17	31.34			121.11	500.17	31.34			121.11
小　计									500.17	31.34			121.11
清单项目综合单价									652.62				

		内　　容	单位	数量	单价（元）	合价（元）	暂估单价（元）	暂估合价（元）
费用明细	人工	安装工日	工日	2.8800	173.67	500.17		
	材料	钢垫板夹板	kg	0.1500	3.42	0.51		
		破布	kg	0.1000	0.12	0.01		
		铁砂布 0#~2#	张	0.8000	0.40	0.32		
		焊锡丝	kg	0.0700	48.55	3.40		
		裸铜线 $10mm^2$	kg	0.2000	30.50	6.10		
		铜接线端子（DT–10）	个	2.0300	3.32	6.74		
		电力复合脂 一级	kg	0.4100	20.00	8.20		
		自粘性橡胶带 20mm × 5m	卷	0.1000	2.00	0.20		
		镀锌精制带帽螺栓 M10 × 100 以内 2 平 1 弹垫	10 套	0.2100	4.97	1.04		
		塑料软管	m	0.1500	17.45	2.62		
		其他材料费	元	2.2000	1.00	2.20		
	设备	配电箱 M1–1~2	台	1.0000	1260.0	1260.00		

表 20.2.2-24 工程量清单综合单价分析表

工程名称：某六层高办公楼电气安装

项目编码	030404017004	项目名称	配电箱					计量单位	台			
清单综合单价组成明细												
子目编号	子目名称	单位	数量	单价					合价			
				人工费	材料费	工程设备费	机械费	企业管理费和利润	人工费	材料费	工程设备费	机械费	企业管理费和利润
3024-26	成套配电箱安装 暗装（半周长0.5m）（配电箱 M2~6）	台	1.00	415.07	23.90			100.39	415.07	23.90			100.39
小计									415.07	23.90			100.39
清单项目综合单价									539.36				

费用明细		内容	单位	数量	单价（元）	合价（元）	暂估单价（元）	暂估合价（元）
	人工	安装工日	工日	2.3900	173.67	415.07		
	材料	钢垫板夹板	kg	0.1500	3.42	0.51		
		破布	kg	0.0800	0.12	0.01		
		铁砂布 0#~2#	张	0.5000	0.40	0.20		
		焊锡丝	kg	0.0500	48.55	2.43		
		裸铜线 6mm^2	kg	0.1700	31.50	5.36		
		铜接线端子（DT-6）	个	2.0300	0.73	1.48		
		电力复合脂 一级	kg	0.4100	20.00	8.20		
		自粘性橡胶带 20mm × 5m	卷	0.1000	2.00	0.20		
		镀锌精制带帽螺栓 M10 × 100 以内 2 平 1 弹垫	10 套	0.2100	4.97	1.04		
		塑料软管	m	0.1300	17.45	2.27		
		其他材料费	元	2.2000	1.00	2.20		
	设备	配电箱 M2~6	台	1.0000	1440.0	1440.00		

表 20.2.2-25 工程量清单综合单价分析表

工程名称：某六层高办公楼电气安装

项目编码	030404017005	项目名称	配电箱					计量单位	台			
清单综合单价组成明细												
子目编号	子目名称	单位	数量	单价					合价			
				人工费	材料费	工程设备费	机械费	企业管理费和利润	人工费	材料费	工程设备费	机械费	企业管理费和利润
3024-26	成套配电箱安装 暗装（半周长0.5m）（配电箱 M2~6-1~2）	台	1.00	415.07	23.90			100.39	415.07	23.90			100.39
小计									415.07	23.90			100.39
清单项目综合单价									539.36				

续表 20.2.2-25

		内　容	单位	数量	单价（元）	合价（元）	暂估单价（元）	暂估合价（元）
费用明细	人工	安装工日	工日	2.3900	173.67	415.07		
	材料	钢垫板夹板	kg	0.1500	3.42	0.51		
		破布	kg	0.0800	0.12	0.01		
		铁砂布 0#~2#	张	0.5000	0.40	0.20		
		焊锡丝	kg	0.0500	48.55	2.43		
		裸铜线 6mm^2	kg	0.1700	31.50	5.36		
		铜接线端子（DT-6）	个	2.0300	0.73	1.48		
		电力复合脂 一级	kg	0.4100	20.00	8.20		
		自粘性橡胶带 20mm × 5m	卷	0.1000	2.00	0.20		
		镀锌精制带帽螺栓 M10 × 100 以内 2 平 1 弹垫	10 套	0.2100	4.97	1.04		
		塑料软管	m	0.1300	17.45	2.27		
		其他材料费	元	2.2000	1.00	2.20		
	设备	配电箱 M2~6-1~2	台	1.0000	1020.0	1020.00		

表 20.2.2-26　工程量清单综合单价分析表

工程名称：某六层高办公楼电气安装

项目编码	030411006001	项目名称	接线盒							计量单位	个		
清单综合单价组成明细													
子目编号	子目名称	单位	数量	单价					合价				
				人工费	材料费	工程设备费	机械费	企业管理费和利润	人工费	材料费	工程设备费	机械费	企业管理费和利润
30212-326 换	暗装 接线盒	10 个	0.10	71.20	31.40			18.59	7.12	3.14			1.86
小　计									7.12	3.14			1.86
清单项目综合单价									12.12				

		内　容	单位	数量	单价（元）	合价（元）	暂估单价（元）	暂估合价（元）
费用明细	人工	安装工日	工日	0.0410	173.67	7.12		
	材料	难燃线管接线盒	个	1.0200	2.20	2.24		
		塑料护口（钢管用 15~20）	个	2.2250	0.12	0.27		
		锁紧螺母 M3 × 15~20	个	2.2250	0.25	0.56		
		其他材料费	元	0.0730	1.00	0.07		

表 20.2.2-27　工程量清单综合单价分析表

工程名称：某六层高办公楼电气安装

<table>
<tr><td>项目编码</td><td>030411006002</td><td colspan="2">项目名称</td><td colspan="7">接线盒</td><td colspan="2">计量单位</td><td>个</td></tr>
<tr><td colspan="14">清单综合单价组成明细</td></tr>
<tr><td rowspan="2">子目编号</td><td rowspan="2">子目名称</td><td rowspan="2">单位</td><td rowspan="2">数量</td><td colspan="5">单　　价</td><td colspan="5">合　　价</td></tr>
<tr><td>人工费</td><td>材料费</td><td>工程设备费</td><td>机械费</td><td>企业管理费和利润</td><td>人工费</td><td>材料费</td><td>工程设备费</td><td>机械费</td><td>企业管理费和利润</td></tr>
<tr><td>30212-326 换</td><td>暗装 接线盒</td><td>10 个</td><td>0.10</td><td>71.20</td><td>31.40</td><td></td><td></td><td>18.59</td><td>7.12</td><td>3.14</td><td></td><td></td><td>1.86</td></tr>
<tr><td colspan="9">小　　计</td><td>7.12</td><td>3.14</td><td></td><td></td><td>1.86</td></tr>
<tr><td colspan="9">清单项目综合单价</td><td colspan="5">12.12</td></tr>
<tr><td rowspan="6">费用明细</td><td colspan="7">内　　容</td><td>单位</td><td>数量</td><td>单价（元）</td><td>合价（元）</td><td>暂估单价（元）</td><td>暂估合价（元）</td></tr>
<tr><td>人工</td><td colspan="6">安装工日</td><td>工日</td><td>0.0410</td><td>173.67</td><td>7.12</td><td></td><td></td></tr>
<tr><td rowspan="4">材料</td><td colspan="6">难燃线管接线盒</td><td>个</td><td>1.0200</td><td>2.20</td><td>2.24</td><td></td><td></td></tr>
<tr><td colspan="6">塑料护口（钢管用 15~20）</td><td>个</td><td>2.2250</td><td>0.12</td><td>0.27</td><td></td><td></td></tr>
<tr><td colspan="6">锁紧螺母 M3 × 15~20</td><td>个</td><td>2.2250</td><td>0.25</td><td>0.56</td><td></td><td></td></tr>
<tr><td colspan="6">其他材料费</td><td>元</td><td>0.0730</td><td>1.00</td><td>0.07</td><td></td><td></td></tr>
</table>

表 20.2.2-28　工程量清单综合单价分析表

工程名称：某六层高办公楼电气安装

<table>
<tr><td>项目编码</td><td>030414002001</td><td colspan="2">项目名称</td><td colspan="7">送配电装置系统</td><td colspan="2">计量单位</td><td>系统</td></tr>
<tr><td colspan="14">清单综合单价组成明细</td></tr>
<tr><td rowspan="2">子目编号</td><td rowspan="2">子目名称</td><td rowspan="2">单位</td><td rowspan="2">数量</td><td colspan="5">单　　价</td><td colspan="5">合　　价</td></tr>
<tr><td>人工费</td><td>材料费</td><td>工程设备费</td><td>机械费</td><td>企业管理费和利润</td><td>人工费</td><td>材料费</td><td>工程设备费</td><td>机械费</td><td>企业管理费和利润</td></tr>
<tr><td>30211-12</td><td>1kV 以下交流供电系统调试</td><td>系统</td><td>1.00</td><td>1563.03</td><td>3.00</td><td></td><td>44.10</td><td>376.75</td><td>1563.03</td><td>3.00</td><td></td><td>44.10</td><td>376.75</td></tr>
<tr><td colspan="9">小　　计</td><td>1563.03</td><td>3.00</td><td></td><td>44.10</td><td>376.75</td></tr>
<tr><td colspan="9">清单项目综合单价</td><td colspan="5">1986.88</td></tr>
<tr><td rowspan="4">费用明细</td><td colspan="7">内　　容</td><td>单位</td><td>数量</td><td>单价（元）</td><td>合价（元）</td><td>暂估单价（元）</td><td>暂估合价（元）</td></tr>
<tr><td>人工</td><td colspan="6">安装工日</td><td>工日</td><td>9.0000</td><td>173.67</td><td>1563.03</td><td></td><td></td></tr>
<tr><td>材料</td><td colspan="6">其他材料费</td><td>元</td><td>3.0000</td><td>1.00</td><td>3.00</td><td></td><td></td></tr>
<tr><td>机械</td><td colspan="6">仪器仪表使用费</td><td>元</td><td>44.1000</td><td>1.00</td><td>44.10</td><td></td><td></td></tr>
</table>

表 20.2.2–29　工程量清单综合单价分析表

工程名称：某六层高办公楼电气安装

项目编码	030414011001	项目名称	接地装置							计量单位			系统
清单综合单价组成明细													
子目编号	子目名称	单位	数量	单价					合价				
				人工费	材料费	工程设备费	机械费	企业管理费和利润	人工费	材料费	工程设备费	机械费	企业管理费和利润
30211–49	接地网调试	段（组）	1.00	833.62	4.64		25.00	201.19	833.62	4.64		25.00	201.19
小　计									833.62	4.64		25.00	201.19
清单项目综合单价									1064.45				
费用明细	内　容							单位	数量	单价（元）	合价（元）	暂估单价（元）	暂估合价（元）
	人工	安装工日						工日	4.8000	173.67	833.62		
	材料	其他材料费						元	4.6440	1.00	4.64		
	机械	仪器仪表使用费						元	25.0000	1.00	25.00		

表 20.2.2–30　工程量清单综合单价分析表

工程名称：某六层高办公楼电气安装

项目编码	031301017001	项目名称	脚手架搭拆							计量单位			项
清单综合单价组成明细													
子目编号	子目名称	单位	数量	单价					合价				
				人工费	材料费	工程设备费	机械费	企业管理费和利润	人工费	材料费	工程设备费	机械费	企业管理费和利润
3116–60	电气设备安装工程脚手架搭拆费	100 元	493.0578	1.72	2.28			0.53	848.06	1124.17			261.32
小　计									848.06	1124.17			261.32
清单项目综合单价									2233.55				
费用明细	内　容							单位	数量	单价（元）	合价（元）	暂估单价（元）	暂估合价（元）
	人工	增加人工费						元	848.0594	1.00	848.06		
	材料	增加材料费						元	1124.1718	1.00	1124.17		

表 20.2.2–31 措施项目清单与计价汇总表

工程名称：某六层高办公楼电气安装

序号	项 目 名 称	金额（元）
1	安全文明施工措施费	1885.28
1.1	安全文明施工措施费（按费率计算）	1885.28
1.2	其他安全文明施工措施（按清单列项）	
1.2.1	临时围挡费	
1.2.2	基坑内场地硬地化	
2	履约担保手续费	
3	夜间施工费	
4	赶工措施费	
5	冬雨季施工费	
6	已完成工程及设备保护费	
7	地上地下设施及建筑物的临时保护费	
8	混凝土、钢筋混凝土模板及支架费	
9	二次搬运费	
10	脚手架费	2233.55
11	垂直运输机械费	
12	大型机械设备进出场及安拆费	
13	施工排水、降水费	
14	专业工程措施项目费	
14.1	组装平台	
14.2	设备、管道施工的防冻和焊接保护措施	
14.3	压力容器和高压管道的检验	
14.4	焦炉施工大棚	
14.5	焦炉供炉、热态工程	
14.6	管道安装后的充气保护措施	
14.7	隧道内施工的通风、供水、供电、供气照明及通信设施	
14.8	长输管道施工措施	
14.9	格架式抱杆	
15	其他	
合　　计		4118.83

表 20.2.2–32 措施项目清单与计价表（一）（适用于工程量清单计价）

工程名称：某六层高办公楼电气安装　　　　　标段：

序号	项目编码	项目名称	项目特征描述	计量单位	工程量	金额（元）	
						综合单价	合价
1		脚手架费		项			2233.55
1.1	031301017001	脚手架搭拆	名称：电气设备安装工程脚手架搭拆费	项	1.000	2233.55	2233.55
1.1.1	3116–60	电气设备安装工程脚手架搭拆费		100 元	493.058	4.53	2233.55
本页小计							2233.55
合　　计							2233.55

表 20.2.2-33　措施项目清单与计价表（二）（适用于工程量清单计价）

工程名称：某六层高办公楼电气安装

序号	子目编号	子 目 名 称	计量单位	工程量	金额（元）	
					综合单价	合价
1		脚手架费	项			2233.55
1.1	031301017001	脚手架搭拆	项	1	2233.55	2233.55
1.1.1	3116-60	电气设备安装工程脚手架搭拆费	100 元	493.05780	4.53	2233.55
本页小计						2233.55
合　计						2233.55

表 20.2.2-34　安全文明施工措施费详细清单与计价表

工程名称：某六层高办公楼电气安装

序号	项目编码	项 目 名 称	项目特征描述	计量单位	工程量	金额（元）	
						综合单价	合价
1	1	安全文明施工措施费		项			1885.28
2	（1）	安全文明施工措施费（按费率计算）		项			1885.28
3	（2）	其他安全文明施工措施（按清单列项）		项			
4	（2.1）	临时围挡费		项			
5	（2.2）	基坑内场地硬地化		项			
本页小计							1885.28
合　计							1885.28

表 20.2.2-35　其他项目清单与计价汇总表

工程名称：某六层高办公楼电气安装　　　　　　标段：

序号	项 目 名 称	金额（元）	备　注
1	材料设备暂估价		
2	计日工		
3	总承包服务费	236.60	
3.1	总包管理服务费		
3.2	发包人供应材料保管费		
3.3	发包人供应设备保管费	236.60	
4	发包人供应材料费		
合　计		236.60	

注：编制招标控制价时，材料设备暂估价计入清单项目综合单价，此处不汇总。

表 20.2.2-36 材料设备暂估价计价表

工程名称：某六层高办公楼电气安装　　　　　　　　标段：

序号	材料名称、规格、型号	计量单位	数量	暂估单价（元）	结算单价（元）	价差（元）	合价（元）
本页小计							
合　计							

表 20.2.2-37 发包人供应材料（设备）明细表

工程名称：某六层高办公楼电气安装　　　　　　　　标段：

序号	材料设备名称、规格及型号	单位	数量	单价（元）	合价（元）	备注
1	配电箱 M	台	1.000	2780.00	2780.00	
2	配电箱 M1-1~2	台	2.000	1260.00	2520.00	
3	配电箱 M1	台	1.000	960.00	960.00	
4	配电箱 M2~6	台	5.000	1440.00	7200.00	
5	配电箱 M2~6-1~2	台	10.000	1020.00	10200.00	
合　计					23660.00	

表 20.2.2-38 规费、应纳税费项目清单与计价表

工程名称：某六层高办公楼电气安装　　　　　　　　标段：

序号	项 目 名 称	计 算 基 础	费率（%）	金额（元）
1	规费	（分部分项工程费＋措施项目工程费＋其他项目费）中的人工费	18.00	9032.96
2	应纳税费	应纳税费合计		4988.24
2.1	增值税应纳税额	分部分项工程费＋措施项目费＋其他项目费＋规费	3.14	4453.79
2.2	城市维护建设税、教育费附加及地方教育费附加	增值税应纳税额	12.00	534.45
合　计				14021.20

表 20.2.2-39 暂列金额明细表

工程名称：某六层高办公楼电气安装　　　　　　　　标段：

序号	项 目 名 称	计量单位	暂列金额（元）	备　注
1	安装单项工程			
1.1	暂列金额	项	7400.00	含税建安工程造价 × 暂列金额费率（5%）
本页小计			7400.00	
合　计			7400.00	

表 20.2.2–40　主要设备材料价格表

工程名称：某六层高办公楼电气安装

序号	材料设备编码	材料设备名称	品牌	规格、型号等	单位	单价（元）
1	BGO0029_1	阻燃铜芯单塑线 ZR–BV–2.5mm^2			m	1.70
2	BGO0031_1	阻燃铜芯单塑线 ZR–BV–6mm^2			m	3.86
3	BGO0032_1	阻燃铜芯单塑线 ZR–BV–10mm^2			m	6.51
4	BGX0041_1	单相单控双联暗开关			个	5.80
5	BGX0042_1	单相单控三联暗开关			个	7.80
6	BGX0043_1	单相单控四联暗开关			个	12.30
7	BGY0055_1	单相三极暗插座			个	9.60
8	BGZ0029_1	难燃线管接线盒			个	2.20
9	BHA0241_1	双头应急灯 YJ4–2A4X			套	178.00
10	BHA0251_1	格栅荧光灯盘 XD512–3×20			套	216.00
11	BHA0256_1	光管支架 YG1–2×40			套	58.00
12	BHA0277_1	半圆球吸顶灯 XD1448–1×60 ϕ250			套	43.00
13	BPP0032	刚性阻燃管 ϕ20×1.6			m	2.07
14	BPP0033	刚性阻燃管 ϕ25×1.9			m	3.36
15	BPP0034	刚性阻燃管 ϕ32×2.5			m	5.62
16	BHS0040_1	风压式百叶排气扇 APB30A48W1200CMH			台	125.00
17	BGH0108_1	配电箱 M			台	2780.00
18	BGH0108_2	配电箱 M1–1~2			台	1260.00
19	BGH0114_1	配电箱 M1			台	960.00
20	BGH0114_2	配电箱 M2~6			台	1440.00
21	BGH0114_3	配电箱 M2~6–1~2			台	1020.00

20.3　给排水安装工程量清单案例编制

20.3.1　给排水安装工程概况及工程量清单编制要求

参照第 17.1.1 小节给排水安装工程概况及工程量清单编制要求。

20.3.2　给排水安装工程量清单案例编制

（1）招标人根据工程的实际情况，拟定管道支架的计算方法如下：

1）外墙给水立管：距离节点 0.5m 处设 1 个支架，中间每隔 3.5m 设 1 个支架，支架形式为一字形支架；

2）天面水平给水管：距离节点 0.5m 处设 1 个支架，中间每隔 3.5m 设 1 个支架，支架形式为工字形支架；

3）卫生间给水立管：每层设 2 个支架，支架形式为 L 形支架；

4）排水横管：距离节点 0.5m 处设 1 个支架，*DN*100 管道中间每隔 1.5m 设 1 个支架，*DN*50 管道中间每隔 1.0m 设 1 个支架，每个大便器连接管设 1 个支架，支架形式为 L 形支架。

（2）招标人拟定的材料规格见表 20.3.2–1。

表 20.3.2–1 材 料 规 格

序号	名　　称	规格	序号	名　　称	规格
1	镀锌钢塑管	*DN*15 δ=3.8	11	铜质螺纹闸阀	Z15W–10 *DN*100
2	镀锌钢塑管	*DN*20 δ=3.8	12	全铜丝扣浮球阀	H724X–4T *DN*50
3	镀锌钢塑管	*DN*25 δ=4	13	全铜螺纹水表	LXS–50
4	镀锌钢塑管	*DN*40 δ=4.25	14	全铜水龙头	GD–720 *DN*15
5	镀锌钢塑管	*DN*50 δ=4.5	15	镀铬三角阀	GD–519 *DN*15
6	镀锌钢塑管	*DN*100 δ=5	16	椭圆形陶瓷立柱式洗手盆	AP301
7	UPVC 塑料排水管	ϕ50 δ=2	17	方形陶瓷蹲式大便器	W829
8	UPVC 塑料排水管	ϕ110 δ=3.2	18	普通挂式陶瓷小便器	W914A
9	铜质螺纹闸阀	Z15W–10 *DN*25	19	UPVC 塑料地面清扫口	ϕ110
10	铜质螺纹闸阀	Z15W–10 *DN*50	20	UPVC 圆形水封地漏	ϕ110

（3）根据《建设工程工程量清单计价规范》GB 50500—2013 的格式，工程量清单案例编制，见表 20.3.2–2~ 表 20.3.2–4。

（4）本案例只编制分部分项工程量清单。措施项目、其他项目和税金项目清单的编制从略，可参照第 20.1 节电气设备安装工程量清单编制案例的编制方法。

表 20.3.2–2 清单工程量计算表

工程名称：某六层高办公楼给排水安装工程

序号	清单项目特征	清单工程量计算过程	单位	清单工程量
		一、市政水表组中点至天面水池进水管（JL 管）		
1	室内镀锌钢塑给水管 *DN*50 δ=4.5 螺纹连接	0.8（水表中点至立管水平段）+（21.3–0.5）（立管）+ 14.5（天面水平段）+（23.3–21.3）（进水池垂直段）+ 0.6（进入水池水平段）	m	38.7
2	市政全铜螺纹水表 LXS–50	1	组	1
3	铜质螺纹闸阀 Z15W–10 *DN*50	1	个	1
4	全铜丝扣浮球阀 H724X–4T *DN*50	1	个	1
5	刚性防水套管 *DN*80（穿 *DN*50 管）	1（过天面）+1（过水池）	个	2
6	镀锌角钢支架制作安装 ∟40×40×4	5 个 ×［（21.3–21）+0.1×2］m/ 个 ×2.422kg/m（天面水平管）	kg	6.06
7	镀锌槽钢支架制作安装 [5	7 个 ×0.1m/ 个 ×5.438kg/m	kg	3.81
		二、天面水池出水管至卫生间立管（JL_1、JL_2）		
8	室内镀锌钢塑给水管 *DN*25 δ=4 螺纹连接	[（24–23.8）+0.2+（24–22）]（透气管）	m	2.4
9	室内镀锌钢塑给水管 *DN*50 δ=4.5 螺纹连接	0.7（过水池壁水平段）+（22–21.3）（水池出水垂直段）+ 0.95（水池出水水平段）+27（天面 JL_1、JL_2 立管间水平段）+（21.3–14–0.4）×2（JL_1、JL_2 立管）	m	43.2
10	室内镀锌钢塑给水管 *DN*40 δ=4.25 螺纹连接	7×2（JL_1、JL_2 立管）	m	14

续表 20.3.2-2

序号	清单项目特征	清单工程量计算过程	单位	清单工程量
11	室内镀锌钢塑给水管 *DN*25 δ=4 螺纹连接	3.5×2（JL_1、JL_2 立管）	m	7
12	铜质螺纹闸阀 Z15W-10 *DN*50	1+1+1	个	3
13	镀锌角钢支架制作安装 L40×40×4	9个×[（21.3-21）+0.1×2] m/个×2.422kg/m（天面水平管）+[10个×0.2m/个（平均）×2.422kg/m]×2（JL_1、JL_2 立管）	kg	20.59
14	刚性防水套管 *DN*80（穿 *DN*50 管）	1（过水池）+2×2（JL_1、JL_2 立管）	个	5
15	刚性防水套管 *DN*65（穿 *DN*40 管）	2×2（JL_1、JL_2 立管）	个	4
16	刚性防水套管 *DN*40（穿 *DN*25 管）	1×2（JL_1、JL_2 立管）	个	2
		三、天面水池其他管道		
17	室内镀锌钢塑给水管 *DN*100 δ=5 螺纹连接	[0.7+（23.1-1.4）]（溢流管）+（21.6-1.3）（清洗管）	m	42.7
18	铜质螺纹闸阀 Z15W-10 *DN*100	1	个	1
19	刚性防水套管 *DN*150（穿 *DN*100 管）	2	个	2
		四、女卫生间给水（二至六层）		
20	室内镀锌钢塑给水管 *DN*25 δ=4 螺纹连接	[0.65+0.25+（1.3-0.4）（垂直段）+7.2+（1.3-1）×7（大便冲洗阀连接管）]×5	m	55.5
21	室内镀锌钢塑给水管 *DN*20 δ=3.8 螺纹连接	0.5（洗脸盆水平段）×5	m	2.5
22	室内镀锌钢塑给水管 *DN*15 δ=3.8 螺纹连接	[0.15+0.25+0.45+（2-1.3）（垂直段）+1.7+0.25+0.1+0.4+（2-0.7）（垂直段）+0.8（洗脸盆水平段）]×5	m	30.5
23	方形陶瓷蹲式大便器 W829	7×5	套	35
24	椭圆形陶瓷立柱式洗手盆 AP301	2×5	组	10
25	铜质螺纹闸阀 Z15W-10 *DN*25	1×5	个	5
26	全铜水龙头 GD-720 *DN*15	1×5	个	5
		五、男卫生间给水（二至六层）		
27	室内镀锌钢塑给水管 *DN*25 δ=4 螺纹连接	[0.65+0.25+（1.3-0.4）（垂直段）+5.55+（1.3-1）×5（大便冲洗阀连接管）]×5	m	44.3
28	室内镀锌钢塑给水管 *DN*20 δ=3.8 螺纹连接	[0.9+0.5（洗脸盆水平段）]×5	m	7
29	室内镀锌钢塑给水管 *DN*15 δ=3.8 螺纹连接	[0.8+0.25+0.45+（2-1.3）（垂直段）+1.7+0.25+0.1+0.4+(2-0.7）（垂直段)+0.8(洗脸盆水平段)+0.85+(1.3-1）×2（小便冲洗阀连接管）]×5	m	41
30	方形陶瓷蹲式大便器 W829	5×5	套	25
31	椭圆形陶瓷立柱式洗手盆 AP301	2×5	组	10
32	普通挂式陶瓷小便器 W914A	2×5	套	10
33	铜质螺纹闸阀 Z15W-10 *DN*25	1×5	个	5

续表 20.3.2-2

序号	清单项目特征	清单工程量计算过程	单位	清单工程量
34	全铜水龙头 GD-720 *DN*15	1×5	个	5
		六、排水立管（WL_1、WL_2、FL_1、FL_2）		
35	室内 UPVC 塑料排水管 ϕ110 δ=3.2 胶水粘结	（23+0.7）×4+1.8×2（污水排出管）+2.2×2（废水排出管）	m	102.8
36	刚性防水套管 *DN*150（穿 *DN*100 管）	6×4（WL_1、WL_2、FL_1、FL_2 立管）	个	24
		七、女卫生间排水（二至六层）		
37	室内 UPVC 塑料排水管 ϕ110 δ=3.2 胶水粘结	［1.55+1.7+8.05+0.3（地漏垂直段）+7.45+0.3（清扫口垂直段）+0.35×7（大便器连接水平段）+0.3×7（大便器连接垂直段）］×5	m	119.5
38	室内 UPVC 塑料排水管 ϕ50 δ=2 胶水粘结	［0.6×2（洗脸盆垂直段）］×5	m	6
39	UPVC 圆形水封地漏 ϕ110	1×5	个	5
40	UPVC 塑料地面清扫口 ϕ110	1×5	个	5
41	刚性防水套管 *DN*65（穿 *DN*40 管）	2（洗脸盆）×5	个	10
		八、男卫生间排水（二至六层）		
42	室内 UPVC 塑料排水管 ϕ110 δ=3.2 胶水粘结	［1.55+1.7+8.05+0.3（地漏垂直段）+7.45+0.3（清扫口垂直段）+0.35×5（大便器连接水平段）+0.3×5（大便器连接垂直段）］×5	m	113
43	室内 UPVC 塑料排水管 ϕ50 δ=2 胶水粘结	［0.6×2（洗脸盆垂直段）+0.8+0.6×2（小便器垂直段）］×5	m	16
44	UPVC 圆形水封地漏 ϕ110	1×5	个	5
45	UPVC 塑料地面清扫口 ϕ110	1×5	个	5
46	刚性防水套管 *DN*65（穿 *DN*40 管）	［2（洗脸盆）+2（小便器）］×5	个	20

表 20.3.2-3　清单工程量汇总表

工程名称：某六层高办公楼给排水安装工程

序号	清单项目特征	清单工程量计算过程	单位	清单工程量
1	室内镀锌钢塑给水管 *DN*15 δ=3.8 螺纹连接	30.5+41	m	71.5
2	室内镀锌钢塑给水管 *DN*20 δ=3.8 螺纹连接	2.5+7	m	9.5
3	室内镀锌钢塑给水管 *DN*25 δ=4 螺纹连接	2.4+7+55.5+44.3	m	109.2
4	室内镀锌钢塑给水管 *DN*40 δ=4.25 螺纹连接	14	m	14
5	室内镀锌钢塑给水管 *DN*50 δ=4.5 螺纹连接	38.7+43.2	m	81.9
6	室内镀锌钢塑给水管 *DN*100 δ=5 螺纹连接	2.7	m	2.7
7	市政全铜螺纹水表 LXS-50	1	组	1
8	铜质螺纹闸阀 Z15W-10 *DN*25	5+5	个	10
9	铜质螺纹闸阀 Z15W-10 *DN*50	1+3	个	4
10	铜质螺纹闸阀 Z15W-10 *DN*100	1	个	1

续表 20.3.2–3

序号	清单项目特征	清单工程量计算过程	单位	清单工程量
11	全铜丝扣浮球阀 H724X–4T *DN*50	1	个	1
12	方形陶瓷蹲式大便器 W829	35+25	套	60
13	椭圆形陶瓷立柱式洗手盆 AP301	10+10	组	20
14	普通挂式陶瓷小便器 W914A	10	套	10
15	镀锌角钢支架制作安装 ∟40×40×4	6.05+20.59	kg	26.64
16	镀锌槽钢支架制作安装 [5	3.81	kg	3.81
17	室内 UPVC 塑料排水管 ϕ50 δ=2 胶水粘接	6+16	m	22
18	室内 UPVC 塑料排水管 ϕ110 δ=3.2 胶水粘接	102.8+119.5+113	m	335.3
19	全铜水龙头 GD–720 *DN*15	5+5	个	10
20	UPVC 圆形水封地漏 ϕ110	5+5	个	10
21	UPVC 塑料地面清扫口 ϕ110	5+5	个	10
22	刚性防水套管 *DN*40（穿 *DN*25 管）	2	个	2
23	刚性防水套管 *DN*65（穿 *DN*40 管）	4+10+20	个	34
24	刚性防水套管 *DN*80（穿 *DN*50 管）	2+5	个	7
25	刚性防水套管 *DN*150（穿 *DN*100 管）	2+24	个	26

表 20.3.2–4　分部分项工程量清单与计价表

工程名称：某六层高办公楼给排水安装工程

序号	项目编码	项目名称	项目特征描述	计量单位	工程量	金额（元）		
						综合单价	合价	材料设备暂估合价
1	031001007001	复合管	（1）安装位置：室内 （2）介质：给水 （3）材质、规格：镀锌钢塑管 *DN*15 δ=3.8mm （4）连接方式：螺纹连接 （5）含管件 （6）压力试验及吹、洗设计要求：管道试压、消毒冲洗 （7）具体详见招标文件及图纸，满足施工规范要求	m	71.50			
2	031001007002	复合管	（1）安装位置：室内 （2）介质：给水 （3）材质、规格：镀锌钢塑管 *DN*20 δ=3.8mm （4）连接方式：螺纹连接 （5）含管件 （6）压力试验及吹、洗设计要求：管道试压、消毒冲洗 （7）具体详见招标文件及图纸，满足施工规范要求	m	9.50			

续表 20.3.2–4

序号	项目编码	项目名称	项目特征描述	计量单位	工程量	金额（元）		
						综合单价	合价	材料设备暂估合价
3	031001007003	复合管	（1）安装位置：室内 （2）介质：给水 （3）材质、规格：镀锌钢塑管 *DN*25 δ=4mm （4）连接方式：螺纹连接 （5）含管件 （6）压力试验及吹、洗设计要求：管道试压、消毒冲洗 （7）具体详见招标文件及图纸，满足施工规范要求	m	109.20			
4	031001007004	复合管	（1）安装位置：室内 （2）介质：给水 （3）材质、规格：镀锌钢塑管 *DN*40 δ=4.25mm （4）连接方式：螺纹连接 （5）含管件 （6）压力试验及吹、洗设计要求：管道试压、消毒冲洗 （7）具体详见招标文件及图纸，满足施工规范要求	m	14.00			
5	031001007005	复合管	（1）安装位置：室内 （2）介质：给水 （3）材质、规格：镀锌钢塑管 *DN*50 δ=4.5mm （4）连接方式：螺纹连接 （5）含管件 （6）压力试验及吹、洗设计要求：管道试压、消毒冲洗 （7）具体详见招标文件及图纸，满足施工规范要求	m	81.90			
6	031001007006	复合管	（1）安装位置：室内 （2）介质：给水 （3）材质、规格：镀锌钢塑管 *DN*100 δ=5mm （4）连接方式：螺纹连接 （5）含管件 （6）压力试验及吹、洗设计要求：管道试压、消毒冲洗 （7）具体详见招标文件及图纸，满足施工规范要求	m	2.70			
7	031003013001	水表	（1）名称：市政全铜螺纹水表 LXS-50 （2）安装部位（室内外）：室内 （3）型号、规格：N50 （4）连接形式：螺纹连接	组	1			

续表 20.3.2–4

序号	项目编码	项目名称	项目特征描述	计量单位	工程量	金额（元）		
						综合单价	合价	材料设备暂估合价
7	031003013001	水表	（5）附件配置：含配套螺纹闸板阀 *DN*50 Z15T–16 （6）具体详见招标文件及图纸，满足施工规范要求	组	1			
8	031003001001	螺纹阀门	（1）类型：闸阀 Z15W–10 （2）材质：铜质 （3）规格、压力等级：*DN*25 1.0MPa （4）连接形式：螺纹连接 （5）具体详见招标文件及图纸，满足施工规范要求	个	10			
9	031003001002	螺纹阀门	（1）类型：闸阀 Z15W–10 （2）材质：铜质 （3）规格、压力等级：*DN*50 1.0MPa （4）连接形式：螺纹连接 （5）具体详见招标文件及图纸，满足施工规范要求	个	4			
10	031003001003	螺纹阀门	（1）类型：闸阀 Z15W–10 （2）材质：铜质 （3）规格、压力等级：*DN*100 1.0MPa （4）连接形式：螺纹连接 （5）具体详见招标文件及图纸，满足施工规范要求	个	1			
11	031003001004	螺纹阀门	（1）类型：浮球阀 H724X–4T （2）材质：铜质 （3）规格、压力等级：*DN*50 （4）连接形式：螺纹连接 （5）具体详见招标文件及图纸，满足施工规范要求	个	1			
12	030815001001	管架制作安装	（1）名称：一般管道支架制作安装 （2）材质及管架形式：镀锌槽钢 [5 （3）具体详见招标文件及图纸，满足施工规范要求	kg	26.64			
13	030815001002	管架制作安装	（1）名称：一般管道支架制作安装 （2）材质及管架形式：镀锌角钢 L40×40×4 （3）具体详见招标文件及图纸，满足施工规范要求	kg	3.81			
14	031201003001	金属结构刷油	（1）结构类型：管道支架刷油 （2）油漆品种：先刷红丹防锈漆 2 遍，再刷醇酸磁漆 2 遍 （3）具体详见招标文件及图纸，满足施工规范要求	kg	30.45			

续表 20.3.2–4

序号	项目编码	项目名称	项目特征描述	计量单位	工程量	金额（元）		
						综合单价	合价	材料设备暂估合价
15	031004006001	大便器	（1）方形陶瓷蹲式大便器 W829 （2）含手柄式大便冲洗阀 （3）含 UPVC P 型大便器存水弯 ϕ110 等给排水五金配件 （4）具体详见招标文件及图纸，满足施工规范要求	套	60			
16	031004003001	洗手盆	（1）椭圆形陶瓷立柱式洗手盆 （2）含 1 个单冷手动龙头 （3）含软管、角阀、存水弯等给排水五金配件 （4）具体详见招标文件及图纸，满足施工规范要求	组	20			
17	031004007001	小便器	（1）普通挂式陶瓷小便器 W914A （2）配按式小便器冲洗阀 （3）含软管、角阀、存水弯等给排水五金配件 （4）具体详见招标文件及图纸，满足施工规范要求	套	10			
18	031001006001	塑料管	（1）安装位置：室内 （2）介质：重力污、废水 （3）材质、规格：UPVC 塑料排水管 ϕ50 δ=2mm （4）连接形式：胶水粘接 （5）含管件 （6）具体详见招标文件及图纸，满足施工规范要求	m	22.00			
19	031001006002	塑料管	（1）安装位置：室内 （2）介质：重力污、废水 （3）材质、规格：UPVC 塑料排水管 ϕ110 δ=3.2mm （4）连接形式：胶水粘接 （5）含管件 （6）具体详见招标文件及图纸，满足施工规范要求	m	335.30			
20	031004014001	给、排水附（配）件	（1）全铜水龙头 GD–720 *DN*15 （2）具体详见招标文件及图纸，满足施工规范要求	个	10			
21	031004014002	给、排水附（配）件	（1）名称：UPVC 圆形水封地漏 ϕ110 （2）具体详见招标文件及图纸，满足施工规范要求	个	10			
22	031004014003	给、排水附（配）件	（1）UPVC 塑料地面清扫口 ϕ110 （2）具体详见招标文件及图纸，满足施工规范要求	个	10			

续表 20.3.2-4

序号	项目编码	项目名称	项目特征描述	计量单位	工程量	金额（元）		
						综合单价	合价	材料设备暂估合价
23	031002003001	套管	（1）名称、类型：刚性防水套管 （2）规格：穿管管径 *DN*25 （3）填料材质：按设计要求 （4）具体详见招标文件及图纸，满足施工规范要求	个	2			
24	031002003002	套管	（1）名称、类型：刚性防水套管 （2）规格：穿管管径 *DN*40 （3）填料材质：按设计要求 （4）具体详见招标文件及图纸，满足施工规范要求	个	34			
25	031002003003	套管	（1）名称、类型：刚性防水套管 （2）规格：穿管管径 *DN*50 （3）填料材质：按设计要求 （4）具体详见招标文件及图纸，满足施工规范要求	个	7			
26	031002003004	套管	（1）名称、类型：刚性防水套管 （2）规格：穿管管径 *DN*100 （3）填料材质：按设计要求 （4）具体详见招标文件及图纸，满足施工规范要求	个	26			
		分部小计						
合　计								

20.4 给排水安装工程量清单计价案例

20.4.1 给排水安装工程量清单计价要求

在第 20.3 节工程量清单编制案例中，投标人根据企业的实际情况确定人工费、材料设备价和机具价参考《深圳市建设工程价格信息》2019 年第 2 期，缺项材料设备价格按市场确定，费率采用《深圳市建设工程计价费率标准（2018）》的推荐费率。

20.4.2 给排水安装工程量清单计价案例（深圳）

（1）给排水工程工程投标报价依据《建设工程工程量清单计价规范》GB 50500—2013 及《通用安装工程工程量计算规范》GB 50856—2013 的格式，计价程序按《深圳市建设工程计价规程（2017）》，计价定额按《深圳市安装工程消耗量标准（2003）》《深圳市建设工程施工机械台班定额（2014）》，企业管理费、利润、安全文明施工措施费、规费、应纳税费按《深圳市建设工程计价费率标准（2018）》相应专业工程的推荐费率，人工、材料价格采用 2019 年第 2 期《深圳市建设工程价格信息》，投标人的报价文件，见表 20.4.2-1~ 表 20.4.2-28。

（2）本案例只编制分部分项工程量清单计价和综合单价分析计算。措施项目、其他项目和税金项目清单计价的编制从略，可参照第 20.2 节电气设备安装工程量清单计价案例的编制方法。

表 20.4.2–1　分部分项工程量清单与计价表

工程名称：某六层高办公楼给排水安装工程　　　　标段：

序号	项目编码	项目名称	项目特征描述	计量单位	工程量	金额（元）		
						综合单价	合价	材料设备暂估合价
1	031001007001	复合管	（1）安装位置：室内 （2）介质：给水 （3）材质、规格：镀锌钢塑管 $DN15$ δ=3.8mm （4）连接方式：螺纹连接 （5）含管件 （6）压力试验及吹、洗设计要求：管道试压、消毒冲洗 （7）具体详见招标文件及图纸，满足施工规范要求	m	71.50	57.22	4091.23	
2	031001007002	复合管	（1）安装位置：室内 （2）介质：给水 （3）材质、规格：镀锌钢塑管 $DN20$ δ=3.8mm （4）连接方式：螺纹连接 （5）含管件 （6）压力试验及吹、洗设计要求：管道试压、消毒冲洗 （7）具体详见招标文件及图纸，满足施工规范要求	m	9.50	61.60	585.20	
3	031001007003	复合管	（1）安装位置：室内 （2）介质：给水 （3）材质、规格：镀锌钢塑管 $DN25$ δ=4mm （4）连接方式：螺纹连接 （5）含管件 （6）压力试验及吹、洗设计要求：管道试压、消毒冲洗 （7）具体详见招标文件及图纸，满足施工规范要求	m	109.20	76.40	8342.88	
4	031001007004	复合管	（1）安装位置：室内 （2）介质：给水 （3）材质、规格：镀锌钢塑管 $DN40$ δ=4.25mm （4）连接方式：螺纹连接 （5）含管件 （6）压力试验及吹、洗设计要求：管道试压、消毒冲洗 （7）具体详见招标文件及图纸，满足施工规范要求	m	14.00	101.51	1421.14	
5	031001007005	复合管	（1）安装位置：室内 （2）介质：给水 （3）材质、规格：镀锌钢塑管 $DN50$ δ=4.5mm （4）连接方式：螺纹连接	m	81.90	124.16	10168.70	

续表 20.4.2-1

序号	项目编码	项目名称	项目特征描述	计量单位	工程量	金额（元）		
						综合单价	合价	材料设备暂估合价
5	031001007005	复合管	（5）含管件 （6）压力试验及吹、洗设计要求：管道试压、消毒冲洗 （7）具体详见招标文件及图纸，满足施工规范要求	m	81.90	124.16	10168.70	
6	031001007006	复合管	（1）安装位置：室内 （2）介质：给水 （3）材质、规格：镀锌钢塑管 *DN*100 δ=5mm （4）连接方式：螺纹连接 （5）含管件 （6）压力试验及吹、洗设计要求：管道试压、消毒冲洗 （7）具体详见招标文件及图纸，满足施工规范要求	m	2.70	178.59	482.19	
7	031003013001	水表	（1）名称：市政全铜螺纹水表 LXS-50 （2）安装部位（室内外）：室内 （3）型号、规格：*DN*50 （4）连接形式：螺纹连接 （5）附件配置：含配套螺纹闸板阀 *DN*50 Z15T-16 （6）具体详见招标文件及图纸，满足施工规范要求	组	1	343.36	343.36	
8	031003001001	螺纹阀门	（1）类型：闸阀 Z15W-10 （2）材质：铜质 （3）规格、压力等级：*DN*25 1.0MPa （4）连接形式：螺纹连接 （5）具体详见招标文件及图纸，满足施工规范要求	个	10	75.06	750.60	
9	031003001002	螺纹阀门	（1）类型：闸阀 Z15W-10 （2）材质：铜质 （3）规格、压力等级：*DN*50 1.0MPa （4）连接形式：螺纹连接 （5）具体详见招标文件及图纸，满足施工规范要求	个	4	197.23	788.92	
10	031003001003	螺纹阀门	（1）类型：闸阀 Z15W-10 （2）材质：铜质 （3）规格、压力等级：*DN*100 1.0MPa （4）连接形式：螺纹连接 （5）具体详见招标文件及图纸，满足施工规范要求	个	1	384.71	384.71	

续表 20.4.2-1

序号	项目编码	项目名称	项目特征描述	计量单位	工程量	金额（元）		
						综合单价	合价	材料设备暂估合价
11	031003001004	螺纹阀门	（1）类型：浮球阀 H724X-4T （2）材质：铜质 （3）规格、压力等级：*DN*50 （4）连接形式：螺纹连接 （5）具体详见招标文件及图纸，满足施工规范要求	个	1	1109.37	1109.37	
12	030815001001	管架制作安装	（1）名称：一般管道支架制作安装 （2）材质及管架形式：镀锌槽钢 [5 （3）具体详见招标文件及图纸，满足施工规范要求	kg	26.64	26.03	693.44	
13	030815001002	管架制作安装	（1）名称：一般管道支架制作安装 （2）材质及管架形式：镀锌角钢∟40×40×4 （3）具体详见招标文件及图纸，满足施工规范要求	kg	3.81	24.52	93.42	
14	031201003001	金属结构刷油	（1）结构类型：管道支架刷油 （2）油漆品种：先刷红丹防锈漆 2 遍，再刷醇酸磁漆 2 遍 （3）具体详见招标文件及图纸，满足施工规范要求	kg	30.45	3.94	119.97	
15	031004006001	大便器	（1）方形陶瓷蹲式大便器 W829 （2）含手柄式大便冲洗阀 （3）含 UPVC P 型大便器存水弯 ϕ110 等给排水五金配件 （4）具体详见招标文件及图纸，满足施工规范要求	套	60	609.67	36580.20	
16	031004003001	洗手盆	（1）椭圆形陶瓷立柱式洗手盆 （2）含 1 个单冷手动龙头 （3）含软管、角阀、存水弯等给排水五金配件 （4）具体详见招标文件及图纸，满足施工规范要求	组	20	627.23	12544.60	
17	031004007001	小便器	（1）普通挂式陶瓷小便器 W914A （2）配按式小便器冲洗阀 （3）含软管、角阀、存水弯等给排水五金配件 （4）具体详见招标文件及图纸，满足施工规范要求	套	10	711.16	7111.60	
18	031001006001	塑料管	（1）安装位置：室内 （2）介质：重力污、废水 （3）材质、规格：UPVC 塑料排水管 ϕ50 δ=2mm （4）连接形式：胶水粘接 （5）含管件 （6）具体详见招标文件及图纸，满足施工规范要求	m	22.00	52.07	1145.54	

续表 20.4.2–1

序号	项目编码	项目名称	项目特征描述	计量单位	工程量	金额（元）		
						综合单价	合价	材料设备暂估合价
19	031001006002	塑料管	（1）安装位置：室内 （2）介质：重力污、废水 （3）材质、规格：UPVC 塑料排水管 ϕ110　δ=3.2mm （4）连接形式：胶水粘接 （5）含管件 （6）具体详见招标文件及图纸，满足施工规范要求	m	335.30	101.90	34167.07	
20	031004014001	给、排水附（配）件	（1）全铜水龙头 GD–720 *DN*15 （2）具体详见招标文件及图纸，满足施工规范要求	个	10	24.99	249.90	
21	031004014002	给、排水附（配）件	（1）名称：UPVC 圆形水封地漏 ϕ110 （2）具体详见招标文件及图纸，满足施工规范要求	个	10	110.10	1101.00	
22	031004014003	给、排水附（配）件	（1）UPVC 塑料地面清扫口 ϕ110 （2）具体详见招标文件及图纸，满足施工规范要求	个	10	32.00	320.00	
23	031002003001	套管	（1）名称、类型：刚性防水套管 （2）规格：穿管管径 *DN*25 （3）填料材质：按设计要求 （4）具体详见招标文件及图纸，满足施工规范要求	个	2	368.58	737.16	
24	031002003002	套管	（1）名称、类型：刚性防水套管 （2）规格：穿管管径 *DN*40 （3）填料材质：按设计要求 （4）具体详见招标文件及图纸，满足施工规范要求	个	34	417.53	14196.02	
25	031002003003	套管	（1）名称、类型：刚性防水套管 （2）规格：穿管管径 *DN*50 （3）填料材质：按设计要求 （4）具体详见招标文件及图纸，满足施工规范要求	个	7	447.25	3130.75	
26	031002003004	套管	（1）名称、类型：刚性防水套管 （2）规格：穿管管径 *DN*100 （3）填料材质：按设计要求 （4）具体详见招标文件及图纸，满足施工规范要求	个	26	919.8	23914.8	
		分部小计				164573.77		
合　计							164573.77	

表 20.4.2–2　工程量清单综合单价分析表

工程名称：某六层高办公楼给排水安装工程

项目编码	031001007001	项目名称	复合管	计量单位	m

清单综合单价组成明细

子目编号	子目名称	单位	数量	单价 人工费	单价 材料费	单价 工程设备费	单价 机械费	单价 企业管理费和利润	合价 人工费	合价 材料费	合价 工程设备费	合价 机械费	合价 企业管理费和利润
3081–108换	室内镀锌钢管安装（螺纹连接）*DN*15（室内镀锌钢塑给水管 *DN*15 δ=3.8mm）	10m	0.10	271.79	212.56			75.58	27.18	21.26			7.56
3081–354	管道消毒、冲洗 *DN*50	100m	0.01	81.62	18.99			20.46	0.82	0.19			0.20
小　计									28.00	21.45			7.76
清单项目综合单价									57.21				

费用明细		内　容	单位	数量	单价（元）	合价（元）	暂估单价（元）	暂估合价（元）
费用明细	人工	安装工日	工日	0.1612	173.67	28.00		
	材料	普通水泥 42.5（R）	kg	0.1340	0.64	0.09		
	材料	水	m^3	0.0550	3.77	0.21		
	材料	室内镀锌钢塑给水管 *DN*15　δ=3.8mm	m	1.0200	18.42	18.79		
	材料	钢锯条	根	0.3790	0.32	0.12		
	材料	室内镀锌钢管接头零件 *DN*15	个	1.6370	1.08	1.77		
	材料	漂白粉	kg	0.0009	1.60	0.00		
	材料	聚四氟乙烯生料带	m	0.4200	0.50	0.21		
	材料	镀锌铁丝 φ4~φ2.8	kg	0.0140	4.60	0.06		
	材料	砂	m^3	0.0012	35.00	0.04		
	材料	其他材料费	元	0.1570	1.00	0.16		

表 20.4.2–3 工程量清单综合单价分析表

工程名称：某六层高办公楼给排水安装工程

<table>
<tr><td colspan="2">项目编码</td><td colspan="3">031001007002</td><td colspan="2">项目名称</td><td colspan="4">复合管</td><td colspan="2">计量单位</td><td>m</td></tr>
<tr><td colspan="14">清单综合单价组成明细</td></tr>
<tr><td rowspan="2">子目编号</td><td rowspan="2">子目名称</td><td rowspan="2">单位</td><td rowspan="2">数量</td><td colspan="5">单价</td><td colspan="5">合价</td></tr>
<tr><td>人工费</td><td>材料费</td><td>工程设备费</td><td>机械费</td><td>企业管理费和利润</td><td>人工费</td><td>材料费</td><td>工程设备费</td><td>机械费</td><td>企业管理费和利润</td></tr>
<tr><td>3081–109换</td><td>室内镀锌钢管安装（螺纹连接）DN20（室内镀锌钢塑给水管 DN20 δ=3.8mm）</td><td>10m</td><td>0.10</td><td>271.79</td><td>254.26</td><td></td><td></td><td>77.67</td><td>27.18</td><td>25.43</td><td></td><td></td><td>7.77</td></tr>
<tr><td>3081–354</td><td>管道消毒、冲洗 DN50</td><td>100m</td><td>0.01</td><td>81.62</td><td>18.99</td><td></td><td></td><td>20.46</td><td>0.82</td><td>0.19</td><td></td><td></td><td>0.20</td></tr>
<tr><td></td><td></td><td></td><td></td><td></td><td></td><td></td><td></td><td></td><td></td><td></td><td></td><td></td><td></td></tr>
<tr><td colspan="9">小计</td><td>28.00</td><td>25.62</td><td></td><td></td><td>7.97</td></tr>
<tr><td colspan="9">清单项目综合单价</td><td colspan="5">61.59</td></tr>
<tr><td rowspan="12">费用明细</td><td colspan="7">内容</td><td>单位</td><td>数量</td><td>单价（元）</td><td>合价（元）</td><td>暂估单价（元）</td><td>暂估合价（元）</td></tr>
<tr><td>人工</td><td colspan="6">安装工日</td><td>工日</td><td>0.1612</td><td>173.67</td><td>28.00</td><td></td><td></td></tr>
<tr><td rowspan="10">材料</td><td colspan="6">普通水泥 42.5（R）</td><td>kg</td><td>0.3710</td><td>0.64</td><td>0.24</td><td></td><td></td></tr>
<tr><td colspan="6">水</td><td>m^3</td><td>0.0560</td><td>3.77</td><td>0.21</td><td></td><td></td></tr>
<tr><td colspan="6">室内镀锌钢塑给水管 DN20 δ=3.8mm</td><td>m</td><td>1.0200</td><td>22.65</td><td>23.10</td><td></td><td></td></tr>
<tr><td colspan="6">钢锯条</td><td>根</td><td>0.3410</td><td>0.32</td><td>0.11</td><td></td><td></td></tr>
<tr><td colspan="6">室内镀锌钢管接头零件 DN20</td><td>个</td><td>1.1520</td><td>1.23</td><td>1.42</td><td></td><td></td></tr>
<tr><td colspan="6">漂白粉</td><td>kg</td><td>0.0009</td><td>1.60</td><td>0.00</td><td></td><td></td></tr>
<tr><td colspan="6">聚四氟乙烯生料带</td><td>m</td><td>0.3700</td><td>0.50</td><td>0.19</td><td></td><td></td></tr>
<tr><td colspan="6">镀锌铁丝 φ4~φ2.8</td><td>kg</td><td>0.0390</td><td>4.60</td><td>0.18</td><td></td><td></td></tr>
<tr><td colspan="6">砂</td><td>m^3</td><td>0.0010</td><td>35.00</td><td>0.04</td><td></td><td></td></tr>
<tr><td colspan="6">其他材料费</td><td>元</td><td>0.1370</td><td>1.00</td><td>0.14</td><td></td><td></td></tr>
</table>

表 20.4.2–4 工程量清单综合单价分析表

工程名称：某六层高办公楼给排水安装工程

项目编码	031001007003		项目名称		复合管						计量单位		m
清单综合单价组成明细													
子目编号	子目名称	单位	数量	单价					合价				
				人工费	材料费	工程设备费	机械费	企业管理费和利润	人工费	材料费	工程设备费	机械费	企业管理费和利润
3081–110 换	室内镀锌钢管安装（螺纹连接）*DN*25（室内镀锌钢塑给水管 *DN*25 δ=4mm）	10m	0.10	326.67	329.19		1.34	94.62	32.67	32.92		0.13	9.46
3081–354	管道消毒、冲洗 *DN*50	100m	0.01	81.62	18.99			20.46	0.82	0.19			0.20
小　计									33.49	33.11		0.13	9.67
清单项目综合单价									76.4				
费用明细	内　容							单位	数量	单价（元）	合价（元）	暂估单价（元）	暂估合价（元）
	人工	安装工日						工日	0.1928	173.67	33.48		
	材料	普通水泥 42.5（R）						kg	0.4200	0.64	0.27		
		水						m^3	0.0580	3.77	0.22		
		室内镀锌钢塑给水管 *DN*25 δ=4mm						m	1.0200	29.63	30.22		
		钢锯条						根	0.2550	0.32	0.08		
		砂轮片 ϕ400						片	0.0050	20.15	0.10		
		室内镀锌钢管接头零件 *DN*25						个	0.9780	1.67	1.63		
		漂白粉						kg	0.0009	1.60	0.00		
		聚四氟乙烯生料带						m	0.4060	0.50	0.20		
		镀锌铁丝 ϕ4~ϕ2.8						kg	0.0440	4.60	0.20		
		砂						m^3	0.0010	35.00	0.04		
		其他材料费						元	0.1410	1.00	0.14		
	机械	管子切断机 ϕ60mm 以内						台班	0.0020	19.56	0.04		
		管子切断套丝机 ϕ159mm 以内						台班	0.0030	31.58	0.09		

表 20.4.2-5　工程量清单综合单价分析表

工程名称：某六层高办公楼给排水安装工程

项目编码	031001007004	项目名称	复合管	计量单位	m

清单综合单价组成明细

子目编号	子目名称	单位	数量	单价					合价				
				人工费	材料费	工程设备费	机械费	企业管理费和利润	人工费	材料费	工程设备费	机械费	企业管理费和利润
3081-112换	室内镀锌钢管安装（螺纹连接）*DN*40（室内镀锌钢塑给水管 *DN*40 δ=4.25mm）	10m	0.10	387.81	496.21		1.34	117.59	38.78	49.62		0.13	11.76
3081-354	管道消毒、冲洗 *DN*50	100m	0.01	81.62	18.99			0.46	0.82	0.19			0.20
小计									39.60	49.81		0.13	11.97
清单项目综合单价									101.51				

费用明细		内容	单位	数量	单价（元）	合价（元）	暂估单价（元）	暂估合价（元）
	人工	安装工日	工日	0.2280	173.67	39.60		
	材料	普通水泥 42.5（R）	kg	0.0690	0.64	0.04		
		水	m^3	0.0630	3.77	0.24		
		室内镀锌钢塑给水管 *DN*40　δ=4.25mm	m	1.0200	45.77	46.69		
		钢锯条	根	0.2670	0.32	0.09		
		砂轮片 ϕ400	片	0.0050	20.15	0.10		
		室内镀锌钢管接头零件 *DN*40	个	0.7160	3.06	2.19		
		漂白粉	kg	0.0009	1.60	0.00		
		聚四氟乙烯生料带	m	0.4410	0.50	0.22		
		镀锌铁丝 ϕ4~ϕ2.8	kg	0.0010	4.60	0.00		
		砂	m^3	0.0002	35.00	0.01		
		其他材料费	元	0.2330	1.00	0.23		
	机械	管子切断机 ϕ60mm 以内	台班	0.0020	19.56	0.04		
		管子切断套丝机 ϕ159mm 以内	台班	0.0030	31.58	0.09		

表 20.4.2–6 工程量清单综合单价分析表

工程名称：某六层高办公楼给排水安装工程

<table>
<tr><td colspan="2">项目编码</td><td colspan="3">031001007005</td><td colspan="2">项目名称</td><td colspan="4">复合管</td><td colspan="2">计量单位</td><td>m</td></tr>
<tr><td colspan="14">清单综合单价组成明细</td></tr>
<tr><td rowspan="2">子目编号</td><td rowspan="2">子目名称</td><td rowspan="2">单位</td><td rowspan="2">数量</td><td colspan="5">单 价</td><td colspan="5">合 价</td></tr>
<tr><td>人工费</td><td>材料费</td><td>工程设备费</td><td>机械费</td><td>企业管理费和利润</td><td>人工费</td><td>材料费</td><td>工程设备费</td><td>机械费</td><td>企业管理费和利润</td></tr>
<tr><td>3081–113换</td><td>室内镀锌钢管安装（螺纹连接）DN50（室内镀锌钢塑给水管 DN50 δ=4.5mm）</td><td>10m</td><td>0.10</td><td>397.88</td><td>697.55</td><td></td><td>3.70</td><td>130.23</td><td>39.79</td><td>69.76</td><td></td><td>0.37</td><td>13.02</td></tr>
<tr><td>3081–354</td><td>管道消毒、冲洗 DN50</td><td>100m</td><td>0.01</td><td>81.62</td><td>18.99</td><td></td><td></td><td>20.46</td><td>0.82</td><td>0.19</td><td></td><td></td><td>0.20</td></tr>
<tr><td colspan="9">小 计</td><td>40.61</td><td>69.95</td><td></td><td>0.37</td><td>13.23</td></tr>
<tr><td colspan="9">清单项目综合单价</td><td colspan="5">124.16</td></tr>
<tr><td rowspan="15">费用明细</td><td colspan="7">内 容</td><td>单位</td><td>数量</td><td>单价（元）</td><td>合价（元）</td><td>暂估单价（元）</td><td>暂估合价（元）</td></tr>
<tr><td>人工</td><td colspan="6">安装工日</td><td>工日</td><td>0.2338</td><td>173.67</td><td>40.60</td><td></td><td></td></tr>
<tr><td rowspan="11">材料</td><td colspan="6">普通水泥 42.5（R）</td><td>kg</td><td>0.0890</td><td>0.64</td><td>0.06</td><td></td><td></td></tr>
<tr><td colspan="6">水</td><td>m^3</td><td>0.0660</td><td>3.77</td><td>0.25</td><td></td><td></td></tr>
<tr><td colspan="6">线麻</td><td>kg</td><td>0.0014</td><td>6.20</td><td>0.01</td><td></td><td></td></tr>
<tr><td colspan="6">室内镀锌钢塑给水管 DN50 δ=4.5mm</td><td>m</td><td>1.0200</td><td>64.28</td><td>65.57</td><td></td><td></td></tr>
<tr><td colspan="6">钢锯条</td><td>根</td><td>0.1330</td><td>0.32</td><td>0.04</td><td></td><td></td></tr>
<tr><td colspan="6">砂轮片 ϕ400</td><td>片</td><td>0.0220</td><td>20.15</td><td>0.44</td><td></td><td></td></tr>
<tr><td colspan="6">室内镀锌钢管接头零件 DN50</td><td>个</td><td>0.6510</td><td>5.08</td><td>3.31</td><td></td><td></td></tr>
<tr><td colspan="6">漂白粉</td><td>kg</td><td>0.0009</td><td>1.60</td><td>0.00</td><td></td><td></td></tr>
<tr><td colspan="6">镀锌铁丝 ϕ4~ϕ2.8</td><td>kg</td><td>0.0040</td><td>4.60</td><td>0.02</td><td></td><td></td></tr>
<tr><td colspan="6">砂</td><td>m^3</td><td>0.0002</td><td>35.00</td><td>0.01</td><td></td><td></td></tr>
<tr><td colspan="6">其他材料费</td><td>元</td><td>0.2450</td><td>1.00</td><td>0.25</td><td></td><td></td></tr>
<tr><td rowspan="2">机械</td><td colspan="6">管子切断机 ϕ60mm 以内</td><td>台班</td><td>0.0060</td><td>19.56</td><td>0.12</td><td></td><td></td></tr>
<tr><td colspan="6">管子切断套丝机 ϕ159mm 以内</td><td>台班</td><td>0.0080</td><td>31.58</td><td>0.25</td><td></td><td></td></tr>
</table>

表 20.4.2–7　工程量清单综合单价分析表

工程名称：某六层高办公楼给排水安装工程

项目编码	031001007006	项目名称	复合管								计量单位		m
清单综合单价组成明细													
子目编号	子目名称	单位	数量	单价					合价				
				人工费	材料费	工程设备费	机械费	企业管理费和利润	人工费	材料费	工程设备费	机械费	企业管理费和利润
3081–116换	室内镀锌钢管安装（螺纹连接）*DN*100（室内镀锌钢塑给水管 *DN*100 δ=5mm）	10m	0.10	488.53	1074.99		33.31	172.80	48.85	107.50		3.33	17.28
3081–355	管道消毒、冲洗 *DN*100	100m	0.01	105.94	30.38			26.84	1.06	0.30			0.27
小　计									49.91	107.80		3.33	17.55
清单项目综合单价									178.59				
费用明细	内　容							单位	数量	单价（元）	合价（元）	暂估单价（元）	暂估合价（元）
	人工	安装工日						工日	0.2874	173.67	49.91		
	材料	普通水泥 42.5（R）						kg	0.0990	0.64	0.06		
		水						m^3	0.1110	3.77	0.42		
		线麻						kg	0.0020	6.20	0.01		
		砂轮片 ϕ400						片	0.0210	20.15	0.42		
		室内镀锌钢管接头零件 *DN*100						个	0.2680	22.13	5.93		
		漂白粉						kg	0.0014	1.60	0.00		
		室内镀锌钢塑给水管 *DN*100　δ=5mm						m	1.0200	98.63	100.60		
		镀锌铁丝 ϕ4~ϕ2.8						kg	0.0070	4.60	0.03		
		砂						m^3	0.0004	35.00	0.01		
		其他材料费						元	0.3030	1.00	0.30		
	机械	普通车床 工件直径 × 工件长度 400mm × 2000mm						台班	0.0130	244.61	3.18		
		管子切断机 ϕ150mm 以内						台班	0.0030	50.24	0.15		

表 20.4.2–8　工程量清单综合单价分析表

工程名称：某六层高办公楼给排水安装工程

项目编码	031003013001	项目名称	水表							计量单位		组	
清单综合单价组成明细													
子目编号	子目名称	单位	数量	单价					合价				
				人工费	材料费	工程设备费	机械费	企业管理费和利润	人工费	材料费	工程设备费	机械费	企业管理费和利润
3082–129 换	螺纹水表安装 *DN*50（全铜螺纹水表 LXS–50）	组	1.00	125.04	179.46			38.86	125.04	179.46			38.86
小计									125.04	179.46			38.86
清单项目综合单价									343.36				
费用明细	内容							单位	数量	单价（元）	合价（元）	暂估单价（元）	暂估合价（元）
	人工	安装工日						工日	0.7200	173.67	125.04		
	材料	线麻						kg	0.0030	6.20	0.02		
		锯条						根	0.3400	0.62	0.21		
		螺纹闸板阀 *DN*50 Z15T–16						个	1.0100	45.14	45.59		
		全铜螺纹水表 LXS–50						个	1.0000	132.30	132.30		
		橡胶板 δ=1~3mm						kg	0.1600	7.49	1.20		
		其他材料费						元	0.1400	1.00	0.14		

表 20.4.2–9　工程量清单综合单价分析表

工程名称：某六层高办公楼给排水安装工程

项目编码	031003001001	项目名称	螺纹阀门							计量单位		个	
清单综合单价组成明细													
子目编号	子目名称	单位	数量	单价					合价				
				人工费	材料费	工程设备费	机械费	企业管理费和利润	人工费	材料费	工程设备费	机械费	企业管理费和利润
3082–3 换	阀门安装（螺纹连接）*DN*25（铜质螺纹闸阀 Z15W–10 *DN*25）	个	1.00	19.10	48.95			7.01	19.10	48.95			7.01
小计									19.10	48.95			7.01
清单项目综合单价									75.06				

续表 20.4.2-9

费用明细		内　　容	单位	数量	单价（元）	合价（元）	暂估单价（元）	暂估合价（元）
	人工	安装工日	工日	0.1100	173.67	19.10		
	材料	锯条	根	0.1200	0.62	0.07		
		黑玛钢活接头 *DN*25	个	1.0100	2.31	2.33		
		铜质螺纹闸阀 Z15W-10 *DN*25	个	1.0100	45.60	46.06		
		橡胶板 δ=1~3mm	kg	0.0040	7.49	0.03		
		聚四氟乙烯生料带	m	0.4280	0.50	0.21		
		其他材料费	元	0.2400	1.00	0.24		

表 20.4.2-10　工程量清单综合单价分析表

工程名称：某六层高办公楼给排水安装工程

项目编码	031003001002	项目名称	螺纹阀门								计量单位	个	
清单综合单价组成明细													
子目编号	子目名称	单位	数量	单价					合价				
				人工费	材料费	工程设备费	机械费	企业管理费和利润	人工费	材料费	工程设备费	机械费	企业管理费和利润
3082-6 换	阀门安装（螺纹连接）*DN*50（铜质螺纹闸阀 Z15W-10 *DN*50）	个	1.00	39.94	140.71			16.58	39.94	140.71			16.58
小　　计									39.94	140.71			16.58
清单项目综合单价									197.23				

费用明细		内　　容	单位	数量	单价（元）	合价（元）	暂估单价（元）	暂估合价（元）
	人工	安装工日	工日	0.2300	173.67	39.94		
	材料	线麻	kg	0.0020	6.20	0.01		
		锯条	根	0.3200	0.62	0.20		
		黑玛钢活接头 *DN*50	个	1.0100	6.30	6.36		
		铜质螺纹闸阀 Z15W-10 *DN*50	个	1.0100	132.30	133.62		
		橡胶板 δ=1~3mm	kg	0.0100	7.49	0.07		
		其他材料费	元	0.4400	1.00	0.44		

表 20.4.2–11　工程量清单综合单价分析表

工程名称：某六层高办公楼给排水安装工程

<table>
<tr><td colspan="2">项目编码</td><td colspan="2">031003001003</td><td>项目名称</td><td colspan="6">螺纹阀门</td><td colspan="2">计量单位</td><td>个</td></tr>
<tr><td colspan="14">清单综合单价组成明细</td></tr>
<tr><td rowspan="2">子目编号</td><td rowspan="2" colspan="2">子目名称</td><td rowspan="2">单位</td><td rowspan="2">数量</td><td colspan="5">单　价</td><td colspan="5">合　价</td></tr>
<tr><td>人工费</td><td>材料费</td><td>工程设备费</td><td>机械费</td><td>企业管理费和利润</td><td>人工费</td><td>材料费</td><td>工程设备费</td><td>机械费</td><td>企业管理费和利润</td></tr>
<tr><td>3082–9 换</td><td colspan="2">阀门安装（螺纹连接）DN100（铜质螺纹闸阀 Z15W–10 DN100）</td><td>个</td><td>1.00</td><td>147.62</td><td>192.20</td><td></td><td></td><td>44.89</td><td>147.62</td><td>192.20</td><td></td><td></td><td>44.89</td></tr>
<tr><td></td><td colspan="2"></td><td></td><td></td><td></td><td></td><td></td><td></td><td></td><td></td><td></td><td></td><td></td><td></td></tr>
<tr><td colspan="10">小　计</td><td>147.62</td><td>192.20</td><td></td><td></td><td>44.89</td></tr>
<tr><td colspan="10">清单项目综合单价</td><td colspan="5">384.71</td></tr>
<tr><td rowspan="8">费用明细</td><td colspan="8">内　容</td><td>单位</td><td>数量</td><td>单价（元）</td><td>合价（元）</td><td>暂估单价（元）</td><td>暂估合价（元）</td></tr>
<tr><td>人工</td><td colspan="7">安装工日</td><td>工日</td><td>0.8500</td><td>173.67</td><td>147.62</td><td></td><td></td></tr>
<tr><td rowspan="6">材料</td><td colspan="7">线麻</td><td>kg</td><td>0.0060</td><td>6.20</td><td>0.04</td><td></td><td></td></tr>
<tr><td colspan="7">锯条</td><td>根</td><td>0.7000</td><td>0.62</td><td>0.43</td><td></td><td></td></tr>
<tr><td colspan="7">黑玛钢活接头 DN100</td><td>个</td><td>1.0100</td><td>25.29</td><td>25.54</td><td></td><td></td></tr>
<tr><td colspan="7">铜质螺纹闸阀 Z15W–10 DN100</td><td>个</td><td>1.0100</td><td>163.50</td><td>165.14</td><td></td><td></td></tr>
<tr><td colspan="7">橡胶板 δ=1~3mm</td><td>kg</td><td>0.0370</td><td>7.49</td><td>0.28</td><td></td><td></td></tr>
<tr><td colspan="7">其他材料费</td><td>元</td><td>0.7700</td><td>1.00</td><td>0.77</td><td></td><td></td></tr>
</table>

表 20.4.2–12　工程量清单综合单价分析表

工程名称：某六层高办公楼给排水安装工程

<table>
<tr><td>项目编码</td><td colspan="2">031003001004</td><td>项目名称</td><td colspan="6">螺纹阀门</td><td colspan="2">计量单位</td><td>个</td></tr>
<tr><td colspan="14">清单综合单价组成明细</td></tr>
<tr><td rowspan="2">子目编号</td><td rowspan="2">子目名称</td><td rowspan="2">单位</td><td rowspan="2">数量</td><td colspan="5">单　价</td><td colspan="5">合　价</td></tr>
<tr><td>人工费</td><td>材料费</td><td>工程设备费</td><td>机械费</td><td>企业管理费和利润</td><td>人工费</td><td>材料费</td><td>工程设备费</td><td>机械费</td><td>企业管理费和利润</td></tr>
<tr><td>3082–6 换</td><td>阀门安装（螺纹连接）DN50（全铜丝扣浮球阀 H724X–4T）</td><td>个</td><td>1.00</td><td>39.94</td><td>1009.41</td><td></td><td></td><td>60.02</td><td>39.94</td><td>1009.41</td><td></td><td></td><td>60.02</td></tr>
<tr><td></td><td></td><td></td><td></td><td></td><td></td><td></td><td></td><td></td><td></td><td></td><td></td><td></td><td></td></tr>
<tr><td colspan="9">小　计</td><td>39.94</td><td>1009.41</td><td></td><td></td><td>60.02</td></tr>
<tr><td colspan="9">清单项目综合单价</td><td colspan="5">1109.37</td></tr>
</table>

续表 20.4.2–12

		内　　容	单位	数量	单价（元）	合价（元）	暂估单价（元）	暂估合价（元）
费用明细	人工	安装工日	工日	0.2300	173.67	39.94		
	材料	线麻	kg	0.0020	6.20	0.01		
		锯条	根	0.3200	0.62	0.20		
		黑玛钢活接头 *DN*50	个	1.0100	6.30	6.36		
		全铜丝扣浮球阀 H724X–4T	个	1.0100	992.40	1002.32		
		橡胶板 δ=1~3mm	kg	0.0100	7.49	0.07		
		其他材料费	元	0.4400	1.00	0.44		

表 20.4.2–13　工程量清单综合单价分析表

工程名称：某六层高办公楼给排水安装工程

项目编码	030815001001	项目名称	管架制作安装								计量单位	kg	
清单综合单价组成明细													
子目编号	子目名称	单位	数量	单价					合价				
				人工费	材料费	工程设备费	机械费	企业管理费和利润	人工费	材料费	工程设备费	机械费	企业管理费和利润
3068–1 换	一般管架制作安装（镀锌槽钢⊏5）	100kg	0.01	1344.90	646.59		241.00	370.37	13.45	6.47		2.41	3.70
小　计									13.45	6.47		2.41	3.70
清单项目综合单价									26.03				

		内　　容	单位	数量	单价（元）	合价（元）	暂估单价（元）	暂估合价（元）
费用明细	人工	安装工日	工日	0.0774	173.67	13.45		
	材料	普通水泥 42.5（R）	kg	0.1210	0.64	0.08		
		镀锌槽钢⊏5	kg	1.0600	4.85	5.14		
		氧气（工业用）	m^3	0.0224	4.70	0.11		
		乙炔气	m^3	0.0078	12.73	0.10		
		电焊条 结 422，ϕ3.2	kg	0.0379	7.06	0.27		
		尼龙砂轮片 $\phi500\times25\times4$	片	0.0080	14.11	0.11		
		螺母	kg	0.0207	7.55	0.16		
		螺栓（综合）	kg	0.0461	5.62	0.26		
		其他材料费	元	0.2464	1.00	0.25		
	机械	普通车床 工件直径 × 工件长度 630mm × 2000mm	台班	0.0010	291.86	0.29		
		立式钻床 钻孔直径 ϕ25mm	台班	0.0056	164.46	0.93		
		砂轮切割机 砂轮直径 500mm	台班	0.0025	28.57	0.07		
		交流弧焊机 容量 21kV·A	台班	0.0106	84.00	0.89		
		电焊条烘干箱 容积 $60\times50\times75$（cm^3）	台班	0.0011	33.88	0.04		
		鼓风机 能力 $18m^3$/min	台班	0.0010	191.10	0.19		

表 20.4.2-14　工程量清单综合单价分析表

工程名称：某六层高办公楼给排水安装工程

项目编码	030815001002	项目名称	管架制作安装	计量单位	kg

清单综合单价组成明细													
子目编号	子目名称	单位	数量	单价					合价				
				人工费	材料费	工程设备费	机械费	企业管理费和利润	人工费	材料费	工程设备费	机械费	企业管理费和利润
3068-1 换	一般管架制作安装（镀锌角钢 L40×40×4）	100kg	0.01	1344.90	503.49		241.00	363.21	13.45	5.03		2.41	3.63
小　计									13.45	5.03		2.41	3.63
清单项目综合单价									24.52				

费用明细		内　容	单位	数量	单价（元）	合价（元）	暂估单价（元）	暂估合价（元）
	人工	安装工日	工日	0.0774	173.67	13.45		
	材料	普通水泥 42.5（R）	kg	0.1210	0.64	0.08		
		镀锌角钢 L40×40×4	kg	1.0600	3.50	3.71		
		氧气（工业用）	m^3	0.0224	4.70	0.11		
		乙炔气	m^3	0.0078	12.73	0.10		
		电焊条 结 422，ϕ3.2	kg	0.0379	7.06	0.27		
		尼龙砂轮片 ϕ500×25×4	片	0.0080	14.11	0.11		
		螺母	kg	0.0207	7.55	0.16		
		螺栓（综合）	kg	0.0461	5.62	0.26		
		其他材料费	元	0.2464	1.00	0.25		
	机械	普通车床 工件直径 × 工件长度 630mm×2000mm	台班	0.0010	291.86	0.29		
		立式钻床 钻孔直径 ϕ25mm	台班	0.0056	164.46	0.93		
		砂轮切割机 砂轮直径 500mm	台班	0.0025	28.57	0.07		
		交流弧焊机 容量 21kV·A	台班	0.0106	84.00	0.89		
		电焊条烘干箱 容积 60×50×75（cm^3）	台班	0.0011	33.88	0.04		
		鼓风机 能力 $18m^3/min$	台班	0.0010	191.10	0.19		

表 20.4.2–15 工程量清单综合单价分析表

工程名称：某六层高办公楼给排水安装工程

项目编码	031201003001	项目名称	金属结构刷油	计量单位	kg

清单综合单价组成明细

子目编号	子目名称	单位	数量	单价					合价				
				人工费	材料费	工程设备费	机械费	企业管理费和利润	人工费	材料费	工程设备费	机械费	企业管理费和利润
3111-7	一般钢结构手工除锈 轻锈	100kg	0.01	59.05	0.87		12.80	15.04	0.59	0.01		0.13	0.15
3112-65	一般钢结构 红丹防锈漆 第一遍	100kg	0.01	39.94	15.75		12.80	11.22	0.40	0.16		0.13	0.11
3112-66	一般钢结构 红丹防锈漆 第二遍	100kg	0.01	38.21	13.03		12.80	10.67	0.38	0.13		0.13	0.11
3112-84	一般钢结构 醇酸磁漆 第一遍	100kg	0.01	38.21	14.20		12.80	10.73	0.38	0.14		0.13	0.11
3112-85	一般钢结构 醇酸磁漆 第二遍	100kg	0.01	38.21	13.03		12.80	10.67	0.38	0.13		0.13	0.11
小计									2.13	0.57		0.65	0.59
清单项目综合单价									3.94				

费用明细		内容	单位	数量	单价（元）	合价（元）	暂估单价（元）	暂估合价（元）
费用明细	人工	安装工日	工日	0.0123	173.67	2.14		
	材料	汽油 60#~70#	kg	0.0056	9.01	0.05		
	材料	醇酸漆稀释剂（X6）	kg	0.0042	9.00	0.04		
	材料	破布	kg	0.0015	0.12	0.00		
	材料	铁砂布 0#~2#	张	0.0109	0.40	0.00		
	材料	醇酸磁漆	kg	0.0174	13.48	0.23		
	材料	醇酸防锈漆（C53-1）	kg	0.0211	11.25	0.24		
	材料	钢丝刷	把	0.0015	2.77	0.00		
	机械	汽车式起重机 提升质量 16t	台班	0.0005	1280.04	0.64		

表 20.4.2–16 工程量清单综合单价分析表

工程名称：某六层高办公楼给排水安装工程

项目编码	031004006001	项目名称	大便器								计量单位		组
清单综合单价组成明细													
子目编号	子目名称	单位	数量	单价					合价				
				人工费	材料费	工程设备费	机械费	企业管理费和利润	人工费	材料费	工程设备费	机械费	企业管理费和利润
3083–32 换	蹲式大便器 脚踏阀冲洗（方形陶瓷蹲式大便器 W829）	10 套	0.10	1193.98	4397.51			505.24	119.40	439.75			50.52
小计									119.40	439.75			50.52
清单项目综合单价									609.67				

费用明细		内容	单位	数量	单价（元）	合价（元）	暂估单价（元）	暂估合价（元）
费用明细	人工	安装工日	工日	0.6875	173.67	119.40		
	材料	紫铜管 D6	m	1.4400	8.00	11.52		
		冲洗弯管 *DN*32	根	1.0100	12.00	12.12		
		外螺纹短管（金属）*DN*20	根	1.0100	3.00	3.03		
		手柄式大便冲洗阀	个	1.0100	75.82	76.58		
		大便器胶皮碗	个	1.1000	0.84	0.92		
		UPVC P 型大便器存水弯 ϕ110	个	1.0050	19.66	19.76		
		方形陶瓷蹲式大便器 W829	个	1.0100	215.00	217.15		
		大便器排水接头 de130×110 PVC–U	个	1.1000	12.00	13.20		
		防污器 *DN*20×25	个	1.0100	24.00	24.24		
		脚踏控制器	个	1.0100	18.00	18.18		
		橡胶板 δ=1~3mm	kg	0.0200	7.49	0.15		
		木螺钉 M6×50	个	0.0100	0.07	0.00		
		内螺纹弯头 *DN*25	个	1.0100	35.59	35.95		
		铜丝 16#	kg	0.0800	25.63	2.05		
		红砖	块	16.0000	0.23	3.68		
		其他材料费	元	1.2240	1.00	1.22		

表 20.4.2–17　工程量清单综合单价分析表

工程名称：某六层高办公楼给排水安装工程

项目编码	031004003001	项目名称		洗脸盆						计量单位			组
清单综合单价组成明细													
子目编号	子目名称	单位	数量	单价					合价				
				人工费	材料费	工程设备费	机械费	企业管理费和利润	人工费	材料费	工程设备费	机械费	企业管理费和利润
3083–7 换	洗脸盆 普通冷水（椭圆形立柱式洗手盆）	10 组	0.10	726.98	5115.66			429.54	72.70	511.57			42.95
小　计									72.70	511.57			42.96
清单项目综合单价									627.23				
费用明细	内　容							单位	数量	单价（元）	合价（元）	暂估单价（元）	暂估合价（元）
	人工	安装工日						工日	0.4186	173.67	72.70		
	材料	普通水泥 32.5（R）						kg	0.3000	0.57	0.17		
		镀铬三角阀 GD519 *DN*15						个	1.0100	18.80	18.99		
		单冷手动龙头 *DN*15						个	1.0100	98.00	98.98		
		椭圆形立柱式洗手盆						个	1.0100	232.00	234.32		
		提拉排水装置 *DN*32						套	1.0100	34.00	34.34		
		橡胶板 δ=1~3mm						kg	0.0150	7.49	0.11		
		木螺钉 M6 × 50						个	6.2400	0.07	0.44		
		木材 一级红松						m^3	0.0010	1200.00	1.20		
		镀铬 S 型存水弯						个	1.0050	120.54	121.14		
		天然砂（细砂）						m^3	0.0020	37.00	0.07		
		其他材料费						元	1.8000	1.00	1.80		

表 20.4.2–18　工程量清单综合单价分析表

工程名称：某六层高办公楼给排水安装工程

<table>
<tr><td>项目编码</td><td colspan="2">031004007001</td><td colspan="2">项目名称</td><td colspan="6">小便器</td><td colspan="2">计量单位</td><td>组</td></tr>
<tr><td colspan="14">清单综合单价组成明细</td></tr>
<tr><td rowspan="2">子目编号</td><td rowspan="2">子目名称</td><td rowspan="2">单位</td><td rowspan="2">数量</td><td colspan="5">单　价</td><td colspan="5">合　价</td></tr>
<tr><td>人工费</td><td>材料费</td><td>工程设备费</td><td>机械费</td><td>企业管理费和利润</td><td>人工费</td><td>材料费</td><td>工程设备费</td><td>机械费</td><td>企业管理费和利润</td></tr>
<tr><td>3083–40 换</td><td>壁挂式小便器自闭式冲洗阀（普通挂式陶瓷小便器 W914A）</td><td>10 套</td><td>0.10</td><td>769.01</td><td>5865.48</td><td></td><td></td><td>477.07</td><td>76.90</td><td>586.55</td><td></td><td></td><td>47.71</td></tr>
<tr><td colspan="9">小　计</td><td>76.90</td><td>586.55</td><td></td><td></td><td>47.71</td></tr>
<tr><td colspan="9">清单项目综合单价</td><td colspan="5">711.16</td></tr>
<tr><td rowspan="17">费用明细</td><td colspan="7">内　容</td><td>单位</td><td>数量</td><td>单价（元）</td><td>合价（元）</td><td>暂估单价（元）</td><td>暂估合价（元）</td></tr>
<tr><td>人工</td><td colspan="6">安装工日</td><td>工日</td><td>0.4428</td><td>173.67</td><td>76.90</td><td></td><td></td></tr>
<tr><td rowspan="15">材料</td><td colspan="6">普通水泥 32.5（R）</td><td>kg</td><td>0.5000</td><td>0.57</td><td>0.29</td><td></td><td></td></tr>
<tr><td colspan="6">外螺纹短管（金属）DN50</td><td>m</td><td>0.1000</td><td>8.00</td><td>0.80</td><td></td><td></td></tr>
<tr><td colspan="6">弯头（金属）DN50</td><td>个</td><td>1.0050</td><td>2.00</td><td>2.01</td><td></td><td></td></tr>
<tr><td colspan="6">排水法兰盘 DN50</td><td>个</td><td>1.0050</td><td>3.00</td><td>3.02</td><td></td><td></td></tr>
<tr><td colspan="6">按式小便器冲洗阀</td><td>个</td><td>1.0100</td><td>133.40</td><td>134.73</td><td></td><td></td></tr>
<tr><td colspan="6">普通挂式陶瓷小便器 W914A</td><td>个</td><td>1.0100</td><td>413.00</td><td>417.13</td><td></td><td></td></tr>
<tr><td colspan="6">橡胶板 δ=1~3mm</td><td>kg</td><td>0.0250</td><td>7.49</td><td>0.19</td><td></td><td></td></tr>
<tr><td colspan="6">橡胶止水环 DN50</td><td>个</td><td>1.1000</td><td>3.00</td><td>3.30</td><td></td><td></td></tr>
<tr><td colspan="6">木螺钉 M6×50</td><td>个</td><td>7.2800</td><td>0.07</td><td>0.51</td><td></td><td></td></tr>
<tr><td colspan="6">木材 一级红松</td><td>m^3</td><td>0.0020</td><td>1200.00</td><td>2.40</td><td></td><td></td></tr>
<tr><td colspan="6">铅板 δ=2.6~3.0mm</td><td>kg</td><td>0.0800</td><td>15.00</td><td>1.20</td><td></td><td></td></tr>
<tr><td colspan="6">转换接头 DN50×50 PVC–U</td><td>个</td><td>1.0050</td><td>16.50</td><td>16.58</td><td></td><td></td></tr>
<tr><td colspan="6">PVC–U 硬聚氯乙烯塑料排水管 DN50</td><td>m</td><td>0.5000</td><td>7.80</td><td>3.90</td><td></td><td></td></tr>
<tr><td colspan="6">天然砂（细砂）</td><td>m^3</td><td>0.0010</td><td>37.00</td><td>0.04</td><td></td><td></td></tr>
<tr><td colspan="6">其他材料费</td><td>元</td><td>0.4560</td><td>1.00</td><td>0.46</td><td></td><td></td></tr>
</table>

表 20.4.2–19　工程量清单综合单价分析表

工程名称：某六层高办公楼给排水安装工程

项目编码	031001006001	项目名称	塑料管	计量单位	m

清单综合单价组成明细												
子目编号	子目名称	单位	数量	单价					合价			
				人工费	材料费	工程设备费	机械费	企业管理费和利润	人工费	材料费	工程设备费	机械费	企业管理费和利润
3081–265	室内塑料排水管安装（粘接）*DN*50（UPVC 塑料排水管 ϕ50　δ=2mm）	10m	0.10	307.40	130.05		3.04	80.18	30.74	13.01		0.30	8.02
小　计									30.74	13.01		0.30	8.02
清单项目综合单价									52.07				

费用明细		内　容	单位	数量	单价（元）	合价（元）	暂估单价（元）	暂估合价（元）
	人工	安装工日	工日	0.1770	173.67	30.74		
	材料	扁钢 <–59	kg	0.0600	4.84	0.29		
		黏合剂	kg	0.0330	33.00	1.09		
		锯条	根	0.0680	0.62	0.04		
		透气帽（铅丝球）*DN*50	个	0.0260	5.48	0.14		
		六角带帽螺栓 M6~12 × 12~50	套	0.0520	0.11	0.01		
		膨胀螺栓 M12 × 200	套	0.2740	0.87	0.24		
		承插塑料排水管件 *DN*50	个	0.9020	2.57	2.32		
		伸缩节 *DN*50	个	0.3500	5.90	2.07		
		UPVC 塑料排水管 ϕ50　δ=2mm	m	0.9670	6.48	6.27		
		其他材料费	元	0.5480	1.00	0.55		
	机械	立式钻床 钻孔直径 ϕ25mm	台班	0.0010	164.46	0.16		
		其他机械费	元	0.1400	1.00	0.14		

表 20.4.2-20　工程量清单综合单价分析表

工程名称：某六层高办公楼给排水安装工程

项目编码	031001006002		项目名称	塑料管							计量单位		m
清单综合单价组成明细													
子目编号	子目名称	单位	数量	单价					合价				
				人工费	材料费	工程设备费	机械费	企业管理费和利润	人工费	材料费	工程设备费	机械费	企业管理费和利润
3081-267	室内塑料排水管安装（粘接）*DN*110（UPVC 塑料排水管 ϕ110 δ=3.2mm）	10m	0.10	428.96	460.42		3.84	125.81	42.90	46.04		0.38	12.58
小计									42.90	46.04		0.38	12.58
清单项目综合单价									101.9				
费用明细		内容							单位	数量	单价（元）	合价（元）	暂估单价（元）	暂估合价（元）
	人工	安装工日							工日	0.2470	173.67	42.90		
	材料	扁钢 <-59							kg	0.1600	4.84	0.77		
		黏合剂							kg	0.1240	33.00	4.09		
		锯条							根	0.1940	0.62	0.12		
		六角带帽螺栓 M6~12×12~50							套	0.0700	0.11	0.01		
		膨胀螺栓 M16×200							套	0.4320	2.54	1.10		
		承插塑料排水管件 *DN*100							个	1.1380	13.31	15.15		
		伸缩节 *DN*100							个	0.3500	19.95	6.98		
		UPVC 塑料排水管 ϕ110 δ=3.2mm							m	0.8520	19.35	16.49		
		其他材料费							元	0.8730	1.00	0.87		
		透气帽（铅丝球）*DN*100							个	0.0500	9.23	0.46		
	机械	立式钻床 钻孔直径 ϕ25mm							台班	0.0010	164.46	0.16		
		其他机械费							元	0.2200	1.00	0.22		

表 20.4.2-21　工程量清单综合单价分析表

工程名称：某六层高办公楼给排水安装工程

项目编码	031004014001		项目名称	水龙头							计量单位		个
清单综合单价组成明细													
子目编号	子目名称	单位	数量	单价					合价				
				人工费	材料费	工程设备费	机械费	企业管理费和利润	人工费	材料费	工程设备费	机械费	企业管理费和利润
3083-60 换	普通水龙头安装 *DN*15	10 个	0.10	41.68	188.81			19.40	4.17	18.88			1.94
小计									4.17	18.88			1.94
清单项目综合单价									24.99				
费用明细		内容							单位	数量	单价（元）	合价（元）	暂估单价（元）	暂估合价（元）
	人工	安装工日							工日	0.0240	173.67	4.17		
	材料	全铜水龙头 GD-720 *DN*15							个	1.0100	18.62	18.81		
		聚四氟乙烯生料带							m	0.1380	0.50	0.07		
		其他材料费							元	0.0060	1.00	0.01		

表 20.4.2–22　工程量清单综合单价分析表

工程名称：某六层高办公楼给排水安装工程

项目编码	031004014002	项目名称	给、排水附（配）件						计量单位				个
清单综合单价组成明细													
子目编号	子目名称	单位	数量	单价					合价				
				人工费	材料费	工程设备费	机械费	企业管理费和利润	人工费	材料费	工程设备费	机械费	企业管理费和利润
3083–74 换	地漏安装 *DN*100（UPVC 圆形水封地漏 ϕ110）	10 个	0.10	583.01	360.66			157.37	58.30	36.07			15.74
小计									58.30	36.07			15.74
清单项目综合单价									110.11				
费用明细	内容							单位	数量	单价（元）	合价（元）	暂估单价（元）	暂估合价（元）
	人工	安装工日						工日	0.3357	173.67	58.30		
	材料	普通水泥 32.5（R）						kg	0.7000	0.57	0.40		
		UPVC 圆形水封地漏 ϕ110						个	1.0000	30.31	30.31		
		其他材料费						元	0.0800	1.00	0.08		
		焊接钢管 *DN*100　δ=4mm						m	0.1000	52.75	5.28		

表 20.4.2–23　工程量清单综合单价分析表

工程名称：某六层高办公楼给排水安装工程

项目编码	031004014003	项目名称	给、排水附（配）件						计量单位				个
清单综合单价组成明细													
子目编号	子目名称	单位	数量	单价					合价				
				人工费	材料费	工程设备费	机械费	企业管理费和利润	人工费	材料费	工程设备费	机械费	企业管理费和利润
3083–78 换	地面扫除口安装 *DN*100（UPVC 塑料地面清扫口 ϕ110）	10 个	0.10	151.61	125.87			42.53	15.16	12.59			4.25
小计									15.16	12.59			4.25
清单项目综合单价									32				
费用明细	内容							单位	数量	单价（元）	合价（元）	暂估单价（元）	暂估合价（元）
	人工	安装工日						工日	0.0873	173.67	15.16		
	材料	普通水泥 32.5（R）						kg	0.5000	0.57	0.29		
		UPVC 塑料地面清扫口 ϕ110						个	1.0000	12.30	12.30		

表 20.4.2-24　工程量清单综合单价分析表

工程名称：某六层高办公楼给排水安装工程

项目编码	031002003001	项目名称	套管								计量单位		个
清单综合单价组成明细													
子目编号	子目名称	单位	数量	单价					合价				
				人工费	材料费	工程设备费	机械费	企业管理费和利润	人工费	材料费	工程设备费	机械费	企业管理费和利润
3068-101 换	刚性防水套管制作 公称直径（50mm 以内） （焊接钢管 $DN40$ δ=3.5mm）	个	1.00	87.53	96.67		28.37	27.71	87.53	96.67		28.37	27.71
3068-118	刚性防水套管安装 公称直径（50mm 以内）	个	1.00	90.31	15.62			22.37	90.31	15.62			22.37
小　计									177.84	112.29		28.37	50.08
清单项目综合单价									368.58				

费用明细		内　容	单位	数量	单价（元）	合价（元）	暂估单价（元）	暂估合价（元）
费用明细	人工	安装工日	工日	1.0240	173.67	177.84		
	材料	扁钢 <60	kg	0.9000	4.84	4.35		
		普通水泥 42.5（R）	kg	5.8000	0.64	3.72		
		石棉绒（综合）	kg	2.5000	2.12	5.30		
		油麻	kg	1.2000	5.50	6.60		
		氧气（工业用）	m^3	1.1700	4.70	5.50		
		乙炔气	m^3	0.3900	12.73	4.96		
		电焊条 结 422 ϕ3.2	kg	0.4000	7.06	2.82		
		尼龙砂轮片 $\phi 100\times16\times3$	片	0.0400	3.30	0.13		
		其他材料费	元	0.8800	1.00	0.88		
		普通钢板 $0^\#$~$3^\#$ δ=10~15mm	kg	3.9700	3.55	14.09		
		焊接钢管 $DN40$ δ=3.5mm	kg	3.2600	19.61	63.93		
	机械	普通车床 工件直径 × 工件长度 630mm × 2000mm	台班	0.0200	291.86	5.84		
		电焊条烘干箱 容积 60 × 50 × 75（cm^3）	台班	0.0200	33.88	0.68		
		交流电焊机 21kV · A	台班	0.1600	136.60	21.86		

表 20.4.2–25 工程量清单综合单价分析表

工程名称：某六层高办公楼给排水安装工程

项目编码	031002003002			项目名称		套管						计量单位	个
清单综合单价组成明细													
子目编号	子目名称	单位	数量	单价					合价				
				人工费	材料费	工程设备费	机械费	企业管理费和利润	人工费	材料费	工程设备费	机械费	企业管理费和利润
3068–101 换	刚性防水套管制作 公称直径（50mm 以内）（焊接钢管 *DN*65 δ=3.75mm）	个	1.00	87.53	143.29		28.37	30.04	87.53	143.29		28.37	30.04
3068–118	刚性防水套管安装 公称直径（50mm 以内）	个	1.00	90.31	15.62			22.37	90.31	15.62			22.37
小计									177.84	158.91		28.37	52.41
清单项目综合单价									417.53				

费用明细		内容	单位	数量	单价（元）	合价（元）	暂估单价（元）	暂估合价（元）
	人工	安装工日	工日	1.0240	173.67	177.84		
	材料	扁钢 <60	kg	0.9000	4.84	4.35		
		普通水泥 42.5（R）	kg	5.8000	0.64	3.72		
		石棉绒（综合）	kg	2.5000	2.12	5.30		
		油麻	kg	1.2000	5.50	6.60		
		氧气（工业用）	m^3	1.1700	4.70	5.50		
		乙炔气	m^3	0.3900	12.73	4.96		
		电焊条 结 422 ϕ3.2	kg	0.4000	7.06	2.82		
		尼龙砂轮片 $\phi100\times16\times3$	片	0.0400	3.30	0.13		
		其他材料费	元	0.8800	1.00	0.88		
		普通钢板 $0^{\#}$~$3^{\#}$ δ=10~15mm	kg	3.9700	3.55	14.09		
		焊接钢管 *DN*65 δ=3.75mm	kg	3.2600	33.91	110.55		
	机械	普通车床 工件直径 × 工件长度 630mm × 2000mm	台班	0.0200	291.86	5.84		
		电焊条烘干箱 容积 60 × 50 × 75（cm^3）	台班	0.0200	33.88	0.68		
		交流电焊机 21kV·A	台班	0.1600	136.60	21.86		

表 20.4.2–26　工程量清单综合单价分析表

工程名称：某六层高办公楼给排水安装工程

项目编码	031002003003			项目名称	套管						计量单位		个
清单综合单价组成明细													
子目编号	子目名称	单位	数量	单价					合价				
				人工费	材料费	工程设备费	机械费	企业管理费和利润	人工费	材料费	工程设备费	机械费	企业管理费和利润
3068–101换	刚性防水套管制作 公称直径（50mm 以内） （焊接钢管 *DN*80 δ=4mm）	个	1.00	87.53	171.59		28.37	31.46	87.53	171.59		28.37	31.46
3068–118	刚性防水套管安装 公称直径（50mm 以内）	个	1.00	90.31	15.62			22.37	90.31	15.62			22.37
小　计									177.84	187.21		28.37	53.83
清单项目综合单价									447.25				
费用明细		内　容						单位	数量	单价（元）	合价（元）	暂估单价（元）	暂估合价（元）
	人工	安装工日						工日	1.0240	173.67	177.84		
	材料	扁钢 <60						kg	0.9000	4.84	4.35		
		普通水泥 42.5（R）						kg	5.8000	0.64	3.72		
		石棉绒（综合）						kg	2.5000	2.12	5.30		
		油麻						kg	1.2000	5.50	6.60		
		氧气（工业用）						m^3	1.1700	4.70	5.50		
		乙炔气						m^3	0.3900	12.73	4.96		
		电焊条 结 422 ϕ3.2						kg	0.4000	7.06	2.82		
		尼龙砂轮片 ϕ100×16×3						片	0.0400	3.30	0.13		
		其他材料费						元	0.8800	1.00	0.88		
		普通钢板　$0^{\#}$~$3^{\#}$　δ=10~15mm						kg	3.9700	3.55	14.09		
		焊接钢管 *DN*80　δ=4mm						kg	3.2600	42.59	138.84		
	机械	普通车床 工件直径 × 工件长度 630mm×2000mm						台班	0.0200	291.86	5.84		
		电焊条烘干箱 容积 60×50×75（cm^3）						台班	0.0200	33.88	0.68		
		交流电焊机 21kV·A						台班	0.1600	136.60	21.86		

表 20.4.2–27　工程量清单综合单价分析表

工程名称：某六层高办公楼给排水安装工程

项目编码	031002003004	项目名称	套管							计量单位			个
清单综合单价组成明细													
子目编号	子目名称	单位	数量	单价					合价				
				人工费	材料费	工程设备费	机械费	企业管理费和利润	人工费	材料费	工程设备费	机械费	企业管理费和利润
3068–103 换	刚性防水套管制作 公称直径（100mm 以内） （焊接钢管 DN150 δ=4.5mm）	个	1.00	137.55	515.67		50.75	62.15	137.55	515.67		50.75	62.15
3068–119	刚性防水套管安装 公称直径（150mm 以内）	个	1.00	101.42	26.68			25.58	101.42	26.68			25.58
小　计									238.97	542.35		50.75	87.73
清单项目综合单价									919.8				

费用明细		内　容	单位	数量	单价（元）	合价（元）	暂估单价（元）	暂估合价（元）
费用明细	人工	安装工日	工日	1.3760	173.67	238.97		
	材料	扁钢 <60	kg	1.2500	4.84	6.05		
	材料	普通水泥 42.5（R）	kg	10.0000	0.64	6.41		
	材料	石棉绒（综合）	kg	4.2700	2.12	9.05		
	材料	油麻	kg	2.0400	5.50	11.22		
	材料	氧气（工业用）	m^3	1.6400	4.70	7.71		
	材料	乙炔气	m^3	0.5500	12.73	7.00		
	材料	电焊条 结 422 ϕ3.2	kg	0.5900	7.06	4.17		
	材料	尼龙砂轮片 ϕ100×16×3	片	0.0680	3.30	0.22		
	材料	其他材料费	元	1.2700	1.00	1.27		
	材料	普通钢板　$0^{\#}$~$3^{\#}$　δ=10~15mm	kg	6.1500	3.55	21.83		
	材料	焊接钢管 DN150　δ=4.5mm	kg	5.1400	90.94	467.43		
	机械	普通车床　工件直径 × 工件长度 630mm×2000mm	台班	0.0300	291.86	8.76		
	机械	电焊条烘干箱　容积 60×50×75（cm^3）	台班	0.0300	33.88	1.02		
	机械	交流电焊机 21kV·A	台班	0.3000	136.60	40.98		

表 20.4.2-28 承包人提供主要材料和工程设备一览表

工程名称：某六层高办公楼给排水安装工程

序号	材料设备编码	材料设备名称	品牌	规格、型号等	单位	单价（元）
1	BIG0045_1	室内镀锌钢塑给水管 $DN15$ δ=3.8mm			m	18.42
2	BIG0046_1	室内镀锌钢塑给水管 $DN20$ δ=3.8mm			m	22.65
3	BIG0048_1	室内镀锌钢塑给水管 $DN25$ δ=4mm			m	29.63
4	BIG0051_1	室内镀锌钢塑给水管 $DN40$ δ=4.25mm			m	45.77
5	BIG0052_1	室内镀锌钢塑给水管 $DN50$ δ=4.5mm			m	64.28
6	BPP0019_2	UPVC 塑料排水管 ϕ50 δ=2mm			m	6.48
7	BPP0021_3	UPVC 塑料排水管 ϕ110 δ=3.2mm			m	19.35
8	BIQ0021_1	铜质螺纹闸阀 Z15W-10 $DN25$			个	45.60
9	BIQ0024_1	铜质螺纹闸阀 Z15W-10 $DN50$			个	132.30
10	BIQ0027_1	铜质螺纹闸阀 Z15W-10 $DN100$			个	163.50
11	BIX0004_1	镀铬三角阀 GD519 $DN15$			个	18.80
12	BIQ0024_2	全铜丝扣浮球阀 H724X-4T			个	992.40
13	BJI0122_1	方形陶瓷蹲式大便器 W829			个	215.00
14	BJI0049_1	椭圆形立柱式洗手盆			个	232.00
15	BJI0031_2	普通挂式陶瓷小便器 W914A			个	413.00
16	BJG0017_2	全铜水龙头 GD-720 $DN15$			个	18.62
17	BJG0029_1	单冷手动龙头 $DN15$			个	98.00
18	BIX0001_1	手柄式大便冲洗阀			个	75.82
19	BIX0123_1	按式小便器冲洗阀			个	133.40
20	BPJ0190_1	镀铬 S 型存水弯			个	120.54
21	BDB0020	镀锌角钢∟40×4			kg	3.50
22	BDB0020_1	镀锌槽钢[5			kg	4.85
23	BJK0020_1	UPVC 圆形水封地漏 ϕ110			个	30.31
24	BJK0020_2	UPVC 塑料地面清扫口 ϕ110			个	12.30
25	BJI0113_1	UPVC P 型大便器存水弯 ϕ110			个	19.66
26	BJM0008	透气帽（铅丝球）$DN100$			个	9.23
27	BIG0161_1	焊接钢管 $DN40$ δ=3.5mm			kg	19.61
28	BIG0164_1	焊接钢管 $DN65$ δ=3.75mm			kg	33.91
29	BIG0165_1	焊接钢管 $DN80$ δ=4mm			kg	42.59
30	BIG0166	焊接钢管 $DN100$ δ=4mm			m	52.75
31	BIG0169_1	焊接钢管 $DN150$ δ=4.5mm			kg	90.94
32	BGB0108	普通钢板 $0^{\#}$~$3^{\#}$ δ=10~15mm			kg	3.55

20.5　通风空调安装工程量清单编制案例

20.5.1　通风空调安装工程概况及工程量清单编制要求

参照第 18.1.1 小节通风空调安装工程概况及工程量清单编制要求。

20.5.2　通风空调安装工程量清单案例编制（深圳）

（1）根据《建设工程工程量清单计价规范》GB 50500—2013、《通用安装工程工程量计算规范》GB 50856—2013 的格式，工程量清单案例编制，见表 20.5.2–1~ 表 20.5.2–3。

（2）本案例只编制分部分项工程量清单。措施项目、其他项目、税金项目清单的编制从略，可参照第 20.1 节电气设备安装工程量清单案例的编制方法。

表 20.5.2–1　清单工程量计算表

工程名称：某首层电子零部件加工车间通风空调系统安装工程

序号	清单项目特征	清单工程量计算过程	单位	清单工程量
1	镀锌薄钢板矩形风管 1000×300 δ=1.2 法兰咬口连接	（1+0.3）×2×［1.5+（10−0.21）+（3.3−1.2）+6×2］	m^2	66.01
2	镀锌薄钢板矩形风管 800×300 δ=1.0 法兰咬口连接	（0.8+0.3）×2×7.5×2	m^2	33.00
3	镀锌薄钢板矩形风管 630×300 δ=1.0 法兰咬口连接	（0.63+0.3）×2×6.3×2+0.63×0.3×2	m^2	23.81
4	镀锌薄钢板矩形风管 450×450 δ=0.75 法兰咬口连接	（0.45+0.45）×2×（0.3+0.15）×10	m^2	8.10
5	帆布软管 1000×300 L=200	（1+0.3）×2×0.2	m^2	0.52
6	单叶片镀锌薄钢板导流叶片 H=300 δ=0.75	0.114×7	m^2	0.80
7	恒温恒湿机 型号 YSL–DHS–225 外形尺寸 1200×1100×1900 350kg 橡胶隔振垫 δ=20 落地安装	1	个	1.00
8	对开多叶调节阀 1000×300 L=210	1	个	1.00
9	铝合金方形散流器 450×450	10	个	10.00
10	矩形风管橡塑玻璃棉保温 δ=25	［2×（1+0.3）+1.033×4×0.025］×1.033×0.025×25.39+［2×（0.8+0.3）+1.033×4×0.025］×1.033×0.025×15+［2×（0.63+0.3）+1.033×4×0.025］×1.033×0.025×12.6+［2×（0.45+0.45）+1.033×4×0.025］×1.033×0.025×4.5+（0.63+1.033×0.25）×（1.033×0.25×0.3）	m^3	3.50
11	风管法兰、法兰加固框、支吊架除轻锈、刷红丹防锈漆 2 遍	66+33+23.8+8.1	m^2	130.90
12	通风系统检测、调试	1	系统	1.00

表 20.5.2–2　清单工程量汇总表

工程名称：某首层电子零部件加工车间通风空调系统安装工程

序号	清单项目特征	清单工程量计算过程	单位	清单工程量
1	镀锌薄钢板矩形风管 1000×300 δ=1.2 法兰咬口连接	66	m^2	66
2	镀锌薄钢板矩形风管 800×300 δ=1.0 法兰咬口连接	33	m^2	33
3	镀锌薄钢板矩形风管 630×300 δ=1.0 法兰咬口连接	23.8	m^2	23.8
4	镀锌薄钢板矩形风管 450×450 δ=0.75 法兰咬口连接	8.1	m^2	8.1
5	帆布软管 1000×300 L=200	0.5	m^2	0.5
6	单叶片镀锌薄钢板导流叶片 H=300　δ=0.75	0.8	m^2	0.8
7	恒温恒湿机　型号 YSL–DHS–225 外形尺寸 1200×1100×1900　350kg 橡胶隔振垫 δ=20 落地安装	1	个	1
8	对开多叶调节阀 1000×300 L=210	1	个	1
9	铝合金方形散流器 450×450	10	个	10
10	矩形风管橡塑玻璃棉保温 δ=25	3.5	m^3	3.5
11	风管法兰、法兰加固框、支吊架除轻锈、刷红丹防锈漆 2 遍	130.9	m^2	130.9
12	通风系统检测、调试	1	系统	1

表 20.5.2–3　分部分项工程量清单与计价表（适用于工程量清单计价）

工程名称：某首层电子零部件加工车间通风空调系统安装工程　　标段：

序号	项目编码	项目名称	项目特征描述	计量单位	工程量	金额（元）		
						综合单价	合价	材料设备暂估合价
		分部工程						
1	030702001001	碳钢通风管道	镀锌薄钢板矩形风管 1000×300 δ=1.2 法兰咬口连接	m^2	66.00			
2	030702001002	碳钢通风管道	镀锌薄钢板矩形风管 800×300 δ=1.0 法兰咬口连接	m^2	33.00			
3	030702001003	碳钢通风管道	镀锌薄钢板矩形风管 630×300 δ=1.0 法兰咬口连接	m^2	23.80			
4	030702001004	碳钢通风管道	镀锌薄钢板矩形风管 450×450 δ=0.75 法兰咬口连接	m^2	8.10			
5	030703019001	柔性接口	帆布软管 1000×300 L=200	m^2	0.50			

续表 20.5.2–3

序号	项目编码	项目名称	项目特征描述	计量单位	工程量	金额（元）		
						综合单价	合价	材料设备暂估合价
6	030702009001	弯头导流叶片	单叶片镀锌薄钢板导流叶片 H=300 δ=0.75	m^2	0.80			
7	030701003001	空调器	恒温恒湿机 YSL–DHS–225 1200×1100×1900–350kg 橡胶隔振垫 δ=20 落地安装	台	1			
8	030703001001	碳钢阀门	对开多叶调节阀 1000×300 L=210	个	1			
9	030703011001	铝及铝合金风口、散流器	铝合金方形散流器 450×450	个	10			
10	031208003001	通风管道绝热	矩形风管橡塑玻璃棉保温 δ=25	m^3	3.50			
11	031201002001	设备与矩形管道刷油	风管法兰、法兰加固框、支吊架除轻锈、刷红丹防锈漆 2 遍	m^2	130.90			
12	030704001001	通风工程检测、调试	通风工程检测、调试	系统	1			
		分部小计						
本页合计								
合　计								

20.6 通风空调安装工程量清单计价案例

20.6.1 通风空调安装工程量清单计价要求

在第 20.5.2 小节工程量清单编制案例中，投标人根据企业的实际情况确定人工费、材料设备价和机具价参照《深圳市建设工程价格信息》2019 年第 2 期，缺项材料设备价格按市场确定，费率采用《深圳市建设工程计价费率标准（2018）》的推荐费率。

20.6.2 通风空调安装工程量清单计价案例

（1）根据《建设工程工程量清单计价规范》GB 50500—2013 及《通用安装工程工程量计算规范》GB 50856—2013 的格式，计价程序按《深圳市建设工程计价规程（2017）》，计价定额按 2003 年《深圳市安装工程消耗量标准（2003）》；《深圳市建设工程施工机械台班定额（2014）》，企业管理费、利润、安全文明施工措施费、规费、应纳税费按《深圳市建设工程计价费率标准（2018）》相应专业工程的推荐费率，人工、材料价格采用 2019 年第 2 期《深圳市建设工程价格信息》，投标人的报价文件，见表 20.6.2–1~表 20.6.2–14。

（2）本案例只编制分部分项工程量清单计价和综合单价分析计算，措施项目、其他项目、税金项目清单的编制从略，可参照第 20.2 节电气设备安装工程量清单案例的编制方法。

表 20.6.2–1　分部分项工程量清单与计价表（适用于工程量清单计价）

工程名称：某首层电子零部件加工车间通风空调系统安装工程　　标段：

序号	项目编码	项目名称	项目特征描述	计量单位	工程量	金额（元）		
						综合单价	合价	材料设备暂估合价
		分部工程						
1	030702001001	碳钢通风管道	镀锌薄钢板矩形风管 1000×300 δ=1.2 法兰咬口连接	m^2	66.00	164.29	10843.14	
2	030702001002	碳钢通风管道	镀锌薄钢板矩形风管 800×300 δ=1.0 法兰咬口连接	m^2	33.00	154.30	5091.90	
3	030702001003	碳钢通风管道	镀锌薄钢板矩形风管 630×300 δ=1.0 法兰咬口连接	m^2	23.80	175.71	4181.90	
4	030702001004	碳钢通风管道	镀锌薄钢板矩形风管 450×450 δ=0.75 法兰咬口连接	m^2	8.10	155.18	1256.96	
5	030703019001	柔性接口	帆布软管 1000×300 L=200	m^2	0.50	588.13	294.07	
6	030702009001	弯头导流叶片	单叶片镀锌薄钢板导流叶片 H=300 δ=0.75	m^2	0.80	346.73	277.38	
7	030701003001	空调器	恒温恒湿机 YSL–DHS–225 1200×1100×1900–350kg 橡胶隔振垫 δ=20 落地安装	台	1	39654.02	39654.02	
8	030703001001	碳钢阀门	对开多叶调节阀 1000×300 L=210	个	1	421.88	421.88	
9	030703011001	铝及铝合金风口、散流器	铝合金方形散流器 450×450	个	10	135.73	1357.30	
10	031208003001	通风管道绝热	矩形风管橡塑玻璃棉保温 δ=25	m^3	3.50	2661.78	9316.23	
11	031201002001	设备与矩形管道刷油	风管法兰、法兰加固框、支吊架除轻锈、刷红丹防锈漆 2 遍	m^2	130.90	21.78	2851.00	
12	030704001001	通风工程检测、调试	通风工程检测、调试	系统	1	711.79	711.79	
		分部小计					76257.57	
本页小计							76257.57	
合　计							76257.57	

表 20.6.2–2 工程量清单综合单价分析表

工程名称：某首层电子零部件加工车间通风空调系统安装工程

项目编码	030702001001	项目名称	碳钢通风管道					计量单位				m^2	
清单综合单价组成明细													
子目编号	子目名称	单位	数量	单价					合价				
				人工费	材料费	工程设备费	机械费	企业管理费和利润	人工费	材料费	工程设备费	机械费	企业管理费和利润
3092–7 换	镀锌薄钢板矩形风管制作安装（咬口）大边长（1000mm 以下）/ 壁厚（0.75mm）（镀锌钢板 δ=1.2mm）	$10m^2$	0.10	641.36	779.00		28.26	194.18	64.14	77.90		2.83	19.42
小计									64.14	77.90		2.83	19.42
清单项目综合单价									164.29				

费用明细		内容	单位	数量	单价（元）	合价（元）	暂估单价（元）	暂估合价（元）
	人工	安装工日	工日	0.3693	173.67	64.14		
	材料	扁钢 <60	kg	0.1120	4.84	0.54		
		角钢 <60	kg	3.5040	4.88	17.10		
		角钢 >63	kg	0.0160	4.88	0.08		
		氧气（工业用）	m^3	0.0450	4.70	0.21		
		乙炔气	kg	0.0160	6.17	0.10		
		电焊条 结 422 ϕ3.2	kg	0.0490	7.06	0.35		
		铁铆钉 M4	kg	0.0220	5.20	0.11		
		圆钢 ϕ5.5~ϕ9	kg	0.1490	4.46	0.66		
		橡胶板 δ=1~3mm	kg	0.0920	7.49	0.69		
		精制六角带帽螺栓 M8<75	10 套	0.4300	1.96	0.84		
		膨胀螺栓 M12	套	0.1500	0.58	0.09		
		镀锌钢板 δ=1.2mm	m^2	1.1380	50.20	57.13		
	机械	台式钻床 钻孔直径 ϕ16mm	台班	0.0070	158.54	1.11		
		剪板机 厚度 × 宽度 6.3mm × 2000mm	台班	0.0030	246.80	0.74		
		折方机 厚度 × 宽度 4mm × 2000mm	台班	0.0030	55.95	0.17		
		咬口机 板厚 1.5mm	台班	0.0030	172.62	0.52		
		电锤 520W	台班	0.0020	8.69	0.02		
		交流电焊机 21kV · A	台班	0.0020	136.60	0.27		

注：招标文件提供了暂估单价的材料设备，按暂估的单价填入表内“暂估单价”栏及“暂估合价”栏。

表 20.6.2–3　工程量清单综合单价分析表

工程名称：某首层电子零部件加工车间通风空调系统安装工程

项目编码	030702001002			项目名称	碳钢通风管道						计量单位		m²
清单综合单价组成明细													
子目编号	子目名称	单位	数量	单价					合价				
				人工费	材料费	工程设备费	机械费	企业管理费和利润	人工费	材料费	工程设备费	机械费	企业管理费和利润
3092–7 换	镀锌薄钢板矩形风管制作安装（咬口）大边长（1000mm 以下）/ 壁厚（0.75mm）（镀锌钢板 δ=1.0mm)	10m²	0.10	641.36	683.75		28.26	189.42	64.14	68.38		2.83	18.94
小　　计									64.14	68.38		2.83	18.94
清单项目综合单价									154.29				

费用明细		内　　容	单位	数量	单价（元）	合价（元）	暂估单价（元）	暂估合价（元）
	人工	安装工日	工日	0.3693	173.67	64.14		
	材料	扁钢 <60	kg	0.1120	4.84	0.54		
		角钢 <60	kg	3.5040	4.88	17.10		
		角钢 >63	kg	0.0160	4.88	0.08		
		氧气（工业用）	m³	0.0450	4.70	0.21		
		乙炔气	kg	0.0160	6.17	0.10		
		电焊条 结 422 ϕ3.2	kg	0.0490	7.06	0.35		
		铁铆钉 M4	kg	0.0220	5.20	0.11		
		圆钢 ϕ5.5~ϕ9	kg	0.1490	4.46	0.66		
		橡胶板 δ=1~3mm	kg	0.0920	7.49	0.69		
		精制六角带帽螺栓 M8<75	10 套	0.4300	1.96	0.84		
		膨胀螺栓 M12	套	0.1500	0.58	0.09		
		镀锌钢板 δ=1.0mm	m²	1.1380	41.83	47.60		
	机械	台式钻床 钻孔直径 ϕ16mm	台班	0.0070	158.54	1.11		
		剪板机 厚度 × 宽度 6.3mm × 2000mm	台班	0.0030	246.80	0.74		
		折方机 厚度 × 宽度 4mm × 2000mm	台班	0.0030	55.95	0.17		
		咬口机 板厚 1.5mm	台班	0.0030	172.62	0.52		
		电锤 520W	台班	0.0020	8.69	0.02		
		交流电焊机 21kV · A	台班	0.0020	136.60	0.27		

注：招标文件提供了暂估单价的材料设备，按暂估的单价填入表内“暂估单价”栏及“暂估合价”栏。

表 20.6.2–4　工程量清单综合单价分析表

工程名称：某首层电子零部件加工车间通风空调系统安装工程

项目编码	030702001003	项目名称	碳钢通风管道								计量单位		m^2
清单综合单价组成明细													
子目编号	子目名称	单位	数量	单价					合价				
				人工费	材料费	工程设备费	机械费	企业管理费和利润	人工费	材料费	工程设备费	机械费	企业管理费和利润
3092–6 换	镀锌薄钢板矩形风管制作安装（咬口）大边长（630mm 以下）/ 壁厚（0.6mm）（镀锌钢板 δ=1.0mm）	$10m^2$	0.10	781.52	705.26		45.13	225.16	78.15	70.53		4.51	22.52
小　计									78.15	70.53		4.51	22.52
清单项目综合单价									175.71				

费用明细		内　容	单位	数量	单价（元）	合价（元）	暂估单价（元）	暂估合价（元）
费用明细	人工	安装工日	工日	0.4500	173.67	78.15		
	材料	扁钢 <60	kg	0.1330	4.84	0.64		
		角钢 <60	kg	3.5660	4.88	17.40		
		氧气（工业用）	m^3	0.0450	4.70	0.21		
		乙炔气	kg	0.0160	6.17	0.10		
		电焊条 结 422 ϕ3.2	kg	0.1060	7.06	0.75		
		铁铆钉 M4	kg	0.0240	5.20	0.12		
		圆钢 ϕ5.5~ϕ9	kg	0.1930	4.46	0.86		
		橡胶板 δ=1~3mm	kg	0.1300	7.49	0.97		
		精制六角带帽螺栓 M8<75	10 套	0.9050	1.96	1.77		
		膨胀螺栓 M12	套	0.1500	0.58	0.09		
		镀锌钢板 δ=1.0mm	m^2	1.1380	41.83	47.60		
	机械	台式钻床 钻孔直径 ϕ16mm	台班	0.0120	158.54	1.90		
		剪板机 厚度 × 宽度 6.3mm × 2000mm	台班	0.0040	246.80	0.99		
		折方机 厚度 × 宽度 4mm × 2000mm	台班	0.0040	55.95	0.22		
		咬口机 板厚 1.5mm	台班	0.0040	172.62	0.69		
		电锤 520W	台班	0.0030	8.69	0.03		
		交流电焊机 21kV·A	台班	0.0050	136.60	0.68		

注：招标文件提供了暂估单价的材料设备，按暂估的单价填入表内“暂估单价”栏及“暂估合价”栏。

表 20.6.2-5 工程量清单综合单价分析表

工程名称：某首层电子零部件加工车间通风空调系统安装工程

<table>
<tr><td>项目编码</td><td colspan="2">030702001004</td><td colspan="2">项目名称</td><td colspan="6">碳钢通风管道</td><td colspan="2">计量单位</td><td>m^2</td></tr>
<tr><td colspan="14">清单综合单价组成明细</td></tr>
<tr><td rowspan="2">子目编号</td><td rowspan="2">子目名称</td><td rowspan="2">单位</td><td rowspan="2">数量</td><td colspan="5">单　价</td><td colspan="5">合　价</td></tr>
<tr><td>人工费</td><td>材料费</td><td>工程设备费</td><td>机械费</td><td>企业管理费和利润</td><td>人工费</td><td>材料费</td><td>工程设备费</td><td>机械费</td><td>企业管理费和利润</td></tr>
<tr><td>3092-6 换</td><td>镀锌薄钢板矩形风管制作安装（咬口）大边长（630mm 以下）/ 壁厚（0.6mm）（镀锌钢板 δ=0.75mm）</td><td>$10m^2$</td><td>0.10</td><td>781.52</td><td>509.75</td><td></td><td>45.13</td><td>215.38</td><td>78.15</td><td>50.98</td><td></td><td>4.51</td><td>21.54</td></tr>
<tr><td colspan="9">小　计</td><td>78.15</td><td>50.98</td><td></td><td>4.51</td><td>21.54</td></tr>
<tr><td colspan="9">清单项目综合单价</td><td colspan="5">155.18</td></tr>
<tr><td rowspan="20">费用明细</td><td colspan="7">内　容</td><td>单位</td><td>数量</td><td>单价（元）</td><td>合价（元）</td><td>暂估单价（元）</td><td>暂估合价（元）</td></tr>
<tr><td>人工</td><td colspan="6">安装工日</td><td>工日</td><td>0.4500</td><td>173.67</td><td>78.15</td><td></td><td></td></tr>
<tr><td rowspan="12">材料</td><td colspan="6">扁钢 <60</td><td>kg</td><td>0.1330</td><td>4.84</td><td>0.64</td><td></td><td></td></tr>
<tr><td colspan="6">角钢 <60</td><td>kg</td><td>3.5660</td><td>4.88</td><td>17.40</td><td></td><td></td></tr>
<tr><td colspan="6">氧气（工业用）</td><td>m^3</td><td>0.0450</td><td>4.70</td><td>0.21</td><td></td><td></td></tr>
<tr><td colspan="6">乙炔气</td><td>kg</td><td>0.0160</td><td>6.17</td><td>0.10</td><td></td><td></td></tr>
<tr><td colspan="6">电焊条 结 422 ϕ3.2</td><td>kg</td><td>0.1060</td><td>7.06</td><td>0.75</td><td></td><td></td></tr>
<tr><td colspan="6">铁铆钉 M4</td><td>kg</td><td>0.0240</td><td>5.20</td><td>0.12</td><td></td><td></td></tr>
<tr><td colspan="6">圆钢 ϕ5.5~ϕ9</td><td>kg</td><td>0.1930</td><td>4.46</td><td>0.86</td><td></td><td></td></tr>
<tr><td colspan="6">橡胶板 δ=1~3mm</td><td>kg</td><td>0.1300</td><td>7.49</td><td>0.97</td><td></td><td></td></tr>
<tr><td colspan="6">精制六角带帽螺栓 M8<75</td><td>10 套</td><td>0.9050</td><td>1.96</td><td>1.77</td><td></td><td></td></tr>
<tr><td colspan="6">膨胀螺栓 M12</td><td>套</td><td>0.1500</td><td>0.58</td><td>0.09</td><td></td><td></td></tr>
<tr><td colspan="6">镀锌钢板 δ=0.75mm</td><td>m^2</td><td>1.1380</td><td>24.65</td><td>28.05</td><td></td><td></td></tr>
<tr><td colspan="6"></td><td></td><td></td><td></td><td></td><td></td><td></td></tr>
<tr><td rowspan="6">机械</td><td colspan="6">台式钻床 钻孔直径 ϕ16mm</td><td>台班</td><td>0.0120</td><td>158.54</td><td>1.90</td><td></td><td></td></tr>
<tr><td colspan="6">剪板机 厚度 × 宽度 6.3mm × 2000mm</td><td>台班</td><td>0.0040</td><td>246.80</td><td>0.99</td><td></td><td></td></tr>
<tr><td colspan="6">折方机 厚度 × 宽度 4mm × 2000mm</td><td>台班</td><td>0.0040</td><td>55.95</td><td>0.22</td><td></td><td></td></tr>
<tr><td colspan="6">咬口机 板厚 1.5mm</td><td>台班</td><td>0.0040</td><td>172.62</td><td>0.69</td><td></td><td></td></tr>
<tr><td colspan="6">电锤 520W</td><td>台班</td><td>0.0030</td><td>8.69</td><td>0.03</td><td></td><td></td></tr>
<tr><td colspan="6">交流电焊机 21kV · A</td><td>台班</td><td>0.0050</td><td>136.60</td><td>0.68</td><td></td><td></td></tr>
</table>

注：招标文件提供了暂估单价的材料设备，按暂估的单价填入表内“暂估单价”栏及“暂估合价”栏。

表 20.6.2-6　工程量清单综合单价分析表

工程名称：某首层电子零部件加工车间通风空调系统安装工程

项目编码	030703019001	项目名称		柔性接口							计量单位		m^2
清单综合单价组成明细													
子目编号	子目名称	单位	数量	单价					合价				
				人工费	材料费	工程设备费	机械费	企业管理费和利润	人工费	材料费	工程设备费	机械费	企业管理费和利润
3092-40	帆布接口	m^2	1.00	321.29	152.39		28.10	86.35	321.29	152.39		28.10	86.35
小　计									321.29	152.39		28.10	86.35
清单项目综合单价									588.13				
费用明细	内　容							单位	数量	单价（元）	合价（元）	暂估单价（元）	暂估合价（元）
	人工	安装工日						工日	1.8500	173.67	321.29		
	材料	扁钢 <60						kg	8.3200	4.84	40.24		
		角钢 <60						kg	18.3300	4.88	89.45		
		帆布						m^2	1.1500	8.31	9.56		
		电焊条 结 422 ϕ3.2						kg	0.0600	7.06	0.42		
		铁铆钉 M4						kg	0.0700	5.20	0.36		
		橡胶板 δ=1~3mm						kg	0.9700	7.49	7.27		
		精制六角带帽螺栓 M8<75						10 套	2.6000	1.96	5.10		
	机械	台式钻床 钻孔直径 ϕ16mm						台班	0.1600	158.54	25.37		
		交流电焊机 21kV·A						台班	0.0200	136.60	2.73		

注：招标文件提供了暂估单价的材料设备，按暂估的单价填入表内“暂估单价”栏及“暂估合价”栏。

表 20.6.2-7　工程量清单综合单价分析表

工程名称：某首层电子零部件加工车间通风空调系统安装工程

项目编码	030702009001	项目名称		弯头导流叶片							计量单位		m^2
清单综合单价组成明细													
子目编号	子目名称	单位	数量	单价					合价				
				人工费	材料费	工程设备费	机械费	企业管理费和利润	人工费	材料费	工程设备费	机械费	企业管理费和利润
3092-39	弯头导流叶片制安	m^2	1.00	246.96	38.81			60.96	246.96	38.81			60.96
小　计									246.96	38.81			60.96
清单项目综合单价									346.73				
费用明细	内　容							单位	数量	单价（元）	合价（元）	暂估单价（元）	暂估合价（元）
	人工	安装工日						工日	1.4220	173.67	246.96		
	材料	铁铆钉 M4						kg	0.1500	5.20	0.78		
		镀锌钢板 δ=0.75mm						m^2	1.1400	33.36	38.03		

注：招标文件提供了暂估单价的材料设备，按暂估的单价填入表内“暂估单价”栏及“暂估合价”栏。

表 20.6.2–8　工程量清单综合单价分析表

工程名称：某首层电子零部件加工车间通风空调系统安装工程

项目编码	030701003001	项目名称	空调器							计量单位	台		
清单综合单价组成明细													
子目编号	子目名称	单位	数量	单价					合价				
				人工费	材料费	工程设备费	机械费	企业管理费和利润	人工费	材料费	工程设备费	机械费	企业管理费和利润
3091–6	整体式空调机、空调器安装落地式重量（0.4t 以内）（恒温恒湿机）	台	1.00	353.24	4.93	38540.0		84.67	353.24	4.93	38540.0		84.67
3098–31 换	减震器安装（橡胶隔振垫）	个	4.00	10.42	15.05			3.25	41.68	60.20			13.00
010005–174	预埋螺栓安装	t	0.026	2535.53	6019.32		694.72	954.82	65.92	156.50		18.06	24.83
3019–127	地脚螺栓孔灌浆一台设备的灌浆体积（0.03m³ 以内）	m³	0.12	1641.18	372.95			410.89	196.94	44.75			49.31
小　计									657.78	266.38	38540.0	18.06	171.80
清单项目综合单价									39654.02				

费用明细		内　容	单位	数量	单价（元）	合价（元）	暂估单价（元）	暂估合价（元）
费用明细	人工	普工人工费（建筑）	元	2.4188	1.20	2.89		
		技工人工费（建筑）	元	54.5444	1.16	63.03		
		安装工日	工日	3.4080	173.67	591.87		
	材料	螺栓带帽（预埋）	kg	26.2600	5.62	147.58		
		电焊条 结 422 ϕ3.2	kg	0.9360	7.06	6.61		
		其他材料费（按百分比计算）	元	2.3130	1.00	2.31		
		普通水泥 42.5（R）	kg	52.5600	0.64	33.64		
		草袋	个	1.5600	1.50	2.34		
		棉纱头	kg	0.5000	9.85	4.93		
		水	m³	0.1800	3.77	0.68		
		碎石	m³	0.0912	57.00	5.20		
		橡胶隔振垫	个	4.0000	15.00	60.00		
		砂	m³	0.0828	35.00	2.90		
		其他材料费	元	0.2000	1.00	0.20		
	设备	恒温恒湿机	台	1.0000	38540.0	38540.0		
	机械	交流电焊机 30kV · A	台班	0.1141	158.25	18.06		

注：招标文件提供了暂估单价的材料设备，按暂估的单价填入表内“暂估单价”栏及“暂估合价”栏。

表 20.6.2–9　工程量清单综合单价分析表

工程名称：某首层电子零部件加工车间通风空调系统安装工程

项目编码	030703001001	项目名称	碳钢阀门								计量单位		个
清单综合单价组成明细													
子目编号	子目名称	单位	数量	单价					合价				
				人工费	材料费	工程设备费	机械费	企业管理费和利润	人工费	材料费	工程设备费	机械费	企业管理费和利润
3093–52 换	对开多叶调节阀安装 周长（2800mm 以下）以内	个	1.00	78.15	309.57			34.16	78.15	309.57			34.16
小　计									78.15	309.57			34.16
清单项目综合单价									421.88				
费用明细	内　容							单位	数量	单价（元）	合价（元）	暂估单价（元）	暂估合价（元）
	人工	安装工日						工日	0.4500	173.67	78.15		
	材料	对开多叶调节阀 1000×300						个	1.0000	303.50	303.50		
		橡胶板 δ=1~3mm						kg	0.3200	7.49	2.40		
		精制六角带帽螺栓 M8<75						10 套	1.8720	1.96	3.67		

注：招标文件提供了暂估单价的材料设备，按暂估的单价填入表内“暂估单价”栏及“暂估合价”栏。

表 20.6.2–10　工程量清单综合单价分析表

工程名称：某首层电子零部件加工车间通风空调系统安装工程

项目编码	030703011001	项目名称	铝及铝合金风口、散流器								计量单位		个
清单综合单价组成明细													
子目编号	子目名称	单位	数量	单价					合价				
				人工费	材料费	工程设备费	机械费	企业管理费和利润	人工费	材料费	工程设备费	机械费	企业管理费和利润
3094–40 换	百叶风口安装 周长 900（mm）以内	个	1.00	28.13	91.23		4.76	11.61	28.13	91.23		4.76	11.61
小　计									28.13	91.23		4.76	11.61
清单项目综合单价									135.73				
费用明细	内　容							单位	数量	单价（元）	合价（元）	暂估单价（元）	暂估合价（元）
	人工	安装工日						工日	0.1620	173.67	28.13		
	材料	扁钢 <60						kg	0.6100	4.84	2.95		
		铝合金方形散流器 450×450						个	1.0000	87.74	87.74		
		精制六角带帽螺栓 M2~5×4~20						10 套	0.6000	0.90	0.54		
	机械	台式钻床 钻孔直径 ϕ16mm						台班	0.0300	158.54	4.76		

注：招标文件提供了暂估单价的材料设备，按暂估的单价填入表内“暂估单价”栏及“暂估合价”栏。

表 20.6.2-11　工程量清单综合单价分析表

工程名称：某首层电子零部件加工车间通风空调系统安装工程

项目编码	031208003001	项目名称	通风管道绝热								计量单位		m^3
清单综合单价组成明细													
子目编号	子目名称	单位	数量	单价					合价				
				人工费	材料费	工程设备费	机械费	企业管理费和利润	人工费	材料费	工程设备费	机械费	企业管理费和利润
3115-430	铝箔玻璃棉毡安装（粘接）	m^3	1.00	1259.11	1049.28			353.39	1259.11	1049.28			353.39
小计									1259.11	1049.28			353.39
清单项目综合单价									2661.78				

费用明细		内容	单位	数量	单价（元）	合价（元）	暂估单价（元）	暂估合价（元）
	人工	安装工日	工日	7.2500	173.67	1259.11		
	材料	铝箔玻璃棉毡	m^3	1.0400	800.00	832.00		
		黏合剂	kg	0.1600	33.00	5.28		
		铝箔粘合带（2.5mm×50m）	卷	4.0000	33.50	134.00		
		保温胶钉	套	600.000	0.13	78.00		

注：招标文件提供了暂估单价的材料设备，按暂估的单价填入表内“暂估单价”栏及“暂估合价”栏。

表 20.6.2-12　工程量清单综合单价分析表

工程名称：某首层电子零部件加工车间通风空调系统安装工程

项目编码	031201002001	项目名称	设备与矩形管道刷油								计量单位		m^2
清单综合单价组成明细													
子目编号	子目名称	单位	数量	单价					合价				
				人工费	材料费	工程设备费	机械费	企业管理费和利润	人工费	材料费	工程设备费	机械费	企业管理费和利润
3111-4	设备（ϕ100mm 以上）手工除锈 轻锈	$10m^2$	0.10	57.31	2.25			13.81	5.73	0.23			1.38
3112-34	设备与矩形管道刷油 红丹防锈漆 第一遍	$10m^2$	0.10	43.42	19.74			11.37	4.34	1.97			1.14
3112-35	设备与矩形管道刷油 红丹防锈漆 第二遍	$10m^2$	0.10	41.68	17.35			10.83	4.17	1.74			1.08
小计									14.24	3.94			3.60
清单项目综合单价									21.78				

费用明细		内容	单位	数量	单价（元）	合价（元）	暂估单价（元）	暂估合价（元）
	人工	安装工日	工日	0.0820	173.67	14.24		
	材料	汽油	kg	0.0700	8.95	0.63		
		铁砂布 $0^{\#}$~$2^{\#}$	张	0.1500	0.40	0.06		
		醇酸防锈漆（C53-1）	kg	0.2740	11.25	3.08		
		钢丝刷	把	0.0200	2.77	0.06		
		其他材料费	元	0.1100	1.00	0.11		

注：招标文件提供了暂估单价的材料设备，按暂估的单价填入表内“暂估单价”栏及“暂估合价”栏。

表 20.6.2-13　工程量清单综合单价分析表

工程名称：某首层电子零部件加工车间通风空调系统安装工程

项目编码	030704001001	项目名称	通风工程检测、调试								计量单位		系统
清单综合单价组成明细													
子目编号	子目名称	单位	数量	单价					合价				
				人工费	材料费	工程设备费	机械费	企业管理费和利润	人工费	材料费	工程设备费	机械费	企业管理费和利润
3116-73	通风空调系统调整费	100元	99.5511	2.93	3.35			0.87	291.68	333.50			86.61
小　计									291.68	333.50			86.61
清单项目综合单价									711.79				
费用明细	内　容							单位	数量	单价（元）	合价（元）	暂估单价（元）	暂估合价（元）
	人工	增加人工费						元	291.6847	1.00	291.68		
	材料	增加材料费						元	333.4962	1.00	333.50		

注：招标文件提供了暂估单价的材料设备，按暂估的单价填入表内“暂估单价”栏及“暂估合价”栏。

表 20.6.2-14　主要设备材料价格表

工程名称：某首层电子零部件加工车间通风空调系统安装工程

序号	材料设备编码	材料设备名称	品牌	规格、型号等	单位	单价（元）
1	03015840	螺栓带帽（预埋）			kg	5.62
2	BEC0018_1	矩形风管橡塑玻璃棉保温			m^3	800.00
3	BEQ0026_1	帆布软管			m^2	8.31
4	BGI0149_1	橡胶隔振垫			个	15.00
5	BHIR0007	醇酸防锈漆（C53-1）			kg	11.25
6	BHL0065_1	对开多叶调节阀 1000×300			个	303.50
7	BHM0172_1	铝合金方形散流器 450×450			个	87.74
8	BZB0004_1	镀锌钢板　δ=0.75mm			m^2	24.65
9	BZB0005_1	镀锌钢板　δ=1.0mm			m^2	41.83
10	BZB0006_1	镀锌钢板　δ=1.2mm			m^2	50.20
11	BHS0051_1	恒温恒湿机 YSL-DHS-225			台	38540.00

注：指招标人要求填写的工程中使用的主要设备材料情况。

20.7 火灾自动报警系统安装工程量清单案例编制

20.7.1 火灾自动报警系统安装工程量清单案例编制要求

参照第 19.1.1 小节火灾自动报警系统安装工程量清单案例编制要求。

20.7.2 火灾自动报警系统安装工程量清单案例编制（深圳）

（1）根据《建设工程工程量清单计价规范》GB 50500—2013 及《通用安装工程工程量计算规范》GB 50856—2013 的格式，工程量清单案例编制详见表 20.7.2-1~ 表 20.7.2-3。

（2）本案例只编制分部分项工程量清单。措施项目、其他项目、税金项目清单的编制从略，可参照第 20.1 节电气设备安装工程量清单案例的编制方法。

表 20.7.2-1 清单工程量计算表

工程名称：某办公楼改造项目消防工程——火灾自动报警系统

序号	清单项目特征	清单工程量计算过程	单位	清单工程量
		一楼火灾报警系统设备		
1	区域报警控制器（底边距地面 1.5m）	1.00	台	1.00
2	控制模块（就近吸顶）	1.00	个	1.00
3	短路隔离模块（就近吸顶）	1.00	个	1.00
4	火灾报警接线箱 300×200	1.00	台	1.00
5	火灾声光警报器（带语音功能）	3.00	个	3.00
6	消火栓按钮	1.00	个	1.00
7	手动报警按钮（带电话插孔）	2.00	个	2.00
8	感烟探测器（智能型）	14.00	个	14.00
		主干线路部分		
9	配管 MT20 暗配	[7.2−1.5+0.7+0.1×3（箱预留）]×3	m	20.10
10	信号线 NH-RVS-2×1.5	（7.2−1.5+0.7）+0.5×4（预留）+0.1×3（箱预留）	m	8.70
11	电源线 NH-BV-2.5	[（7.2−1.5+0.7）+0.5×4（预留）+0.1×3（箱预留）]×2（2 根）	m	17.40
12	消防电话线 NH-RVVP-2×1.5	（7.2−1.5+0.7）+0.5×4（预留）+0.1×3（箱预留）	m	8.70
		一楼感烟探测器、控制模块、按钮等回路		
13	配管 MT25 暗配	（3.6−1.8）（垂直）+0.7+0.7+0.2+1.8+（3.6−2.5）×2（垂直）+2.9+3.4+0.53+1.5+0.95+1.21+（3.6−1.4）×2（垂直）+3+1+4.1+2.3+3+10.6+2.68+3.16+7.05+1.9+2.98+1.9+（3.6−1.4）（垂直）+0.1（箱预留）	m	68.26

续表 20.7.2–1

序号	清单项目特征	清单工程量计算过程	单位	清单工程量
14	信号线 NH–RVS–2×1.5	（3.6–1.8）（垂直）+0.7+0.7+0.2+1.8+（3.6–2.5）×2（垂直）+2.9+3.4+0.53+1.5+0.95+1.21+（3.6–1.4）×2（垂直）+3+1+4.1+2.3+3+10.6+2.68+3.16+7.05+1.9+2.98+1.9+（3.6–1.4）（垂直）+（0.3+0.2）（火灾报警接线箱预留）+0.1（箱预留）	m	68.76
15	电源线 NH–BV–2.5	[（3.6–1.8）（垂直）+0.7+0.7+0.2+1.8+（3.6–2.5）×2（垂直）+2.9+3.4+0.53+1.5+0.95+1.21+（3.6–1.4）×2（垂直）+3+1+4.1+2.3+3+10.6+2.68+3.16+7.05+1.9+2.98+1.9+（3.6–1.4）（垂直）+（0.3+0.2）（火灾报警接线箱预留）+0.1（箱预留）]×2（2根）	m	137.52
16	配管 MT20 暗配	4.97+0.63+2.95+1.6+2.7+3.34+1.37+3.2+6.5+8.1（水平）+（3.6–1.4）×2+（3.6–1.5）（垂直）+0.1（箱预留）	m	41.96
17	信号线 NH–RVS–2×1.5	4.97+0.63+2.95+1.6+2.7+3.34+1.37+3.2+6.5+8.1（水平）+（3.6–1.4）×2+（3.6–1.5）（垂直）+1.5（配电箱预留）+0.1（箱预留）	m	43.46
		一楼消防电话回路		
18	配管 MT20 暗配	（3.6–1.8）（垂直）+3.53+2.78×2+（3.6–1.4）×2（垂直）+22.35+2.61+（3.6–1.4）（垂直）+0.1（箱预留）	m	42.55
19	消防电话线 NH–RVVP–2×1.5	（3.6–1.8）（垂直）+3.53+2.78×2+（3.6–1.4）×2（垂直）+22.35+2.61+（3.6–1.4）（垂直）+（0.2+0.3）（火灾报警接线箱预留）+0.1（箱预留）	m	43.05
		一楼配套附件		
20	接线盒 暗敷	22.00	个	23.00
21	金属软管 *DN*20	1×16（感烟探测器 / 模块用）	m	16.00
		二楼火灾报警系统设备		
22	火灾报警接线箱 300×200	1.00	台	1.00
23	短路隔离模块（就近吸顶）	1.00	个	1.00
24	火灾声光警报器（带语音功能）	2.00	个	2.00
25	消火栓按钮	1.00	个	1.00
26	手动报警按钮（带电话插孔）	2.00	个	2.00
27	感烟探测器（智能型）	15.00	个	15.00
		二楼感烟探测器、控制模块、按钮等回路		
28	配管 MT25 暗配	（3.6–1.8）（垂直）+0.4+1.2+（3.6–1.4）×2（垂直）+1.1+2.5+1.8+2.5+3.6+4.3+0.7+1.8+0.7+2.7+3.7+2.1+4.6+（3.6–1.4）（垂直）+0.1（箱预留）	m	42.20
29	信号线 NH–RVS–2×1.5	（3.6–1.8）（垂直）+0.4+1.2+（3.6–1.4）×2（垂直）+1.1+2.5+1.8+2.5+3.6+4.3+0.7+1.8+0.7+2.7+3.7+2.1+4.6+（3.6–1.4）（垂直）+（0.3+0.2）（火灾报警接线箱预留）+0.1（箱预留）	m	42.70
30	电源线 NH–BV–2.5	[（3.6–1.8）（垂直）+0.4+1.2+（3.6–1.4）×2（垂直）+1.1+2.5+1.8+2.5+3.6+4.3+0.7+1.8+0.7+2.7+3.7+2.1+4.6+（3.6–1.4）（垂直）+（0.3+0.2）（火灾报警接线箱预留）+0.1（箱预留）]×2（2根）	m	85.40

续表 20.7.2-1

序号	清单项目特征	清单工程量计算过程	单位	清单工程量
31	配管 MT20 暗配	1.5+2.5+3.1+1.9+7.9+2.7+5.4+3.6+3.3+1.1+2.9+3.3+6.1+5.8+2.2+4.3+（3.6−1.4）×3（垂直）	m	64.20
32	信号线 NH-RVS-2×1.5	1.5+2.5+3.1+1.9+7.9+2.7+5.4+3.6+3.3+1.1+2.9+3.3+6.1+5.8+2.2+4.3+（3.6−1.4）×3（垂直）	m	64.20
		二楼消防电话回路		
33	配管 MT20 暗配	（3.6−1.8）（垂直）+0.4+1.2+17.6+1.5+（3.8−1.4）×3（垂直）+0.1（箱预留）	m	29.80
34	消防电话线 NH-RVVP-2×1.5	（3.6−1.8）（垂直）+0.4+1.2+17.6+1.5+（3.8−1.4）×3（垂直）+（0.2+0.3）（火灾报警接线箱预留）+0.1（箱预留）	m	30.30
		二楼配套附件		
35	接线盒 暗敷	21.00	个	21.00
36	金属软管 *DN*20	1×16（感烟探测器 / 模块用）	m	16.00
37	火灾报警系统调试	17+18+1	点	36.00

表 20.7.2-2 清单工程量汇表

工程名称：某办公楼改造项目消防工程——火灾自动报警系统

序号	清单项目特征	清单工程量计算过程	单位	清单工程量
1	壁挂总线式区域报警控制器（底边距地面 1.5m）	1	台	1.00
2	控制模块（就近吸顶）	1	个	1.00
3	短路隔离模块（就近吸顶）	1+1	个	2.00
4	火灾报警接线箱 300×200	1+1	台	2.00
5	火灾声光警报器（带语音功能）	3+2	个	5.00
6	消火栓按钮	1+1	个	2.00
7	手动报警按钮（带电话插孔）	2+2	个	4.00
8	智能型感烟探测器（连底座）	14+15	个	29.00
9	配管 MT25 暗配	110.46	m	110.46
10	信号线 NH-RVS-2×1.5 管内穿线	224.12	m	227.82
11	电源线 NH-BV-2.5 管内穿线	240.32	m	240.32
12	配管 MT20 暗配	194.91	m	194.91
13	消防电话线 NH-RVVP-2×1.5 管内穿线	82.05	m	82.05
14	接线盒 暗敷	43	个	43.00
15	金属软管 *DN*20	32	m	32.00
16	自动报警系统装置调试 128 点以下	36	点	36.00

表 20.7.2-3　分部分项工程量清单与计价表（适用于工程量清单计价）

工程名称：某办公楼改造项目消防工程——火灾自动报警系统　　标段：

序号	项目编码	项目名称	项目特征描述	计量单位	工程量	金额（元）		
						综合单价	合价	材料设备暂估合价
	某办公楼改造项目消防工程——火灾自动报警系统							
1	030904009001	区域报警控制箱	（1）名称：壁挂总线式区域报警控制器 （2）安装形式：底边距地面 1.5m	台	1			
2	030904008001	模块（模块箱）	（1）名称：控制模块 （2）安装形式：就近吸顶	个	1			
3	030904008002	模块（模块箱）	（1）名称：短路隔离模块 （2）就近吸顶	个	2			
4	030411005001	接线箱	（1）名称：火灾报警接线箱 300×200 （2）安装形式：明装	个	2			
5	030904005001	声光报警器	名称：火灾声光警报器（带语音功能）	个	5			
6	030904003001	按钮	名称：消火栓按钮	个	2			
7	030904003002	按钮	名称：手动报警按钮（带电话插孔）	个	4			
8	030904001001	点型探测器	（1）名称：感烟探测器（智能型） （2）安装形式：吸顶	个	29			
9	030411001001	配管	（1）名称：配管 MT25 （2）安装形式：暗配	m	110.46			
10	030411001002	配管	（1）名称：配管 MT20 （2）安装形式：暗配	m	194.91			
11	030411006001	接线盒	（1）名称：接线盒 （2）安装形式：暗敷	个	43			
12	030411004001	配线	名称：信号线 NH-RVS-2×1.5 管内穿线	m	227.82			
13	030411004002	配线	名称：电源线 NH-BV-2.5 管内穿线	m	240.32			
14	030411004003	配线	名称：消防电话线 NH-RVVP-2×1.5 管内穿线	m	82.05			
15	031001B001001	金属软管	名称：金属软管 *DN*20	m	32.00			
16	030905001001	自动报警系统调试	名称：自动报警系统装置调试 128 点以下	系统	1			
		分部小计						
本页小计								
合　计								

20.8　火灾自动报警系统安装工程量清单计价案例编制（深圳）

20.8.1　火灾自动报警系统安装工程量清单计价要求（深圳）

在第 20.7.2 小节工程量清单编制案例中，假设投标人根据企业的实际情况确定人工费、材料设备价和机具价参照《深圳市建设工程价格信息》2019 年 2 期，缺项材料设备价格按市场确定，费率采用《深圳市建设工程计价费率标准（2018）》的推荐费率。

20.8.2 火灾自动报警系统安装工程量清单案例计价（深圳）

（1）火灾自动报警系统工程投标报价依据《建设工程工程量清单计价规范》GB 50500—2013、《通用安装工程工程量计算规范》GB 50856—2013、《深圳市安装工程消耗量标准（2003）》《深圳市建设工程施工机械台班定额（2014）》进行编制，投标人的报价文件，见表 20.8.2-1~ 表 20.8.2-18。

（2）本案例只编制分部分项工程量清单计价和综合单价分析计算，措施项目、其他项目、税金项目清单的编制从略，可参照第 20.2 节电气设备安装工程量清单案例的编制方法。

表 20.8.2-1　分部分项工程量清单与计价表（适用于工程量清单计价）

工程名称：某办公楼改造项目消防工程——火灾自动报警系统　　标段：

序号	项目编码	项目名称	项目特征描述	计量单位	工程量	金额（元）		
						综合单价	合价	材料设备暂估合价
	某办公楼改造项目消防工程——火灾自动报警系统							
1	030904009001	区域报警控制箱	（1）名称：壁挂总线式区域报警控制器 （2）安装形式：底边距地面 1.5m	台	1	4463.61	4463.61	
2	030904008001	模块（模块箱）	（1）名称：控制模块 （2）安装形式：就近吸顶	个	1	280.04	280.04	
3	030904008002	模块（模块箱）	（1）名称：短路隔离模块 （2）就近吸顶	个	2	290.54	581.08	
4	030411005001	接线箱	（1）名称：火灾报警接线箱 300×200 （2）安装形式：明装	个	2	219.33	438.66	
5	030904005001	声光报警器	名称：火灾声光警报器（带语音功能）	个	5	218.88	1094.40	
6	030904003001	按钮	名称：消火栓按钮	个	2	236.61	473.22	
7	030904003002	按钮	名称：手动报警按钮（带电话插孔）	个	4	282.59	1130.36	
8	030904001001	点型探测器	（1）名称：感烟探测器（智能型） （2）安装形式：吸顶	个	29	191.90	5565.10	
9	030411001001	配管	（1）名称：配管 MT25 （2）安装形式：暗配	m	110.46	22.94	2533.95	
10	030411001002	配管	（1）名称：配管 MT20 （2）安装形式：暗配	m	194.91	17.65	3440.16	
11	030411006001	接线盒	（1）名称：接线盒 （2）安装形式：暗敷	个	43	12.12	521.16	
12	030411004001	配线	名称：信号线 NH-RVS-2×1.5 管内穿线	m	224.12	5.23	1172.15	
13	030411004002	配线	名称：电源线 NH-BV-2.5 管内穿线	m	240.32	3.83	920.43	
14	030411004003	配线	名称：消防电话线 NH-RVVP-2×1.5 管内穿线	m	82.05	8.05	660.50	
15	031001B001001	金属软管	名称：金属软管 *DN*20	m	32.00	24.61	787.52	
16	030905001001	自动报警系统调试	名称：自动报警系统装置调试 128 点以下	系统	1	12935.36	12935.36	
		分部小计					36997.70	
本页小计								
合　计							36997.70	

表 20.8.2-2 工程量清单综合单价分析表

工程名称：某办公楼改造项目消防工程——火灾自动报警系统

项目编码	030904009001	项目名称	区域报警控制箱	计量单位	台

清单综合单价组成明细

子目编号	子目名称	单位	数量	单价					合价				
				人工费	材料费	工程设备费	机械费	企业管理费和利润	人工费	材料费	工程设备费	机械费	企业管理费和利润
3071-20	（总线制）壁挂式报警控制器安装 200 点以下［区域报警控制器（底边距地面 1.5m）］	台	1.00	1402.39	30.26	2500.00	181.75	349.21	1402.39	30.26	2500.00	181.75	349.21
小　　计									1402.39	30.26	2500.00	181.75	349.21
清单项目综合单价									4463.61				

费用明细		内　　容	单位	数量	单价（元）	合价（元）	暂估单价（元）	暂估合价（元）
	人工	安装工日	工日	8.0750	173.67	1402.39		
	材料	汽油 60#~70#	kg	0.4500	3.79	1.71		
		玻璃胶 310mL	支	0.2000	8.00	1.60		
		白布	m^2	0.2000	2.58	0.52		
		焊锡膏 瓶装 50g	kg	0.0600	58.11	3.49		
		焊锡	kg	0.2200	48.85	10.75		
		线卡子	个	14.0000	0.10	1.40		
		标志牌（塑料扁形）	个	1.0000	0.15	0.15		
		冲击钻头 ϕ10~ϕ20	个	0.1300	7.25	0.94		
		镀锌滚花膨胀螺栓 M8	套	4.0000	1.60	6.40		
		精制六角带帽螺栓镀锌 带 2 个垫圈 M8×80~120	套	4.1000	0.58	2.38		
		异形塑料管 ϕ5	m	0.5500	1.69	0.93		
	设备	区域报警控制器（底边距地面 1.5m）	台	1.0000	2500.00	2500.00		
	机械	载货汽车 装载质量 5t	台班	0.0500	548.67	27.43		
		直流电焊机 20kW	台班	0.2000	140.95	28.19		
		仪器仪表使用费	元	126.1240	1.00	126.12		

表 20.8.2–3　工程量清单综合单价分析表

工程名称：某办公楼改造项目消防工程——火灾自动报警系统

项目编码	030904008001	项目名称		模块（模块箱）							计量单位		个
清单综合单价组成明细													
子目编号	子目名称	单位	数量	单价					合价				
				人工费	材料费	工程设备费	机械费	企业管理费和利润	人工费	材料费	工程设备费	机械费	企业管理费和利润
3071–13 换	控制模块（接口）安装（单输出）	只	1.00	126.43	115.35		2.12	36.14	126.43	115.35		2.12	36.14
小　计									126.43	115.35		2.12	36.14
清单项目综合单价									280.04				
费用明细		内　容						单位	数量	单价（元）	合价（元）	暂估单价（元）	暂估合价（元）
	人工	安装工日						工日	0.7280	173.67	126.43		
	材料	汽油 60#~70#						kg	0.0800	3.79	0.30		
		白布						m^2	0.0500	2.58	0.13		
		防火涂料 A60–1						kg	0.0300	4.16	0.12		
		焊锡膏 瓶装 50g						kg	0.0200	58.11	1.16		
		焊锡						kg	0.0600	48.85	2.93		
		控制模块（就近吸顶）						个	1.0000	110.00	110.00		
		冲击钻头 ϕ6~ϕ8						个	0.0300	5.25	0.16		
		木螺钉 M4×65 以下						10 个	0.2000	0.22	0.04		
		半圆头镀锌螺栓 M2~5×15~50						套	2.0000	0.05	0.10		
		胶合板 δ=3mm						m^2	0.0100	7.78	0.08		
		塑料膨胀管 ϕ6~ϕ8						个	0.8000	0.08	0.06		
		异形塑料管 ϕ5						m	0.1500	1.69	0.25		
	机械	仪器仪表使用费						元	2.1180	1.00	2.12		

表 20.8.2-4　工程量清单综合单价分析表

工程名称：某办公楼改造项目消防工程——火灾自动报警系统

项目编码	030904008002		项目名称	模块（模块箱）							计量单位		个
清单综合单价组成明细													
子目编号	子目名称	单位	数量	单价					合价				
				人工费	材料费	工程设备费	机械费	企业管理费和利润	人工费	材料费	工程设备费	机械费	企业管理费和利润
3071-13 换	控制模块（接口）安装（单输出）[短路隔离模块（就近吸顶）]	只	1.00	126.43	125.35		2.12	36.64	126.43	125.35		2.12	36.64
小　　计									126.43	125.35		2.12	36.64
清单项目综合单价									290.54				
费用明细		内　　容							单位	数量	单价（元）	合价（元）	暂估单价（元）	暂估合价（元）
	人工	安装工日							工日	0.7280	173.67	126.43		
	材料	汽油 $60^{\#}$~$70^{\#}$							kg	0.0800	3.79	0.30		
		白布							m^2	0.0500	2.58	0.13		
		防火涂料 A60-1							kg	0.0300	4.16	0.12		
		焊锡膏 瓶装 50g							kg	0.0200	58.11	1.16		
		焊锡							kg	0.0600	48.85	2.93		
		冲击钻头 $\phi 6$~$\phi 8$							个	0.0300	5.25	0.16		
		木螺钉 M4×65 以下							10 个	0.2000	0.22	0.04		
		半圆头镀锌螺栓 M2~5×15~50							套	2.0000	0.05	0.10		
		胶合板 δ=3mm							m^2	0.0100	7.78	0.08		
		短路隔离模块（就近吸顶）							只	1.0000	120.00	120.00		
		塑料膨胀管 $\phi 6$~$\phi 8$							个	0.8000	0.08	0.06		
		异形塑料管 $\phi 5$							m	0.1500	1.69	0.25		
	机械	仪器仪表使用费							元	2.1180	1.00	2.12		

表 20.8.2-5　工程量清单综合单价分析表

工程名称：某办公楼改造项目消防工程——火灾自动报警系统

项目编码	030411005001		项目名称	接线箱							计量单位		个
清单综合单价组成明细													
子目编号	子目名称	单位	数量	单价					合价				
				人工费	材料费	工程设备费	机械费	企业管理费和利润	人工费	材料费	工程设备费	机械费	企业管理费和利润
3024-90	端子箱安装 明装（半周长 0.5m 以内）（火灾报警接线箱 300×200）	台	1.00	53.84	2.50	150.00		12.99	53.84	2.50	150.00		12.99
小　　计									53.84	2.50	150.00		12.99
清单项目综合单价									219.33				
费用明细		内　　容							单位	数量	单价（元）	合价（元）	暂估单价（元）	暂估合价（元）
	人工	安装工日							工日	0.3100	173.67	53.84		
	材料	膨胀螺栓 M8×20							10 套	0.4100	5.60	2.30		
		其他材料费							元	0.2000	1.00	0.20		
	设备	火灾报警接线箱 300×200							台	1.0000	150.00	150.00		

表 20.8.2–6 工程量清单综合单价分析表

工程名称：某办公楼改造项目消防工程——火灾自动报警系统

项目编码	030904005001	项目名称	声光报警器	计量单位	个

清单综合单价组成明细

子目编号	子目名称	单位	数量	单价					合价				
				人工费	材料费	工程设备费	机械费	企业管理费和利润	人工费	材料费	工程设备费	机械费	企业管理费和利润
3071–52 换	警报装置安装（声光报警）[火灾声光警报器（带语音功能）]	只	1.00	104.20	84.48		1.01	29.19	104.20	84.48		1.01	29.19
小计									104.20	84.48		1.01	29.19
清单项目综合单价									218.88				

费用明细	类别	内容	单位	数量	单价（元）	合价（元）	暂估单价（元）	暂估合价（元）
费用明细	人工	安装工日	工日	0.6000	173.67	104.20		
	材料	汽油 60#~70#	kg	0.0100	3.79	0.04		
		白布	m^2	0.0200	2.58	0.05		
		防火涂料 A60–1	kg	0.0300	4.16	0.12		
		焊锡膏 瓶装 50g	kg	0.0100	58.11	0.58		
		焊锡	kg	0.0200	48.85	0.98		
		标志牌（塑料扁形）	个	1.0000	0.15	0.15		
		火灾声光警报器（带语音功能）	个	1.0000	80.00	80.00		
		冲击钻头 $\phi 8$	只	0.1000	2.90	0.29		
		木螺钉 M4×60	个	3.0000	0.60	1.80		
		自攻螺钉 M4×30	个	1.0000	0.07	0.07		
		胶合板 δ=3mm	m^2	0.0100	7.78	0.08		
		塑料膨胀管 $\phi 6$~$\phi 8$	个	3.0000	0.08	0.24		
		异形塑料管 $\phi 5$	m	0.0500	1.69	0.08		
	机械	仪器仪表使用费	元	1.0100	1.00	1.01		

表 20.8.2–7　工程量清单综合单价分析表

工程名称：某办公楼改造项目消防工程——火灾自动报警系统

<table>
<tr><td>项目编码</td><td colspan="3">030904003001</td><td>项目名称</td><td colspan="6">按钮</td><td colspan="2">计量单位</td><td>个</td></tr>
<tr><td colspan="14">清单综合单价组成明细</td></tr>
<tr><td rowspan="2">子目编号</td><td rowspan="2">子目名称</td><td rowspan="2">单位</td><td rowspan="2">数量</td><td colspan="5">单　　价</td><td colspan="5">合　　价</td></tr>
<tr><td>人工费</td><td>材料费</td><td>工程设备费</td><td>机械费</td><td>企业管理费和利润</td><td>人工费</td><td>材料费</td><td>工程设备费</td><td>机械费</td><td>企业管理费和利润</td></tr>
<tr><td>3071–12 换</td><td>按钮安装（消火栓按钮）</td><td>只</td><td>1.00</td><td>134.42</td><td>66.60</td><td></td><td>0.12</td><td>35.47</td><td>134.42</td><td>66.60</td><td></td><td>0.12</td><td>35.47</td></tr>
<tr><td colspan="9">小　　计</td><td>134.42</td><td>66.60</td><td></td><td>0.12</td><td>35.47</td></tr>
<tr><td colspan="9">清单项目综合单价</td><td colspan="5">236.61</td></tr>
<tr><td rowspan="18">费用明细</td><td></td><td colspan="6">内　　容</td><td>单位</td><td>数量</td><td>单价（元）</td><td>合价（元）</td><td>暂估单价（元）</td><td>暂估合价（元）</td></tr>
<tr><td>人工</td><td colspan="6">安装工日</td><td>工日</td><td>0.7740</td><td>173.67</td><td>134.42</td><td></td><td></td></tr>
<tr><td rowspan="15">材料</td><td colspan="6">汽油 60#~70#</td><td>kg</td><td>0.0300</td><td>3.79</td><td>0.11</td><td></td><td></td></tr>
<tr><td colspan="6">白布</td><td>m^2</td><td>0.0500</td><td>2.58</td><td>0.13</td><td></td><td></td></tr>
<tr><td colspan="6">防火涂料 A60–1</td><td>kg</td><td>0.0500</td><td>4.16</td><td>0.21</td><td></td><td></td></tr>
<tr><td colspan="6">焊锡膏 瓶装 50g</td><td>kg</td><td>0.0200</td><td>58.11</td><td>1.16</td><td></td><td></td></tr>
<tr><td colspan="6">焊锡</td><td>kg</td><td>0.0500</td><td>48.85</td><td>2.44</td><td></td><td></td></tr>
<tr><td colspan="6">消火栓按钮</td><td>只</td><td>1.0000</td><td>60.00</td><td>60.00</td><td></td><td></td></tr>
<tr><td colspan="6">钻头 $\phi 3$</td><td>个</td><td>0.0200</td><td>1.02</td><td>0.02</td><td></td><td></td></tr>
<tr><td colspan="6">冲击钻头 $\phi 6$~$\phi 8$</td><td>个</td><td>0.0600</td><td>5.25</td><td>0.32</td><td></td><td></td></tr>
<tr><td colspan="6">木螺钉 M6×100 以下</td><td>10 个</td><td>0.0400</td><td>1.30</td><td>0.05</td><td></td><td></td></tr>
<tr><td colspan="6">镀锌自攻螺钉 M4~6×20~35</td><td>10 个</td><td>0.3200</td><td>0.70</td><td>0.22</td><td></td><td></td></tr>
<tr><td colspan="6">胶合板 δ=3mm</td><td>m^2</td><td>0.0100</td><td>7.78</td><td>0.08</td><td></td><td></td></tr>
<tr><td colspan="6">塑料膨胀管 $\phi 6$~$\phi 8$</td><td>个</td><td>1.7000</td><td>0.08</td><td>0.14</td><td></td><td></td></tr>
<tr><td colspan="6">异形塑料管 $\phi 5$</td><td>m</td><td>0.1300</td><td>1.69</td><td>0.22</td><td></td><td></td></tr>
<tr><td colspan="6">其他材料费</td><td>元</td><td>1.5000</td><td>1.00</td><td>1.50</td><td></td><td></td></tr>
<tr><td colspan="6"></td><td></td><td></td><td></td><td></td><td></td><td></td></tr>
<tr><td>机械</td><td colspan="6">仪器仪表使用费</td><td>元</td><td>0.1210</td><td>1.00</td><td>0.12</td><td></td><td></td></tr>
</table>

表 20.8.2–8　工程量清单综合单价分析表

工程名称：某办公楼改造项目消防工程——火灾自动报警系统

项目编码	030904003002	项目名称	按钮	计量单位	个

清单综合单价组成明细

子目编号	子目名称	单位	数量	单价 人工费	单价 材料费	单价 工程设备费	单价 机械费	单价 企业管理费和利润	合价 人工费	合价 材料费	合价 工程设备费	合价 机械费	合价 企业管理费和利润
3071–12 换	按钮安装［手动报警按钮（带电话插孔）］（按钮与电话插孔合为一体）	只	1.00	154.58	86.60		0.12	41.29	154.58	86.60		0.12	41.29
小　计									154.58	86.60		0.12	41.29
清单项目综合单价									282.59				

费用明细		内　容	单位	数量	单价（元）	合价（元）	暂估单价（元）	暂估合价（元）
	人工	安装工日	工日	0.8901	173.67	154.58		
	材料	汽油 60#~70#	kg	0.0300	3.79	0.11		
		白布	m^2	0.0500	2.58	0.13		
		防火涂料 A60–1	kg	0.0500	4.16	0.21		
		焊锡膏 瓶装 50g	kg	0.0200	58.11	1.16		
		焊锡	kg	0.0500	48.85	2.44		
		手动报警按钮（带电话插孔）	只	1.0000	80.00	80.00		
		钻头 ϕ3	个	0.0200	1.02	0.02		
		冲击钻头 ϕ6~ϕ8	个	0.0600	5.25	0.32		
		木螺钉 M6×100 以下	10 个	0.0400	1.30	0.05		
		镀锌自攻螺钉 M4~6×20~35	10 个	0.3200	0.70	0.22		
		胶合板 δ=3mm	m^2	0.0100	7.78	0.08		
		塑料膨胀管 ϕ6~ϕ8	个	1.7000	0.08	0.14		
		异形塑料管 ϕ5	m	0.1300	1.69	0.22		
		其他材料费	元	1.5000	1.00	1.50		
	机械	仪器仪表使用费	元	0.1210	1.00	0.12		

表 20.8.2–9 工程量清单综合单价分析表

工程名称：某办公楼改造项目消防工程——火灾自动报警系统

<table>
<tr><td>项目编码</td><td colspan="2">030904001001</td><td colspan="2">项目名称</td><td colspan="6">点型探测器</td><td colspan="2">计量单位</td><td>个</td></tr>
<tr><td colspan="14">清单综合单价组成明细</td></tr>
<tr><td rowspan="2">子目编号</td><td rowspan="2">子目名称</td><td rowspan="2">单位</td><td rowspan="2">数量</td><td colspan="5">单　价</td><td colspan="5">合　价</td></tr>
<tr><td>人工费</td><td>材料费</td><td>工程设备费</td><td>机械费</td><td>企业管理费和利润</td><td>人工费</td><td>材料费</td><td>工程设备费</td><td>机械费</td><td>企业管理费和利润</td></tr>
<tr><td>3071–6 换</td><td>点型感烟安装（总线制）［感烟探测器（智能型）］</td><td>只</td><td>1.00</td><td>53.84</td><td>118.36</td><td></td><td>0.85</td><td>18.85</td><td>53.84</td><td>118.36</td><td></td><td>0.85</td><td>18.85</td></tr>
<tr><td colspan="9">小　计</td><td>53.84</td><td>118.36</td><td></td><td>0.85</td><td>18.85</td></tr>
<tr><td colspan="9">清单项目综合单价</td><td colspan="5">191.9</td></tr>
<tr><td rowspan="18">费用明细</td><td></td><td colspan="6">内　容</td><td>单位</td><td>数量</td><td>单价（元）</td><td>合价（元）</td><td>暂估单价（元）</td><td>暂估合价（元）</td></tr>
<tr><td>人工</td><td colspan="6">安装工日</td><td>工日</td><td>0.3100</td><td>173.67</td><td>53.84</td><td></td><td></td></tr>
<tr><td rowspan="15">材料</td><td colspan="6">汽油 $60^{\#}$~$70^{\#}$</td><td>kg</td><td>0.0300</td><td>3.79</td><td>0.11</td><td></td><td></td></tr>
<tr><td colspan="6">粘接剂（801 胶）</td><td>kg</td><td>0.0100</td><td>8.51</td><td>0.09</td><td></td><td></td></tr>
<tr><td colspan="6">白布</td><td>m^2</td><td>0.0200</td><td>2.58</td><td>0.05</td><td></td><td></td></tr>
<tr><td colspan="6">防火涂料 A60–1</td><td>kg</td><td>0.0500</td><td>4.16</td><td>0.21</td><td></td><td></td></tr>
<tr><td colspan="6">焊锡膏 瓶装 50g</td><td>kg</td><td>0.0100</td><td>58.11</td><td>0.58</td><td></td><td></td></tr>
<tr><td colspan="6">焊锡</td><td>kg</td><td>0.0200</td><td>48.85</td><td>0.98</td><td></td><td></td></tr>
<tr><td colspan="6">感烟探测器（智能型）</td><td>只</td><td>1.0000</td><td>95.00</td><td>95.00</td><td></td><td></td></tr>
<tr><td colspan="6">底座</td><td>个</td><td>1.0000</td><td>20.00</td><td>20.00</td><td></td><td></td></tr>
<tr><td colspan="6">冲击钻头 $\phi 6$~$\phi 8$</td><td>个</td><td>0.0200</td><td>5.25</td><td>0.11</td><td></td><td></td></tr>
<tr><td colspan="6">木螺钉 M4×65 以下</td><td>10 个</td><td>0.3000</td><td>0.22</td><td>0.07</td><td></td><td></td></tr>
<tr><td colspan="6">胶合板 δ=3mm</td><td>m^2</td><td>0.0200</td><td>7.78</td><td>0.16</td><td></td><td></td></tr>
<tr><td colspan="6">塑料膨胀管 $\phi 6$~$\phi 8$</td><td>个</td><td>0.4000</td><td>0.08</td><td>0.03</td><td></td><td></td></tr>
<tr><td colspan="6">异形塑料管 $\phi 5$</td><td>m</td><td>0.0500</td><td>1.69</td><td>0.08</td><td></td><td></td></tr>
<tr><td colspan="6">镀锌钢板 δ=2.5mm</td><td>m^2</td><td>0.0100</td><td>90.00</td><td>0.90</td><td></td><td></td></tr>
<tr><td colspan="6"></td><td></td><td></td><td></td><td></td><td></td><td></td></tr>
<tr><td>机械</td><td colspan="6">仪器仪表使用费</td><td>元</td><td>0.8530</td><td>1.00</td><td>0.85</td><td></td><td></td></tr>
</table>

表 20.8.2-10　工程量清单综合单价分析表

工程名称：某办公楼改造项目消防工程——火灾自动报警系统

项目编码	030411001001		项目名称	配管							计量单位		m
清单综合单价组成明细													
子目编号	子目名称	单位	数量	单价					合价				
				人工费	材料费	工程设备费	机械费	企业管理费和利润	人工费	材料费	工程设备费	机械费	企业管理费和利润
30212-9 换	砖、混凝土结构电线管暗配公称直径（25mm 以内）	100m	0.01	1066.33	902.72		23.84	301.63	10.66	9.03		0.24	3.02
小计									10.66	9.03		0.24	3.02
清单项目综合单价									22.95				
费用明细		内容						单位	数量	单价（元）	合价（元）	暂估单价（元）	暂估合价（元）
	人工	安装工日						工日	0.0614	173.67	10.66		
	材料	塑料护口（电线管用 25~32）						个	0.1545	0.27	0.04		
		MT25						m	1.0300	8.05	8.29		
		镀锌管接头（15×25）						个	0.2575	1.80	0.46		
		接地管卡 *DN*25						个	0.5150	0.27	0.14		
		镀锌锁紧螺母 M1.5×25						个	0.1545	0.32	0.05		
		镀锌铁丝 ϕ2.8~ϕ2.2						kg	0.0066	4.70	0.03		
		其他材料费						元	0.0110	1.00	0.01		
	机械	液压弯管机 弯管能力 *DN*60mm						台班	0.0006	206.94	0.12		
		砂轮切割机 砂轮直径 500mm						台班	0.0040	28.57	0.11		

表 20.8.2-11　工程量清单综合单价分析表

工程名称：某办公楼改造项目消防工程——火灾自动报警系统

项目编码	030411001002		项目名称	配管							计量单位		m
清单综合单价组成明细													
子目编号	子目名称	单位	数量	单价					合价				
				人工费	材料费	工程设备费	机械费	企业管理费和利润	人工费	材料费	工程设备费	机械费	企业管理费和利润
30212-8 换	砖、混凝土结构电线管暗配公称口径（20mm 以内）	100m	0.01	790.20	737.81		11.43	226.53	7.90	7.38		0.11	2.27
小计									7.90	7.38		0.11	2.27
清单项目综合单价									17.66				
费用明细		内容						单位	数量	单价（元）	合价（元）	暂估单价（元）	暂估合价（元）
	人工	安装工日						工日	0.0455	173.67	7.90		
	材料	塑料护口（电线管用 15~20）						个	0.1545	0.11	0.02		
		MT20						m	1.0300	6.86	7.07		
		镀锌管接头（15×20）						个	0.2575	0.40	0.10		
		接地管卡 *DN*20						个	0.5150	0.22	0.11		
		锁紧螺母 M1.5×20						个	0.1545	0.28	0.04		
		镀锌铁丝 ϕ2.8~ϕ2.2						kg	0.0066	4.70	0.03		
		其他材料费						元	0.0047	1.00	0.00		
	机械	砂轮切割机 砂轮直径 500mm						台班	0.0040	28.57	0.11		

表 20.8.2-12 工程量清单综合单价分析表

工程名称：某办公楼改造项目消防工程——火灾自动报警系统

项目编码	030411006001	项目名称	接线盒						计量单位			个
清单综合单价组成明细												
子目编号	子目名称	单位	数量	单价					合价			
				人工费	材料费	工程设备费	机械费	企业管理费和利润	人工费	材料费	工程设备费	机械费	企业管理费和利润
30212-326	暗装 接线盒	10 个	0.10	71.20	31.40			18.59	7.12	3.14			1.86
小计									7.12	3.14			1.86
清单项目综合单价									12.12				

费用明细		内容	单位	数量	单价（元）	合价（元）	暂估单价（元）	暂估合价（元）
	人工	安装工日	工日	0.0410	173.67	7.12		
	材料	塑料接线盒 86 系列（深 40mm）	个	1.0200	2.20	2.24		
		塑料护口（钢管用 15~20）	个	2.2250	0.12	0.27		
		锁紧螺母 M3×15~20	个	2.2250	0.25	0.56		
		其他材料费	元	0.0730	1.00	0.07		

表 20.8.2-13 工程量清单综合单价分析表

工程名称：某办公楼改造项目消防工程——火灾自动报警系统

项目编码	030411004001	项目名称	配线						计量单位				m
清单综合单价组成明细													
子目编号	子目名称	单位	数量	单价					合价				
				人工费	材料费	工程设备费	机械费	企业管理费和利润	人工费	材料费	工程设备费	机械费	企业管理费和利润
30212-187 换	多芯软导线管内穿线（二芯以内）导线截面（1.5mm² 以内）	100m 单线	0.01	130.25	344.96			48.38	1.30	3.45			0.48
小计									1.30	3.45			0.48
清单项目综合单价									5.23				

费用明细		内容	单位	数量	单价（元）	合价（元）	暂估单价（元）	暂估合价（元）
	人工	安装工日	工日	0.0075	173.67	1.30		
	材料	汽油 60#~70#	kg	0.0055	3.79	0.02		
		棉纱头	kg	0.0022	9.85	0.02		
		焊锡膏 瓶装 50g	kg	0.0001	58.11	0.01		
		焊锡	kg	0.0011	48.85	0.05		
		信号线 NH-RVS-2×1.5	m	1.0500	3.08	3.23		
		塑料胶粘带 20×50	卷	0.0100	10.93	0.11		
		镀锌铁丝 ϕ2.8~ϕ2.2	kg	0.0009	4.70	0.00		

表 20.8.2–14　工程量清单综合单价分析表

工程名称：某办公楼改造项目消防工程——火灾自动报警系统

项目编码	030411004002	项目名称	配线	计量单位	m

清单综合单价组成明细

子目编号	子目名称	单位	数量	单价					合价				
				人工费	材料费	工程设备费	机械费	企业管理费和利润	人工费	材料费	工程设备费	机械费	企业管理费和利润
30212–172换	动力线路管内穿线（铜芯）导线截面（2.5mm²以内）	100m单线	0.01	109.41	236.10			37.95	1.09	2.36			0.38
小计									1.09	2.36			0.38
清单项目综合单价									3.83				

费用明细		内容	单位	数量	单价（元）	合价（元）	暂估单价（元）	暂估合价（元）
	人工	安装工日	工日	0.0063	173.67	1.09		
	材料	汽油 60#~70#	kg	0.0050	3.79	0.02		
		棉纱头	kg	0.0020	9.85	0.02		
		焊锡膏 瓶装 50g	kg	0.0001	58.11	0.01		
		焊锡	kg	0.0011	48.85	0.05		
		电源线 NH–BV–2.5	m	1.0500	2.14	2.25		
		塑料胶布带 25×10m	卷	0.0070	0.79	0.01		
		镀锌铁丝 ϕ2.8~ϕ2.2	kg	0.0009	4.70	0.00		
		其他材料费	元	0.0060	1.00	0.01		

表 20.8.2–15　工程量清单综合单价分析表

工程名称：某办公楼改造项目消防工程——火灾自动报警系统

项目编码	030411004003	项目名称	配线	计量单位	m

清单综合单价组成明细

子目编号	子目名称	单位	数量	单价					合价				
				人工费	材料费	工程设备费	机械费	企业管理费和利润	人工费	材料费	工程设备费	机械费	企业管理费和利润
30212–187换	多芯软导线管内穿线（二芯以内）导线截面（1.5mm²以内）	100m单线	0.01	130.25	613.76			61.82	1.30	6.14			0.62
小计									1.30	6.14			0.61
清单项目综合单价									8.05				

费用明细		内容	单位	数量	单价（元）	合价（元）	暂估单价（元）	暂估合价（元）
	人工	安装工日	工日	0.0075	173.67	1.30		
	材料	汽油 60#~70#	kg	0.0055	3.79	0.02		
		棉纱头	kg	0.0022	9.85	0.02		
		焊锡膏 瓶装 50g	kg	0.0001	58.11	0.01		
		焊锡	kg	0.0011	48.85	0.05		
		消防电话线 NH–RVVP–2×1.5	m	1.0500	5.64	5.92		
		塑料胶粘带 20×50	卷	0.0100	10.93	0.11		
		镀锌铁丝 ϕ2.8~ϕ2.2	kg	0.0009	4.70	0.00		

表 20.8.2-16 工程量清单综合单价分析表

工程名称：某办公楼改造项目消防工程——火灾自动报警系统

项目编码	031001B001001	项目名称	金属软管							计量单位			m
清单综合单价组成明细													
子目编号	子目名称	单位	数量	单价					合价				
				人工费	材料费	工程设备费	机械费	企业管理费和利润	人工费	材料费	工程设备费	机械费	企业管理费和利润
30212-145	金属软管敷设公称管径（20mm 以内）每根管长（1000mm 以内）	10m	0.10	149.36	58.09			38.60	14.94	5.81			3.86
小计									14.94	5.81			3.86
清单项目综合单价									24.61				
费用明细		内容						单位	数量	单价（元）	合价（元）	暂估单价（元）	暂估合价（元）
	人工	安装工日						工日	0.0860	173.67	14.94		
	材料	金属软管 *DN*20						m	1.0300	2.30	2.37		
		管卡子（金属软管用 *DN*15~*DN*20）						个	2.9440	0.15	0.44		
		金属软管接头（尼龙 *DN*15~*DN*20）						个	1.4720	0.53	0.78		
		镀锌管接头（金属软管用）20						个	1.4720	0.79	1.16		
		锁紧螺母（金属软管用 M15~20）						个	2.9120	0.25	0.73		
		其他材料费						元	0.3270	1.00	0.33		

表 20.8.2-17 工程量清单综合单价分析表

工程名称：某办公楼改造项目消防工程——火灾自动报警系统

项目编码	030905001001	项目名称	自动报警系统调试							计量单位			系统
清单综合单价组成明细													
子目编号	子目名称	单位	数量	单价					合价				
				人工费	材料费	工程设备费	机械费	企业管理费和利润	人工费	材料费	工程设备费	机械费	企业管理费和利润
3075-1	自动报警系统装置调试 128 点以下	系统	1.00	9277.45	186.33		1164.70	2306.88	9277.45	186.33		1164.70	2306.88
小计									9277.45	186.33		1164.70	2306.88
清单项目综合单价									12935.36				
费用明细		内容						单位	数量	单价（元）	合价（元）	暂估单价（元）	暂估合价（元）
	人工	安装工日						工日	53.4200	173.67	9277.45		
	材料	酒精 95%						kg	0.3900	4.00	1.56		
		电力						kWh	72.0000	0.72	51.53		
		导线 BV-1.0						m	15.3200	0.68	10.42		
		电池						节	40.0000	1.50	60.00		
		打印纸						盒	0.1200	78.00	9.36		
		塑料胶布带 20mm × 50m						卷	7.2000	6.80	48.96		
		软盘 3.5″						片	1.0000	4.50	4.50		
	机械	仪器仪表使用费						元	1164.700	1.00	1164.70		

表 20.8.2–18 主要设备材料价格表

工程名称：某办公楼改造项目消防工程——火灾自动报警系统

序号	材料设备编码	材料设备名称	品牌	规格、型号等	单位	单价（元）
1	BGO0029_1	电源线 NH–BV–2.5			m	2.14
2	BGO0090_1	信号线 NH–RVS–2 × 1.5			m	3.08
3	BGO0090_4	消防电话线 NH–RVVP–2 × 1.5			m	5.64
4	BGX0052_1	手动报警按钮（带电话插孔）			只	80.00
5	BGX0052_2	消火栓按钮			只	60.00
6	BGZ0029	塑料接线盒 86 系列（深 40mm）			个	2.20
7	BHE0025_1	控制模块（就近吸顶）			个	110.00
8	BHW0013_1	感烟探测器（智能型）			只	95.00
9	BHW0027_1	火灾声光警报器（带语音功能）			个	80.00
10	BIG0185	金属软管 *DN*20			m	2.30
11	BIG0647_1	配管 MT20			m	6.86
12	BIG0648_1	配管 MT25			m	8.05
13	BNA0137_5	短路隔离模块（就近吸顶）			只	120.00
14	BGH0155_1	火灾报警接线箱 300 × 200			台	150.00
15	BHW0052_1	区域报警控制器（底边距地面 1.5m）			台	2500.00

注：指招标人要求填写的工程中使用的主要设备材料情况。

参考文献

［1］全国一级造价工程师职业资格考试培训教材编审委员会．2019年版全国一级造价工程师职业资格考试培训教材［M］．北京：中国计划出版社，2019.

［2］广东省建设工程造价管理总站，广东省工程造价协会．建设工程计价应用与案例　安装工程［M］．北京：中国城市出版社，2015.

［3］广东省建设工程标准定额站，广东省工程造价协会．广东省通用安装工程综合定额（2018）［M］．武汉：华中科技大学出版社，2019.

［4］广州市建设科学技术委员会办公室．建设工程BIM实践与项目全生命期应用研究［M］．北京：中国建筑工业出版社，2018.

［5］叶雯、路浩东．建筑信息模型（BIM）概论［M］．重庆：重庆大学出版社，2017.

［6］深圳市建设工程造价管理站．深圳市安装工程消耗量标准（2003）［M］．北京：知识产权出版社，2003.

［7］中华人民共和国国家标准．建设工程工程量清单计价规范GB 50500—2013［S］．北京：中国计划出版社，2013.

［8］中华人民共和国国家标准．通用安装工程工程量计算规范GB 50856—2013［S］．北京：中国计划出版社，2013.